点石成金——奶牛金钥匙技术手册

杨敦启　主编
李胜利　肖定汉　主审

U0951326

中国农业大学出版社
·北京·

内 容 简 介

自2009年以来，在农业农村部科技教育司产业技术处的指导下，由农业农村部畜牧兽医局奶业处和国家奶牛产业技术体系联合创建了“奶牛金钥匙”技术示范培训现场会。本书梳理凝练了“奶牛金钥匙”技术示范培训现场会开展11年来奶牛养殖各个环节关键控制点的技术操作规程和新技术要点，包括饲料原料检测评估、青贮生产储备、粗饲料预处理、TMR调制加工、奶牛各阶段饲养管理、日粮配方后评估、选种选配、繁殖管理、奶厅管理、疾病防控、奶牛舒适度、应激管理、粪污处理、现场快速检测、巡视诊断、设备维护、奶牛场信息化、奶牛场综合运营与管理等。全书注重新技术应用，实用技术规程化，语言通俗易懂，图文并茂，技术内容“钥匙”化，可操作性强。本书可作为奶业技术和管理人员的案头随用工具书。

图书在版编目(CIP)数据

点石成金：奶牛金钥匙技术手册／杨敦启主编．—北京：中国农业大学出版社，2020.10

ISBN 978-7-5655-2442-4

Ⅰ.①点…　Ⅱ.①杨…　Ⅲ.①乳牛－饲养管理－手册　Ⅳ.①S823.9-62

中国版本图书馆CIP数据核字(2020)第203465号

书　　名　点石成金——奶牛金钥匙技术手册

作　　者　杨敦启　主编

策划编辑　潘晓丽　　**责任编辑**　潘晓丽

封面设计　郑　川

出版发行　中国农业大学出版社

社　　址　北京市海淀区圆明园西路2号　　**邮政编码**　100193

电　　话　发行部 010-62733489,1190　　读者服务部 010-62732336

编辑部 010-62732617,2618　　出　版　部 010-62733440

网　　址　http://www.caupress.cn　　**E-mail** cbsszs @ cau.edu.cn

经　　销　新华书店

印　　刷　涿州市星河印刷有限公司

版　　次　2020年11月第1版　　2020年11月第1次印刷

规　　格　787×1092　16开本　33.75印张　810千字

定　　价　158.00元

编审委员会

主　　编　杨敦启

副 主 编　都　文　姚　琨　翟瑞娜　夏建民

编写人员　（按汉语拼音排序）

阿明古丽　敖德古里那　边四辈　才灵杰　陈　義　陈慧明
都　文　付乔颜　付士彪　高　明　葛　锋　苟宇兵　关金森
郭闪闪　韩春林　韩吉雨　杭　孝　郝　健　郝瑞霞　何虎成
侯引绪　贾文彬　焦蓓蕾　靳文仲　李　伟　李　宇　李爱琴
李广学　李海杰　李宏宇　李虎仓　李俊良　李启峰　李胜开
李文敏　李亚君　李浙烽　林　航　林立军　刘　辉　刘　琪
刘　通　刘　翔　刘高飞　刘凯玉　刘小明　柳启武　鲁　沛
逯　刚　马占云　孟秀荣　聂会武　彭传文　仇学军　单仁政
石晓晨　孙德麒　索俊平　田　茂　田永卫　童荣信　王　静
王兰惠　王仁刚　王少华　王文盼　王晓玲　王雅晶　王一江
吴鹏华　夏建民　肖　玲　肖亚莉　谢心美　徐　云　徐二华
徐延伍　许　军　杨　捷　杨　萌　杨春生　杨敦启　杨占山
杨茁萌　姚　琨　叶　锋　曾　银　翟瑞娜　张　彬　张　楠
张彩霞　张吉明　张俊杰　张倩云　张兴夫　赵　威　赵全刚
赵晓铎　甄玉国　周东东　朱红宾　朱宏娟

主　　审　李胜利　肖定汉

序

奶业是我国畜牧业中最具增长潜力和最具活力的产业。我国是世界上奶业生产和消费增长最快的国家，据国家统计局数据，2020 年我国牛奶产量 3 440 万 t，成为继印度、美国、巴基斯坦后的第四大奶业国。牛奶消费水平已成为衡量人民生活水平的重要标志之一。党中央、国务院高度重视奶业的发展，习近平总书记和李克强总理多次对奶业发展做出重要批示。在多项产业扶持政策和科学技术的引领带动下，奶牛养殖产业的技术和装备水平取得了巨大的进步，在规模化、标准化、组织化、专业化生产方面取得巨大进步，正朝着工业化、数字化、智能化方向发展。

与此同时，我国奶业也承受着资源禀赋不足、价值链成本高的传导压力；面临国际乳制品市场激烈的竞争压力，以及国内产业升级、结构优化、环境保护、素质提升、价格波动、优胜劣汰的生存压力。因此，在当前我国奶业转型升级的关键期和攻坚期，推动奶牛养殖业节本增效、提升产业竞争力、增强奶瓶安全仍然是行业的长期发展任务。这就客观要求我国奶牛场的技术、管理、经营能力必须不断改善与提高，必须实现生产要素优化配置，实现资源高效整合与利用，实现全产业供应链、价值链协同共赢，建立奶业命运共同体。

2009 年农业农村部畜牧兽医局奶业处(原“农业部奶业管理办公室”)和国家奶牛产业技术体系联合创建了“奶牛金钥匙”技术示范推广平台。多年来，“奶牛金钥匙”以奶牛产业技术和经营管理需求为导向，以现场多维度巡视、检测、诊断、评估、培训为手段，一场一策，因地制宜，开处方，定方案，补技术短板，破管理天花板，实现奶牛场系统性综合改善，从而提高奶牛饲料转化效率、繁殖效率、健康水平、寿命延长，实现奶牛场节本增效。“奶牛金钥匙”在实践中，通过搭建政、产、学、研、协科技成果转化推广机制，把政府政策法规、院校科技成果、乳业龙头基地建设、供应链优质产品、奶牛场健康高效生产需求融为一体，组建实战专家为主体的“奶牛金钥匙”专家团队，切实把奶牛养殖的先进经营理念、先进运营体系、先进技术标准和技术操作方法，推广导入奶牛场，实现科技落地扎根，开花结果，解决了科技推广最后“一公里”的问题，为我国奶牛养殖人员专业素质提高、行业科技进步、产业转型升级，做出了扎实有效的贡献。“奶牛金钥匙”技术示范平台在12年的运营过程中，科技推广的形式不断推陈出新，科技内容与时俱进，持续满足奶牛场不断进步的需求，确保“奶牛金钥匙”点石成金历久弥新，在科技示范推广中，保持了旺盛的科技推广生命力。

本书梳理总结了源于“奶牛金钥匙”应用实践验证和积累的“奶牛金钥匙”技术和问题解决方案，以及12年以来，持续提练、博采众长形成的奶牛养殖技术与管理环节的关键控制点技术操作规程和技术参考方案。本书可为奶业技术和管理同仁提供解决实际问题的他山攻玉之石；读者在解决实际问题中，也能复制“奶牛金钥匙——点石成金”。

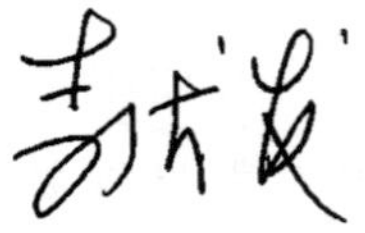

2021.5.15.

前　言

2009年，为解决科技推广最后“一公里”的问题，在农业农村部科教司产业技术处的指导下，由农业农村部畜牧兽医局奶业处和国家奶牛产业技术体系联合创建了“奶牛金钥匙”技术示范培训现场会。培训会运行十余年，“奶牛金钥匙”已是蜚声中国奶业行业技术示范与现场培训的著名品牌。

“奶牛金钥匙”技术转化推广模式之所以久负盛名：一是打造了“政—产—学（研）—推”相结合的奶业产业技术推广模式，形成联动促进技术转化协作平台；二是整合学术、科研、企业三方技术和管理资源，创建“奶业技术服务创新联盟”为纽带的国内外先进的技术及专家智库，无论何时何地现场会都能交出“金钥匙”；三是形成（现场检测分析诊断＋现身说法培训评估＋技术夜沙龙＋区域性专题技术报告）4组模块化点面结合培训，聚类递进式技术落地进场模式；四是“检测实验室前移到牛场”，在牛场现场诊断过程中引进国际一流的检测分析与诊断仪器，用数据说话，使诊断结果与处方改善方案更及时、更精准、更信服、更有效；五是沿着奶业产业链聚焦环节需求，问题导向，与时俱进，共性问题解决方案在大会上分享，个性化问题互动中一人提问大家分享，建立了奶业知识与技术快速分享机制；六是创建中国奶业“现代奶牛场高级人才研修班”，学员由企业选送或个人报名，经考试或考核录取入学，通过理论与实践结合、课堂与现场结合、观摩学习与体验复制结合、技术能力与管理能力提升并重，为规模化奶牛场快速发展培养经营管理型人才。“奶牛金钥匙”注重理论联系实践，把论文写在牛场里，成果留在奶农家。中国奶协名誉会长高鸿宾高度评价“奶牛金钥匙”，他说“奶牛金钥匙”为什么历久弥新受欢迎，因为它是点石成金的金钥匙，这就是科技专家用科学技术对奶业产业发展作出的不可估量的贡献。

“奶牛金钥匙”服务10多年来，始终以市场为导向，依托国家奶牛产业技术体系综合实验站，联合地方畜牧主管部门、奶业协会、奶业创新团队、市县政府、奶业D20联盟龙头企业组建奶业综合提升创新发展联合体，围绕我国牧业用地紧张、饲料转移成本高、奶牛单产低、生产成本高、产品结构不合理、消费者信心不足等产业突出问题，由点到线、由线到面、由面到全域推进，深入23个省（自治区、直辖市）服务于奶业企业，支持县域产业经济发展，凝心聚力导入科学技术，提高中国奶业竞争力。

通过开展“奶牛金钥匙”技术示范培训现场会，22 家集团化运营的示范奶牛场群，成母牛单产由 2013 年的 7.6 t 提高到 2018 年的 10.0 t，提高了 2.4 t，比 2018 年全国平均单产 7.4 t 高出 2.6 t，平均每年提高 500 kg 左右，尤其以大城市周边、西部地区提升最为显著，缩小了中国奶牛养殖技术与奶业发达国家间的差距。其中的节本增效更为显著，以国内最大的奶牛养殖集团现代牧业和第二大乳企蒙牛集团为例：仅现代牧业两个牧场每年节约成本 1 100 万元，全集团 2019 年单产超过 10.2 t；蒙牛集团供方奶牛场群新增经济效益 10 亿元左右。

从 2009 年至今，在我国 23 个省（自治区、直辖市）已连续成功举办了 115 期“奶牛金钥匙”技术培训，累计培训奶牛养殖业技术和管理人员 2.4 万人次（占规模牛场管理和技术人员的 90%），完成专题技术讲座 985 个，诊断指导牛场 360 个，示范奶牛 340 万头次（占我国荷斯坦奶牛总头数的 70%）。开办了 19 期“现代奶牛场高级人才研修班”，累计培养学员 337 名，他们都已成为我国奶牛养殖一线经营管理队伍中最活跃、被重用的骨干力量。

《点石成金——奶牛金钥匙技术手册》，就是基于十余年“奶业技术服务创新联盟”专家智库，在积极推进中国奶业技术进步的实践中，积累的“奶牛金钥匙”技术案例、技术方案、技术程序、技术工艺、管理流程等，经持续两年多系统梳理和与时俱进的编辑修订，凝练了奶牛养殖各个环节关键控制点的技术操作规程与要点，包括饲料原料检测评估、青贮生产储备、粗饲料预处理、TMR 调制加工、奶牛各阶段饲养管理、日粮配方后评估、选种选配、繁殖管理、奶厅管理、疾病防控、奶牛舒适度、应激管理、粪污处理、现场快速检测、巡视诊断、设备维护、奶牛场信息化、奶牛场综合运营与管理等方面。该书集结了“奶业技术服务创新联盟”和“奶业生态圈互助联盟”等资深服务“奶牛金钥匙”的近百位不同学科的专家历经多年理论与实践验证的技术智慧结晶，既先进又实用，既有专业性又有跨学科互相融合，这些特点集中呈现于一本工具书中，以飨读者。

全书力求内容专业严谨，语言通俗易懂，示例图文并茂，表达具有实用性和可操作性，期望本书能成为奶牛养殖一线人员喜欢的案头随用工具书；同时本书也可作为从事奶业研究的院校师生了解产业实用技术的重要参考资料。由于本书技术内容涉及面广、专业跨度大、参编人员多、编辑时间紧，又是首版印刷，难免会有错漏之处，望读者多提宝贵意见。

编委会

2020 年 5 月

目　录

第1章　奶牛营养技术

1.1　粗饲料调制

1.1.1　优质全株玉米青贮制作技术及其质量管理

青贮玉米是奶牛养殖最重要的粗饲料之一，在饲料配方中使用量大，奶牛生长发育各个阶段均可使用，而且性价比高。优质青贮玉米使用量可达到 25 kg/(d·头)以上，公斤奶饲料成本会明显降低，具有降本增效的作用；低质量的青贮玉米直接造成产奶量的下降和成本的上升，如果采食发霉变质和含有霉菌毒素的青贮玉米，还会引起奶牛不可逆转的内脏损伤、流产等疾病的发生。因此，青贮玉米的质量对奶牛的健康和生产成本有显著的影响，加强全株玉米青贮质量管理，减少青贮玉米的营养损失对提高奶牛产奶量和降低生产成本有重要的生产意义。

1.1.1.1　全株玉米青贮的品种选择

目前在生产上青贮玉米品种有两种类型：一类是大面积种植的普通玉米，也称其为粮食玉米；另一类是专用的青贮玉米品种。普通玉米品种在外形上主要表现在株高较低，一般在 2.5～2.8 m，穗位低，1.3～1.5 m，籽粒重可以占到全株干重的 50%以上，能量密度高。普通玉米品种的育种趋向于在保持籽实比例的前提下，注重玉米生物产量、NDF 消化率和成熟持绿性，即培育粮饲兼用型，可以同时兼顾奶农和种植户的需求。经单株考种，其淀粉含量高，一般在 32%以上；能量密度高，一般在 1.61 Mcal/kg 干物质（DM）以上；中性洗涤纤维（NDF）和酸性洗涤纤维（ADF）较低，分别在 45%和 25%以下，有的甚至在 42%和 21%以下，NDF 的 48 h 消化率达 58%以上。夏播玉米 1/2 乳线期收获鲜重为 2.5～3.0 t/亩（1 亩≈666.67 m^2），春播产量可达 3.5～4 t/亩。如果是活秆成熟的普通玉米，淀粉含量和产奶净能达标的同时，茎叶营养成分保留更多，可消化营养物质更多，产量更高。青贮玉米品种植株高大，一般在 3.2～4.2 m 高，穗 1～2 个，穗位高，1.5 m 以上，籽粒重占全株干重的 20%～45%。夏播玉米 1/2 乳线期收获鲜重 3.5 t/亩以上，春播玉米产量可达 4～6 t/亩以上，能量密度低，淀粉含量低，NDF 和 ADF 含量高，由于产量高，收购价相对较低，更适合育成牛、肉牛、肉羊饲喂。

以裕丰 303 普通玉米品种为例，其籽粒占全株干重的 51.57%，叶片、叶鞘、雄穗和苞叶合计占 27.78%；茎秆重占 14.51%，低于叶片。结果见表 1-1-1。

表 1-1-1 裕丰 303 普通玉米品种各营养组分分析(DM 基础)

项目	籽粒	玉米芯	茎秆	叶片	总重量
平均重量/g	119.52	14.22	33.63	64.38	231.75
占全株/%	51.57	6.14	14.51	27.78	100

通过对该品种各营养体及其全株玉米青贮的成分分析,可以看出全株玉米青贮的淀粉含量达 35.8%,NDF 和 ADF 分别为 37.9%和 21.8%,NDF 的 30 h 消化率达 60.4%,产奶净能达 1.66 Mcal/kg 干物质(DM),各项指标均达到优质青贮的要求,产量为 3 t/亩,是陕西省一个优良品种。结果见表 1-1-2。同时,可以看出茎秆的消化率与羊草相似,叶片与禾本科干草相似,叶片比重又高,其营养体也是优良的粗饲料。通过表 1-1-1 和表 1-1-2 的分析,普通品种的精粗比适宜奶牛采食,这也是牛场愿意选择普通玉米品种的重要原因。

表 1-1-2 裕丰 303 品种各营养体营养成分测定(1/2 乳线期收获,DM 基础)

营养成分	全株玉米	籽粒	营养体		
			玉米芯	茎秆	叶片
粗蛋白质/%	7.8	8.8	5.3	3.9	7.4
淀粉/%	35.8	73.6	7.5	2.5	3.9
非纤维性碳水化合物(NFC)/%	49.2	79.7	14.0	9.1	16.6
NDF/%	37.9	7.0	79.0	80.1	68.6
NDF 的 30 h 消化率/%	60.4	—	49.3	46.2	45.2
ADF/%	21.8	3.0	40.1	49.0	40.8
木质素/%	3.66	1.69	5.20	8.17	5.41
产奶净能/(Mcal/kg)	1.66	2.04	1.31	1.04	1.29
总可消化养分(TDN)/%	73.0	88.4	59.2	48.0	57.8
产奶量/(kg/t DM)	1 477	—	1 151	833	1 112

1.1.1.2 优质全株玉米青贮的制作关键技术

1. 品种的鉴定和最佳收获期的确定

应选择普通品种或活秆成熟的普通品种,其能量密度高,产量较高,种植面积大,易采购。

田间品种鉴定方法:除了查阅品种简介外,在田间 10～20 m 深处,在 1/2 乳线期,随机抽取 5 个单株,留茬 20～30 cm,同时查看是否有与青贮品种混种现象。立即测定每个单株的鲜重,假设此时的单株鲜重为 800 g,干物质含量为 30%,预计全株玉米的干物质重量为 240 g。然后将玉米棒掰下,手工脱粒,在微波炉里烘干,称重,籽粒重大于 120 g 即可(图 1-1-1)。

成熟度的鉴定:在田间 10～20 m 深处随机抽 5 个以上的玉米棒,不能只挑大棒鉴定。将玉米棒从中间掰断,看尖头半截玉米棒的截面,此面为胚乳的面,用指甲掐一下,如果已处于蜡熟变硬的部分达到玉米粒的 1/2 即为 1/2 乳线期,见图 1-1-2。

普通玉米品种

活秆成熟品种

用近红外仪快速测定营养

颗粒度一致性和籽粒破碎率高

图 1-1-1　品种的鉴定

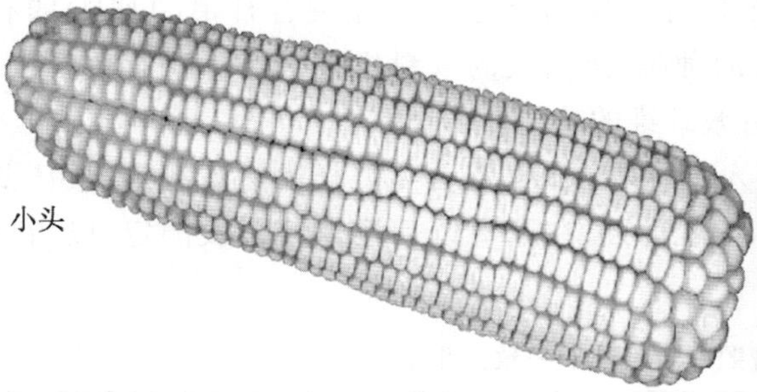

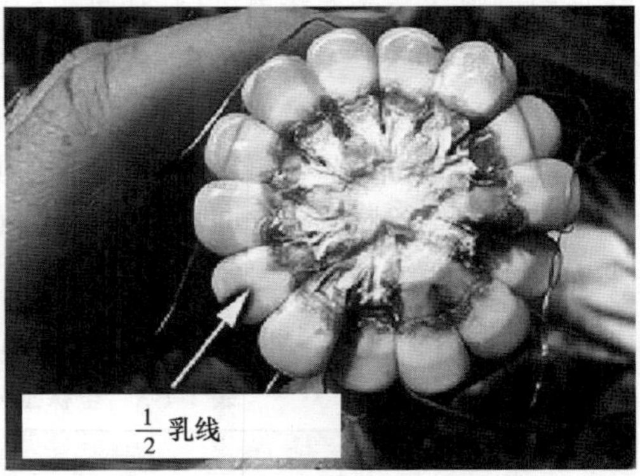

1/2 乳线期

图 1-1-2　玉米成熟度的鉴定

青贮玉米最佳收获期应以籽粒成熟度为准，不是以干物质含量为准，干物质只是成熟度的指示性状。全株玉米青贮最佳的收获期为 1/2～3/4 乳线期，其间有 10 d 时间，此时可收获最大的营养物质，淀粉含量和消化率适宜，产量也适合。最佳收获期还要综合考虑气候、收获量、机械配套能力、竞争性等因素(图 1-1-3)。

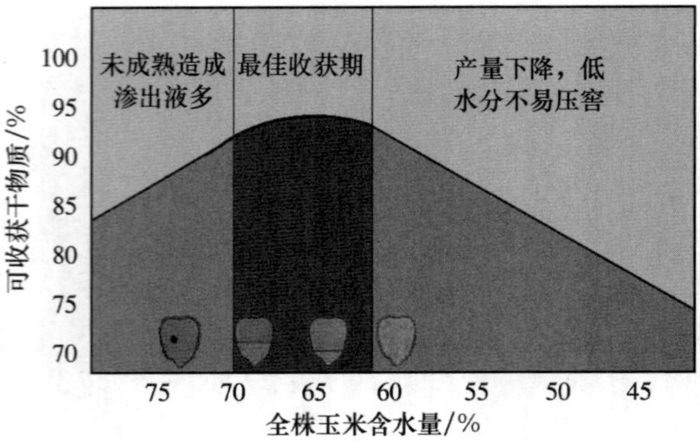

图 1-1-3　全株玉米青贮最佳收获期

2. 留茬高度

为减少土壤梭菌对青贮的发酵和提高全株玉米青贮的可消化营养物质，一般将留茬高度定为 20～30 cm(图 1-1-4)。留茬越高，青贮营养价值越高，产量越低；如果是自己的农田，可以留茬更高些，虽然产量减少，但在产奶量上盈利更多。

图 1-1-4　留茬高度

3. 切段长度与颗粒度一致性

切割长度一般在 1.5～2.0 cm，干物质越高一般切得越短，以保证压窖密度。切割长度随当地粗饲料资源的变化而不同，如果粗饲料主要依靠全株玉米青贮，切割长度就应该长些；如果优质粗饲料种类丰富而价廉，即使青贮玉米切得短些，也不会影响全混合日粮(TMR)的有效纤维含量。在确定长度时也要考虑取料机的种类，滚筒式的取料机会破坏一些有效纤维；铲车取料破坏得少些，即使短些也会保留其有效纤维的功能。

颗粒度一致性可用宾州筛测定。在原料入窖时取 500 g 混合青贮样品进行测定，最佳要求为第 1 层和第 2 层质量占 80%，其中第 2 层为 70%，在开窖以后还需要再次测定，以指导 TMR 的制作(表 1-1-3，图 1-1-5)。

表 1-1-3　全株玉米青贮原料颗粒度一致性测定

宾州筛	质量/g	占总质量/%	标准/%
第 1 层	49.05	8.6	6～12
第 2 层	415.85	72.7	65～70
第 3 层	99.61	17.4	6～15
第 4 层	7.13	1.2	2～6
总计	571.64	100	

数据来源：现代牧业宝鸡牧场，2017 年。

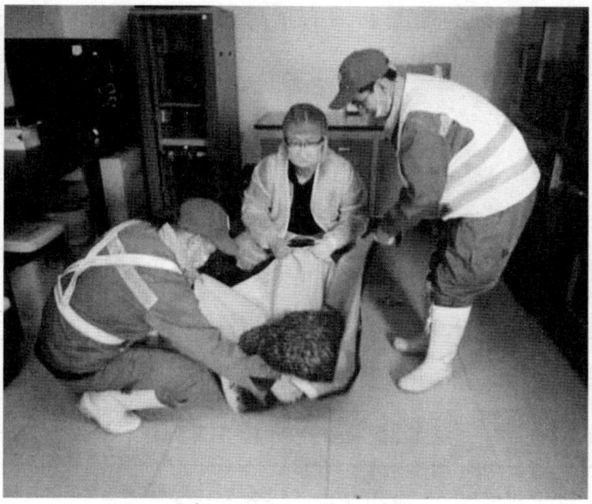

混合样品，四分法缩样

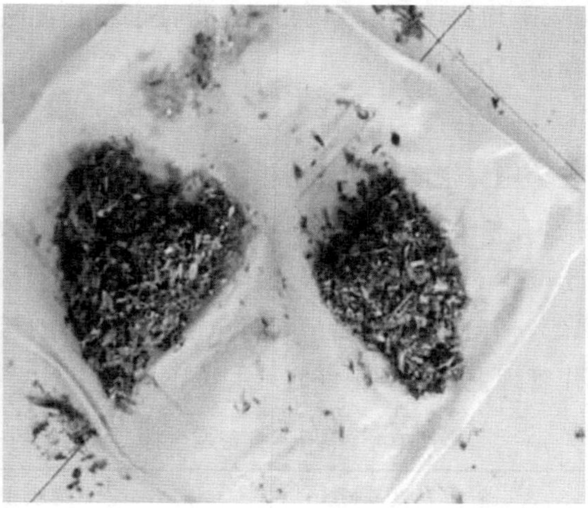

对角线缩样

筛分饲料

筛分结果

图 1-1-5 使用宾州筛测定颗粒度一致性

4．运输

尽量在牛场附近(30 km 以内最佳)选择玉米地进行收获，运输时间短为宜。因为酵母菌会在 1 h 后就引发青贮料产热，霉菌会在 4 h 后引发产热。所以，运输时间一般控制在 4 h 以内为宜。但是，在实际生产中青贮的入窖时间都在 6 h 以上，甚至达 20 多个小时，其温度可以上升到 40℃以上，造成营养物质损失，影响后期发酵，南方高温高湿地区发热更严重。因此，在地头用青贮收获机喷洒拉巴克思有机酸盐保鲜剂是解决这一问题的有效方法。

运输车辆数量的管理目标为运输车辆充足，保证田间收获机械不停，窖头原料不断，压车时间不能太长。充分协调好高速公路绿色通道，保证快速通行不压车。

例如，在集宁采收玉米运输到察北，使用拉巴克思有机酸盐保鲜剂可显著地降低青贮温度。从试验结果看，每吨喷洒 100 g 拉巴克思有机酸盐保鲜剂可明显抑制全株玉米青贮因长途运输的发酵产热，温度在运输过程中只上升 2℃；测定 17 万 t 青贮玉米温度的大数据充分证明了同样的结果，拉巴克思有机酸盐保鲜剂可保证 20 h 为安全运输时间，青贮没有明显产热，平均到场温度为 24.5℃，保证了察北牧场的青贮原料的质量。在陕西长途运输 8 h 以上，温度只上升了 4℃。

5. 压窖

压窖密度对青贮制作成功与否至关重要。密度越高，青贮料的空隙度就越低，氧气就越少，有利于创造厌氧环境和乳酸菌的发酵，有利于减少好氧菌，如酵母菌、霉菌等的活动，有利于减少干物质的损失。国外资料表明即使密度超过 800 kg/m^3 时，干物质的损失也会达 13%～15%，这是发酵要付出的正常代价。因此，密度要求在 800 kg/m^3 以上，牛场在青贮制作管理上一定要把好密度关。不同密度对干物质损失的影响见表 1-1-4。

表 1-1-4　不同压窖密度全株玉米青贮的干物质损失（干物质 32%，6 个月后开窖测定）

鲜重密度/(kg/m^3)	干物质密度/(kg/m^3)	干物质损失率/%
500	160	20.2
700	225	18.2
890	285	13.4

要保证压窖密度，首先要根据进料的速度提前安排好压窖机械。目前，大多企业选择 50 铲车压窖，如果有条件可以选用纽荷兰 T8040 或 Massey Ferguson 8690 等大型压窖拖拉机，以提高压窖效率和密度。可以按以下公式进行初步估计需要压窖机的数量和进料的速度。

需要压窖机数量（台）＝当日青贮入窖量（t）/［设备自重（t）×当日工作时间（h）×1.75］

进料速度（DM t/h）＝压窖机重量（kg）/365

如果青贮窖空间只能允许 3 个 50 铲车压窖，每小时的青贮进料量要控制在 400 t（干物质按 30%计）以内，才能保证良好的压窖密度。卸车速度慢也会影响进料速度。

（1）压窖前的准备工作。首先要清理好青贮窖，清除窖底、窖壁的发霉废弃料，可以用高压水枪冲洗；清理青贮窖排水道等，可用 5%碘伏或 2%漂白粉溶液进行消毒，然后晒干，太阳的紫外线是很好的消毒剂。然后在窖内壁铺上塑料薄膜，塑料薄膜必须铺到窖底并内延 60 cm，用轮胎压住，防止被风吹开。薄膜的长度要依据窖高和窖宽而定，两窖壁预留的薄膜长度要保证封窖时相互交错遮盖 1.5 m，墙壁的内膜之间重叠也要达到 1 m，以保证窖的密封性。也可以在窖顶铺绝氧膜。

（2）起窖头工作。青贮窖起窖头工作十分重要，起不好会直接影响后续的压窖密度，过去往往被人忽视这一工作。起窖头分 3 种情况：窖头有墙的青贮窖、两头开放的青贮窖和堆贮。对于第 1 种窖，第 1 车青贮料要卸在距窖头墙 12 m 外的地方，这样可以保证铲车能分层将料推至窖头，每层厚度 10～15 cm，然后用铲车压窖，一进一退为一个压窖行程，车尽量压到窖头，窖头压不到的地方，起初要安排专人踩压，等斜面起来后就不用人工踩踏了，因为压窖机的压力可以传导到窖头压不到的地方。铲车倒车压窖时，要保证车辙与前进车辙有 30%的重叠，不要按原辙退回。起窖头时一定要保证压窖密度高，一般每层压 2～4 遍，如果底层密度低，会造成全窖的密度都低于底层，而且会大大增加后期的压窖能耗。因此，窖头的密度决定全窖的密度，一定不能图快，要认真地一层一层地压，卸料逐步后退，最终形成 30°的斜坡，这才算完成了起窖头工作。对于第 2 种窖，可以在距窖头 20 m 的地方起窖头，第 1 车的料卸在距窖头 20 m 外的地方，然后推平成 15 cm 厚度的面，压窖可以来回翻越压窖，没有窖头墙壁的妨碍，压窖更方便快捷，压窖次数和方法同上，逐步形成拱坡和 30°的坡度，最终建成窖头，并从一头进行封窖，同时在另一头按照正常的压窖方法进料和分层压窖，最后压完全窖。对于第 3 种堆贮窖，可以按照场地的大小和形状决定在哪里起窖，起窖方法与第 2 种接近，只是可以从 4 个方向压窖，压窖方法相同，只是要保证窖堆呈半弧形状，以保证压窖机可以翻越窖顶来回压窖即可，坡度也为 30°。

(3)压窖关键技术要领。必须采取分层压窖的方法进行压窖，青贮料要用铲车分层推入窖内，每层厚度 15 cm，然后进行压窖 2 遍，来往轮辙要有 30%覆辙，避免在同一个车辙里重复压碾，行车速度要慢而稳。窖墙边的料可以略厚些，有利于压窖机靠墙压窖，不会剐蹭窖墙。在推料时注意逐步形成 30°的斜坡，边压边后退。注意不要在推料时将已压好的青贮料翻动，还要保证卸料区与压窖区有明显的界限，做到地面干净，如图 1-1-6 所示。当窖压到窖墙高时，就要改换成窖顶压窖方法。此时，不仅要纵向压窖，如果窖宽可以进行横向压窖，横向压窖的轮胎一定要压到窖墙边，而且一定要压实。为防止压窖机翻下窖墙和切实保证能压到窖边，可以采用“人”字形压窖法压窖，如图 1-1-6 所示，每次将一个前轮斜向压至窖墙边，然后退回，再向前进半轮压至窖边，依次渐进，压完一边再压窖的另一边，每层厚度 15 cm，用“人”字形法压好每层窖边，窖顶中间部位可以采取纵向或横向反复压窖法以保证压窖密度，逐步起高。一般窖顶的高度高出窖墙 1～1.5 m，呈中间略高、两边略低的弧形。许多牛场压不好窖顶，或者不会压窖顶，造成密度不够，窖顶 50 cm 发霉较多，或者酵母发酵层较厚，干物质损失达 10%～20%。所以，一定要学会窖顶压窖方法。错误的压窖顶方法有以下几种情况：当青贮料高出窖墙时，压窖机不敢压到墙边，第 1 层没有压实，墙边越来越松，压窖机更不敢压到窖边；窖顶上料厚度太高，超过 15 cm，甚至有些牛场直接用钩机或铲斗上料，这是完全错误的。窖顶的料必须从窖 30°坡下用铲车推上来，每层厚度为 15 cm；窖顶高度不要超过窖墙 2 m 以上，太高压窖容易翻车，其次开窖后取料机的臂长不够高度，造成取料困难，或出现掏空取料，严重时会出现塌方，造成机毁人亡。

青贮窖准备

第 1 车料倒在窖头 12 m处

逐层压好窖头

保持卸料地面清洁

压好窖边

大型机械压窖

高密度压窖

“人”字形压窖顶

料倒在窖外，分层推入窖顶，分层压窖，形成 30° 斜坡封窖后经常检测窖的变化

分层测密度

封窖后经常检查窖的变化

图 1-1-6　压窖关键技术要领

6. 封窖

封窖必须采取边压边封的方法封窖，以减少青贮料暴露在空气中的时间。窖顶每压好 15 m 以上就可以分段封窖，封窖时首先要用铁锹修好窖边斜坡和清理窖墙头，用钢叉将窖顶凹凸车辙印抹平，以便减少封窖后的空气含量，增加内膜与青贮料的黏附度。也可以在窖顶 30～50 cm 喷洒拉巴克思有机酸盐保鲜剂，再用内膜密封，可以杜绝霉变。如果采用绝氧膜封窖就不必喷洒保鲜剂，绝氧膜可以起到隔离空气的作用。在封内膜时，要将窖两边的内膜像包饺子似的将青贮料包在膜内，两张内膜相互重叠 1～1.5 m，在结合处涂黏合胶将它们粘紧，特别是重叠 1 m 时，一定要用黏合胶。内膜与内膜之间也要有 1～1.5 m 的重叠，也应在结合处用胶黏合，见图 1-1-7。

边压边封窖，先封内膜，后铺黑白膜

图 1-1-7　铺内膜和黑白膜

内膜封好窖后，再用黑白膜覆盖，同样采取边压边封的方法封窖。黑色面朝下，白色面朝上，以反射阳光。膜与膜之间也要重叠 1～1.5 m，由窖顶高处向低处呈瓦状重叠铺设，以免下雨和雪水流入窖内。铺好后，首先在两张黑白膜交叠处用废旧轮胎一个挨一个地压住结合缝，然后在窖顶按一定的密度压好轮胎。最好一个挨一个地压，增加压窖的重量和减少风损。在窖墙边要预留 100 cm 以上的黑白膜，在窖墙边折叠备用，黑白膜的边要贴墙沿上折，或上折到窖墙顶，然后用沙袋一个挨一个地压好(图 1-1-8)。轮胎不足时，也可以用沙袋压窖顶，膜结合处要压密，其他部位可以以网格式摆放压窖。沙袋一定要用专业的沙袋，一般编织袋和普通塑料袋很容易分解破损，造成沙土污染青贮。在一些寒冷地区，可以在黑白膜下铺一层化纤保温被，或在黑白膜上盖一层草帘子，既能保温，又能增加压窖的重量，提高发酵效果和减少冻窖层。在高寒地区，封窖后气温已经接近 0℃，发酵缓慢，当窖内温度低于 6℃时，乳酸菌就会停止发酵，青贮窖在冬季处于“半发酵”的状态，pH、乳酸积累都不够标准，几乎无乙酸，或者乙酸含量只会是标准的 50%，等到来年春暖花开时，青贮继续完成发酵，直至达到稳定状态。如果提前使用“半发酵”窖，常常会出现严重的二次发酵。

封窖后 2 周是青贮窖内部剧烈有氧发酵和产气的阶段，压窖密度低时还会出现塌陷和窖面下沉的现象。所以，封窖后不是工作的结束，还要经常到窖上检查窖的密封情况，如出现塌陷，要重新起开沙袋，将预留的黑白膜释放出来，避免撕裂黑白膜，膜之间、膜与窖墙之间要保证密封，把沙袋重新摆好，还要保证能较好地排水。要经常检查是否有被鸟啄破的孔和被鼠咬破的孔，发现后要及时用防水胶带密封，小孔会造成大损失，见图 1-1-9。

用沙袋压边，用轮胎压窖顶

图 1-1-8　用轮胎和沙袋压窖

小孔造成大损失，要及时发现、修补

图 1-1-9　及时密封被鸟啄破的小孔

7. 青贮添加剂的选择与使用

使用青贮添加剂可以实现良好的发酵，减少青贮在制作过程中干物质和能量的损失以及防止二次发酵。这种损失分为显性损失和隐性损失，凡是可以看到的，并且可以度量的损失属于显性损失，如发霉、变质、水淹等，可以直接用数量进行度量。而隐性损失是看不见的，不好度量的，一般干物质损失会达到 15%～25%，而这些干物质主要是细胞内的糖和淀粉（降解为糖）等内容物。隐性损失是常常被忽视的严重问题，牛场往往会把青贮质量不好归咎为原料收获或压窖密度等方面的原因，而忽视了营养的保护。隐性损失最大的危害就是造成牛奶产量和经济效益的下降。隐性损失主要发生在以下 3 个重要阶段。

第 1 阶段，运输到入窖的发酵产热阶段。长途运输和压车造成酵母菌和霉菌快速繁殖产热，也包括植物细胞的呼吸作用，消耗了青贮的可溶性糖类、蛋白质等营养物质。运输过程中，其温度越高，营养物质就消耗得越多，钱就会变成热量不翼而飞了。并且，由于酵母菌和霉菌的数量增多会极大地影响封窖后的乳酸菌发酵，造成氨态氮和丁酸含量增高，乙酸含量偏低，二次发酵严重。

第 2 阶段，封窖后的有氧发酵阶段。在封窖后有氧发酵阶段会产生第 2 次的隐性营养损失，主要是由植物细胞的呼吸作用、酵母菌和霉菌发酵所致，其营养损失的表征也是温度升高，高温发酵会严重造成营养物质的损失，产奶净能下降。

第 3 阶段，开窖后的二次发酵阶段。最重要的隐性损失发生在开窖后的二次发酵，其温度越高营养损失就越多。

因此，笔者提出了低温发酵和高温发酵的概念，它们的温度界限值因地区不同而有所不同。在高寒地区低温发酵的最高温度可能是 28℃，而在华北平原可能是 32℃。低温发酵可以将营养损失降到最低，青贮的颜色呈绿黄色、接近原色或黄绿色，而黄色、蛋黄色、褐色和金黄色均属于高温发酵。要解决上述问题，保证低温发酵，除了减少运输压车发热、提高压窖密度和缩短封窖时间之外，另一个有效方法就是使用青贮添加剂。

添加青贮添加剂是十分必要的，通过 2018 年在现代牧业察北牧场进行的试验可以充分说明这一问题。本试验同时制作了添加拉巴克思复合添加剂(有机酸盐保鲜剂＋青贮一号乳酸菌发酵剂)和未添加任何青贮添加剂(对照)全株玉米青贮 2 个发酵窖，封窖后测定窖内温度动态的变化以比较发酵积温。处理窖全株玉米青贮收获于内蒙古集宁地区，在地头喷洒拉巴克思有机酸盐保鲜剂，以控制长途运输的发酵产热，原料到场卸车长达 15～20 h，温度上升幅度控制在 2～3℃。在压窖时分层喷洒青贮一号乳酸菌发酵剂，改善发酵，平均密度为 698 kg/m^3。对照窖为不添加任何青贮添加剂，全株玉米青贮收获于当地，其运输距离短，入窖时间短，平均密度为 704 kg/m^3。每个窖在封窖后立即分别安装了 2 个动态温度测定仪，每 0.5 h 自动测定一次窖内的温度，连续测定 71 d，测定结果分别见图 1-1-10 和图 1-1-11。

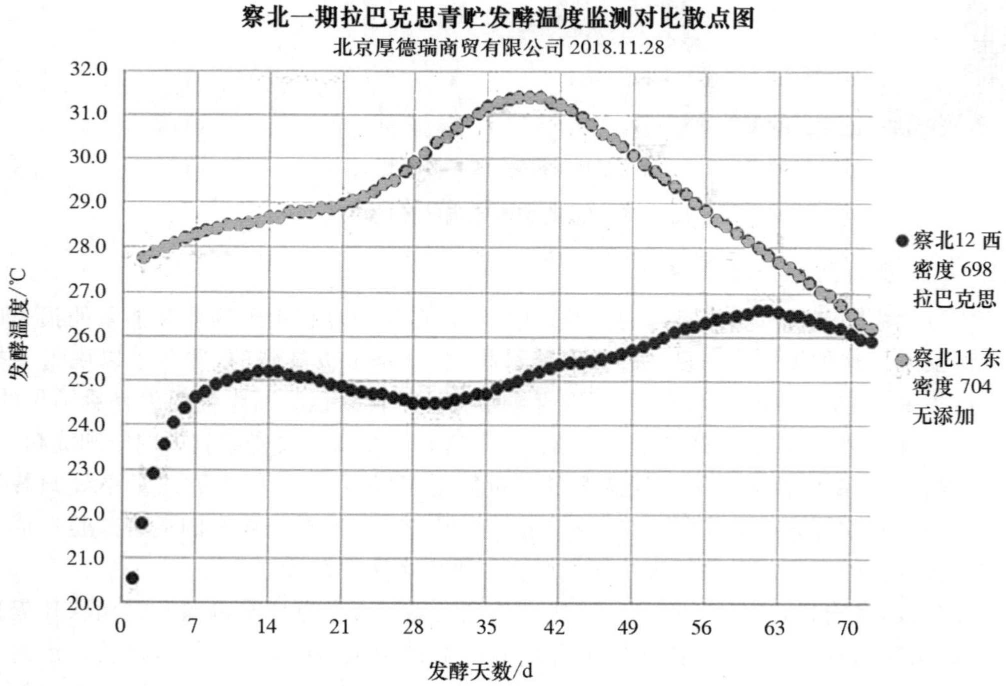

图 1-1-10　拉巴克思复合添加剂对全株玉米青贮发酵温度的影响

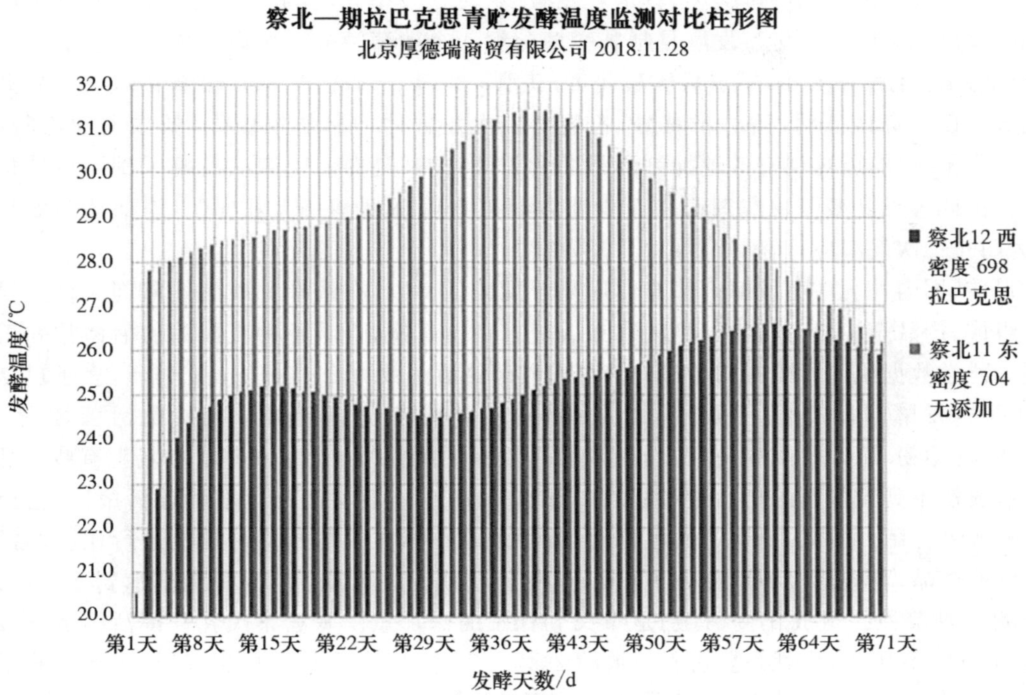

图 1-1-11　拉巴克思复合添加剂对降低全株玉米青贮发酵积温的影响

由图 1-1-10 可见，对照窖（11 号窖）发酵温度最高时高于处理窖（12 号窖）6℃之多，充分说明添加青贮添加剂对保证低温发酵的显著作用。图 1-1-11 可以看出在发酵过程中，未添加青贮添加剂的窖发酵积温比处理窖提高了 15.5%，这些多余的热量相对体现了营养损耗的量，如果对照窖的青贮也是从集宁长途拉运的，营养损失会更大。由此可见，添加拉巴克思复合添加剂对营养物质具有保护作用。

青贮添加剂按功能可分为许多类型，市场上普遍使用的主要是 2 种类型：乳酸菌发酵剂和有机酸盐（或有机酸）保鲜剂。这 2 种添加剂各有各的作用，使用时要根据自己的需要正确选择。

（1）乳酸菌发酵剂。对于全株玉米青贮，青贮发酵主要要解决封窖后的有氧发酵发热和开窖后的二次发酵问题，解决这些问题的核心是如何有效地抑制酵母菌和霉菌等的繁殖产热。因此，在乳酸菌发酵剂产品中常采取复合菌种的配方，一般由植物乳杆菌、球菌和布氏乳杆菌 3 类组成。青贮添加剂加入球菌（如戊糖片球菌、屎肠球菌和粪肠球菌），其目的是利用其繁殖速度快的特点，在封窖后 1～5 d 快速产生乳酸，降低 pH，来抑制植物细胞的呼吸作用和酵母菌、霉菌的繁殖。球菌比植物乳杆菌繁殖产酸速度快，如同“短跑运动员”，但其“耐力”有限，到了一定 pH 后就被抑制了，产酸力下降。植物乳杆菌耐酸性强，可以持续产酸，继续将 pH 降到 4.2 以下，如同一个“长跑运动员”直到终点，可以将 pH 降到 3.6～3.9 的水平。pH 低到一定极限时，植物乳杆菌也受到了抑制，停止了发酵，使青贮窖进入稳定阶段。布氏乳杆菌可以在产生乳酸的同时，产生同量的乙酸，低浓度的乙酸即可有效地抑制二次发酵，它需要 2 个月的时间完成有效浓度的沉积，所以开窖一般定在 2 个月之后，其主要的作用是防止二次发酵。

乳酸菌通过消耗青贮料里的葡萄糖，转化为乳酸，导致 pH 下降，起到抑制酵母菌和霉菌繁殖的作用。可以分为同型发酵和异型发酵。同型发酵是指乳酸菌分解 1 个葡萄糖分子可以合成2个乳酸分子的发酵类型，其消耗糖较少，转化效率高，合成乳酸多，植物乳杆菌就属于同型发酵的乳酸菌。异型发酵是指乳酸菌分解1个葡萄糖分子可以合成1个乳酸分子和1个乙酸分子的发酵类型，就合成乳酸而言，其消耗糖就相对较多，布氏乳杆菌就属于异型发酵的乳酸菌。资料证明，相对于乳酸，乙酸对二次发酵的抑制作用更强，低浓度的乙酸（≤3.5%，占干物质）就可以有效地抑制酵母菌和霉菌，尤其是对防止二次发酵起到不可替代的作用。由此可见乳酸菌发酵剂必须至少要含有植物乳杆菌和布氏乳杆菌，添加球菌效果更好，为防止二次发酵应该在2个月后开窖为宜。

目前，国内外乳酸菌发酵剂普遍使用复合配方。所以，在选择乳酸菌发酵剂时首先要看菌种组成，产品至少要有植物乳杆菌和布氏乳杆菌。其次，要看各种乳酸菌的活菌数和组成比例。科学数据说明青贮料初始最佳接种乳酸菌的活菌数为2×10^5 cfu/g鲜料，多了也是浪费，少了则发酵启动得慢。根据这个数据，一般乳酸菌发酵剂的总乳酸菌活菌数$\geqslant1\times10^{11}$ cfu/g菌粉，每吨青贮料使用2 g菌粉就可以保证最佳的初始接种量。市场上有些产品的使用量就达不到乳酸菌的初始接种量，甚至低了200倍。有些产品无法保证活菌数，甚至就没有布氏乳杆菌。所以，要谈产品性价比，就必须是在标准的初始接种量上进行比较，否则，同一价格产品，乳酸菌接种量却少了200倍，性价比就无法比较了。总活菌数达到要求后，下一步就要看菌种的组成比例，特别是布氏乳杆菌的添加量。一般布氏乳杆菌活菌数$\geqslant(2\sim3)\times10^{10}$ cfu/g菌粉，也就是要占到总数的20%～30%，但也不是越多越好，布氏乳杆菌添加太多，产生的乙酸过多，会影响适口性和采食量，成本也会上升。球菌一般占10%，即在配方中标注，活菌数$\geqslant1\times10^{10}$ cfu/g菌粉，其余就是植物乳杆菌了，一般活菌数$\geqslant(6\sim7)\times10^{10}$ cfu/g菌粉。最后，菌种的产酸能力和耐酸能力是不同的，如同青贮玉米品种产量不同一样，有好有差，菌种属于乳酸菌生产厂育种和筛选的科技成果。每个公司均有自己的优良菌株，而且有长期种质库。有自己种质保存库的企业才能长期保证每批扩繁的菌剂其遗传纯度不变，菌种的性能不退化，可防止由于基因突变等遗传变异给产品性能带来的不利影响。连续继代扩繁的菌种一定会发生遗传变异，保证不了产品的质量，因为乳酸菌特别脆弱，环境应激很容易造成其基因突变，连续继代繁殖极易造成“基因漂变”(gene drift)。除此以外，生产厂的设备条件和生产水平也很重要，如发酵罐、包埋技术和冷冻干燥技术等，尤其是冷冻干燥包埋技术是非常重要的，冻干菌粉的活菌处于脱水休眠状态，不易受环境因子的影响，适宜贮藏和运输，容易保证活菌数，建议首选冻干菌粉，用户应对菌粉进行活菌数抽样检查，打击假冒伪劣产品，认准品牌是保证质量的有效手段，对品牌的信任就是对产品质量的信任。所以，乳酸菌生产厂应十分注重对品牌信誉的维护，一旦失信就没有人再相信你的产品了。

综上所述，如何选择产品，一看总活菌种数和有效接种量，二看菌种组成，三看菌种组成比例；最终看效果，看是否达到优质的发酵水平和防止二次发酵，保证开窖后2～4 d青贮不发热，有氧稳定性可靠。

(2)有机酸盐保鲜剂。有机酸盐保鲜剂常常由山梨酸钾、苯甲酸钠、丙酸盐等组成，这些有机酸盐也是食品保鲜剂，均列入了国家食品、饲料保鲜添加剂目录中，是安全合法的。上述有机酸盐专门抑制酵母菌、霉菌等，而不抑制革兰氏阳性菌，如乳酸菌等。有机酸盐的抑菌效果均有其最适pH范围，苯甲酸钠在中性环境下抑菌效果最好，而山梨酸钾是在酸性环境条件下(pH 4.2以下)抑菌效果更强，两者复合使用可以在青贮制作全程有效地抑制酵母菌和霉菌。丙酸盐抑制效果更强，但成本较高。有机酸盐是一种接触性抑菌和杀菌的保鲜剂，不具有流动性，只要均匀地喷洒在物料上，无论是在运输过程中，还是在窖里，在它周边酵母菌和霉菌就难以生存。它不具有挥发性，其浓度和剂量可保持稳定，抑菌效果稳定。另外，它是粉剂，易于运输与保存，腐蚀性小，对人和机械较安全，使用时再溶解。其极易溶于水(水温≥15℃)，1∶1(体积比)比例都可以快速溶解。所以，是市场上非常受欢迎的产品。

有机酸盐不抑制乳酸菌，与乳酸菌同时使用可以起到双重抑制二次发酵的作用。也可以单独使用，利用野生的乳酸菌自然发酵，产生乳酸和乙酸，但其发酵的速度相对较慢。在封窖初期，乳酸菌不可能有效抑制酵母菌和霉菌的活动，容易出现高温发酵现象，特别是在压窖密度低的情况下，可以看到封窖后青贮窖长时间的胀气，其说明了酵母菌和霉菌繁殖产热和产气严重。如果添加了有机酸盐，就可以提前起到抑制的作用。所以，凡是添加有机酸盐的全株玉米青贮的颜色都是绿黄色，说明保证了低温发酵。

经测定在封窖后30～60 d乙酸含量较低，起不到抑制二次发酵的作用。在高寒地区由于封窖后气温就很低，夜间常常是0℃以下，60 d开窖时乙酸含量常在0.9%～1.5%，很易引起二次发酵。所以，要提前开窖，建议使用拉巴克思复合添加剂(有机酸盐保鲜剂＋青贮一号乳酸菌发酵剂)，通过有机酸盐来抑制二次发酵，同时也促进了乳酸菌的发酵，70 d内乙酸沉积量可以达到2%～3%，防止二次发酵。

有机酸盐还有一个作用就是防止青贮霉变。一是在封窖时，可以在顶层30～50 cm青贮上喷洒有机酸盐溶液，可以杜绝顶层的霉变。二是当青贮玉米水分过低时(干物质36%～50%)，如玉米感染了青枯病或者由于提前下雪造成玉米提前干枯，或者由于收获延迟，干物质过高。在这种低水分玉米青贮时，添加有机酸盐可以有效防止霉变，同时促进乳酸菌的发酵，保证青贮的质量，特别是在玉米黄贮时效果更明显。

(3)有机酸保鲜剂。有机酸保鲜剂一般由甲酸和丙酸铵等组成，液体，具有刺激性和挥发性。甲酸有较强的杀菌和抑菌的作用，无论酵母菌、霉菌，还是乳酸菌均可以杀灭，不能与乳酸菌同时使用，一般用于封窖时的顶层防霉处理。也可在青贮长途运输过程中使用，但其具有挥发性，难以保证浓度的稳定性，全窖按正常剂量喷洒成本较高，现在市场主要应用的是巴斯夫产品。有机酸产品要在及其严格的管理下运输和使用，其腐蚀性强，对人皮肤、呼吸道和机械都会造成影响，要谨慎运输与装卸。使用时人要穿戴防护服，避免迎风喷洒。

(4)使用与保藏。乳酸菌冻干粉可以在常温贮藏，但要严格避免在日晒、高热和潮湿的地方贮藏，常温下，一般可以保藏6个月。如果在－18℃以下的冰箱里保藏，保质期可达1年以上。使用时，按照产品说明书执行。

液体的乳酸菌发酵剂需要在冷链条件下运输与贮藏，温度为0～5℃。由于乳酸菌处于活的状态，培养液体里加有营养物质供乳酸菌使用。如果温度越高，乳酸菌繁殖越活跃，消耗养分就越快，待养分耗尽时乳酸菌就会大量死亡。低温下贮藏可减缓繁殖，保质期可以延长。液体菌液减少了低温冻干包埋成本，所以售价可以大幅度降低，如果能确保冷链运输与贮藏，保证活菌数量不减少，使用效果较好，成本低。但在实际生产中受许多因素的影响，无法保证活菌数。该产品的使用要严格按产品使用说明书执行。

有机酸盐是粉剂，袋装。须在常温、避光、干燥处贮藏。常温下可贮藏1年以上，由于堆压可能会出现结块，不影响使用。其极易溶于水(水温≥15℃)，1∶1比例都可以快速溶解，溶解后加入喷药水箱。它腐蚀性小，但也要注意人体保护，如果溅于皮肤上要尽快用水洗尽。该产品的使用要按产品使用说明书执行。

有机酸保鲜剂是液体，塑料桶装，须在常温、避光、干燥处贮藏。注意不要被机械和人畜轻易触碰，造成倾翻溢出。要进行人员专门培训，使用时穿着防护服、手套、口罩和眼镜等，避免迎风喷洒，其腐蚀性大，如果溅于皮肤上要尽快用水洗尽。该产品的使用要按产品使用说明书严格执行。喷洒青贮添加剂的方法见图 1-1-12。

添加青贮添加剂

在线喷晒青贮添加剂

在窖上喷晒青贮添加剂

人工喷晒青贮添加剂

图 1-1-12　几种喷洒青贮添加剂的方法

8. 开窖管理

开窖前，青贮窖内已处于稳定阶段，CO_2的浓度为 50%～60%，无 O_2。空气中的 O_2 含量为 21%，CO_2 含量为 0.04%，开窖后，根据空气扩散原理，高浓度的氧气就会从外界进入窖的内部，CO_2 会释放出来。据资料表明，即使青贮窖的密度为 800 kg/m^3，O_2 也能穿透到窖的 75 cm 处，在那里开始引起二次发酵。如果密度低，二次发酵的深度会更深，这也是通常要求每天取料深度≥35 cm 以上的原因，保证暴露于 O_2 的料要在 2 d 内喂到牛嘴里。所以，开窖管理的主要任务是尽量减少人为因素造成的二次发酵。

二次发酵：开窖后，酵母菌和霉菌在有氧的条件下，快速繁殖，消耗青贮料中残余的糖分和乳酸，释放出 CO_2、水和热量，这一现象叫二次发酵。定义为只要青贮较原先温度升高 2℃即可认为产生了二次发酵。二次发酵会造成干物质和能量的损失，其重要的表征为青贮发热，升温越高，二次发酵越严重，干物质和产奶净能损失得就越多。全株玉米青贮二次发酵造成温度上升 10℃是常见的事，从表 1-1-5 中可以看到每天干物质和产奶净能损失分别为

2.3%和1.0%。如果温度上升了25℃，干物质每天损失5.8%，产奶净能减少2.5%，如果2 d才能吃到75 cm处，干物质和产奶净能的损失分别会达到11.6%和5.0%，其隐性损失是十分巨大的。

在取料时还发现，一个有氧稳定性好的窖，如果不注意取料的截面管理，很容易人为引发二次发酵，特别是用铲车由下向上取料，会造成大面积青贮料的松动。取料时严禁一次性取料，堆放在窖内供全天使用，特别是夏季，要随取随用，做好窖截面管理(图 1-1-13)。

表 1-1-5　不同程度二次发酵造成的营养损失

温度升高/℃	日干物质损失/%	日产奶净能损失/%
5	1.2	0.5
10	2.3	1.0
15	3.5	1.5
20	4.6	2.0
25	5.8	2.5
30		3.0
45		4.5

良好的窖面管理，不堆料

没有二次发酵（26.1℃）

铲车横向取料

滚筒取料机取样

图 1-1-13　窖面管理与正确的取料方法

9. 取样与质量评价

青贮的取样和检测工作很重要，直接影响着饲喂量。由于青贮的压窖是分层入料和压窖的，9 点随机取样法也不宜代表全窖的质量，根据压窖的特殊性，认为采取垂直全截面取样法较为适合。

(1)取样方法。取样时间和取样方法如下所示。

①取样时间：由于青贮来料复杂，营养成分和干物质含量波动大，为保证奶牛准确的采食量，每 7～15 d 取一次样为宜。

②取样方法：取样时，在窖的中间，从窖顶到窖底部，先将前 1 d 的截面铲去 30 cm 以上，将料推到一边。然后再从上到下，用取料机在里面取 5～10 cm 的料，堆在窖的地面上。最好是在饲喂取料后，立即在现场取样，工作不重复，省时省力，效果也好。然后人工用铁锹匀翻 2 遍，将均匀的料平铺在地面上，厚度相同。此时，人工随机抓取 10 点以上的样品，手不要抖动直接放在密封袋里，作为一个混合样。同法，一次共取 3 个重复样品，每个样为 1～1.5 kg，装入塑料密封袋中，放入标签，压实排除多余空气，用抽真空袋更好。同时，在样品袋上用油性记号笔写好编号和窖号，并在笔记本上做好相应的样品信息记录，备查。标签上要注明样品名称、窖号或样品编号、采样日期、送样人(单位)和联系电话。要用铅笔写标签，纸张要选不易被青贮水分损坏的厚硬纸张。取样后立即放入冰箱冷冻，第 2 天将冷冻的样品放入保温箱里，放上冰袋若干，密封，交快递送往实验室，并追踪快递信息，及时监督样品到达实验室的状况，敦促及时放入冰箱。或者将样品在实验室用烘箱烘干，测定其干物质含量后，再将样品快递到实验室。取样方法如图 1-1-14 所示。

图 1-1-14　垂直全界面混合取样法

(2)现场快速质量评价。现场评价主要评价以下指标。

①颜色：颜色可以指示青贮的发酵过程是否正常。低温发酵的颜色一般为绿黄色和黄绿色，颜色接近原色，越接近原色说明越新鲜。高温发酵的颜色一般为黄色、蛋黄色、金黄色、褐色。颜色对比见图 1-1-15。颜色越偏后说明温度越高，能量损失得就越多(图 1-1-16)。

要检验窖截面颜色的一致性。一致性高说明整窖发酵效果一致性高，出现分层的现象说明入料和压窖工作的不连续性，或者在喷洒青贮添加剂时不均匀、漏喷或者进料干物质差异太大。如果有这种现象发生，今后就要改进压窖的技术。

绿黄色

黄绿色

黄色

褐色

图 1-1-15　不同温度下青贮料的发酵颜色对比

窖上下颜色一致

窖上下颜色出现分层现象

安装温度动态测定仪

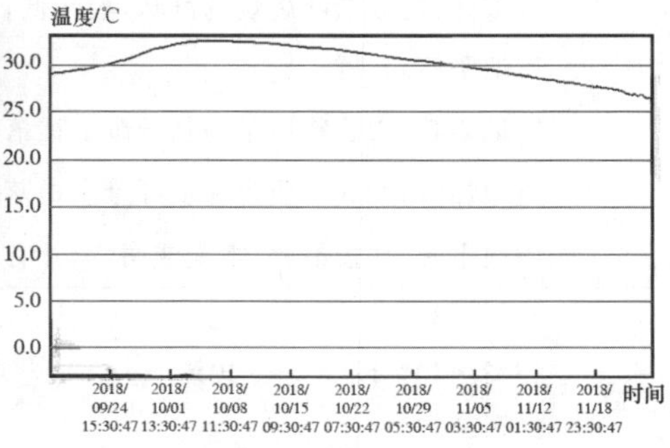

察北青贮发酵温度曲线（封窖后 72 d）

图 1-1-16　发酵颜色的一致性及温度变化

②气味:有经验的人可以通过气味基本能鉴定出青贮发酵的质量,包括 pH、乳酸、乙酸、丁酸、乙醇、发热、霉变的情况。如果乙酸含量 2%～3%,可以闻到酸味,这是最好的发酵,有氧稳定性较高;如果很刺激鼻黏膜,乙酸偏高,含量会达到 5%;果酸醇香味也属于正常发酵,发酵质量属于第 2 级;乙醇味属于发酵不好,说明酵母菌发酵过强,窖内温度会高;霉味、无酸味属于差,说明酵母菌和霉菌繁殖产热过多,乳酸发酵不完全,pH 也高,很容易发生二次发酵;有丁酸味(臭味)属于不好,正常的全株玉米青贮是很难产生丁酸的;霉味属于极差,如果有霉味,这种窖要立即检测霉菌毒素,不能用于饲喂。

③籽粒破碎率:要严格检查籽粒破碎率,优质青贮的籽粒会占到全窖干重的 50%,如果籽粒破碎不好,就会造成淀粉很大的浪费。籽粒破碎主要依赖于收获机械的选型和破碎滚轮的间隙大小和环膜的新旧程度,此工作要在地头严格把关。

④颗粒度一致性:首先检查切段的长度是否合适,一般要求在 1.5～2 cm。取料设备多少会改变其一致性和有效纤维的含量,这是奶牛吃到嘴里的真实情况,在取料后进一步测定颗粒度的一致性很有必要,根据颗粒度的一致性和有效纤维的含量来指导 TMR 的制作。

⑤压窖密度:进一步检查压窖的密度。如果用手指很难抠出青贮料,这个密度一般在 800 kg/m^3 以上,属于优级。如果很容易抠出青贮,密度就较低,属于不良。具体密度判断因人而异,要通过大量的实践工作才能较准确地判断出窖的密度。

为了便于牛场技术人员现场快速准确评估全株玉米青贮的质量,根据多年青贮工作的实践,提出了一个简易的现场评价表以供参考,具体标准见表 1-1-6。特级青贮玉米得分为＞85 分(不含 85 分),一级得分为 75～85 分(含 85 分),二级为 60～75 分(不含 75 分),差为＜60 分。

表 1-1-6 现场简易质量感官评定标准

指标	评分标准	分数
颜色	绿黄色,接近原色	10
	黄绿色	7
	黄色、蛋黄色、棕色	3
	棕褐色到黑色	0
气味	酸味,无刺激性;无或稍有丁酸臭味、酒精气味	10
	果酸香味,无刺激性酸味;有轻微的酒精气味,无丁酸臭味	8
	酒精味浓,或有强烈的刺激性酸味,或有轻微丁酸臭味,有轻度二次发酵	5
	有霉味、糖或烟叶燃烧的气味,酸味低,有丁酸臭味,或二次发酵严重	0
质地	质地坚实,新鲜	10
	质地柔软,柔软物质不易从纤维上搓落	8
	质地黏滑,柔软物质容易从纤维上搓落,有轻微腐臭气味,局部可见霉斑	4
	质地干硬,揉搓易碎;霉变或腐烂,并有腐臭气味,有霉斑	0
干物质含量	31%～35%	10
	28%～30%或 36%～40%	8
	25%～27%	5
	＜25%或＞40%	2

续表 1-1-6

指标	评分标准	分数
颗粒长度与一致性	1～2 cm;颗粒度一致性好,宾州筛(第 1 层+第 2 层)≥80%,第 2 层 65%～74%	10
	1～4 cm;颗粒度一致性较整齐,宾州筛(第 1 层+第 2 层)≥70%,第 2 层 55%～64%	8
	1～8 cm;颗粒度一致性不整齐,宾州筛(第 1 层+第 2 层)占 60%～69%,第 2 层 45%～54%	5
	1～10 cm;颗粒度一致性极不整齐,宾州筛第 1 层+第 2 层<60%,第 2 层<45%	2
籽粒破碎	完整或半粒的玉米籽粒数≤2 粒/L 容积(自然密度)	10
	完整或半粒的玉米籽粒数 2～4 粒/L 容积(自然密度)	7
	完整或半粒的玉米籽粒数 4～6 粒/L 容积(自然密度)	4
	完整或半粒的玉米籽粒数≥7 粒/L 容积(自然密度)	0
淀粉含量	籽粒很多,营养体附着有大量粉碎的颗粒状物,手有滑感,干时有淀粉,淀粉含量≥32%	20
	籽粒较多,营养体附着有较多粉碎的颗粒状物,手有滑感,干时有淀粉,淀粉含量 28%～31%	15
	籽粒较少,营养体附着有较少粉碎的颗粒状物,手有滑感,淀粉含量 25%～27%	10
	籽粒少,营养体附着有少量粉碎的颗粒状物,手无滑感,淀粉含量≤24%	5
压窖密度	≥800 kg 鲜重/m^3	20
	密度 600～790 kg 鲜重/m^3	15
	密度 500～590 kg 鲜重/m^3	10
	密度<500 kg/m^3	5

[撰稿:北京厚德瑞商贸有限公司 杨茁萌;中国农业大学 李胜利;内蒙古和美科盛生物技术有限公司 张兴夫]

1.1.2 苜蓿青贮调制技术规程

1.1.2.1 苜蓿青贮的特点

苜蓿青贮是指在青贮容器中的厌氧条件下,苜蓿通过一定的水分调制后,经乳酸菌发酵调制保存的青绿多汁饲料。本节叙述了紫花苜蓿青贮的收获及调制技术。

在苜蓿生长季节多雨的地区,调制苜蓿干草常常出现困难,晾晒期间经常遭雨淋,会造成营养物质的流失、叶片脱落和颜色退绿,甚至造成腐烂,经济损失严重。由表 1-1-7 可见,遭受不同降雨的苜蓿干草各项营养指标下降,粗蛋白质下降 12.5%,NDF 和 ADF 分别上升 43.75%和 34.48%,消化率下降 22.97%,苜蓿品质的级别会降低 1～2 个等级;即使没有遭受雨淋,在刈割、翻晒和打捆过程中,叶片脱落、植物细胞呼吸等也会造成较大的营养损失。所以,在我国绝大多数地区更适合制作苜蓿青贮;苜蓿青贮可以保证在较短的时间里将苜蓿营养体全部收回窖内保藏,特别是含水量在 55%～65%的情况下,叶片很少脱落,大大提高了苜蓿的营养品质。一般认为同时期收获,苜蓿青贮的总可消化营养物质会比不淋雨的苜蓿干草高 15%,这也是提倡制作苜蓿青贮的重要原因之一。

表 1-1-7　不同降雨量对苜蓿干草营养品质的影响　　%

项目	未被雨淋	降雨 40 mm	降雨 60 mm
粗蛋白质	24	21	19
NDF	32	46	55
ADF	29	39	47
消化率	74	57	47

苜蓿的不同贮藏方式的营养损失可见表 1-1-8。其表明了不同贮藏方式在田间生产、贮藏和饲喂 3 个阶段的营养损失,雨淋的干草损失量最大,达 52%;正常苜蓿干草位居第 2,损失量为 27%;普通青贮和半干青贮总的损失量较低,均为 15%。普通青贮因含水量较高(65%),田间损失较小,叶片脱落的少,乳酸菌发酵较好,但也会因水分控制不好,造成腐烂等损失,水分流失也较严重,所以表现在贮藏阶段损失较大。而半干青贮由于含水量近 50%,在田间收获时叶片损失较普通青贮大,但远远低于干草收获时营养损失,在贮藏和饲喂过程损失很小。真空包装是理想状态,但是也有 6%的营养损失。由此可见,两种苜蓿青贮都能有效地降低营养损失。

表 1-1-8　不同贮藏方式在各生产利用环节的干物质损失　　%

贮藏方法	田间损失	贮藏损失	饲喂损失	损失量
干草(淋雨)	36	4	12	52
干草(未淋雨)	22	3	2	27
普通青贮	2	10	3	15
半干青贮	11	3	1	15
真空青贮	2	3	1	6

从营养物质及其消化率上看(表 1-1-9),苜蓿青贮也优于苜蓿干草,各项营养指标均高于干草,说明苜蓿青贮是一个很好的、可利用的优质粗饲料种类,应该大力推广,可解决干草生产技术难的问题,实现苜蓿供给本地化。同时,对于苜蓿生产者来说,生产苜蓿青贮机械投入少,生产环节少,风险低,质量稳定,经济效益好;关键的问题是如何与牧场形成种植使用一体化的供应关系。对于牛场来说也降低了质量风险,减少了仓储设施建设和贮藏的损失,减少了饲喂的人工费用,用铲车直接可以投入到全混合日粮(TMR)搅拌机里,减少了库管、码垛和解绳等许多工序,牧场使用更加方便。

表 1-1-9　苜蓿青贮与苜蓿干草的营养差异

项目	能量消化率/%	粗蛋白质消化率/%	可消化粗蛋白质/%	总可消化养分/%	消化能/(kcal/g)
苜蓿干草	58.2	66.0	10.1	57.3	2.56
苜蓿青贮	59.0	69.3	11.3	60.5	2.77

注:消化率指 48 h 消化率。

综上所述，苜蓿青贮能够基本保持苜蓿的营养特性，一般比干草总营养物质高15%，能够解决干草调制过程中由于叶片脱落、雨淋等造成的营养损失问题，以及由于气候原因造成的干草调制困难的问题，可在当地实现优质苜蓿的供给。同时，发酵饲料可以提高适口性、营养品质和消化率。

虽然苜蓿青贮有许多的优点，但是苜蓿青贮制作存在较大的难度，主要存在以下制作青贮的劣势：①干物质含量低，干物质<30%。易于梭菌繁殖，不能直接收割进行青贮，需要进行田间晾晒，调制水分。这就给水分控制带来了难度，大面积生产不好把握。水分<30%时青贮，基本会全部烂窖。同一窖中的水分含量差异很大，给饲喂也造成困难（表1-1-10）。②可溶性糖含量低，可溶性糖含量<10%。蛋白质含量太高，糖含量太少，造成乳酸菌发酵困难，一般苜蓿青贮的pH在5左右，乳酸沉积不足，但很少有二次发酵的问题。③青贮缓冲能值高，为414～580 mE/kg。主要是含有大量可溶性蛋白质、肽、游离氨基酸等许多pH缓冲物质，苜蓿青贮如同一个pH缓冲液，乳酸菌所产生的酸很容易被缓冲，pH下降速度变慢。④苜蓿附着乳酸菌数量不足，乳酸菌数<10^5 cfu/g。所以，在制作苜蓿青贮时，一定要添加同型发酵的复合乳酸菌，增加乳酸菌的接种密度，消耗最少的糖来完成乳酸的积累，降低pH，防止产生丁酸和腐败菌分解蛋白质造成腐烂。所以，人们主要靠提高干物质含量、添加乳酸菌发酵剂和提高压窖密度来促进乳酸产生；也有人通过添加糖蜜、麸皮和玉米粉的方式以增加碳水化合物，促进乳酸菌发酵。但是，这种方法不宜采用，因为添加的均匀度差，还会引起局部霉菌的滋生，造成霉变。⑤蛋白酶活性高。这是苜蓿青贮最难的攻关课题，蛋白酶活性高造成蛋白质的大量降解，形成肽、游离氨基酸和氨，对蛋白质的利用造成很大的损失，最高的降解率达75%。好在苜蓿青贮能大量地保留叶片及其蛋白质，损失一些还是较干草多。科学家一直在研究如何降低蛋白质的降解率，试图添加一些蛋白酶抑制剂来保护蛋白质。

表1-1-10 不同含水量苜蓿青贮对发酵的影响

项 目	含水量		
	50%	40%	30%
pH	4.3	5.4	5.5
氨态氮/总氮(VBN/TN)/%	8.6	3.8	2.6
乳酸/%	2.60	0.23	0.15
丁酸/%	0.01	0.00	0.01
分数(V-Score)	84	98	97

1.1.2.2 苜蓿青贮的营养及其利用

苜蓿青贮在我国的大量生产应用，主要是由秋实草业和辉山乳业带动起来的，内蒙古骑士乳业、赛科星等也是试验制作较早的企业，他们不断提升制作技术，提高苜蓿青贮的品质，在现代牧业和辉山乳业得到大量饲用，取得了许多宝贵的经验。目前，苜蓿青贮已得到了社会普遍的认同，相继在甘肃前进牧业、君乐宝、黑龙江完达山乳业等得到了推广。一些国内外乳酸菌生产企业均积极参与了我国青贮制作和质量管理的工作，推动了苜蓿青贮的发展。

苜蓿青贮的质量标准仍以美国苜蓿干草的质量标准为依据，在市场上进行对标定价，国内苜蓿青贮营养成分如表1-1-11所示。目前，我国可以生产出相对饲喂价值（RFV）≥150和RFV≥170的苜蓿青贮产品，饲喂效果良好。但是，在生产上还存在一些问题，如水分控制不准，造成腐败现象仍较普遍；苜蓿青贮干物质和质量波动较大，影响了产奶量和利用；蛋白质降解率高；发酵效果不理想；灰分含量较大影响饲喂等。还需要科技专家、草业企业与奶牛养殖企业联合，继续进行实践与探索。

表 1-1-11　国产苜蓿青贮的营养成分分析

样品	CP /%	ADF /%	NDF /%	可消化 NDF (dNDF) /%	体外真消化率 (IVTD) /%	总可消化养分 (TDN) /%	非纤维性碳水化合物(NFC) /%	产奶净能 (NE_L)/ (Mcal/kg)	RFV
大连苜蓿青贮	22.0	33.1	40.2	74	89	59	26.0	1.40	146
肥东苜蓿青贮	24.7	31.9	40.5	45	78	53	16.1	1.24	147

国内外对苜蓿青贮生产、营养及其利用开展了许多研究。有关苜蓿低水分青贮所适宜的含水量的研究结果各不相同。蔡敦江等(1997)认为制作低水分苜蓿青贮，不同收割期所适宜含水量不同，在现蕾期的最适宜含水量为 55%，在初花期为 60%，盛花期为 65%，结荚期为 70%。聂柱山等(1990)认为，青贮原料的水分含量应该控制在 60%～68%。崔国文等(2005)的研究结果表明低水分苜蓿青贮的最适含水量为 40%～50%。Calberry 等(2003)用苜蓿青贮饲料代替苜蓿碎草饲料喂养荷斯坦奶牛，其试验结果表明，苜蓿青贮饲料对奶牛的产奶量及乳品质均起到了一定的促进作用，同时能够有效提高乳脂率。Groff 等(2005)的研究表明日粮中蛋白质含量为 17%(50%苜蓿青贮＋50%玉米青贮)饲喂效果最好。

在美国的北部和东北部的农场里，高产奶牛的日粮大量应用苜蓿青贮饲料。美国养牛冠军单产 15 t，其日粮结构为青贮玉米＋黑麦草＋小麦秸秆＋苜蓿青贮＋精饲料。美国北方早期普遍使用苜蓿青贮，当全株玉米青贮逐渐开始普及时，美国奶牛牧草研究中心的 Dhiman 和 Satter(1997)开展了青贮玉米与苜蓿青贮配比的饲喂试验，其目的是研究全株玉米青贮替代苜蓿青贮最佳的量或比例。结果表明：苜蓿青贮与青贮玉米在营养上有绝好的互补性。从经济角度考虑，它们在干物质上各占 50%的比例可以最大限度地发挥各自的优势。苜蓿青贮与青贮玉米在营养上的互补性见表 1-1-12。

表 1-1-12　苜蓿青贮与全株玉米青贮营养的互补性

项目	全株玉米青贮	苜蓿青贮	苜蓿干草
水分	高	中等～高	低
活性	高	中等	低
缓冲能力	低～中等	高	中等～高
二次发酵稳定性	低	中等～高	高
淀粉	中等～高	低	低
能量	高	中等～高	中等～高
蛋白质	低	高	高
摄入蛋白质降解率	低	高	中等～高
大量矿物质元素	低	高	高
ADF	低	中等	中等
NDF	中等	中等	中等
有效纤维	低～中等	中等～高	高

考虑我国的国情，由于苜蓿的成本较全株玉米青贮高很多，奶牛企业一般按 8～10 kg/(d·头)的饲喂量进行饲喂，按干物质计相当于饲喂苜蓿干草 3.5～4.5 kg/(d·头)，可以全部取代苜蓿干草。在我国可以推广全株玉米青贮＋苜蓿青贮＋国产燕麦干草＋补充精料的饲喂模式，实现优质粗饲料本地化生产，以降低饲养成本。

1.1.2.3　苜蓿青贮的制作技术

1. 青贮窖的准备和清理

设计合理、清洁的青贮窖是成功制作青贮饲料的基础条件。青贮饲料的质量会影响到动物全年的生产性能。

(1)青贮窖的设计。青贮窖的大小要与养殖场的规模相适应。

①容量：按每天每头牛需要 10 kg 青贮饲料(全群奶牛头数)，每立方米填装 700 kg 青贮饲料计算青贮窖大小。

②高度：青贮窖的高度一般设计为 3～3.5 m，采用机械取料。

③宽度：青贮窖的宽度要根据牲畜的每天采食量计算，保证每天所取青贮料的厚度不少于 30 cm，这样可以抑制霉菌的生长。

④长度：青贮窖不要设计太长，制作青贮饲料时要求在较短的时间内填满一窖，尽快覆盖密封，一般长度在 60～100 m，具体长短要根据地形来确定。同时，确定长度时，要考虑苜蓿青贮一年可收获 3～4 茬，每茬单产量为 600～700 kg/亩(含水量 50%～65%)，每茬产量在各茬次间存在差异，窖的大小要以每茬总产量而定。而且每茬都需要一个窖，所以窖要小而多。或者要修两头无堵墙的窖，可以在一个窖里连续填装两茬苜蓿，便于分别开窖。

青贮窖内的地面由里向外要有一定的坡度，以便液体能够排出，流到青贮窖前面挖的小沟里。青贮窖要设计成地上式窖，苜蓿青贮饲料很怕水，一旦进水会很快霉变腐烂，也有利于排水。

(2)青贮窖的清理。在原料收获之前，必须用高压水枪清理青贮窖。青贮窖中残存的霉菌、梭菌孢子等会继续繁殖污染新的青贮原料。即使收割技术很先进，青贮窖内也不可避免会发生缓慢的霉菌、丁酸菌污染。因此，它们是造成未清理的窖中青贮料变质的重要原因。

(3)青贮窖的准备。必须检查青贮窖的密封状况，有必要时及时修补，以防止青贮时空气进入，使青贮料发霉。应在窖墙铺塑料内膜，沿着墙体铺开，尽可能紧贴青贮窖的底部，并用轮胎压牢，避免风吹起，两侧的内膜要留得足够长，以保证封窖时可以包住青贮，相互重叠 1～1.5 m，起到密封作用。

2. 收获时期和干物质含量

收割时间和干物质含量是影响苜蓿青贮成败、饲喂价值、保存品质和适口性的两个关键因素。

水分调制是苜蓿青贮成功与否的关键，青贮料干物质的准确测定对苜蓿青贮的质量至关重要。干物质含量过低，容易造成丁酸菌发酵，出现腐烂，青贮呈鲜绿色或黑色，质地糜烂；干物质含量过高，不容易压实，造成空气残留较多，影响乳酸菌的发酵，容易引起霉变。首先要在地里测定干物质，不能只测上层苜蓿的含水量，还要测底层的苜蓿含水量；不仅要测坡上苜蓿的含水量，还要测坡下苜蓿的含水量。无论是否在地头测定含水量，一定要在牧场内重复测定苜蓿的含水量，必须认真采样和连续测定，如果干物质低于 35%，一定暂停收获入窖。

对苜蓿来说，随着生长时期的延长，饲喂价值降低，最好在现蕾期收获，先在田间萎蔫至干物质含量为42%～45%时，进行翻草并拢，并立即捡拾、切碎，同时喷洒乳酸菌，运送到牛场。现蕾期收割，苜蓿品质会提高，蛋白质会大于20%，碳水化合物相对较低，发酵难度增加。

3. 收割

机械设计方面的科技进步提高了收割的速度。遵照以下几条原则，可以避免机械收割对青饲料品质的影响。

(1)收割高度。留茬高度越高，青饲料的产量就越低，但是品质会越好。作物基部的木质素含量比上面的部分高，饲喂价值较低。留茬高度比收干草要高，其主要目的是减少土壤梭菌的污染，减少灰分，也有利于干燥。一般留茬高度为8～10 cm，在翻晒、聚拢和捡拾时，要使用液压式的翻草机进行翻草和聚拢，弹齿高度以不接触地面为宜，只要不漏草，尽量提高弹齿的高度。不要用指盘式搂草机，湿草很易粘带泥土，指盘式搂草机会增加许多灰分和梭菌污染。捡拾器的弹齿也同样要提高，只要不漏草，尽量抬高捡拾器，防止把土带进草里(图1-1-17)。

现蕾期刈割苜蓿

翻晒聚拢（调制水分）

捡拾粉碎苜蓿

抬高捡拾器（减少灰分）

图1-1-17　苜蓿的刈割和捡拾

(2)收割速度。收割设备使收割速度大大提高，对于苜蓿青贮来说，收割和搂草速度要与捡拾粉碎速度相匹配，如果收割速度过快，在天气干燥、风又大的情况下，会造成苜蓿水分损失过快，来不及捡拾粉碎，干物质含量过高，不好压实和发酵，易出现霉变的情况。

4. 切短

切短的原料容易在装填青贮窖时被压实，更好地保持青贮饲料的营养价值。对于苜蓿青贮，切碎的长度定在3.0～5.0 cm(图1-1-18)。

图1-1-18　半干苜蓿青贮原料及切段长度

苜蓿蛋白质含量高，pH缓冲性高，属于不易青贮的物料，而添加同型发酵的复合乳酸菌发酵剂可以加快发酵速度，使pH下降快，以保存更多的营养物质，降低苜蓿单独青贮的风险。

收割机自配有青贮剂喷洒系统，只需在收割机自配水箱中加入溶解好的菌液，然后在驾驶室操作界面设置喷洒流量即可，设置的流速要与收割速度和苜蓿产量相匹配。因收获量根据物料含水量的不同而有所变化，而含水量变化较大，意味着每小时收割量也是变化较大的，所以青贮剂的喷洒量要及时调整。如果干物质高，可以同时喷洒拉巴克思有机酸盐保鲜剂，防止霉变，促进乳酸菌的发酵，特别是半干苜蓿青贮尤为必要。在苜蓿青贮上，宁干勿湿，干物质含量低于30%就无法保证成功，一定会出现腐烂；但干物质即使高于50%，通过喷洒拉巴克思复合添加剂(有机酸盐保鲜剂+苜蓿型乳酸菌发酵剂)都可以保证苜蓿青贮成功，最高的干物质达67%，未出现霉变，而且发酵良好(图1-1-19)。

图1-1-19　使用乳酸菌发酵和拉巴克思封顶的低水分苜蓿青贮(67%DM)发酵良好

5. 填窖和压窖

(1)填窖。为了达到最理想的压实效果，最好将青贮料沿斜面分层装填(图1-1-20A)，每层15 cm，用50铲车或大型压窖机反复压窖2～4遍，坡度为30°。如果在装填青贮窖时，收割的原料干物质含量不同，那么在最底层应该装干物质含量最高的原料，其余的按干物质高低依次装填。上部的原料较重有利于压实，并且青贮过程中水分会由于毛细作用渗透到青贮窖的底部。这样装填，最后整窖青贮料的干物质含量就会大致相同。

如果青贮物料量较小，而窖又很大的情况下，应注意铺开面不要太大，让物料堆有较高的高度，否则顶层及外层物料损失量会较大。

(2)压实。有效的压实可以排净空气，减少植物呼吸和霉变，是使青贮料迅速达到厌氧状态以减少干物质的损失的必要条件(图1-1-20B)。干物质含量越高，或切碎长度越长的青贮料，为了减少贮藏和使用时的损失就必须压更长的时间。

A. 分层填装

B. 有效压实

图 1-1-20　沿斜面分层装填和有效压实

因为生产效率越来越高，所以有时很难花足够多的时间把每一车原料都压得很实。下面的公式可以计算出对于不同重量的拖拉机得到理想压实效果的装填速度。

拖拉机重量(kg)＝装填速度(t 干物质/h)×365

装填速度(t 干物质/h)＝拖拉机重量(kg)/365

注意拖拉机和地面之间接触面积越小对相同重量的拖拉机而言，压力会越大。沿斜面分层装填有利于青贮的压实。压窖方法与全株玉米青贮相同，采取分层压窖的方法(图 1-1-21)，只是苜蓿更不易压实。国外有专门压苜蓿和禾本科牧草的压窖机，其压窖碾上带许多凸齿，以便于压得更实(图 1-1-21)。青贮料压实越好，保存质量会越好，干物质含量越高的青贮料，需要压的次数更多。

分层压窖

窖尾和窖顶压窖

带凸齿压窖碾的专业压窖机

苜蓿青贮的堆贮封窖

图 1-1-21　分层压窖和堆贮压窖

6. 覆盖及密封

青贮料酸化的效果和厌氧菌(主要是乳酸菌)的活性是相关的。密封的速度越快,覆盖物的密封性能越好,越利于乳酸菌发挥作用,青贮饲料酸化的速度就越快,青贮料的贮存质量就越高。

(1)封窖。青贮窖装填完后应立即封窖。先将内膜密封,结合处用胶黏合,然后用黑白膜进行密封,根据窖顶的坡度,呈瓦状式覆盖重叠,以便排水。在结合处用轮胎紧密压住结合边,防止风吹开。然后,按一定的密度摆放轮胎,压实窖顶。在窖边用沙袋压实,方法同青贮玉米窖(图 1-1-22)。

如果一直拖延了好几天才装完窖,就连续作业的这几天(2～3 d)而言,在每天晚上必须将未装完的窖遮住,最好将最上层的原料尽可能地压实。如果装填工作被迫停下了 1 d 或者更长时间(如遇到阴雨天气),必须要仔细地压实和盖严青贮窖及剩下的原料。即使是临时性的盖布也必须有很好的防水效果。

(2)覆盖。与青贮料接触的盖布必须是新的,且大小、规格合适。在覆盖盖布时必须要做到不漏水,不透气。封窖时,最好先用一层半透明的薄塑料,这样能够更好地贴紧青贮料,以保证厌氧环境;然后建议用黑白膜,白面向上,黑面向下,这样能达到良好的密封性;最后必须在整个盖布表面均匀地压上一些坚固的镇重物,如用废旧轮胎或轮胎片将青贮窖压住,或用袋子,装上 2/3 的小石子,这样容易搬运并且比沙子受霜冻的影响小,这样才能做到有效的密封(图 1-1-22)。

图 1-1-22 理想且有效的密封窖

7. 青贮料的取用

一旦青贮窖打开了,就会有氧气进入,青贮料开始变质,pH 上升,酵母、霉菌生长,李斯特杆菌和丁酸杆菌增殖。下面的几个原则可以减少由氧气导致的二次发酵变质。

(1)取用的速度。取用速度是由畜群的大小和青贮窖的宽度决定的,每天必须要取用整个窖宽表面至少 30 cm 厚的青贮料,这样可以限制霉菌的生长。

(2)青贮饲料的取用方法。取用时必须用取料机整齐的切下,而不是随意地掏取(图 1-1-23 和图 1-1-24)。掏取会增加青贮料的空气进入,加速需氧微生物的生长,这也是一个导致青贮料损失的原因。发现发霉或腐烂的青贮,必须取出后扔到远离青贮窖的地方。在青贮窖附近的墙体边堆放废弃物会导致青贮窖的暴露面不断地产生新的霉菌污染。在发热的情况下,可以用干净而透气的厚网布覆盖在青贮窖的暴露面,在保持空气流通的同时使青贮料存放在阴凉处。同时，这种方法可以保护青贮料不被鸟类接触。应该避免用塑料布遮盖青贮料的开口面，这种方法会造成易于霉菌生长的湿热环境。

A.表面掏取

B.切取

图 1-1-23　青贮窖表面掏取和切取的差异

1.1.2.4　裹包青贮

裹包青贮适用于小规模青贮，生产较灵活，也可以对外销售。其收割、水分调制等与窖贮相同，只是使用圆捆裹包机进行捡拾、切短和缠膜裹包，在捡拾台前喷洒乳酸菌发酵剂(图 1-1-25)。可以采取先用网膜裹包，然后再用缠膜机缠膜，一般要求缠 6 层膜。运输装车需用抱夹叉车装卸，不易造成破膜，如果出现破膜要立即用胶带进行密封。河北艾禾公司采用固定式裹包，干物质控制在 40%～45%，喷撒苜蓿型乳酸菌、拉巴克斯保鲜剂和 3 kg/t 糖蜜，改善发酵风味，提高成品率，裹包密度内外一致，固型内膜 2 层，拉伸膜 6 层。

1.1.2.5　堆贮

堆贮也十分符合苜蓿青贮，堆贮的压窖方法与全株玉米青贮基本相同，只是可以从四面进行压窖，在此不作赘述。

1.1.2.6　袋贮

香肠式袋贮是我国新应用的一种苜蓿青贮方式(图 1-1-26)。它具有很好的密封性，即使供料不足，或下雨停工都不会给青贮质量造成影响，减少了压窖和封窖的工序，成本也不会增加许多(图 1-1-27)。另外，可以利用牛场的空闲地，可大可小，可以根据苜蓿各茬产量进行青贮制作。特别适合多雨地区制作苜蓿青贮，成功率高。

图 1-1-24　苜蓿青贮取料和面管理

图 1-1-25　裹包苜蓿青贮

图 1-1-26　香肠式苜蓿袋贮

图 1-1-27　苜蓿袋贮的密封和发酵初期(氨气含量很浓)

［撰稿：北京厚德瑞商贸有限公司　杨茁萌］

1.1.3　小麦青贮制作方法

1.1.3.1　小麦青贮的优势

小麦是我国最重要的农作物之一，种植面积广。在华北平原、中原地区、陕西、山东、江苏、安徽已形成冬小麦和夏玉米的一年两熟的种植结构。在内蒙古、新疆等地也有大面积冬小麦和春小麦的种植。所以，在奶牛养殖区有丰富的小麦资源。

小麦的生物产量高，营养品质高。小麦耐密植，行距 15 cm，枝条数多，110 个/米行长，生物产量＝单位面积枝条数×枝条平均重，如果株高 80 cm，蜡熟期刈割，产量可达 2.2～2.5 t/亩，干物质为 33%～35%。小麦青贮粗蛋白质 11.6%、淀粉 19.5%、产奶净能 1.43 Mcal/kg、NDF 44.8%、ADF 28.7%、dNDF 30 h 为 46.7%，可以部分替代燕麦干草和全株玉米青贮。结果见表 1-1-13。

表 1-1-13　全株青贮小麦品质分析

项目	内容	项目	内容	项目	内容
收获期	乳熟后期	淀粉/%	19.5	产奶净能/(Mcal/kg)	1.43
干物质/%	34.4	NFC/%	31.7	产奶量/(kg/t DM)	1323
粗蛋白质/%	11.6	TDN/%	63.6	RFV	138
木质素/%	4.70	K/%	2.03	相对牧草品质(RFQ)	140
ADF/%	28.7	Ca/%	0.42	灰分/%	9.96
NDF/%	44.8	dNDF(30 h)/%	46.7	近红外法统计置信度	出色

数据来源：昆山向阳奶牛场，2016 年。

2017 年在内蒙古通辽珠日河基地种植了春小麦，在抽穗期收获干草，抽样分析结果见表 1-1-14。由表 1-1-14 可以看出，春小麦与燕麦在夏季同一时期播种，10 月中旬收获，春小麦的干草品质在各项指标上均优于燕麦，特别是纤维消化质量和 WSC 均显著高于燕麦。该批春小麦干草均销往集宁雪原生态牧场，用于饲喂泌乳奶牛替代燕麦干草，其适口性、采食量和产奶量均很好，与优质燕麦没有区别，深受客户的欢迎。饲用效果证明春小麦也是一个很好的一年生禾本科干草，全株小麦青贮的营养体品质优良，优于全株玉米青贮的营养体。同时为粮改饲工程提供了一个选择，对当地解决优质一年生禾本科牧草具有重要的意义。该项研究结果与澳大利亚的研究相同，小麦干草的 WSC 均高于燕麦，澳大利亚已推广专用的饲草型小麦品种，产量和品质比粮食型小麦品种好。建议今后加强饲用型小麦育种，推广小麦干草和青贮工作，进一步丰富牧草资源。

表 1-1-14　通辽珠日河基地夏播春小麦与夏播燕麦的营养比较(DM 基础)　　%

品种	收获期	粗蛋白质	ADF	NDF	dNDF (30 h)	WSC	NFC	TDN	K	Ca	产奶净能/(Mcal/kg)
春小麦	抽穗期	11.9	31.8	49.5	60.8	20.1	29.5	65.1	2.24	0.36	1.46
燕麦	抽穗期	11.0	35.0	49.3	59.6	15.2	26.8	63.3	3.38	0.33	1.42

数据来源：北京厚德瑞商贸有限公司，2017 年 10 月 29 日 CVAS 实验室化验。

冬小麦的成熟一般在每年的 5—6 月，作为青贮收获，长江流域可在 5 月上旬，越往北收获期逐渐推后。这样与全株玉米青贮分期收获，分期利用，青贮资金一年可分 2 次使用，减轻了牛场收青贮的资金压力。现在江苏、安徽、山东和河南已开始使用全株青贮小麦。如果既收青贮玉米，又收小麦青贮，可以提高土地利用率，有利于牛场流转土地，解决粪肥处理问题，又充分地利用了当地饲草资源。小麦青贮可用带有牧草刈割台的青贮收获机收获，对籽粒压扁装置没有要求，国产的青贮收割机较适用，割台低，留茬低，适合小田块作业。

1.1.3.2　小麦窖贮的制作方法

1. 选择高产冬小麦或春小麦品种

高秆、耐高密度种植的小麦品种产量较高，一般要求株高在 85 cm 以上，行距 15 cm，每米行长枝条数≥110 个。在收获前，先要在大田做产量抽样调查，以预估产量。抽样方法：在大田对角随机抽样，1 m^2 的样方选择 5～10 个。如果行距为 15 cm，人工刈割 6 行小麦，行长 1.11 m，即为 1 m^2 样方(6 行×0.15 m 行距×1.11 m 行长＝1 m^2)，留茬高度 10 cm，蜡熟期收获，鲜草产量一般平均为 2.5 t/亩，干物质为 33%～35%；如果低于 2.0 t/亩，就属于低产田。

2. 收获

做全株小麦青贮，要求在蜡熟期收割，即籽粒半硬半软，干物质要求 33%～40%，基部 2～3 片叶片干黄。选择国产青贮收割机直接收割，其留茬比进口的机械低，放在最低留茬时可以控制在 10 cm，切段长度 3～4 cm，籽粒破碎装置不是必需的。要保证切刀的锋利，否则会出现长的枝条，颗粒度一致性差。

3. 使用乳酸菌青贮剂

乳酸菌发酵剂与青贮玉米相同，必须至少含有植物乳杆菌和布氏乳杆菌。在收割机上喷洒乳酸菌发酵剂时，在水箱里加入溶解好的菌液，一定要根据收获速度和产量确定流量。如果是长途运输，或入窖拖延时间长(≥4 h)，建议在地里用收割机喷洒拉巴克思有机酸盐保鲜剂，在窖头喷洒乳酸菌发酵剂，使用方法参照产品说明书执行。在窖头喷洒要根据入料速度和数量确定喷洒的数量，无论如何均要保证喷洒的剂量，安排专人分层喷洒或配菌液，监督使用的剂量。

4. 运输

安排好车辆将铡切好的原料运输到窖前压窖，保证地里至少要有 3 辆车，窖里压窖不断货，尽量减少压车。卸车前，要检查干物质含量、温度和颗粒度一致性，如不合格及时纠正，用钩机协助卸车。干物质测定可用微波炉法，速度快而简便；颗粒度一致性的测定在入料时用宾州筛测定。

5. 压窖与封窖

青贮小麦压窖和封窖方法与全株玉米青贮的方法相同，小麦青贮的压窖比全株玉米青贮难，不易压实，反弹力强。国外会在压窖机前端专门安装一个带凸齿的压磙，专压小禾本科、苜蓿的青贮窖，可提高压窖的密度(图 1-1-28)。在封窖前，可以在窖顶 30 cm 喷有机酸盐保鲜剂，防止窖顶霉变。注意的特殊事项如下。

(1)压窖机械。采用 50 装载机以上的压窖机，压实度可以达到 700 kg/m^3 以上，更好地排除空气，提供一个好的发酵环境。绝对不能用链轨车、小型机械压窖。

(2)二次发酵问题。开窖后问题较大，发酵所产生的乳酸及贮料中残留碳水化合物为酵母菌和霉菌的生长繁殖提供了充足的营养源，所以当贮料与空气接触后，就容易产生二次发酵。通过添加异型发酵布氏乳酸菌，提高青贮料中乙酸含量(≤3.5%)，以提高有氧稳定性。

(3)顶层压窖处理。参照全株玉米青贮的窖顶压窖方法压窖，特别是采用“人”字形压窖，把窖边压实，窖可高于窖墙 1～1.5 m。

(4)边压边封。先做好内膜的密封，然后用黑白膜的密封，墙边留有膜的余量，防止窖顶下沉拉断黑白膜或暴露于空气。做好重压物的摆放，特别是窖边要用沙袋压实。

(5)注意排水。小麦易出液体，做好窖的排水沟。

经常检查窖的密封状况，及时修补破损。

1.1.3.3 半干小麦裹包青贮技术

(1)收获。全株小麦青贮须在蜡熟期收割，籽粒半硬半软，干物质 35%，基部 2～3 片叶片干黄。留茬 10 cm，避免将泥土混入草条。如果制作半干小麦青贮替代燕麦干草，可以在开花期用干草割草机收割，此时干物质含量在 25%，需要在地里晾晒，必要时需要刈割后半天就搂草聚拢，翻晒，水分在 45%～50%就可以捡拾打包(图 1-1-29)。

(2)裹包青贮。选择直接捡拾裹包青贮机，安装切刀，段长度 2～4 cm。裹包机一般每小时裹包 30 亩，所以青贮制作速度以裹包速度为准来安排其他机械的配套。来不及裹包就会造成过干。小麦成熟速度很快，容易变黄，所以要根据机型的裹包速度安排好租赁车辆数量，再确定收割机和搂草机数量。为提高裹包速度，要采用打包机与缠膜机分体式作业，效率较高。一般一个打包机配 2 台缠膜机(图 1-1-30)，也可以采用固定式裹包设备加工。

(3)青贮添加剂使用。在捡拾打包时喷洒。乳酸菌添加剂可有效改善发酵，有机酸盐防霉变。

(4)装卸与贮藏。在地里可以用抱夹叉车装车和卸车，减少破包。如果发现破包要及时用胶带将其密封。最好在每批次生产的包上用油性记号笔记号生产日期和干物质含量，以便牛场使用。

蜡熟期收获青贮小麦

小麦青贮（切段 3～4 cm）

青贮窖的清理

压窖前青贮窖的准备

第一车青贮要卸在距窖头 12 m 处

压好窖的底层（逐步形成 30° 斜坡）

分层压窖（每层 15 cm，压 2～4 遍）

国外专用型凸齿压磙

图 1-1-28　小麦窖贮的制作方法

无窖墙窖的起窖头（在窖头 20 m 处起窖头）

压窖顶

压窖尾

喷洒乳酸菌添加剂

封内膜（在内膜结合处用胶黏合）

昆山向阳奶牛场小麦窖贮

使用乳酸菌青贮剂制作的全株小麦青贮

图 1-1-28　小麦窖贮的制作方法(续)

开花期收割小麦

翻草聚拢（晾晒以调制水分）

半干小麦青贮（可捡拾粉碎，运输窖里）

全株小麦青贮（收获机收获青贮）

图 1-1-29　半干小麦青贮技术

小麦固定式裹包青贮

小麦收获

缠膜后的裹包小麦青贮

直接捡拾打包缠膜一体机

图 1-1-30　小麦裹包青贮

［撰稿：北京厚德瑞商贸有限公司　杨茁萌］

1.1.4 燕麦青贮的制作方法

燕麦是一种品质优良的一年生、冷季型禾谷类作物，一般分为裸粒型和带稃型两大类，即裸燕麦和皮燕麦。国外栽培的主要是带稃型的皮燕麦，广泛分布于俄罗斯、美国及加拿大等国。我国以种植裸燕麦为主，裸燕麦产量占燕麦总产量的 90%以上。主要分布于我国东北、华北和西北的高寒地区。其中以内蒙古、河北、甘肃、山西种植面积最大。裸燕麦和皮燕麦营养特点并不相同，有研究报道裸燕麦和皮燕麦的水分和灰分含量近乎一致，裸燕麦在粗脂肪、粗蛋白质、硬脂酸、油酸、亚油酸、亚麻酸含量上高于皮燕麦，皮燕麦在慢消化淀粉含量方面显著高于裸燕麦。

1.1.4.1 燕麦青贮的制作要点

最佳收割期，青贮燕麦可以在灌浆期至蜡熟期进行收割(表 1-1-15)。干物质为 28%～35%最佳(表 1-1-16)。留茬高度控制在 8～10 cm，切割长度 2～3 cm。青贮的方法可参考全株玉米青贮。

表 1-1-15 不同生育期对燕麦青贮发酵品质的影响 %

生育期	乙酸	丙酸	丁酸	可溶性糖	氨态氮/总氮
抽穗期	0.67	0.21	0.1	4.69	12.99
灌浆期	0.45	0.3	0.13	3.19	6.36
乳熟期	0.22	0.09	0.03	4.34	2.72

数据来源：杨云贵等(2013)。

表 1-1-16 不同生育期对燕麦营养品质的影响

生育期	干物质(DM)/%	粗蛋白质(CP)/%	NDF/%	ADF/%	产量/(kg/亩)
抽穗期	17.74	13.29	55.09	32.66	527.68
灌浆期	22.57	12.48	53.69	30.35	586.56
乳熟期	33.86	11.05	49.11	27.67	593.74

数据来源：杨云贵等(2013)。

1.1.4.2 感官评价

颜色为浅绿色、黄绿色或黄褐色，无褐色或黑褐色，无明显霉斑。气味为酸香味或柔和酸味，无刺激的酸味、臭味、氨味和霉味。质地疏松，柔软，不成团，无结块。

1.1.4.3 燕麦青贮的质量分级

燕麦青贮的质量分级如表 1-1-17 所示。

表 1-1-17　燕麦青贮饲料质量分级

指标	等级			
	一级	二级	三级	四级
pH	≤4.4	＞4.4,≤4.6	＞4.6,≤4.8	＞4.8,≤5.2
(氨态氮/总氮)/%	≤10	＞10,≤20	＞20,≤25	＞25,≤30
乙酸/%	≤10	＞10,≤20	＞20,≤30	＞30,≤40
丁酸/%	0	≤5	＞5,≤10	＞10
粗蛋白质/%	≥9	＜9,≥8	＜8,≥7	＜7,≥6
中性洗涤纤维/%	≤55	＞55,≤58	＞58,≤61	＞61,≤64
酸性洗涤纤维/%	≤34	＞34,≤37	＞37,≤40	＞40,≤42
粗灰分/%	＜10			

参考标准 T/CAAA 004—2018。

[撰稿：内蒙古和美科盛生物技术有限公司　张兴夫]

1.1.5　二次压缩苜蓿草捆的取样方法

1.1.5.1　研究的目的与意义

1. 中美苜蓿贸易质量纠纷存在的分歧意见

目前，美国牧草检测协会（NFTA）有明确规定：不授权、不证明并不予接受出口二次压缩苜蓿干草的质量分析。中国企业认为不能因为没有二次压缩捆抽检规范，就要求中国买家被动接受美国一次压缩捆的检测结果。

在美国，牧草抽检员需要经过 NFTA 的技术培训，取得美国农业部采样员资格证书后才能上岗工作。我国没有可执行的行业规范，操作人员取样比较随意，甚至随手抓取样也普遍存在。不规范的取样方式自然不能被供应商认可，给苜蓿草交易带来太多的质量争议。

2. 建立二次压缩苜蓿草捆抽样方法的意义

在美国，贸易商首先是对农场的一次捆苜蓿进行抽样检测，定级定价，采购入库。然后按一次捆苜蓿检测的质量级别与中国买家签订销售合同，依照合同的发运时间，将一次捆苜蓿运到加工厂进行二次压缩，完成二次压缩后就立即开始装箱集港，进入出口程序。整个生产过程衔接非常紧密，当天生产的二次捆当天就集港，没有成品库存，也不可能加压后重新抽样送检、定级和办理植检证等文件。因此，在加工厂生产环节上不具有再取样定级的可能性。一次压缩捆可最大限度地保留其内部叶片、茎秆的自然分布形态，抽样检测准确率高，具有代表性。而二次压缩捆生产是将一次压缩捆以原料形式，在工厂经二次压缩，生产出适合集装箱运输的出口型包装品，苜蓿一次草捆在多重方向的高压机械作用下，叶片和茎秆的分布和形态会发生根本性改变，叶片分布十分不均匀，如果原料水分过低，叶片经挤压后会变成粉末状，出现茎叶分离，造成抽样检测不具有代表性（图 1-1-31）。在这种情况下，用传统的取样设备和方法来抽取二次压缩草捆的样品，尤其是在采样点和采样数量存在缺陷的情况下，很难采集到具有代表性的样品。

乳企质量管控升级，尤其大型牧业对苜蓿草的取样和检测十分严格。由于没有统一的取样规范和标准，检验方法不一致（化学法与近红外法），其检测结果普遍与美国原厂质量报告有很大的检测差异，RFV 值普遍低 10～20 个单位，产生了种种争议和大量质量索赔，影响了正常的苜蓿草交易和双方的互信。因此，尽快建立统一科学的取样设备和方法，规范第三方实验室的检测方法和样品预处理流程对进口苜蓿的交易具有重要的实际意义。

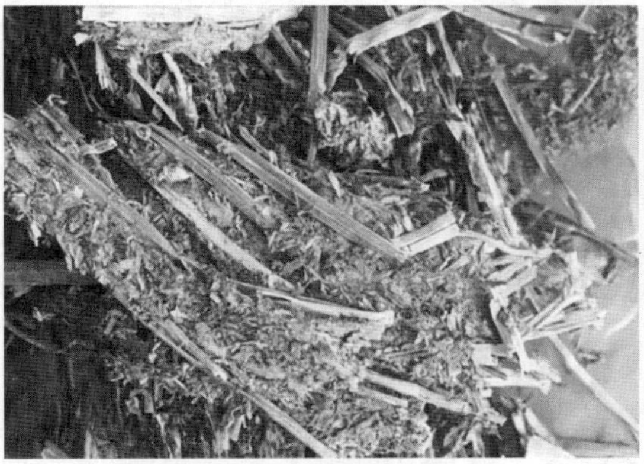

叶片物理性结块

茎秆物理性结块

水分过低挤压后形成的叶粉

叶粉分布状态没有规则

图 1-1-31　苜蓿二次压缩草捆内部发生的物理结构性改变

1.1.5.2　取样设备的验证与使用

1. 针式牧草取样器

经过测试和综合对比几款常用的牧草取样设备，建议使用“针式牧草取样器”，作为行业统一取样工具。这款取样器是由天津好牛生物科技有限公司根据二次压缩苜蓿草捆的高密度特点而设计开发的，经大量取样实践证明：“针式牧草取样器”具备取样深度深、易操作、快速和可定量的优点，符合实验室对样品前置处理的基本要求。针式牧草取样器参数介绍见

图 1-1-32。

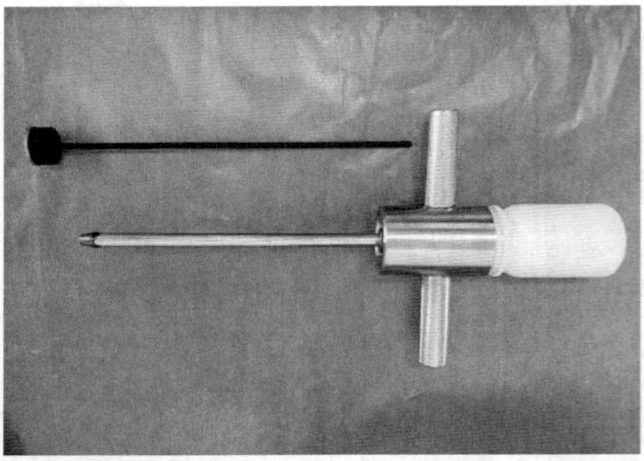

取样器全重约 7 kg，刀口直径 12 mm，作业长度 30 cm，小口径刀头满足了多点快速取样的设计要求

“锤子钉钉子”是针式取样器的基本原理，重锤重量可有效增加冲击力。后期使用只需换取样针，使用成本较低

定量取样罐，无毒PP材质，以罐体容积控制取样量，达到可定量取样的设计要求

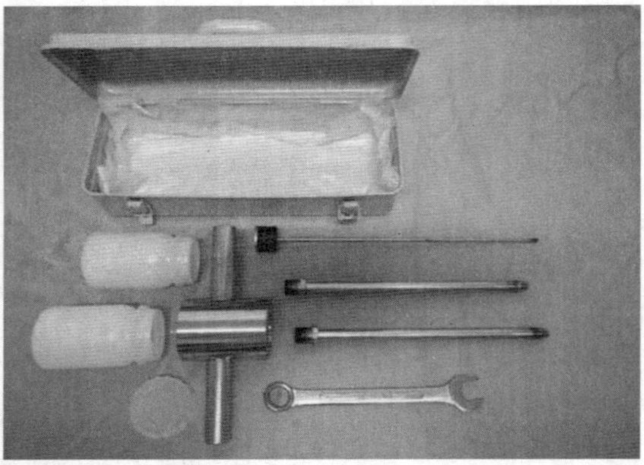

全套配置组成：工具箱1个、重锤1把、取样针2只、疏通杆1只、定量取样罐2个、取样罐盖子1个、紧固扳手1把

取样器无须电力支持、使用不受环境限制，其体积小和方便携带等特点适于经常性的取样作业

全手动操作样品性状表现更稳定，取样样品粒度均匀，符合实验室对样品前置处理的基本要求

图 1-1-32　针式牧草取样器规格与技术参数

2. 取样器的安装与使用

使用方法如图 1-1-33 所示操作。

将取样针拧到重锤连接口，使用扳手将取样针紧固在重锤上

将定量取样罐安装在重锤底部，用手拧紧，就可进入操作

直角取样，取样角度与草捆保持 90° 左右范围，角度偏差太多容易造成取样针弯曲，也会造成取样深度不够。双手紧握把手平行直角快速打入草捆定点位置，要求是尽量打到底

使用疏通杆疏通取样针时要用手护住刀口后操作，尽量避免疏通杆与取样针刀口的硬接触，造成刀头损伤。对国产一次压缩草捆取样，尽量注意避免打到捆草绳和石头等硬物

图 1-1-33　取样器的安装与使用

3. 满足多点和定量取样法的要求

(1)多点取样检验。每个取样人员取样打点 14～16 次就可以取满一罐，用时大约 5 min，取一个 200 g 的标准样品需要 10～15 min。定量取样罐可有效保证取样样点数为 15 个，控制取样量为 100 g，只要将样品取到罐口的位置就可以，取样罐不满可增加取样点予以补充，结果见表 1-1-18 和图 1-1-34。

(2)定量取样检验。定量取样检验以打满 1 罐为标准，倒入样品袋做重量测定，共测试 14 罐，平均重量为 116 g/罐。将 2 罐样品合并为 1 个样品，平均重量为 221 g，每罐平均可钻取 16 个样点，取样深度可达 30 cm，结果见表 1-1-18。检验结果表明，定量取样罐可以实现多点、定量取样的目的，保证 1 个样品(2 罐)可以随机取 30 个点以上，样品总重量在 200～250 g 范围，并且钻深为 30 cm。取样员完全可以根据取样罐内样品的满溢程度判断样品的基本重量和样点数，不用担心取样点会少于30个，或者取样重量过多过少的问题。因此，该取样钻及其样品罐满足了二次压缩苜蓿草捆取样的科学要求。

表1-1-18　多点定量取样的测定

项目	取样捆数	取样点数(n)	取样罐数	取样点数/罐	样品重/g
每罐取样量测试	56捆	224点	14罐	平均16点/罐	平均116 g/样品袋
2罐/样品袋	16捆	64点	4罐	平均16点/罐	平均221 g/样品袋

取样打点14～16次就可以取满一罐，用时大约5 min，取样深度为30 cm，10～16 min可完成一个样品的取样工作

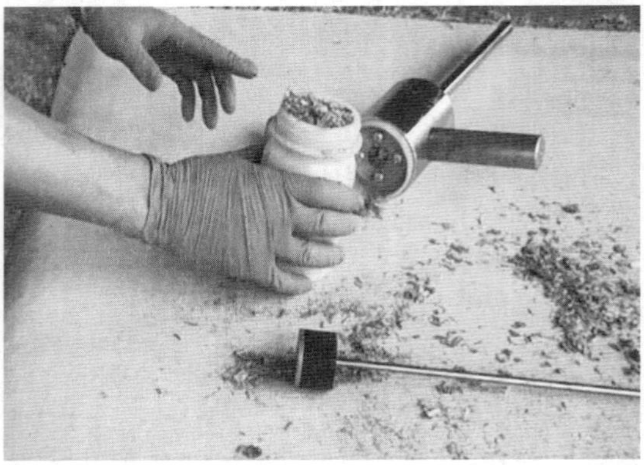

只要将样品取到罐口的位置就可以，取样不满补充取样点

定量取样罐可以实现定量取样的目的，大约100 g/罐

当掌握了定量取样罐每罐可取100 g的样品，2罐就可以相对准确地取出了200 g的样品，以满足实验室对样品预处理的要求

图1-1-34　多点和定量取样法检验

1.1.5.3　随机多点定量取样方法

正确取样对于准确测定干草和草料的营养成分极其重要，实验室测定的结果是否准确完全取决于样品的代表性。在实际工作中，取样带来的误差远远大于实验室测定的系统误差。苜蓿草的特殊性在于叶片和茎秆在NDF、ADF和粗蛋白质含量等方面存在的巨大差异，茎叶

比在取样中发生变化就会导致 RFV 的变化。二次压缩无疑改变了一次捆内部叶片、茎秆的分布均匀性，这种变化又直接与加压机型、密度和包形尺寸有关。采样点数越少，茎叶比误差就越大，而按照传统的取样设备和方式难于采集到能够代表整垛/批草的样品。因此，随机多点、多捆数、多批次、定量取样是有效减少误差的科学方法，根据本取样法的验证结果，特制定了二次压缩苜蓿草捆随机多点定量取样方法。

1. 取样原则

从统计学来讲，能够代表总体（一车草、一垛草或一票草）真值的样品才称之为"样本"。所以，抽样方法必须科学、可操作，以保证数据的真实性。

2. 取样前的准备工作及注意事项

(1)取样前的准备工作。检查取样工具箱配件是否齐全，是否携带好样品袋、油性记号笔和冬天用的手套等。

(2)提前规划好取样路线。根据草捆码放情况和取样环境的便利性，制定并规划好取样方案，取样路线能够保证取到足量的样品。

(3)注意事项。取样要在同一批次的产品基础上进行，不可混检。尽量避免在雨天或雨后特别潮湿的环境下取样。

3. 取样面和取样点位置

取样点位置选择见图 1-1-35。取样面要选择有 logo 的包装正面，不可在裸露面部分取样。草捆一般为十字刀 8 切捆，取样点位置不能选在草捆的切割线位置，此处茎叶结构已破坏。以包装中线为界，取样位置应选择在包装分割线的上下、左右区域内。

在 logo 的包装正面取样

以包装中线为界，取样选择在包装的上、下、左、右区域。对于有"十"字刀的草捆，还要避免在切口处取样

图 1-1-35　取样面与取样点选择

4. 取样前对包装的前置处理

为了避免取到塑料包装物，取样前将包装的上下部分用刀割开，在开口处取样。实践证明，混入的包装塑料丝会影响 NDF 的检测数据，从而影响到 RFV 值。见图 1-1-36，以保证样品的洁净。

取样前要将包装的上下部分用刀割开

避免将包装塑料丝取到样品中，发现塑料丝要挑出来

在包装开口处取样，尽量避免打到塑料包装部分

要保证取样到的苜蓿草样品是洁净的

图 1-1-36　取样前对包装物的前置处理

5. 多点取样操作和定量取样方式的设定

经大量取样测试和方法修正，随机多点定量取样方法可根据草捆码放和数量情况采用一捆 4 点和一捆 6 点两种方式取样。标准样品的定量设定为 200 g/样品，即每 2 罐样品装入一个样品袋。

6. 取样点和取样路线的设定

(1)一捆 4 点取样法。取样方法和取样位置见图 1-1-37。

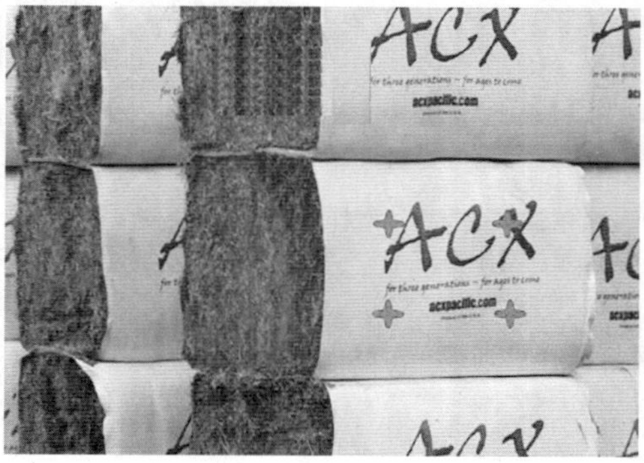

常规一捆 4 点取样

两捆组合 4 点取样，适用于大批量货物的抽检，上、下两包组合一起取样，要遵循均衡取样原则，取样点不能重复

图 1-1-37　一捆 4 点取样图示

(2)一捆 6 点取样法。取样方法和取样位置见图 1-1-38。

一捆6点取样，是在货物堆高无法取到足够样品的情况下采用，这种情况在牧场会经常遇到

组合6点取样，上、下两包的取样点不能重复，遵循均衡取样原则，避免打到“十”字刀切口处

图 1-1-38　一捆 6 点取样图示

(3)取样路线。不管是 4 点或 6 点取样,取样路线要根据现场的情况来设定,取样路线上的捆包尽可能都要取到,要遵循随机、多点和定量取样的原则,尽可能抽取到足够数量的标准样品,取样路线见图 1-1-39。

图 1-1-39　参考取样路线

7. 样品重复数量

在二次压缩苜蓿草捆的取样检测中发现,在同一车/批次货中抽取多份样品,其检测值之间常存在差异或显著差异,即使在一捆草中同时取 2 份样品去检测也会有差异,说明一个检测报告的结果不具有代表性,需要通过重复(平行样品)来克服这一误差。因此,本方法建议同批次取样要同时取 2～3 份的重复样品,一并送检,即做到每个样品是在随机 30 个点以上的混合样品,每个批次又有 2～3 个重复样品,这样可以有效消除误差,满足数理统计学的随

机数学模型，取样重复次数可参考表 1-1-19。

表 1-1-19 样品重复次数参考表

以车为单位	1 车	2～5 车	5～10 车
取标准样品	标准样品≥2 份	标准样品≥3 份	标准样品≥3 份
实验室检测	平均值	平均值	平均值

1.1.5.4 其他注意事项

1. 根据实验室的样品处理能力，定量取样送检

每个实验室对样品的实际处理能力是有限的，不规范取样送样和超量送样都会给实验室带来检测工作上的额外负担，实验室可能会进行分样，增加了误差发生的可能性。因为样品袋中的苜蓿草样会出现茎叶分离，叶末、草粉和尘土会沉积在样品袋底部，并且移动速度很快，人工四分法分样再粉碎，根本无法做到样品的营养成分均衡，无法保证分样的准确性。数据表明，随意分样检测出的质量指标明显偏低。因此，送检样品的重量以 200 g 为宜，实验室检验员也要保证不再分样，必须进行一次性全部粉碎。

2. 送样单位不能对样品做预粉碎处理，由实验室统一做样品的预处理工作

有些大型牧业都有自己的实验室，在涉及送第三方检测时，个别企业实验室会将样品做简单的预粉碎处理后再寄送到第三方实验室，担心实验室会随意分样。但是，企业的粉碎机做不到近红外光谱技术(NIR)实验室对颗粒度一致性的要求，而这样的样品是不能直接用于检测的，第三方实验室还需要进行再次粉碎，再次粉碎就会出现颗粒度小的会更小更细，粉碎粒度不一致会给 NIR 检测造成误差。因此，建议对已经取好的标准样品，在封样后不做任何拆包、分样或预粉碎等处理。

3. 实验室要减少样品粉碎损耗引起的检测差异

目前，实验室所采用的细粉碎设备分为两种，离心式粉碎机与旋风式粉碎机。离心式粉碎机有不同的容积规格，中型设备对一般在 200 g 左右的样品都可以做一次性处理，因为其是封闭式粉碎产生的粉尘较少，样品重量不会流失。而旋风式粉碎机是将样品一边投入一边研磨，粉碎过程会产生较大粉尘，需要除尘设备或收集除尘管道，损耗较大。

在蓝德雷实验室用旋风式粉碎机进行了样品粉碎的损耗试验，对比样品粉碎前后的重量，两组试验证明样品重量分别损失了 4.5%和 4.1%，而粉碎流失的部分一般是苜蓿草富有营养的叶粉部分。委托易马 Dariy One 实验室用旋风式粉碎机粉碎后，进行了草粉回收与不回收对测定结果的影响试验，结果发现草粉回收与不回收草粉的 RFV 指标存在着显著的差异。因此，粉碎设备也会给测定造成误差，要求实验室必须回收草粉以降低检验误差。

4. 实验室要保证先将样品袋中的草粉进行充分混匀后，再取样上机检测

在易马 Dairy One 和蓝德雷实验室，笔者与工作人员一起进行了样品粉碎后直接取样上机测定和先充分混合后再取样上机检测的对比试验。试验结果证明，两种取样测定的结果存在差异。同一样品粉碎后未经混合的样品的 RFV 为 143，粉碎后增加充分混合环节的样品 RFV 为 152，而这个差异已经将同一样品判定成不同级别的苜蓿了。因此，实验室在上机测定前一定要增加样品充分混合的技术环节。本文建议要设定正常的苜蓿草检测误差值范围，因为客观条件决定了取样作业或实验室检测不可能做到尽善尽美，无法避免这些误差，将二

次压缩苜蓿草检测的 RFV 误差值范围定为 10 个点是合理的。

5. 标签

送样单位填写样品标签应科学和规范。标签一般应包括以下内容：样品名称、生育期、茬次、采样地点及草垛编号、采样时间、生产单位、送样单位和送样时间。标签应放于样品袋里，送样人也同样做好记录备查。样品采集后立即将密封袋排气密封，防止开裂和受潮。

〔撰稿：天津好牛生物科技有限公司　李宏宇；北京厚德瑞商贸有限公司　杨茁萌；北京丰尊百奥生物科技有限公司　仇学军；光明牧业有限公司　高明；天津好牛动物营养技术有限公司　童荣信；乌兰察布市易马农牧科技有限公司　索俊平〕

1.1.6 湿贮玉米制作技术

1.1.6.1 湿贮玉米介绍

1. 湿贮玉米的定义

湿贮玉米，又称高水分玉米，是指收获时含水量 26%～32% 的玉米籽粒（high moisture corn，HMC）或含水量 34%～40% 的去皮玉米穗（high moisture ear corn；HMEC），粉碎后在青贮窖或者其他存储设施中压实密封、发酵贮藏的一种能量饲料。对于畜牧生产者来说，湿贮玉米免去了谷物干燥成本，是一种反刍动物的优质饲料，为奶牛或肉牛饲养提供了许多优势。

2. 湿贮玉米与干玉米籽实比较

湿贮玉米与干玉米籽实相比，具有以下特点：①比典型的干玉米收获期早几周，无干燥成本费用；②由于较早地收获了籽实，剩余秸秆和玉米轴芯等农作物残留可以有更高的质量；③较早地收获了籽实，可以让农田更早投入下一季使用，如种植冬小麦作物；④由于采收设备造成的作物损失通常低于收获干玉米的损失；⑤与干玉米收获期相比，湿贮玉米收获期早，收割作业环境条件通常更有利；⑥由于湿贮玉米收获早，可以减少因恶劣天气、根茎腐烂和昆虫损害造成的作物损失；⑦湿贮玉米和干玉米的收获期不同，扩大了收获设备和劳动力的使用范围，在收获期间分散了工作量。通常比在短时间内设备和资源的高强度利用更有效，成本更低；⑧湿贮玉米的产量不低于干玉米的产量。此时的玉米出产最大量的干物质（水分含量 30%～40%，由不同品种决定），生理上已经是成熟的籽实；⑨湿贮玉米的能量和蛋白质含量与干玉米接近；⑩在收购时由于玉米的含水量高，收购价格会比较低，有利于降低牧场饲养成本；⑪玉米籽实经过发酵贮藏后，适口性和消化利用率得到了显著提高，同时保存了玉米中的胡萝卜素和维生素等营养成分；⑫与干玉米相比，湿贮玉米在瘤胃内发酵速度更快，也因此需要更好的饲喂管理。

1.1.6.2 湿贮玉米的制作和使用

1. 收获

收获期玉米籽粒需达到生理成熟，标志为乳线消失，底部尖端形成黑线层（图 1-1-40 至

图 1-1-43)。最佳收获期籽粒含水量 26%～32%、整穗含水量 34%～40%(表 1-1-20)。延期收获并不能增加每亩的干物质产量和能量产量,且易造成掉穗损失,过干的玉米原料还将导致压窖时空气不易排尽。一方面,过于干燥的玉米籽粒(含水量 22%～24%)原料制作的湿贮玉米,其淀粉消化率和代谢能均低于含水量>26%的玉米原料制作的湿贮玉米。另一方面,含水量过高的原料将造成贮藏过程中发酵过于剧烈,增加能量损失。籽粒含水量 26%～32%,籽粒的每日田间失水率为 0.5%～1%,因此收获时间最好控制在 12～15 d(图 1-1-44)。

表 1-1-20　玉米籽粒、去皮玉米穗、带皮整穗的相对大致含水量　%

玉米籽粒含水量	去皮玉米穗含水量	带皮整穗含水量
24	44	29
26	46	31
28	48	33
30	50	35
32	53	37
34	55	39
36	57	41
38	59	43
40	60	45

注:译自爱荷华州立大学《肉牛手册》。

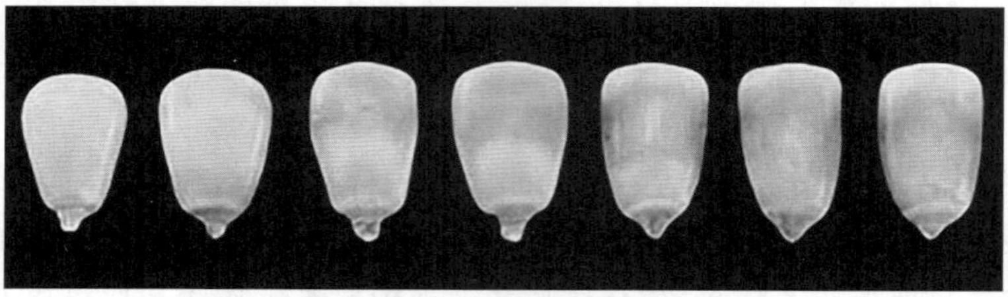

图 1-1-40　从左(早期凹陷)至右(生理成熟)玉米乳线随成熟程度的变化

图片来源:Steve Butzen, DuPont Pioneer

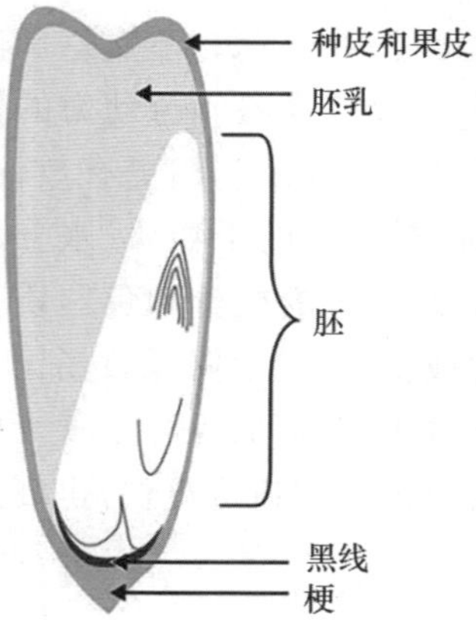

图 1-1-41　生理成熟玉米粒的纵向剖面图

图片来源:https://www.pioneer.com

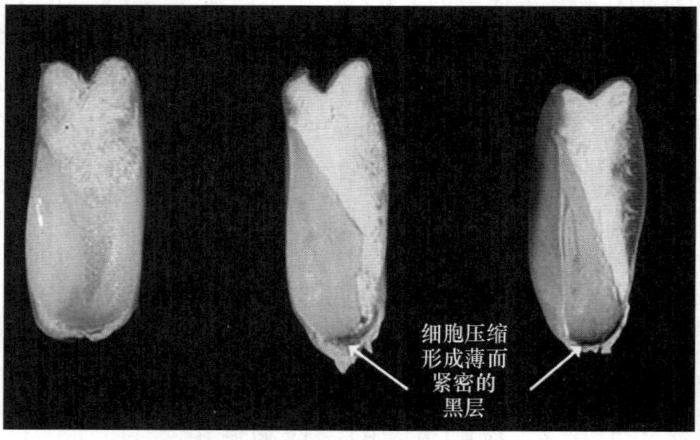

图 1-1-42　玉米粒黑线

图片来源:爱荷华州立大学推广中心

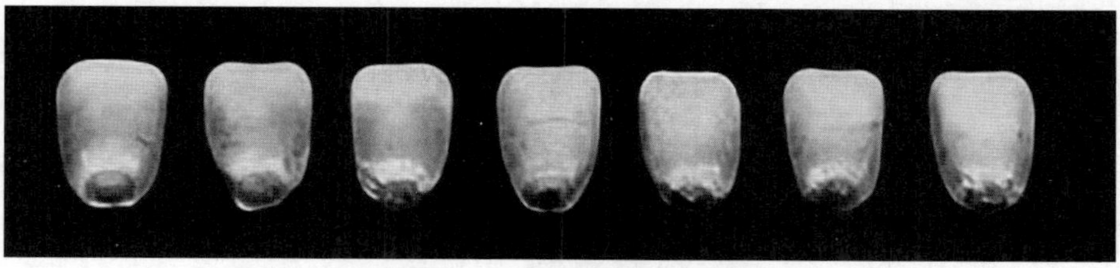

图 1-1-43 玉米粒黑线形成过程

图片来源:爱荷华州立大学推广中心

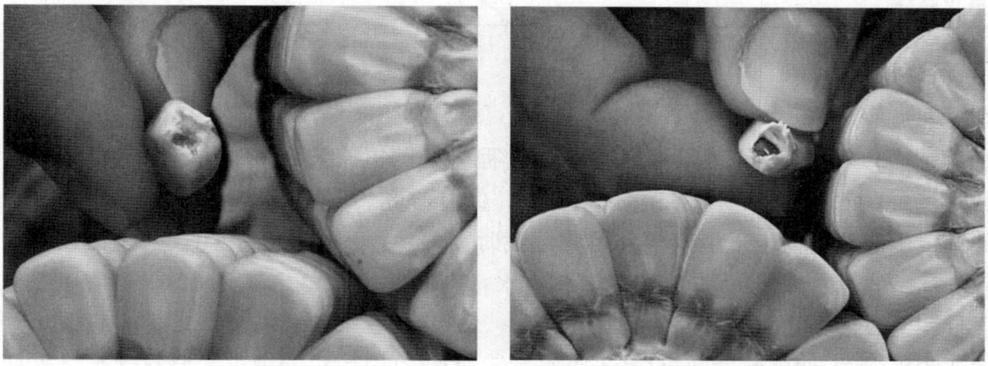

A　　B

图 1-1-44 对比不同成熟程度的玉米粒黑线(A 图成熟度较低)

图片来源:http://ncrsresearch.blogspot.com/2011/09/crunching～numbers～part～2.html

2．粉碎

粉碎包含以下过程:①收获的玉米籽实或果穗,需碾压或粉碎处理,以保证贮藏时能够压实和排尽空气(图 1-1-45 和图 1-1-46);②碾压或粉碎后的效果,应控制在整粒玉米含量少于 5%、过粉的玉米面含量少于 20%。每粒玉米需破碎成 4～6 瓣;③碾压处理比粉碎处理更好,得到的成品粒度更合适。碾压湿贮玉米的瘤胃发酵速度慢于粉碎湿贮玉米;④带芯玉米穗的粉碎粒度需要与含水量结合考虑,总体来说粒度直径≤1.3 cm 为佳。玉米穗含水量≥28%时,可以接受过 1.9～2.5 cm 筛的粒度;当含水量低于 28%时,需过 1.3～1.6 cm 筛(表 1-1-21)。

图 1-1-45 加工大量湿贮玉米的高容量粉碎机

图 1-1-46 克拉斯粉碎机粉碎湿玉米(堆贮)

表 1-1-21 不同收获形式的玉米成分组成(干物质基础) %

项目	带皮全穗玉米	去皮玉米穗	玉米籽粒
玉米粒	72～78	80～84	100
玉米芯	16～19	16～20	—
玉米皮、部分茎秆和叶	6～8	—	—
粗蛋白质	8.8	9.2	10.0
粗纤维	11.5	8.5	2.3
总可消化养分	—	83	90

数据来源:爱荷华州立大学推广中心。

3. 贮藏

贮藏包含以下过程:①贮藏设施设备和过程与全贮玉米青贮相同,可使用青贮窖、堆贮、裹包或灌肠贮的形式(图 1-1-47 和图 1-1-48)。②有研究表明,原料含水量 19%～26%的湿贮玉米的饲喂价值甚至低于干玉米粉。因此贮藏时需关注原料含水量。③仅从发酵质量方面考虑,裹包或灌肠贮藏方式可以允许玉米原料含水量稍低一些(>22%)。④为保证窖贮和堆贮的发酵质量,若压窖时原料过于干燥(籽粒含水量<25%,带芯果穗含水量<32%),需要加水纠正,同时增加粉碎强度,使颗粒度减小,易于吸水。⑤加水量的计算:若把玉米原料含水量提高 1%,需加水 1.5%。如将 1 t 玉米原料从含水量 25%提高至 26%,需加水 1.5%×1 000 kg=15 kg;将 1 t 干玉米从含水量 15%提高至 26%,需加水(26－15)×1.5%×1 000 kg=165 kg。⑥压窖时建议使用青贮添加剂或湿贮玉米专用添加剂。与全株玉米青贮添加剂相比,高湿玉米青贮添加剂的添加量更大、异型菌含量更多,由于高湿玉米更容易受霉菌污染,通过增加剂量和异型菌的含量,促进乙酸和丙酸的发酵,有利于预防霉变。⑦含水量 26%时,压窖密度≥850 kg/m³;含水量 35%时,压窖密度 1 080 kg/m³。

图 1-1-47 青贮窖藏湿贮玉米的压窖过程

图 1-1-48 灌肠湿贮玉米

图片来源:北达科他州立大学 Greg Lardy

4. 取用和饲喂建议

湿贮玉米的取用原则与青贮一致,保持取料面平整,每日取料深度 30 cm 以上(图 1-1-49)。窖面温度比环境温度高 3℃及以上时,存在霉变或二次发酵风险,可在表面喷洒丙酸。换算为干物质基础以后,湿贮玉米的能量含量与干玉米相似。湿贮玉米通常比干玉米具有更高的瘤胃消化率和总消化道消化率。较高的瘤胃消化率意味着需要特别注意饲喂湿贮玉米时的料槽管理，包括全混合日粮的混匀度、每日固定的饲喂时间、满足采食量的投料量、随时观察牛群是否有酸中毒现象、观察剩料量。湿贮玉米含水量较高，因此在料槽内腐败较快。在夏季湿贮玉米在窖内容易变质，因此有研究建议把湿贮玉米和干玉米、酒糟混合饲喂。使用时随时分析营养成分，以更准确地配制日粮，因为湿贮玉米收获早，通常比干玉米含有更多的蛋白质。

图 1-1-49 平整的湿贮玉米取料面

图片来源：北达科他州立大学 Greg Lardy

［撰稿：中国农业大学 王雅晶；北京厚德瑞商贸有限公司 杨茁萌］

1.1.7 牧场粗饲料的选择和利用

1.1.7.1 粗饲料的重要性

粗饲料具有以下优点：提供反刍动物营养需要的 40%～60%；刺激肠胃蠕动，促进反刍，使反刍动物每天反刍时间达到 8～12 h；反复咀嚼，降低饲料的颗粒度；提高微生物附着消化的饲料颗粒表面积；打碎植物体表保护层；刺激唾液（$NaHCO_3$）的分泌——防止瘤胃过酸；对瘤胃起到物理功能性支撑作用。

1.1.7.2 尽量要选择优质的粗饲料

所谓的优质粗饲料，实际上就是指那些适口性好，纤维含量低，但有效纤维又比较充足的粗饲料，这些粗饲料对于高产奶牛来说至关重要；优质粗饲料可以提高干物质采食量；优质粗饲料能够提供更多营养；大幅降低精饲料的使用量，保障瘤胃健康；没有优质的粗饲料，高产奶牛将无法饲养；因为高产的奶牛必然需要更多的养分摄入，而劣质的粗饲料难以供应更多的养分，只能通过饲喂更多的精饲料来补充营养的缺乏，结果增加了奶牛瘤胃出现酸中毒的风险。

1.1.7.3 粗饲料选择和利用要点

1. 基本指标合格

(1)营养指标合乎要求。不能选择粗纤维含量过高的粗饲料来饲喂奶牛，尤其是泌乳期的奶牛，否则既影响采食量，又影响消化率。

(2)卫生指标合格。对于霉菌毒素污染、抑或重金属超标的粗饲料绝对不能用于饲喂奶牛，否则既对奶牛健康不利，又增加了原奶的质量风险。

2. 衡量性价比

(1)干物质定价。见表 1-1-22。

表 1-1-22　干物质定价

原料	原料价格/(元/t)	原料水分/%	干物质价格/(元/t)	30 kg 奶量使用 3 kg 苜蓿干物质的公斤奶成本变化/(元/kg)
苜蓿 1	1 800	14	2 093	0.21
苜蓿 2	1 800	10	2 000	0.2
差异	0	−4	−93	−0.01

(2)RFV 比价。见表 1-1-23。

表 1-1-23　RFV 比价

原料	干物质价格/(元/t)	RFV	RFV 价格
苜蓿 1	2 093	140	14.95
苜蓿 2	2 000	120	16.67
差异	−93	−20	+1.72

(3)粗饲料品质对性价比的影响。粗饲料品质对性价比的影响有时超出我们的想象，以青贮为例来说明。首先，高品质的青贮，其干物质价格反而低。表 1-1-24 中干物质含量高的青贮，产 30 kg 奶量使用 7 kg 青贮干物质的公斤奶成本比干物质含量低的青贮可节约成本 0.04 元/kg。

表 1-1-24　粗饲料干物质含量对性价比影响

原料	原料价格/(元/t)	干物质含量/%	干物质价格/(元/t)	30 kg 奶量使用 7 kg 青贮干物质的公斤奶成本变化/(元/kg)
青贮 1	430	25	1 720	0.40
青贮 2	500	32	1 563	0.36
差异	+70	+7	−157	−0.04

其次，高品质的青贮，淀粉含量高，会减少配方中玉米的使用量。表 1-1-25 中由于淀粉量的提升，可以减少日粮中玉米的添加量 1.26 kg(0.77/0.71/0.86)(玉米淀粉含量 71%，玉米干物质含量 86%)，产 30 kg 奶量使用 7 kg 青贮干物质的公斤奶成本比淀粉含量低的青贮可节约成本 1.26×1.8/30=0.076(元/kg)。

表 1-1-25　粗饲料淀粉含量对性价比影响

原料	原料价格/(元/t)	干物质含量/%	干物质价格/(元/t)	淀粉干基含量/%	7 kg 青贮干物质提供的淀粉量/kg	玉米价格/(元/t)	30 kg 奶量使用 7 kg 青贮干物质的公斤奶成本变化/(元/kg)
青贮 1	430	25	1 720	17	1.19	1 800	—
青贮 2	500	32	1 563	28	1.96	1 800	—
差异	+70	+7	−157	+11	+0.77		−0.076

最后，高品质的青贮，损耗率更低，减少实际青贮使用量。表 1-1-26 中，使用高品质青贮后，青贮实际使用量减少 10.14 kg，产 30 kg 奶量使用 7 kg 青贮干物质的公斤奶成本比损耗率高的青贮可节约成本 0.088 元/kg。

表 1-1-26 粗饲料损耗率对性价比影响

原料	原料价格/(元/t)	干物质含量/%	干物质价格/(元/t)	损耗率/%	7 kg 青贮干物质加上损耗率实际使用的青贮量/kg	实际使用青贮的费用/元	30 kg 奶量使用7 kg 青贮干物质的公斤奶成本变化/(元/kg)
青贮 1	430	25	1 720	20	35	15.05	0.502
青贮 2	500	32	1 563	12	24.86	12.43	0.414
差异	+70	+7	−157	−8	−10.14	−2.62	−0.088

综合表 1-1-24 至表 1-1-26，做好青贮相当于公斤奶成本下降 0.04＋0.076＋0.088＝0.204 元/kg，平均每头牛每年影响效益 365×30×0.204＝2 233.8 元。

3. 把控质量波动

通过采购管理来控制粗饲料的质量波动(图 1-1-50)。

(1)目标。采购到配方中要求的稳定养分的优质粗饲料并能够稳定供应。按照日粮要求确定出要购买的原料并给出确切的营养指标范围以利于开展采购工作。一定要持续采购到养分稳定的粗饲料供应给奶牛。供应要稳定，时刻保证有足够的量供应给奶牛，不允许出现断货。

(2)措施。通过合同约定好所购买饲料的主要营养值，并标出主要营养值的上下限，让供应商在发货前就开始关注原料的营养值要在客户要求的范围内。原料到场后，一般由牧场的饲养部长进行初检，初检合格后再进入复检程序。一般粗饲料的初检主要是进行表观评价。在初检过程中，干草质量评估卡的应用是很好的选择(表 1-1-27)。

表 1-1-27 干草质量评估卡

类别	项目	分数范围	评分
Ⅰ. 生长阶段	1. 开花或抽穗前	26～30	
	2. 早花或抽穗早期	21～25	
	3. 中花至晚花或穗期	16～20	
	4. 结籽期(多梗)	11～15	
Ⅱ. 叶子情况	1. 很多	26～30	
	2. 多	21～25	
	3. 梗多	16～20	
	4. 多梗	0～6	
Ⅲ. 颜色	1. 自然作物的绿色	13～15	
	2. 些微绿色	10～12	
	3. 黄或些微棕色	7～9	
	4. 棕色或发黑	0～6	

续表 1-1-27

类别	项目	分数范围	评分
Ⅳ.气味	1. 清新——“作物的气味”	13～15	
	2. 尘埃	10～12	
	3. 霉	7～9	
	4. 烧灼味	0～6	
Ⅴ.柔韧性	1. 很柔软、可弯曲	9～10	
	2. 柔软	7～8	
	3. 有些粗糙	5～6	
	4. 粗糙、易折	0～4	
Ⅵ.罚分	垃圾、杂草、土等	扣 0～35	
优质:≥90;良好:80～89;一般:65～79;差:≤65		总分	

4. 复检

一般经过初检后得分在 80 分以上的粗饲料会进入复检程序。复检主要是通过在化验室进行常规营养成分的检测,来判断是否符合所要购买粗饲料的养分要求。

(1)折扣或退货。对于基本符合合同要求的粗饲料,根据实际情况可以在供应商接受扣款后进入复检程序。对于严重不符合合同要求的粗饲料直接拒收。

(2)选择优秀供应商。对每个供应商都建立数据库。每次到场粗饲料的初检和复检结果都要进入该供应商的数据库。根据数据库中的检测数据,选择那些合格率高的和变异率低的供应商作为优秀供应商,给予更多的订单。种养协同,为了更好地把控粗饲料质量,最好的办法是把控种植源头,从选择品种开始,参与到种植环节,收获环节。该方法适用于能够自己拥有土地,或者与种植大户签订相关协议的养殖企业。

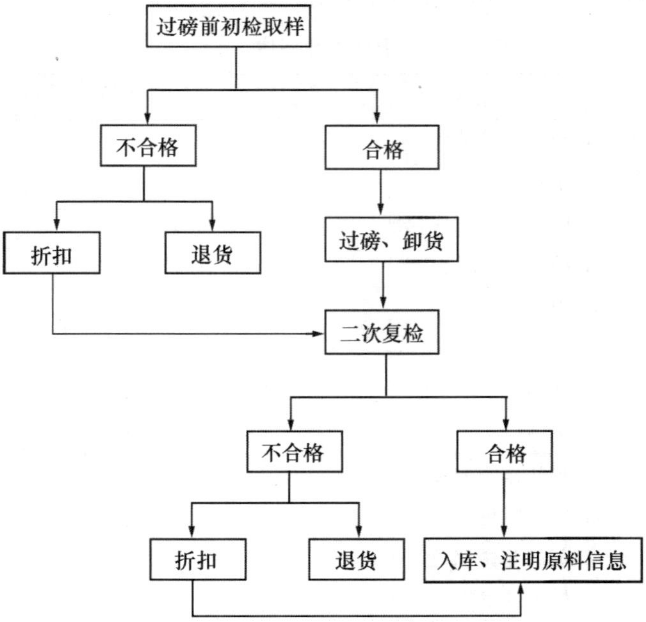

图 1-1-50　采购管理流程

1.1.7.4　玉米果穗青贮试验

1. 玉米果穗青贮外观

在牧场的制作试验表明，玉米果穗青贮（图 1-1-51）的性价比是很高的。

图 1-1-51　玉米果穗青贮

2. 玉米果穗青贮性价比评估

玉米果穗青贮性价比评估见表 1-1-28 和表 1-1-29。

表 1-1-28　某牧场 4 月玉米果穗检测指标（DM 基础）　%

采样日期	水分	干物质	粗蛋白质	粗灰分	NDF	ADF	淀粉
4 月 7 日	46.81	53.19	7.41	1.53	15.52	7.54	59.07
4 月 13 日	46.36	53.64	7.69	1.67	17.28	8.36	61.43

表 1-1-29　不同类型青贮品质对性价比对比

项目	DM 含量/%	鲜重价格/(元/t)	DM 价格/(元/t)	淀粉含量/%	购买的淀粉价值/元	淀粉外物质价值/元	总购买的价值/元	实际单吨溢价/元
全株青贮	30	450	1 500	28	812	1 080	1 892	+392
果穗青贮	53.4	800	1 498	59.68	1 730	604.8	2 334.8	+836.8

3. 玉米果穗制作

制作玉米果穗青贮过程中，果穗的破碎是难点所在。这包括破碎设备的选择，破碎粒度和破碎效率的保证。玉米果穗青贮的干物质含量在 55%～60%左右是不错的选择。当时试验时，由于客观条件的限制，只收取到了干物质在 53%左右的果穗青贮，如果能够收取到干物质在 55%～60%的果穗青贮，制作效果和性价比会好一些。

1.1.7.5　粗饲料的使用

1. 奶牛日粮的配制

(1)依据化验数据的支持选择合适的粗饲料饲喂奶牛。选择适合的粗饲料饲喂给不同阶段的奶牛。粗饲料的养分差异往往很大，粗饲料 NDF 的消化率差异也很大，NDF 的消化率每增加 1%，DMI 就增加 0.17 kg，产奶量增加 0.25 kg。

(2)提高现用粗饲料的 NDF 消化率。当奶牛干物质采食量不尽如人意时，当乳指标受到挑战时，当日粮的整体消化率不理想时，最有效的办法就是优化瘤胃微生物的发酵效率，提高 NDF 消化率。平衡日粮是关键，添加活酵母、酵母培养物、米曲霉和黑曲霉的培养物等也是很好的措施。

2. 粗饲料日常管理

(1)粗饲料日常管理程序。粗饲料日常管理程序包含：了解原料的质量，进行进货取舍；了解养分情况，合理进行日粮的配制、调整；让供应商/饲料公司的分析室提供各主要养分的测定值；必要时调整日粮配方；做好库房管理识别。

(2)粗饲料的营养波动大。青贮的差异往往比我们想象的更大，不同品种造成的淀粉及糖类营养物质的差异，不同的生长期收割造成干物质的差异，以及由于下雨导致的干物质差异(图 1-1-52)。原料水分，尤其是水分含量高的原料的水份变化对于日粮的影响很大，如果不进行监控则会发生日粮的平衡性受到大的影响，同时产奶量会发生波动和下降。

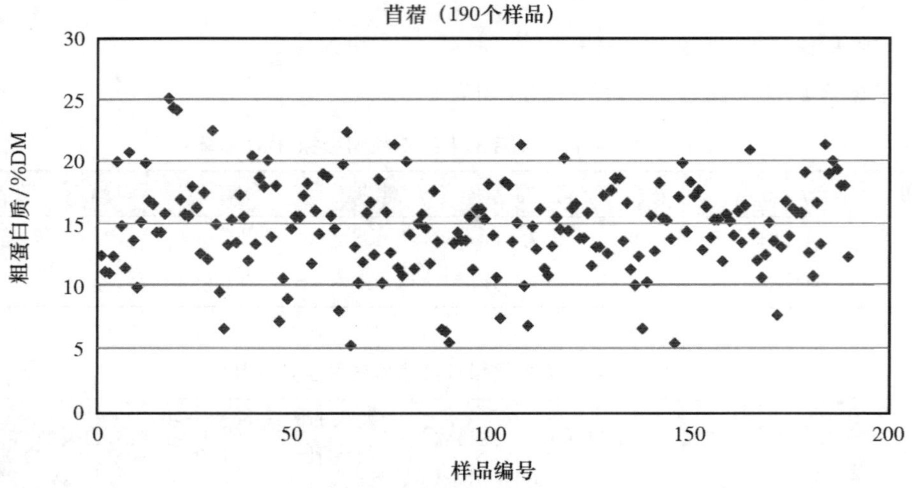

图 1-1-52　粗饲料的养分差异(以苜蓿为范例)

例如：20 kg 青贮，水分为 27%时，干物质量是 5.4 kg；水分为 32%时，干物质量是 6.4 kg，相差 1 kg 干物质。当青贮的水分变化而没有及时调整原料用量时，由于精粗比例和营养浓度的变化就会导致产奶量的波动，另外淀粉的变化也会对产奶量造成较大的影响。要采取全方位解决之道，形成一个链条：品种—耕种管理—收割时机—收割管理—压窖管理—发酵管理—取用管理—日常管理。

(3)加大性价比高的粗饲料在日粮中的用量。尽量加大性价比高的粗饲料在日粮中的用量，以降低整体日粮成本，从而降低公斤奶成本，如优质青贮的大量使用。充分利用当地性价比较高的粗饲料会大大降低日粮成本，如莜麦秸、燕麦秸、稻草、麦黄草、玉米秸等。选择合适的牛群来使用这些粗饲料。

(4)注意粗饲料颗粒度的管理。具体有以下几点注意事项。

①粗饲料的颗粒度影响整体日粮的颗粒度：颗粒过大，奶牛易挑食，同时大的颗粒在瘤胃中消化速度降低，食糜通过速度减缓，总干物质采食量降低；颗粒过小，草料在瘤胃中停留时间减少，消化率降低，反刍时间减少，瘤胃酸度最大，乳脂率下降。

②粗饲料的管理手段：使用宾州颗粒分离筛进行日粮颗粒度评价。宾州筛将帮助发现日粮颗粒度的合理性，日粮搅拌的均匀性和是否挑食。6%～8%应在顶层，高于10%可能出现挑食，控制底层在40%以内，比较饲喂的和剩余的，剩余的高于喂的7个百分点以上意味着挑食。

③粗饲料颗粒度会对营养表达产生重大影响：表1-1-30中随着苜蓿颗粒的比例由0增加到28%，乙酸/丙酸比值降低，与此同时乳脂率也逐渐降低。表1-1-31中，随着苜蓿青贮切割长度由0.38英寸(0.97 cm)降低到0.19英寸(0.48 cm)，乙酸/丙酸比值逐渐降低，乳脂率随之降低。

表1-1-30　饲草物理形态对瘤胃液pH、挥发性脂肪酸、干物质采食量、脂肪校正产奶量和乳脂百分比的影响Ⅰ

日粮	瘤胃液pH	乙酸/丙酸比值	干物质采食量/(磅/d)	4%乳脂校正奶产量/(磅/d)	乳脂肪/%
日粮A-“粗” 60% 精料 40% 苜蓿青贮 0% 苜蓿颗粒	5.9	2.1	51	63.4	3.01
日粮B-“中” 60% 精料 28% 苜蓿青贮 12% 苜蓿颗粒	5.7	1.8	50.8	65.3	2.93
日粮C-“细” 60% 精料 12% 苜蓿青贮 28% 苜蓿颗粒	5.6	1.7	41.4	55.7	2.59

表1-1-31　饲草物理形态对瘤胃液pH、挥发性脂肪酸、干物质采食量、脂肪校正产奶量和乳脂百分比的影响Ⅱ

日粮	瘤胃液pH	乙酸/丙酸比值	干物质采食量/(磅/d)	4%乳脂校正奶产量/(磅/d)	乳脂肪/%
日粮A-“粗” 45% 精料 55% 0.38英寸(约1 cm)理论切割长度的苜蓿青贮	6.0	2.9	48.8	64.9	3.8

续表 1-1-31

日粮	瘤胃液 pH	乙酸/丙酸比值	干物质采食量/(磅/d)	4%乳脂校正奶产量/(磅/d)	乳脂肪/%
日粮 B-"中" 45% 精料 55% 混合长度的苜蓿青贮	5.9	2.3	48.4	66.6	3.6
日粮 C-"细" 45% 精料 55% 0.19 英寸(约 0.5 cm)理论切割长度的苜蓿青贮	5.3	1.9	49.3	60.5	3.0

(5)粗饲料饲喂效果的观察。图 1-1-53 中可以观察到因粗饲料使用不当造成奶牛挑食，粗饲料大量剩余。

图 1-1-53　注意由于粗饲料的使用不当而引起的奶牛挑食

(6)粗饲料消化状况的分析。粗饲料消化状况分析使用嘉吉粪便分离筛(图 1-1-54)。

①用途：通过感观了解粪便中未消化的饲料颗粒的多少和比例来分析饲料的消化率，判断瘤胃的发酵情况。

②原理：用三层筛将粪便过滤，未消化的饲料颗粒因大小不同而分布于不同层的筛上，颗粒大的在上层。

③感观评定。

④各层的比例：顶层：完整的谷物颗粒，大的粗饲料颗粒；中层：破碎的谷物颗粒，中等大小的粗饲料颗粒。

1.1.7.6　总结

粗饲料提供的营养占日粮的 1/2 左右，在奶牛的日粮中是最重要的组成部分。没有优质的粗饲料，将无法饲养高产奶牛。粗饲料选择要点包含以下内容：衡量性价比，青贮是性价比非常高的粗饲料，果穗青贮也是一个不错的选择；把控粗饲料的质量波动是良好使用粗饲料

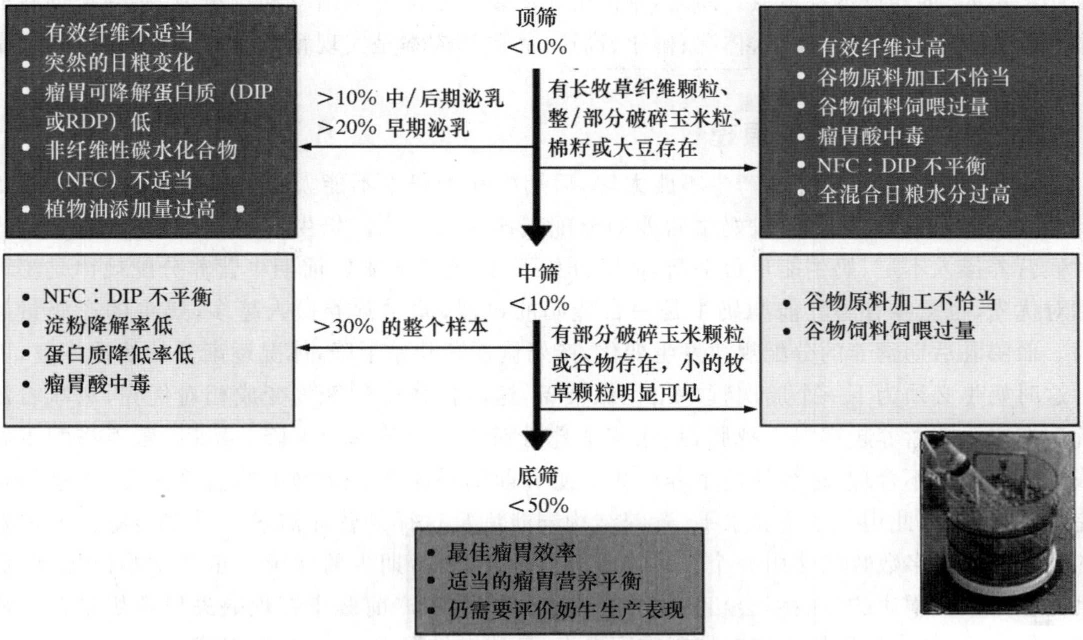

图 1-1-54 嘉吉粪便分离筛决策树

的一个前提；粗饲料的使用，应重视对粗饲料的营养成分的分析和质量的评价，关注粗饲料的消化率，跟踪粗饲料质量变化，适时调整配方，充分利用当地粗饲料原料来降低日粮成本，注意物理营养与化学营养结合，颗粒度会影响到粗饲料的采食和消化利用，粗饲料饲喂效果观察，通过奶牛粪便的观察，通过粪便分离筛来观察粗饲料消化状况。

［撰稿：独立营养师 赵全刚］

1.2 奶牛精准营养管理

奶牛精准营养（饲喂技术）指的是通过多种饲养管理技术，选择恰当的饲料原料和恰当的配方组合，在保证成本控制的前提下实现满足大群体中不同生理阶段个体奶牛的营养需求的过程。

1.2.1 奶牛精准营养饲喂技术原理要点

奶牛精准营养的目标是满足个体奶牛营养需要（营养恰到好处，既不缺乏也不浪费；营养供给与营养需求刚好相当），成本无浪费。要实现这一目标有很多关键控制点：第一个控制点是适宜体况。一个牧场牛有没有养好，首先要看牛群里高峰期的牛有无瘦牛，就是体况营养负平衡是否太厉害；其次是中后期的牛和干奶牛有无肥牛。在一个牧场既看不到特别瘦的牛，也看不到肥牛，说明牧场管理到位了。因为这决定了饲料的产奶效率。如果高峰期的牛特别瘦，后期牛又很肥，说明饲料效率一定很低。第二个控制点是牛体健康，这和牧场盈利能力有关系。产奶量提升必须具备一个前提，就是牛体健康。第三，要生产出更多更高品质的牛奶。第四,饲养成本要最低。总之,中国的牛奶要在全球有话语权和竞争力,必须把饲料成本和管理成本降下来。所以,体况、健康、高产、品质和成本是实现精准营养饲喂的目标,也是管控的关键点。

1.2.1.1 体况控制原理

体况控制的目标就是高产牛不能太瘦,后期牛和干奶牛不能太肥。从图 1-2-1 中 3 条泌乳曲线可以发现,泌乳各阶段奶牛营养的分配规律完全不同。奶牛产犊后迅速开始泌乳,这时候营养摄入不足,奶牛能量负平衡,体膘开始下降,这说明泌乳前期牛营养分配规律是泌乳相对优先,也意味着泌乳前期奶牛是一台造奶的机器,此时营养摄入越多,奶牛的产奶量越高。而泌乳后期营养的分配规律发生变化,产奶量逐渐开始下降,体况逐渐开始快速恢复,因为这时奶牛必须为下一个胎次犊牛出生做准备,这时候体膘的恢复变成相对优先,意味着泌乳后期摄入的营养越多奶牛越肥,意味着泌乳后期的产奶效率会下降。所以,营养搭配不好或者营养结构不合理,很容易把牛养肥了。泌乳前期和泌乳后期奶牛的营养需要、生理特点完全不一样,因此用一个营养水平、营养结构同时满足这样的营养需求时一定会有营养浪费的问题。绝大多数牧场使用一个 TMR 日粮的时候,中后期牛的体况一定非常难以控制,而且这样的牛群酮病的发病率会相对增多。尤其国内由于产前健康管理缺失导致奶量开发不理想的牛群,其中后期奶牛体况控制难度更大,导致大量的肥牛出现,饲料成本升高。

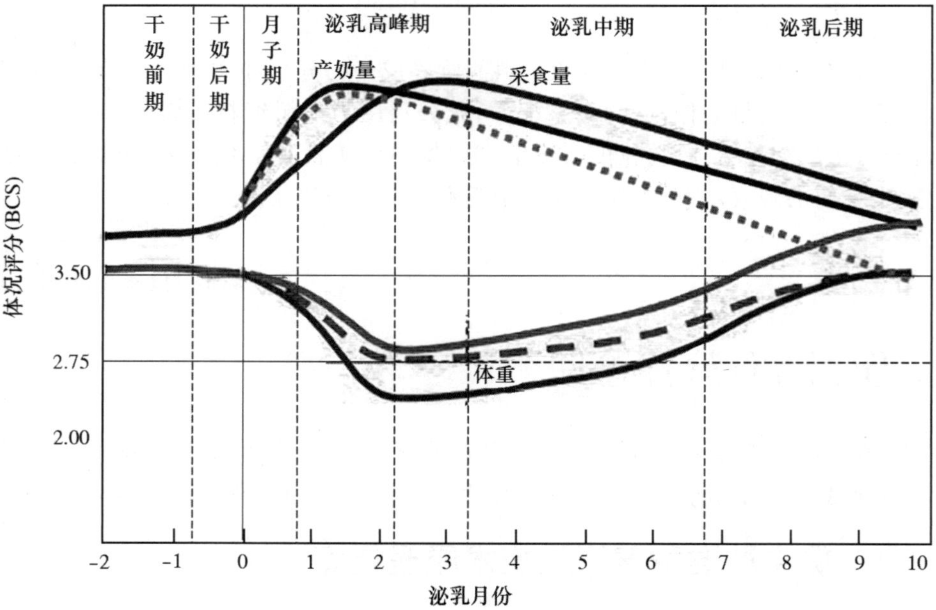

图 1-2-1 奶牛产奶量、采食量和体重变化的关系图

1.2.1.2 健康管理原理

笔者在做牧场评估时发现,有些牧场头胎牛犊牛和经产犊牛初生重变异都非常大。很多牛场临床性的酮病并不是特别高,但是,很多牛场亚临床性酮病都在 20%~30%,有的甚至达到 30%~40%。最近还评估过一个牛场的血钙,有相当一部分牛 pH 还在 7 左右,还有个别牛的 pH 降到了 5.5 以下。这些主要是由于奶牛挑食所导致的营养摄入不均衡所致,所以属

于技术管理问题而不是单纯的配方技术问题。此外,生产中有些泌乳牛产后110～120 d产奶高峰期才上来,不是营养师设定的营养参数有问题;对于低质粗饲料尤其本地化低质粗饲料应用来说,最大问题是由于粗饲料霉变和挑食造成的奶牛氧化应激,从而导致对非泌乳牛健康的损害。实际上这种氧化应激会导致奶牛无论是肠道系统还是乳腺系统都遭到极大的破坏。

国内突破12 t单产的牧场经产牛只的产量都已经超过55 kg,这个和美国基本接近了。但是,中国头胎牛的产量与美国的差距非常大,原因是奶牛健康出问题了。实际上中国犊牛、后备牛培育最近几年发展非常快,但是饲草质量不好的羊草、稻草、麦秸都给后备牛、怀孕青年牛、泌乳末期的牛吃了。在进行本地化低质粗饲料收储过程中没有考虑到奶牛真正需要什么品质、卫生指标达到什么程度的低质粗饲料。

中国未来一两年或者两三年之内会有更多的牛场突破13 t、14 t甚至更高的产量。突破的影响因素不仅仅是奶牛的品种,限制中国奶业发展最大的难题是奶牛健康管理的缺失。所以,无论纤维品质优质的玉米青贮、燕麦草、苜蓿青贮,还是低质粗饲料如麦秸、稻草、玉米秸秆、羊草,必须要符合卫生指标,这是第一关。不符合卫生指标的草就是垃圾,不应该喂给奶牛。总之,健康管理一定处在奶牛管理的首要位置。而目前牧场健康管理的突出问题是解决粗饲料霉变和奶牛挑食的问题。

实际上,健康管理是奶量开发的第一大前提,很多牧场奶量低下的主要原因是奶牛健康管理的缺失,尤其是奶牛的产前健康管理。奶牛健康管理的核心其实是氧化应激管理。自由基和抗氧剂之间不平衡就会引起氧化应激。正常的健康机体两者是平衡的,当抗氧化剂不足以把产生的自由基清除时,机体就会出问题。所以,越高产的奶牛,采食量越高,产生的自由基的量越多,必须有足够的抗氧化剂把自由基清除掉。氧化应激导致启动氧化连锁反应和脂质氧化以后,第一个直接影响就是过氧化反应对脂质和高分子造成损害。细胞膜的组成就是脂质。所以,氧化应激首先破坏细胞膜。细胞膜上的变化可以通过生理学和病理学变化更改代谢途径。对于奶牛,首先出现异常乳,接下来就是一些炎症性疾病发生,都与氧化应激有关系。

动物氧化应激有三大特性:①氧化应激损伤的延迟性。如饲喂发霉青贮,牛开始可能没反应。如果连续吃一个月发霉饲料就麻烦了。因为氧化应激是有延迟性的,它会破坏细胞膜,进而使很多微生物或微生物的片段通过通道进入体内。热应激,奶牛不会马上出问题,但是持续一段时间就麻烦了,因为机体发生损伤了。正因为氧化应激损伤的延迟性,很多管理者容易把它忽略掉。②氧化应激损伤的累积性。对牛来讲,氧化应激损伤的累加性是非常可怕的。举个简单例子,如热应激刚结束,9月千万不要打疫苗,因为采食量一旦降下去,没有一个月恢复不过来。同时,可能出现流产率增加、抗体保护不好等一系列问题。因为热应激对动物的损伤,在热应激结束时是最严重的。如果再加上氧化性因素,疫苗很可能是压死骆驼的最后那根稻草,热应激会非常非常严重。因此热应激期间饲料霉变和瘤胃酸中毒的控制更加重要。③氧化应激损伤的修复需要过程。所以,应在热应激结束1个月甚至1.5个月以后牛群机体健康状况损伤修复以后再进行疫苗注射,尽量避开氧化应激损伤和累积。

总之,奶牛时刻面临着各种各样的氧化应激的挑战和威胁,因此要想确保奶牛健康,首先必须要从源头控制和管理氧化应激:①围产期的生理应激要通过围产期营养调控;②肥胖应激应该通过泌乳中后期的体况控制;③亚急性瘤胃酸中毒(SARA)要通过泌乳期奶牛的精准营养饲喂和TMR管理；④热应激要通过环境控制；⑤霉菌毒素要通过饲料源头霉菌毒素控制；⑥病原应激（卫生）要通过卧床与奶厅的管理，主要靠源头控制。其次，可通过日粮中的抗氧化剂水平，如维生素和微量元素，以及其他的抗氧化剂的添加来缓解，需要多少加多少。

1.2.1.3 牛奶产量与品质管理原理

（1）奶量影响因素。第一，与品种和后备牛培育有关系。美加系品种、澳大利亚、新西兰与中国荷斯坦采食量有很大的区别。第二，与牛群结构有关系。奶牛泌乳前期就是造奶机器，摄入的营养越高，产量越高。假如牛群结构中后期牛占的比例太高，产量不可能高。第三是健康管理。第四是精准的营养供给。所以，在特定品种和特定牛群结构的前提下产奶量跟什么有关系，那就是健康管理和精准营养。

（2）控制奶牛产奶量的阀门。控制产奶量的阀门是乳腺形成的乳糖。牧场奶牛品种是固定的，牛群结构是固定的。季节性变化，乳脂、乳蛋白质都有变动，产量也有变化。不同泌乳天数，乳脂量也会有变化。但唯独有一个指标是相对不变的，就是乳糖。乳糖是控制产奶量最重要的阀门。乳糖产量越高，奶牛的产奶量越高。因为所有的产奶是以乳糖为参照物和标杆，而乳糖在乳腺细胞当中会形成渗透压，渗透压越大，产奶量越高。当乳脂合成量相对于乳糖的产量不足时，牛奶的乳脂就会下降。当乳蛋白质合成量相对于乳糖不足时，乳蛋白质的指标会下降，但当乳糖产生量少的时候，牛的产奶量下降。所以，产奶唯一的参照物、控制的阀门就是乳糖。牛奶中的乳糖生成途径：葡萄糖和半乳糖在乳腺分泌细胞的高尔基体内通过乳糖合成酶合成乳糖。绝大多数能量是靠谷物消化产生的丙酸合成的，丙酸占挥发性脂肪酸总量的20%～25%。丙酸是最重要的能量来源，提供葡萄糖需要量的30%～60%。产奶量和日粮淀粉水平的关系，即奶牛摄入的淀粉量越高，产奶量越高。因此，在确保奶牛瘤胃健康的前提下，更多地摄入淀粉，意味着更高的产奶量。

（3）控制牛奶乳脂率的阀门。控制牛奶乳脂率的阀门是乙酸。乳脂与粗饲料在瘤胃发酵产生的乙酸有关系。乳脂率与可消化纤维水平有直接关系：日粮纤维的品质是不是好，能否消化变成乙酸；日粮纤维的量是不是足够；日粮纤维的消化率等都直接影响乳脂率水平。纤维是否转化成乙酸与瘤胃功能（pH）和纤维品质有关。概括起来讲，乳脂率主要和瘤胃中产生的可消化纤维的量有关系。当然，日粮中一部分脂肪消化吸收后也可以转化为乳脂，但此部分对乳脂的贡献率相对要小。

（4）控制乳蛋白质的阀门。控制乳蛋白质的阀门是氨基酸和葡萄糖。乳蛋白质与瘤胃中形成的菌体蛋白质的量有关系，因为合成乳蛋白质的氨基酸主要来源于菌体蛋白质。这主要跟瘤胃的功能（pH）和能氮的平衡性有关。另外一个重要的蛋白质来源是过瘤胃蛋白质。当然，还跟它的品质、氨基酸的平衡性有关系。提升高产牛群乳蛋白质水平的方法有：①增加乳腺用于合成乳蛋白质的原料供应，包括MCP、RUP、氨基酸、葡萄糖；②平衡产量与乳蛋白质的关系。因为产量越高，乳蛋白质相对下降。所以，要平衡好二者的关系。

1.2.1.4 公斤奶饲料成本控制原理

公斤奶饲料成本可简单地分为两部分成本，一个是维持需要成本，另一个是泌乳成本。控制公斤奶饲料成本：首先，提高平均单产，降低维持成本；其次，通过原料的选择与搭配降低泌乳成本。粗饲料和精饲料，不同饲料原料性价比不同，而且不同地域饲料原料的性价比也不一样。所以，一定要根据当地的饲料原料条件进行饲料的选择和搭配，这样成本才能降下来（表1-2-1）。

国内牧场的公斤奶饲料成本在1.4～2.5，饲料成本要占到全成本的60%以上，而且不同牧场的公斤奶饲料成本差异巨大，也说明饲料成本可挖掘的空间潜力很大。

表 1-2-1 以玉米豆粕为基准计算营养相对价值

原料	代谢能(ME)/(Mcal/kg)	代谢蛋白质(MP)/%	粗蛋白质(CP)/%	中性洗涤纤维(NDF)/%	粗脂肪(EE)/%	非纤维性碳水化合物(NFC)/%	2015年均价/(元/t)	2018年11月价格/(元/t)
玉米	2.3	1.5	8.17	14.22	4.05	73.26	2 000	1 790
豆粕	2.1	3.7	47.34	9.98	0.76	33.36	2 800	3 380

CPM配方系统在35 kg产奶量的前提下对饲料原料的营养价值进行计算：

饲料原料泌乳价值FIMV2018年(元人民币/t)＝(0.75×MP＋0.29×ME)×1 000；

公斤奶理论饲养成本(35 kg产奶量)：＝0.57＋(0.75＋0.29)＝1.61；

关于维持需要的成本按干奶牛饲养成本计算：20元/d；产奶量是20 kg，则维持成本为1元/kg牛奶；产奶量是25 kg，则维持成本为0.8元/kg牛奶；产奶量是30 kg，则维持成本为0.67元/kg牛奶；产奶量是35 kg，则维持成本为0.57元/kg牛奶；产奶量是40 kg，则维持成本为0.5元/kg牛奶。

设定玉米和豆粕的泌乳价值和当期玉米和豆粕价格相等，通过回归分析测算下来，合成1 kg奶所需要的代谢蛋白质价格很高，需要0.75元。但是，合成1 kg奶的代谢能所需要的价值只需要0.29元就可以了，两个加在一起刚好1.04元人民币，意味着在维持需要的基础之上，根据现有玉米、豆粕价格只需要多投入1.04元的饲料成本就可以生产1 kg牛奶。用35 kg做测算的基数，奶牛的维持需要成本大概0.57元，理论上现在的牛奶饲料成本是1.61元/kg。所以，判断牧场的饲料成本的高低主要看两方面，一是维持成本是否有差别；有的牧场做到35 kg，而有的牧场25 kg，维持成本差了0.23元。二是饲料的组合性价比是否合适。

表 1-2-2 某地区2018年11月饲料市场价格与营养相对价值

样品名称	市场价格/(元/t)	泌乳价值/(元/t)	溢价率
DDGS	2 200	3 080	1.40
全株玉米青贮	450	570	1.27
膨化大豆	3 850	4 330	1.12
糖蜜	1 750	1 820	1.04
玉米	1 790	1 790	1
豆粕	3 380	3 380	1
甜菜粕	2 300	2 172	0.94
大豆皮	1 600	1 468	0.92
棉籽	2 300	2 005	0.87
羊草	1 300	723	0.56
进口苜蓿草	3 300	1 623	0.49
进口燕麦草	2 700	1 231	0.46

注：泌乳价值为未计入原料功能性的前提下的估算值。

表 1-2-2 是根据某地区 2018 年 11 月原料价格豆粕 3 380 元/t 和玉米 1 790 元/t 做的比价。假如花 3 300 元买 1 t 进口苜蓿，实际测算下来的泌乳价值是 1 623 元。这意味着性价比只有 0.49，即投入 1 元后奶牛通过产奶创造的价值只有 0.49 元，说明进口苜蓿草的性价比较低。但是，玉米青贮不一样；测算的干物质 30%左右的玉米青贮，假如 450 元/t 收购来的，实际价值 570 元，性价比是 1.27。性价比最好的粗饲料是玉米青贮。如果养殖场想把成本降下来，一定要把玉米青贮用到最大量，把干草类粗饲料用到最少量，这时的成本一定是最低的。但是，绝大多数牧场尤其规模牧场过去学美国模式，进口苜蓿草加玉米青贮。但实际上假如投入 10 元买的苜蓿草，最后浪费 5 元多，这就是成本浪费。当然，如果原奶品质时代到来，饲喂苜蓿草所产出的牛奶附加值能从奶价上体现出来的时候另当别论。

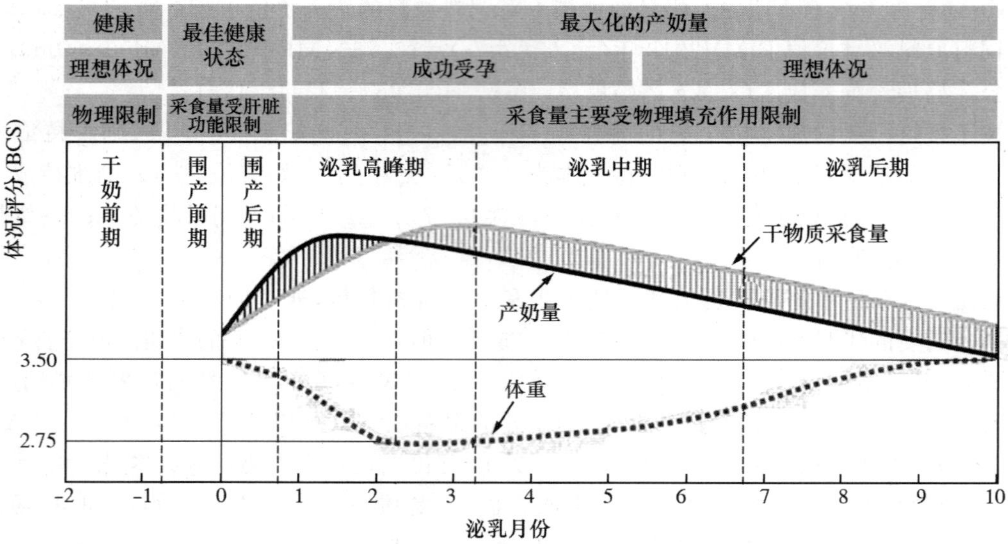

图 1-2-2　奶牛饲养管理阶段划分和管理关键点

1.2.2　奶牛精准营养饲喂技术操作要点

基于以上奶牛精准营养的原理分析，只有通过不同阶段奶牛的精准营养饲喂才能实现奶牛生产中的管控目标。奶牛精准营养饲喂的技术要点分为 8 个步骤(也叫精准营养八部曲)，按精准营养设计的优先次序排列如下：①优化牛群结构和合理分群技术；②日粮物理结构优化技术；③提高干物质采食量的关键技术；④控制瘤胃酸中毒的管理技术；⑤日粮的能量结构优化技术；⑥日粮能氮平衡的控制技术；⑦日粮的蛋白质结构优化技术；⑧日粮的氨基酸平衡技术。

1.2.2.1　优化牛群结构的合理分群技术

奶牛的牛群结构对产奶量、饲料效率和体况有着重大影响，尤其由于产前健康管理缺失导致产奶量开发不理想的牧场，对奶牛的分群管理提出了更高的要求。处于不同泌乳天数的奶牛的生理特点、营养需要和营养分配规律完全不同，因此不同阶段奶牛管理的关键也不同，日粮营养结构的设计也会有所区别。

泌乳前期和泌乳后期能量结构需求完全不同，特别是脂肪的使用会对整个牛群的体况影响非常巨大。另外，TMR 日粮的能量结构还会影响泌乳持续力，因为高峰期后，高营养浓度的脂肪对奶量的支撑作用相对较弱，会使奶牛体膘快速恢复，导致泌乳的持续力不好，这都是TMR 日粮带来的极端影响。从精准营养饲喂角度来讲，一定尽可能分段饲喂。尤其是国内奶量开发不理想的牧场更需要精细化管理。泌乳前期设一个高产 1 日粮，拉升泌乳高峰期的同时缓解能量负平衡，有利于尽快恢复繁殖；泌乳 150～200 d 之后根据泌乳效率情况适时更换高产 2 日粮，一般在泌乳效率下降到 1.3 以下时开始更换日粮，奶量开发程度不同的牧场其更换高产 2 日粮的时间节点有很大不同，泌乳天数 150～250 d 不等，甚至奶量开发越好的牧场，对高产 2 日粮的依赖程度越低。高产 2 日粮主要解决泌乳持续力和延缓体膘的恢复速度，同时也是控制饲料成本的有效手段。泌乳后期牛群饲料效率降到 1.0 以下时要更换低产日粮，正常牛群这部分牛占比很小，主要是解决体膘的问题，争取奶牛以合理的体况进入干奶期。这样才能实现精准营养饲喂，而且节省大量的营养，防止营养浪费。

1.2.2.2　日粮物理结构的优化技术

日粮物理结构就是青贮类、干草类在整个日粮当中的占比，还有饲料颗粒度之间的分配(图 1-2-3)。为什么优化日粮物理结构？因为一定要使奶牛的挑食问题得到解决，尤其是非泌乳牛和泌乳末期的奶牛。实际上牧场对非泌乳牛和泌乳末期奶牛的关爱不够，而是一直以产量为核心，当奶量下降的时候，对它的关注程度也在下降，这是错误的，因为泌乳末期牛、干奶牛、怀孕青年牛是“孕妇”。但是，在进行饲料搭配时，好的饲料都喂给泌乳牛，不好的饲料给低产牛、干奶牛、后备牛和怀孕期间牛。笔者曾开玩笑说，没听说一个孕妇在家里吃剩饭的，但是，牛场就把剩饭全喂给“孕妇”了，最后奶牛健康出问题了。

图 1-2-3　日粮物理结构良好的围产期日粮

优化奶牛日粮物理结构，一是解决挑食问题，尽量减少霉变饲料，控制低质粗饲料的长度，减少挑食。二是 TMR 制作的难易程度。很多北方的牛场尤其是东北，干奶牛喂羊草，基本上 6～7 kg，甚至有的加到 9 kg，9 kg 的羊草，想把它铡短，太难了，尤其是立式搅拌车。如果搅不短，牛必然会挑食。三是奶牛日粮的健康程度。如果用羊草，去年羊草的品质非常差，如果饲喂超过 7 kg 的羊草，会摄入大量的毒素，这些毒素对奶牛健康的损害非常大。所以，为了减少对牛健康的损害，必须要减少羊草的使用量。尽量多用青贮，少用羊草，少用麦秸，少用稻草。四是奶牛日粮干物质的提升。高产泌乳牛，饲喂低质饲料多了，牛就吃不进去了。五是奶牛日粮的成本控制。有些牧场用 1 300～1 400 元买 1 t 羊草，而在有些地区 1 300～1 400 元能买 1 t 玉米，玉米和羊草相比，哪个性价比高？从营养学角度讲，一定是玉米性价比比羊草高得多，这意味着羊草提供有效纤维，在保证奶牛健康的前提下，不要再加更多的羊草，一定要用一些精饲料、玉米或者辅料类饲料替换羊草，这样成本一定是最低的。所以，从成本的角度来讲，也要优化日粮的结构，这就是优化日粮物理结构的几个理由。

牧场粗饲料使用原则：首先，青贮为主，干草为辅。因为青贮是所有粗饲料里性价比最高的，一定要以它为主。而且青贮和精饲料容易混拌均匀，黏合度比较好，干草和精饲料容易草料分离，所以，从日粮结构的搭配角度来讲，也一定要在日粮配方里使用更多的青贮，减少干草的使用量。而且青贮恰恰是必须本地化，而干草在很多地区一定是外运的，只要远距离运输，成本就会增加。其次，粗饲料从低，精辅从多。粗饲料是限制干物质采食量的主要因素，当满足了有效纤维的同时，再加粗饲料，结果会极大地限制干物质的采食量。所以，一定要把粗饲料限制到满足奶牛健康程度的最低点，这就是粗饲料的使用量要从低。精辅从多，无论从性价比角度，还是从日粮结构的调配角度，精饲料都要比粗饲料性价比好，但精饲料用多了，会影响奶牛健康。所以，要找到保证奶牛健康前提下精辅料的最高点。这样才是现有饲草条件下牧场最合理的粗饲料和精饲料的搭配结构。再次，结构为先，健康为王。结构为先是日粮的结构比日粮的设定水平更重要，因为日粮结构决定了奶牛挑食与否，决定了日粮中的饲草资源的卫生指标是否正常，决定了奶牛的营养需求，包括泌乳前、中、后期或者不同阶段奶牛的营养需求。所以，日粮结构非常重要，因为它决定了奶牛健康与否。而奶牛的健康，泌乳牛重点调控的是瘤胃的健康，非泌乳牛重点调控的是自身氧化应激的管理，包括霉变饲料的摄入量和奶牛挑食。最后，效率为先，成本为王。牧场经营管理的最终目的是盈利，牧场就是一个企业，牧场追求的不是产量多高，而是能够加工处理多少饲料转换成牛奶、能赚多少钱，这是牧场最重要的，所以，粗饲料和精饲料搭配最重要的前提就是保证奶牛饲料效率最高。

当然了，不同的牛场饲草资源不同，牛群结构不同，可能在日粮结构上会有很大的差别。无论是淀粉水平、青贮的用量，还是粗饲料的用量差别都会非常大，尤其是南方与北方、东北和西北差别都非常大。所以，非泌乳牛日粮的制作一定要做好，最终使牛不要挑食。总之要记住：低质粗饲料的品质比“加工处理”更重要；如何使用粗饲料比粗饲料本身的价值更重要。

1.2.2.3 提高干物质采食量的关键技术

1. 杜绝空槽症

高产牛有足够的剩料量，确保奶牛随时都有新鲜的饲料可供采食。每天推料 10～15 次及以上，有的牧场要做到 20 次。奶牛的采食行为特点决定每天必须要推料 10 次以上。首先，因为奶牛 1 d 采食的次数至少要 10 次以上，平均大概要 11 次。所以，要保证推料次数，每次挤奶后和每推一次料，奶牛采食会有小高峰，这非常重要。其次，奶牛每次的采食时间大概 0.5 h，经产牛每次采食，至少 2.5 kg 的干物质(表 1-2-3)。

表 1-2-3　奶牛采食行为特点与差异

项目	头胎牛	经产牛
采食次数/(次/d)	11.3	10.8
每次采食时长/min	26	31
每次采食量/kg DM	1.8	2.5
采食时间/(min/d)	284	314
采食速度/(kg DM/min)	0.06	0.07

2. 降低日粮 ADF 水平，减少低质粗饲料的用量

中国养牛最大的客观限制条件就是优质粗饲料不足，这对于奶牛干物质影响非常大。过了围产期后，泌乳牛干物质采食量的主要限制因素就是物理填充性限制因素。因此，要提高泌乳牛的干物质采食量就是要想尽一切办法降低日粮的 ADF 水平。目前国内单产达到 11 t 以上的牧场，ADF 水平基本都在 18%以下，最低的可以做到 17.5%，因为 ADF 的含量对于干物质

采食量的影响很大。所以,要想使奶牛采食 27 kg 干物质,ADF 水平必须降低。降低 ADF 水平最重要的一点就是减少低质粗饲料的使用,这就需要对日粮中粗饲料品质要求非常高。

$$RFV=DMI(\%BW)\times DDM(\%DM)/1.29$$
$$DMI(\%BW)=120/NDF(\%DM)$$
$$DDM(\%DM)=88.9-0.779ADF(\%DM)$$

粗饲料的功能性比营养更重要。从 RFV 的计算公式里,发现 RFV 跟干物质的随意采食量和可消化干物质有关系,即与 ADF 和 NDF 有关系,和蛋白质无关。买苜蓿时候,不要只看蛋白质含量,还要看 ADF 和 NDF。

从表 1-2-4 中可以看出,从超特级到三级苜蓿草,可消化干物质的差别很小。也就是说,从超特级苜蓿草到三级苜蓿草,它所含的可消化养分差别不大。但不同等级的苜蓿草奶牛干物质采食量差别非常大。所以,粗饲料首先利用的是它的功能,其次才是它的营养。

表 1-2-4　美国农业部最新的苜蓿草分级标准

等级	酸性洗涤纤维(ADF)/%	中性洗涤纤维(NDF)/%	相对饲喂价值(RFV)	干物质采食量(DMI)/%BW	干物质消化率(DDM)/%DM	粗蛋白质(CP)/%
超特级	<27	<34	>185	>3.5	>68	>22
特级	27～29	34～36	170～185	3.3～3.5	66～68	20～22
一级	29～32	36～40	150～170	3.0～3.3	64～66	18～20
二级	32～35	40～44	130～150	2.7～3.0	62～64	16～18
三级	>35	>44	<130	<2.7	<62	<16

1.2.2.4　控制瘤胃酸中毒的管理技术

1. 奶牛使用粗饲料的原因

奶牛为什么要使用粗饲料?因为只有足够的粗饲料才能保证奶牛瘤胃的健康,粗饲料提供了充足的有效纤维。但是提供有效纤维的方式有很多种,很多饲料都可以提供。例如苜蓿 NDF 32%～46%,peNDF 90%(图 1-2-4);玉米青贮 NDF 40%～70%,peNDF 70%～95%(图 1-2-5);羊草 NDF 60%～70%,peNDF 100%;麦秸 NDF 60%～70%,peNDF 100%。

图 1-2-4　优质苜蓿

图 1-2-5　优质玉米青贮

2. 高产奶牛使用优质粗饲料的原因

粗饲料是限制奶牛 DMI 的主要因素。粗饲料品质越好，消化率越高，排空速度越快。优质粗饲料可以实现 DMI 的最大化。采食越多的粗饲料，即采食越多的 NFC(淀粉)。越多的 NFC(淀粉)，意味着越多的产奶量。所以，高的产奶量是由优质的粗饲料间接带来的。

粗饲料的功能性比营养更重要。购买粗饲料不仅仅是在购买营养，如果购买营养的话，不会千里迢迢从美国进口苜蓿，从内蒙古或者从东北把羊草往南方运。因为要利用粗饲料的功能，这是最重要的。所以，粗饲料的功能指的是在满足有效纤维的前提下，尽量让粗饲料不要限制采食，这就是为什么奶牛要用优质粗饲料的主要原因。很多年前国外做过一个实验，不同苜蓿的品质对采食量和精饲料比例搭配之间的关系。结果显示，粗饲料越优质，可以多用粗饲料少用精饲料而达到高产。粗饲料品质越差，粗饲料在日粮当中使用的比例一定要下降，增加精饲料的比例，这样才能提升产量。

3. 奶牛酸中毒的原因

众所周知，使用粗饲料是提供充足的有效纤维来保证奶牛不至于酸中毒。酸中毒产生的原因只有 2 个：一是瘤胃产酸量大于瘤胃对 VFA 的吸收能力。如日粮中过多的淀粉，日粮淀粉发酵速度过快(小麦、湿贮玉米、玉米粉)，过渡期瘤胃对 VFA 吸收能力欠佳等。二是瘤胃缓冲能力太弱(奶牛反刍产生的唾液缓冲盐不足)，原因主要是有效纤维量不足(粗饲料提供的纤维量、颗粒度)和日粮中小苏打的使用量过少。

奶牛瘤胃酸中毒与否只和 TMR 日粮当中提供的有效纤维水平(即 eNDF)、TMR 的颗粒度、淀粉水平以及淀粉释放速度(压片玉米、小麦、细粉玉米、湿贮玉米)有关。只要日粮所提供的有效纤维和日粮的淀粉水平匹配是平衡的，奶牛的瘤胃一定是健康的。过去很多人采用日粮的精粗比这一指标，但在实践中这一指标的可衡量性和可操作性较差，笔者一般建议大家采用有效纤维和淀粉水平的比来评判，因为这两个指标在生产中可以准确地衡量，且这一指标能更直接地反映出日粮和奶牛酸中毒之间的关系。

1.2.2.5 日粮的能量结构优化技术

第一个需要平衡的问题是产奶量和乳成分之间的平衡。随着产奶量的提升，乳指标会下降。所以，很多牛场为了调乳指标，越调产量越高，指标没变化，说明没有把产量和乳成分之间的关系平衡好。第二个需要平衡的是产奶量和体况之间的平衡。泌乳前期和泌乳后期营养的分配规律不同，中国荷斯坦牛的体格相对较小，为了达到产奶量提升的目的，一是降低 ADF，二是提高营养浓度，特别是泌乳前期利用好脂肪。国内现在最好水平大概 6%左右，美国推荐的最佳标准甚至可以提高到 8%。但是，要达到这么高，必须要做精准营养。泌乳前期奶牛脂肪高点，100～150 d 以后脂肪一定要降下来，否则牛就过肥了。

图 1-2-6 中有两个日粮，日粮 A 干物质采食量只有 24 kg，但是淀粉的含量是 27%，日粮 A 淀粉摄入量为 24 kg×27%＝6.84 kg。日粮 B 把 ADF 降低，采食量达到 27 kg，但是淀粉降到 24%，日粮 B 摄入的淀粉量也是 6.84 kg。但是，这两个日粮产奶量和乳指标不一样。因为产量首先跟淀粉摄入有关系，但是，日粮 B 增加了 3 kg 的干物质，它可以是合成乳脂的可消化纤维或者合成乳蛋白质的过瘤胃蛋白质，这样意味着日粮 B 乳指标非常好的前提下，产量也会提升。日粮 A 是传统的高低质粗饲料、高淀粉类型日粮。笔者建议更多牛场要往日粮 B 方向努力，把 ADF 降下来，用一些非常规的原料，同时降低淀粉日粮，这样奶牛对有效纤

维的依赖程度大大减少，而且牛养得会更健康，乳指标也更好。乳脂、乳蛋白质都有保障的前提下提升产奶量，这才是优化能量结构（表 1-2-5）。

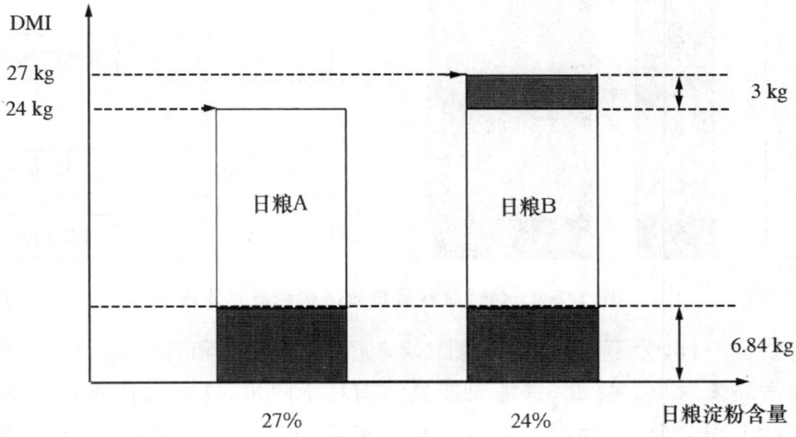

图 1-2-6 不同干物质采食量和淀粉水平日粮示意图

淀粉到瘤胃中必须产生挥发性酸才能消化吸收。而糖进了瘤胃当中，微生物不一定把它分解成酸，微生物可以直接利用糖分。所以，用糖替代淀粉的结果是乳脂率、乳蛋白质都会提升。

表 1-2-5 日粮糖和淀粉水平对产量和乳成分的影响

项目	无添加	低	中	高
日粮糖含量/% DM	2.7	5.1	7.1	10
日粮淀粉含量/% DM	28.2	27.4	24.5	21.5
干物质采食量/(kg/d)	24.5	25.4	26	26
产奶量/(kg/d)	38.8	40.6	39.4	39.3
乳脂肪/%	3.81	3.8	4.08	4.16
乳蛋白质/%	3.23	3.23	3.27	3.29

引自 Broderick 等(2006)。

不同泌乳天数的牛对能量结构的需求不一样。泌乳前期可以把日粮脂肪提到 5%～8%，因为这时候能量负平衡，主要是减缓能量负平衡，然后使产奶量更高。对于中期牛，建议把脂肪降下来，淀粉适当高一点，因为这时候采食量上来了，用淀粉可以拉动奶量，泌乳持续性会更好。泌乳后期牛一定把脂肪降下来，因为到了泌乳后期很少一部分脂肪会进到牛奶里去，体膘控制好了，所有的营养都没有浪费。泌乳前期可以高脂肪，泌乳后期一定是低脂肪，这就是能量结构需求的差异。

1.2.2.6 日粮能氮平衡的控制技术

不同蛋白质原料蛋白质结构不一样。如非蛋白氮、缓释蛋白中粗蛋白质含量非常高，到瘤胃当中就变成氨态氮了。还有一些原料，如 DDGS、玉米蛋白质粉过瘤胃率非常高，说明慢速降解蛋白质比例很高（图 1-2-7）。

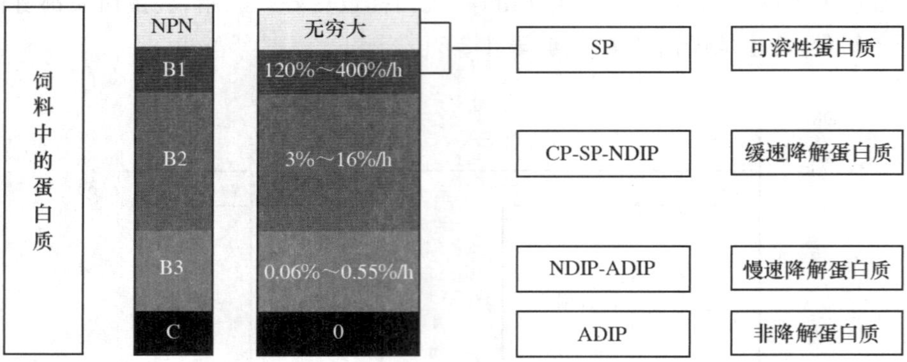

图 1-2-7　饲料原料蛋白质结构组成示意图

碳水化合物也一样，分不同的组成(图 1-2-8)。玉米青贮和苜蓿之间纤维的组成差别在可溶性纤维和木质素含量。因此，这需要能氮结构趋于同步，这时菌体蛋白质的合成量最大。怎么做呢？实际上很简单，利用配方软件在后台就可以模拟计算，因为有很多数学模型做支持。这部分解释起来很复杂但也很重要，由于有专业的配方和营养诊断程序，就变得相对简单了(图 1-2-9)。

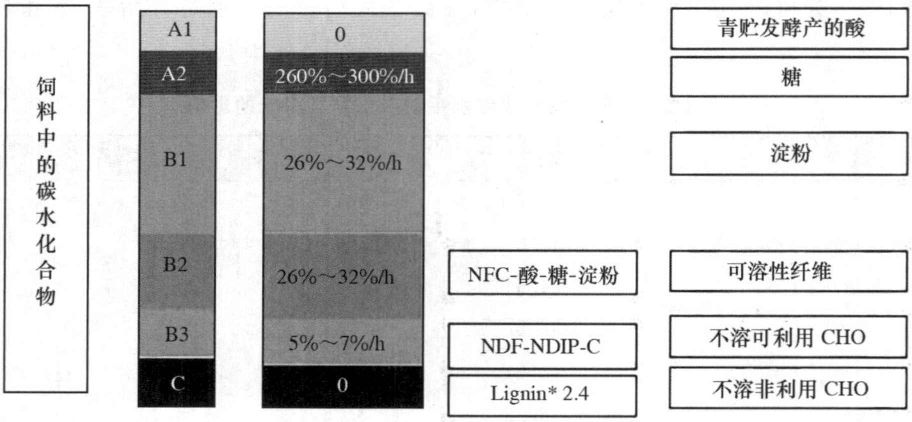

图 1-2-8　饲料原料碳水化合物结构组成示意图

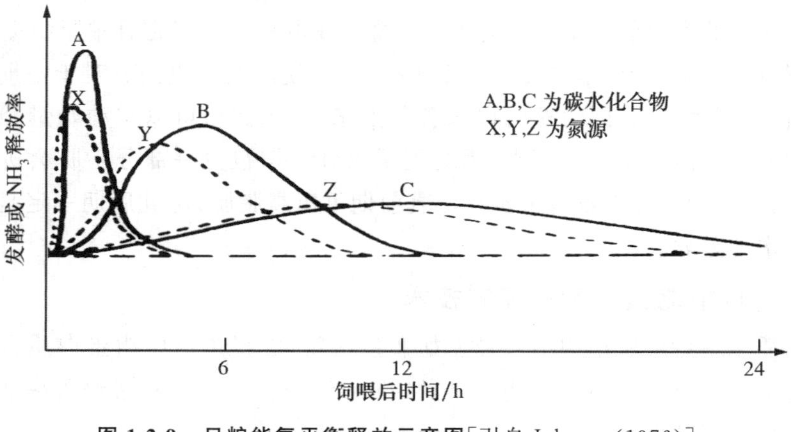

图 1-2-9　日粮能氮平衡释放示意图[引自 Johnson(1976)]

1.2.2.7 日粮的蛋白质结构优化技术

奶牛产量越高，泌乳前期对过瘤胃蛋白质需求比例就越高。泌乳后期，低产牛对过瘤胃蛋白质比例要求很低。国内很多饲料单一的高产牧场，乳蛋白质偏低，主要是因为过瘤胃蛋白质比例太少，膨化大豆、DDGS、玉米蛋白质粉、棉籽类用量较少，这也是影响乳蛋白质非常重要的因素。因此，要根据不同泌乳阶段或不同产量的牛群营养需要，合理地使用过瘤胃蛋白质含量高的原料（表 1-2-6）。

表 1-2-6 不同产量及泌乳阶段对 RUP 的需求不同

泌乳阶段	泌乳前期	泌乳中期
泌乳天数/d	14～100	100～200
平均产奶量/kg	40	30
干物质采食量/(kg/d)	24～27	21～23
干物质采食量/% BW	4	3.5
粗蛋白质(CP)/% DM	17～18	15～16
瘤胃降解蛋白质(RDP)/% CP	60～65	65～70
瘤胃非降解蛋白质(RUP)/% CP	35～40	30～35
可溶性蛋白质(SP)/% CP	25～33	25～36
瘤胃降解蛋白质/瘤胃非降解蛋白质(RDP/RUP)	1.5～1.86	1.86～2.33
可溶性蛋白质/瘤胃降解蛋白质(SP/RDP)	0.42～0.51	0.38～0.5

1.2.2.8 日粮氨基酸平衡技术

夏季乳蛋白质开始降低，很多人都会想到使用过瘤胃氨基酸，但是多数没有明显的效果。首先，用氨基酸之前，要走完前面五步。同时，应用过瘤胃氨基酸前要评估日粮的氨基酸供应。注意：很多的饲料原料中的氨基酸组成具有互补性，如豆粕、膨化大豆赖氨酸含量高，而 DDGS、玉米蛋白质粉等副产物原料蛋氨酸含量高。当经过日粮营养评估后，确定缺乏某种氨基酸（无论是 Lys 还是 Met），应用后才会有明显的正向作用（图 1-2-10）。

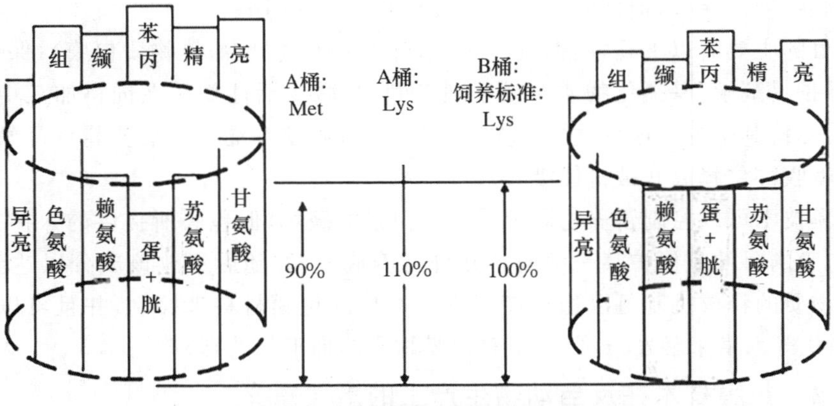

图 1-2-10 日粮氨基酸平衡示意图

综上所述，为了提高中国乳业的市场竞争力，从牧场奶牛养殖环节来讲必须要提高牛奶的产量、品质和管控饲料成本，这必须要告别传统的经验式养牛，通过精准营养饲喂才能实现。而要想实现精准营养饲喂，就必须要明确精准营养饲喂的目标和关键控制点。体况、健康、高产、品质和成本就是实现精准营养饲喂的目标，也是实现精准营养饲喂的管控关键点；精准营养八部曲是实现精准营养的技术措施。具体实施过程中还要结合牧场的地域和实际情况，进行系统的评估分析，制定有针对性的解决方案，坚定不移地贯彻落地实施才能取得预期的结果。

［撰稿：长春博瑞农牧集团股份有限公司　甄玉国］

1.3 添加剂使用

1.3.1 包膜技术在反刍动物生产上的应用

过去的十几年里，包膜技术在全球动物营养和疾病防治中的应用越来越广泛，在反刍动物饲料配制与饲养过程中的作用也被逐渐重视，一系列反刍包膜产品相继出现。但是，同种物质的包膜产品并不是相同的，在设计及生产这些产品时，因设计方法与技术手段的不同，其性能也会不同。

在精准营养、健康饲养、较少浪费和环境保护的大背景下，包膜技术的品质要求与包膜产品的应用也变得更加科学。包膜技术为营养学家打开了均衡营养需求新的大门，同时营养学家、生产者、采购方也开始关注包膜产品的稳定性、瘤胃降解率、肠道释放率等技术指标。国内外很多科研机构和企业开始摸索针对包膜产品各项特定指标的检测方法，部分企业也开始检测包膜产品特定的技术指标，而这些指标也成为评价包膜质量的一种有效工具。

1.3.1.1 包膜技术简介

包膜技术就是将营养物质（氨基酸、维生素、酶、脂肪酸等）包裹在一个小胶囊中保护起来，并对其释放时间进行准确控制，使其吸收和利用效率得到极大的发挥。这种技术提供了对饲料中敏感物质的保护，但同时又能保持较高的生物利用率。

包膜的目的主要有以下几种：掩盖气味（如对阴离子盐、鱼油等物质包膜）；保持储存过程的稳定性（保护易潮解、易氧化物质）；便于加工利用（减少活性物质在饲料加工中的损失，如制粒、膨化等）；使其生物利用率达到最大化（减少活性物质在瘤胃或者真胃的降解，使其可以尽可能地在吸收部位释放并被机体吸收）。

通过包膜技术可以控制营养物质免受环境因素的破坏，但包膜所提供的保护并不是无限的。相反，包膜的目的是保护某一种或者几种营养成分，并随后释放该成分以达到其预期的效应。营养物质的释放机制可以通过使用不同类型的包膜材料来控制，并且可以通过温度、湿度、pH、消化等因素来触发，这取决于对包膜物质的加工与处理方式。

1.3.1.2 包膜技术在反刍动物生产上的重要意义

包膜技术使许多可被瘤胃微生物降解的营养物质得以通过瘤胃并到达胃肠道后部的目标区域，从而更有效地被肠道消化吸收。如在反刍动物上使用比较多的包膜胆碱、包膜氨基酸等。

胆碱被认为是维持非反刍动物最佳生长和性能的一种关键营养物质；同样，胆碱对反刍动物也非常重要。由于胆碱在瘤胃微生物的作用下容易被降解，直接添加到日粮中未保护的胆碱，只有微量的可以到达肠道被吸收利用。如果奶牛缺乏胆碱，脂肪不能从肝脏运出而储存在肝脏，由于肝脏储存脂肪的能力有限，因此转化成酮体进入血液中，导致酮症，造成采食量减少，从而降低产奶量。但随着包膜技术的发展，日粮中添加过瘤胃胆碱可以满足围产时期奶牛对胆碱的需求，帮助减少能量负平衡带来的肝损伤，降低代谢紊乱的风险，提高繁殖率、产奶量和整体健康。

氨基酸的平衡可以增加产奶量并提高反刍动物乳蛋白质和乳脂肪含量。此外，氨基酸可通过影响代谢和免疫功能进而影响生产性能，其中蛋氨酸和赖氨酸分别是奶牛的第一、第二限制性氨基酸。在包膜氨基酸出现之前，生产者依赖于过量喂养粗蛋白质的做法，以满足母牛对这两种关键营养素的需求。但过量蛋白质的饲喂不仅会造成饲喂成本的升高，而且蛋白质过高会影响奶牛的生产性能与繁殖性能，营养代谢病频发，同时尿素氮的排放也对环境造成污染。而包膜氨基酸产品的出现则满足了营养学家平衡特定氨基酸的需求，保护关键氨基酸免受瘤胃降解，使牧场主可以通过较低的饲料投入来管理牛群以获得更高的产量，包膜氨基酸的出现对奶牛生产行业产生了重大影响。

最近受关注的一个领域是利用包膜来传递目标脂肪酸，尤其是特殊的不饱和脂肪酸。包膜可以避免脂肪酸在储存和处理过程中的氧化作用，并保护它免受瘤胃微生物的氢化作用，从而使有益的脂肪酸被输送到动物体内，共轭亚油酸就是一个很好的例子。最近的研究表明，*t*10，*c*12 共轭亚油酸异构体是乳脂合成的有效抑制剂，这为控制乳脂产量提供了一个独特的机会，高质量的包膜在传递这种脂肪酸以精确控制乳脂含量方面能发挥很大的作用。

一些物质如尿素等，通过包膜可以使氮在瘤胃中的释放速度得到控制，促进更多的优质微生物蛋白质合成，并降低尿素氮、血氨水平升高的风险。另外一些活性物质如活性益生菌、疫苗等营养物质的包膜也被提及并受到包膜生产企业的重视与关注。包膜技术的出现与应用为反刍动物的营养调控、疾病治疗提供了有效方案。

1.3.1.3　包膜技术反刍动物生产上的应用现状

使用脂质包膜是反刍产品常用的一种瘤胃保护技术，并适用于各种不同的营养物质。但是同一营养物质的脂质包膜产品之间也可能存在着巨大差异。这些差异包括有效成分含量、使用的包膜材料类型，以及加工方法工艺等。目前在反刍动物上使用比较多的包膜产品有：包膜维生素、包膜氨基酸、缓释尿素、包膜氯化钙等。牧场配方师可以使用高质量的包膜产品来调整日粮，同时降低生产成本。然而目前国内市场上的包膜产品鱼龙混杂，包膜产品的品质也难以验证，因此营养学家，兽医、牧场采购人员与生产者们应该认识到各种包膜技术之间的差异，了解选择哪种产品能为牧场带来最佳的效益，从而作出明智的购买决定。

我国的奶牛产业正在走向一体化，饲喂模式、营养模式同以前相比也发生了巨大变化。虽然各牧场配方师已懂得如何制作与应用日粮配方，但对料草的营养指标多依赖经验值或参考书上指标，如果在反刍动物的饲草料精准检测上没有做好，那么要做到精准营养配方仍任重道远。值得庆幸的是，一些生产者与营养师已认识到料草检测的重要性，目前国内也相继出现了一些针对奶牛料草精准检测的专业实验室，如美国 Dairy One 附属实验室、美国 CVAS 附属实验室，这些实验室可对牧场的各种原料及 TMR 日粮做出全面准确快速的分析，并且所有的检测数据可直接导入牧场配方软件(AMTS、CPM、CNCPS等),这些服务大大加强了配方师配方制作的精准性与便捷性。此外,一些企业也通过与高校合作的方式开始着手建立中国料草数据库,中国料草数据库的建立也标志着我国奶牛营养研究、奶业发展走向了一个新阶段。

虽然生产者已经开始重视料草检测的重要性,但对包膜产品检测数据还没有足够的认识。盲目地使用包膜产品可能并没有给牧群带来好的改变,而且还会伴随着劳动力、生产投入的增加。集约化饲养条件下,高产奶牛的营养需求不断增加,包膜产品的应用已逐渐成为牧场营养中不可或缺的组成。因此在精准配方、精准饲喂的道路上,包膜添加剂的检测也变得十分重要。

1.3.1.4 包被产品的评价标准与检测方法

新的市场、产品和生产应用驱动新的检测方法,但不幸的是,目前我国对于包膜产品的检测方法并未制定相关标准,针对包膜产品的检测缺少机构,针对包膜产品的检测方法不够系统,这也导致了包膜添加剂行业的良莠不齐,甚至有些生产商使用未包膜的产品以次充好,因此无论对畜牧业还是整个包膜行业,包膜产品的评价体系亟须标准规范。

意识到包膜检测的重要性,已有部分包膜企业开始着手包膜产品的检测分析,行业上对包膜品质的检测方法不一(表1-3-1),但大体上包括3个关键点,也是采购者最应关注的3点。

表1-3-1 各种包膜产品检测方法及相应优缺点

	优点	缺点
体外快速无设备(望、闻、问、尝)检测	简单,快速,无创,有一定的筛选力度	与胃、肠腔环境差异较大
体外设备模拟检测	X射线衍射法;红外广谱法;核磁共振法;荧光光度法;圆二色谱法;热分析法;薄层色谱法;紫外分光光度法;溶出速度法;灵敏度高	成本高,速度慢
饲养试验	评价生产性能及健康状况	受个体差异、饲养环境条件、季节变化等影响
血液检测	直接反应动物的生理状态	受饲养试验的影响
肠道生理机能	精准,能够反映消化吸收状况、屏障功能、内分泌	需要屠宰试验,费时费事,成本高

1. 稳定性

包膜产品需要在运输和储存期间保持良好的稳定性以保证其有效性。质量较差的包膜产品因包膜层的不稳定而导致较差的瘤胃保护率,可能在加工时候就已出现涂层破碎或出现裂缝,在运输储存、使用期间环境中的水分会缓慢地通过其涂层渗入核心部位并破坏营养物质。高质量的包膜产品应在典型的储存条件下提供经过验证的产品稳定性数据。

包膜产品除了耐压、耐高温外,还应具有耐冷冻及解冻的能力。在我国北部地区,即使正确地储存包膜产品,在冬季也可能会受到寒冷、冰冻环境的影响。在这种恶劣环境下,包膜的脂质涂层可能会出现冻裂的情况,随后导致较差的瘤胃保护率。因此在设计包膜产品时,也要选择可承受冷冻的包材，确保营养物质能安全通过瘤胃到达释放位点。

鉴别包膜稳定性的几个简单方法：便携式显微镜观察外形；水中溶解观察；指示剂快速识别检测；口腔快速鉴别；敞口存放吸湿吸潮鉴别。

2. 瘤胃保护率

瘤胃保护率即一定量包膜产品在瘤胃留存一定时间后剩余成分占总成分的百分比。反刍动物包膜产品应结合反刍动物的品种、瘤胃特性及消化特征，设计出有针对性的包膜产品，包膜需要在瘤胃中保护营养物质若干小时，针对营养物质不同有时可能会需要更长时间的保护率。

检测包膜产品在瘤胃中保护率常用的检测方法有：使用溶出度测定仪模拟胃液；瘘管动物体内检测；消化仪模拟瘤胃体外检测法。

无论哪种检测方法，好的包膜产品应在瘤胃中有好的留存率，因为瘤胃保护率这一数据对产品品质的好坏有着直接影响。除了包膜品质的检测外，生产商在饲料安全上也应做好控制，选择稳定的原料来源，并对每批次产品做好饲料安全性检测，确保包膜产品中不含有毒有害物质。

3. 肠道消化率

对于大部分反刍动物专用包膜产品来讲，产品设计的目的就是为了使有效成分能在真胃或者肠道释放被小肠吸收利用。一旦包膜产品通过瘤胃，涂层在 pH 或者酶的作用下开始分解，营养物质得以释放并在小肠中被机体吸收利用。虽然瘤胃保护率数据很关键，但简单地证明瘤胃稳定性并不能确保肠道的释放率和吸收率。

评价一个产品的质量应综合考虑以上 3 个因素，在确保产品稳定性良好的情况下，对其瘤胃保护率及肠道释放率进行综合评估。综合的评估应以该包膜产品的生物利用率来表示。如一个包膜蛋氨酸产品，其在瘤胃中的保护率为 80%，在小肠中的肠道释放率为 30%，则其生物利用率仅为 80%×30%=24%；而另一个包膜产品在瘤胃中的保护率为 60%，但肠道释放率为 90%，则其生物利用率为 54%。综合评估来看，第二种产品的品质要远远优于前者。

但在确定包膜产品生物利用率时也要考虑该包膜产品的类型，如过瘤胃氯化胆碱和过瘤胃赖氨酸盐酸盐，在计算时还应考虑实际有效成分的含量。由于包膜产品相比普通未包膜的产品价格相对较高，因此在评估其生物利用率时不能低估这一因素的重要性。

如果对一种产品与另一种产品进行公正的比较，需要建立在每克可代谢营养成本的基础上。因为一种产品可能看起来比较昂贵，在考虑其所提供的可代谢营养物质后，实际上却更便宜。

1.3.1.5 如何确保包膜产品发挥最大效用

首先应考虑的是包膜产品的稳定性，如制粒、蒸汽对营养物质或者酶制剂、微生态制剂活力的影响。当将植物性饲料添加剂应用于动物营养时，至关重要的是要保证这些挥发性活性物质在储存期间不会扩散，而是释放到动物的胃肠道中。还应根据产品的特性选择组合不同的封装技术，如缓释尿素在反刍动物上的应用需考虑到其应用目的是为了使尿素在瘤胃中均匀释放，使微生物利用尿素的速度和微生物利用碳水化合物的速度保持同步，从而生成更多高品质的微生物蛋白质。

在采购时要保证选择的包膜产品品质是经过试验研究和数据论证的。要时刻记住包膜产品需要具备的 3 个重要功能：稳定性、瘤胃保护率、肠道释放率。包膜需要在储存期间（如在潮湿的环境中或不利的温度范围内）维持营养物的稳定性，并且在反刍动物食用时，它需要保护营养物免受瘤胃微生物的降解，随后释放营养物质以便在小肠中吸收，从而提供高生物利用率。

此外，需要注意的是，包膜产品在反刍日粮上的使用量通常是很低的，每日的使用量相对于玉米青贮、玉米而言是极为精细的。如 60%包膜蛋氨酸在泌乳奶牛上每头牛每天的推荐使用量为 30 g 左右。考虑到包膜产品的成本与添加量，包膜产品的使用也必须要确保精细化，配方师应根据要使用的特定包膜成分，结合营养配方与舍群现有的缺陷量身定制合理的营养饲喂计划，才能更好地节约成本，使包膜产品发挥最佳效应。

1.3.1.6 总结与展望

包膜技术在反刍动物生产上已被证明是一种有价值的工具。适当的包膜可保护营养物质免受瘤胃微生物破坏，直至其在胃肠道中释放，从而为动物提供最大的益处。高品质的包膜产品在正常的储存和喂养条件下是稳定的，并提供高水平的过瘤胃率且在小肠中高度易消化。由于存在多种包膜技术，必须正确评估不同产品的瘤胃保护率和肠道消化率的数据。了解包膜技术上的差异以及包膜产品的研究数据有助于牧场作出明智的购买决策。对营养学家而言，在饲料原料吸收不佳的时候最大限度地提高消化率仍是一个持续的挑战，供应商应提供有关其产品的瘤胃保护率及肠道消化率的准确信息，从而实现营养师所需的精确配方。

目前而言，我国包膜技术研究及包膜行业内也存在着一些问题，如缓控释技术尚需深入系统的研究；活性物质包膜技术有待深入研究；包膜评价体系混乱，亟待建立标准，规范行业；在饲草料不检测，料草营养不精准的前提下，过瘤胃营养性添加剂的应用缺少基础配比与参照。已有部分国内企业在开始研究缓控释技术及包膜活性益生菌、包膜疫苗等在反刍动物上的应用，此外一些企业在生产销售包膜产品时，也制定了企业内部的检测方法与标准。随着包膜技术的进一步发展，会有更多的包膜营养物质应用到反刍动物生产中，因此建立包膜评价标准对反刍业发展意义重大。此外我国反刍动物的饲草料的精准检测正在逐步普及，通过料草的精准营养与包膜产品的检测数据相结合，牧场主可以通过较低的饲料投入使包膜产品发挥最佳的使用效果。

［撰稿：杭州康德权饲料有限公司　李浙烽　李胜开　徐二华　肖玲］

1.3.2 包膜产品包膜效果的检测

包膜技术在反刍动物中的应用越来越广泛，随着精准营养体系的建立，包膜产品的应用将十分必要和普遍，而农场管理者和营养师对包膜产品的各项指标更加关注，在购买和使用的过程中，对包膜产品包膜效果的检测需求更加迫切，下面简单分享对包膜产品检测的一些经验和研究，希望起到抛砖引玉的作用。

1.3.2.1 反刍动物用途的包膜产品分类

(1)改善适口性类(阴离子盐)。

(2)瘤胃缓释类(缓释钙棒、驱虫药、尿素)。

(3)过瘤胃后(真胃、肠道)释放类(胆碱、蛋氨酸、赖氨酸)。

(4)过瘤胃真胃耐胆盐肠道释放类(活性物质)。

1.3.2.2 包膜效果检测的必要性

(1)便于营养师计算配制精准营养配方。

(2)便于管理者科学判定包膜产品的性价比。

(3)包膜产品的研发必须依赖包膜检测方法的科学进步。

1.3.2.3 简单实用的观察判断方法

以过瘤胃包膜氯化胆碱和缓释型包膜尿素为例。

1. 过瘤胃包膜氯化胆碱的初步判定方法

(1)外观性状判定。外形观察,过瘤胃包膜氯化胆碱产品多为规则的类球形,或条形、圆柱形(图 1-3-1),如果是异常过瘤胃包膜产品,会出现结块、融化成一坨、吸潮等现象(图 1-3-2)。

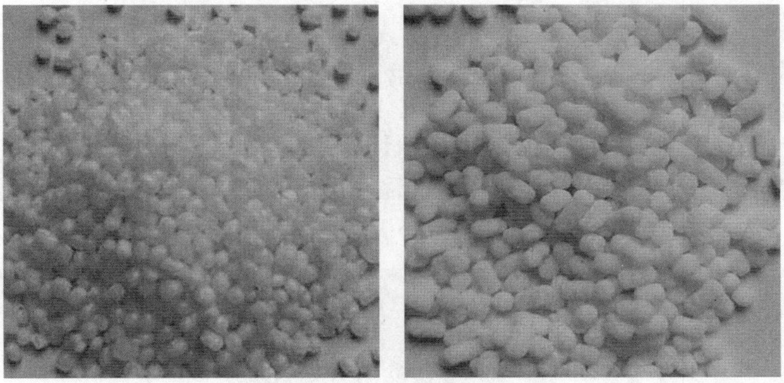

图 1-3-1 正常过瘤胃产品外形图

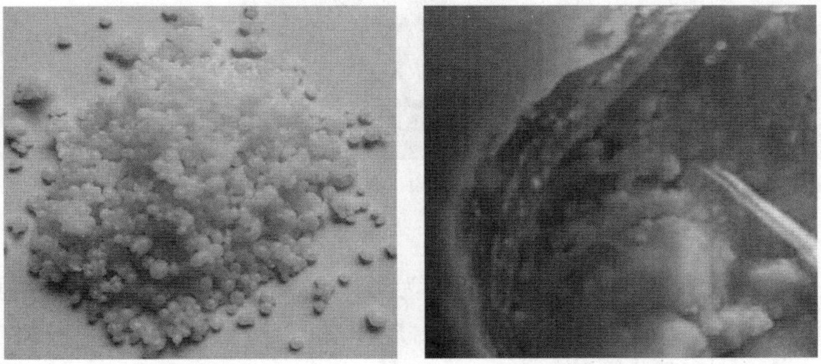

结块 融化成一坨

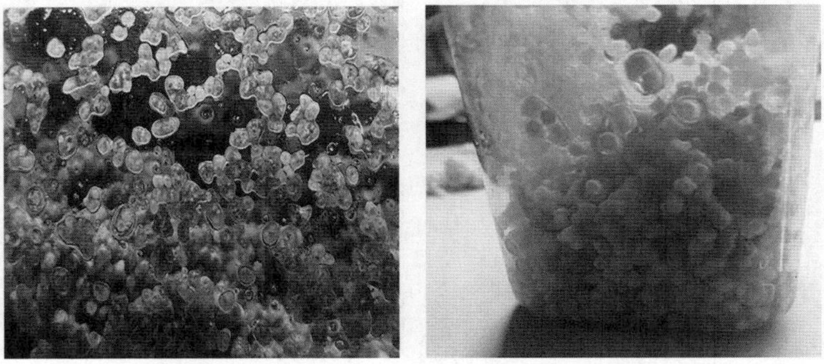

吸潮 吸潮

图 1-3-2 异常过瘤胃产品外形图

(2)快速鉴别包膜的膜性能试验。取过瘤胃包膜氯化胆碱样品，倒入水中，缓慢摇晃烧杯，观察水是否变混浊。有混浊的，包膜可能已经被破坏，初步判断为淀粉、石粉和纤维素类造粒型。

取各过瘤胃包膜氯化胆碱 5 g，分别放置在白纸上，使其处于潮湿透气环境，如窗台上。放置到第 2 天(8 h 以上)，观察各产品的吸潮情况和硬度情况(图 1-3-3 和图 1-3-4)。如果吸潮，说明包膜产品的包封率不高，或膜有细微小孔。经过以上这两个步骤，可以初步判断过瘤胃包膜氯化胆碱的包膜效果。

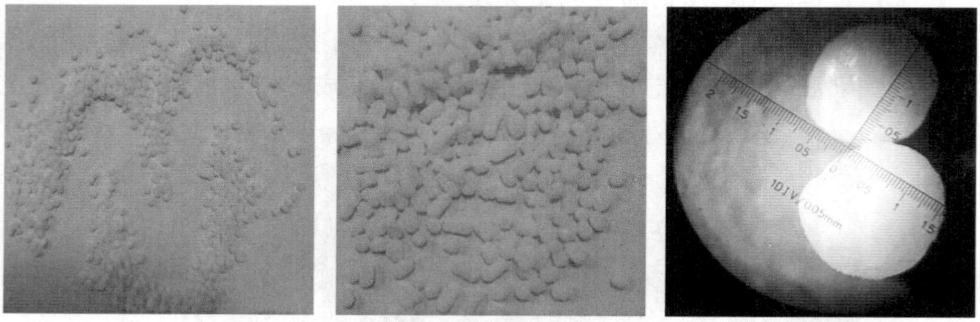

图 1-3-3　基本不吸潮，或很少吸潮

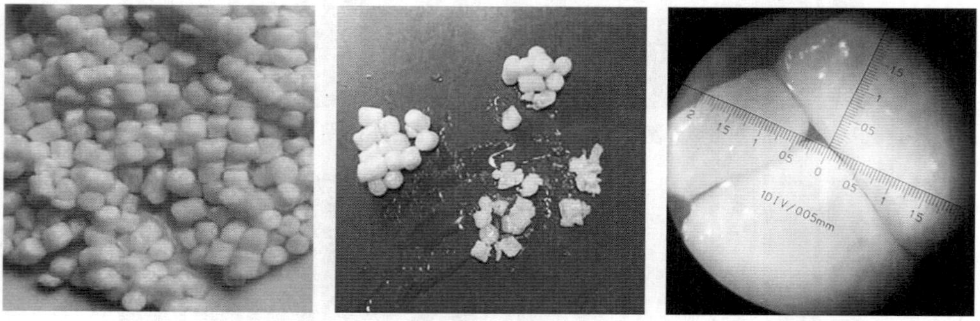

图 1-3-4　吸潮

2. 缓释型包膜尿素的初步判定方法

(1)外形。正常的缓释型包膜尿素产品多为类球形，表面有光泽，流散性好。异常的包膜产品包膜产品的膜附着力差，膜性能不好，会出现掉皮、掉渣，或有明显膜破损(图 1-3-5)。

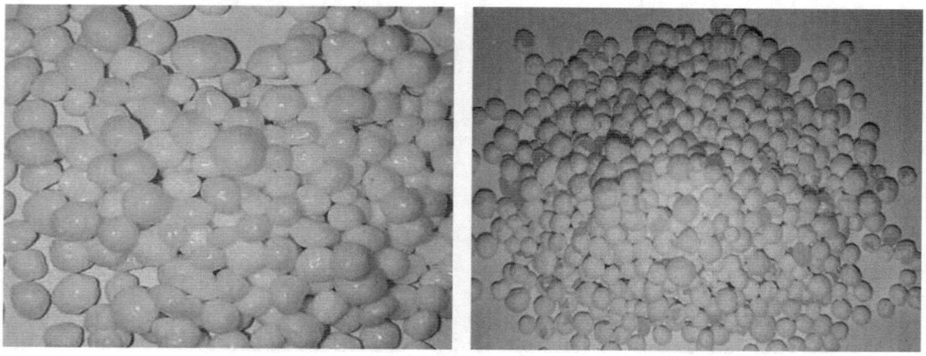

正常　　　　**异常**

图 1-3-5　外形判断

(2)颜色。异常的包膜产品质量不稳定，会出现褪色，颜色不均一，或批次之间颜色差异大(图 1-3-6)。

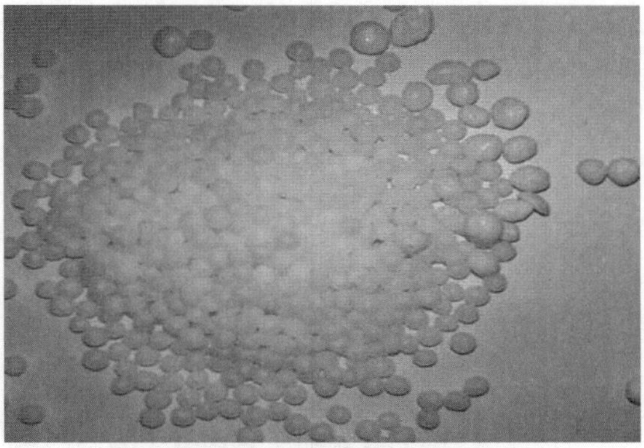
图 1-3-6　异常包膜颜色不均一

(3)气味。正常的包膜产品无特殊气味。异常的包膜产品包膜材料腐败，有明显油哈喇味，同时也影响原有的包膜膜性能。

(4)用手适当搓捏。正常的包膜产品膜牢固，不变形，不碎膜。异常的包膜产品膜不耐磨，易破，用手搓捏后变形或碎膜，在显微镜下面可见碎粒(图 1-3-7)。

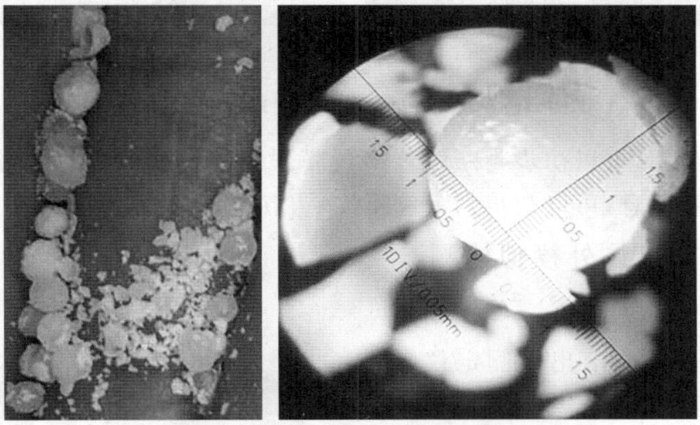
图 1-3-7　异常的包膜产品用手搓捏破碎

3. 快速鉴别包膜的膜性能试验

取尿素原料及缓释型包膜尿素样品各 5 g，倒入烧杯水中，用玻璃棒缓慢搅拌，使颗粒全部沉到底部。静置 3 h，观察是否有膜壳浮上来，有多少。

(1)取尿素原料放置带水的烧杯中(图 1-3-8)。

原料加水搅拌　　1.5 min 后尿素基本溶解

图 1-3-8　取尿素放入烧杯中

(2)观察是否有膜壳浮上来。包膜不好的缓释型包膜尿素，静置 3 h 后，有膜壳漂上来，且溶液被上色。缓释型包膜尿素，静置 3 h 后，几乎无膜壳漂上来(图 1-3-9)。

包膜不好　　　　包膜好

图 1-3-9　通过包壳是否上浮判断包膜效果

经过以上两个步骤，可以初步判断缓释型包膜尿素的包膜效果。通过简单观察，能了解包膜产品的很多质量信息，可以初步判定包膜效果，节约时间，分辨优劣。

1.3.2.4　实验室体外模拟检测

1．体外溶出度法

利用药品检测采用的溶出度测定仪(图 1-3-10)，模拟瘤胃、真胃、肠道设定温度、转速、时间，在溶出杯中注入人工消化液，把样品放入尼龙袋或转篮中，通过检测一定消化时间后，样品中的有效成分残留含量，换算释放度，制定出包膜产品在瘤胃液、真胃液、肠液释放度的曲线(以过瘤胃包膜氯化胆碱为例，见过瘤胃包膜氯化胆碱的鉴别和检测方法)。

图 1-3-10　溶出度测定仪

2．体外发酵培养法(图 1-3-11)

采用密封可控的玻璃发酵罐，选用新鲜的瘤胃液，把包膜产品置入尼龙袋或转篮中，通过检测一定时间后样品中的有效成分残留含量，换算释放量，制定出包膜产品在瘤胃液、真胃、肠液中的释放度曲线。一般只利用新鲜瘤胃液，真胃和肠道采用人工模拟胃液和肠液。

模拟瘤胃中样品的残留率越高，真胃和肠道中样品中有效成分残留越少，说明过瘤胃率越好，真胃肠道释放彻底，产品的理论可利用率高，包膜效果和质量好。

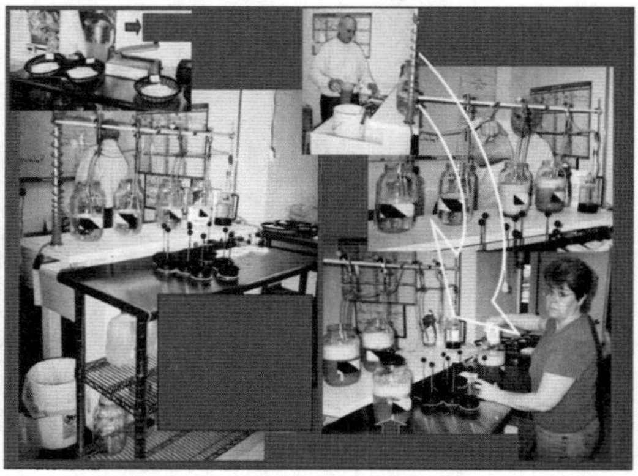

图 1-3-11　体外发酵培养法

1.3.2.5 反刍动物体内包膜产品包膜效果检测

1．半体内法

(1)通过瘤胃瘘管牛(图 1-3-12)，把一定数量的样品置于密闭的尼龙袋中，规定时间段内取样，样品清水冲洗处理后，测定残留含量，根据不同时间的残留量，绘制瘤胃中的释放曲线。

(2)尽量用小的尼龙袋，置入样品，密封完全后，通过瘘管投入瘤胃中，3 d 内收集全粪，冲洗找回的尼龙袋，测定样品中残留含量。

瘤胃中残留率越高，粪中收回的样品残留率越低，说明过瘤胃率好，肠道释放越好，产品的理论可利用率高，包膜效果和质量好。

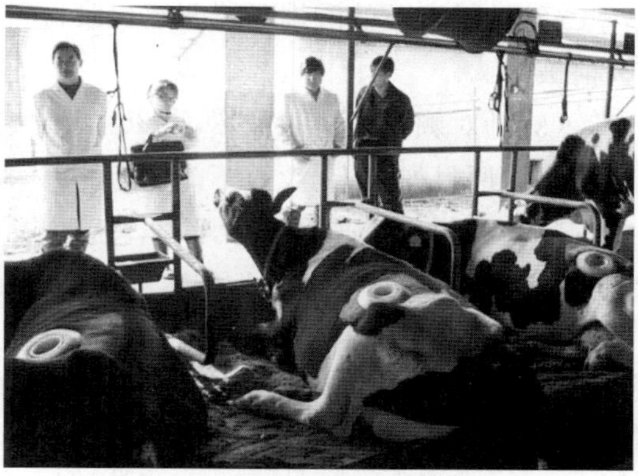

图 1-3-12　反刍动物瘤胃瘘管法

2．体内体外移动法

(1)通过瘤胃瘘管牛，用尼龙袋法测定瘤胃中包膜产品释放度，方法同半体内法。

(2)经瘤胃消化的样品，通过体外模拟真胃液，测定真胃中的包膜产品释放程度。

(3)经真胃消化后的样品，经过肠瘘管置入肠道，收集粪便，清水冲洗，测定尼龙袋中样品的残留率(图 1-3-13)。

瘤胃中样品有效成分残留量越高，真胃释放越多，粪中回收样品中的残留越少，说明包膜产品的理论可利用率高，包膜质量和效果好。

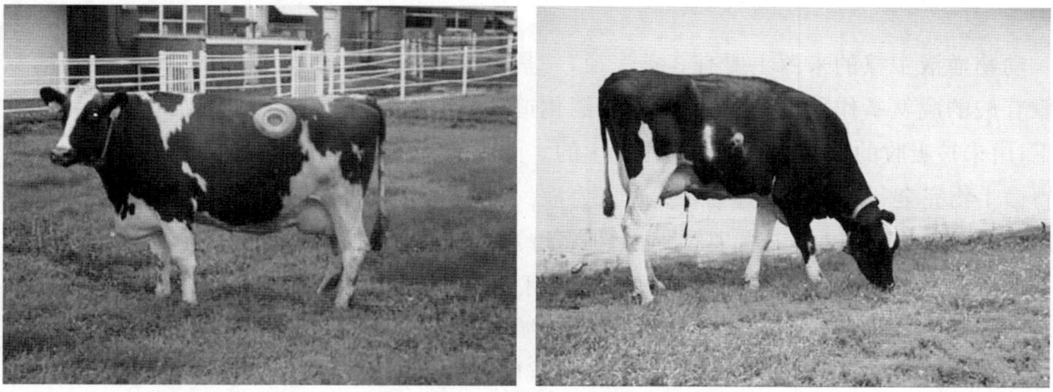

图 1-3-13　瘤胃瘘管和肠瘘管

3．血液指标对照检测法

(1)通过每天定时在瘤胃瘘管直接投入包膜产品，测定一周内血液中有效成分的变化，绘制曲线。

(2)通过真胃瘘管定时投入等量的包膜产品，测定一周内血液中有效成分的变化，绘制曲线。

(3)通过两个曲线的比较，计算包膜产品的生物利用率。

1.3.2.6 其他

(1)针对TMR日粮,对过瘤胃产品包膜的耐机械加工稳定性检测。

(2)针对青贮的酸性环境测定包膜材料对青贮的耐受性,pH依赖型的包膜产品可能会被提前破坏。

(3)针对颗粒饲料的破坏,可以采用小型制粒机检测;因为压辊和环模的压力很大,一般的植物性原料如玉米、大豆不能保持完好,模孔越小,剪切变形的力量越大,因此,目前能耐颗粒饲料制粒的包膜产品很少,除非包膜产品的颗粒足够小而坚韧。

包膜技术在反刍动物生产实践中的应用前景将更加广阔,包膜产品能精准应用的前提是包膜的有效性。因此,对包膜产品包膜效果的检测,将推动包膜技术朝着更加科学、高效、安全的方向发展。相信通过科研院所、企业和用户的共同努力,包膜产品包膜效果的检测方法将越来越科学和完善。

[撰稿:杭州康德权饲料有限公司　李浙烽　赵威　肖玲　李胜开　张倩云　徐二华]

1.3.3 N-氨甲酰谷氨酸(NCG)对于血氨的影响

1.3.3.1 血氨简介

体内各种氨基酸分解代谢产生的氨以及由胃肠道吸收的氨进入血液,形成血氨。氨本身是一种刺激性有毒物质,过量浓度的氨不利于人和动物的健康,正常人和动物的血液中含量较低。但通过门静脉流入肝脏的氨浓度是其他器官的10倍以上,所以血氨对于肝脏的损伤最大。

动物血液中氨的来源主要有3条途径,一是体内氨基酸的脱氨基作用;二是嘌呤、嘧啶以及腺苷酸的脱氨基作用也生成氨;三是从消化道吸收的氨,这些氨主要是在消化道中细菌的作用下,由未被吸收的氨基酸脱氨基作用产生的。而对于反刍动物血氨的主要来源是瘤胃中未被瘤胃微生物完全利用的氨通过瘤胃壁进入血液。在动物体内氨是有用的物质,它可通过脱氨基作用的逆反应与α-酮酸生成氨基酸。而且在嘌呤、嘧啶等含氮化合物的合成中也需要氨。

肝脏的主要功能之一去除血液中过量的有毒氨,用于合成代谢所需的含氮化合物,或将其转化为尿素作为氮代谢的无毒终产物。动物体清除氨的途径有:①形成无毒的谷氨酰胺,是运输氨和储存氨的方式;②形成无毒的尿素(哺乳动物的主要排氨方式);③形成尿酸(禽类的主要排氨方式);④直接排出氨等。门静脉血氨通过肝脏解毒,肝脏还能将其降解为尿素,后经肾排出,此过程中还可以消耗二氧化碳,有利于维持体内的酸碱平衡。

1.3.3.2 血氨的危害

血氨和尿素氮没有必然联系,也不呈现相关性,但过高的血氨对繁育存在重大影响。如果血液中氨浓度维持在较高的水平,可通过以下3个途径损害奶牛繁殖性能:①对卵巢有毒害作用,影响成熟卵泡的正常发育,导致不发情或者隐性发情;②改变子宫内液体中镁、钾、磷和锌的离子浓度,升高子宫内环境的pH和前列腺素的产生,使促黄体素与卵巢受体结合,导致孕酮浓度下降，使子宫内环境变得不利于受精卵着床，导致部分受精卵流失而降低配种率；③在过高的蛋白质水平或能氮不平衡，尤其是新产牛瘤胃微生物利用氨的能力和体内代谢氨的能力不正常时。血氨对肝脏有很强的毒害作用，影响肝脏对于其他营养物质的代谢。而且肝脏在将过量的氨转化为尿素的过程中，需要消耗能量而进一步加剧了泌乳早期能量负平衡，能量负平衡进一步影响高峰期奶量和繁殖性能。

血氨对于反刍动物的蹄部健康也会造成影响，主要表现在过高的血氨会对奶牛的蹄壳组织造成损害，降低蹄壳的硬度。蹄壳硬度的降低可以增加奶牛受机械损伤的概率，从而提高奶牛蹄病的发生率。

1.3.3.3　降低血氨与奶牛养殖

加速尿素循环可以明显降低血氨，促进氮源的充分利用。N-乙酰谷氨酸(NAG)是尿素循环的启动因子，但是NAG的含量是一定的，而且NAG的合成需要消耗能量，所以NAG促进反刍动物把血氨转化为尿素的能力是有限的。而添加作为结构类似物的NCG则可以高效地促进尿素循环的启动，把体内过多的血氨迅速地转化为有用的精氨酸和无毒的尿素，既降低了血氨的危害又可以促进尿素氮通过唾液重新进入瘤胃进行二次利用。

精氨酸分解得到NO(一氧化氮)和多胺。NO起到扩张血管和促进毛细血管发育的功能，可以修复乳腺泡周围的毛细血管，促进乳腺泡周围毛细血管的发育，使更多的血液流入乳房，提升奶量。而肠道毛细血管的发育可以提高奶牛日粮消化吸收率，相当于变相地提高干物质采食量，从而可以很好地解决新产牛的能量负平衡，防止膘情过度下降，保障新产牛产奶量尤其是高峰期奶量。多胺可促进组织的修复和生长，促进瘤胃和肠道绒毛的修复和发育，提高肠道黏膜免疫的能力，降低疾病发生率，并可以提高氨基酸合成蛋白质的效率，提高日粮蛋白质的利用率。

1.3.3.4　血氨检测对于牧场的意义

(1)比尿素氮更能准确评价牧场TMR日粮蛋白质水平。

(2)评价TMR日粮能氮平衡。

(3)评价牧场牛群瘤胃健康度。

(4)评价TMR日粮对于繁殖的影响。

1.3.3.5　血氨检测方法与结果分析

(1)检测器材。一次性抗凝采血管(含EDTA抗凝剂)，一次性注射器(5 mL)，一次性毛细管，血氨试纸条，血氨快速测定仪。

(2)检测方法。选择胎次、泌乳天数相同和产奶量相近的牛(数量根据牛群大小12～24头)，用一次性注射器从奶牛的尾根采2 mL左右的血液，将注射器插入一次性抗凝采血管中，将血液注入采血管中并摇匀防止凝固。将采血管带到室内，用一次性毛细管从采血管中吸取定量的全血滴到血氨试纸条上，打开血氨快速检测仪并倒计时180 s，倒计时结束后揭去试纸条上层，把下层还有检测芯片的部分反转插入血氨快速检测仪中进行检测。

(3)血氨结果分析。由于到目前为止血氨还没有严格的标准，所以血氨结果按照大量牧场的检测结果参考分析(表1-3-2)。

表 1-3-2 血氨结果分析

血氨浓度/(μmol/L)	结果分析
>200	日粮蛋白质含量过高;瘤胃酸中毒
100～200	日粮蛋白质偏高,或能量不足;瘤胃轻度酸中毒
50～100	日粮能氮比合理,瘤胃微生物氨利用率高,没有酸中毒
<50	日粮蛋白质含量低

注:血氨结果分析还需要结合牧场的乳蛋白质水平综合进行分析。

1.3.3.6 NCG与日粮高效利用和健康养殖的关系

真正高效养殖是营养物质快速高效的消化吸收与利用,最大限度地降低淘汰、降低生物折旧,发挥胎次带来的效益;真正的健康养殖是尽量地降低奶牛机体的负担和对内脏器官的损害,并能快速高效地修复损伤组织。

NCG与日粮高效利用和健康养殖的关系表现为:①NO对于血流加速和血管发育的作用,大幅度地提升营养物质在肠道的吸收和在体内的循环利用,在不用额外提高干物质采食量的情况下提升单产和改善乳指标;②血氨的降低可以很好地保护肝脏功能,保证肝脏的代谢功能,促进营养物质的高效代谢;③尿素循环的加速,可以使有毒的血氨变为无毒的尿素,让尿素氮高效地进入瘤胃进行二次用,提升氮的利用率。同时,保护卵巢和子宫,实现高效的繁殖;④多胺促进细胞分裂和组织修复,促进肝脏组织、乳房组织和蹄部等易损组织的损伤修复。对于肠道黏膜的完善和淋巴细胞的促进可以改善机体免疫,保证机体健康。多胺还可以参与蛋白质合成,提高牛奶蛋白质含量,提升饲料蛋白质转化效率。

1.3.3.7 总结

以往对TMR日粮蛋白质水平和能氮平衡的评价通常使用奶中的尿素氮(MUN),但是奶中尿素氮受到血液尿素氮二次进入瘤胃后利用率的影响,MUN并不能非常准确地来衡量日粮蛋白质水平和能氮平衡,更不能准确预测日粮尤其是日粮蛋白质对于繁殖的影响。

血氨作为血液氨含量的直接体现则可以更加准确地衡量日粮蛋白质水平、微生物蛋白质的合成效率、能氮是否平衡、日粮对于繁殖的影响和牛群瘤胃健康度。所以有必要在牧场中引入血氨这个指标来更好地为牧场的营养配方和日粮平衡起到指导作用。同时,NCG作为调节尿素循环的启动因子,使尿素循环更高效地合成NO和多胺,在高效消化吸收和利用日粮的同时快速地降低血氨含量,对于降低奶牛发病率和淘汰率从而健康和高效养殖起到关键的作用。

[撰稿:北京亚太兴牧北京科技有限公司　李伟]

第2章　育种与繁殖

2.1　育种技术操作规程

2.1.1　奶牛场育种操作规程

2.1.1.1　牧场系谱资料整理与核查

牧场系谱资料是奶牛场育种工作的基础，是育种工作有效开展的关键。整理牧场繁殖资料和牛群档案，通过牧场管理软件导出牛群资料。了解牛群育种资料的内容和要求，包括整理牛号、出生日期、胎次、父号、外祖父号等基本信息。对父号和外祖父号进行校对，提供标准的国际或国内注册公牛号，如国内公牛号为8位的31108100，国际标准NAAB牛号为309HO16430，其中309为NAAB公牛站号；实际生产中不能只是记录牛号的一部分，如31108100记录为8100，309HO16430记录为16430，都是不符合规范的记录，对后期选配工作会造成父号无法查询、无法选配等不利影响。最后进行牛群资料的核实，核实育种资料中牛只数量是否和牧场真实情况一致，资料是否存在错误和遗漏。

2.1.1.2　牧场育种改良方向确定

1. 奶牛体型外貌鉴定的重要性

多个研究发现，泌乳系统在使用年限中扮演重要角色，前乳房附着强健和后乳房附着高而宽的奶牛最不可能被淘汰；前乳房附着松弛、乳头着生位置差、乳房质地不良者，淘汰可能性很大。肢蹄方面，骨骼结构细致和蹄角度较陡的奶牛，利用年限相对较长。乳用特征和体高对奶牛的利用年限起着重要作用，乳用特征好，体高相对较高的奶牛更加长寿。对于育种工作者来说，奶牛体型外貌鉴定是优化奶牛生产效率、提高牛群长寿性的最有价值的工具；对于奶牛场管理者，奶牛外貌鉴定是牧场高利润的关键管理工具。

2. 理想的奶牛体型特点

(1)整体特征。理想奶牛体型特点为整体外貌要求皮薄骨细，棱角分明，被毛短细有光泽，肌肉不发达，全身紧凑容颜清秀。体躯要求耆甲高而宽，肩部丰满，胸部长、宽而深，肋间开张，腰部平直，腰角距离宽，腹部大而圆，不下垂，臀部长、宽、平、高。肢蹄要求肢姿端正，肢势正直，结构匀称，后肢飞节平行，系部有力，蹄陡坚实。乳房要求容积大，饱满，呈方圆形，乳形好，乳头位置合适，前伸后延，附着好，毛短而稀，乳静脉明显。

(2)乳房结构。乳房结构作为第一重要性状，在奶牛筛选评定过程中尤为重视，主要集中在乳房深度、中央悬韧带、前乳房附着、乳房质地等方面。乳房深度优秀的奶牛更易保持清洁，减少乳房的污染，从而有效控制乳腺炎的发病率，合理的乳房深度可提高泌乳持续力。中央悬韧带主要体现在乳沟和乳房分区上，主要从乳房底部的左右乳区及后乳房进行观察，乳沟线越深，奶牛乳房的持续性越佳，该性状与牛群使用年限息息相关。前房附着的改良更有利于挤奶操作，减少乳房损伤，延长个体使用年限。乳房质地的好坏与泌乳能力紧密相关，要求乳静脉发达，质地柔韧，挤奶后回缩性好。后乳房宽度和高度则要求越宽、越高，那么奶牛乳房容量则越大，产奶量越高。

乳用特征评分高的奶牛身躯扩张良好，肋骨开张并有足够的宽度，体躯容积充足，能采食消化大量的粗饲料，支持产奶量高的同时维持适当的体况膘情，有足够容纳健康母牛重要器官活动的空间。

(3)肢蹄结构。良好的肢蹄结构意味着健康有活力的奶牛，健康有活力的奶牛意味着长寿、高产和利润。在优化牧场牛群时，着重关注蹄角度、蹄踵深度、后肢后视及后肢侧视。奶牛的蹄角度应该较陡，踵部较深。通常蹄角度的大小与蹄踵深度是密切相关的，后肢弯曲导致的牛整体重心后移，后肢压力增强，蹄后跟磨损增加，导致蹄踵深度和蹄角度发生相应的变化。后肢侧视不宜过直或过弯，过直的关节无法缓冲每日行走所产生的撞击。过弯的飞节将使奶牛将其自身重量集中于腿部，引起奶牛肢蹄问题，诱发痉挛。后肢后视较佳的则为两后肢呈平行状态站立的牛只，不仅其肢蹄耐久力好，且蹄部磨损均匀，蹄病发病率低，两后裆之间空间比较大，则可以增加后乳房的空间。

奶牛体型外貌鉴定与奶牛的健康和使用年限密切相关：奶牛的体型外貌评分每提高 1 分，其生产寿命可增加 51 d，在牧场管理中优秀体型奶牛后代会起到事半功倍的效果(图 2-1-1)。

图 2-1-1　第二届选美大赛三胎牛冠军浙江金华牧场(牛号:132191)

3. 奶牛体型外貌鉴定

对泌乳天数在 30～180 d 的头胎牛按照国家标准 GB/T 35568—2017《中国荷斯坦牛体型鉴定技术规程》对进行体型鉴定，分为体躯容量、尻部、肢蹄、泌乳系统、乳用特征 5 大性状，共计 20 个鉴定性状。体型鉴定等级分为优(Ex)、很好(VG)、好佳(GP)、好(G)、一般(F)、差(P)6 个等级。鉴定员对鉴定数据进行汇总分析，找出牛群的遗传缺陷(表 2-1-1)。

表 2-1-1　中国荷斯坦牛母牛体型鉴定等级划分

体型鉴定等级	体型总分范围
优(Ex)	90～100 分
很好(VG)	85～89 分
好佳(GP)	80～84 分
好(G)	75～79 分
一般(F)	65～74 分
差(P)	65 分以下

注：Ex—excellent，VG—very good，GP—good plus，G—good，F—fair，P—poor. 引自 GB/T 35568—2017 中国荷斯坦牛体型鉴定技术规程。

4. 牧场育种改良方向确定

结合本场 DHI 报告，了解本场生产性能概况，根据外貌鉴定报告，了解本场的牛群体型缺陷，收集兽医、繁殖数据，了解本场的牛群健康状况，如乳腺炎、肢蹄病、繁殖疾病等。根据奶牛生产中的情况对牛群进行评价，如泌乳速度、泌乳情绪等性状。将本场生产性能、体型缺陷、保健、繁殖情况以及生产运营情况与育种技术人员沟通，确定本场的育种改良方向。

改良方向的目标要求产奶能力要求改进产奶量和乳成分，体型要求乳房、四肢适应高产需要，管理适应能力要求繁殖容易、挤奶流畅、脾气温顺，无障碍高产，健康长寿能力要求从治疗转向预防，结实耐用。

缺陷鉴定建立在外貌鉴定基础上，全群或者个体锁定 1～2 个体型外貌缺陷性状。综合 DHI 数据最终确定 1～2 个育种目标。改良方向分为改良产量、乳成分、体型性状、健康性状等方向。

2.1.1.3 牧场核心群的筛选与建立

1. 建立核心群的目的

建立核心群的目的是将牧场牛群中生产性能高、体型没有缺陷、繁殖健康等性状表现优秀的母牛挑选出来，对牛群进行同质选配，优中选优，逐步淘汰生产性能低、体型有缺陷的牛只，使牧场育种水平能够快速提升。

2. 核心群的筛选

牧场泌乳牛的筛选：首先根据牧场生产性能，结合奶牛体型鉴定分数，繁殖健康情况进行汇总，将难配种牛，产量低、体型差的牛只挑出组成生产群，将产量高、体型优秀、繁殖健康的牛只组成核心群，核心群和生产群的比例按照牧场的育种规划可稍有不同，一般为核心群 70%，生产群 30%。对核心群和生产群有针对地进行选配。

对后备牛的筛选：通过基因组检测技术对后备牛进行筛选可以快速提高牧场的遗传水平水平。方案一，后备牛大量使用性控冻精（绝大部分青年牛、一胎次的一配），培育更多的母犊（+40%），全基因组技术对母犊早期选择（2～3 月龄），淘汰（育肥/出售）排名靠后的 40%犊牛，筛选后的牛群单产比不筛选提升 5～12%。方案二，育成牛低等牛（30%）进行淘汰改良、使用肉牛冻精、胚胎移植；中下等奶牛（30%～50%）使用优秀普精配种；中上等奶牛（50%～99%）使用优秀性控冻精配种；百里挑一的高级牛生产胚胎，生产的胚胎用于改良低等牛；万里挑一的顶级牛培育公牛。该方案最大的作用就是提前 3～4 年将核心群与生产群区分开来，最大化提升牛群遗传优势和牧场经济效益（图 2-1-2）。

2.1.1.4 牧场选种选配方案的确定与执行

1. 选种选配方案的优势

遗传改良上取得的进展对生产提高将是可靠的、长期的，并且年复一年地累加，而环境因素的改善短期内就会取得成效，但是不能固定。奶牛各主要生产性状每年大约以 1%的速度遗传改进。因此选种选配是提高奶牛生产性能的根本方法。

2. 选种选配方案的确定

根据公牛的系谱、育种值（TPI、LPI、CPI 等）、产量育种值、体型外貌柱状图（重点关注乳房结构和肢蹄性状）、产奶寿命、难产率、体细胞评分、女儿怀孕率等公牛各育种信息选择适合

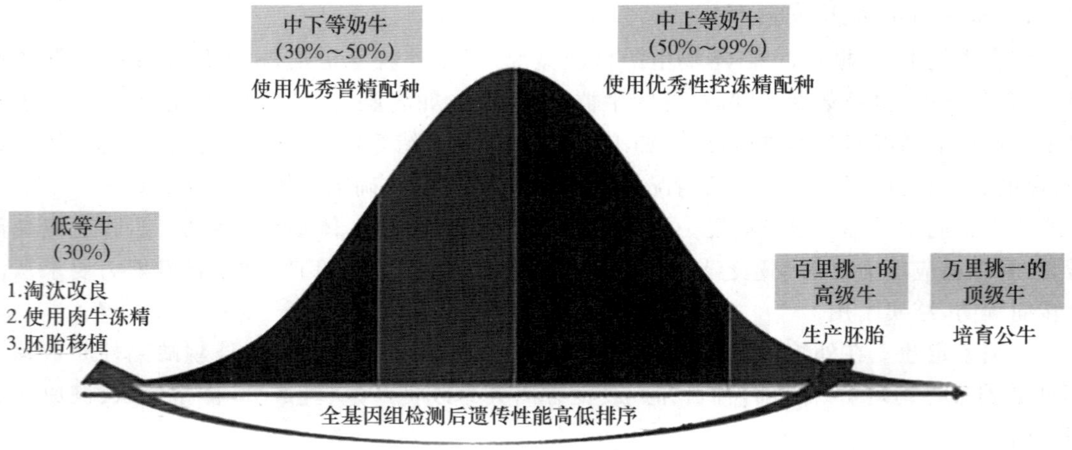

图 2-1-2　核心牛群筛选流程图

牧场育种方向的公牛。根据牧场规模选择合适数量的公牛头数，确保排除近交，进行群体选配或个体选配。牧场按照选配方案进行配种(图 2-1-3)。

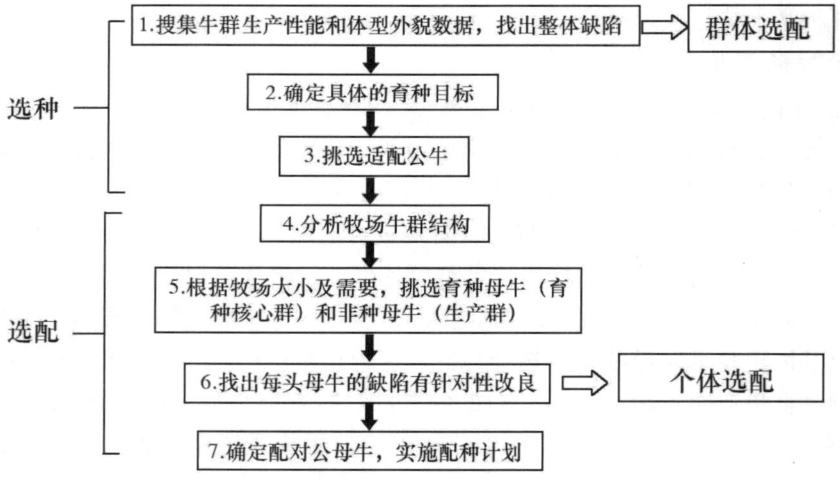

图 2-1-3　选种选配工作流程

2.1.1.5　牧场选配方案的落实及检查

牧场选配报告是否有效执行是牧场育种工作能否有效执行的关键，因此选种选配方案的执行和检查是牧场育种改良中需要核查的重点工作。牧场每个月将详细配次与选配方案进行对比，对选配执行率进行考核，确保牧场育种工作有效落实。

[撰稿：光明牧业有限公司　赵晓铎]

2.2 繁殖技术操作规程

2.2.1 发情观察

奶牛的发情周期一般在 18～25 d,平均 21 d。良好的发情检测要求有耐心的观情人员并具备基本的专业知识,发情观察一般分为人工观情和发情监测设备观情。

2.2.1.1 人工观情操作规程与步骤

观情方式根据饲养流程时间段和牛只的肢体状态可分为动态、静立、静卧条件下。

1. 牛群动态条件下,多见于奶厅通道、运动场或牛舍内进行观察

(1)不少于两头牛爬跨或接触、纠缠。

(2)可见尾根最高处的毛茬倒立。

(3)腹部及乳房前部有时可见压迫的痕迹。

(4)腹部两侧肋弓处有时可见被牛蹄蹭擦过的痕迹或有泥粪附着。

(5)核心群高产牛有时可见牛颈交错静立、持续时间短暂。

(6)核心群高产牛有时可见牛颈搭在其他牛臀部静立、持续时间短暂。

(7)核心群高产牛有时可见日产奶量明显降低。

(8)涂抹蜡笔辅助下可见爬跨压迫导致色染不均。

2. 牛群静立条件下,多见于 TMR 上料时间段,颈枷自锁时进行观察

(1)此时牛群相对集中,并其姿势朝向统一,便于快速观察牛只外阴后躯部。

(2)可观察部位:尾根最高处、阴门尾根处、阴门外侧及下部、后乳房外侧。

(3)可观察内容:无色清亮发情黏液的附着或干燥痕迹、白色的黏液絮状物或脓、黄色的子宫阴道分泌物或脓、红色的发情排卵后的少量出血。

3. 牛群静卧条件下,多见于卧床或运动场进行观察

(1)此时牛群无人干扰,大都静卧,且其卧姿稳定,外阴自然开张,子宫阴道内的情况因重力和阴道角度的原因能够自然流出有时悬垂,便于认真仔细观察,作出正确判定。

(2)可观察部位:阴门外侧及下部、阴门尾根处、卧床边沿及地面。

(3)可观察内容:无色清亮发情黏液的附着或干燥痕迹、白色的黏液絮状物或脓、黄色的子宫阴道分泌物或脓、红色的发情排卵后的少量出血。

2.2.1.2 设备观情

发情监测设备观情根据佩戴方式分为脚环计步器方式和颈部项圈等方式。通过采集牛只活动信息传输至相应的软件平台,提示牛只发情。

设备观情的操作规程步骤如下。

(1)收集软件提示发情牛只:牛号、舍别、发情时间、发情活动量或峰值等。

(2)发情牛信息比对:是否可参配、是否空怀、是否转群、发情间隔天数是否属于正常情期、发情指数是否可信等。

(3)电脑打单或抄录牛只信息。

(4)现场找牛确认或直肠检查核实。

2.2.2 配种输精

配种输精根据操作内容主要可分为冻精解冻和人工输精两个部分。

2.2.2.1 冻精解冻

根据操作细节可分为如下 8 个步骤。

(1)预热。配种前将输精枪及输精枪外套预热到 35℃。

(2)选择。选择确认与配公牛号。

(3)提取。提取冻精时,提桶的上端低于液氮罐罐口 10 cm 以下,不能超过白线。

(4)解冻。液氮罐中取出冻精后轻甩一下,甩掉附着的液氮后放入 35～37℃的恒温解冻杯,45 s 后取出。

(5)擦干。从恒温解冻杯中取出精液细管,用专用纸擦净细管上的水分。

(6)装枪。对已经解冻的精液细管装入输精枪,细管未封闭的一端小心套入输精枪内芯。

(7)剪口。用专用细管剪子剪开细管封闭的一端,注意剪口平齐,防止推枪时精液外漏。

(8)验枪。安装输精枪外套,推动输精枪使细管剪口一端顶入外套顶端,检验固定。

2.2.2.2 输精

根据操作细节可分为如下 7 个步骤。

(1)准备。配种人员标准着装及辅助工具准备。

(2)锁牛。泌乳牛挤奶时间,青年牛喂料时间。

(3)标记。找到需要输精的牛只,并做标记。

(4)解冻。按照冻精解冻要求进行操作。

(5)输精。对需要输精的牛进行输精操作。

(6)放牛。输精完毕,解开颈枷锁,放牛,锁牛时间控制在 60 min 内。

(7)录入。当日班次指定人员将配种信息准确录入牛群管理软件系统。

2.2.3 同期流程

规模牧场的奶牛繁殖工作采用激素调控奶牛的生殖周期,使得大量牛只按照生产环节、饲喂流程、规模饲养以及繁殖人员的搭配和统一管理,激素预同期、同期统一化、定时输精的流程化工作成为必然。

2.2.3.1 同期流程的操作规程

根据生产需要可分为 2 步。

1. 开配前同期准备

产后 28～35 d,检查子宫复旧。

(1)根据产后子宫复旧情况,第 1 次预同期,肌肉注射氯前列醇钠(PG)。

(2)间隔 14 d,第 2 次预同期,肌肉注射 PG(预同期的次数视繁殖健康状况而定)。

(3)临近开配天数,注意观情,实时配种。

2. 同期流程操作程序

(1)组群。选择在开配天数之前或之后,空怀、卵巢功能正常、体况适中的牛,根据牛只圈舍分布、人员结构分工等因素,挑牛组群。

(2)定时。结合日常工作量与时间分配,选定一周的某一天时段,固定时间,锁牛、标记、确认。

(3)激素注射。第 0 天统一注射促性腺素释放激素(GnRH);第 7 天统一注射 PG;第 9 天统一注射 GnRH;(或者其他模式)。

(4)定时输精。最后一针激素处理后 16 h,统一定时输精。

(5)重复循环。未能参加输精的、新开配的、配后检出空怀的、疾病转归的,固定时间内,重复操作(1)～(4)的工作。

(6)激素注射过程中需仔细做好发情观察,有可以输精的牛,及时配种。

2.2.3.2 同期流程操作中的注意事项

(1)激素使用要求肌肉深部注射。

(2)选择合适的注射器,保证针头的长度和细度,针头逐牛更换消毒。

(3)激素管理全程冷链保存,尤其夏季配种辅助工具,要有冰包冷藏。

(4)选择做同期流程的牛,避免应激、严重跛行、体况极差、疾病等。

(5)两次确认牛号,杜绝失误流产。

(6)尽量避免免疫注射期间,或者控制头数。

2.2.4 早孕诊断

规模牧场早孕诊断的操作规程如下。

(1)统计配后 28 d 以上未返情牛。

(2)列表打单。

(3)每周 1 次固定时间进行早孕诊断操作判定。

(4)早孕诊断结果记录。

(5)形成孕检周报,上报、建档。

(6)重复以上操作(1)～(5)的工作。

早孕诊断的方法有很多,规模奶牛场在配后 28 d 进行早孕诊断以 B 超居多。便携式 B 超方便在实际操作中一次锁牛、适时超声、即时出结果,未孕牛处理可同时进行,超声图像直观,诊断结果可靠,而且可诊断未孕原因,并且能够提高配种员的技术能力和繁殖管理水平。

B 超用于生殖系统的繁殖状况诊断,包括早孕诊断、子宫炎症、卵巢的黄体和滤泡的发生及变化,以及胎儿性别早期鉴定。在配种 28 d 后可检测到胎儿并能够确诊怀孕;在配种 55～77 d 可检测到胎儿性别。

2.2.4.1 B 超使用操作流程管理程序

发情→配种→30 d 后→B 超妊检→怀孕→60 d 后→B 超妊检→定胎报表→上报空怀→B 超检查子宫和卵巢→分析原因→治疗、处理→B 超妊检初报→上报。

2.2.4.2 B超妊检初报表格(表 2-2-1)示例说明

表 2-2-1 奶牛场B超妊检初报表

牛号	组别	产犊日	配种日	检查结果	空怀原因	治疗记录	检查人	备注

注:此表格为孕检初报。

以上表格(表 2-2-1)有两个目的:

(1)尽早了解配种怀孕状态,对于怀孕的牛,应及时知道总体情况,并不作为定胎依据。因为在此期间,因各牧场综合情况不同(包括饲料品质、营养、膘情、应激、疫病等),存在胚胎早期死亡。据大量数据统计,此期间胚胎损失在3%～20%。

(2)准确尽早知道空怀比例和空怀个体。但知道不是目的,必须对空怀牛进行统计管理和治疗处理,尽快让其参加配种并怀孕才是真正地体现繁殖工作的高效率。

2.2.4.3 B超的基本操作规程与识图要素

给奶牛做B超繁殖检查,已经是一项成熟推广的技术手段,现将一些用于临床的基本操作方法在此做一个介绍。

(1)先了解牛只的繁殖状态和配种记录,成母牛的配种天数要大于28 d,青年牛的配种天数要大于25 d,这样的牛,可以对其进行B超繁殖检查。

(2)将牛只站立保定于牛舍内,尽量避免牛只来回摆动。

(3)将牛直肠内的宿粪尽量掏出,以避免牛粪对B超探头扫描成像造成不利影响(掏牛粪)。

(4)在清理直肠内宿粪的同时,将子宫角和卵巢在盆腔的位置触摸清楚,以有利于知道B超探头放在具体位置(找位置)。

(5)在出没子宫角和卵巢的位置时,要了解两侧子宫角和卵巢的发育变化,初步判定哪侧子宫角有变化或者卵巢比较饱满,以有利于知道B超探头放在哪一侧的子宫角(定方向)。

(6)将B超探头进入直肠,放在要探测的子宫角一侧(子宫角小弯或大弯处),进行扫描(图 2-2-1),得出图像,判定结果。

B超识图的基本要素有如下几点。

(1)在B超屏幕上,看到是黑色较低回声,这表示探测到的是低密度的液体性的物质,如膀胱里的尿液,子宫里的羊水,卵泡里的卵泡液,盆腔壁血管里的血液等。

(2)在B超屏幕上,看到是白色较强回声,这表示探测到的是高密度的组织或器官,如胎儿的骨骼,子宫角内膜、肌肉层的增生,卵巢表面沉积的脂肪,持久黄体等。

(3)在B超屏幕上,看到的是灰色中等回声,这表示探测到的是中等密度的组织或器官,如子宫角的肌肉组织,胎儿的肌肉组织,周期(有腔)黄体等。

2.2.4.4 不同怀孕天数的超声影像图谱

不同怀孕天数奶牛的超声影像图谱可作为临床操作的对照参考(图 2-2-2 至图 2-2-12)。

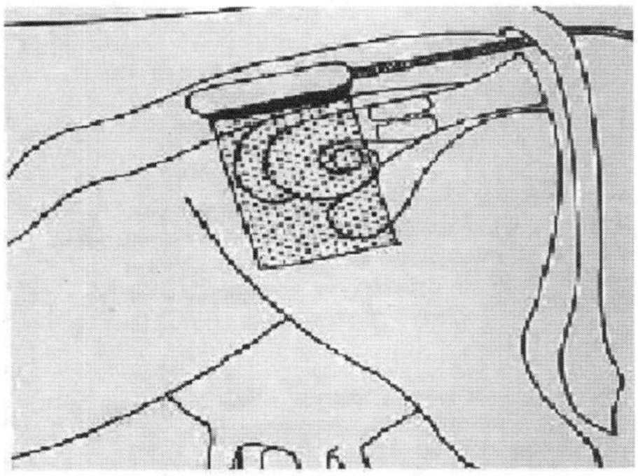

图 2-2-1　探头进入直肠进行扫描示意图

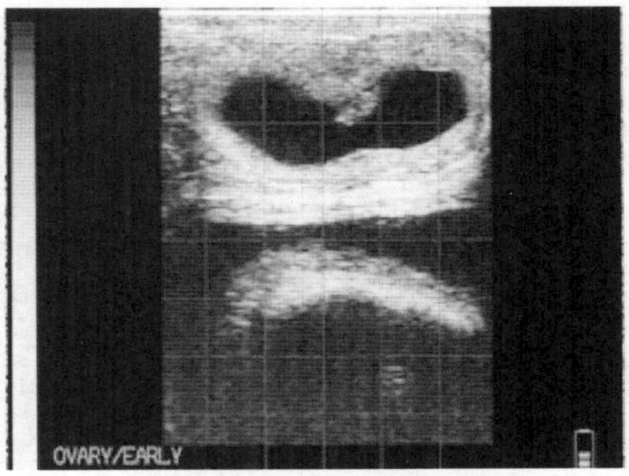

图 2-2-2　怀孕 28 d

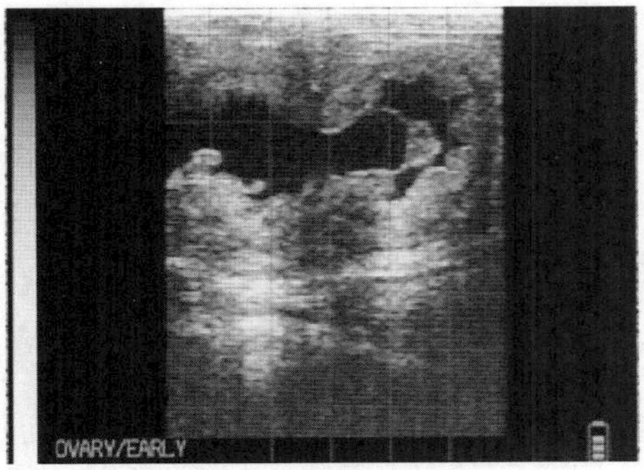

图 2-2-3　怀孕 29 d

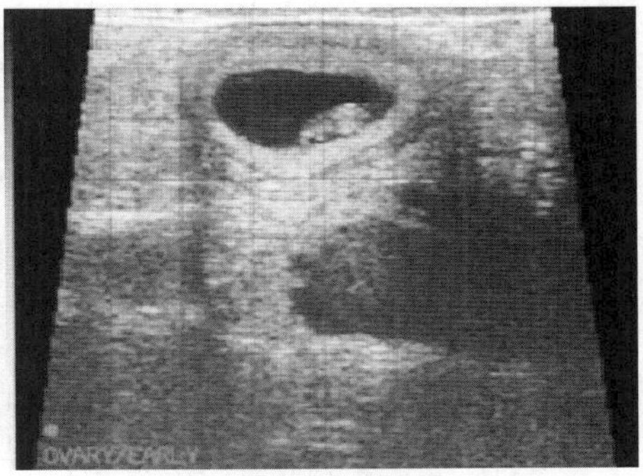

图 2-2-4　怀孕 30 d

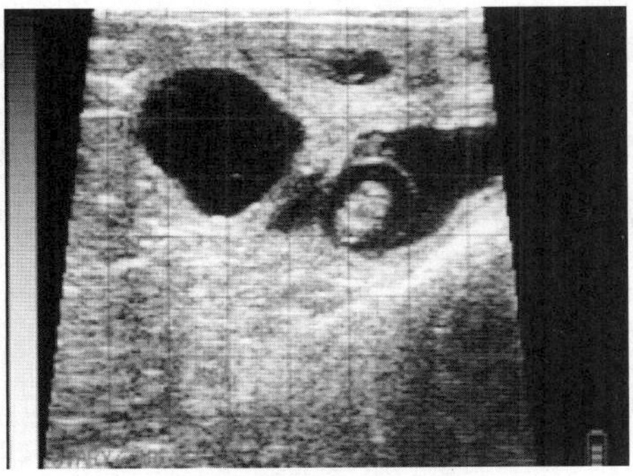

图 2-2-5　怀孕 32 d

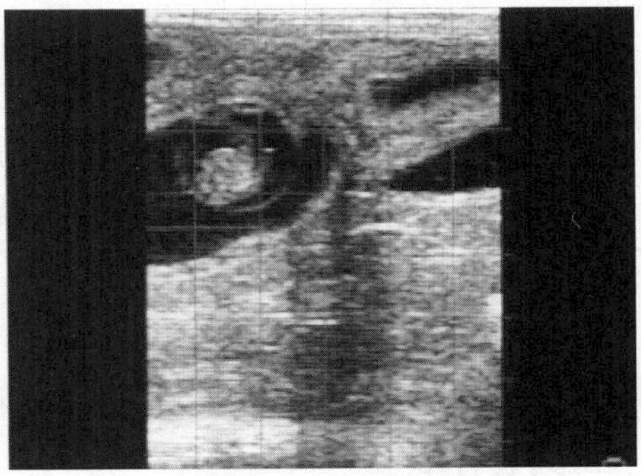

图 2-2-6　怀孕 33 d

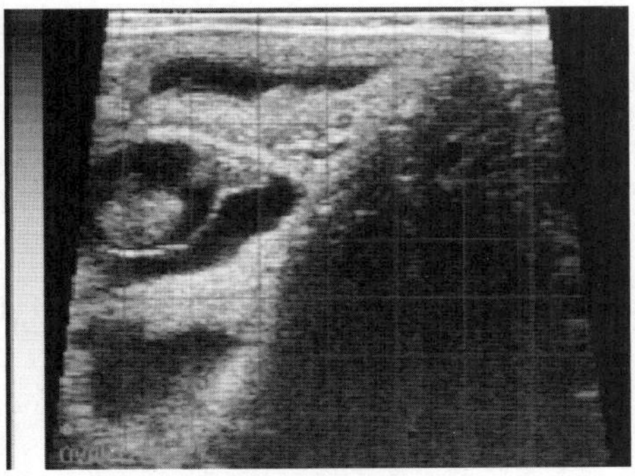

图 2-2-7　怀孕 34 d

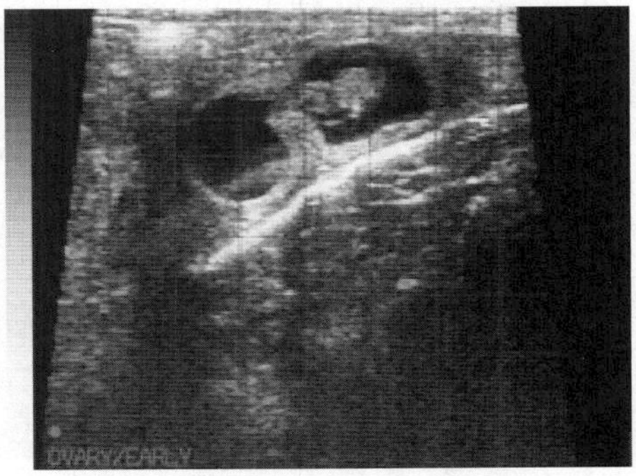

图 2-2-8　怀孕 35 d

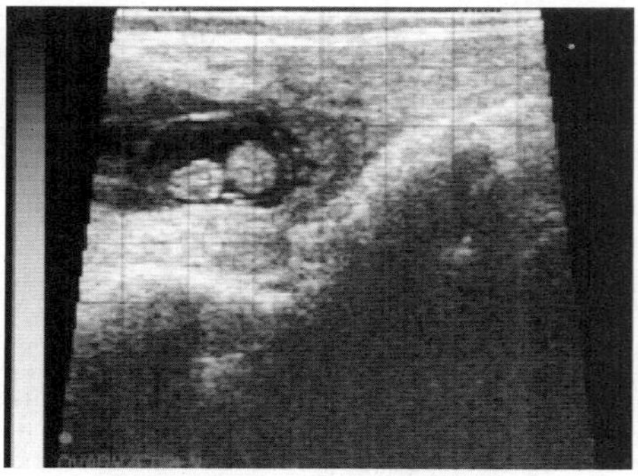

图 2-2-9　怀孕 37 d

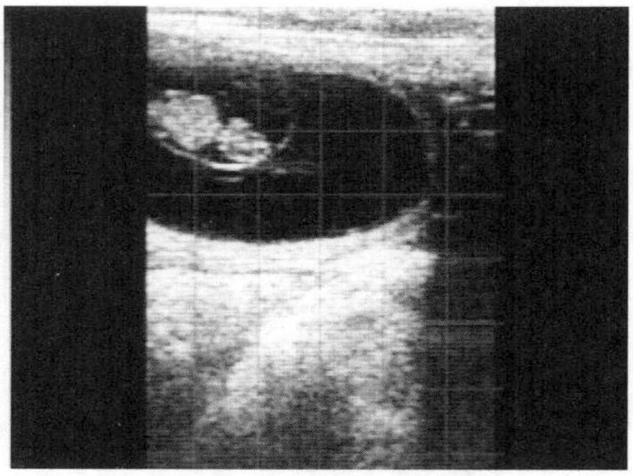

图 2-2-10　怀孕 38 d

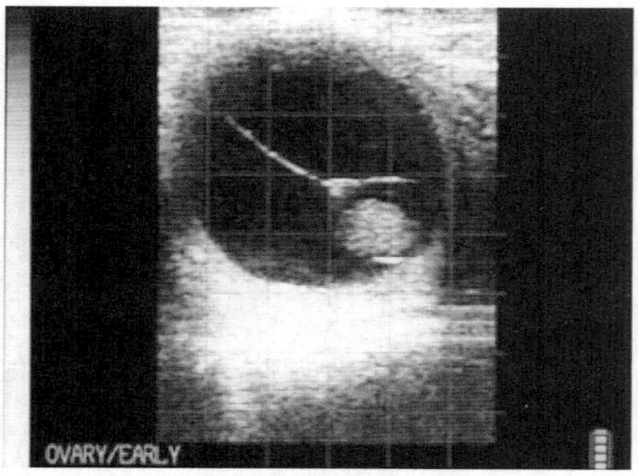

图 2-2-11　怀孕 39 d

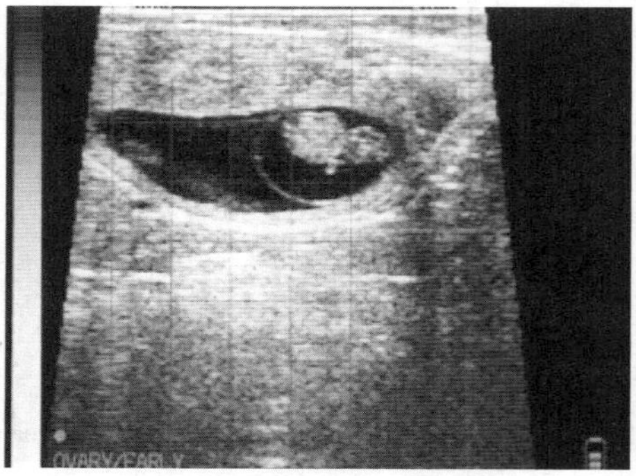

图 2-2-12　怀孕 40 d

2.2.5　复检定胎

规模牧场复检定胎的意义在于确认奶牛是否怀孕，与初检有孕做对比验证，及时分析胚胎损失的原因，以及确妊后进入统计并纳入生产繁殖预算。复检定胎一般在配后 60 d 或 90 d，每周 1 次。

规模牧场复检定胎的操作规程如下。

(1)统计配后 60 d(或 90 d)以上未返情牛。

(2)列表打单。

(3)每周 1 次固定时间进行复检定胎(徒手直肠检查或使用 B 超)操作判定。

(4)复检定胎诊断结果记录。

(5)形成定胎结果周报，上报、建档。

(6)重复以上操作(1)～(5)的工作。

2.2.6　干奶确妊

规模牧场的繁殖工作在泌乳牛怀孕后期产犊分娩前至少 60 d，一般在怀孕 210 d 之内进行干奶前确妊检查，每周一次。

规模牧场干奶确妊的操作规程如下。

(1)统计复检定胎牛只，怀孕 210 d 以内，除去已知妊娠中断牛只。

(2)列表打单。

(3)每周 1 次固定时间进行干奶确妊(徒手直肠检查或腹部触诊)操作判定。

(4)干奶确妊诊断结果记录,210 d 以内检出空怀牛只报告流产。

(5)形成定胎结果周报,上报登记出单,准备下一步干奶。

(6)重复以上操作(1)~(5)的工作。

[撰稿:北京东方联鸣科技发展有限公司　王少华]

第 3 章　奶牛饲养技术

3.1　干奶期和围产期

3.1.1　干奶期饲养管理与保健

3.1.1.1　干奶前的准备

(1)将干奶牛列出清单，进行分群，进入干奶牛预备牛舍。

(2)干奶前进行妊娠检查，确保是怀孕后期的奶牛。

(3)对产奶量高的牛可适当缩短干奶期，但至少应为 45 d。

(4)对所计划的干奶牛，调整饲料配方，减少精饲料和青绿饲料、减少饮水、减少挤奶次数。

(5)记录各干奶牛的产奶量，根据产奶量以确定采取的干奶方式。

(6)采集牧场乳腺炎发病牛奶样，进行细菌分离或药敏试验，确定牧场乳腺感染细菌，选择敏感干奶药，实施精准干奶。

(7)所有干奶牛进行体细胞计数或隐性乳腺炎检测法(BMT)测试，隐性乳腺炎用康美克或康美欣进行治疗。

(8)凡有临床型乳腺炎的牛，用赛诺达＋诺比达或盐酸头孢噻呋注射液治疗，待乳腺炎康复后再干奶。

3.1.1.2　干奶操作规程

(1)将干奶牛彻底挤净奶汁。

(2)用药浴液浸泡乳头，不少于 30 s。

(3)用蘸有 75％酒精的一次性湿巾对乳头末端进行彻底清洁和消毒，尤其注意乳头口处。首先清理乳房远端的乳头，以乳头管开口为中心向乳头周围扩大消毒范围。

(4)用干奶药干乳康或欣利达或欣利乳向每个乳头孔内灌注 1 支，注完后用酒精棉球消毒乳头管开口部，再用清毒药浸泡乳头 30 s。

(5)曾经发生过临床乳腺炎的乳区，一次性灌注 2 支干奶药。

(6)对瞎乳头必须进行同样的干奶处理。

(7)干奶后密切观察奶牛情况，发现过敏症状立即注射肾上腺素或采用输液处理。

(8)干奶后注意观察乳房状况，预防大肠杆菌或魏氏梭菌感染引起乳房坏疽病。

(9)做好干奶牛的登记：牛号、配种日期、干奶前各乳区体细胞数、干奶药、牛膘情，操作人签名，数据录入计算机管理系统。

(10)在停奶后的10 d内，干奶时签名人员每天检查1次乳房是否有红、肿、热、痛，若出现上述现象，按临床乳腺炎治疗，治愈后再干奶，漏奶现象可把奶汁再次挤净，按第1次药物停奶方法，进行第2次停奶。

(11)干奶10 d后，乳房无红、肿、热、痛现象的牛，10 d后转入专人管理的干奶期牛舍。

3.1.1.3 干奶期的饲养管理

(1)干奶牛进行体况评分，分群饲养，整个干奶期控制体况在3.25～3.5分。

(2)供应充足洁净的饮水，夏季水温最好控制在10℃左右，冬季15℃左右，切忌饮用冰水。

(3)干奶牛饲喂配制干奶前期TMR日粮，不限制饲喂。严禁饲喂发霉、冰冻的饲料。

(4)干奶初期日粮应以粗饲料为主，适当搭配精饲料，精饲料用量一般占体重的0.6%～0.9%，即3.5～5.0 kg，精粗饲料的干物质比为(30∶70)～(20∶80)，日粮粗纤维含量不低于18%。

(5)对于初次分娩的青年母牛，应增加10%～18%的饲料定量，以防产犊后牛体过瘦造成代谢负平衡。

(6)每天2次清除卧床的粪尿，整理卧床垫料；保持卧床清洁、卫生，定期对卧床和粪道消毒。

3.1.1.4 干奶期保健

(1)干奶后1周每日进行1次乳头药浴。

(2)干奶期根据牧场传染病发病情况进行疫苗免疫接种。

(3)干奶牛在停奶1周后进行1次驱虫。

(4)对干奶牛进行1次修蹄与护理。

(5)干奶牛每周做1次蹄浴。

(6)产犊前1周对所有干奶牛包括头胎牛每日进行1次乳头药浴。

(7)做好保胎工作，防止流产。

［撰稿：华秦源(杨凌)生物科技有限公司　刘小明］

3.1.2 围产期管理与保健

3.1.2.1 围产前期的管理

(1)产前21 d将干奶牛转入围产前期牛舍，饲喂过渡围产料，确保饲料质量，不能喂发霉和冰冻的饲料。

(2)过渡围产料应低盐、低钙或添加阴离子盐，粗饲料以优质青贮、青干草为主，保证足量的有效纤维(大于3～5 cm)。

(3)围产前期日粮种类与围产后期日粮种类尽量调整为一致这样会避免产后突然改变日粮而引起产后奶牛的采食应激。

(4)奶牛日粮中不添加$NaHCO_3$，不喂或少喂苜蓿草，控制食盐的喂量。

(5)做好日常管理，防止流产。

(6)采用小群体转群，避免转群应激。

(7)分群管理,经产牛和头胎牛分开。

(8)饲养密度:维持在牛头数是卧床数的85%。

(9)提供充足清洁的饮水。

(10)产前1周转入产房,做好乳头药浴、外阴部位消毒工作。

3.1.2.2 围产后期的管理

1. 产房管理

(1)产房预先打扫干净,消毒并铺上干净柔软的稻草。

(2)人员进出产房必须鞋底消毒,无关人员不得进入产房。

(3)产房昼夜有人值班,做好交接班记录。

(4)保持产房清洁、肃静,备好接产药品及器械。

(5)奶牛进入产房后,认真观察食欲、精神、粪便等,发现异常及时处理。

2. 产犊管理

(1)倡导自然分娩。

(2)发现有临产征兆时,用温水洗净外阴、尾巴、尾根、肛门及臀部污物,消毒外阴部。

(3)准备好接产器械、消毒药和产科绳等物品器械,做好接生准备。

(4)注意观察产程的变化,及时人工助产,助产时认真检查掌握胎位、胎向、胎势,助产时用力一定要同母牛的努责节律相配合。

(5)如有难产,做好矫正胎位手术工作。

(6)母牛分娩后让牛保持站立,并用消毒液清洗外阴部位。

(7)及时清理胎衣,防止母牛吃掉。

(8)观察母牛全身变化,看有无努责,当母牛产后努责强烈,消毒手臂和母牛后躯,检查有无损伤、出血、多胎等并及时处理。

(9)洁净产房并消毒,重新换上干燥洁净垫草。

3. 饲养管理

(1)产后1周内,提供充足清洁的温水(37~38℃),1周后可降至常温。对乳房水肿严重的母牛饮水量、食盐添加量适当减少。

(2)进行体况评分,分群饲养,头胎牛与经产牛分圈饲养。

(3)提供足够采食空间,维持在牛头数是颈枷数的85%。

(4)减少转群应激,尽量小群体转群。

(5)尽快提高日粮营养水平,产后7 d可使日粮达到产奶需求标准,10 d以后可高于产奶需要标准的15%~20%。

(6)每1~2 h推料1次,保证饲料新鲜,提高干物质进食量。

(7)做好牛舍及卧床清洁与消毒工作。

3.1.2.3 产后监控

(1)观察并记录胎衣排出时间,胎衣在产后12 h仍未脱落时,及时治疗,预防子宫感染。

(2)进行体温监测,每日1次,持续1周。

(3)每日记录新产牛产奶量,突然下降,要检查并分析原因,及时整改。

(4)产后 12～15 d,观察子宫排出物的气味与物理状态,如有子宫内膜炎,及时治疗。

(5)观察粪便,如果粪便出现稀薄、颜色发灰、恶臭等不正常现象,则说明瘤胃功能不正常,检查饲料精粗比,采取相应措施。

(6)观察精神状态,如有抑郁的奶牛,它们有可能发生症状不明显的低血钙、酮病及其他产后失调症,及时检查治疗。

(7)监控奶牛的采食(或剩料)量、牛乳组成以便察觉是否发生饲喂或代谢问题。

(8)监听瘤胃,确信瘤胃每分钟蠕动 1～2 次,如果达不到这一蠕动频率,应促进奶牛采食干草,或进一步检查真胃。

(9)采食后 1 h 观察反刍率,观察反刍,确保采食后 60%以上的牛都在反刍,每分钟反刍次数在 60 次以上。

3.1.2.4　围产期的保健

(1)产前 1 周肌肉注射维生素 AD、亚硒酸钠维生素 E 1 次。

(2)产后立即注射催产素 1 次。

(3)产后立即灌服美琳钙、多围健、产后补液盐水、补益清宫散等营养液。

(4)胎衣排除后肌肉注射福安达(氟尼辛葡甲胺注射液)20 mL,每日 1 次,连用 3 d。

(5)产后立即注射盐酸头孢噻呋注射液 20 mL,每日 1 次,连用 3 d。

(6)产后 1 周肌肉注射维生素 ADE。

(7)产后 10 d 肌肉注射前列烯醇。

(8)产后 1 周,每日用消毒液清洗阴道及外阴部。

(9)产后 21 d,检查子宫复旧,对患有子宫炎的牛进行治疗。

[撰稿:华秦源(杨凌)生物科技有限公司　刘小明]

3.1.3　干奶牛低能日粮的营养管理策略

干奶牛是指产前 60 d 至临产的奶牛,在这个阶段,奶牛经历从干奶到泌乳;从怀胎到分娩;从产前日粮到产后日粮的转变;生理代谢变化剧烈。奶牛约有 70%的疾病发生在围产期,围产期奶牛容易出现蹄病、乳腺炎、子宫炎、胎衣不下、酮病、真胃移位、产乳热等疾病,而且在生产实践中,这些疾病相互关联,相互影响,导致新产牛淘汰率增加,给牧场的饲养管理带来很大的经济损失。

近年来随着研究的深入,本文在笔者多年的实践经验基础上,针对低能日粮的营养方案实施及饲养管理策略的关键点进行阐述,以期牧场能够根据这些要点,结合牧场实际情况,实现围产期奶牛健康高产、代谢疾病发病率低的目标,提升牧场盈利能力。

3.1.3.1　干奶牛面临的挑战

1. 能量负平衡

奶牛分娩前后采食量下降,泌乳早期产奶量日增,日粮能量无法满足自身需求,导致能量负平衡,从而需动用体脂,导致奶牛血液非酯化脂肪酸(NEFA,即游离脂肪酸)含量增加,易酯化成甘油三酯(TG)在肝脏组织中沉积,进而诱发脂肪肝及其他代谢疾病,即使是健康的奶牛也会发生能量负平衡(Bell,1995),只是程度不同。

2. 低血钙症

分娩、初乳的合成需要大量的钙离子消耗,血钙离子的平衡遭到破坏;在分娩时,几乎所有的奶牛都会发生低血钙症,而血液中磷、镁的含量也会影响奶牛的血钙浓度。如日粮钾过多诱导代谢性碱中毒阻碍甲状旁腺激素活动,日粮镁不足阻碍体组织中的甲状旁腺激素活动,导致奶牛出现低血钙症。

3. 瘤胃健康

奶牛瘤胃是巨大的发酵罐,瘤胃健康是奶牛健康的基础。在干奶期向产奶期过渡时,瘤胃内环境的稳定,日粮的平稳过渡,以及新产期预防奶牛慢性酸中毒是非常重要的。

4. 免疫功能下降

由于干奶牛产前采食干物质和能量的不足,分娩应激,引起中性粒细胞和淋巴细胞的减少;分娩时奶牛由于产道开放,子宫炎感染率高,激素变化很大,对奶牛免疫方面是个挑战。升高的 NEFA 浓度可以直接损害中性白细胞的活力(Scalia 等,2006),而高浓度的 β-羟丁酸(BHBA)可以降低中性白细胞的功能(Grinberg 等,2008)。

3.1.3.2 干奶牛低能日粮的营养策略

根据 NRC 2001 版的推荐,奶牛生产中一直提倡在围产前期给奶牛提供高能日粮。这种理论的基础在于瘤胃微生物菌群和瘤胃乳头可以逐渐适应产后高营养日粮,同时降低了肝脏的脂肪动员和脂肪沉积;尽管这些想法都是合理的,且研究数据也比较详尽,但在试验研究和实际生产中,产前高能或"预热"日粮的饲喂方法对产后代谢疾病的控制并不理想;总的来说,研究数据表明高能日粮对产后牛代谢病、产后食欲及采食量的稳定性和重复性并不好。因此从 2006 年起,国际上开始对低能日粮开展研究和应用,并做了大量的试验,发现低能饲喂法较好地解决了产后代谢疾病的问题;在欧洲(英国,以色列,法国,瑞典)的 277 个牛群试验表明,参与试验的牛头数大于 27 000 头牛,使用干奶牛低能日粮和高能日粮相比,助产下降 53%,胎衣不下下降 57%,产乳热下降 76%,真胃移位下降 85%,酮病下降 75%;生产者反映对牛群产后食欲、体况及发情状况表示非常满意,牛群产量和健康风险均在国家平均水平以上(Beever,2008)。干奶牛低能饲养法实施过程中,要达到理想效果,也需要注意关键点的把控,围产期管理才会取得成功。干奶牛低能日粮推荐的营养指标见表 3-1-1。

表 3-1-1 干奶牛低能日粮推荐的营养指标

项 目	干奶牛前期	干奶牛后期/围产前期	
		低钾日粮	阴离子盐日粮
干物质采食量(DMI)/kg	11.5~13	11~12	11~12
泌乳净能(NE_L)/(Mcal/kg)	1.30~1.39	1.4~1.45	1.4~1.46
代谢蛋白质(MP)/(g/d)	1 100	1 100~1 300	1 100~1 300
非纤维性碳水化合物(NFC)/%	28~32	28~32	28~33
淀粉/%	12~16	16~19	16~20
日粮钙/(g/d)	<100	<100	140
日粮钙/%	<0.6	<0.6	>1.2

续表 3-1-1

项　目	干奶牛前期	干奶牛后期/围产前期	
		低钾日粮	阴离子盐日粮
日粮磷/%	0.30～0.35	0.30～0.35	0.30～0.35
Mg/%	0.40～0.42	0.40～0.42	0.40～0.42
Cl/%	0.3	0.3	0.8～1.2
K/%	<1.3	<1.3	<1.3
Na/%	0.1～0.15	0.1～0.15	0.1～0.15
S/%	0.2	0.2	0.2
Se/%	0.3	0.3	0.3
维生素 A/(IU/d)	100 000	100 000	100 000
维生素 D/(IU/d)	3 000	3 000	3 000
维生素 E/(IU/d)	1 800	1 800	1 800

注:以荷斯坦奶牛 650 kg 体重为标准。

1. 提高干物质采食量,减少能量负平衡

由于产前牛群的采食量跟产后的干物质采食量直接相关,奶牛场也在追求更高的采食量,以期望奶牛产后达到最高的干物质采食量;奶牛干奶期采食量过低,干奶牛过肥等都会加重奶牛的能量负平衡,造成新产牛采食量低且高峰奶量低,产后酮病、脂肪肝等疾病多发。

在关注奶牛的干物质采食量的同时,也要关注日粮的能量水平,以控制总能的摄入量。干奶牛低能日粮的应用,优先考虑干物质采食量,太多和太少的采食量都有问题,需要设计合理的能量浓度,让奶牛摄入的总能满足奶牛的营养需要,不要太多,不要太少,就是正好,而且连续的稳定的干物质采食量,对于促进产犊后的高采食量很重要。

还需要注意的是,在生产实践中,干奶牛干物质采食量也并非越高越好,过高的干物质采食量(超过 15 kg)会导致总能超标,也会导致奶牛变肥,牛群在干奶期增重过快及胎儿过大,产犊后采食量上升慢,体重及体况损失大。

目前,控制干奶牛能量摄入的手段主要是通过控制日粮中碳水化合物的水平,限制高淀粉含量的玉米青贮类型的粗饲料,同时控制精饲料中玉米等能量饲料的摄入,控制适口性好的粗饲料的采食,以达到控制总能的目的。要注意的是,在生产实践中,不可以通过限制饲喂(如长时间空槽)来限制奶牛的能量水平,这样会导致奶牛产前就出现严重的能量负平衡,导致奶牛脂肪代谢紊乱,产后食欲不振及酮病高发。

干奶期推荐的能量摄入水平:干奶早期(干奶～产前 21 d)的干物质采食量 11.5～12.5 kg,理想水平最好达到 13 kg 及以上;成年母牛泌乳净能(NE_L) 1.30～1.39 Mcal/kg;头胎或二胎母牛 NE_L 1.41～1.45 Mcal/kg;淀粉含量 12%～16%;干奶后期(产犊前 21～0 d),干物质采食量需要最好达到 11～12 kg,淀粉含量 16%～19%,净能含量 1.45～1.5 Mcal/kg。

2. 合理选择与加工粗饲料,避免挑食

对于干奶牛粗饲料的选择,目前主要是玉米青贮及禾本科干草。近年来,全株青贮的制作技术逐年上升,淀粉含量也高,向干奶牛日粮能量的控制提出了挑战;为了控制日粮的总能,低质粗饲料的使用是比较经济且能够满足高瘤胃充盈度以减少产后真胃移位率的要求。

在干草的选择上，也倾向于用低能、低钾、适口性好、容积大的干草，如燕麦草、莜麦秸秆、小麦秸秆、稻草、玉米秸秆等，缺点是低质粗饲料不容易切短，加工处理比较困难，大多需要预加工，储存不当容易霉变，灰分高也会影响奶牛采食。豆科干草如苜蓿草、花生秧、大豆秸秆等，钾的含量都很高，大多在 2%～3%，饲喂给干奶牛容易造成奶牛产后产乳热，一般不推荐使用。干奶牛选择粗饲料的选择见表 3-1-2。

表 3-1-2　干奶牛各种粗饲料的选择

粗饲料	特点	缺点
麦秸、稻草、莜麦秸	能量低，排空速度慢，体积大，适口性好，低钾低钙，有助于减少 TMR 的湿度	不容易切短而导致分层
玉米青贮	低蛋白质，低钾，低钙，配合麦秸、稻草使用，适口性较好，成本低	优质全株玉米可能导致淀粉过多或者能量过剩；低质量青贮会扰乱瘤胃发酵、消化功能且可能影响免疫功能
芦苇草	中等蛋白质和能量浓度，低钙，高瘤胃充满度，适口性不佳	必须预切，否则牛群挑食严重
冷季节干草（燕麦草/羊草）	中等蛋白质和能量浓度，低钙，高瘤胃充满度，适口性好	根据收割季节、成熟度、肥料等不同，钾有可能偏高，较麦秸相比高能高蛋白质，可能较麦秸产生产乳热的风险大些
玉米秸秆	类似于麦秸营养成分，低淀粉，低的含糖量，高纤，低钾低钙，体积大，加工适宜的话适口性较好	灰分高，加工处理比较困难，贮存不当容易霉变，灰分高也会影响奶牛采食

对于干奶牛低质粗饲料的使用上，尤其麦秸、稻草、玉米秸秆等农副产品收割时下雨，贮存环境不佳时，非常容易感染霉菌毒素，收贮时必须加以注意，霉变饲料禁止饲喂。

避免挑食，是干奶牛低能日粮成功的重要因素。干草加工处理时最好有预处理设备，否则会造成干草太长，奶牛挑食严重，导致干奶牛低能日粮的失败。低质粗饲料建议预粉碎至 2～4 cm，用宾州筛来衡量粉碎颗粒度时，建议粉碎干草的各层比例为：第一层 20%，第二层 40%，第三层 20%，第四层 20%；以最小化 TMR 日粮分层。

干奶期日粮推荐的粗饲料的 NDF 指标：粗饲料 NDF 为总干物质的 40%～50%或者每天 4.5～5.5 kg（体重的 0.7%～0.8%）。如果使用更多的高能量纤维来源（如进口燕麦草），则目标值应在范围的高值，而如果使用秸秆则用低值。

3. 调整矿物质代谢，预防低血钙症

奶牛低血钙症的预防是奶牛饲养管理中的重点，目前国内外有几种主要的防控方法，如低钙法、高钙法、阴离子盐法、部分阴离子盐法等。低钙法，使用此理念配制日粮时，应该避免使用豆科草、小麦青贮等高钾粗饲料，可以用燕麦草、羊草等禾本科干草、玉米青贮等，低钙法设计时矿物离子的推荐指标如下：钙≤0.6%（日粮干物质计）；磷 0.27%；钾则越低越好，尽可能的低；镁≥0.40%（日粮干物质计）；使用此法优点是分群简单，成本低。

阴离子盐的方法目前也有些牛场采用，阴离子盐的原理是加快钙的代谢速度诱导酸碱失衡（DCAD －10～－15 mEq/100 g 干物质），使用时需要每周监测尿液 pH（5.8～6.5 合理），且要及时根据尿液 pH 调整用量，操作难度大（只能产前 21 d 饲喂）头胎牛不宜饲喂，操作比较烦琐，成本高，过度使用有诱导酸中毒的风险，使用时技术含量要求比较高。

4. 满足代谢蛋白质和氨基酸需求

关于干奶牛的蛋白质需求，干奶牛除考虑维持需要，胎儿发育需要外，还需考虑乳腺发育需要，目前推荐的蛋白质需要量为 1 100～1 300 g/(头·d)。如果日粮蛋白质低于 12%，则会降低初乳质量，影响产后牛的食欲和产量。如果日粮配方合理，则粗蛋白质在 13%～15% 就能满足需要；如果日粮蛋白质超过 15%，不仅没益处，反而有害。近年来研究表明，在产前添加过瘤胃氨基酸，代谢蛋白质中赖氨酸和蛋氨酸的分别为 6.6% 和 2.2%，对奶牛产后乳蛋白质的提升及泌乳潜力的发挥都有正面效果。

5. 提升机体免疫力，合理补充添加剂

在产前，血液中与免疫功能相关的维生素 A 和维生素 E 逐步下降，至分娩时降到最低点。维生素 A 和维生素 E 能提高奶牛对疾病的抵抗力。研究表明：给奶牛提供维生素 E（1 000 IU/kg）和硒（每头牛 7～10 mg/d），将会降低体细胞和乳腺炎风险，增加胎儿血清中维生素 E 的浓度就能有助于将发生胎盘滞留的危险性降至最低，将会使初乳中维生素 E 水平提高；与免疫有关的矿物元素主要有锌、铜、硒等，也不可忽视。过瘤胃胆碱可促进 NEFA 的完全氧化，抑制酮体的生成，从而降低血液中 β-羟基丁酸（BHBA）的含量，减少奶牛酮病的发生。烟酸具有抗脂类分解和减少血浆酮体水平的作用，产前添加 6～12 g 的烟酸可以有效地降低游离脂肪酸进入肝脏，从而减缓了高血脂及大量酮体蓄积时对机体造成的危害。

3.1.3.3 低能日粮使用中饲养管理的关键点

干奶牛饲养是个系统工程，低能日粮能够取得理想的效果，必须把泌乳后期的膘情控制、干奶牛分群管理、舒适度饲养管理以及新产牛合理过渡作为一个整体来考虑实施，这样才能保证方案能够取得理想效果。

1. 泌乳后期的膘情控制

在奶牛各个阶段，体况控制都是非常重要的。合理的干奶牛营养可以让奶牛在产犊时达到理想的体况；如果在干奶期以前奶牛过肥或者过瘦，那应该在干奶期以前就关注到这个问题，避免在干奶期来调整。奶牛过肥（体况评分即 BCS，4.0）则会出现奶牛产后采食量不高，产后体况下降迅速，产后酮病及其他代谢疾病多发等，而奶牛 BCS 在 3.25 的奶牛则表现较为理想（Alibrahim 等，2010）。肥牛的出现与牧场的繁殖水平有关，这种牧场多数产犊间隔长，且母牛没有及时怀孕，这时候应该加强牧场的繁殖工作且每个月对奶牛进行体况评分，及时将肥牛挑出，加大淘汰或者使用低能配方降低膘情；而进入干奶期过瘦的奶牛则会增加产后子宫炎和乳腺炎的风险。干奶期的 BCS 理想评分应在 3.0～3.25 分。

2. 围产期奶牛的应激管理

近年来随着研究的深入，科学家们发现环境和管理因素对围产前期牛干物质采食量的影响，影响比重高达 50%，因此母牛的舒适度和环境越来越受到重视。良好的管理可以最小化社会和环境应激和提升奶牛舒适度，可以让奶牛的采食量达到理想的饲喂水平。

Nordlund（2014）提出奶牛围产期指数（TCI）包括以下 5 个方面：①饲槽空间；②社交应激；③卧床空间（尤其是产前 10 d 到产犊时）；④卧床表面松软程度；⑤能否快速、有效发现需要治疗或特殊照顾的新产牛并给予治疗等。围产期应该提供合适的饲槽空间或者长度，料槽宽度至少 76 cm，最好达到 80 cm(泌乳牛是 61 cm)；充足的水槽空间和饮水槽数量都很关键，水槽空间 10 cm/头，水槽个数为每 15～20 头牛 1 个水槽。在产犊前 3～10 d，尽量减少奶牛的群体应激或重新建立群体等级；围产期奶牛的理想的饲养密度小于 80%，奶牛群的频繁变动和围产期间的多次调群，也是应激因素，奶牛需要 3～14 d 来建立新的社会关系；其中头胎牛和经产牛应该分开饲养以最大程度避免头胎牛的应激。围产期奶牛有颈枷与无颈枷相比，可以预防奶牛之间的争斗。

另外，不要忽视热应激对干奶牛和围产牛的影响，干奶牛遭受热应激，减少胎儿的生长是次要的，最主要的是减少胎盘增长导致胎儿变小以及母牛乳腺发育不良，导致生产出来的犊牛体质差，且影响母牛整个胎次的产量。新的证据表明，热应激状态时的干奶牛与有降温措施的干奶牛相比，被动免疫和细胞介导的免疫功能受损严重。

3. 干奶牛的分群管理

干奶期一般分为两群，即干奶牛前期和干奶牛后期(围产前期)，头胎牛产前 30 d 应单独成群，可以饲喂围产前期日粮。干奶牛前期和后期，根据群体大小，TMR 设备的大小可以使用两个配方或者同一配方。若群体太小，不足以单独做 TMR 日粮，也可以使用同一 TMR 日粮，优点是节省劳动力，干奶牛前、后期日粮实现“无缝对接”，减少换料应激，缺点是成本会比较高。若干奶前期和后期使用同一配方，那么高干物质采食量是确保配方成功和减少代谢病的关键点。需要注意的是，若使用阴离子盐日粮时，荷斯坦青年牛围产前期不推荐采食阴离子盐(娟姗牛除外)，而干奶牛在产前 21 d 开始饲喂阴离子盐，因此应考虑将青年牛围产前期牛与干奶牛分群饲养。

4. 合理的新产牛过渡方案

干奶期使用低能日粮策略时，如果直接转换成高能高淀粉的日粮，容易导致新产牛产后瘤胃适应性差，食欲差，产量上升慢，因此新产牛日粮配方必须要有过渡日粮，新产牛日粮的设计时基于高产牛日粮配方，设计更少的淀粉和更多的纤维，更多的物理有效纤维，如额外使用 1 kg 左右的切短禾本科干草等，能促进新产牛的瘤胃功能和采食量的快速提升，降低酸中毒风险。

总之，干奶牛是一个系统工程，环环相扣，应该从泌乳后期就开始调控膘情，提供给干奶牛合理的日粮方案和细节到位的饲养管理方案，且实施新产牛的过渡方案，这样才能保证干奶牛低能营养策略，才能尽快提高新产牛的干物质采食量，将围产期代谢疾病控制在较低的水平，牧场才能够降低淘汰率，持续发展，稳定盈利。

[撰稿：上海健荷牧业科技有限公司　肖玲]

3.2 泌乳牛

3.2.1 泌乳牛的分群管理

在国外尤其是美国，牧场规模通常较小，因此整个泌乳牛群只有初产和高产两个配方，甚至有些牧场一个配方一喂到底，且牛群整体高产。一个配方使牧场管理变得简单，但是必须要有健康整齐的牛只做基础。而国内近年来饲养规模的扩大速度远超过了管理水平的提高速度，这就导致一部分牛只的泌乳潜力不能充分发挥，逐步发展成为肥牛和成为产后问题牛只。随着时间的推移，这样的牛会使整体牛群差异化更明显，更加不均匀。因此分群在规模牧场十分必要，更是一个相当有效的管理手段。

分群根据目的通常可以分为管理分群和营养分群。管理分群，顾名思义，为了管理方便进行的分群。例如，由于采食量和所需卧床大小不一样，为了管理方便而分为头胎群和经产群，为了便于集中配种分为参配群和有胎群，根据健康程度分为病牛群和正常牛群等。

营养分群对于牧场来说则通常是出于体况控制以及成本的考虑。Williams 等研究了 305 d 产奶量分别在 8 t、9 t 和 10 t 的奶牛在 7 种分群方式下采用 2 个或 3 个配方对产量和牧场利润的影响。这 7 种分群方式分别是：①根据预测干物质采食量来设计所需日粮营养浓度；②根据 NDF 采食容积设计所需日粮营养浓度；③泌乳天数；④测定的产奶量；⑤测产的乳脂校正乳奶量；⑥每千克代谢体重的乳脂校正乳奶量；⑦单位泌乳天数下每千克代谢体重的乳脂校正乳奶量。结果表明，无论在什么产奶潜力下，前两种分群方法的产奶量和盈利能力都是最高的，且使用 3 个配方的效果好于 2 个配方的，而仅根据测产奶量效率则是最低的。仅根据泌乳天数分群效果居中，且 2 个配方效果好于 3 个配方，这是因为采用 2 个配方时，牛只采食高产日粮的时间更长。因此，按照营养需要分群很重要。但中国的现实情况是各牧场牛群的产奶性能差异极大，且受到硬件设施和挤奶等因素影响，因此分群时仅仅考虑单个因素是不可能的，这就要求必须将产量、体况、泌乳天数等因素进行综合考虑后分群。按照综合因素进行分群既可以维持产量、节省成本，又能防止产量低的牛只变肥，在环保压力大的今天更能减少粪污排泄。加利福尼亚的一个研究表明分 3 个日粮饲喂比仅饲喂 1 个日粮可以减少 15%的氮排放。

3.2.1.1 头胎牛和经产牛分群

当条件有限时，头胎牛与经产牛的分群是牧场首先应该考虑的，这既属于营养分群又属于管理分群。虽然头胎牛和经产牛也可以饲喂同一种日粮，但是头胎牛仍然需要部分营养物质用于生长，所以营养上尤其是蛋白质需要量比经产牛更高。在管理上，头胎牛因为个头儿较小，与经产牛混养时社交地位低，往往在采食或休息时竞争不过经产牛，导致采食量降低，休息时间减少，影响产奶潜力的发挥。另外，头胎牛需要的卧床尺寸要比经产牛小，从舒适度方面讲，卧床大点好，但从管理上，刚刚适合牛只大小好，因此头胎牛和经产牛分开更有助于牧场把握舒适度与管理便利之间的平衡。头胎牛单独饲养时，采食量和休息时间增加，产奶量以及后期产奶潜力可以得到充分发挥。因此头胎牛和经产牛分开饲喂，对牧场的管理和效益都是有利的。

3.2.1.2 新产牛分群

新产牛刚刚经历了产犊应激，在经历了干奶围产期后瘤胃乳头尚未适应新产日粮，且因为低采食量正处于严重的能量负平衡阶段，所以需要将其单独饲养，饲喂独立的新产日粮，并提供相对高产牛更大的采食空间和更低的饲养密度。新产牛分群也有助于产后护理及采食量监控，另外在这个阶段也可以饲喂一些强化瘤胃功能的添加剂来帮助瘤胃恢复。

新产牛一般涉及转高产，适不适合转高产最重要的判断标准就是采食量，通常要求采食量达到 18 kg 后才能转入高产，这一般需要 3 周时间。但由于我国奶牛有普遍产犊不均匀的特性，在产犊高峰期时往往由于牛舍空间问题会将新产整舍转高产，但若泌乳天数跨度太大，则需要把泌乳天数短的，以及仍需要护理的牛只挑出后再换为高产。新产牛的采食量较低，配方蛋白质含量通常比高产牛高，因此若泌乳天数过短或者采食量没达到标准就转高产会限制高峰产量。

3.2.1.3 高产牛分群

转为高产日粮后，产量开始快速攀升，这段时间一直到 150 d，无论什么情况都不宜进行分群。

高产牛分群主要有两个目的，一个是为了管理方便，如分有胎无胎；一个是为了节省成本，即产量体况分群。无论什么目的，分群对奶牛来说都是应激，这也是为什么往往分群后会出现产量突然降低，且这种影响会持续 3～7 d。有胎无胎分群属于管理分群，通常是大规模牧场为了便于繁殖操作，但若牧场人员充足还是尽量不进行分群。

产量体况分群需要以准确的产量为基础，结合体况决定牛只的去处。有以下 2 种方案。

(1)对于泌乳天数 150 d 以上牛只，打印出最近 3 次(若是每天都有产量的话，建议以每周平均的产量为 1 次，连续 3 周)的产量数据，在早上挤奶回来后现场逐头检查并做好记录(体况、乳房情况、健康情况)。统计 3.25 分及以上健康牛只的产量水平，将产量低于 20 kg 的可以调入低产，产量介于高产和低产之间的可以根据产量设计一个中产配方，如 25 kg，后期定期梳理牛群(如 2 次/月)时将 25 kg 以下、体况 3 分以上牛只集中饲喂该配方即可。

(2)如果相近泌乳天数的牛群体况比较均匀，普查各个泌乳天数的牛只体况，找到体况达到 3.25 分时的泌乳天数节点，那么根据该节点处的平均产量设计一个中后期配方，然后到了该泌乳天数的牛群直接饲喂这个配方。这个方法可以避免出现大量的牛只社交应激，但任何事情都不是绝对的，如果存在遗传性低产牛只，即使处于泌乳前期也应该及时挑出转入中低产。分群工作的灵活度很高，需要操作人员在充分理解的基础上去执行。

营养分群比较复杂，因为往往涉及转群和改变日粮的双重应激，而这两者都会影响产量。因此在实际操作过程中，若是来自不同高产舍的牛只组合成一个新的中产舍，可以每次只执行一项操作。即合成新舍后仍然饲喂转群前日粮 3～5 d，再换为新的日粮。若是部分牛直接调入中产或低产舍，那就只能尽量减少转群过程中的人为应激了。

分群工作除了节省成本，更可以优化牛群。很多牧场的牛只来源复杂，泌乳性能千差万别。因此同喂一个配方时就会出现体况不均匀程度高的情况。若不做分群，本来不均匀的体况到了泌乳后期差异会变得更大。胖牛容易产生产后代谢病问题，增加被动淘汰，即使没被淘汰也会影响下一胎次产量及其使用年限。

近年来有人提出了核心牛群的概念，即把健康高产牛只做记录存档，给予更多的精力和关注，优先以这群牛繁育后代并每年进行筛选，增加主动淘汰，不断增加核心牛群比例。以此不断进行牛群优化，最终达到全群高产、共用一个配方的状态。

[撰稿：北京奥特奇生物制品有限公司　郭闪闪　贾文彬]

3.2.2 泌乳牛 TMR 饲喂管理操作规范流程

3.2.2.1 TMR 加工设备的选择

TMR 搅拌机的选择主要考虑容积与机型。有的牛场在选择 TMR 设备时，由于过于考虑牛场的建设规模，都偏向于选择较大容积的设备，然而由于各种条件限制，牛群几年都不能达到建设规模，导致较小的牛群在使用较大的 TMR 设备。有的牛场在选择设备时比较盲目，没有考虑好与牛群的配套，结果导致要么无法分群，要么分群后每次 TMR 搅拌设备不能装到设备的最佳搅拌容积，造成搅拌效果不理想，或需要更长时间才能搅拌均匀，生产效率低下，能耗也增加。

TMR 搅拌车从结构上分为立式和卧式，动力类型分为自走式、牵引式和固定式，从容量上又分为许多款式。正确选择 TMR 搅拌设备，可以从以下几方面考虑。

1. 牛群规模的影响

牛群数量是选择搅拌车容积的首要因素。一般以 70 头牛 1 m^3 来估算，同时考虑牧场的发展规模，存栏低于 500 头可选择 5～7 m^3 的搅拌车，700～1 000 头选择 8～12 m^3，1 500 头以上选择 16～25 m^3 的设备。对于存栏大于 1 500 头的规模牧场，建议至少购置 2 台容积较小的 TMR 车，或者购置 1 台备用机，在设备出故障时有备用车。另外，还要考虑 TMR 搅拌车的有效加工容积，添加物料达到容积的 70%～80%时，设备使用效率最高。

2. 牛舍结构的影响

可根据奶牛舍的建筑结构、喂料通道的宽度、牛舍高度及入口宽度等来选择适合的 TMR 搅拌机容量的大小，根据奶牛 DMI、日粮种类、饲喂次数等选择混合机的容积大小。如果牛舍为散栏式设计，建议选用自走式或牵引式 TMR 搅拌车，即饲料直接由饲料搅拌车运送到牛棚。标准牛舍以饲养 200～400 头牛为宜。牛舍建筑的基本要求为宽度为 20 m 以上，长度为 60～120 m。牛舍门宽应大于 3 m，高度至少 3 m，饲喂通道宽 4～4.9 m，通道两侧均应设有可进出的门，方便 TMR 日粮设备的使用。如果牛舍为老式建筑结构，牛舍过道较窄，自走式、牵引式都无法进入，则应选用固定式搅拌车，再用三轮车等运输工具把搅拌好的 TMR 日粮运到牛舍。

3. 立式与卧式搅拌车的选择

立式与卧式搅拌车相比较，立式搅拌车优势明显：切割长草的能力较强；相同容积的价格相对较低，所需动力相对较小；搅拌罐内无剩料，而卧式剩料难清除，影响下次饲喂效果；使用寿命相对较长。具体牛场选配 TMR 搅拌机时应根据实际情况而定。立式搅拌车容积相对较大，超过 2 000 头的大型牧场可以选用，100 头以内的一般选用卧式的。如果干草较长需要预切割，相比较，卧式的揉搓能力更好。但立式搅拌车装料时一般需要用铲车，如果铲车出故障也会影响饲喂工作。

3.2.2.2 TMR 设备的使用及保养

使用机器前的准备工作：启动机器前要认真阅读使用说明书。开机前检查所有装置是否正常，查看所有指示标签，并了解其含义。熟悉所有的控制按钮，分别使用每个操控装置，看它们是否能够按照手册说明正常工作。对设备操作人员，要进行岗前培训，考核合格后方能上岗。准备一些辅助设备，如青贮取料机、上料和卸料皮带等。使用机器前，必须注意机器后部或工作范围内应无其他人员，预见到任何危险应立即停机。操作人员在身体不适、疲惫、醉酒、服药后不准操作。装载的饲料原料中，不能含有如石头、金属等异物，否则可能会损坏机器、伤害人或牛。

1. 饲料搅拌车使用注意事项

严禁用机器载人、动物及其他物品。严禁将机器作为升降机使用或者爬到切割装置里，当需要观察搅拌机内部时请使用侧面的登梯。转动轴与设备未断开前，不准进入机箱内。严禁站在取料滚筒附近、料堆范围内及青贮堆的顶部。掌握适宜的装载量(占容积的 70%～80%)，避免装载过多，影响搅拌效果。严禁调节、破坏或去掉机器上的保护装置及警告标签。严禁对机器进行任何改装。严禁在机器运转时进行保养或维修。使用原厂备件。

2. 日常维护

保持车辆内外清洁(除尘土和污垢)；保持机器及启动机、水箱、过滤器、电池极等部位清洁；检查脚制器、离合器、转向器的可靠性、灵活性；检查各管路接头、制动泵、各种油泵、水泵、水箱、发动机的底壳，变速箱、柴油机箱是否漏油。

3. 机器保养条例

对设备所有需要加油处，应不低于 3 d 加 1 次油，对于传动轴、搅拌轴等重要部位应按照设备保养手册根据工作时间及时加注黄油。对车辆所需的液压油、机油不低于 1 周加 1 次(半年换 1 次)油。每周清理各种油、气滤网。如水箱冷却水有问题，应停止工作。不能停止工作的，应随车备水，随时检查水位情况。每周对车辆消毒 1 次(消毒时应注意车辆的安全性)。车辆在场内行使，拖拉机不能超过 10 km/h，铲车不能超过 5 km/h，TMR 搅拌车不能超过 5 km/h。要定期更换刀片，刀片切割能力降低时，即使延长搅拌时间也不能达到搅拌效果，反而浪费柴油等能源，更换刀片不但 TMR 制作效果提高了，而且也节省制作成本。

相关记录条例：驾驶员每天有日常工作记录和维修记录。记录相关车辆的使用时间和工作时间。建立车辆定车、定人制度。

3.2.2.3 人员配置及基本要求

牧场在 TMR 饲喂管理过程中，应该有明确的分工和人员配置，并对人员要有相应的要求。一般大型牧场在 TMR 饲喂管理活动中需要配置的人员包括场长、饲养部负责人、日粮配方营养师、数据统计人员、饲喂组负责人、清理组负责人、上料装载车司机、TMR 搅拌车司机、清粪装载车司机、拉运车司机以及其他辅助工。

3.2.2.4 分群与调群

分群是牛场使用 TMR 饲料首先要考虑的问题。原则上讲，牛分群得越细奶牛的生产性能发挥得越充分，但是在生产实际中必须考虑操作的可行性。若牛群分得太细太多，会造成管理及饲料运送问题、奶牛频繁转群造成的应激；分群跨度太大则会抑制高产牛的生产性能，而低产牛出现营养过剩、饲料浪费和代谢问题。分群的数目可以视牛群的大小和现有的设施设备而定。

分群前要认真分析牛群结构，根据泌乳日龄粗略划分，在定期测量每头牛的产奶量、乳指标、奶牛体况等基础上，做小幅调整。分群及调群方法如下。

(1)根据生理阶段分群。对于大型牛场，据不同的生理阶段一般分为 7～14 月龄，15～22 月龄，干奶前期(产前 60 d 至产前 21 d)，围产前期(产前 21 d 至产犊)，围产后期(产犊至产后 21 d)，泌乳前期(初产、经产)，泌乳中期，泌乳后期。

(2)头胎牛单独分群。尽可能将头胎牛与经产牛整个泌乳期分开饲喂。头胎牛胆子小，采食持续时间短。在同一产奶水平上，头胎牛还需要额外的营养摄入来增加体重，同时干物采食量也比成乳牛低，因此最好能够有单独的饲料配方。

(3)产后 21 d 以内牛单独分群。规模足够大的牛群(一般泌乳牛群在 300 头以上),再结合实际生产状况,最好将产后 21 d 内的新产牛单独分群饲养。21 d 以内的牛干物质采食量低,需要营养浓度较高的日粮来提升奶量和缓解能量负平衡,还要在新产日粮的营养配制上与围产前期日粮有一个良好的过渡。同时这个阶段牛易发产后疾病,如胎衣不下、真胃移位、低血钙、酮病等,将初产牛组群也方便观察和治疗。

(4)泌乳牛群只使用一种 TMR 日粮。这是一种简单、省力的饲养方式,避免了转群的影响,减少了工作量。为能满足高产奶牛营养需要,一般日粮营养水平设计比牛群平均产奶量高 30%～35%。或者设定一个基础水平日粮(在牛群平均产量的 15%～20%及以上),对高产牛只进行适当的补饲,这个一般适用于泌乳牛数量较小的牧场。

对于平均产奶量较高且泌乳潜力相对一致的牛群,比较容易执行单一日粮饲喂方案。单一日粮易使泌乳潜力较小的低产牛体况超标,尤其在泌乳后期。由于日粮营养水平高,该饲喂方式饲料成本一般高于其他方式。

规模牧场成母牛分群方法见表 3-2-1。

表 3-2-1　规模牧场成母牛分群方法

分群	干奶期		泌乳期				
	干奶牛	围产牛	新产牛	高产牛		低产牛
				头胎牛	经产牛	
日粮	A	B	C	D	E	F
调群时间	产前 60 d	产前 21 d	产犊	产后 15～21 d		

(5)调群原则。首先根据泌乳日龄初步划分,再结合产奶量及膘情进行个别调整。饲喂过程中依据所观察到的情况适时调群和调整配方。一个 TMR 组内的奶牛泌乳量差值不应大于 11 kg(4%乳脂校正奶)。新产牛即使产奶量不高,因其处在奶量上升期,如果不能进行单独分群,则尽可能将其分在邻近的高产群。偏瘦的牛为有效恢复膘情要上调一级。4 头或 4 头以上牛成群调动,避免单独调动引起奶牛打斗现象。在生产实践中不建议经常调整日粮配方和调整牛群,这样将更有利于发挥牛群生产性能的最大遗传潜力。

尽量减少调群应激。调群对于奶牛是个应激,一是环境的变化,二是日粮的不同,因此,可能造成产量明显下降。这也是许多牧场不愿意分群太细的原因。为避免转群的影响,可以采取以下措施:每个月只调群 1 次,根据产奶量及膘情变化可调整 1 次配方并调群,但要保证日粮配方至少一个月不变动;奶牛转群最好在夜间进行,一次应移走尽可能多的奶牛,不要单个牛只调群,减少争斗;只转产量低于将要转入群体水平值 5 kg 以下的牛只,对于头胎牛,应该低于 5～10 kg 时才转群;转出群和转入群之间的日粮能量浓度差不应超过 15%,蛋白质值差不应超过 10%;避免在其他应激因素存在时调群,如调换配方、天气变化剧烈、其他健康问题等。一般建议只在泌乳牛的泌乳天数达到 200 d 以后或怀孕天数达到 150 d 以后,才会根据泌乳牛的体况评分结合产奶量水平将奶牛调入低产群。

为了提高奶牛分群饲喂的效果,对饲喂管理人员进行绩效考核是必要的,参考方案如表 3-2-2 所示。

表 3-2-2　奶牛分群绩效考核方案

分群项目(100 分)	权重成绩	月份		月份		月份		月份		月份		月份	
		数值	成绩	数值	成绩	数值	成绩	数值	成绩	数值	成绩	数值	成绩
牛群产奶量不合格占比	15												
头胎牛未独立分群	10												
泌乳牛泌乳天数不合格占比	15												
围产不合格占比	20												
体况抽查不合格占比	15												
测产率	15												
混群率	10												
得分													

3.2.2.5　日粮营养配比

1．饲料原料储备

牛场的饲料储备必须充足，且保证质量稳定。粗饲料最好能在牧草的收获季节一次性备足一年的用量，这样既能以较低的价格购买到质量最好的牧草，同时又能达到全年长期粗饲料质量稳定而减少日粮变化的应激；精饲料也要选择适合的饲料厂家进行稳定合作。这样才能够长期保证日粮的稳定性，不稳定的日粮会导致许多不良后果，如产奶量、乳蛋白质、乳脂率及日粮消化率下降等。

2．牧场原料要求

奶牛日粮尽量要以粗饲料为主，所以牧场应尽可能地购入更多种类的优质原料，如全株青贮、苜蓿、羊草、燕麦草、全棉籽、啤酒糟、豆皮、甜菜粕等。这样既有助于配合出营养平衡的日粮，同时又能做到最低的日粮成本，还能减少瘤胃酸中毒的危险。我国奶牛粗饲料组成的不科学性随处可见，因苜蓿干草价格高，养殖户多不使用，有些牧场精粗比例严重失调，因此全国奶牛年平均单产较低且健康状况堪忧。

3．原料化验

每个牧场都要设立自己的粗饲料数据库，可以利用合作伙伴的化验室或一些商业化验室或农业院校的化验室，有条件的牧场应该有自己的化验室，以随时能够监控粗饲料的质量变化。NIR 检测方法是一种简单易行、快速准确，且成本低廉的检测方法，值得在大型牧场推广。

原料取样合理是化验结果准确的前提条件。如青贮饲料，取样前应除去覆盖的泥土及封盖物、秸秆以及发霉变质的青贮料。从长形壕中取样时，分为上、中、下 3 层和左、中、右 3 列，再根据沟壕长宽分为若干段，从各段分层取样。可用取样器采样，也可用铁铲取样。采集各点 3～5 kg 样品后混匀，用“四分法”缩分至 1 kg 送至实验室检测即可。

粗饲料必须使用取样器进行取样，尤其是苜蓿草的取样，手工取样极易造成秆多或叶多的情况，会严重影响化验结果的代表性。

评定粗饲料品质的技术指标有 DM、CP、CF、ADF、NDF、TDN、NEL、RFV(饲料相对值)等。

4．日粮配制

收集牛群信息：如体重、胎次、产奶量、乳指标、泌乳阶段、体况评分及实际干物质采食量等（表 3-2-3）。

确定营养需求：我国暂时借鉴美国 NRC 泌乳奶牛饲粮浓度标准Ⅰ。根据牛群信息表提供的各个牛群的信息，结合 NRC 推荐，确定营养需要。注意精饲料用量，其干物质量最大不能超过日粮干物质的 65％。

运用配方工具配比：根据确定的奶牛营养需要，参考牧场原料的化验结果，利用日粮营养配方工具，经过与现用日粮的比对，确定出最佳的日粮配方。

最佳的日粮配方符合 3 个要求：满足奶牛营养需求；保证牛群健康；相对低的日粮成本。

日粮配方的跟踪和调整：技术人员要随时观察奶牛的膘情、产奶量、采食量变化和粪便消化率分析结果，尤其是刚调整完配方后的几天，若有明显异常应及时查找原因，必要时调整配方。

表 3-2-3　牛群产量及其他资料统计表

群、圈序号	1	2	3	4	5	6	7	8	9	10	备注
群/圈名											
泌乳牛数量/头											
体重/kg											
头产牛/％											
二产牛/％											
产奶量/kg											
乳脂/％											
乳蛋白质/％											
体细胞数											
泌乳日/d											
目前体况评分											
目标体况评分											

3.2.2.6　TMR 制作

1．牧场取料及加料精准性控制

青贮取料方式：有条件的可用青贮取料机取料，但是如果日粮中的有效纤维主要是由青贮提供时，建议还是要用铲车取料，以避免有效纤维的破坏。大型牧场为提高取料效率可以使用 30 或 50 铲车用铲的侧面切割取料面取料，既加快了取料速度，同时又能保证取料面的坚实，防止了二次发酵。现用现取，防止堆积。

每日取料进度要求：每日取料推进至少 30 cm 以上，这样能够保证表面二次发酵的青贮在日粮中所占的比例降低，从而保证日粮的品质。每次取料从上取到底，保证了日粮中使用青贮的营养成分和干物质的稳定性。

干草取料方式：水分低的干草可以不经铡短取用，水分含量高的或柔韧性较高的牧场应该使用铡草机预先进行铡短后再加入 TMR 搅拌机，以更好地保证搅拌的颗粒度和均匀度。

加料精准性控制：加料的精准性是影响 TMR 饲喂生产成绩好坏的至关重要的一个环

节。在制作TMR日粮时,加入设备中物料的称重方式非常重要。自走式搅拌机可以自动称重计量。牵引式和固定式TMR设备一般都有自带的计量设施进行称量,但要注意一定要定期校正称重器。一些在日粮中用量较少的原料应单独使用小型衡器称量后进行适当稀释后再加入TMR搅拌机内。现在最常见的称重方式是TMR设备自带称重,量器称重,有个别牛场还有部分原料估测重量的情况,如羊草使用草捆来估测重量。而如果不能保证称重的准确性,每一种原料不是多加就是少加的话,意味着将会改变已经合理作出的日粮配方。由于没有有效的监控措施,这种情况在实际牧场生产中非常常见,这也是影响牧场中三大日粮(纸上日粮、搅拌出的日粮、牛只采食进的日粮)的主要因素,这必然会影响到牛群的生产成绩体现。有条件的牧场应该使用加料准确性控制装置。

加料准确性控制的方法:定期校准称重装置,包括TMR自带称量装置和外配的称量小料的称重装置。在TMR设备的称重显示器上加装记忆储存装置,记录下每批物料的实际加入质量,待月底计算工资时,结合加料准确性来确定绩效工资,可有利于加料准确性的控制。给加料设备和搅拌设备上安装远程监控控制设备,实时监控和记录整个加料过程,并将记录结果兑现到月底的绩效工资内,可明显提高加料准确性。取撒到料槽中的TMR日粮前、中、后3个样品,到化验室进行检测,分别测定干物质、粗蛋白质、粗脂肪、NDF和ADF等指标,如果检测的结果差异在2%以内,说明加料准确性控制较好。

2. 设备加料顺序

TMR加料的一般原则为先粗后精,先长后短,先轻后重,先干后湿。一般添加顺序是羊草、苜蓿草、棉籽、精饲料、青贮、水。也可根据牧场饲料原料情况具体化,最终判定原料加料顺序合理性的是使用宾州筛判断搅拌好的日粮颗粒度是否分布合理。有些用量较少的原料,加料前必须经过稀释。在搅拌过程中应注意,装料不能太满,一般装至TMR搅拌车额定容积的80%,留一定的搅拌循环空间。同时装料也不能太少,一般不低于TMR搅拌车额定容积的50%,否则会造成搅拌均匀度差,搅拌时间长等问题,严重影响制作质量和工作效率。

3. TMR中水的添加

TMR日粮中的最佳水分含量:45%～50%,根据季节和气候情况进行适当调整。

水添加量的确定:先要根据各种原料的含水量计算出组合日粮的水分,然后根据计算情况确定再加入多少水分能够达到最佳的水分含量。

水的添加方式:不要使用水管直接加入TMR搅拌车内,这样容易造成水分不均匀。最好使用喷洒的方式在TMR搅拌过程中加入,这样能够保证搅拌后TMR的水分均匀度。

4. 搅拌时间

在生产实践中,多采用边填料边搅拌方式,一般时间要求是等填完最后一批原料后,再搅拌5～8 min。搅拌时间过短会造成搅拌不均匀,搅拌时间过长则会造成TMR颗粒度过细和原料分层,且会增加能耗,增加饲养成本。为保证在最佳的搅拌时间内完成搅拌,可能需要预先对长草进行铡切,同时找到最适合的加料顺序。

3.2.2.7 TMR日粮质量评价与控制

1. 检测颗粒度

TMR日粮颗粒度若过短,则通过消化道速度快,采食量增加,反刍减少,瘤胃酸度增加,微生物生长不良，瘤胃内环境改变。若过长，则通过消化道速度慢，采食量减少，奶牛挑食。不适合的颗粒度均导致瘤胃功能下降，产奶量降低。TMR 颗粒度检测方法如下。

(1)眼观法。有经验的牛场管理者可用直接检查法，即随机从牛 TMR 日粮中取出一些，用手捧起，眼观估测其总质量及不同粒度比例。一般推荐可测的 3.5 cm 以上的粗饲料部分超过日粮总质量的 15%为宜。

(2)宾州筛过滤法。它是一种准确的量化评价法。具体操作方法是在奶牛采食前，取料 400～500 g 置于顶筛(称重量要求使用电子秤)。然后水平摇动，切忌垂直抖动，摇动距离约 17 cm，频次为 1.1 s，每摇 5 次，把筛子转动 90°，以上共重复 7 次。对于每层饲料分别称质量，计算每层质量比例。美国宾夕法尼亚州立大学对泌乳牛 TMR 日粮的颗粒度推荐值见表 3-2-4。

表 3-2-4　宾夕法尼亚州立大学泌乳牛 TMR 日粮颗粒度的推荐(2013)

	筛眼孔径	TMR 粒度	粒度分布比例
第一层筛上	0.75 英寸(19 mm)	＞19 mm	2%～8%
第二层筛上	0.31 英寸(8 mm)	8～19 mm	30%～50%
第三层筛上	0.16 英寸(4 mm)	4～8 mm	10%～20%
底层		＜4 mm	30%～40%

2．检测混合均匀度

饲料混合均匀度对 TMR 的质量有重要影响，若混合不均匀一方面会造成奶牛挑食过多精饲料，而引起瘤胃酸中毒；另一方面部分奶牛因吃不到足够精饲料而严重影响产奶量。饲料混合不匀或出错，会造成奶牛摄入的饲料与配方不一致，导致消化不良、真胃移位、蹄叶炎和乳脂率低下等问题，同时奶牛的产奶量也不能达到预期。检测混合均匀度的方法如下。

(1)饲料示踪物法。评估混合机混合均匀度的方法有多种，如分析某一种原料、营养素或单一来源的化合物。李德林等(2009)采用塑料泡沫包装材料代表粗饲料，而小的硬糖代表精饲料，每立方英尺(约 0.0283 m^3)混合料中加 10 块，当混合料卸到食槽中时，采集 1 立方英尺混合料，数一下塑料泡沫和硬糖便可了解饲料的一致性情况。饲料示踪物选择玉米粒等不影响奶牛采食的材料更为合适一些。

(2)宾州筛检测。采集撒到同一料槽中的 TMR 日粮前、中、后 3 个样品，进行宾州筛检测，如果检测的结果差异在 2%以内，说明搅拌均匀度较好。这是比较简便可行的方法。

(3)采集撒到同一料槽中的 TMR 日粮前、中、后 3 个样品，送实验室化验几个主要营养指标，进行比对，如果 3 个样品的检测结果差异不大，则说明搅拌均匀度较好。

3．检测 TMR 水分

制作好的 TMR 日粮的水分一般控制在 45%～50%。若饲料原料水分偏低，需加水。若 TMR 饲料过干(水分＜40%)，饲料颗粒会分离，奶牛容易挑食；过湿(水分＞50%)，则干物质采食量降低。在 TMR 日粮水分大于 50%基础上，若每高出 1%，干物质采食量则下降体重的 0.02%，并有可能导致日粮的消化率下降。配合好的日粮堆放时间较长时，由于水分的散失，也会出现精粗分层，必须根据具体情况加以调整日粮的水分。

水分不足就必须通过加水来调节，加水量一方面通过计算确定，另一方面通过手感来判断。最可靠的办法是通过烘干工具来进行测定来确定加水量，最常用的办法是微波炉法。TMR 饲料水分至少每周检测一次。具体方法如下。

(1)眼观估测。是测定 TMR 水分的简易方法。用手握住 TMR 饲料然后松开，若饲料缓慢散开，饲料团被丢掉后手掌有残留料渣，则水分适当；若饲料抱团或散开太慢，则水分偏高；若饲料团迅速散开，且掌心几乎不留料渣，则水分偏低。

(2)微波炉法。此法应用较多，使用 5-5-3-2-1 的方法测定水分。即称取定量的 TMR 饲料，置微波炉中干燥 5 min 后，取出称量，然后再重复干燥 5 min、称量 1 次，之后再干燥 3 min、2 min、1 min 后进行称量，直至连续称量的两个数值一致时为止，用原始数值减去最后称量的数值，即两个数值之差算出水分含量。但此法操作不当会出现样本烧焦的情况，烘干时在微波炉内一角放置一小杯水会避免烧焦的情况发生，且不会影响水分测定的准确性。但通过微波炉测定出的水分含量都会偏低，一般都在测定出的水分基础上加上 1.5～2 个百分点进行校正。

(3)水分测定仪检测法。目前一些牧场开始使用国外进口的一些专业的水分测定仪，既不损坏样品的营养，同时还能快速准确地测定出样品水分，同时有效避免了上述两种方法容易出现的问题。

4. 确保 TMR 日粮营养的一致性

要想达到最佳的生产成绩，三大日粮(纸上日粮、搅拌出的日粮、牛只采食进的日粮)必须要做到一致。而最佳的搅拌效果评价是不但要使用宾州筛分析颗粒度，同时要采取搅拌好的日粮样本进行化验室分析，化验结果与纸上日粮配方的营养进行比对，来综合判断 TMR 日粮的搅拌效果。理想的 TMR 样品测试数据应接近“纸上”配方，其变动范围一般为：干物质(DM)±3%，粗蛋白质(CP)±1%，酸性洗涤纤维(ADF)±(2%～3%)，中性洗涤纤维(NDF)±2%。

牧场自备的青贮玉米等饲料及 TMR，应该每月检测 1 次主要营养成分，而对于购进的玉米、豆粕等饲料在使用前一定要检测主要的营养成分，保证 TMR 的实际营养成分达到营养师所设计的浓度。主要检测的营养成分是干物质、粗蛋白质、粗脂肪、粗灰分、NDF 和 ADF 等 6 个指标。

3.2.2.8 TMR 日粮运送

1. TMR 日粮日搅拌次数

搅拌次数的确定要结合牧场的实际情况(包括牛群的数量、每群牛的存栏、搅拌车的数量和容量)，所处的季节来确定。夏天为防止 TMR 发热过快，应增加饲喂次数，凉爽的季节可以适当减少饲喂次数。但为了保证奶牛最大的干物质采食量，尽量多次地饲喂奶牛是可取的。

2. 合适的送料时间与次序

最佳的送料时间是在奶牛具有最佳食欲的时候，也就是在奶牛刚从奶厅回到圈舍的时候，这样能够在奶牛具有旺盛食欲的时间吃到最新鲜的日粮，能够明显提高奶牛的干物质采食量。按规定次序投料，先高产牛，再中产牛，最后低产牛。

3. 送料的数量

每次送料的数量一般来说是根据每日日粮的总量来平均分配的，但在炎热和酷寒的季节应做适当的调整。在夏季，应减少中午的投喂量，增加凉爽的晚上的投喂量，而在冬季，则应适当增加中午的投喂量，这样能有效增加奶牛的干物质采食量。

4. 运送方式

直接撒料：新型设计的牛舍或圈舍适合 TMR 搅拌设备能够自由出入的应由 TMR 搅拌设备直接运送，这样效率较高，同时会大大减少草料分离的机会。

间接撒料：老式的牛舍设计不允许 TMR 设备进出牛舍，则需要选择适合进出牛舍的撒料车进行运送，这包括专门设计的撒料车或其他运输设备(如三轮车或四轮车等)运送。

3.2.2.9 食槽管理

1. 料槽设计要求

奶牛的料槽高度应该高于奶牛站立平面 10～15 cm，成母牛挡料墙从奶牛站立面的高度应该在 50～55 cm。牛夹杠设计要合理，让牛采食时舒适为宜。必须有足够的采食空间，奶牛平均应有 60 cm 以上的料槽空间，料槽水平且光滑，上方要有遮盖物。

2. 分料与投料

搅拌好的 TMR 饲料应尽快饲喂，防止堆积发热，夏季也可以添加一定量的 TMR 日粮阻霉剂防止饲料发热发霉。

分料要严格按照圈舍存栏和日粮配方进行，并给司机确定好每个牛舍每天每次需要撒料的重量，并由电脑控制设备进行记录，以保证每头牛都能达到最大的干物质采食量，否则会造成有的牛群不够吃而有的牛群剩料太多。

投料时速度要均匀一致，避免出现料槽有的地方空槽，有的地方剩料过多的情况。

夏季炎热季节投料时最好将投放到料槽的料离开挡料墙 10 cm 左右，防止在死角由于不易采食和清扫而导致发霉。

通过确保 TMR 搅拌均匀度的测试方法来保证料槽从一端到另一端的全混合日粮的一致性。这包括物理营养(颗粒度)和化学营养(理化指标)的一致性。

注意 TMR 搅拌机的工作状态和加入搅拌机内的物料状态以及水的加入方式，把控好加完物料后的搅拌时间，同时加强料槽巡查，确保不能有成块/团的粗饲料或精饲料。

3. 采食时间和空槽时间

TMR 饲料喂牛一定要采用自由采食方式。保证料槽中随时都有新鲜饲料，空槽时间不得大于 3 h，并及时将牛拱开的日粮推向奶牛，每天推料至少 10 次以上，同时不用叉子推料，避免草料分离。保证奶牛的日粮 DMI 最大化并减少挑食，目标是奶牛随时都能有可以采食到的饲料。

4. 采食情况观察

要随时观察奶牛采食情况，若发现奶牛"挖洞"现象(图 3-2-1 和图 3-2-2)，粗饲料剩余较多，则说明奶牛存在挑食精饲料现象，要及时分析原因并解决问题。原因可能是饲料水分过低，或 TMR 制作颗粒度不均匀、干草过长等因素致草料分离。

图 3-2-1　TMR 饲料干草过长致奶牛挑食

图 3-2-2　奶牛挑食 TMR 日粮

挑食状况也可以通过宾州筛监控，新鲜日粮的 8％以下应在顶层，高于 10％可能挑食。剩料的宾州筛检测结果如果大于饲喂前日粮宾州筛的检测结果 7 个百分点以上时则意味着挑食。

挑食的原因及解决方法：粗饲料可能太长；未混合好，可能需要混合更长的时间；可能需要改变原料的装载次序；可能需要设备的保养维护，添加水或其他液体。

5．食槽清理

夏天食槽中的剩料在每次发料之前清扫，气温低时可每天清扫 1 次。为提高牛只食欲和确保饲槽卫生，每周对料槽进行清洗消毒 1 次，可使用 0.5％的高锰酸钾溶液进行消毒。每天奶牛料槽中剩料应该在 3％～5％。剩料太少则奶牛可能没吃饱，太多则造成浪费。若剩料超过 5％，也没有天气突变等因素影响，要检查混合日粮原料的质量或重新计算投料量。剩料经过重新搅拌可用来再饲喂奶牛，一般原则是高产奶牛的剩料饲喂低产奶牛，低产奶牛的剩料饲喂育成牛。泌乳牛的剩料不应喂给干奶牛、围产牛。同时一定要注意不要将新料置于旧料上进行饲喂。

6．采食量监控

每天应及时记录 TMR 日粮的水分、下料记录、剩料记录、剩料状态及剩料的处理等，同时计算出干物质采食量、采食率和剩料率，为调整日粮配方和日粮给量提供参考。

7．日粮给量调整办法

当使用的某些原料水分变化差异大时，尤其要加强对青贮、啤酒糟或其他鲜绿饲料的水分监控，发现大的变化，就应根据干物质的状况来调整该物料在日粮中的给量。

当奶牛的采食量出现变化时，应首先按日粮配方头份调整给量；当奶牛饲喂比例低于 85％或超过 115％或长期的采食量出现变化时（一般采食量异常超过 15 d），就应该适当调整配方。

8．粪便分析

运动场粪便干、稀分布，有可能说明牛群在挑食；如果粪便普遍较稀，则预示瘤胃环境不好，造成的原因有可能是日粮精粗比例不适当，或 TMR 加工的颗粒度太细，或日粮中的 NFC 含量过高。平时还需要应用嘉吉粪便分离筛定期对奶牛的粪便进行消化分析，以便及时作出相应对策进行解决。

3.2.2.10 饮水管理

1. 保证充足的饮水

饮水管理往往是被忽视的环节。产奶量受饮水量影响很大，每生产 1 kg 奶，需要饮水约 4 kg，因此，必须保证饲喂 TMR 饲料的奶牛有充足的饮水。

饲养舍和运动场内都要设水槽，每群牛至少 2 个饮水槽，每头牛的饮水槽长度在 7 cm 以上，夏季炎热季节要保证在 10 cm 以上。水槽的深度低于 30 cm，易于清洁。也可在牛舍内安装自动饮水器，牛可随时饮水。设置饮水器或饮水槽一个重要的地点，是母牛离开挤奶厅的出口处或在返回的走道上。大部分母牛在饮用大量水以后，再去饲槽采食 TMR 或其他饲料。待挤栏也应是一个有饮水的地方，母牛可能在栏内停留较长时间，特别是炎热的天气，奶牛更需要饮水。

牛的饮水量会受饮水温度、饲料种类、产奶量等的影响。水槽最好可以加热保温，冬季水温至少保持在 12～16℃，保证奶牛饮水量，提升产奶量。李军峰(2008)试验证明，给奶牛饮用 22℃的水可使 DMI 提高 5.14%。饮用过凉的水或冰碴水，易引发奶牛胃肠道疾病或致妊娠母牛流产。在夏季，当气温高于 30℃，水温应降到 18℃左右，可用自来水或深井水，甚至在水槽中放置冰块。

2. 保证清洁的饮水

不清洁的饮水将影响牛群的饮水量，并降低奶牛 DMI，进而影响产奶量。母牛泼溅或拍打饮水，可能因饮水太脏或有异味，要注意水槽卫生与消毒。建议最好选用自动上水的易清洗水槽，至少每 3 d 清洗 1 次，夏季要做到每天清洗 1 次。

3.2.2.11 TMR 日粮饲喂效果评价

1. 奶牛个体及群体观察

饲喂良好的奶牛应该比较警觉，被皮及皮肤完好，牛体光洁，体况正常，瘤胃充盈度好，行为、步态正常，无肿胀、疼痛(弓背、举尾、摇尾、肌肉震颤等)，无子宫炎和乳腺炎以及其他疾病。

牛群观察要点包括牛在牛舍内的分布情况、通道和卧床的使用情况、反刍情况、运动和步态、是否拥挤、冲突、牛群均匀度。

2. 反刍、粪便观察

监测奶牛消化状态最简单易行的方法是观察奶牛的反刍及粪便状态等。

(1)反刍观察。随时观察牛群时至少应有 50%～60%的牛有反刍行为。牛群挤奶 1 h 以后，不采食的奶牛应有 2/3 以上在运动场安闲地休息和反刍即为健康状况良好。每个食团的咀嚼次数应该在 60 次左右。如果奶牛的反刍和咀嚼次数减少或粪便变稀(排除疾病因素)，应考虑是否因 TMR 日粮搅拌过度而导致有效纤维不足造成。

(2)粪便性状观察。观察粪便性状是监测奶牛消化率简单、有效的方法，有助于评估日粮的合理性。在饮水充足的情况下，粗精比例合理的日粮所形成的粪便应成粥样，高 3～5 cm，有几个同心圆，中间有凹陷，只有少许未消化的饲料颗粒。干草饲喂过多，粪便会较干，厚度超过 7.5 cm，中心呈隆起状。粗饲料质量差，粗纤维含量高或精饲料量低或蛋白质缺乏，则粪干且厚度超过 5～7.5 cm,半成型的圆扁状。精饲料或青贮或多汁饲料喂量大,粪便软,没有固定形式,厚度小于 2 cm。奶牛粪便评分标准见表 3-2-5。

表 3-2-5　奶牛粪便评分标准

粪便评分	描述	举例
1	绿色、稀薄的液体	病牛、废食牛、草场放牧牛
2	松散、飞溅、少量成型	新产牛、放牧牛
3	堆起 2.5～3.8 cm 高,有浅凹,2～4 个同心圆	高产牛的推荐值
4	堆起 5.0～7.5 cm	干奶牛、低蛋白质高纤维日粮
5	堆起＞7.5 cm	全粗饲料,病牛

3. 粪便分离筛分析

若要充分了解奶牛瘤胃功能和饲料原料消化程度,可借助粪便分析工具——嘉吉粪便分离筛来评估饲料消化率。粪便筛分析的采样、操作应由专门的技术人员完成,每周进行 1 次,分别测定不同泌乳阶段牛群的粪便样品,掌握不同牛群的消化情况。

在使用粪便分离筛时对技术人员的要求如下:戴消毒的或一次性使用的手套;戴防护眼镜;不吸烟、不咀嚼口香糖或吃东西;分离粪便的地方应远离饲料;使用后应对器具清理和消毒(浸泡至少 10 min);最后漂洗并擦干所有组件和附属物品。

采样原则:按奶牛组别和所饲喂日粮分别采集粪样。使用配备的长柄勺采集最新鲜的粪样。采集大约 2.3 kg 粪便。随机采集牛群 10%奶牛的粪便。如果粪便不一致,要采集所有类型的粪便。根据粪便类型分布情况,平衡各种类型粪便所要采集的量。

粪便分离筛使用方法:对放入筛中的粪便进行冲洗(图 3-2-3)。冲洗完后,湿、干分别称量重并做好记录,如日期、筛检人、牛群、筛上物比例,拍照(图 3-2-4)。

图 3-2-3　粪便分离筛

图 3-2-4　粪便分离筛检测结果

分离结果分析:TMR 粪便筛分析各层标准见表 3-2-6。测定结果若与标准不符,需再取样品重新检测,结果若与前次测定一致,则可以确定该牛群有消化问题。

表 3-2-6　TMR 粪便筛各层标准

粪便筛	上层	中层	下层
比例/%	＜10	＜20	＞70(新产牛在50%以上即可)

少量的纤维性饲料滞留在顶筛说明瘤胃饲料层和牧草消化良好。大量的纤维性饲料出现在顶层筛，可能由于瘤胃饲料层形成差，或瘤胃酸中毒，或排泄速度异常。若发现问题应及时将结果报告营养师，在原料品质与 TMR 配方等方面查找原因。

4．DHI 监测

利用 DHl 测定，从乳脂率和乳蛋白质率的高低，可以看出奶牛日粮的合理性。乳蛋白质和乳脂的比率是平衡日粮的一个良好指标，理想的比率为 0.81～0.85，表示奶牛饲喂良好，日粮均衡；比率低于 0.75，则表示奶牛处于非常饥饿的状态，日粮不能满足能量需要；比率大于 1.00，则表示日粮完全失衡。

5．检查奶牛膘情

饲喂效果良好的牛群，每个阶段的奶牛都应该具有其应该具有的合适膘情。体况评分为评定 TMR 营养搭配是否均衡，奶牛体况是否符合当前生产阶段要求提供了直接的参考依据，评分标准见表 3-2-7。身体状况良好的牛评为 3 分，判定标准为：在牛尾根区域有轻微凹陷，之下是明显的脂肪组织；髋骨之间的区域很平滑；腰部在适度压力下，能够感觉到排骨的末梢；在腰部区域能够看到轻微的凹陷；能够感觉到臀部和髋骨，但是有一定的肌肉覆盖层；臀部、髋骨和脊椎骨失去棱角，显得很平滑。

表 3-2-7　不同阶段牛群体况评分标准

阶段	体况评分
干奶牛	3.00～3.50
初产牛	2.75～3.00
高产牛	2.50～2.75
中产牛	3.00～3.25
妊娠育成牛	3.00～3.25

6．奶牛肢蹄病的监控

肢蹄病是奶牛常见疾病之一，但饲喂管理良好的牛群，肢蹄病也会明显减少。李小杉(2014)研究指出，肢蹄病对繁殖性能的影响主要表现为卵巢囊肿发病率升高，发情持续时间减少，首次配种天数和空怀期天数增加，首次配种受精率降低等，使奶牛的淘汰率升高，进而导致巨大的经济损失。

高产奶牛蹄病发生率最高，1～4 胎、2～5 岁奶牛肢蹄病发生率最高；奶牛肢蹄病 8—11 月发生率较其他月份高，表明奶牛肢蹄病的发生与胎次、年龄、泌乳量和发病季节密切相关。因此奶牛场管理人员应根据实际情况制定奶牛健康程序和控制奶牛肢蹄病计划，主要包括定期对奶牛进行修蹄和蹄部消毒、调整日粮结构、及时清理牛床和运动场的粪污等措施。

奶牛的肢蹄病往往会比预想的要严重得多，尤其是粗饲料品质较差或比例较低时，可能发生瘤胃酸中毒而引发蹄叶炎。定期做奶牛肢蹄评分并及时采取防护措施会有效改善这一状况。

[撰稿:独立营养师　赵全刚;廊坊职业技术学院　齐雪茹]

3.2.3 奶牛低乳脂率的原因及解决方法探讨

乳脂是牛奶最重要的组成成分之一,它和乳蛋白质一起构成了原料奶收购的计价基础。在美国,原料奶主要是以乳脂和乳蛋白质的绝对量直接分别计价,2015 年 8 月起,单位乳脂的价格超过了乳蛋白质的价格。在国内,原料奶收购的计价方式比较乱,很多乳品公司采取乳脂率低于某水平时拒收的方式,这种计价方式给奶农造成了巨大的损失,在这种形势下,低乳脂率问题越来越受到奶农的关注。本节的目的是探讨牛奶乳脂率低的原因及解决方案,供广大奶业同仁参考。

3.2.3.1 乳脂的合成

牛奶中的乳脂有两个来源,一是乳腺上皮细胞利用乙酸和丁酸直接合成(需要葡萄糖提供能量),二是从血液摄取脂肪酸后整合到乳脂中去,其中 C_4～C_{14}脂肪酸全部为乳腺上皮细胞合成,约占乳脂 38%(脂肪分子比,下同),C_{16}脂肪酸部分由乳腺上皮细胞合成,部分从血液摄取,合计约占乳脂 27%,大于 C_{16} 的脂肪酸则全部是从血液中摄取的,约占 35%。由于乳腺合成的乳脂都是饱和脂肪酸,瘤胃生物也有很强的氢化作用,所以乳脂约 70%的为饱和脂肪酸。反刍动物血液中的脂肪主要有两个来源,一是肠道吸收的日粮脂肪和微生物脂肪,二是奶牛自身脂肪动员进入血液的脂肪酸,一般脂肪动员产生的脂肪酸在牛奶中占比例不大(约 10%),但随着奶牛能量负平衡严重程度增加,比例会上升。

3.2.3.2 乳脂抑制

除了品种之外,营养是影响乳脂率的最大因素。营养问题导致的低乳脂率被称为低脂综合征或乳脂抑制。很早以前,畜牧工作者就发现了奶牛低乳脂率的问题,并且进行了原因分析。低乳脂率奶牛的日粮都有纤维含量低、瘤胃易发酵碳水化合物含量高的特点。低纤维日粮使瘤胃产生的挥发性脂肪酸组成发生改变,即乙酸∶丙酸的比例大幅度降低,所以有人提出了低纤维日粮使瘤胃纤维消化率降低,乳脂合成的前体物(乙酸和丁酸)产量减少,导致乳脂合成所需底物减少,限制乳脂合成,从而使乳脂率降低的“乙酸生成假说”。但 Bauman 等(2003)在总结了前人研究的基础上指出,虽然低纤维、高淀粉/NFC 日粮改变了瘤胃发酵模式,乙酸∶丙酸比例下降,但乙酸的绝对产量并没有降低,只是丙酸的产量大幅度增加了而已,结论认为,乳脂抑制的原因并不是乙酸产量降低的缘故。

Griinari 等(1999)和 Bauman 等(2001)研究发现发生乳脂抑制时,乳脂中 *t*-10C18∶1 和 *t*-10, *c*-12C18∶2 的比例升高,并且随着乳脂抑制严重程度的增加,两者的浓度也增加,而这两种脂肪酸是瘤胃脂肪氢化途径改变的标记物。因此,Bauman 等(2003)提出了目前为止行业比较认同的,导致乳脂抑制的脂肪生物氢化假说:非纤维性碳水化合物(NFC)日粮改变了瘤胃正常的脂肪生物氢化过程,使瘤胃产生了某些特定的生物活性脂肪酸,这些脂肪酸进入小肠被吸收后到达乳腺,在乳腺抑制了乳腺上皮细胞的乳脂合成过程(图 3-2-5)。

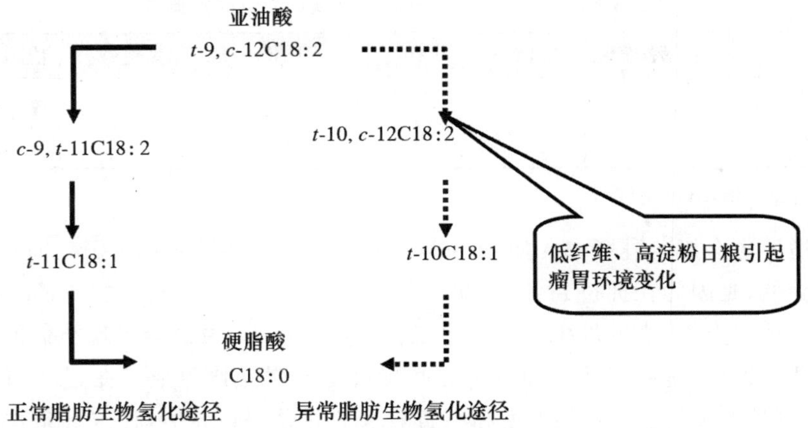

图 3-2-5　瘤胃内生物氢化途径示意图

同时，前人研究发现 *t*-10，*c*-12C18:2 有强烈的乳脂抑制作用，如在小肠灌注 2.5 g *t*-10，*c*-12C18:2 就能导致乳脂率急剧降低 20%，这也从试验的角度支持了瘤胃内脂肪生物氢化途径的改变是乳脂抑制的原因的假说。

Harvatine 等(2009)提出了乳脂抑制的 3 个特征：①乳脂率低；②产量正常(或符合预期)；③除乳脂之外的其他成分含量正常(如乳蛋白质、乳糖)。

导致乳脂抑制的最重要的 3 个营养因素是日粮 NDF(或粗饲料 NDF)、淀粉/NFC 及不饱和脂肪酸的含量，多不饱和脂肪酸产生乳脂抑制的风险远大于单不饱和脂肪酸，这也就意味着低纤维、高淀粉和高不饱和脂肪酸日粮容易产生乳脂抑制。但配方师在配制高产牛日粮时，为了满足高产奶牛的能量需要倾向于使用低纤维、高淀粉含量的日粮，同时，在高产奶牛日粮中常用的膨化大豆、脂肪酸钙盐、玉米、DDGS、苜蓿草、青贮玉米所含的脂肪中都含有大量的不饱和脂肪，这些因素都使高产奶牛产生乳脂抑制的风险大大增加。

高产奶牛对乳脂抑制更为敏感。Baldin 等(2017)的研究表明，仅仅是中等风险的日粮(NDF 31%+0.75%豆油)就能导致高产牛[44 kg/(头·d)]产生严重的乳脂抑制，而对低产牛[31 kg/(头·d)]影响不大，可能的原因是高产奶牛采食量高，食糜在瘤胃停留时间短，相对于低产奶牛进入小肠的 *t*-10，*c*-12C18:2 的量更大。在不饱和脂肪含量相同条件下，日粮 NDF 水平高时(约 38%DM)，不产生乳脂抑制(乳脂率 4.22%)，而 NDF 水平降低时(约 26.5% DM)会产生严重的乳脂抑制(乳脂率 2.94%)。

3.2.3.3　影响乳脂率的非营养因素

奶牛乳脂率受到多种因素的影响。首先是品种因素，美国 2004 年的一项调查显示娟姗牛的平均乳脂率为 4.6%，而荷斯坦奶牛的平均乳脂率只有 3.66%。

乳脂率也与奶牛本身的产量相关，笔者 2016 年在华东某牧场(1 200 头产奶牛)连续检测了 1 周的高产牛和低产牛大缸奶样的乳脂率和乳蛋白质率，结果显示高产牛群的乳脂率显著低于低产牛群(表 3-2-8)。

表 3-2-8　奶牛产量与乳脂和乳蛋白质浓度的调查

牛群类别	产量/[kg/(d·头)]	乳脂率/%	乳蛋白质率/%
高产牛群	35	3.46±0.03	3.01±0.01
低产牛群	24	3.69±0.04	3.31±0.02

注:边四辈,2016 年未发表资料。

奶牛舒适度也会影响乳脂率。如 Hill 等(2009)的研究结果显示当奶牛饲养密度增加时,牛奶乳脂率降低,是因为在拥挤条件下,奶牛采食行为改变,采食速度加快,而采食次数和反刍次数减少。依此类推,当成母牛和头胎牛混合饲养时,头胎牛也会出现类似的行为改变,乳脂率也会降低。另外,奶牛拥挤度和日粮之间也可能产生互作效应。在很多情况下,牧场为了高产,会将日粮的淀粉、NDF 和不饱和脂肪酸水平等做到临界值,在这种条件下,如果拥挤度增加,乳脂率就更容易降低。

饲料原料的加工方式也会导致乳脂抑制。同样的淀粉水平下,用高水分玉米取代粉碎干玉米导致乳脂率急剧降低,所以,压片玉米取代粉碎干玉米可能也会导致乳脂率降低。随着日粮中苜蓿青贮切碎长度的降低,奶牛反刍时间降低,虽然对产量无明显影响,但乳脂率却显著降低。由此可见,青贮玉米作为奶牛饲喂量最大的粗饲料,切得太细或 TMR 加工过细也会导致乳脂抑制。

其他管理因素,如发料不均匀,推料次数不够,TMR 颗粒度每天变化太大,每天发料时间点变化太大等能导致奶牛采食行为改变或反刍减少的管理因素都会引起乳脂率的降低。

3.2.3.4　改善乳脂抑制的方法

1. 营养调整

既然产生乳脂抑制的主要原因是低 NDF/粗饲料 NDF、高淀粉/NFC 和不饱和脂肪酸,所以在配制日粮时要充分考虑这些因素。如何维持瘤胃正常环境是首先应该考虑的因素。表 3-2-9 给出了以维持高产奶牛瘤胃健康为目的的总 NDF 及粗饲料 NDF 水平的建议。笔者认为在参考这个建议的时候,应该把握日粮总 NDF 和粗饲料 NDF 水平的反向关系。举个例子,日粮 NDF 取高值时(32%),来自粗饲料的 NDF 可以取低值(21%);NDF 取低值时(28%),来自粗饲料的 NDF 应该取高值(27%)。

表 3-2-9　以维持瘤胃健康为目的的日粮纤维水平推荐　(以干物质计)

产量水平	总 NDF 含量/%	来自粗饲料 NDF/%
高产牛>36 kg	28～32	21～27
27 kg<中产牛<37 kg	33～37	25～32
低产牛<27 kg	38～42	29～36

日粮淀粉/NFC 水平也是产生乳脂抑制的主要原因之一。增加淀粉/NFC 水平会提高产量,但会大幅度改变瘤胃环境导致乳脂抑制,笔者认为在目前中国高质量粗饲料,尤其是干草比较稀缺的条件下,日粮淀粉含量不宜超过 27%(以干物质计),NFC 含量不宜超过 41%(以干物质计)。淀粉的发酵速度也会影响瘤胃环境,使用大量压片玉米或高水分玉米时,淀粉水平要适当降低,尤其是用发酵速度快的淀粉来源替换粉碎干玉米时,更应该谨慎过渡,并且要

控制用量。

随着国内青贮玉米质量提高，使青贮玉米的物理有效性下降。由于性价比合适，很多牧场倾向于日粮中最大量地使用青贮玉米，减少干草的用量，这也可能造成乳脂抑制。Onetti 等(2004)在青贮玉米占 50%的日粮中，加牛油后产生乳脂抑制(乳脂率 2.68%)，这时用 1/2 苜蓿青贮替代 1/2 青贮玉米，乳脂率回升到 3.32%。这表明在大量使用高质量青贮玉米时，适当使用一些物理有效性很好的粗饲料，如燕麦草、麦草等能很好改善乳脂率。

2. 合理控制青贮饲料和日粮粒度

日粮的颗粒度以及 TMR 的加工也会影响乳脂率。例如，奶牛挑食会降低乳脂率，Miller-Cushon 等的研究表明，随着挑食严重程度的增加，乳脂率降低，所以合适的 TMR/粗饲料的颗粒度对维持瘤胃健康很重要，会对乳脂产生显著的影响。

美国宾夕法尼亚州立大学用宾州筛控制青贮饲料和 TMR 合理加工粒度的建议见表 3-2-10。但中国和美国饲料原料的差异，在参考这个建议的时候，笔者认为要注意，一是青贮玉米的水分问题，在美国的青贮玉米的粒度分布是基于美国的青贮玉米(干物质含量高)本身情况制定，在国内如果干物质含量比较低的青贮玉米，切碎时要适当长一点，否则加入 TMR 搅拌车时容易搅得过细。二是宾州筛在控制 TMR 颗粒度时的用法。第一、二、三层上的 TMR 被认为是具有物理有效性的，合计应该是 60%～70%，并且一些谷物和不具有物理有效性的原料应该去掉，如压片玉米、粉碎很细的大豆皮颗粒等(Jud Heinrichs，2013)。另外，很多牧场只用三段筛，底层实际是第三层和第四层的合计，要求<60%(20%+40%)，这可能是有问题的，有可能出现第三层是 10%，而第四层是 50，合计 60%，但实际上，物理有效性的 TMR 成分就低于 60%了。另外，美国日粮粗饲料比例一般超过 50%，而中国粗饲料比例很少超过 45%的，所以笔者建议如果用三段筛，底层应该小于 50%，而不是 60%。此外，日粮粗饲料比例相对于美国用量少，质量差，所以更应该关注底层的比例，如在保证最底层小于 40%的条件下，尽量通过加工减少最上层比例，而不是为了最上层比例合乎要求而使最底层的比例过高。

表 3-2-10　美国宾夕法尼亚州立大学用宾州筛对青贮饲料及 TMR 粒度控制建议

项目	筛眼孔径	颗粒尺寸	粒度分布比例/%		
			青贮玉米	半干青贮	TMR
第一层筛	0.75 英寸(19 mm)	>19 mm	3～8	10～20	2～8
第二层筛	0.31 英寸(8 mm)	8～19 mm	45～65	45～75	30～50
第三层筛	0.16 英寸(4 mm)	4～8 mm	20～30	30～40	10～20
底层		<4 mm	<10	<10	30～40

3. 利用添加剂来改善乳脂抑制

发生乳脂抑制时，大幅度地调整日粮 NDF 或淀粉/NFC 的水平，可能会降低产量，因此在对配方微调的基础上，合理使用添加剂也可以很好地改善乳脂率。

瘤胃素作为一种调节瘤胃微生物区系、改善饲料效率的添加剂，由于其比较好的性价比，被很多牧场采用，某些条件下莫能菌素会降低乳脂率，所以在高产奶牛上，谨慎使用莫能菌素，过量使用或是在风险比较大的日粮中使用，可能导致低乳脂率。

小苏打和氧化镁很早就被认为能够调节瘤胃 pH，稳定瘤胃内环境，预防瘤胃酸中毒和提高乳脂率，从而被很多牧场采用，150～200 g/(头·d)的小苏打和50～80 g/(头·d)的氧化镁可能会对乳脂抑制有帮助，但从笔者的经验来看，对于比较严重的乳脂抑制，效果不理想。

奶牛瘤胃脂肪生物氢化是一个复杂的过程，而抗氧化剂有助于维持瘤胃的正常氢化途径，所以有维持乳脂率的作用，不同剂量的维生素E可不同程度地改善乳脂抑制，提高乳脂率，但这些剂量是NRC所建议的高产奶牛需要量的8～12倍。相对于单一的抗氧化剂，复合抗氧化剂抗氧化效果更好，有研究表明，复合抗氧化剂在比较低的添加水平[5 g/(头·d)]时就能降低乳脂中反式脂肪酸 *t*-10C18:1 的水平，可以较好地改善乳脂抑制，提高乳脂率。

调节瘤胃微生物区系的添加剂有助于维持瘤胃功能，也会改善乳脂抑制。2-羟基-4-甲硫基丁酸是一种特殊的、化学修饰的过瘤胃蛋氨酸来源，特性是60%左右可以在瘤胃被微生物利用，40%可以过瘤胃，其能显著提高乳脂率。在笔者的一个未发表的现场试验中25 g HMTBa+5 g复合抗氧化剂，在1周内将乳脂率从3.40%提高到了3.80%。

另外，富含棕榈酸(C16:0>80%)的脂肪粉也有一定的提高乳脂率的作用，效果最好时可以将乳脂率提高0.25%，但在发生乳脂抑制时使用效果不明显，所以不建议在已经发生乳脂抑制的奶牛上使用。

3.2.3.5 结论

虽然奶牛低乳脂率的最主要的原因是营养因素，但同时受到其他因素，如饲养管理、TMR加工、粗饲料加工、奶牛舒适度、环境等因素的影响，尤其是高产牛日粮处于高风险之下(低粗饲料、高精饲料、高脂肪)时，在饲养管理稳定时可能看不到明显的乳脂抑制，一旦某个影响因素发生变化时，就会出现显著的乳脂抑制，所以解决低乳脂率(乳脂抑制)问题时，应该不仅仅考虑营养因素，而应该多方面考虑，制定出合理的综合解决方案。

[撰稿：诺伟司国际有限公司　边四辈]

3.2.4 乳蛋白质提升技术方案

3.2.4.1 乳蛋白质提升技术措施

1. 提高奶牛日粮干物质采食量(DMI)

(1)杜绝空槽症。由于生理需要，泌乳牛每日采食10次以上，采食时间在10 h以上，见表3-2-11。为实现全天自由采食，需保证每天推料10次以上，并且清料前有足够的剩料量。

表 3-2-11　奶牛采食生理习性

奶牛生理习性	头胎牛	经产牛
每天采食次数	11.3	10.8
每次采食时长/min	26	31
每次采食量(以干物质计)/kg	1.8	2.5
每天采食时间/(min/d)	284	314
采食速度(以干物质计)/(kg/min)	0.06	0.07

(2)降低日粮 ADF 水平。奶牛消化速率和采食量受日粮中 ADF 限制,以苜蓿为例(表 3-2-12),为了在夏季提高奶牛采食量,可降低日粮粗饲料(ADF)比例,同时也要降低淀粉比例。而低质粗饲料中 ADF 普遍偏高,因此应减少低质粗饲料的用量。

表 3-2-12 不同等级苜蓿 ADF 对 DMI 等的影响 %

等级	ADF	NDF	RFV	DMI	DDM	CP
超特级	<27	<34	>185	>3.5	>68	>22
特级	27～29	34～36	170～185	3.3～3.5	66～68	20～22
一级	29～32	36～40	150～170	3.0～3.3	64～66	18～20
二级	32～35	40～44	130～150	2.7～3.0	62～64	16～18
三级	>35	>44	<130	<2.7	<62	<16

2. 控制瘤胃酸度,确保瘤胃健康

瘤胃内环境的稳定是合成乳成分的关键,如果日粮配比不合理,日粮中添加过多的淀粉(小麦、湿贮玉米、玉米粉),使其在瘤胃内发酵速度过快,瘤胃产酸量大于瘤胃对挥发性脂肪酸(VFA)的吸收能力。同时日粮有效纤维量不足,日粮中小苏打的使用量低,导致瘤胃缓冲能降低,极易产生酸中毒。

为提高瘤胃健康程度,应平衡日粮中有效纤维和淀粉之间的比例。宾州筛第二层比例和 ADF 比例在一定范围决定日粮淀粉水平,日粮中淀粉可依据 TMR 第二层比例、ADF 含量适当调整,具体见图 3-2-6。在宾州筛最上层比例固定情况下,第二层筛比例越高,淀粉量添加越多,反之亦然。

宾州筛数据		日粮淀粉水平		
上层	二层	19% —— 日粮ADF —— 21%		
8	40	26	27	28
8	37	25	26	27
8	34	24	25	26
8	31	23	24	25
8	28	22	23	24
8	25	21	22	23

图 3-2-6 TMR 粒度与淀粉和 ADF 的关系

3. 优化能量结构,平衡产量与乳蛋白质关系

淀粉为奶牛生长维持产奶提供能量,同时也是乳糖合成的前提原料。当日粮中淀粉含量单独增加时,产奶量会增加,但蛋白质、脂肪等指标会趋于下降,并且酸中毒风险会增大。所以,为提供更多能量产生蛋白质,可在固定淀粉比例下提高其他成分提供能源或营养物质。当日粮中淀粉含量降低,提高糖的比例情况下,单产会有轻微增加,乳蛋白质有明显的提升,具体见表 3-2-13。

表 3-2-13 淀粉、糖对牛奶产量及成分的影响

营养成分	无添加	低	中	高
日粮糖含量/% DM	2.7	5.1	7.1	10
日粮淀粉含量/% DM	28.2	27.4	24.5	21.5
干物质采食量/(kg/d)	24.5	25.4	26	26
产奶量/(kg/d)	38.8	40.6	39.4	39.3
乳脂肪/%	3.81	3.8	4.08	4.16
乳蛋白质/%	3.23	3.23	3.27	3.29

4. 提高日粮过瘤胃蛋白质(RUP)含量

在保证日粮中CP情况下，瘤胃微生物能够最大限度利用日粮中CP。但为发挥奶牛生产潜能，还需保证过瘤胃蛋白质水平(表1-2-6)，供奶牛直接消化合成乳蛋白质。膨化大豆、DDGS及玉米蛋白粉中含有较高水平的过瘤胃蛋白质，可作为奶牛过瘤胃蛋白质来源。

5. 使用过瘤胃氨基酸，平衡氨基酸

在以上4个步骤都做好的情况下，为进一步提升乳蛋白质，需要评估日粮中氨基酸水平，并依据实际情况调整氨基酸比例[赖蛋比为(2.8～3.1)∶1]。原料中豆粕、膨化大豆富含赖氨酸，DDGS、玉米蛋白质粉富含蛋氨酸。为平衡日粮氨基酸含量，可以添加过瘤胃赖氨酸和蛋氨酸。

3.2.4.2 技术措施总结

提升牛乳乳蛋白质5部曲，前4步是最重要的步骤，此后可实施第5步提升乳蛋白质。具体措施见表3-2-14。

表 3-2-14 牛奶蛋白质提升5部曲具体措施

序号	步骤	控制点	具体措施
1	提高日粮干物质采食量	空槽、ADF	(1)每日推料＞10次 (2)有足够剩料 (3)夏季提高早晚投料比例 (4)减少粗饲料用量(尤其低质粗饲料)，同时降低淀粉用量
2	控制瘤胃的酸度	eNDF/淀粉和ADF	宾州筛第二层40%、ADF 21%情况下，淀粉含量28%；宾州筛第二层或日粮ADF越低，淀粉添加量越低
3	优化能量结构	淀粉:(糖+纤维+脂肪)	(1)以其他成分如糖蜜、甜菜颗粒或脂肪粉等替换部分淀粉 (2)纯糖蜜推荐量:2 kg/头
4	提高过瘤胃蛋白质水平	RUP	以30 kg单产为例:推荐每头牛使用优质DDGS 2 kg，膨化大豆0.5 kg/头
5	平衡氨基酸	氨基酸平衡	评估日粮氨基酸水平，使用过瘤胃氨基酸，赖蛋比(2.8～3.1)∶1

[撰稿：蒙牛乳业(集团)股份有限公司 张楠 郝瑞霞 刘高飞
田茂；长春博瑞农牧集团股份有限公司 甄玉国]

3.2.5 保证产奶与健康——从脂肪入手

乳脂是影响牛奶价格的重要指标之一，一般含量为 3%～3.5%；而产奶量是决定着奶牛场整体经济收入的另一个指标。脂肪作为一种能量饲料，对产奶量和乳脂有直接影响。研究指出，日粮中的脂肪能被直接转化为乳脂肪，高效合成乳脂（Reid，1956；Baldwin 等，1980；Lock 等，2013）；另一方面，脂肪给动物提供能量，提高产奶量，并保障机体的健康状态。所以根据奶牛不同阶段的营养需求正确饲喂脂肪，能够增加能量密度、提供必需脂肪酸、增加饲料适口性、降低饲料粉尘、提高饲料转化效率、降低热应激、影响营养分配、提高脂溶性养分在小肠中的溶解性、调节瘤胃发酵，并能在饲料混合过程中作为润滑剂（Palmquist，1988；Zinn 和 Jorquera，2007）。

用于饲喂奶牛的脂肪种类繁多，包括油籽、植物油和"惰性"脂肪（过瘤胃脂肪）。为了有效利用脂肪，发挥其经济效益，首先需要了解脂肪来源和类型，以及在反刍动物体内的消化吸收机理。

3.2.5.1 日粮脂肪类型和来源

脂肪是一类可溶于脂溶性溶剂物质的总称，通常指长链脂肪酸含量高的一类化合物，包括甘油三酯、磷酯、糖酯、未酯化脂肪酸及长链脂肪酸盐。

脂肪构成的主要成分是脂肪酸，占一般脂肪组成的 90%以上。脂肪酸是碳原子的长链，其长度通常在 4～20 个碳原子，碳链中还含有氢原子和氧原子。根据碳原子长链中是否含有碳碳双键（C ═ C），脂肪酸可分为饱和脂肪酸和不饱和脂肪酸。饱和脂肪酸没有碳碳双键，而不饱和脂肪酸含有碳碳双键（C ═ C）。

大部分天然植物饲料原料均包含少量的脂肪（常见奶牛饲料中的脂肪含量见图 3-2-7）。牧草或者粗饲料脂肪含量较低，为 2%～3%，其脂肪主要以糖脂形式存在。其次是精饲料原料的脂肪，主要是以甘油三酯的形式存在。油籽籽实中脂肪含量较高，从大豆的 18%到葵花籽的 35%（Van Soest，1994）。

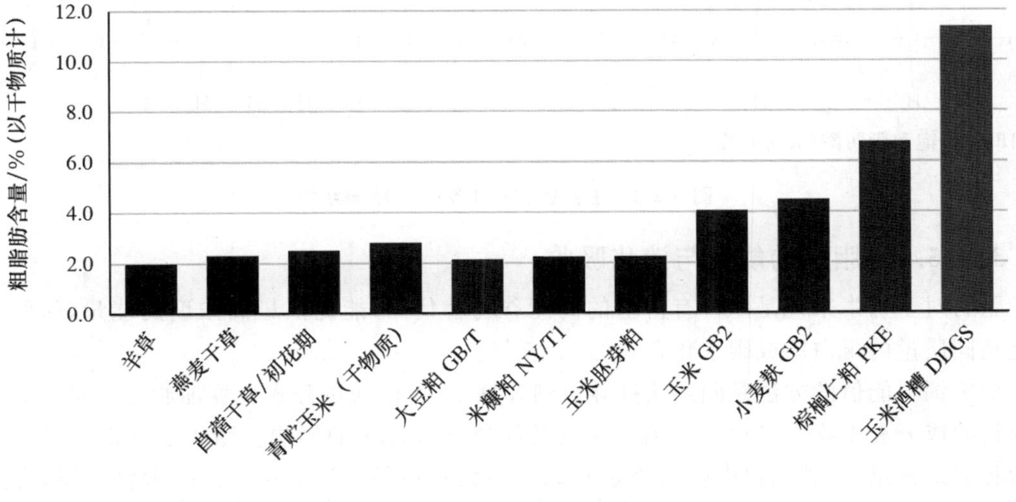

图 3-2-7　常用奶牛饲料中脂肪的含量

［数据来源：《中国饲料成分及营养价值表（2019 年第 30 版）》以及 2019 年市场采集奶牛所用原料的检测结果］

植物中的甘油三酯和牧草中的糖脂包含了大部分种类的不饱和脂肪酸，并且含有大量的油酸（C18：1）、亚油酸（C18：2*n*-6），或 α-亚麻酸（C18：3*n*-3）（Palmquist，1988；Vernon 和 Flint，1988）。富含不饱和脂肪酸的油脂（如植物油）熔点低，在室温下，大部分植物油都是呈液体状态（脂肪酸结构详见图 3-2-8，常见部分粗饲料中脂肪酸组成详见图 3-2-9）。而含大量不饱和脂肪酸的液体脂肪是瘤胃不保护脂肪，不能顺利通过瘤胃，会在瘤胃中释放出不饱和脂肪酸，被瘤胃微生物氢化，降低反刍动物的纤维消化率，并对瘤胃微生物产生不利影响。所以在现代奶牛饲养中广泛使用的是惰性（过瘤胃）脂肪，包括含有过瘤胃油酸（C18:1）和棕榈酸（C16:0）的脂肪酸钙、由棕榈酸（C16:0）和硬脂酸（C18:0）组成的粉末状脂肪、饱和脂肪酸含量高的甘油三酯脂肪粉。

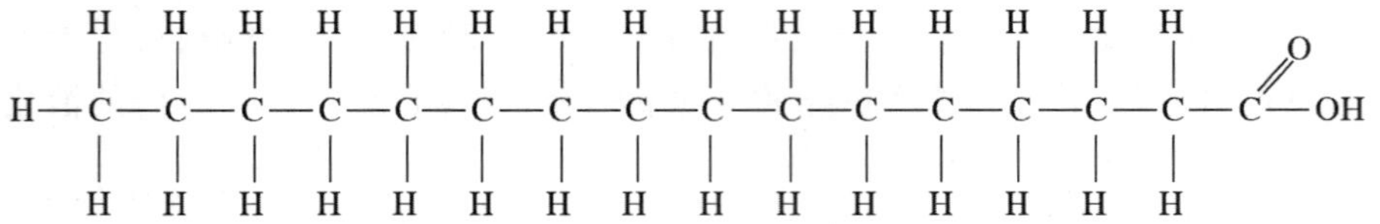

C16:0-饱和脂肪酸（棕榈酸）

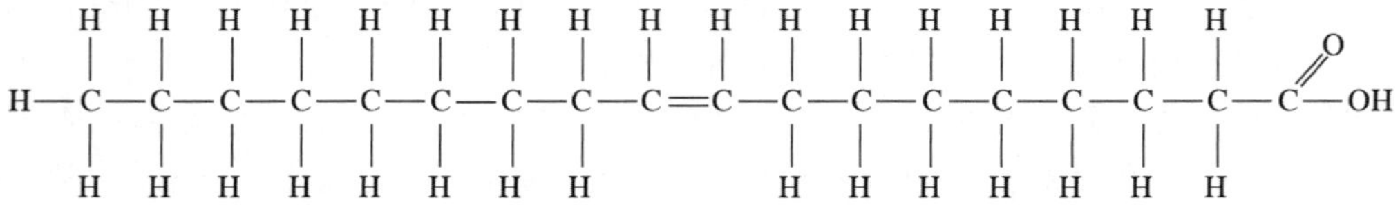

C18:1-不饱和脂肪酸（油酸）

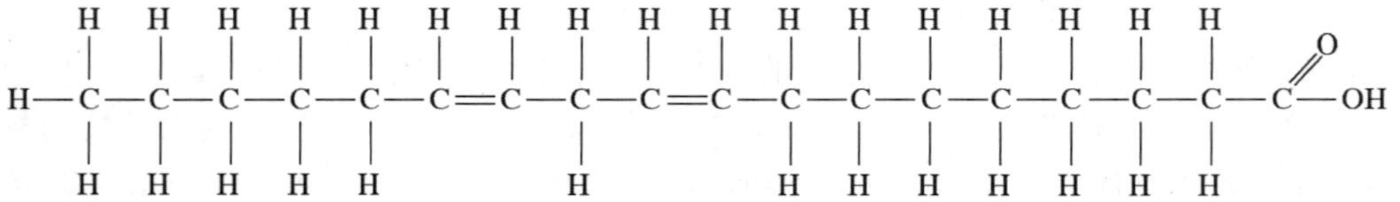

C18:2-不饱和脂肪酸（亚油酸）

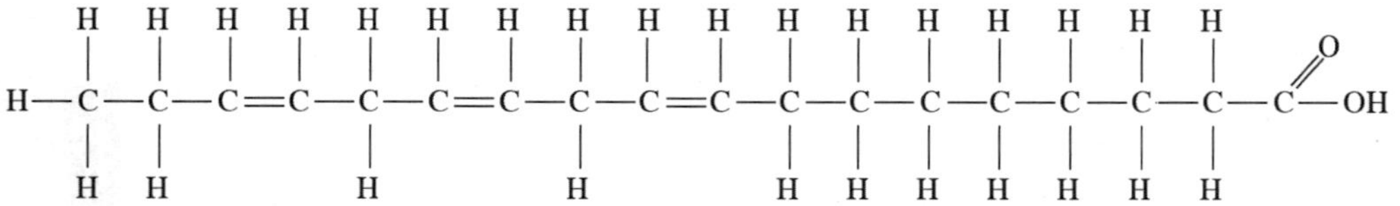

C18:3-不饱和脂肪酸（α-亚麻酸）

图 3-2-8　主要饱和与不饱和脂肪酸结构

3.2.5.2　脂肪的能值与消化吸收

脂肪对于奶牛来说是一种有价值的高能谷物替代品，能提供最高浓度的能量，脂肪的代谢能是同质量的蛋白质或碳水化合物的 2.25 倍。

测定饲料能值的方法是归纳法推导得到计算公式，再通过公式计算油脂的能量值。但整个饲料的成分和干物质采食量对消化率及其能值有着显著的影响。脂肪酸的消化受干物质及脂肪酸采食量、基础饲料中脂肪添量和添加脂肪特性等因素的影响。一般情况下，瘤胃活性脂肪不能顺利通过瘤胃。瘤胃活性脂肪在瘤胃中被微生物水解生成游离脂肪酸和甘油。甘油被转化为挥发性脂肪酸。释放出的不饱和游离脂肪酸多数会经过生物氢化作用转化为

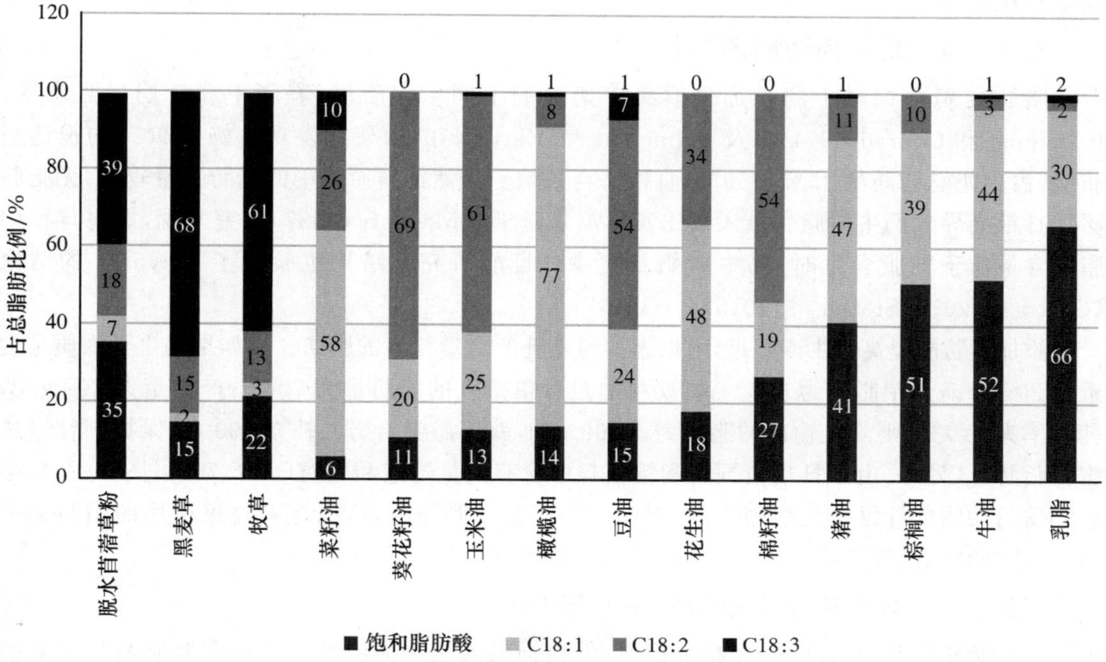

图 3-2-9　部分粗饲料中脂肪酸组成

[数据来源：根据 NRC(2001)，Palmquist(1988)的数据略做调整]

饱和脂肪酸(约 1/3 棕榈酸，2/3 硬脂酸)，随后脂肪酸在小肠消化吸收。而过瘤胃脂肪，主要是在小肠中开始消化。

不同类型或来源的脂肪中脂肪酸比例差异很大。一般来说，脂肪酸的消化率与其饱和程度成反比，即不饱和脂肪酸(如油酸 C18:1)的消化率往往高于饱和脂肪酸(如棕榈酸 C16:0、硬脂酸 C18:0)的消化率(Boerman，2015)。不同饱和脂肪酸的消化率也有差异，消化率与十二指肠中特定脂肪酸的数量相关。Boerman(2015)还指出，C16:0(棕榈酸)通过十二指肠的流量对 C16:0 消化率没有显著影响。而十二指肠 C18:0(硬脂酸)对其他脂肪酸消化率有负向影响，对 C18:0 消化率的负向影响最大。

3.2.5.3　“惰性”脂肪(过瘤胃脂肪)

“惰性”脂肪(过瘤胃脂肪)起因于人们希望能够通过添加脂肪日粮的能量，同时将不饱和脂肪对瘤胃发酵和消化的负面影响最小化。Palmquist 和 Conrad(1980)开始研究脂肪酸钙盐。随后在 *Journal of Dairy Science* 上有数十项奶牛体内、体外试验研究发表，评估了脂肪酸钙盐对奶牛泌乳性能的影响。1991 年 Andrew 进行能量平衡试验，通过测定饲喂脂肪酸钙盐的奶牛其 CH_4 和 CO_2 的产生和 O_2 的消耗、牛奶、日粮、剩料、粪便、尿液和体重变化的能量，确定长链脂肪酸钙盐的泌乳净能(NE_L)为 6.52 Mcal/kg 干物质。脂肪酸钙盐在瘤胃中的惰性、对泌乳的积极作用(Rabiee 等，2012)、易于处理和运输方面得到了广泛研究的支持(Palmquist，2017)。

随着脂肪酸钙盐在奶牛中的成功应用，其他的“惰性”脂肪(过瘤胃脂肪)逐渐被开发，主要由棕榈酸和硬脂酸等饱和脂肪酸组成的粉末状脂肪，同时还有饱和脂肪酸含量高的甘油三酯脂肪粉。

3.2.5.4 奶牛的脂肪添加量

脂肪在奶牛饲料中的添加量取决于奶牛的不同生理阶段、乳脂率和产奶量需求等。Palmquist 和 Conrad(1971)以及 Palmquist 和 Mattos(1978)研究发现牛奶中 90%的长链脂肪酸(占牛奶总脂肪的 45%～50%)直接来自日粮。天然饲料原料中的脂肪含量较低,无脂肪添加日粮会导致奶牛对脂肪摄入量比实际需求量低。Maynard(1937)研究发现,奶牛日粮中脂肪含量低于乳脂含量时,奶牛产奶量更少。目前研究的结果也验证了 Maynard 的结论(Greco 等,2015;Stoffel 等,2015)。

添加脂肪能提高奶牛产奶量,可以添加与泌乳产出量相当的脂肪。即如果奶牛干物质采食量为 20 kg/d,日粮脂肪为 3.5%,则奶牛通过日粮摄入的脂肪量为 700 g;产奶量为 30 kg/d,乳脂率为 4.0%,则泌乳输出的脂肪为 1 200 g/d,就还需要给奶牛补充 500 g“保护”脂肪(过瘤胃脂肪)。另外,由于日粮精饲料和粗饲料中含有大量不饱和脂肪(大于 70%,图 3-2-9),会降低反刍动物的纤维消化率,并对瘤胃微生物产生不利影响,所以笔者建议使用的脂肪类型为“惰性”脂肪(过瘤胃脂肪)。

3.2.5.5 乳脂抑制与不饱和脂肪酸

牛奶脂肪抑制的特征是:在高精饲料、低粗饲料或植物油或其他不饱和脂肪酸含量高的原料作用下,牛奶脂肪产量可减少 50%(Bauman 和 Griinari,2003)。在反刍动物中,引起乳脂抑制的日粮因素与瘤胃发酵的改变、日粮多不饱和脂肪酸代谢产生独特的生物活性脂肪酸有关,这些脂肪酸少量即可引起严重的乳脂抑制(Harvatine 和 Bauman,2011;Bauman 和 Griinari,2003;Medeiros,2010;Shingfield,2006)。另外,不当的饲养管理方式、日粮中霉菌和野生酵母都会增加乳脂抑制的风险(Jenkins,2014)。

为避免乳脂抑制,要关注未被保护的不饱和脂肪酸的添加量、纤维种类和数量、瘤胃 pH、离子载体和淀粉降解率、青贮质量、奶牛舒适度等方面。

1. 营养调整建议

维持瘤胃正常环境是缓解乳脂降低综合征的首要关注点。为避免瘤胃酸中毒和其他代谢疾病的发生,饲粮中非结构性碳水化合物 NSC(淀粉、糖、有机酸等)最大比例为饲粮干物质(DM)的 30%～40%(Nocek,1997)。对非纤维性碳水化合物 NFC 来说,其在奶牛饲粮中可以接受的比例比非结构性碳水化合物 NSC 高 2%～3%(NRC,2001)。

为维持高产奶牛瘤胃健康,宾夕法尼亚州立大学的研究人员建议总 NDF 及粗饲料 NDF 的摄入水平如表 3-2-15 所示。

表 3-2-15 以维持瘤胃健康为目的的日粮纤维水平推荐

产奶量水平/[kg/(头·d)]	总 NDF 含量(以干物质计)/%	粗饲料 NDF(以干物质计)/%
高产牛(>36)	28～32	21～27
中产牛(27～36)	33～37	25～32
低产牛(<27)	38～42	29～36

数据来源:Heinrichs(2016)。

同时，未被保护的不饱和脂肪酸对乳脂有强烈的抑制作用，且广泛存在于牧草、谷物和油籽中(图 3-2-9)，主要为油酸(C18:1)、亚油酸(C18:2)或 α-亚麻酸(C18:3)。这些不饱和脂肪酸可以抑制瘤胃中的某些微生物，是产生乳脂抑制的高风险因素。笔者建议高产奶牛日粮中不饱和脂肪酸(C18:1+C18:2+C18:3)含量应不超过 3%。在根据以上建议使用时，要根据实际情况谨慎参考。当饲粮中粗饲料的粒度较小，使用压片玉米等淀粉降解率高的原料，粗饲料中 NDF 的含量小于以上推荐和不饲喂全混合日粮时，NDF 的最小推荐量应当提高，不饱和脂肪酸含量应当减少。

另外，使用富含棕榈酸(C16:0>85%)的过瘤胃脂肪也能在一定程度上提高乳脂率(Piantoni 等，2013；Lock 等，2013；Souza 等，2018)，笔者推荐泌乳期奶牛添加脂肪中总的棕榈酸(C16:0)为日粮干物质的 1%。

2. 非营养调整建议

除了 NDF 的含量，饲料纤维的物理特性(主要与粒度有关)，影响咀嚼活动和瘤胃内容物混合状况。所以需要合理控制青贮饲料和日粮粒度。美国宾夕法尼亚州立大学建议使用宾州筛控制青贮饲料和 TMR 的合理加工粒度，见表 3-2-10。

利用添加剂改善乳脂抑制，小苏打和氧化镁可调节瘤胃 pH、稳定瘤胃内环境、预防瘤胃酸中毒和提高乳脂率，在生产中应用广泛。日粮中使用 150～200 g/(头·d)的小苏打和 50～80 g/(头·d)的氧化镁可能会对乳脂抑制有帮助(Shimada，1989；Charmley，1994)。

3.2.5.6　热应激与脂肪

奶牛生性喜温怕热，适宜环境温度为 5～22℃，当环境温度超过 22℃或温湿指数(temperature-humidity index，THI)大于 72 的时候，奶牛便会出现热应激。热应激已成为当今乳品行业面临的最重要的挑战之一。大量研究表明，处于热应激的奶牛会出现呼吸频率加快，采食量下降，体温升高，营养物质摄入不足，导致繁殖性能降低，产奶量和乳脂含量、乳品质下降。所以热应激应该注重防暑降温，且同时保障奶牛营养物质的摄入(表 3-2-16)。可以使用脂肪增加日粮能量浓度，但要使用“惰性”脂肪(过瘤胃脂肪)。Drackley(2003)研究认为奶牛日粮中加入过多的不过瘤胃脂肪会影响瘤胃发酵功能，乙酸∶丙酸比值降低，进而影响乳脂肪合成。

Warntjes(2008)研究表明，添加适宜的脂肪和脂肪酸能够有效地缓解热应激奶牛的能量供应不足；同时脂肪的热增耗低，可减少奶牛消化产热，从而缓解热应激、提高奶牛生产性能。给夏季热应激奶牛饲喂 450 g/d 的过瘤胃保护棕榈酸（饱和脂肪酸）具有提高产奶量的趋势($P=0.07$)，同时显著提高乳中真蛋白含量。Wang(2010)通过给热应激奶牛分别饲喂 1.5%和 3%的饱和脂肪酸，缓解了热应激奶牛能量供应不足的问题，同时避免了饲喂不饱和脂肪酸可能引起的瘤胃功能紊乱的问题。结果显示：饱和脂肪酸的添加能够提高产奶量、乳脂肪含量、乳中总固形物含量，并降低了 14:00 时的直肠温度，提高了热应激奶牛的生产性能。

表 3-2-16　热应激下的非营养与营养调整建议

非营养调整建议	营养调整建议
(1)遮阴，喷淋、喷雾、冷风机 (2)充足、清洁、冷的饮水，提高奶牛饮水量 (3)挤奶牛群不要拥挤 (4)高温地区特别注意夜间降温管理 (5)调整饲喂时间，增加饲喂次数，保障饲料新鲜，以促进采食 (6)保障食槽清洁	(1)增加适口性好、消化率高的精饲料，以提高奶牛采食量和减少体增热 (2)中性洗涤纤维 28%～30%，使用优质粗纤维原料，提高奶牛采食量，保障正常瘤胃发酵 (3)提高配方中脂肪浓度，使用过瘤胃脂肪，脂肪含量 5.5%～6%，新产牛不超过 4% (4)关注、保障青贮质量 (5)补充食盐、小苏打，保证矿物质和维生素的摄入

3.2.5.7　能量负平衡与脂肪

由于妊娠晚期、分娩期和泌乳期的到来，奶牛在这一时期发生了明显的生理变化，免疫系统受到了特别大的挑战。因此，奶牛的新陈代谢和营养状况也会发生显著变化。在这个时期，奶牛往往处于高产出-低摄入的能量负平衡中。能量平衡(EB)与奶牛的代谢状态和免疫反应性密切相关，通过影响牛奶的能量摄入或能量排泄来控制能量负平衡，保障奶牛健康，有利于奶牛生产。

棕榈酸(C16:0)、硬脂酸(C18:0)和油酸(C18:1)通常构成了奶牛乳脂(Palmquist，2006)和脂肪组织(Douglas 等，2007)中脂肪酸的大部分，这些脂肪酸在代谢中有不同的功能，确定这些脂肪酸的最佳日粮比例可以优化其利用，特别是通过影响奶牛的能量摄入或能量分配控制奶牛产后能量负平衡。Souza(2017)研究发现在 C16:0、C18:0 和 C18:1 的组合中，添加较多 C16:0 的脂肪增加了牛奶的能量输出，而添加较多 C18:1 的脂肪增加了身体的能量储存。Souza(2018)研究发现与不添加脂肪的对照饮食相比，早期泌乳奶牛补充 C16:0(85.1%)可以持续增加 DM 和 NDF 的消化率和能量摄入。饲粮 C16:0 显著增加了泌乳 1～24 d 和泌乳 25～67 d 的乳汁能量输出，在泌乳 1～24 d 增加了负能量平衡。根据不同时期奶牛营养需要以及不同脂肪酸的营养特性，推荐脂肪补充料的种类，如表 3-2-17 所示。

表 3-2-17　不同阶段奶牛的脂肪补充料种类推荐

阶段	脂肪补充剂
泌乳早期	含有过瘤胃油酸(C18:1)的脂肪补充剂
泌乳中期	含有过瘤胃油酸(C18:1)的脂肪补充剂和棕榈酸(C16:0)的脂肪补充剂
泌乳晚期	棕榈酸(C16:0)脂肪补充剂

3.2.5.8　繁殖与脂肪

猪、牛和羊卵母细胞中酯化脂肪的脂肪酸组成以棕榈酸(C16:0)、油酸(C18:1)和硬脂酸(C18:0)为主。Aardema(2010)研究发现棕榈酸和硬脂酸对脂滴中的脂肪含量有剂量依赖性抑制作用，同时对卵母细胞发育能力有不利影响。与之相反，油酸的作用则相反，它能增加脂滴中的脂质含量，提高卵母细胞的发育能力。另外 *n*-3 多不饱和脂肪酸家族，调节先天免疫反应和子宫内的基因表达，保障卵泡和胚胎发育及胚胎和胎儿存活。有选择地或连续地饲喂脂肪性饲粮有利于泌乳奶牛的生殖和免疫(Thatcher，2011)。对于不饱和脂肪酸，由于其会在瘤胃内发生生物氢化，转变成饱和脂肪酸，所以在有针对性的应用时，需要考虑其对瘤胃微生物的影响和过瘤胃率。

所以建议在泌乳早期、泌乳中期都要使用含有过瘤胃油酸 C18:1 的脂肪补充剂(表 3-2-18)。

表 3-2-18 不同时期奶牛的脂肪补充料种类推荐

阶段	脂肪补充剂
泌乳早期	含有过瘤胃油酸(C18:1)的脂肪补充剂
泌乳中期	含有过瘤胃油酸(C18:1)的脂肪补充剂和棕榈酸(C16:0)的脂肪补充剂
泌乳晚期	棕榈酸(C16:0)脂肪补充剂

[撰稿：丰益(上海)生物技术研发中心有限公司 丰益油脂科技(天津)有限公司 朱宏娟]

3.3 后备牛

3.3.1 犊牛饲草管理

断奶前犊牛期的饲养方式会直接影响犊牛正常的和不正常的采食行为的形成。非营养性的口部行为包括吮吸圈舍和犊牛间相互吮吸，这些行为都被认为是对犊牛健康不利的。如果不用乳头饲喂犊牛，这些行为有增加的趋势。所以犊牛断奶前的管理会影响日后的采食行为(de Passille，2001)。

犊牛一出生就和母牛分开饲养，并且用小桶饲喂牛奶，这样的饲养方式减少了犊牛吮吸的自然行为，所以犊牛会互相吮吸和吮吸圈舍。了解犊牛的吮吸行为可以帮助我们设计饲喂和管理系统，表达犊牛的自然行为，从而减少异常行为的发生，提高生产性能。吸吮橡胶乳头还可以刺激与消化有关的激素的分泌，减少群养犊牛的互相吮吸行为，降低单圈舍饲养犊牛的非营养口部行为。

干草同样也影响非营养性口部行为。提供干草可以降低非营养性的吮吸并且影响瘤胃的发育。群饲的犊牛，如果增加水和干草的供给，可以有效减少犊牛间相互的吸吮(Bokkers 和 Koene，2011)。提供干草可以提高饲料消化率和促进犊牛生长，促进瘤胃微生物环境的建立。

如果同时添加干草和使用乳头可以降低犊牛在断奶前的非营养性口部行为。固体饲料可以减少非营养性口部行为，在犊牛 3 周龄时精饲料和干草的采食量增加并且反刍的时间增加，这时非营养性的口部行为减少。科学家们研究发现，断奶前犊牛饲喂干草可以促进颗粒料的采食(Phillips，2004)。

Castells(2012)研究发现，断奶前犊牛饲喂干草可以提高犊牛固体饲料的采食量，并且对干物质、有机物、粗蛋白质和中性洗涤纤维的消化率没有影响；随着干草的添加，还降低了非营养性口部行为的发生，刺激犊牛的反刍。

开食料在犊牛瘤胃中发酵的终产物为丁酸和丙酸，其中丁酸是刺激瘤胃绒毛快速生长的挥发性脂肪酸。如果在犊牛断奶前只饲喂颗粒料而不饲喂干草，则会降低瘤胃 pH(Beharka

等，1998)，减少瘤胃的蠕动(Clarke 和 Reid，1974)，还会引起瘤胃绒毛过密，从而降低了瘤胃壁吸收营养物质的能力。另一方面，干草可以刺激瘤胃的肌肉层，促进反刍，维持瘤胃壁的健康和完整性。

但是对于单圈舍饲养的幼年犊牛，饲喂干草可能降低开食料的采食量，影响瘤胃绒毛的发育，降低体增重和干物质消化率。在出生后的 3～4 周龄，犊牛瘤胃中纤维分解菌的活性还没有完全获得，所以犊牛 3 周龄之前干草在瘤胃中不能被很好地消化。所以专家建议(Thomas 和 Hinks，1982；Davis 和 Drackley，1998)，犊牛颗粒料中混合 10%～25%的切短的干草。如果颗粒料和干草分开饲喂，干草的采食量是低于 10%的。

与苜蓿相比，在 2 周龄到断奶期自由采食燕麦草，犊牛的颗粒料采食量和犊牛的生长发育情况都有较优异的表现(Castells，2012)。

[撰稿：法国馥蒂公司　李亚君；加拿大拉曼公司　刘辉]

3.3.2 育成牛的精细化饲喂

育成牛的饲养管理一直是我国各类型牧场中相对薄弱的一环。主要是因为育成牛阶段是一个光投入而没有产出的阶段，大家都不愿意在此阶段投入过多的精力和财力，导致国内育成牛的饲养管理相对落后。其实在实际生产中这一过程有许多值得探讨和研究的地方，做得好可以为牧场节约很大的成本。育成牛饲喂的目标就是在不损坏未来泌乳性能的前提下，尽量降低饲养成本以及饲养过程对环境的影响。牧场管理者为了实现这些目标，通常饲喂育成牛高纤维含量的日粮，来满足其较低的能量需求。饲喂高纤维日粮同时可以有效地避免育成牛过肥，避免对以后的泌乳性能造成损害(Hoffman 等，1996)。但是这一饲喂方式往往忽略了总的饲料成本以及饲料效率。在过去，许多学者(van Amburgh 等，1998；Hoffman 等，1996；Radcliff 等，2000)曾研究过给育成牛提供高能量日粮，通过提高其生长速度，缩短从出生到产犊的时间(低于推荐的 22～24 月龄)，从而降低饲喂成本的方法。尽管这一方法从理论上来说，一方面可以缩短育成牛的饲养时间，减少饲料、人工、圈舍等花费；另外一方面可以通过尽早产奶而尽早得到回报，但常常会损害奶牛的泌乳性能(van Amburgh 等，1998；Hoffman 等，1996；Radcliff 等，2000)，因而未在实际生产中应用。另外一种减少饲养成本的策略是同样饲喂高能量日粮，但是控制日粮的供应量，从而达到控制育成牛生长速度和体况的目的(产犊月龄和体况评分与饲喂高纤维日粮的相同)。这种饲喂方式称为精细化饲喂(或称限制性饲喂)。研究表明，精细化饲喂可以降低饲喂成本，提高饲料的转化效率，降低粪便的排泄量而不损害育成牛的生长速度以及未来的泌乳性能。本节就育成牛的精细化饲喂做一简单介绍。

3.3.2.1 精细化饲喂的使用效果

精细化饲喂并不是一种新的饲喂方法。这种饲喂方式早已经成功地应用到反刍动物的饲养管理，如肉牛(Loerch，1996；Wertz 等，2001)和母羊(Susin 等，1995)上。同样的，对于奶牛育成牛的精细化饲喂也不是一个新的理念。早在 1984 年荷兰的学者 Hof 和 Lenaers

(1984)就进行过相关方面的研究。而近10年来,随着人们对奶牛行业饲料效率、粪便污染问题的关注以及试验条件的改善,美国的威斯康星大学和宾夕法尼亚州立大学又分别对该饲喂方法进行了系统的研究。威斯康星大学的Hoffman等(2007)研究了精细化饲喂对育成牛及其第一个泌乳期生产性能的影响,该试验共分为3组(C100,L90和L80)。其中C100组为按照NRC(2001)标准配制的日粮(CP 11.3%,ME 2.46 Mcal/kg),而L90组(CP 12.7%,ME 2.55 Mcal/kg)和L80组(CP 14.2%,ME 2.68 Mcal/kg)分别采用高营养水平日粮,控制干物质采食量为C100组的90%和80%,以保证每组摄入相同的能量和蛋白质水平。结果表明,使用精细化饲喂对育成牛的日增重、体高、胸围以及第一个泌乳期的产奶量和乳成分没有影响,可以有效地提高饲料转化效率,降低粪便的排出量(表3-3-1)。而宾夕法尼亚州立大学的Zanton和Heinrichs(2007)采取了相似的试验设计研究精细化饲喂对育成牛以及日后产奶量的影响。该试验分为2组,其中对照组精粗比为25∶75(CP 11.72%,ME 2.33 Mcal/kg),试验组的精粗比为75∶25(CP 14.98%,ME 2.48 Mcal/kg)。结果发现,两组在达到性成熟的时间、体格的发育以及相关的繁殖性能上没有明显的差异(该试验从奶牛日龄117 d时开始,试验期245 d,试验结束后两者饲喂相同的常规日粮)。而试验组的育成牛产犊时体重更重,产犊后损失的体重也更多,并且有提高泌乳性能的趋势(表3-3-2)。随后Kruse等(2010)的研究证明了精细化饲喂不会对育成牛的瘤胃发育和瘤胃功能造成影响。虽然大多数试验在数值上显示精细化饲喂组产奶量要高于对照组。但Zanton和Heinrichs(2010)采用Meta-analysis对前人发表的论文进行总结,发现精细化饲喂对奶牛的生产性能没有影响(表3-3-2)。

需要特别注意的是,精细化饲喂会对育成牛的行为产生一定的影响。威斯康星大学的研究发现(Hoffman等,2007),在进行精细化饲喂的最初几天,育成牛的叫声会明显增加,这一现象大概会持续1周的时间。此外,由于限制了采食量,育成牛采食的时间会明显减少,站立的时间增加,而躺卧的时间减少(表3-3-3)。这与Greter等(2014)的报道一致。站立时间增加而躺卧时间减少,可能与瘤胃缺乏充盈感有关(Greter等,2014)。

目前,关于育成牛精细化饲喂发表的试验报道很多,在这里不一一列出。从这些已经发表的文献来看,使用精细化饲喂至少不会对育成牛的生长发育以及日后的泌乳性能造成不良影响。同时可以提高饲料的转化效率,降低粪的排泄。

表3-3-1 威斯康星大学精细化饲喂育成牛试验结果

项目		处理			*P*值		
		C100	L90	L80	处理	线性	常规∶精细
养分摄入量	干物质采食量(DMI)/(lb/d)	21.3	19.9	18.3	0.01	0.003	0.006
	粗蛋白质(CP)/(lb/d)	2.42	2.54	2.57	0.07	0.03	0.03
	中性洗涤纤维(NDF)/(lb/d)	10.06	8.29	6.50	0.000 3	0.000 1	0.000 2
	增重净能(NEg)/(Mcal/d)	9.4	9.4	9.5	—	—	—

续表 3-3-1

项目		处理			P 值		
		C100	L90	L80	处理	线性	常规:精细
体重	开始/lb	1 036	1 021	1 011	—	—	—
	结束/lb	1 220	1 234	1 217	—	—	—
饲料效率	DMI/日增重	13.2	10.7	11.1			0.09
排泄	粪重(DM)/(lb/d)	7.7	6.9	5.8		0.01	0.10
分娩	难产指数	2.2	2.1	1.9	—	—	—
	犊牛出生重/lb	91.4	93.3	95.1	—	—	—
	产后体重/(lb/d)	1 238.0	1 245.0	1 275.0	—	—	—
泌乳性能(0～150 d)	产奶量/(lb/d)	68.8	68.9	72.4	—	—	—
	乳脂率/%	3.89	3.74	3.68	—	—	—
	乳蛋白质/%	2.87	2.85	2.89	—	—	—

注:数据来源 Hoffman 等(2007)。

1. 难产指数:1 为正常出生,3 为需要人工帮助,5 为十分困难。

2. P 值没有数据表示差异不显著($P>0.10$)。

3.3.2.2 精细化饲喂的一些关键点

在实际应用过程中,除了要合理地进行日粮配制外,精细化饲喂对牛场的管理水平要求也较高,需做到以下几点。

(1)要经常对育成牛的体重进行监测(称重),一旦发现日增重异常,要及时进行调整(表 3-3-4)。有条件的牧场可以对每头牛进行称重,也可以固定地选择几头牛(至少群体的 10%)进行称重。要确保每次称重的时间基本相同,以避免肠道内容物对体重的影响。

(2)要保证所有育成牛能够在同一时间进行采食,保证饲槽间适宜的间距,这是精细化饲喂成功的一个前提。否则会造成处于强势地位的牛有更多的采食机会,从而导致生长速度过快,而弱势的牛生长速度过慢。目前还没有关于料槽间距的具体要求。Hoffman 等(2007)认为在精细化饲喂条件下,体重 460 kg 的育成牛饲槽间距在 60 cm 左右即可满足要求。而 Greter 等(2011)研究发现,0.34 m 的饲槽宽度就可满足精细化饲喂条件下育成牛的需要。而其在 2013 年的研究中(Greter 等,2013)发现,0.40 m 的饲槽宽度与 0.29 m 相比可以提高育成牛干物质采食量,减少同一圈舍内牛只个体间采食时间的变化。因此,建议饲槽间距至少在 0.34 m 以上。

如果没有条件做到同时采食,建议可以采用缩短饲喂时间间隔的方法来尽量保证每头牛有足够的采食时间。如 1 d 饲喂 2 次的话,上午 7:30 饲喂以后,可以在 9:30 再进行一次饲喂。其原理在于,占据主导地位的牛在第 1 次饲喂后已经采食足够的食物,因此在第 2 次饲喂时,处于弱势地位的牛有更多的机会进行采食。但这一方法在实际生产中是否可行还有待研究。

(3)进行精细化饲喂的圈舍不能使用可食用的垫料,如玉米秸秆、锯末等,以防止牛的采食。

(4)同一圈舍内牛个体间差异不要太大,月龄相差不超过 4 个月,体重相差不超过 90 kg。

3.3.2.3　总结

如何提高饲料效率和降低环境污染已经成为奶牛行业重点关注的问题。育成牛的精细化饲喂可以提高饲料转化效率和牧场的经济效益，减少粪便的排泄量，同时对生产性能不会造成负面的影响。对育成牛行为的影响又属于可接受的范围内，值得在实际生产中推广和使用。

表 3-3-2　宾夕法尼亚州立大学精细化饲喂育成牛试验结果

	对照组	精细化饲喂组	SEM	*P* 值
日增重/(lb/d)	1.82	1.82	0.02	NS
体高增加/(in/d)	0.04	0.04	0.000 7	NS
分娩月龄/月	23.3	23.5	0.2	NS
产后体重/lb	1 179.0	1 232.0	24.2	NS
产奶量/(lb/d)	69.7	76.3	3.2	NS
乳脂率/%	3.71	3.95	0.11	NS
乳蛋白质/%	3.12	3.02	0.04	NS

数据来源 Zanton 和 Heinrichs(2007)。

表 3-3-3　精细化饲喂对育成牛行为的影响

项目	处理				*P* 值	
	C100	L90	L80	SEM	处理	处理 *X* 周
采食/(h/d)	2.3	1.9	1.2	0.1	0.000 1	—
站立/(h/d)	4.7	5.8	7.9	0.2	0.000 1	—
躺卧/(h/d)	14.6	14.4	13.6	0.1	0.000 1	—

注：*P* 值没有数据，表示 $P>0.10$ 差异不显著。数据来源 Hoffman 等(2007)。

表 3-3-4　精细化饲喂的营养建议

年龄/月	体重/kg	干物质采食量/(kg/d)	代谢能/(Mcal/d)	粗蛋白质/(kg/d)	NDF/%
4	113.5	2.60	7.8	0.41	23
6	158.9	3.38	10.1	0.50	24
7	204.3	4.12	12.2	0.64	26
9	249.7	4.82	14.1	0.73	27
11	295.1	5.50	16.0	0.82	28
13	340.5	6.15	17.9	0.91	29
14	385.9	6.79	19.6	1.00	30
16	431.3	7.41	21.3	1.09	30
18	476.7	8.01	23.0	1.18	31
20	522.1	8.61	24.6	1.27	32
21	567.5	9.19	26.2	1.32	32
23	612.9	9.77	27.7	1.41	33

[撰稿：奥特奇生物制品(中国)有限公司　贾文彬　郭闪闪]

3.4 犊牛

3.4.1 产房管理提高犊牛活产率技术

"宁可错助一千，不可疏漏一头"实现100%正常活产。

3.4.1.1 实现100%正常活产率的理论根据

实现100%正常活产率的理论基础实际上涉及非常复杂的分娩发动机理，主要是以下几点。

(1)分娩发动的具体时间，即妊娠期长短由胎犊侧决定。

(2)分娩过程持续时间多久则由母体侧决定。

(3)胎儿侧在发出启动分娩信号前，必须完成脱离母体侧后能够独立存活的一切生理发育准备，主要包括以下几点。

①借分泌表面活性剂以降低肺泡张力而使肺脏发育成熟，因此能保证胎犊离开母体后正常进行呼吸。

②增加胎犊肝脏糖原储备和完成胎犊肝脏利用糖原生成葡萄糖的功能发育，以应付出生后哺乳前对能量的短期需求。

③增加三碘甲状腺原氨酸(tri-iodothyronine)和儿茶酚胺(catecholamines)的生成，以满足出生后代谢速率的骤然升高和对适应外界环境自身体温变化的及时调整。

④闭合动脉导管。

(4)分娩启动的关键是胎犊侧丘脑下部-脑垂体-肾上腺轴完整功能发育成熟，分娩启动的物质信号来自胎犊侧皮质醇急剧升高。

(5)随着皮质醇的升高，许多相关因素继之发生相应变化，这些相关因素通过发挥整体效应而完成分娩启动。这些因素包括如下。

①增加脑垂体释放促肾上腺激素(ACTH)。

②增加丘脑下部释放促肾上腺释放激素(CRH)。

③增加内源性阿片类物质生成。

④增加胎盘17α-羟基化酶(17α-hydroxylase)和C17,20裂合酶(C17,20 lyase)活性，导致孕酮羟基化(hydroxylation)和芳香化(aromatization)而转变为雌激素，结果使胎盘雌激素水平升高。

⑤释放松弛素。

⑥释放前列腺素。

⑦释放催产素。

⑧释放促炎症细胞因子。

⑨释放胎犊抗原性物质血清紧张素。

⑩胎盘脂肪变性，并且发生梗塞。

⑪母体侧血液循环系统二氧化碳张力增加。

3.4.1.2　实现100%正常活产之第一产程的管理

1．正确识别即刻分娩预兆

(1)乳房膨大充盈。妊娠末期，尽管乳房逐渐发育增大，但这种变化作为即刻分娩预兆并不十分准确。有些妊娠牛早至分娩前 6 周乳房既已膨大充盈；但有些则迟至分娩前夜乳房突然膨大充盈。

(2)阴门松弛。临近分娩时，阴门会发生增大、松软和下垂(图 3-4-1)，但这种变化作为即刻分娩预兆同样并不十分准确，因为有些妊娠牛在分娩前数周即可出现此现象。

(3)由阴门流出黏液。阴门流出黏液是妊娠子宫颈塞软化和排出阴道的结果，可视为即刻分娩预兆，但何时分娩的精确时间仍难以确定(图 3-4-2)。

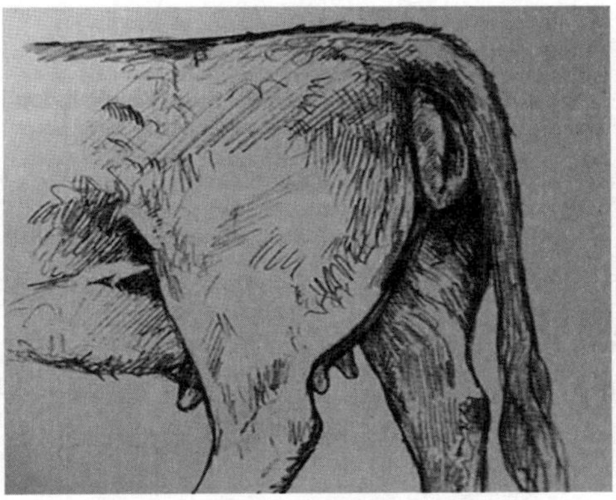

图 3-4-1　临近分娩时阴门的变化

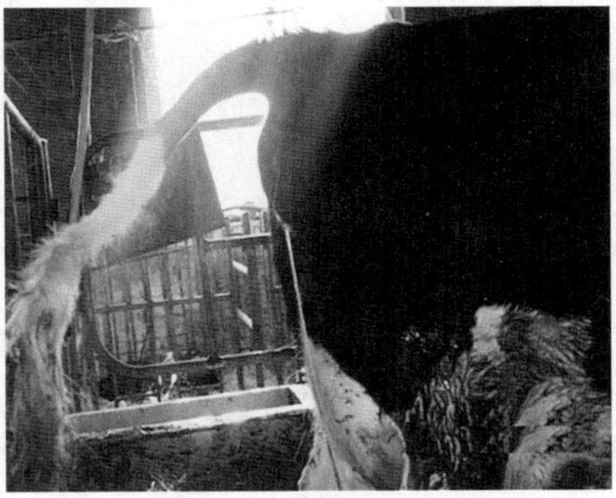

图 3-4-2　流出黏液的阴门

(4)乳头膨胀漏奶。虽然妊娠末期乳房膨大充盈，但如果乳头未膨胀，那也不是即刻分娩预兆。如果发现乳头膨胀漏奶(图 3-4-3 和图 3-4-4)，分娩将在 24 h 内发生。

图 3-4-3　未膨胀漏奶的乳头

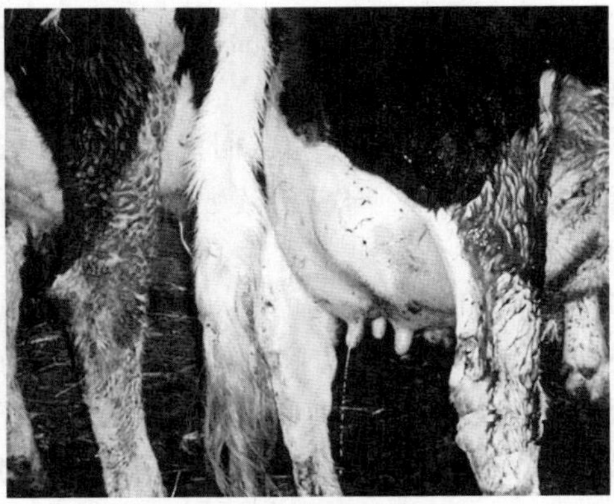

图 3-4-4　膨胀漏奶的乳头

(5)骨盆韧带松弛。骨盆韧带位于尾根与坐骨结节之间，直径大约 2.5 cm，连接坐骨结节和脊骨，平时非常坚硬且无弹性。临近分娩时每日应触检 2 次，如发现完全松弛柔软和凹陷，分娩可在 12 h 内发生。

综上所述，从生产实践出发，宜将乳头膨胀漏奶和骨盆韧带松弛视为即刻分娩的可靠预兆。

2. 判断第一产程

虽然可将分娩全过程人为划分为第一产程(开口期)、第二产程(产出期)和第三产程(胎衣排出期),但实际严格精确区分这 3 个产程并非易事,总是某一产程尚未结束,后继产程就已开始。在实现 100%正常活产率的目标过程中,最难把握的是如何确定第二产程已经开始,这自然要以认知第一产程为基础。以下简述第一产程期间可检查和观察到的现象。

(1)子宫颈口松弛并开张。妊娠期间,子宫颈口完全封闭(图 3-4-5)。由于各种与分娩相关激素的作用,如雌激素、催产素、松弛素和前列腺素等,子宫颈口逐渐松软和松弛。在第一产程期间,由于间歇性子宫阵缩和腹肌收缩努责的压力,致使充盈胎液包裹着胎犊的胎囊在子宫颈口处形成椭圆锥状挤顶子宫颈口,直至将子宫颈口完全挤顶开(图 3-4-6),并使子宫、子宫颈和阴道连为一体通道,即产道。

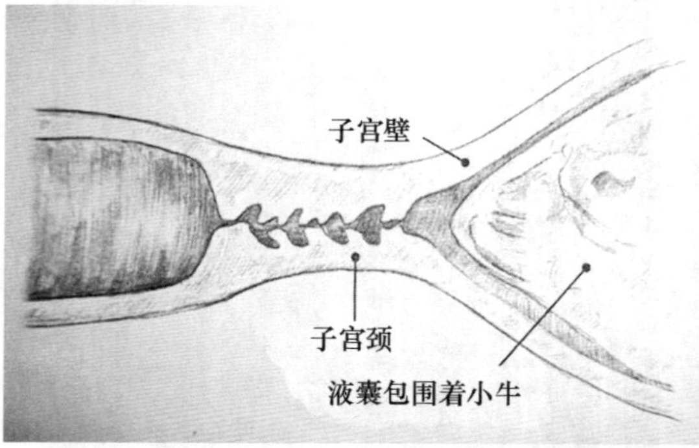

图 3-4-5 第一产程前子宫颈口完全封闭

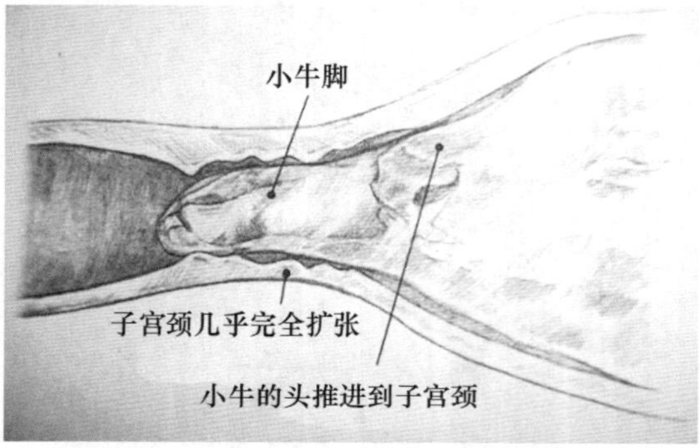

图 3-4-6 第一产程期间封闭的子宫颈口被椭圆锥状胎囊挤顶开

(2)非常警觉,但仍继续反刍,这是野性遗痕,目的是避免其即将出生的犊牛被天敌伤害。

(3)孤立脱群,但不远离本牛群,这是因为牛是群居动物。理解此点对设置产栏非常重要:设置产栏时,既要注意隔离牛群,又要照顾到在产栏的待产牛能看见自己的牛群,不致产生孤独感和恐惧感。

(4)间歇性摆尾、踢腹、回视腹部、反复起卧,这是由于子宫阵缩所致。子宫阵缩起始阶段大约每隔 10 min 一次,持续数秒;随后逐渐缩短间歇时间,至第一产程最后 2 h,每小时子宫阵缩次数可达 12～24 次;当胎犊进入产道,子宫阵缩每分钟可出现 1 次。子宫阵缩的意义是调整胎位胎势,伸张胎犊前肢,使胎盘附着处变软,以利于从子宫黏膜处分离。因此,对第一产程的任何干扰,都会不同程度地引起胎势胎位反常和各种错误前置就容易理解了。

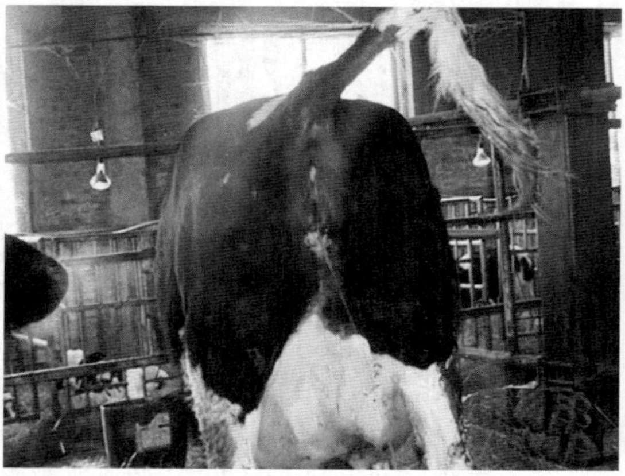

图 3-4-7 临产牛尾巴高竖不降,是典型的第一产程尾声反应

(5)久呈弓腰举尾排粪或排尿状,并出现可见努责,这是第一产程末期的典型表现(图 3-4-7)。

(6)第一产程末期,由于腹部肌肉收缩而致努责加强,这会使妊娠母牛排空其膀胱潴留的尿和直肠的蓄粪,从而为随后胎犊产出通过产道预留一定空间。

3. 实践中第一产程处理

(1)对临产牛每次应至少认真观察 10~20 min,不能走马观花,顺溜一眼。这是因为第一产程初始阶段,两次子宫阵缩之间的间歇约为 10 min,如观察时间较短,很容易疏漏已进入第一产程的临产牛。

(2)2/3 以上的分娩发生在夜间,所以夜间值班人员更应频繁加强观察,及时发现已进入第一产程的临产牛。

(3)某些易产性能非常好的临产牛,鲜有表现第一产程的任何外部征候,只是进入第一产程时出现呼吸加速或肌肉抽搐。所以,观察时更应注意这些难以发现的细节。

(4)发现已处于第一产程的临产牛后,应将其及时移入产栏。如在第二产程移入,会中止继续分娩,甚至长达 16 h。

(5)产栏需使用较长褥草,不可使用锯末或报纸。这是因为锯末或报纸碎片有可能被新生犊牛吸入而致异物性肺炎;同时锯末或报纸碎片也易进入分娩后的开张产道,使子宫感染更为严重。

(6)第一产程通常持续 2~6 h,变动范围比较大,难以预估何时结束。这本质上取决于子宫内胎犊胎势胎位是否被调整为待产前的正确状态。如完成调整较快,第一产程大约 2 h 就可结束;如完成调整较慢,第一产程可能会长达 6 h,此时可发现进入第一产程的临产牛不断起卧,表现非常不安和不舒服。如第一产程持续 4 h 而无任何进展,应及时进行检查。

(7)第一产程期间,因胎犊尚未进入产道,所以仍比较安全,不必担心会发生死亡。

3.4.1.3 实现 100%正常活产之第二产程的管理

1. 第二产程持续时间

从尿膜囊突出阴门或破裂,至胎犊完全被排出,为第二产程,也称胎犊排出期。这一过程平均为 70 min,但也可能短至 15 min,或长至 4 h。头胎牛的第二产程所需时间通常多于经产牛。第二产程在 30 min 内结束者,活产率较高,并且新生犊牛给足初乳后成活率亦高。鉴于此,从生产实践出发,为实现 100%活产率,首先应该准确识别出已进入第一产程的待产牛,然后至少每隔 20 min 做一次认真观察。

2. 第二产程主要生理变化

(1)胎犊部分身体进入产道,刺激母牛腹部肌肉努责,类似排粪动作。

(2)这种努责迫使胎犊抵顶扩张的子宫颈,促进催产素释放,进而导致子宫阵缩力度和频率均增强。

(3)充满琥珀色液体的尿膜囊常常在第二产程起始阶段因先于胎犊突入产道而发生破裂。如没有破裂,就会像一个气球在阴门显露,有时如篮球大小,呈酱紫色。如在阴道开口处发生破裂,那就会观察到如一股琥珀色液体泻下。

(4)继之,胎犊前蹄推前通过扩张的子宫颈,随着母牛每次努责,胎头缓慢挤顶子宫颈而使其进一步完全扩张。当胎头通过子宫颈时,前蹄已完全进入产道。此时羊膜囊会突出阴门,并且常常依然完整。因羊膜囊是透明的,故可看到前蹄在内。

(5)当胎头露出阴门后,母牛继续努责和子宫进一步收缩将胎犊其余部分排挤出阴门。

3. 第二产程的行为变化

(1)由于腹部阵缩疼痛加剧,母牛往往漠视周围环境。

(2)大多数母牛此时躺卧下,并且开始间歇性强力努责。

(3)假如母牛此时依然站立,其持续弓背并伸尾。

(4)阵缩微弱将会影响前置,在分娩发动前,胎犊四肢蜷缩以节省子宫空间。分娩发动时,胎犊前肢腕关节首先撞顶扩张的子宫颈。继之,其前肢伸展,前蹄开始通过子宫颈。如果出于某种原因,如子宫阵缩无力,那胎犊就很难伸直前肢,或很难伸展头部和颈部,导致不同的错误前置,如头颈侧弯、腕部前置等。

4. 第二产程的某些特殊性

(1)尿膜囊破裂或尿膜囊露出阴门标志着第二产程开始。仅依赖此点作出判断并不准确和可靠。这是因为某些时候,尿膜囊有可能随着胎犊一起露出阴门,甚至胎犊先于尿膜囊露出阴门。

(2)不要将羊膜囊与尿膜囊相混淆。羊膜囊膜呈透明白色,羊膜囊内含有浅色浓厚液体,露出阴门时常常依然完整,包裹着清晰可见的胎犊前肢。如果胎犊较大或产程过长,则羊膜囊首先露出阴门,如柚子大小。

(3)一旦羊膜囊或胎犊前蹄露出阴门,倘若一切正常,母牛则继续努责和阵缩,使第二产程顺利进行。但是,如果羊膜囊已经破裂,则会从阴门处观察到清亮淡白色液体呈点滴状流出,或者看到前蹄被覆着撕破的羊膜囊膜碎片露出阴门。通常总是一侧前蹄略先于另一侧前蹄露出阴门,这是因为紧密的产道迫使胎犊一侧肩部略先于另一侧肩部通过骨盆。

(4)母牛通常借数次强力努责迫使胎头通过产道。首先是胎犊唇部露出阴门,此时产程进度减缓,直至阴门进一步扩张使胎犊前额顺利通过。一旦胎犊前额通过阴门,母牛会暂憩片刻,继而连续强力努责和阵缩,迫使胎犊肩部、胸廓及其余部分很快通过阴门。

(5)相比较胎头进入和通过产道,胎犊肩部的进入和通过使产道更为伸展和扩张,这自然促使母牛脑垂体释放更多的催产素,这些催产素会促使子宫更有力地阵缩,并与腹部努责共同配合排出胎犊。此外,胎犊髋部进入和通过产道时也会引发强力阵缩波。

(6)当胎犊胸廓进入和通过产道时,由于胸腔受到挤压,液体会从鼻腔和口腔淌流出,这有利于清除胎犊呼吸道,帮助胎犊顺利完成出生后的第一次呼吸。

(7)在第二产程末尾,胎犊滑出后蜷绕母牛后躯,其后肢仍短暂滞留于产道内。当母牛站立或胎犊自身挣扎时,其后肢便轻松自产道脱出。

(8)胎犊离开产道后如果脐带尚未断裂,则可能躺地暂憩片刻,然后开始初呼吸。如果胎犊落地后脐带已断裂,因此时已无血氧供应,一旦羊膜囊碎片和黏液从其面部清除,犊牛将会本能地立即开始呼吸。一般可以观察到这种情况:脐带断裂的胎犊落地后将扬举头部并晃摆数次,以清除鼻腔黏液,继之迅速开始初呼吸。

(9)胎犊排出后母牛一般会迅速站立,并围绕犊牛嗅闻和舔净犊牛湿漉被毛。当然,有些头胎牛由于母性较差而会忽视其落地犊牛。假如母牛和犊牛都躺卧地面稍许歇息,那么脐带也许不会断裂。只有当母牛或犊牛挪动时,脐带就会断裂。脐带断裂时,包括脐动静脉和从胎犊膀胱蜿蜒至脐带的脐尿管均同时断裂。不过,由于脐动静脉和脐尿管有一定的伸缩弹性,断裂后均上行缩进犊牛腹腔。继之,脐动脉收缩以避免出血。

3.4.1.4　落地犊牛站立时间

正常犊牛落地后一般在1 h内即可站立。如经历重度难产，或第二产程过长，或早产者(早于预产期3周)，或出生重仅相当于母牛体重5%者，或在寒冷气温下(<－10℃)产出，或落躺冰冻地面无干燥褥草，均难在1 h内站立。

3.4.1.5　初生犊牛首次呼吸

犊牛落地后如鼻孔通畅并能进入新鲜空气，这无疑将刺激犊牛本能地进行首次呼吸。大约有20%的犊牛落地后羊膜囊并未破裂，依然充满羊水。假如羊膜囊膜和羊水继续覆盖犊牛头部，那么犊牛不会进行首次呼吸，这被称为浸没反射。这种浸没反射将保护犊牛不致由于发生初呼吸后羊水误入肺脏而使犊牛窒息死亡。因此，接助产人员此时应迅速撕破羊膜囊，清除犊牛口鼻腔内黏液，使犊牛尽快进行出生后首次呼吸。否则，即使浸没反射可发挥短暂保护作用，但若延滞时间过久，落地犊牛依然会由于长久缺氧而致窒息死亡。理解此点对接助产倒生胎犊非常重要。在发生倒生情况下，为保证倒生胎犊成活，应努力做到如下几点。

(1)及早准确诊断。

(2)不可鲁莽开始接生助产。

(3)立即准备好助产器和足够石蜡油，并充分润滑产道。

(4)如果脐带没有断裂，或没有被压迫，或没有被缠绕闭锁；或胎儿胎盘没有完全脱落，那血氧仍在继续供应胎犊，虽然胎头此时仍然浸没在羊水内，但暂时稍长时间没有生命危险。

(5)不过，如果脐带断裂，或被压迫，或被缠绕闭锁；或胎儿胎盘完全脱落，那血氧供应胎犊将中断，胎头此时浸没在羊水内，但由于存在浸没反射保护，所以短暂时间没有生命危险。

(6)不论上述何种情况，倒生上位时应毫不迟疑迅即拉出；倒生下位时则需立即有效矫正为倒生上位，然后迅即拉出。

[撰稿：北京奥耐尔饲料有限责任公司　林航]

3.4.2　初乳管理技术和SOP

奶牛分娩后第1次挤出的牛奶被称为初乳，呈微黄颜色、黏稠，具有乳糖低、维生素高、抗体(免疫球蛋白)高等特点(表3-4-1)，冷冻可以保存1年。当初乳经过巴氏杀菌后，犊牛能获得更多的免疫球蛋白。

表3-4-1　初乳与常乳的成分变化

产后挤奶次数	第1次 初乳	第2次 过渡乳	第3次 过渡乳	常乳
乳蛋白质/%	14.0	8.4	5.1	3.2
乳脂肪/%	6.7	5.4	3.9	3.6
乳糖/%	2.7	3.9	4.4	4.9
总固形物/%	23.9	17.9	14.1	12.5
维生素A/(μg/100 mL)	295	190	113	34

续表 3-4-1

产后挤奶次数	第1次 初乳	第2次 过渡乳	第3次 过渡乳	常乳
维生素 E/(μg/100 mL)	84	76	56	15
维生素 B_{12}/(μg/100 mL)	4.9		2.5	0.6

引自：Arthington J D, Cattell M B, Quigley J D, et al. Passive immunoglobin transfer in newborn calves fed colostrum or spray-dried serum protein alone or as a supplement to colostrum of varying quality. J Dairy Sci, 2000, 83(12): 2834-2838.

3.4.2.1 初乳巴氏杀菌的必要性

牛的许多传染病是可以通过初乳和常乳垂直传播的，如布病、结核病、副结核病、李氏杆菌病等。巴氏杀菌已经被证明对杀灭各种病原菌是非常有效的，能切断这些疾病的传播途径。通过对初乳和常乳进行巴氏杀菌无疑对降低这些传染病的发病率和净化起到至关重要的作用。

奶牛副结核病主要通过牛奶和粪便经口传播，以感染 12 月龄内的犊牛为主，特别是 30 日龄内的犊牛最易感染。美国超过 40 000 头奶牛的数据表明，感染副结核病的奶牛当前泌乳期 305 d 产奶量下降 453.6～2 721.5 kg，且终身产奶量下降 28%。

研究还表明，与饲喂生初乳相比，饲喂巴氏杀菌的初乳可使犊牛 24 h 的血清 IgG 水平提高 25%，同时吸收效率提高 28%。原因可能是降低细菌数量，提高犊牛对初乳的吸收率，也可能是因为加热后引起化学变化从而促进了吸收。更重要的是，因为健康原因不能使用的初乳，巴氏杀菌后就可以使用。巴氏杀菌能大大降低初乳和常乳中的细菌数，降低犊牛发病率（表 3-4-2）。

表 3-4-2 初乳巴氏杀菌前和巴氏杀菌后微生物对比结果

月份	巴氏杀菌前初乳		巴氏杀菌后初乳	
	TBC 细菌总数/(CFU/mL)	TCC 大肠杆菌数/(CFU/mL)	TBC 细菌总数/(CFU/mL)	TCC 大肠杆菌数/(CFU/mL)
14-Oct	84 400	1 300	870	0
14-Nov	26 500	230	10	0
14-Dec	48 800	1 000	100	0
15-Jan	17 000	100	10	0
15-Feb	13 200	130	10	0
15-Mar	23 400	100	230	4
15-Apr	18 000	90	180	0
15-May	32 400	210	190	5
15-Jun	43 200	320	650	0
15-Jul	53 000	884	260	0
15-Aug	63 200	1 200	860	0
15-Sep	45 600	546	390	5
平均值	39 058	509	313	1
平均细菌杀灭率			99.20%	99.80%

数据来源：澳亚集团 CEO 杨库《牧场实践管理 KPI》。

初乳中的免疫球蛋白含量和细菌总数是决定初乳质量的两个重要因素。细菌数过大能导致犊牛发病率提高。废弃奶中细菌数更有过高的概率。美国爱荷华大学在 2011 年从 12 个州 27 个牧场，采集 892 个初乳样品，品种有荷斯坦，也有娟姗。初乳从挤出到饲喂细菌数平均增加了 2.4 倍。饲喂犊牛时初乳细菌数平均值为 55 万 CFU，远高于美国的初乳标准 10 万 CFU。细菌数高于 10 万、50 万和 100 万 CFU 的样本分别为 46%、27%和 17%。究其原因，刚挤出的初乳细菌数可能在 10 万 CFU 以下，但在挤奶、更换容器、储藏过程以及温度的影响下，初乳每 20 min 细菌数增加 1 倍。因为初乳相比常乳来讲是更加容易污染和变质。

3.4.2.2 初乳巴氏杀菌的基本要求

(1)温度不要高于 60℃，否则会造成一部分免疫球蛋白变性(表 3-4-3)。

(2)定期检测巴氏杀菌前后样本，观察巴氏杀菌效果，2 万 CFU 以下为可接受标准。

(3)巴氏杀菌初乳流程要规范，巴氏杀菌后初乳需冷冻或冷藏保存。

(4)初乳巴氏杀菌技术可杀灭初乳中 99%的细菌，保留了初乳中有益菌如乳酸杆菌等。

表 3-4-3 初乳是否巴氏杀菌对犊牛血清免疫球蛋白检测对比结果

巴氏杀菌初乳			已巴氏杀菌初乳		
检测时间	测定头数	合格率	检测时间	测定头数	合格率
12-Jan	40	53.1%	13-Jan	40	92.5%
12-Feb	40	61.3%	13-Feb	40	100.0%
12-Mar	40	51.3%	13-Mar	40	90.0%
12-Apr	40	30.0%	13-Apr	40	90.0%
12-May	40	51.5%	13-May	40	84.0%
12-Jun	40	34.5%	13-Jun	40	80.0%
12-Jul	40	37.5%	13-Jul	40	78.0%
12-Aug	40	54.2%	13-Aug	40	92.5%
12-Sep	40	67.6%	13-Sep	40	92.5%
12-Oct	40	53.3%	13-Oct	40	94.0%
12-Nov	40	52.3%	13-Now	40	91.4%
12-Dec	40	58.6%	13-Dec	40	100.0%
平均合格率		50.4%	平均合格率		90.4%

数据来源：澳亚集团 CEO 杨库《牧场实践管理 KPI》。

3.4.2.3 巴氏杀菌初乳的优点

(1)促进健康。显著减少有害细菌；可根除病原微生物引起的疾病(副结核分枝杆菌、支原体、李氏杆菌)；去除影响被动免疫转移的有害菌；使用牧场自产初乳将现有牛群免疫力转移到新生犊牛身上。

(2)提高效率。巴氏杀菌初乳可以使抗体更好地吸收；减少发病如腹泻等，提高增重速度；提高对疫苗的免疫应答。

3.4.2.4　初乳管理具体操作流程

初乳管理流程见图 3-4-8。具体操作见图 3-4-9。

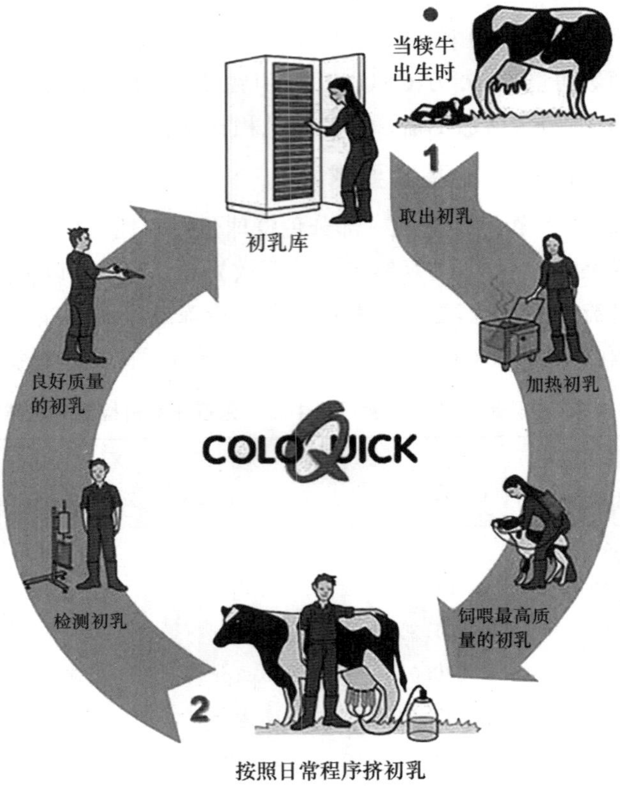

图 3-4-8　初乳管理流程

(1)在新生犊牛出生后,将初生犊牛转运车从产房移至新生犊牛舍,称重并记录。从初乳储藏快速冷藏柜中取出冷冻好的优质初乳,放入巴氏杀菌机内快速解冻,解冻温度设置为40℃,时间设置为 20 min(图 3-4-9A)。

(2)在初乳解冻期间,用犊牛吹水机将新生犊牛体毛吹干,并去角(图 3-4-9B)。

(3)取出解冻初乳，擦干水并套上饲喂插管，饲喂时可背负或者固定于高处(图 3-4-9C)。

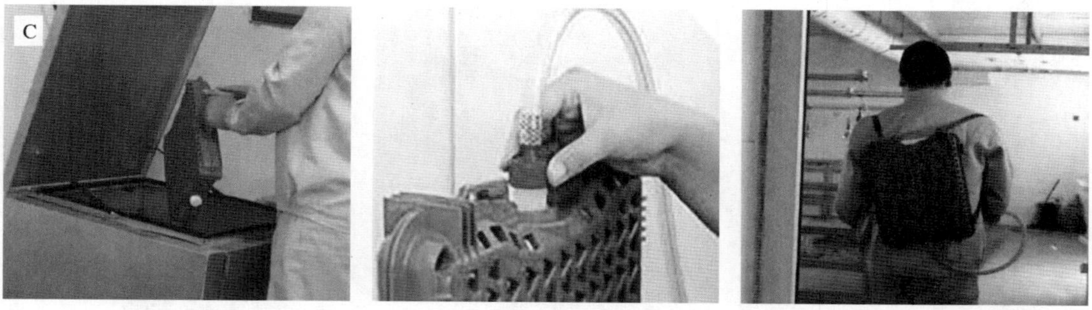

(4)使用插管饲喂时先将管口用奶水润湿并压在犊牛舌上促使其吸吮反射出现，顺势将插管插入，打开灌服开关，约 2 min 完成饲喂，灌服完成后打开犊牛保温灯(图 3-4-9D)。

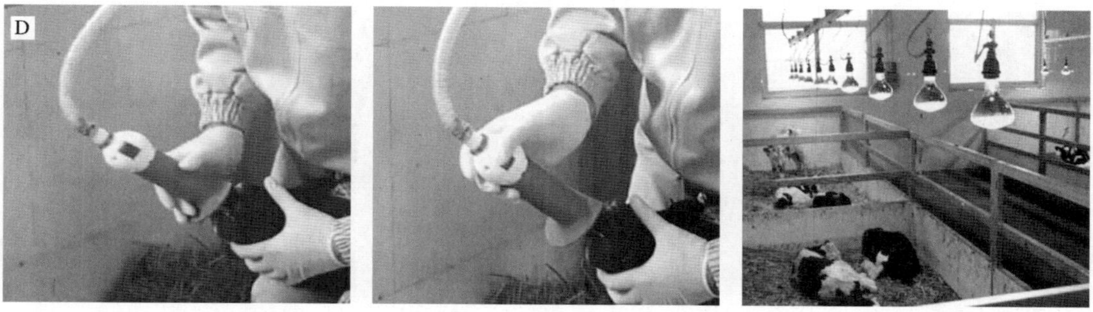

(5)将用过的初乳袋取出、放进垃圾桶内(初乳袋为一次性用品，请勿多次使用)，冲洗初乳盒和饲喂插管，并在不锈钢橱柜上摆放整齐(图 3-4-9E)。

(6)将新的初乳袋和初乳盒准备好，将初乳袋固定在初乳夹内，合上初乳夹并扣紧红色夹扣，放置于初乳灌装支架上(图 3-4-9F)。

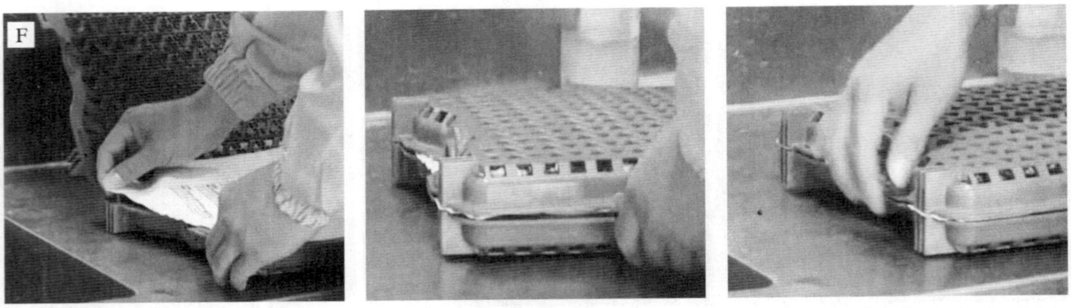

(7)取回母牛挤好的初乳(2 h 内快速挤初乳),用笔式初乳测定仪测定初乳内免疫球蛋白的含量,测定合格后通过灌装支架将初乳过滤灌装至初乳袋内(图 3-4-9G)。

(8)将灌装好的初乳拧紧盖子放入巴氏杀菌机内进行巴氏杀菌,温度 60℃保持 60 min,程序完成取出初乳盒并放入冷水中快速降温(图 3-4-9H)。

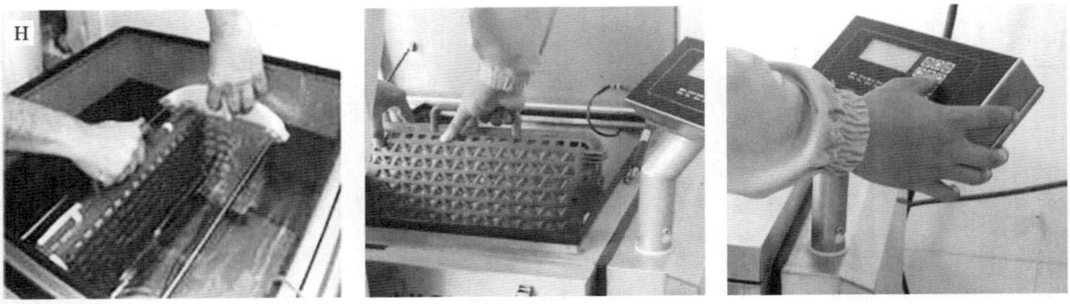

(9)将巴氏杀菌完成后的初乳取出后擦干初乳盒,做好标记平铺放入初乳库(冰箱),注意竖放会导致初乳盒胀裂(图 3-4-9I)。

图 3-4-9　初乳管理的具体操作流程

［撰稿:北京奥耐尔饲料有限责任公司　石晓晨］

3.4.3 哺乳犊牛饲养管理技术

"养牛就从养犊牛开始,养犊牛就是养未来"。牧场盈利的根本途径在于提高奶牛单产和牛奶质量,同时要控制成本。提高单产要从后备牛的培育抓起,培育优质后备牛,提高牛群整体的单产水平。犊牛的饲养方式在不断地变化,犊牛的管理始终是奶业研究的热点,且有些观点迥异。但是随着科学研究的不断发展和实践经验的不断深入,犊牛饲养工艺以及相关设备不断改善,犊牛初乳厨房的应用以及相关饲喂设备、清理设备和检测设备的出现,犊牛培育的标准化流程、制度和目标的建立,犊牛管理不断地得到进一步规范。

3.4.3.1 后备牛培育的目标

(1)育成牛 12～13 月龄达到初配月龄。

(2)体重。380 kg。

(3)体高。130～138 cm。

(4)育成牛初次产犊月龄。22～23 月龄。

(5)第 1 产奶周期增加 700～1 000 kg。

3.4.3.2 犊牛培育的标准(24 h 至 60 日龄)

(1)争取 100%活产率。

(2)争取零死亡率,犊牛年死淘率控制在<2%。

(3)争取零发病率,0～60 日龄犊牛发病率<5%。

(4)日增重 1 000 g 以上,49～56 日龄达到初生重的 2 倍。

(5)饲养净利润 100 d 超过 1 000 元。

(6)保证犊牛正常生长发育,尤其保证瘤胃及骨骼的正常发育。

3.4.3.3 营养四要素

犊牛营养包括四要素:奶(全奶、废弃奶、酸化奶和配方奶粉)、开食料、粗饲料和水。

1. 奶

在犊牛饲喂中,全奶、乳腺炎奶和抗生素奶(废弃奶)、过期奶粉和犊牛配方奶粉在实际生产中被选用为犊牛饲喂奶源,其营养成分的稳定性和一致性有利于犊牛的健康成长,使用过程中要实施管理策略,尽可能减少其变异(表 3-4-4)。

表 3-4-4 全奶、废弃奶、过期奶粉对犊牛生长的影响

奶源	对犊牛生长的影响
全奶	牛奶成分通常无法满足犊牛营养需求;成本高;含有大肠杆菌、副结核分枝杆菌等有害菌,容易造成犊牛下痢;影响犊牛采食量;瘤胃发展会被减缓;断奶后应激反应大
废弃奶	易产生抗药性;牛奶成分无法满足犊牛营养需求;瘤胃生长缓慢;断奶应激过大
过期奶粉	饲喂品质不可控制,品质不稳定;犊牛生长缓慢;下痢风险
代乳粉	质量稳定;安全卫生;营养充足合理;日增重快

(1)全奶。全奶容易取得、营养丰富,必须进行额外加热才能给犊牛饲喂;使用全奶,乳源性传染疾病的风险是无法消除的。通过初乳或牛奶从母牛传播给犊牛的病原体主要有:副结

核分枝杆菌、牛病毒性腹泻(BVD)病毒、牛白血病病毒、埃希氏大肠杆菌、沙门氏菌族、霉形体属、巴氏杆菌属、金黄色葡萄球菌。如果对全奶进行巴氏杀菌处理,其成本和不便远超过使用代乳粉,营养损失大,饲喂价值也会低于代乳粉。从营养角度分析,现代奶牛产奶是符合人类营养需要,但是牛奶中蛋白质、脂肪、固形物的含量却是不断变化的。

(2)废弃奶。废弃奶主要包括高体细胞数奶、乳腺炎奶、抗生素奶等其他非正常奶。一般建议:高体细胞数奶和乳腺炎奶必须巴氏杀菌后才可以饲喂给犊牛;抗生素奶和其他劣质奶不建议使用,或者必须经过消毒和稀释后才能控制使用。因为这样的劣质奶不仅数量供给不稳定,而且乳成分不佳,增加了犊牛接触病原菌的概率(多数饲养者没有对生奶进行消毒和稀释)和感染疾病的风险。更重要的是,极大地增加了犊牛接触抗生素的机会,既不利于犊牛瘤胃和肠道微生物菌系的建立,又会增加有害菌对抗生素的抵抗力,降低抗生素的治疗效果。

废弃奶经巴氏杀菌法后能减少一定的有害细菌数量,据一份由德国汉诺威大学、德国乳制品和鱼制品食品安全部、福特坎普实验站及德国食品安全和消费者保护联邦办公厅联合完成的试验表明(2012 年),废弃奶经巴氏杀菌后,有害菌数量会减少到一定数量,但并不能得到有效的减少,且无法达到饲喂标准,并且抗生素残留问题无法被巴氏杀菌所解决。抗生素残留的废弃奶经巴氏杀菌后,在营养成分上通常也无法满足犊牛的营养需求,额外添加维生素、微量元素,也不易于吸收。

(3)工业奶粉、过期奶粉。工业奶粉加工过程中,浓缩奶在高温高压的环境中喷雾干燥,乳脂肪和乳蛋白质基本保留,矿物质、微量元素损失一些,维生素损失最多,因此使用工业奶粉还原牛奶或制作配方奶粉时都要添加矿物质、微量元素,尤其是维生素,不添加任何营养物质使用工业奶粉直接饲喂,必然对犊牛的生长发育造成不利的影响。过期奶粉其营养物质大大降低。奶粉冲调前需添加矿物质、微量元素和维生素(但需要搅拌均匀)到水中,添加量很难做到精准,而且操作不方便。把奶粉与犊牛代乳粉按 1:1 的比例混合冲调,效果较理想。

(4)酸化奶。酸化奶饲喂犊牛可实现小群饲养、自由采食、节省劳力、提高工作效率,同时可降低犊牛腹泻,改善犊牛的生长。但是,酸化奶的 pH 为 4~4.5,只能起到抑制细菌繁殖的作用,不能杀死细菌,所以不能代替巴氏杀菌。在美国这类商品化产品成为稳定剂,只起到防止牛奶腐败变质的作用。制作酸化奶的原料奶也要进行巴氏杀菌。

使用酸化奶需注意以下几点:①断奶后犊牛应激反应强烈:断奶前向犊牛提供优质青干草进行适应,缓解断奶应激,可选择品质好的苜蓿和燕麦 1:1 混合饲喂;②真胃产酸比例高,犊牛存在异食癖:在犊牛舍放置舔砖、小苏打,供犊牛自由采食,或添加微矿包,补充微量元素,缓解异食癖;③酸化奶采食量过大,影响开食料的采食,影响瘤胃发育:哺乳阶段后期逐渐降低酸化奶的饲喂量,提高开食料采食量,断奶时要控制每头犊牛的酸化奶采食量,同时应注意犊牛的抢食现象;④犊牛体况生长不均:将体况不好、采食量低的犊牛及时移出,单独饲养。

(5)犊牛配方奶粉。代乳粉是根据犊牛生长发育需要,经过科学配比、精心选料生产出的工业化产品,质量稳定,安全卫生,营养充足合理。优质代乳粉质量取决于以下 5 个方面:营养含量、原料来源、可溶性和分散性、保健性和安全性、适口性。

①蛋白质:蛋白质是骨架和组织发育所需要的营养物质,因此代乳粉中蛋白质一定要足量,且必须是高质量的蛋白质来源,这样才能保证犊牛身体组织充分发育,在将来的泌乳期表现出最佳的生产潜能。

乳蛋白质:最佳的蛋白质来源是牛奶和其副产品,如乳清粉、乳清浓缩蛋白、脱脂蛋白、全脂蛋白粉等。脱脂蛋白和乳清蛋白是可以互换使用的,研究表明两者之间没有差异。

大豆浓缩蛋白和大豆分离蛋白:大豆浓缩蛋白和大豆分离蛋白被认为是牛奶副产品的最佳替代品(表 3-4-5)。需要考虑的问题是大豆蛋白中的氨基酸组成和牛奶蛋白质中氨基酸组成的差异。大豆蛋白通常缺乏蛋氨酸,因此加工代乳粉时需要额外添加。

特殊加工的全脂豆粉可以用于日龄较大的犊牛,确保抗营养因子被真正处理,不能用于 3 周以前的犊牛,而且其效果远不及前面几种。

表 3-4-5 反刍前期犊牛时,分析准则对照组与减少大豆蛋白表观消化性的相关性

商品大豆产品	消化率/%	β-伴大豆球蛋白/(mg/g CP)	大豆抗原蛋白/(mg/g CP)	α1 抗胰蛋白酶/(TUI3/mg CP)	天然蛋白质/(%总氮)	大豆球蛋白/(mg/g CP)
生大豆粉		155.0	31.5	140.0		269.0
食用豆粉,粗蛋白质 52.9%	59	36.1	15.2	19.9	50.9	39.4
食用豆粉,粗蛋白质 52.8%	66	13.4	0.45	5.7	17.2	26.8
食用豆粉,粗蛋白质 56.3%	76	—	1.13	6.6	15.5	0.7
脱水食用大豆浓缩蛋白	61	25.5	2.93	6.5	21.6	20.4
脱水食用大豆浓缩蛋白	71	14.7	3.2	5.2	33.7	32.9
脱水食用大豆浓缩蛋白	81	—	0.7	2.7	7.9	0.0
酒精萃取加热后的大豆浓缩蛋白	81	—	0.45	3.4	9.4	—
水提蛋白水解的大豆浓缩蛋白	82	—	0	2.5	2.9	—
水提蛋白水解的大豆浓缩蛋白	84	—	0.4	1.4	4.4	10.5

数据来源:Lalles 等(1996)。

可靠的犊牛数据清楚地表明 β-伴大豆球蛋白和伴大豆球蛋白对犊牛的内脏极其有害。大多数大豆蛋白不适合犊牛,与优质大豆相比,豌豆蛋白也有同样的担忧,但其使用的数据相对大豆蛋白要少得多。

小麦水解蛋白:如果选用小麦水解蛋白,必须经过验证,其粗蛋白质含量为 80%~84%,其中赖氨酸平衡至关重要,经验法则为每千克小麦水解蛋白需添加 100 g 合成赖氨酸。小麦水解蛋白添加的最高含量为 3%~5%,可在后期逐步提高。

代乳粉中的粗纤维含量与代乳粉所用的植物性蛋白质有关,如果纤维素含量大于 0.2%,就表明存在植物性蛋白质。这些代乳粉往往价格较低、质量低下,主要是因为其能量和蛋白质含量只有以乳品为基础代乳粉的 90%。如果代乳粉的蛋白质来源是牛奶或牛奶制品，那么要求其蛋白质含量在 20%以上，这也是美国标准委员会的标准；如果含有植物性的蛋白质来源（如经过特殊处理的大豆蛋白粉），就要求其蛋白质含量高于 22%。我国的牛代乳粉标准中就规定蛋白质为 22%，一方面是因为植物蛋白质氨基酸平衡不如奶源蛋白质；另一方面是因为犊牛的消化系统发育不完全，不能产生足够的蛋白质消化酶来消化这些植物蛋白质，特别是 21 日龄以前的犊牛，使用全乳蛋白质的代乳粉吸收效果会更好。有些公司的代乳粉产品使用小麦蛋白粉、肉粉、蛋类、鱼粉等原料（表 3-4-6），由于这些原料消化率太低，再加上其淀粉含量过高以及成本等因素，应用时应当慎重和仔细研究。不同代乳粉产品的蛋白质含量虽然相同，但原料来源不同，会造成犊牛生产性能表现出巨大差异。

表 3-4-6　代乳粉中不同蛋白质来源的消化程度对比

消化程度高	消化程度中	消化程度低	消化程度不明
脱脂奶粉	脱（乳）糖乳清	大豆粉	血粉蛋白
脱盐（矿物质）乳清	大豆分离蛋白	鱼粉	小麦蛋白
乳清浓缩蛋白	大豆浓缩蛋白	单细胞蛋白	马铃薯蛋白
黄油奶粉	鱼粉浓缩蛋白	可溶性肉粉	
酪蛋白		烧酒糟残夜粉	

②脂肪：脂肪除了能为犊牛提供快速生长所需要的能量外，还可降低腹泻的发病率，使毛皮发亮，降低应激反应等。同时，还可提高日增重，改善体况。根据代乳粉中脂肪含量 0～30%对犊牛腹泻率影响的试验，发现随着其含量的增加，腹泻发生率相应降低，但当其含量超过 15%时，腹泻发生率就不能再降低了。在代乳粉脂肪含量对犊牛增重影响的试验中，发现其含量为 15%比 10%的增重率高，20%比 15%的增重率高，但超过 20%对增重率就没有明显影响了。此外，需要指出的是过高的脂肪水平不仅会增加成本和质量风险，还会抑制干物质的采食量，影响犊牛采食开食料，延迟采食精饲料的时间。虽然有研究表明代乳粉中的脂肪含量 10%是可以接受的，但考虑到养殖企业中的应激因素，一般的推荐量是 15%～20%。我国的牛代乳粉标准中规定脂肪含量为 12%，美国标准委员会 2001 年标准中规定脂肪含量为 16%。

乳脂肪或植物油都可作为代乳粉的脂肪来源，但其加入代乳粉的过程非常重要，一定要以小颗粒形态均匀混悬代乳粉中，以利于其消化吸收。现在代乳粉中脂肪的选择主要有两种：一种是可选用高品质的蛋白质包被脂肪，如果制作得当，可在代乳粉溶液中均匀分散。需要注意的是包被必须是持续的，不允许脂肪分离（乳状液分层）；另一种是选用液态脂肪，优点是可以控制脂肪的质量成分，单价比包被脂肪便宜。

有人常问：全奶中的脂肪含量按干物质计算约 30%，比代乳粉中的含量高很多，是不是意味着代乳粉含量不足？这是不对的。首先，经试验证明，代乳粉中的营养含量足以满足犊牛的生长需要。全奶中脂肪含量高的原因主要有以下几点：一是长期培育的结果，长期以来人们以高乳脂率为选育目的，造成了脂肪高才能满足人们的需要；二是现在的奶牛是在良好的养殖环境和现代化的管理中饲养，其维持的营养和能量需要当然就比野生条件下低很多，从而增加了泌乳所需的营养物质；三是开食料的因素，现代化养殖断奶早，质量较好的开食料能够使犊牛不再完全依赖于生奶获得营养。

③乳糖:乳糖是代乳粉最好的碳水化合物来源,因为犊牛不能分泌足够的消化酶来消化淀粉(如小麦粉和燕麦粉)和蔗糖(甜菜)。非乳糖,最大添加量不可超过5%(葡萄糖、麦芽糖糊精、膨化小麦粉、玉米淀粉/小麦粉,必须可分散)。若代乳粉中含有过多的淀粉和蔗糖,会导致犊牛腹泻和失重。此外,淀粉含量过高是造成3周龄内的犊牛营养性腹泻的主要原因。

④微量元素和维生素:由于犊牛瘤胃功能发育不完善,其不能合成所需的多种维生素,高含量脂溶性维生素A和维生素E有利于支持年幼犊牛的免疫系统,因此必须每日从食物来源中提供合理数量的维生素A、维生素D、维生素E、维生素K和B族维生素。在年幼犊牛饲料中,添加B族维生素和维生素K直至它的瘤胃充分发育为止。因此,代乳粉中的微量元素和维生素是犊牛所必需的。维生素和微量元素不同的来源显示不同的溶解性、悬浮性、预混料中的分布性以及吸收的特征。就代乳粉而言,必须使用水溶形式的维生素和矿物质,100%消化吸收率,所含的成分远高于美国NRC(国家研究委员会)的犊牛营养标准。

⑤可溶解性、分散性:这是评定消化利用率和加工质量的指标。犊牛哺乳期间以消化液体饲料为主,乳和代乳粉通常通过食管沟直接进入真胃,如同单胃动物一样消化各种营养物质,但是哺乳早期犊牛自身体内的消化酶分泌量和种类都不足,不能消化过多的不溶成分,因此代乳粉原料的可溶性直接决定着其消化利用率,良好的胶体分散性是保证犊牛个体营养成分进食均匀性的重要条件。如果个别犊牛进食过量的不溶性营养物质,势必增加消化道的消化负担,容易引起营养性腹泻等问题。因此,代乳粉的原料颗粒度十分重要。

⑥健性和安全性:由于犊牛抵抗力弱,自身免疫系统发育不完善,对疾病的抵抗能力主要依靠初乳所提供的抗体来维持。代乳料的原料选择、加工、包装、发运过程必须符合食品级卫生指标的要求,防止原料和成品的杂菌污染,因为这是引发细菌性腹泻的根源。要求代乳粉生产企业必须制定严格的采购、生产、预防等各环节质量控制措施,认真执行生产工艺和卫生安全标准,做到专用场地、专用设备、专用原料、专用包装、专门清洁、专人负责等一系列质量保证措施,杜绝与生产常规饲料相交叉,全方位保证产品的安全性。

⑦产品的适口性:取决于原料的选择和配比,不能为了降低成本而不顾产品的适口性,这会直接影响犊牛的采食积极性和采食量,降低犊牛增重,也不能过分强调口性而大量增加乳清粉用量,忽视其他营养成分(蛋白质、脂肪、维生素)的均衡性。

综上所述,在选用代乳粉要注意以下几点:一是蛋白质和脂肪的含量;二是蛋白质和脂肪的来源;三是原料的质量,是食品级还是饲料级,这些可能没有标注在标签上,但都对代乳粉的价格有影响;四是公司的信誉和技术实力。

2. 开食料

开食料的选择非常重要,犊牛瘤胃的发育主要是由固体饲料采食量来驱动的,犊牛接触开食料越早越好,这样瘤胃发育就会提前启动。尽早使瘤胃适应发酵环境,促进瘤胃内壁乳头的发育。开食料中添加丰富的矿物质、维生素和微量元素,选择易于消化的原料,经过特殊加工,是犊牛增重和健康的关键。建议使用口感化开食料,添加一定比例的蒸汽压片玉米,犊牛哺乳阶段开食料累计采食量需达到45 kg,日采食量连续3 d达到1.5~2.0 kg。评估犊牛开食料采食量、瘤胃发育和断奶应激,可使用酮病检测仪在现场测定犊牛血液β-羟丁酸含量,β-羟丁酸为200 μmol/L与开食料采食量达到1 000 g/d相对应,可作为犊牛断奶的依据。

3．粗饲料

现阶段对哺乳犊牛是否需要饲喂粗饲料、粗饲料添加的时间以及饲喂粗饲料的种类和添加水平争执不下，近期多项研究表明粗饲料的饲喂会对犊牛的生长发育以及犊牛的瘤胃发育产生重要影响(表 3-4-7)。哺乳期提供粗饲料可以增大瘤胃的容积，加快瘤胃蠕动和瘤胃流通速率，并且对瘤胃 pH 有积极影响，对瘤胃缓冲能力和反刍能力以及瘤胃健康都有积极的作用。哺乳犊牛可在 2 周龄开始添加优质燕麦草。

表 3-4-7　各种物质对瘤胃发育的影响程度

物质名称	对瘤胃发育的影响程度
牛奶或代乳粉奶	++
挥发性脂肪酸盐	
乙酸	++
丙酸	+++
丁酸	++++
谷物精饲料	+++
干草	++
塑料海绵	—
惰性颗粒	—

注：+表示对瘤胃发育的影响程度，-表示没有影响。

4．水

水是不可或缺的重要营养物质，犊牛喜好清洁的温水，冷水会使瘤胃细菌“冷休克”，冷水变成热水需要消耗很多的能量，所以需提供 15℃以上的清洁饮水，自由饮水，有助于提高犊牛开食料的采食量(水和干物质的关键平衡比率是 4∶1)，促进瘤胃的发育。单栏或犊牛岛饲喂时要注意水盆和料盆之间的放置距离，不可过近。

3.4.3.4　哺乳犊牛饲养操作流程

1．牛奶饲喂(表 3-4-8)

表 3-4-8　牛奶饲喂工作标准和关键控制点

奶源	模式	工作标准	关键控制点
牛奶饲喂 ①全奶添加营养平衡剂：犊康宝；②配方奶粉：前 21 d 必须用全乳，21 d 以后非全乳	犊牛岛或犊牛单栏饲喂	饲喂时间：定时饲喂，最少 1 d 3 次； 奶温：酸化奶 30℃、巴杀奶 38℃； 饲喂量：0～7 d，牛奶饲喂 6～8 kg/d，7～42 d，牛奶饲喂 8～12 kg/d，42 d～断奶，牛奶 4～5 kg/d。整个哺乳期饲喂量 560～600 kg	断奶时连续 3 d 犊牛开食料采食量达到 1.5～2 kg/d，整个哺乳期开食料采食量累计不低于 45 kg

续表 3-4-8

奶源	模式	工作标准	关键控制点
	自动饲喂系统饲喂	饲喂时间：按程序自由采食； 奶温：38℃； 饲喂量：0～7 d，牛奶饲喂 6～8 kg，7～42 d，牛奶饲喂 8～12 kg，42 d 至断奶，牛奶 4～5 kg。整个哺乳期饲喂量 560～600 kg；新生犊牛单栏饲养至少 7 d	

2．开食料饲喂

(1)犊牛出生后第 3 天开始饲喂开食料。

(2)犊牛开食料干物质营养水平：代谢能 13.0 MJ/kg、粗脂肪 21%。

(3)每天 24 h 自由采食，前期可添加少量开食料，训练犊牛采食；每天观察开食料的采食情况，逐渐增加饲喂量。最好每天添加新鲜开食料，促进采食。

(4)保证开食料槽的清洁，定期清理料槽，清理剩料。

(5)保证犊牛哺乳期累计采食开食料达到 45 kg 以上。日采食量连续 3 d 达到 1.5～2.0 kg。也可使用酮病检测仪在现场测定犊牛血液 β-羟丁酸含量，β-羟丁酸为 200 μmol/L 与开食料采食量达到 1 000 g/d 相对应，可作为犊牛断奶的依据。

3．粗饲料饲喂

(1)2 周龄开始饲喂粗饲料。

(2)可选择优质燕麦草饲喂。

(3)添加比例在 5%～6%。

(4)每天清理，添加新鲜粗饲料。

4．水的饲喂

(1)自由饮水。

(2)限制水的供应就会限制干物质采食量。

(3)饮水量是干物质采食量的 4 倍。

(4)水槽和料槽分开放置，保证有效的物理间隔。

(5)寒冷天气下，添加温水，水温和奶温相同。

(6)保证水的清洁卫生，每天清理水槽。

3.4.3.5 犊牛去角操作标准及流程(表 3-4-9)

表 3-4-9 犊牛去角操作标准及流程

步骤	图示	说明
准备		个人防护、去角膏、剪刀、涂抹器等

续表 3-4-9

步骤	图示	说明
定位角基		观察犊牛脑袋上靠近耳根部前两侧旋毛部位，然后用手指触摸，定位角基部位
剪毛		用剪毛剪子剪去角(芽苞)上及周围 1～2 cm 区域毛发
涂抹去角膏	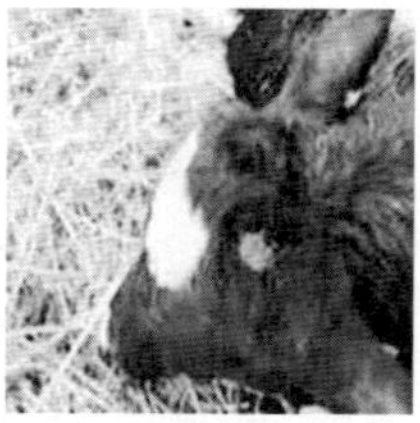	用木质涂药器沿着角的根部涂抹一圈，形成围绕角根部的药膏环，大小、厚度类似一角硬币
整理现场	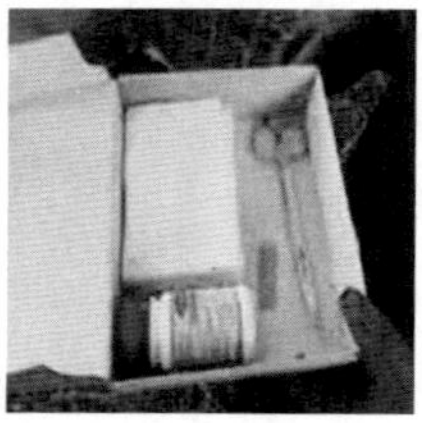	清洁、整理、归位器具

注意事项如下。

(1)最佳去角时间为出生后 8～15 h，转出产房前，把用去角膏处理后的犊牛单独隔离 6 h 以上，以避免其将药膏蹭到其他犊牛身上。

(2)涂过膏药后 24 h 内避免沾水。

(3)涂抹过药膏的犊牛 3 h 内与人直接接触要谨慎，避免药膏碰触人的皮肤。

(4)用去角膏实施过去角的犊牛，3 日龄内检查是否有出血或其他状况，发现及时处理，达到 18～25 日龄时，要对所有犊牛角部评估，对去角不彻底犊牛用电烙铁再次实施去角处理。

[撰稿：北京奥耐尔饲料有限责任公司　阿明古丽]

3.4.4　犊牛舍设计技术及案例

3.4.4.1　需要犊牛舍的原因

(1)犊牛舍可为犊牛创造最优越、最舒适的生长环境，便于提供最佳犊牛自动化饲喂方案，有利于犊牛强化饲喂方案的实施，促进犊牛早期良好发育，对于实现牧场最终盈利生产总目标，非常关键。

(2)犊牛舍内供应牛奶、饮水、饲料方式更安全、高效，不会受到气候变化影响，同时减少物料浪费损耗。

(3)犊牛舍内实现小群饲养，符合犊牛天性，满足社交行为需要，避免断奶合群应激。

(4)犊牛舍内自动化饲喂机的使用，保证犊牛吃奶时少量多餐，犊牛生长发育达到最优目标。

(5)犊牛舍内小环境易于控制，粪污清理可实现机械化操作，节省大约50%的土地成本及管理成本。

(6)犊牛舍也为现场操作工人避风雨、遮日晒，优化工人工作环境，提高工人福利及工作效率。

3.4.4.2　犊牛舍设计中关键控制点

(1)牛奶供应：包括牛奶准备、运输、饲喂、清洗等环节。

(2)饮水：包括水温、布局、设备选型。

(3)颗粒料：包括投放点、饲喂方式。

(4)空气质量控制。

(5)犊牛保温方式。

(6)犊牛采食区、休息区功能。

(7)休息区垫料选择。

(8)牛流、物流、人流的配置。

(9)粪污清理方式。

(10)物料的整理存放。

3.4.4.3　犊牛舍功能阶段规划

1．0～24 h 新生犊牛护理舍(图 3-4-10)

图 3-4-10　新生犊牛护理舍

(1)设计地点。靠近母牛产房处，距离小奶厅较近，方便初乳收集、犊牛监护、母牛产前产后护理。

(2)主要功能区。产房值班室、初乳厨房设备间、新生犊牛监护区。

①产房值班室:面积 15～20 m²,24 h 值守,存放必要的助产设备、母牛保健护理设备及药品。要求具备上、下水,寒冷地区具备供暖设施。

②初乳厨房设备间(图 3-4-11):面积 15～20 m²,配备上、下水,三相电源。功能:初乳收集、检测、巴氏杀菌、解冻、冷藏、灌装、灌服、清洗等。主要设备:移动式小型挤奶机,初乳巴杀机、初乳解冻机、电冰箱、清洗槽、电热水器、初乳检测设备等(表 3-4-10)。

图 3-4-11　初乳厨房设备间

表 3-4-10　初乳厨房相关设备配置

序号	产品图示	产品名称	规格	单位	备注
1		初乳巴杀机	MAXX 4 四盒型	台	主要用于初乳的巴氏杀菌和解冻
2		初乳巴杀机	MAXX 2 两盒型	台	
3		Milktaxi 3.0 喂奶车	260 L	台	德国 HOLM 公司生产,电驱动定量饲喂,牛奶加热,代乳粉搅拌
4		德国凯驰 高压清洗机	HD 6/15C	台	直立式设计,紧凑小巧,质量轻,大脚轮胎设计,特别方便移动,广泛使用于舍内清洁

续表 3-4-10

序号	产品图示	产品名称	规格	单位	备注
5	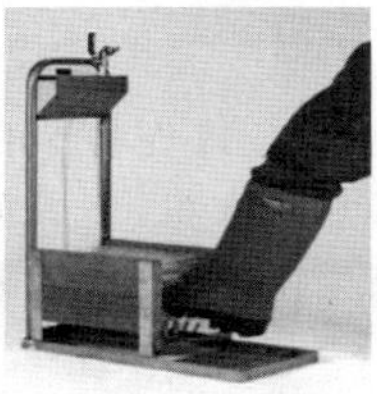	胶鞋冲洗机		台	用于牛舍工人操作现场冲洗胶鞋用
6	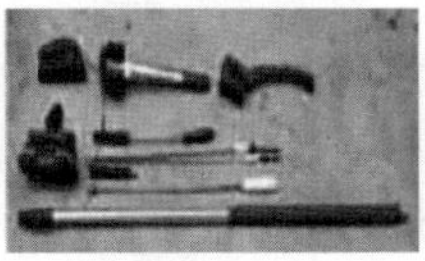	丹麦 清洁刷套装	十件套	套	丹麦 VIKAN 公司生产，不变形，不掉毛，满足各种设备清洗需求
7	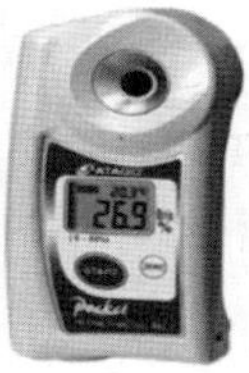	初乳测定仪	PAL-1	支	日本 ATAGO 公司生产，数字显示，准确测定初乳质量
8		初乳冷藏柜 (医用型－25℃)	海尔 DW-25L 262	台	容量：262 L；制冷：－25℃，海尔医用冰箱，5 项报警功能。用于初乳的冷冻保存
9		史密斯 热水器	80 L	台	供应初乳厨房相关设备、用具清洗
10		不锈钢厨柜	280 cm× 180 cm× 70 cm	套	支架采用 50 mm×50 mm、厚 1.5 mm 不锈钢方管焊接成型。配 500 mm×500 mm 墩布池，高压花洒，冷热水龙头，毛巾架

续表 3-4-10

序号	产品图示	产品名称	规格	单位	备注
11		大功率吹水机	LT-1090C-H	台	LT-1090C-H 宠物专用双马达带电加热吹水机，坚固耐高温；用于新生犊牛吹干被毛黏液
12		低速台式离心机	TDL-80-2B	台	用于初生犊牛灌服初乳后 24～48 h 采集鲜血，离心血清。测定血清免疫球蛋白含量
13		喂奶桶	8 L	个	食品级 PP 材质，安全可靠，结实耐用；独特奶嘴设计，不剩奶不漏奶
14		犊牛保温灯	250 W	个	防水保温灯罩，聚集热能，保温性好
15		犊牛马夹		个	独特材料制成，结实耐用，保暖好。用于 1～6 日龄的初生犊牛保持体温

③新生犊牛监护区：面积 50～100 m^2，配备上、下水，三相电源，犊牛单栏或 3～5 头犊牛群栏，犊牛红外暖灯、地面铺 25 cm 厚褥草。功能：犊牛初乳 4＋2 灌服、脐带消毒、打耳标、早期去角、保暖。主要设备：犊牛单栏、群栏、红外暖灯、正压通风风机、风管。

2. 哺乳犊牛舍(图 3-4-12)

主要功能区：兽医诊疗值班室、常乳巴杀设备间(图 3-4-13)、1～6 日龄单栏饲养区(图 3-4-14)、7～60 日龄小群饲养区(图 3-4-15)。

图 3-4-12 哺乳犊牛舍

图 3-4-13 常乳巴杀设备间

图 3-4-14 1～6 日龄单栏饲养区

图 3-4-15 7～60 日龄小群饲养区

(1)兽医诊疗值班室。面积:20 m^2。位置:犊牛舍一端。功能:兽医值班、药品存放。

(2)常乳巴杀设备间。面积:50 m^2以上。位置:犊牛舍一端,与兽医值班室相邻。功能:牛奶巴氏杀菌、储存、运输、喂奶用具清洗。主要设备:牛奶巴杀机、牛奶运输饲喂车、清洗槽。

(3)1～6 日龄单栏饲养区。功能:新生犊牛单栏饲养,单独呵护及部分特需犊牛单栏饲养,单栏面积 1.5 m^2/头以上。位置:靠近牛舍一端,与常乳巴杀设备间相邻,便于观察、牛奶饲喂和用具清洗。主要设备:①犊牛单栏若干,与牧场规模相配套,以 1 000 头规模牧场配置 10 个单栏计算;②犊牛红外暖灯,每个单栏 1 个,用于冬季取暖;③采用带奶嘴奶桶饲喂;④地面采用 25 cm 厚褥草做垫料。

(4)7～60 日龄小群饲养区。功能区的设计:饲喂通道、采食通道、犊牛休息区、转群及垫料通道。

①设计要求:犊牛活动区 2.5 m^2/头,加上公共利用空间不超过 4.5 m^2/头。

②区域功能说明如下。

饲喂通道:宽 4 m,采食区高 150 mm。

采食通道:宽 3 m,标高设为±0,通常设坡向粪尿沟倾斜,该区域布局:自动饲喂机房、自动喂奶站,饮水槽。

粪尿沟:作为粪尿收集排出舍外,通常设明沟,并覆盖网格栅。

犊牛休息区:采用地面卧床通铺,铺设褥草作为垫料,提高犊牛舒适度,也可选用离地通铺上铺设褥草方式。

牛群及垫料转运通道：宽 3 m，方便机械化垫料清出。

正压通风系统：犊牛舍通常采用正压通风系统，即采用正压风机向舍内通过贯穿牛舍长轴方向的通风管道，将舍外新风均匀分布到牛舍内，风量要求每小时换气 4 次，通常风管悬挂在牛舍上方，风管上分布通风孔送入新风到犊牛休息区，保证空气质量，同时风速均匀，不会造成犊牛冷应激。

③哺乳犊牛舍配置设备：见表 3-4-11。

表 3-4-11　哺乳犊牛舍设备配置

序号	产品图示	产品名称	规格	单位	备注
1		原装进口犊牛自动饲喂系统	VARIO SMART 2.0	套	全自动、智能化、数字化，同时可管理 100 头犊牛
2		半双工电子耳标	白色封口	只	用于犊牛自动饲喂系统电子识别装置
3		颈部悬挂式电子颈标	黑色	只	用于犊牛自动饲喂系统电子识别装置。可重复使用
4		PFP3000 连续式巴杀机及牛奶输送系统	PFP3000	套	全自动巴氏杀菌系统，每小时可巴氏杀菌 3 t 鲜奶
5		犊牛饮水槽	YSDN02	套	国产电加热犊牛饮水槽，犊牛自动饲喂器配套需要

续表 3-4-11

序号	产品图示	产品名称	规格	单位	备注
6		犊牛体重秤	1-2-3 Tierwage	套	德国 FORSTER 公司生产，可移动犊牛体重秤，电子识别记录犊牛体重
7		犊牛精饲料槽	120 cm×30 cm	个	德国 KERBL 公司生产，犊牛颗粒料采食需要
8		正压通风系统	2 m×80 m	套	用于哺乳犊牛舍补充新鲜空气

［撰稿：北京奥耐尔饲料有限责任公司　王一江］

3.4.5　犊牛智能饲喂技术及案例

国内规模化大牧场的发展势头犹如雨后春笋，促使了中国的奶牛养殖水平不断提高，养殖模式不断学习、改革、创新。引进欧洲、美国等现代化犊牛的养殖理念，结合国内实际，形成一套最先进、最科学的现代犊牛养殖体系和整体解决方案，用于国内规模化牧场提高犊牛养殖水平，从而达到提高单产水平及奶牛品质优良的终极目标。

3.4.5.1　智能化犊牛养殖理念

犊牛饲养 3 个最为关键的因素：奶温、日饲喂量和饲喂次数、饲养环境，这 3 个关键因素直接决定了犊牛哺乳期的日增重、发病率和死亡率。

1. 奶温

对于犊牛来说最合适的奶温是 39℃，这个温度下最有利于犊牛对营养物质的消化吸收。奶温过高，会损伤犊牛肠道内壁黏膜组织，降低吸收能力，造成营养性腹泻；奶温过低，会加快奶在肠道中的排出，在未充分形成乳凝的前提下快速排出牛奶会造成犊牛发育缓慢，抵抗力下降，诱发各种疾病。

2. 日饲喂量和饲喂次数

每天奶的饲喂量和饲喂次数是很讲究科学性的。国内原来的饲喂量都是根据人的想象和习惯来规定的,如按照每日 4～6 kg 奶来饲喂犊牛,按照人一日两餐或三餐来强加到犊牛身上,是一种固有的“想当然”饲喂方式。现代规模化奶牛场通过引用国外进口验证公牛冻精,使出生的犊牛体重越来越大,需要的营养水平也就越来越高了,目前国外比较提倡的是按照犊牛前期体重的 15%来饲喂犊牛,而不是原来所说的 10%～12%;科学的牛奶饲喂量看上去与我们熟悉的泌乳牛泌乳曲线很相似,都是出现一种“山坡式”的曲线,最高峰应达到 8 kg 左右,其后逐渐降低牛奶的饲喂量,而增加开食料的采食量,这是一个循序渐进的过程(图 3-4-16)。人为因素占了主导,造成很多人为的断奶应激、牛奶的浪费、犊牛断奶后疾病多发等现象。饲喂次数同样非常关键,因为犊牛在自然的野生条件下,平均每天要吸吮母乳 5～6 次,而人为因素却把它变成 2～3 次,是以牺牲犊牛的健康生长为前提,来降低劳动投入,仔细计算下来结果是不值当的。据美国研究表明,同样的牛奶饲喂量,随着饲喂次数的提高,犊牛对营养的吸收消化能力显著提高,由每天喂 2 次的 40%的消化率提高到每天喂 6 次的 80%以上的消化率,而且多次饲喂还大大减少犊牛腹泻的发病率,这也是规模化牧场饲养员无法达到的饲喂频率,而且劳动投入成本大大增加了。

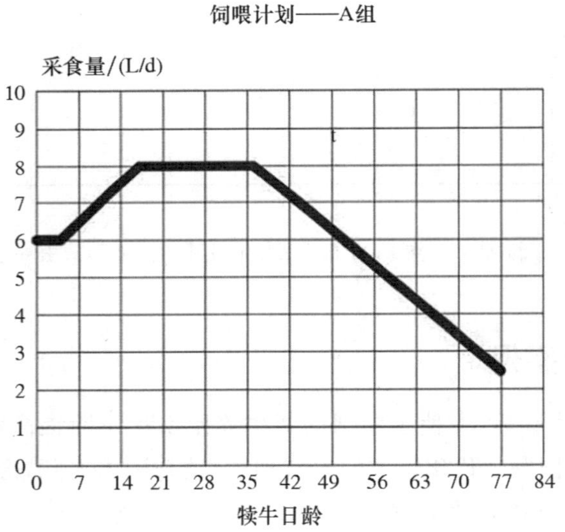

标准饲喂计划:

周期	天数/d	饲喂量/L
周期一	3	6
周期二	14	6～8
周期三	18	8
周期四	42	8～2.5
合计: 77 d=478 L		

标准浓度计划: 120 g/L

合计: 77 d=57 kg 代乳粉

每次饲喂量:

周期一: 14 d, 最少: 1.5 L, 最多: 2.0 L

周期二: 14 d, 最少: 2.0 L, 最多: 2.5 L

周期三: 49 d, 最少: 2.5 L, 最多: 3.0 L

图 3-4-16　犊牛“山坡式”饮奶曲线

3. 饲养环境

饲养环境对于犊牛健康至关重要,这是很多牧场管理者都能认识到的,环境抓好了,犊牛的发病率和死亡率就会降低。犊牛岛养殖模式的弊端是犊牛生长缓慢和环境清扫费力,岛内细菌病毒滋生,氨气味道严重。美国一直提倡的犊牛“单栏饲养”最近有了进展:据大量科学数据报道,实行这么多年的单栏饲养,并没有降低犊牛的发病率,相反,大量研究表明群体饲养犊牛(20～30 头/群)也没有因为群饲而提高犊牛的发病率,群体化饲养的犊牛相互吸吮的现象消失了,犊牛把更多的精力用于休息、采食和运动;而在单栏里饲养的犊牛却不顾栏杆的阻碍相互卖命地吸吮(图 3-4-17),这个现象又证明了人们“想当然”的饲养方式。美国正在研究立法来阻止犊牛的单栏饲养,提倡犊牛群体饲养,回归犊牛的自然天性,更有利于犊牛的健康生长。

图 3-4-17 单栏饲养的相互吸吮与群居的安静和谐

3.4.5.2 犊牛智能饲喂模式的特点及优势

犊牛自动饲喂系统(图 3-4-18)是现代最科学、最省力、最高效的犊牛管理设备,让犊牛回归于自然的天性,享有最舒适的生长环境,遵循最佳的生长规律,保证健康的体质,提前达到配种要求,显著提高成年泌乳期的产奶量,大量节省人工成本和犊牛岛成本的投入,为“牧场的未来”给予最好的关怀。

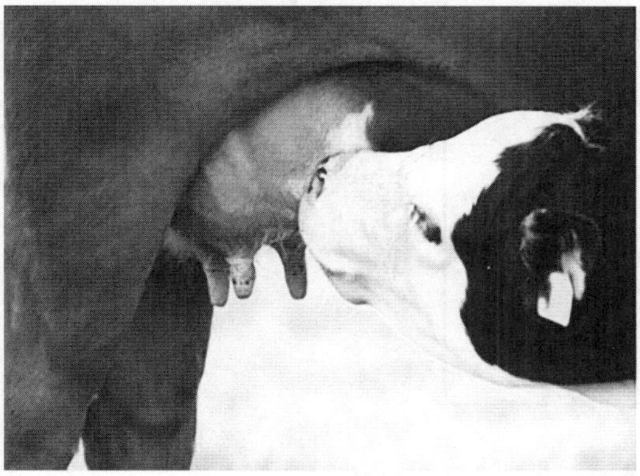

图 3-4-18 自动饲喂器采食满足犊牛的自然天性

利用宝贵的时间去管理犊牛,而不是去亲自饲喂犊牛:①最科学、最高效的管理方式;②满足犊牛的自然生长天性和需要;③智能化、自动化、无人化。

最终饲喂效果:①促进犊牛哺乳期的生长发育,后备牛的生长发育更快;②提高犊牛哺乳期的日增重,后备牛的增重更多;③确保犊牛更加健康;④提早达到配种要求;⑤降低犊牛的死亡和发病率,减少牧场损失。

3.4.5.3 犊牛强化饲喂模式——40FIT(图 3-4-19)

有数据表明犊牛在断奶前后给予较高奶量及优质开食料有助于乳腺发育及未来产奶量(图 3-4-20)。数据来自康奈尔研究牧场 1 244 头及商业牧场 624 头。断奶前日增重越重,对头胎牛产奶量的贡献越大。断奶前日增重对头胎牛产奶量的贡献为 22%,日增重达 1 kg,头胎牛奶产量增加 850 kg(康奈尔)及 1 113 kg(商业牛场)。第二胎后奶量差异更大。犊牛在出生后 40 d 内是细胞增殖的阶段,在此阶段提高牛奶和开食料的采食量会促进乳房等器官的发育，提高犊牛抵抗力(表 3-4-12)。

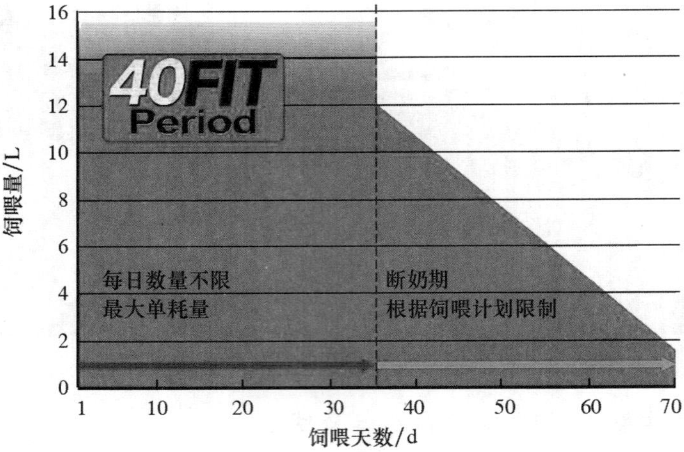

图 3-4-19　40FIT 强化饲喂曲线

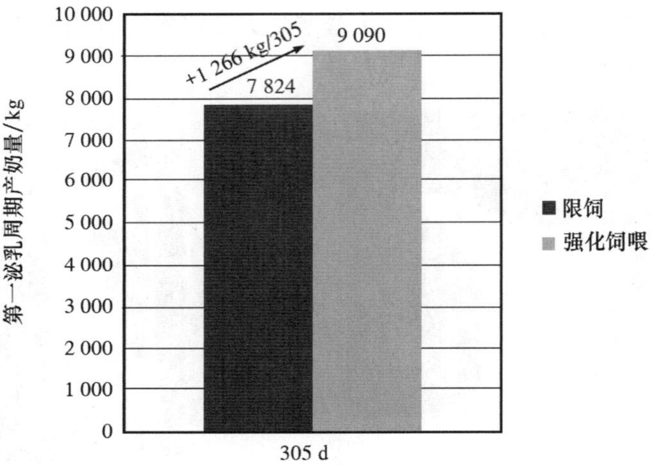

图 3-4-20　强化饲喂可提高第一泌乳周期产奶量

表 3-4-12　强化饲养对青年牛生产性能的影响

相关研究	结果
Foldager 和 Krohn，1994 (Dänemark)	+ 1 402 kg
Foldager 等，1997 (Dänemark)	+ 519 kg
Bar-Peled 等，1998 (Israel)	+ 454 kg
Ballard 等，2005 (USA)	+ 700 kg
Davis Rincker 等，2006 (USA)	+ 499 kg
Drackley 等，2007 (USA)	+ 835 kg
Chester-Jones 等，2009 (USA)	+ 998 kg
Soberon 等，2011 (USA)	+ 849 kg
Broghammer，2015 (Deutschland)	+ 1 266 kg
均值	+ 836 kg

前 35 d 自由采食，每头犊牛通过自动饲喂器耳标识别系统来控制每次的采食量，断奶过程是由每天采食量 12 L 逐渐降低到 2 L，并提供足量的开食料和优质干草，断奶前整个哺乳期为 70 d。

3.4.5.4　案例展示

中地牧业科技集团旗下共有 8 个牧场(图 3-4-21)，总存栏 6.55 万头，其中成母牛 3.55 万头，后备牛 3 万头(青年牛 0.9 万头，育成牛 0.9 万头，犊牛 1.2 万头)。中地牧场 0～60 日龄犊牛采用犊牛自动饲喂设备，且自由采食开食料，重视通风和垫料的更换，日增重约 1 000 g；60～180 日龄饲喂开食料和燕麦草(限饲)，日增重超过 900 g，6 月龄以后开始饲喂 TMR 日粮，育成牛的干物质采食量在 9～10 kg，青年牛的干物质采食量在 10～11 kg，12～13 月龄开始配种。

图 3-4-21　中地牧业科技集团牧场

［撰稿：北京奥耐尔饲料有限责任公司　陈羲］

3.4.6　犊牛舒适度技术

现代奶牛舍饲养殖中，初生犊牛落地后与其母亲相处极短时间即被分离，从而使奶牛的哺乳犊牛完全丧失了其在野生条件下或放牧条件下所能享受的母亲的周详呵护，也正是基于此，哺乳犊牛的护理工作极为重要。

(1)哺乳犊牛自身免疫系统尚未建立，故而不具有成年母牛完整的免疫应答功能。换言之，哺乳犊牛必须依赖由足量合格适时给予的初乳而成功建立起的被动免疫方能顺利存活下去。

(2)哺乳犊牛对营养需求非常严苛，尤其是初生 21 日龄内。

(3)哺乳犊牛对外界温湿度变化远较成年母牛敏感。

3.4.6.1　哺乳犊牛对外界环境温湿度的要求

(1)哺乳犊牛需要干燥、无贼风的环境。

(2)外界环境温度维持在 7～27℃时，哺乳犊牛可以保持相对恒定的体温。

(3)哺乳犊牛最佳外界环境温度是 21℃左右。

(4)大多数新生犊牛的低温临界值约在 10℃。

(5)在冬季，密闭保温的哺乳犊牛舍也需要适当补充热量以减少温度波动给犊牛带来的不良影响(图 3-4-22)。

(6)哺乳犊牛对相对湿度的要求在 50%～70%。

图 3-4-22　初生犊牛使用犊牛马甲保暖和保温灯

3.4.6.2　哺乳犊牛对褥草的要求

(1)深秋、冬季和初春,由于外界环境气温较低,应使用厚褥草如稻草或麦草,通过“造巢”给哺乳犊牛周围形成一个温暖的空气层,从而能够保温,避免其处于下限临界温度(图 3-4-23)。褥草的使用量为每日 2 kg 左右,不必每日更换,只需逐日添加新褥草即可,可半个月或 1 个月清理一次(多应用于单栏饲养),也可至断奶时一次清理完毕(多应用于分组饲养和机械清理)。

(2)哺乳犊牛舍的冰冷水泥地面、橡胶垫、橡胶软床、沙床以及漏粪地板等,并不舒适,因这些均会引起哺乳犊牛能量损失,甚至由于过于寒冷而使哺乳犊牛难以躺卧休息。

(3)沙子、锯末或稻壳不宜作为哺乳犊牛的冬季垫料,但可用在夏季。

图 3-4-23　给新生犊牛使用厚褥草来“造巢”,以避免低温应激

3.4.6.3　要满足哺乳犊牛的适度通风(图 3-4-24)

(1)目的。提供新鲜空气、排出空气中有害物质、减少灰尘、消除恶臭,除湿和散热,同时避免贼风。对此不能打折扣,否则将不利于哺乳犊牛健康发育。

(2)哺乳犊牛(2 月龄之前)对通风量的要求。夏季需 2.8 m^3/min;春、秋季需 1.4 m^3/min;冬季需 0.4 m^3/min。

(3)正前方开放式哺乳犊牛舍也需要屋脊开放,以利于湿热气流上升排出。

3.4.6.4　单独饲养或分组饲养

(1)奶牛毕竟是群居动物,所以使哺乳犊牛早日适应群居生活是非常有利的。分组饲养的优势如下:①减少断奶重新合群饲养造成的应激;②扩大活动范围,增强骨骼肌肉生长发育;③提高劳动效率。

(2)无论应用单笼饲养或群体饲养,哺乳犊牛(2月龄以内)的活动空间应维持在3 m^2/头左右。切忌过载,过载可造成哺乳犊牛应激,导致消化紊乱甚至生病。

(3)如不使用哺乳犊牛智能饲喂系统,每组以6头为宜。这样既方便观察哺乳犊牛是否出现异常,又可有效防止争抢吮乳。

图 3-4-24 哺乳犊牛舍正压通风系统

(4)如使用哺乳犊牛智能饲喂系统,每组可饲养15~25头。绝不可超过25头,否则,由于分配给每头哺乳犊牛的吮乳时间不足而致某些哺乳犊牛喝不够奶,管理得当,在高峰期也可饲养30头。

[撰稿:北京奥耐尔农牧科技有限公司 田永卫]

3.4.7 犊牛疾病防控技术

3.4.7.1 犊牛疾病的预防措施

在犊牛养殖过程中,其哺乳阶段的生长发育对于后期生产潜力的发挥具有十分重要的价值和意义。犊牛在生长和发育的过程中自身的身体机能并不健全,免疫力低下,并且易受到多种的牛类传染病原和寄生虫的侵袭。同时在养殖过程中,犊牛对于养殖条件要求很高,如果在养殖过程中处理不当就会对它们的生长发育造成严重影响。犊牛一旦发病,就会降低生产性能,甚至死亡,同时导致饲养成本增加,降低经济效益。美国宾夕法尼亚州立大学的相关数据表明,犊牛4月龄前每生病1 d,第一泌乳周期产奶量将会降低126 kg(Heinrichs,2011)。也有研究表明犊牛56日龄前感染呼吸系统疾病一次,第一泌乳周期产奶量会减少525 kg(Dunn,2018)。

因此,加强新生犊牛的护理和初乳饲喂,加强犊牛预防保健措施是预防疾病发生的关键技术。实施科学、有效的防疫保健措施,可减少或避免各种疾病的发生,提高犊牛的生产性能,增加养殖业的经济效益。由此可见,为了预防和控制犊牛疾病,牧场必须坚持"饲养护理第一、防重于治、预防治疗结合"的方针,采取综合性的防疫措施,减少疾病的发生。而一旦发病,只要及时进行诊治,可使患犊造成的损失和危害降到最低限度。

1. 加强新生犊牛的护理和初乳饲喂

(1)加强新生犊牛护理。适时接助产,避免母子互相接触,及时擦去口鼻黏液,脐带及时做严格的消毒,及时吹干或擦干被毛,新生犊牛饲养区保持干净干燥,垫草加厚。

(2)加强初乳饲喂。新生犊牛出生后1 h内饲喂优质初乳4 L,折射率≥22%,温度39℃,要使用经过巴氏杀菌过的优质初乳(饲喂巴氏杀菌的初乳,可以有效降低如结核杆菌、副结核分枝杆菌、布鲁氏杆菌等细菌、病毒通过母乳饲喂而直接感染犊牛的概率)。

2. 加强日常观察和监测

(1)观察采食情况。健康的犊牛有旺盛的食欲,吃奶的速度也较快,吃饱以后喜欢互相追逐嬉戏或是安静地躺卧休息。在正常饲喂过程中,如果发现犊牛对牛奶或是配制好的代乳粉只是嗅嗅,不愿吃或是吃得少,即是患病的表现,应立即检查或是再继续留意观察,尽量能够做到早发现早治疗。

(2)检查粪尿情况。健康犊牛的粪便落地稀软且成型,散发出新鲜的牛粪味,没有特殊的恶臭和腥臭,尿液呈淡黄色、透明。如果发现大便呈现粒状或腹泻拉稀,伴有恶臭、腥臭,并有血液和脓汁,尿液也发生变化,如颜色变黄或变红都是患病的现象(图 3-4-25)。

0 分	1 分	2 分	3 分
正常	部分成型、糊状	稀散,仍能停留在垫草上	很稀,可以渗到垫草下
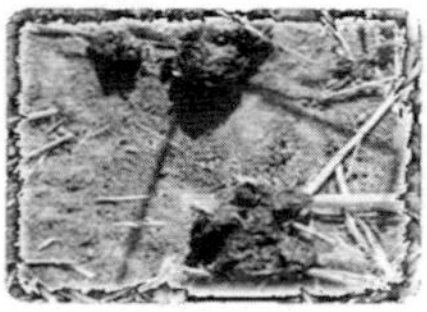		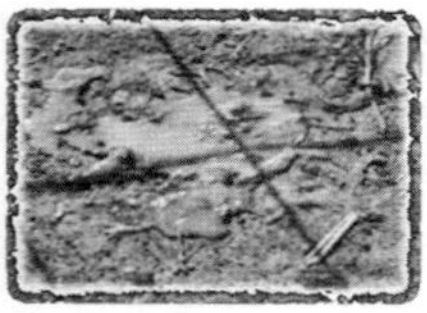	
		需要监控	需要治疗

图 3-4-25 腹泻评分(威斯康星麦迪逊大学)

(3)观察犊牛精神面貌。健康犊牛动作敏捷,眼睛灵活有神,尾巴不时摇摆,特别是吃奶过程中,一边吃奶一边尾巴很灵活地自由摇摆,皮毛光亮。如果眼睛无神,头低耳耷,背毛粗乱,弓背,呆立,甚至颤抖摇晃,尾巴也不摇动,就是患病的征兆(图 3-4-26 和图 3-4-27)。

0 分	1 分	2 分	3 分
明亮、无任何分泌物	眼少量分泌物	双眼多量分泌物	双眼大量分泌物
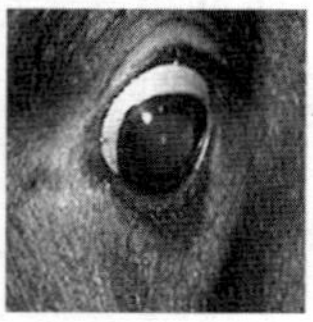	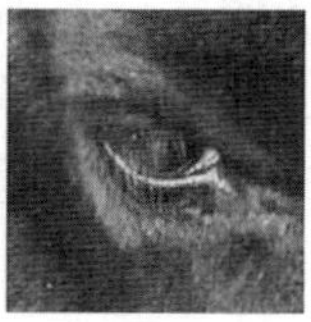	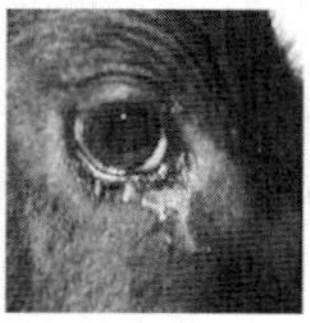	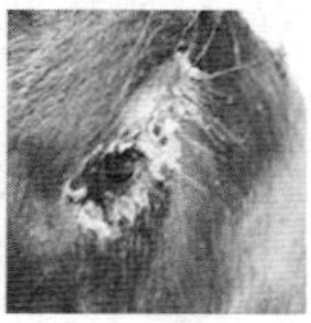

图 3-4-26 眼分泌物评分

0 分	1 分	2 分	3 分
耳朵状况正常	不断晃动耳朵或摇头	单侧耳朵耷拉	头歪斜或双侧耳朵耷拉
			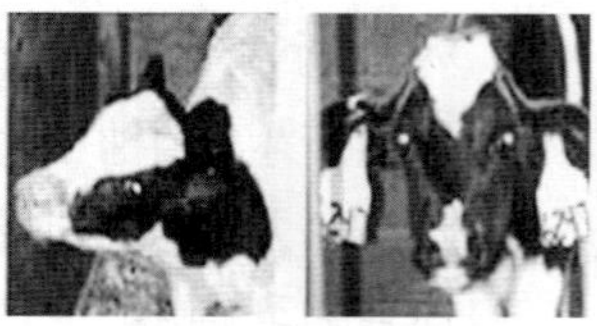

图 3-4-27 耳朵状况评分

(4)观察鼻镜。健康犊牛正常情况下鼻镜潮湿有水珠,颜色红润。如果鼻镜干燥无汗珠或是鼻镜干燥龟裂就是患病的表现(图 3-4-28)。

0分	1分	2分	3分
正常水样分泌物	单侧鼻孔少量白色分泌物	双侧鼻孔多量白色分泌物	双侧鼻孔大量黏液脓性分泌物
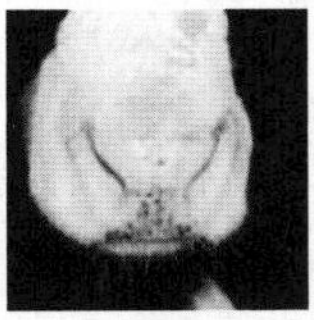		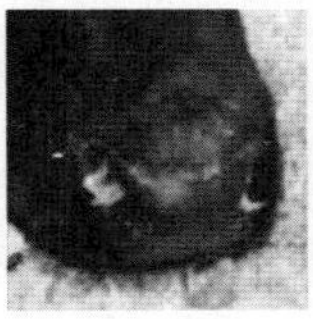	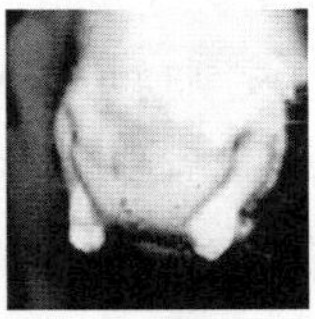

图 3-4-28 鼻孔分泌物评分

用左手或右手拇指、食指和中指在犊牛喉头部反复轻捏刺激诱发咳嗽,呼吸系统正常的犊牛通常不会出现咳嗽(表 3-4-13)。

表 3-4-13 是否咳嗽评分

0分	1分	2分	3分
无咳嗽	触捏喉头单次咳嗽	触捏喉头反复咳嗽或偶尔自然咳嗽	无须触捏喉头就反复自然咳嗽

(5)检测异常的犊牛体温。健康犊牛的正常体温一般是 37.5～39.5℃,对出现异常表现的犊牛,要加强体温检测。如果体温超过或者低于正常范围即说明犊牛患病。体温低于正常范围的牛,一般可能是患有大出血、内脏破裂、中毒性疾病,或是将要死亡,或是严重冷应激。体温高于正常范围,说明是发烧,即有炎症反应,需要检查确定病因,清热解表,抗菌消炎,对症治疗(表 3-4-14)。

表 3-4-14 直肠监测体温评分

0分	1分	2分	3分
37.8～38.3℃	38.3～38.8℃	38.9～39.4℃	≥39.4℃

3. 加强饲养管理,搞好清洁卫生

只有通过加强饲养管理,搞好清洁卫生,增强犊牛的抗病能力,才能减少疾病的发生。在饲喂前必须检查各类饲料是否符合标准,凡是有发霉、变质、腐烂的,必须杜绝饲喂。要保证供应足够的清洁饮水。卧床垫料保持干燥、无霉变。保持犊牛要有适当的运动,以增强心肺功能,促进食物消化和充分吸收,防止骨软病、肢蹄病的发生。夏季避免阳光直接照射犊牛牛体,牛舍门窗随季节和气候变化注意关闭,冬天保暖,通风换气要良好,防止贼风及穿堂风,以防感冒;夏天防暑降温,保持通风换气,防止发生热应激,舍内要尽量做到清洁与干燥。

4. 严格执行消毒制度,加强隔离与封锁

必须严格执行消毒制度,清除一切传染源。生产区和牛舍进口处设置消毒池和消毒设备,经常保持对进出人员和车辆的有效消毒。在正常非疫情期间,生产区保持 1 个月彻底消毒 2 次,牛舍 1 周 1 次,隔离区和病牛区要根据具体情况进行必要的经常性消毒。如发现牛只可能患有某种传染性疫病时，应立即隔离饲养，淘汰死亡牛只应送到特定无害化处理区进行妥善处理。养过病牛的牛舍场地应立即清理消毒，用具、器械也要进行严格消毒，垫草垫料及时清洁烧毁。发生呼吸道传染病时，舍内还应进行喷雾消毒。在疫病流行期间应加强消毒次数，以尽可能降低传染速度甚至杜绝传染。

引进新牛时，必须进行必要的传染病检疫。还要按规定进行隔离饲养一段时间，确认无传染病时方可合群饲养。

5. 定期执行预防接种制度和驱虫制度

各地应遵循执行当地兽医行政部门提出的牛只主要疾病免疫规程，因地制宜，根据自身牧场疫病发生情况，制定合理的免疫流程来定期接种和驱虫。

(1)防疫保护。包括隔离、消毒、免疫、预防性、治疗以及环境等。

检疫：每年的常规检疫，春、秋 2 次采血测布病，2 次的结核检疫、BVD 检疫；免疫：每年 1 次的炭疽免疫，3 次的口蹄疫“O”型、“A”型和亚Ⅰ苗的注射，犊牛 2 月龄首免，3 月龄加强免疫，常年的 BVD 免疫清除。

(2)北美牛群目前需免疫预防的重点疾病。根据张廷青博士 2013 年的资料，需免疫预防的重点疾病包括：①牛病毒性腹泻(1 型和 2 型)；②牛传染性鼻气管炎；③牛呼吸道合胞体病毒；④牛副感冒 3 型病毒；⑤钩端螺旋体(至少 5 种血清型)；⑥梭状杆菌；⑦大肠杆菌乳腺炎；⑧布病(必要时)。

(3)6 月龄前美国犊牛标准免疫程序如下。

①初生至 1 周龄：a. 预防腹泻。及时给予足够高质量初乳，只要对干奶牛进行合理科学免疫，其初乳中就会含有保护初生犊牛避免大肠杆菌、梭状杆菌、轮状病毒和冠状病毒攻击的丰富抗体。口服市售抗体补充物。在灌服初乳 0.5～1 h 前，口服弱毒轮状和冠状病毒疫苗。b. 预防呼吸系统疾病。鼻腔黏膜接种牛传染性鼻气管炎病毒疫苗和牛副感冒 3 型病毒疫苗。禁止进行其他免疫，因为不足 1 周龄的初生犊牛尚未从与母体分开的巨大变化应激中完全适应，同时体内存在高水平的固醇类激素，加之自身免疫系统虽然完整但并未成熟及免疫应答幼稚，故只限于口服接种免疫和鼻腔黏膜接种免疫。

②3～5 周龄：禁止进行任何免疫，因为在此阶段哺乳犊牛的被动免疫功能正逐步减弱，而自身免疫系统尚未完全成熟和具备完整功能。如果强行免疫，免疫应答会比较差，并且还会影响到哺乳犊牛以后的免疫注射效果。

③5 周龄：注射四联弱毒苗(牛病毒性腹泻、牛病毒性鼻气管炎、牛呼吸道合胞体病毒和牛副感冒 3 型病毒)。注射钩端螺旋体疫苗，4～6 周内需要再免疫注射 1 次。

④4 月龄：注射四联弱毒苗(牛病毒性腹泻、牛病毒性鼻气管炎、牛呼吸道合胞体病毒和牛副感冒 3 型病毒)+5 种血清型钩端螺旋体疫苗。不可同时注射弧菌疫苗和钩端螺旋体疫苗，这两种疫苗必须分开注射。注射 7 种或 8 种血清型梭状杆菌疫苗。如果需要，还可注射巴氏杆菌疫苗。

⑤5 月龄：因为在 4 月龄做免疫注射时，某些犊牛仍有可能受到其体内残存母源性抗体的干扰而难以获得理想的免疫应答反应，所以需要再次重复注射四联弱毒苗(牛病毒性腹泻、牛病毒性鼻气管炎、牛呼吸道合胞体病毒和牛副感冒 3 型病毒)+5 种血清型钩端螺旋体疫苗。重复注射 7 种或 8 种血清型梭状杆菌疫苗。重复注射巴氏杆菌疫苗。如有必要，可进行布病

疫苗免疫注射。

3.4.7.2 犊牛腹泻

1. 感染性腹泻

感染性腹泻(粪便数量增多,稀薄到水状、亮黄色或绿色、气味刺鼻,伴有黏液和血液)由细菌、病毒或原虫引起,通常在1月龄以内发生,发病日龄可以指示疾病来源,脱水是引起死亡的主要原因。

2. 感染性腹泻的病因

(1)大肠杆菌。通常在3日龄以内发生,短时间内死亡(24 h以内),严重脱水,液体疗法最有效。

(2)沙门氏菌。发病日龄通常为5~14日龄,粪便带血、肠黏膜脱落,治疗反应缓慢。

(3)轮状病毒。常发生于3~7日龄,及时灌服优质初乳可提供保护。

(4)冠状病毒。常发生于3~7日龄,破坏性远比轮状病毒严重,初乳可提供良好的保护。

(5)隐孢子虫。感染发生在出生后5~7 d,初乳灌服不合格、营养状态差、天气冷时,犊牛感染风险高。

(6)艾美耳球虫。21日龄至4~6个月是最易感的时期,一旦感染很难治疗,犊牛带血腹泻,体重下降很快。

3. 营养性腹泻

营养性腹泻不是感染引起的,是由应激或饲喂程序的改变引起的(表3-4-15)。粪便一般呈糊状、柔软、烂泥巴状,黄色或白色。

表3-4-15 犊牛腹泻及不同脱水程度的主要症状

脱水程度	主要症状
<6%	下痢,无临床症状,吸吮反射强
6%~8%	中度抑郁,眼凹陷,表皮2~6 s恢复
8%~10%	抑郁,眼极度凹陷,鼻镜干燥,表皮>6 s恢复
10%~14%	无法站立,四肢冰冷,表皮无法恢复,昏迷
>14%	死亡

4. 腹泻的预防及治疗

预防:①根据自己牧场传染病特点,提前注射疫苗;②满足营养需求(葡萄糖、脂肪、蛋白质和矿物质),处于腹泻期间的犊牛,其小肠仍在进行消化,满足犊牛的营养需要可加快小肠黏膜的再生;③提高犊牛自身免疫力、抵抗力。

用药情况:①如果腹泻牛只较多,或者提高犊牛消化能力,可以在饲喂奶中添加一些助消化药来达到预防或治疗的目的,药物有干酵母、乳酶生、乳酸菌素、枯草芽孢杆菌、小苏打等。也可选择犊牛止痢散(乌梅散、白头翁散)等中药制剂。②肌肉注射药物,痢菌净、庆大霉素、磺胺类药、林可霉素、恩诺沙星、氟苯尼考及大蒜苦参注射液等中药制剂都可以根据情况适当地加减使用。最好可以做药敏试验来选择用药。③检测体温,体温高者注射氟尼辛葡甲胺或者安乃近。④脱水严重者进行输液,抗菌消炎、涩肠止泻、强心补液、补充能量、纠正酸中毒。

输液量最好是输到患犊自然排尿为止。这些都可以根据病情发展灵活运用。

3.4.7.3 犊牛呼吸系统疾病

1. 哺乳犊牛呼吸系统疾病的治疗

传染性牛鼻气管炎病毒(infectious bovine rhinotracheitis, IBR)、牛呼吸合胞体病毒(bovine respiratory syncytial virus, BRSV)、副感冒 3 型病毒(parainflunenza-3 virus, PI-3)、牛病毒性腹泻(bovine virus diarrhea virus, BRV)。

根据自己牧场疾病流行特点,最好的办法是选择注射疫苗来达到预防的目的,避免疫病发生。预防比治疗更经济！给予抗生素治疗是无效的,只能控制细菌性继发感染。

2. 选择抗生素

通常从鼻腔分泌物采样或气管分泌物采样做致病菌培养分离,以及药敏实验,然后根据药敏实验结果选择抗生素。

土拉霉素(tulathromycin)、头孢类(ceftiofur)、氨苄青霉素(ampicillin)和壮观霉素(spectinomycin)。普通性犊牛肺炎的治疗原则和用药:清热解表、抗菌消炎、止咳平喘。常用药物有:柴胡、鱼腥草、双黄连、板蓝根、青霉素、链霉素、头孢菌素、酒石酸泰乐菌素、土霉素、替米考星、氟苯尼考、氨茶碱等。根据病情发展进行配伍用药,给予抗生素的同时,必须给予非固醇类抗炎药物,以降低炎症反应,避免呼吸系统组织损伤严重。合理给予支持疗法,如纠正脱水、纠正酸中毒,以及适当补充能量等。

3. 给药途径

肌肉给药是最简单易行的,效果可以。静脉注射疗效较肌肉注射快,但操作费事。采用气管内注射:用 5～10 mL 无菌生理盐水稀释 50 万～100 万单位抗生素,缓慢注入喉头下气管内,每日 1 次,连续 5 d,效果非常好。

4. 犊牛脐带炎

(1)犊牛脐带炎的发病原因。犊牛脐带炎是犊牛的一种常见病,发病的主要原因:①产房卫生差;②助产人员及其助产器械不经消毒或是消毒不严;③脐带处理不当,消毒不严;④犊牛相互舔舐脐带造成脐炎的发生。

(2)犊牛脐带炎的预防措施。犊牛脐带炎的预防:①产前一定要注意产房及周围环境的清洁卫生;②接助产人员的手臂及器械必须进行严格消毒;③母牛阴户周围也应严格消毒;④犊牛在出生后,如果脐带未正常撕断,接产人员应注意将脐带距离犊牛腹部 5～10 cm 处用消毒剪剪断,并立即涂上 10%的浓碘酊严格消毒。出生后 12 h 再次脐带消毒;⑤同时保持犊牛舍的清洁卫生,定期消毒牛舍,垫草应及时更换;⑥防止犊牛互相舔舐脐带,可使用犊牛笼、犊牛单栏、犊牛岛来进行饲养。

(3)犊牛脐带炎的治疗手段。犊牛脐带炎的治疗:一旦发生脐带炎时,应给予及时治疗,先将脐带孔周围剪毛消毒后,用 0.5%普鲁卡因青霉素做环状封闭,并涂上 5%鱼石脂樟脑软膏。发烧犊牛,同时配合肌肉注射安乃近、氟尼辛葡甲胺等退烧止痛药物,加抗生素效果更佳,连续治疗 3～5 次即能痊愈。若是脐带化脓时,必须将脓汁挤净,接着用 0.1%～0.2%高锰酸钾溶液或者双氧水、0.9%生理盐水冲洗,然后撒上抗菌消炎药如青霉素、链霉素、磺胺粉、土霉素粉等,并包扎患部,每隔 2 d 处理 1 次,处理 4～5 次即可痊愈。

3.4.7.4 犊牛胀气

1. 胀气的种类

胀气的种类包括真胃胀气、瘤胃胀气和混合胀气。

真胃胀气发病快，往往会威胁到犊牛生命，真胃胀气发生的过程目前并不完全了解，仅知为快速增生的微生物所产生的气体在真胃聚积无法排出，此种胀气会压迫腹腔及胸腔，常导致缺氧及心脏无法负担。目前已知的可能发生的原因包括过度喂饲牛奶或喂饲速度太快，此可使真胃内的微生物快速增生，产生过量气体。此外，某些细菌(如梭菌)的增生也会导致真胃胀气，这些梭菌包括 *Clostridium perfringens* A、B、C 型。*C. perfringens* B、C 型被视为最常发生的案例。梭菌可能导致肠毒血症，产生大量毒素，导致牛只死亡。梭菌感染可能在犊牛肠道，过食或突然改变日粮会导致消化不良，减慢肠道的蠕动，梭菌在肠道缺氧环境下，又有糖类及蛋白质供其快速繁殖。然而梭菌感染犊牛肠道案例并不多见，更多的梭菌感染发生在犊牛真胃，通常发生在 2～5 周龄。感染的犊牛可能不食，不安，因为腹痛而脚踢腹部。有时犊牛甚至没有上述症状就突然死亡。患病犊牛经常可以看到轻微程度的真胃胀气。此外还有其他因素可能导致真胃胀气，如犊牛采食非饲料物质，包括采食垫料或毛球，导致真胃或肠道塞满异物而引起胀气。犊牛甚至有可能因为结构或生理上的原因导致功能异常而引起胀气。

瘤胃胀气的发生原因也很多，包括饲喂的奶进入瘤胃中(食道沟关闭反射不完全——可由奶桶改为奶瓶)，限制饮水或给水不足，饲喂时间不定时，饲喂器具不洁，若以奶瓶饲喂，奶嘴老旧或末端开口太大使犊牛喝奶速度太快都可能引起胀气，采食不足时较易发生胀气。此外，瘤胃过酸也是发生瘤胃胀气的原因之一，可给予小苏打或在料中添加酵母培养物得以减缓。若是因料中碳水化合物太多或分解太快，可将配方中加入棉籽壳等高纤原料。

混合胀气就是瘤胃和真胃胀气同时出现，一般情况是因为瘤胃胀气太严重而导致气体流入真胃引起。

2. 胀气的原因

①犊牛胀气常发生在 45～70 日龄，尤其是刚断奶的犊牛，多与无法随时喝到充足饮水有关，亦与刚断奶犊牛与体型较大犊牛一起饲喂有很大关系，造成这些犊牛短时间内大量摄取犊牛料或饮水造成胀气；②胀气是由于消化道的微生物(不一定是有害菌)所产生的过度气体而引起的；③除了水分提供及牛群管理，与饲料设备(清洁程度)、饲料温度、饲料成分、饲喂量、饲喂频率、气候、应激等均可能有关。因此，牛只发生胀气的因素很多，而同一批生产的犊牛料在 A 牧场完全没有问题，但在 B 牧场却有牛只胀气；还有一部分容易胀气的牛只是与遗传有关；有时要找到真正的胀气原因会使我们倍感受挫(无法确定)，但是针对某些可能因素，从饲养管理上进行控制，可以预防胀气的发生，或将发生的比例降至最低。

3. 胀气的预防

①严格按照喂奶要求和标准进行饲喂，器械和环境严格清洁消毒；②颗粒料适当限量饲喂，严禁发霉变质，颗粒料细碎末应当清除，严禁饲喂犊牛；③分群饲养，避免大牛过度采食犊牛料；④让犊牛自由饮水；⑤断奶后犊牛若易发生胀气，应鼓励摄取优质干草；可根据情况适当减少精饲料饲喂量。

4. 胀气的治疗方法

应消导下泻，止酵防腐，纠正酸中毒，健胃补充体液。①消导下泻，可用石蜡油 100 mL、人工盐 50 g 或硫酸镁 50 g、芳香氨醑 10 mL，加水 500 mL，一次灌服。②制止发酵，灌服消气灵 10 mL 或酒精鱼石脂加温水 200 mL。③解除酸中毒，可用 5%碳酸氢钠 100 mL，5%葡萄糖 200 mL，静脉一次注射。为防止酸中毒，灌服小苏打或大黄苏打片即可。

急性瘤胃臌气，可以首先插入胃导管放气，然后可根据情况适当地灌服消气灵和缓泻剂。胃导管放不出来，也可以选择使用放气针穿刺瘤胃放气，这些都可以根据临床情况实际对待，放完气以后应立即进行上述用药处理，以防反复胀气。

3.4.7.5 犊牛血尿

1. 发病原因

由于犊牛饲养管理不当、犊牛大量喝水而引起的使红细胞被溶解、血红蛋白随尿排出的一种犊牛常发病。也偶见于犊牛奔跑、顶撞等机械性损伤而引起。

2. 临床症状

排出红色尿液，可自愈，多发生于 6 月龄以下的犊牛，特别是哺乳期和断奶前后的犊牛。断奶前后的犊牛，由于精饲料采食量增加，需水量随之增加，当供水不足，饮水受到限制，犊牛遇到水后极易发生一次性饮水过多。暴饮后，瘤胃臌胀，腹部突起，精神沉郁，伸腰踢腹，呼吸增加，鼻内流出淡红色液体，起卧不安，出汗，严重的共济失调，强直痉挛，昏迷。排尿次数增加，呈淡红色或暗红色尿液。

3. 预防

主要是加强饲养管理，防止暴饮。

4. 治疗

应将犊牛置于安静温暖室内，单独饲喂，限制饮水，不需治疗，经 2～3 d，血尿症状就可自行消除。止血可用安络血 10～20 mL，维生素 K 15 mL，或止血敏 10～20 mL，肌肉注射。消炎可用抗生素。利尿，可用 25%葡萄糖液 200～300 mL、10%安钠咖 5～10 mL、40%乌洛托品 20～30 mL，静脉注射。

3.4.7.6 犊牛血便

1. 发病原因

犊牛血便是临床常见病之一，多为感染大肠杆菌、沙门氏菌、隐孢子虫及某些病毒等引起的急性肠炎及下痢，在临床上常见有粪中混血、粪后泻血、血水粪等。血液可为鲜红色，也可为暗红色，有血丝、血块、血条等。也有可能是由于妊娠母牛营养不良，特别是在妊娠后期，饲料中蛋白质、维生素和某些矿物质缺乏时，可造成母牛的营养代谢过程紊乱，引起犊牛发育不良，抵抗力低下，从而导致犊牛患病。新生犊牛护理不当，初乳灌服不好，脐带消毒不严也可能造成。此外，牛舍过于潮湿，犊牛机体受寒冷侵袭可使细菌侵入机体诱发该病。

2. 临床症状

病牛精神沉郁，粪便呈稀粥样并带有血丝，鼻镜干燥，被毛粗乱，皮肤弹性降低，尿少且呈深黄色。

3. 预防

一方面要加强饲养管理，提高母乳质量，增强机体免疫力；另一方面要对犊牛舍及其周围环境定期消毒，严防该病传播。

4. 治疗

10%葡萄糖注射液500 mL，复方生理盐水500 mL，5%碳酸氢钠注射液250 mL，复方氨基酸注射液250 mL，8万IU庆大霉素8支，止血敏10 mL，维生素K_3 10 mL，地塞米松5 mL，病毒唑10 mL，肌苷1.0～1.2 g，混合静脉注射，每天1次，连用2～3 d。有的患犊在便血基本消除后，于排粪后流出少量鲜血，可能为直肠出血，用5%明矾溶液200 mL灌肠，以收敛止血。肠道炎症较严重的，可灌服磺胺脒10 g，小苏打粉10 g。症状严重者，在犊牛每次吃奶后给其口服补液盐进行辅助治疗。

[撰稿：北京奥耐尔饲料有限责任公司 刘通]

3.4.8 3～6月龄断奶犊牛饲养管理

后备牛是牧场未来的希望，养殖者应通过良好的饲养管理确保后备牛从出生到产犊期间的日增重达到0.8～0.9 kg，并逐渐完善瘤胃、骨架、肌肉、生殖器官的发育。保障后备牛在12～13月龄及时配种，加快后备牛的周转速度。影响后备牛生长发育和将来生产性能的主要因素包括初乳的管理、哺乳期及断奶至产犊期间的饲养管理。后备奶牛包括犊牛、育成牛和青年牛，犊牛包括哺乳期犊牛(0～2月龄)和断奶期犊牛(3～6月龄)；断奶犊牛(3～6月龄)生长速度快，日增重达到1 kg/d左右。该阶段的饲养目标是为犊牛提供充足的蛋白质，促进犊牛肌肉的生长发育。该阶段可以饲喂精补料、苜蓿草、羊草、燕麦和全株玉米青贮。日粮干物质基础的能量为1.57 Mcal/kg，蛋白质为17%，淀粉为10%～14%。

3.4.8.1 断奶犊牛饲喂流程

1. 犊牛断奶后转群的先决条件

(1)犊牛断奶后至少1周，停留在原犊牛舍。

(2)犊牛24 h的饮水量目标为6 L。

(3)犊牛开食料采食量连续3 d为1.5～2.0 kg。

(4)犊牛应该是健康的。

(5)犊牛体重至少为出生重的2倍。

2. 断奶初期64～77 d犊牛饲喂流程

群体大小不超过25头的64～77 d犊牛饲喂流程见表3-4-16。

表3-4-16 64～77 d犊牛饲喂流程

周龄	日龄/d	是否提供饮水	开食料	期望的开食料干物质采食量/kg	群体大小/头	位置
10	64～70	自由饮水	自由采食	2+	20～25	断奶牛舍
11	71～77	自由饮水	自由采食	2.5	20～25	断奶牛舍

(1)提供清洁的饮水。

(2)开食料与断奶前饲喂的开食料相同。

(3)使用料槽或料桶饲喂,必须保证每圈内的所有犊牛能同时采食。

(4)每天必须分 3 次提供新鲜的饲料(目标采食量 2.5 kg)。

(5)每天至少 1 次将未吃完的开食料彻底清理干净(收集饲喂 5～6 月龄犊牛)。

(6)针对这群牛只每天必须进行 2 次巡圈检查。

(7)病牛必须及时进行治疗,必要时转移到单独的圈舍内进行治疗。

3. 78～119 d 犊牛饲喂流程

群体大小不超过 48 头的 78～119 d 犊牛饲喂流程见表 3-4-17。

表 3-4-17　78～119 d 犊牛饲喂流程

周龄	日龄/d	是否提供饮水	开食料	期望的开食料干物质采食量/kg	优质苜蓿/kg	群体大小/头	位置
12	78～84	自由饮水	自由采食	3	0.25	30～40	断奶舍
13	85～91	自由饮水	自由采食	3＋	0.5	30～40	断奶舍
14	92～98	是	自由采食	3＋	0.75	30～40	断奶舍
15	99～105	是	自由采食	3.5	1	30～40	断奶舍
16	106～112	是	自由采食	3.5	1.5	30～40	断奶舍
17	113～119	是	自由采食	4	2	30～40	断奶舍

注:体现的苜蓿饲喂量是 1 d 的上限饲喂量。

(1)提供清洁的饮水。

(2)开食料(蛋白质 16%～18%)。

(3)必须保证每圈内的所有犊牛能同时采食到饲料。

(4)每天至少 1 次将未吃完的苜蓿草彻底清理干净(收集饲喂 5～6 月龄犊牛)。

(5)每天必须分 2 次提供新鲜的饲料。

(6)针对这群牛只每天进行 2 次巡圈检查。

(7)病牛必须及时进行治疗,必要时移到单独的圈舍内治疗。

(8)按体格大小每月分群 2 次。

(9)120 日龄内的犊牛每天饲喂 3 次新鲜的颗粒料及苜蓿,颗粒料洒在苜蓿草上面(特别注意草的饲喂量),优先采食精饲料;如果颈枷数能满足牛头数的 1 倍时颗粒料及苜蓿分开投喂。

4. 120～180 d 犊牛饲喂流程(群体大小不超过 100 头)

(1)4 月龄以后使用 TMR 全混合日粮(根据营养中心设计配方执行)。

(2)每天必须分 2 次提供新鲜的饲料。

(3)每天至少 1 次将未吃完的料彻底清理干净(收集饲喂 7～8 月龄牛)。

(4)自由采食,不能空槽;目标干物质采食量 5.5～7 kg。

(5)按体格大小每月分群 2 次。

5. 其他工作程序

(1)控制好饲养部门供应苜蓿量和质量。

(2)保证苜蓿中无杂物。

(3)保持周围卫生。

(4)定期犊牛耳号的核对、补单耳牌。

(5)每天认真检查后备牛舍设施情况,发现异常及时通知部门管理人员。

3.4.8.2 饲养密度要求

第一阶段:64～77日龄犊牛每圈舍饲养的牛头数应控制在牛颈枷和牛卧床数的85%以内(两项指标均满足)。

第二阶段:78～119日龄犊牛每圈舍饲养的牛头数应控制在牛颈枷和牛卧床数的90%以内。

第三阶段:4～6月龄犊牛,每圈舍饲养的牛头数应控制在牛颈枷和牛卧床数的95%以内。

3.4.8.3 3～6月龄犊牛舍卧床管理制度

(1)3～6月龄犊牛散栏式卧床垫料厚度10～15 cm(包括垫草、稻壳或稻壳粉、锯末、沙子、沼渣水分≤50%等)。

(2)垫料无霉变,无杂质。

(3)卧床干燥、干净、平整、舒适。

(4)3～6月龄犊牛散栏式卧床合格率≥80%。

3.4.8.4 生长指标监测

(1)检测月龄阶段。满1.95～2.5月龄断奶犊牛以及满5.75～6.99月龄后备牛。

(2)检测头数及牛只挑选要求。满1.95～2.5月龄犊牛:按照耳牌顺序测100头,如不到100头,将满1.95～2.5月龄段的牛只全部测生长指标。满5.75～6.99月龄后备牛:挑选100头体格小的牛只测生长指标,如不到100头,将满5.75～6.99月龄段的牛全部测生长指标。

(3)检测数据报送。检测数据报送后录入系统。

[撰稿:北京奥耐尔饲料有限责任公司 王晓玲]

3.4.9 面对不同犊牛饲养程序的正确选择

目前,国内大多数牧场已经能够实现后备牛在13～14月龄时达到适配标准,而在2005年,这个成绩仍是16～18月龄时达到适配标准,甚至时间更长。后备牛饲养成绩的提升要归功于牧场的不断实践摸索和一线技术人员对正确饲养技术的不断推广,尤其是建立正确的"犊牛及后备牛饲养程序"。

近年来,随着新技术的不断突破,又有一些新的饲喂策略被提出,但是笔者认为,虽然新的饲喂技术不断演进,但是到目前为止,犊牛饲养的目标是一致的。当牧场在面对这些不同的犊牛饲喂策略,应该以饲养目标及各阶段关键点作为依据并深度思考,结合自身状况,选择适合自己牧场的犊牛饲养程序。

3.4.9.1 确认饲养目标

在讨论和选定犊牛饲养程序之前，首先要确认犊牛及后备牛这一阶段的饲养目标，因为只有饲养目标明确了，才能有清晰的思路和正确的做法去实践。

对于一个奶牛牧场来说，饲养后备牛的主要目的是更新泌乳牛群，既然是更新泌乳牛群，那么培养后备牛的基本要求是如下几点。

(1)成活率高，成活率永远是第一位的，只要母牛产得出来，就要保证养得活。

(2)健康，不仅仅是哺乳期的犊牛要健康，断奶后的育成牛以及 6 月龄以上的后备牛都要健康。

(3)能把它们基因中的泌乳潜能发挥到最大。

3.4.9.2 影响饲养目标的关键因素

1. 第一次产犊的最佳月龄：24～26 月龄

根据 Fricke 等的研究，当头胎牛的产犊月龄为 24～26 月龄时，第一个泌乳期的产奶量会发挥最大化，这也是后备牛需要在 13 月龄时达到适配标准的主要原因。当产犊月龄超过 26 月龄，将显著增加后备牛的培育成本，尽管后备牛可以在 19～21 月龄产犊，但除了产奶量的影响以外，还可能会出现难产和代谢紊乱，因为骨骼尤其是骨盆，没有发育完全。

2. 第一胎产后母牛体重：567～590 kg

在 Keown 等(1986)的研究中，头产母牛产后体重大于 408 kg 时，体重每增加 22.6 kg，第一泌乳期奶量增加约 90 kg。当产后体重在 567～590 kg 时，增加的产奶量最高。另外，该项研究还提到了头产母牛产后体重对泌乳量的影响比第一次产犊月龄的影响更显著。

假设犊牛的平均出生重是 40 kg，如果要犊牛在 24 月龄时达到产后体重 567～590 kg，那么犊牛出生后 24 个月(730 d)之内的平均日增重应该是 722～753 g。

3. 犊牛性成熟前的日增重

Zanton 等在犊牛日增重方面的研究表明，当性成熟前的平均日增重(ADG)达到 799 g 时，第一个泌乳期奶量最高，而当性成熟前的日增重再进一步提高时，则预期产奶量降低。

综合以上来自不同研究者的研究成果来看，如果犊牛性成熟前的平均日增重要求达到 799 g，那么，性成熟后的平均日增重就需要小于 750 g，这样才能使第一胎产后母牛体重控制在 567～590 kg。在此之前，对于后备牛的适配标准推荐是 13 月龄时达到体重 350 kg，体高 130 cm，依此推算犊牛从 0 日龄到 13 月龄内的平均日增重需求大约是 795 g，基本符合这些研究结果。

4. 关于犊牛日增重的建议

对于犊牛和后备牛的饲养，日增重非常关键，但是这并不代表日增重越高越好。犊牛和后备牛在不同的发育阶段，对于日增重也有不同的需求，饲养要顺应犊牛的生理发育顺序。对于后备牛不仅要关注骨骼骨架的发育，同时也要关注不同时期的体况评分(BCS)。

3.4.9.3 按照明确的饲养目标和关键影响因素设定饲养流程

1. 饲养目标以及关键点

(1)保命是第一位的，0～6 月龄犊牛的成活率≥95%。

(2)无论是处于哺乳期还是非哺乳期,后备牛必须健康,毛色必须光亮。

(3)13 月龄达到适配标准,体重不低于 350 kg,体高不低于 130 cm。

(4)24 月龄产犊;头胎牛产犊后,母牛体重 567～590 kg。

(5)犊牛的平均日增重非常重要,但要控制在最适当的范围内,并不是越高越好。

(6)要达成上述目标的基础是“尽早完成瘤胃发育”,哺乳期犊牛要兼顾增重和瘤胃发育。

2. 后备牛饲养的阶段划分

按照饲养管理的需求及后备牛生长发育的需求,建议将参配前的后备牛饲养分为如下几个阶段。

(1)初生犊牛。0～4 日龄。

(2)哺乳期犊牛。4～60 日龄。

(3)断奶犊牛。60～90 日龄。

(4)小青年牛。3～6 月龄。

(5)大青年牛。6～13 月龄。

3.4.9.4 初乳的饲喂

1. 初乳的重要性

对于反刍动物,因为抗体无法通过胎盘,所以生来不具备抵抗细菌和病毒的能力,因此初生犊牛必须通过吃母体初乳才能获得免疫能力。

2. 初乳的定义

母牛产犊后开始分泌的乳汁可分为初乳、过渡乳、常乳三大类,其中初乳是指母体产犊后,24 h 之内乳腺所分泌的乳汁;过渡乳是指产犊后第 2 天和第 3 天所分泌的乳汁;常乳是指第 4 天和之后母体所分泌的乳汁(表 3-4-18)。

表 3-4-18 不同泌乳天数下对应的乳类别及乳成分

乳类别	初乳	过渡乳	过渡乳	常乳	常乳	常乳
泌奶天数/d	1	2	3	4	5	11
总固形物/%	23.9	17.9	14.1	13.9	13.6	12.9
总蛋白质/%	14.0	8.4	5.1	4.2	4.1	4.0
免疫球蛋白/%	6.0	4.2	2.4	0.2	0.1	0.09
脂肪/%	6.7	5.4	3.9	4.4	4.3	4.0
乳糖/%	2.7	3.9	4.4	4.6	4.7	4.9
矿物质/%	1.11	0.95	0.87	0.82	0.81	0.74
维生素 A/(μg/L)	2 950	1 900	1 130			340

3. 初乳的质量

如表 3-4-19 中所示,按照初乳中免疫球蛋白的含量不同,将初乳分出高、中、低 3 个不同质量等级,高质量等级的初乳应该被优先使用。

表 3-4-19 不同初乳品质的参考数值

	高质量	中等质量	低质量
免疫球蛋白(IgG)含量/(g/L)	>50	20～50	<20

4．饲喂初乳的时机

犊牛出生后，要尽快喂给犊牛初乳，因为抗体是在犊牛的小肠被吸收，所以饲喂初乳的时效性和初乳品质同样重要，小肠吸收抗体的管道一闭合，抗体就再也无法进入。首先进入小肠的东西是好是坏，决定一切。

5．初乳饲喂的参考程序

(1)犊牛出生后 2 h 内，饲喂 1.5～2.0 L 初乳。

(2)出生后 12～16 h 内，饲喂 5.5～6.0 L 初乳。

(3)出生后 16～72 h 内，每天喂 2 次，每次饲喂 2 L 初乳。

(4)建议在犊牛出生后的 12 h 内，分 2 次饲喂初乳比较适宜。对于可以自己喝初乳的犊牛，在出生后 2 h 内，不提倡采取一次灌服 4～6 L 的做法，因为容易给犊牛带来较大的应激及伤害。

3.4.9.5 哺乳期犊牛饲养的关键点

哺乳期犊牛在吃完初乳以后，从 4 日龄开始，最重要的目标是尽早完成瘤胃发育，这个不仅关系到后备牛时期的健康、发育、饲养成本，更关系到这头奶牛的一生，而完成瘤胃发育的第一步是完成瘤胃内壁乳突的发育，只有完成瘤胃内壁乳突的发育，才能顺利地培养瘤胃菌群。

1．瘤胃内壁乳突发育

能够帮助促进瘤胃内壁乳突发育的是谷物饲料(犊牛料)，不是牛奶，也不是草。Quigley 研究发现，当注射挥发性脂肪酸到哺乳期犊牛的瘤胃中，乳突大小、代谢速率、乳突吸收能力急速增加，尤其是在注入丁酸、丙酸时。而注射乙酸、葡萄糖到瘤胃时，对瘤胃功能的发展几乎无影响。这是因为丁酸在瘤胃上皮细胞转换成 β-羟丁酸酯，特别是上皮细胞增殖时尤其重要。瘤胃吸收挥发性脂肪酸时瘤胃内壁的血液量也同时增加了(表 3-4-20)。

表 3-4-20 不同饲料的消化位置及发酵产物

物质	主要发酵产物	消化位置
牛奶	无	皱胃
干草	乙酸	瘤胃
犊牛料	丙酸、丁酸	瘤胃

对于哺乳期犊牛饲喂不同的日粮组合，由美国宾夕法尼亚州立大学的试验结果，也不难看出到犊牛 6 周龄时，犊牛料(谷物饲料)对于瘤胃内壁乳突发育有明显促进作用。国内的研究者和机构也尝试做过同样的试验，并得到了同样的结果(图 3-4-29)。

2．教槽

犊牛 4 日龄时应该开始接触犊牛料，此时需要人工诱导犊牛采食犊牛料，将人工诱导犊牛采食犊牛料的过程称之为“教槽”(图 3-4-30)。成功的教槽结果是指，犊牛在 7 日龄之内可

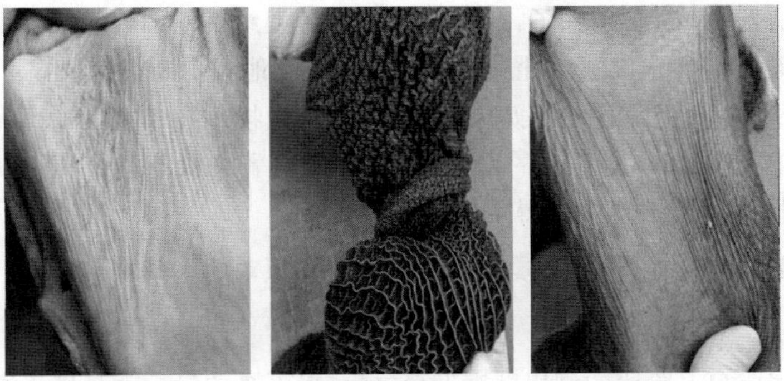

只喂牛奶　　饲喂牛奶 + 犊牛料　　饲喂牛奶 + 干草

图 3-4-29 不同日粮组合对瘤胃内壁乳突发育的试验结果(美国宾夕法尼州立大学)

以主动去采食犊牛料。犊牛越早适应犊牛料，犊牛料的采食量会越大，犊牛瘤胃内壁乳突的发育才会越快速。

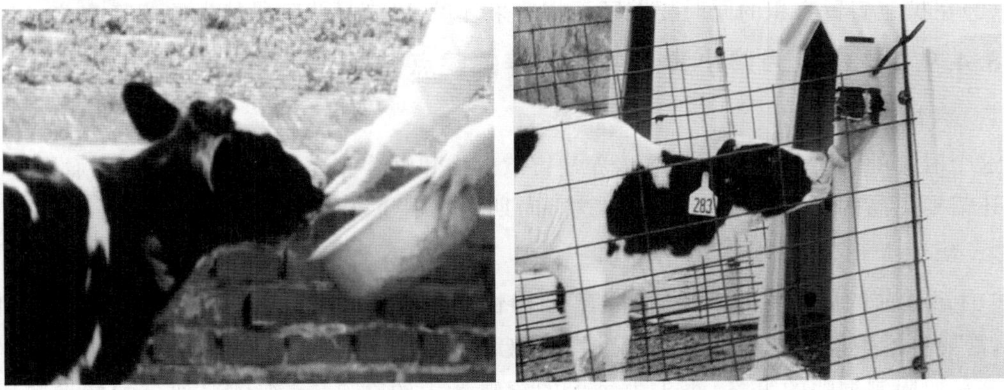

图 3-4-30 犊牛教槽的方式(人工教槽和料瓶教槽)

3. 哺乳期犊牛的饲喂程序

对于哺乳期犊牛，不建议饲喂任何粗饲料，因为此时的犊牛瘤胃功能尚未发育完全，而粗饲料的发酵产物又无法帮助犊牛瘤胃内壁乳突的发育。在推荐的饲喂程序中，犊牛从 4 日龄开始，牛奶采取限饲的策略，每头犊牛每次饲喂 3 L 牛奶，每天饲喂 2 次；犊牛料自由采食，以少量多次的原则添加；提供清洁的饮水，自由饮水。

4. 哺乳期犊牛饲喂程序的设计宗旨

(1)让犊牛用正确的方式，尽早采食足量的高质量初乳。

(2)牛奶的日饲喂量不会随哺乳期犊牛日龄的变化而变化，操作简单，并能减少断奶应激。

(3)限制牛奶的饲喂量，不喂粗饲料，提供足够的清洁饮水，可以使犊牛采食更多的犊牛料，犊牛料采食量越多，瘤胃内壁乳突发育越快，为下一步培养瘤胃微生物打下基础。

(4)60 日龄前瘤胃内壁乳突的发育程度，对断奶后的后备牛发育有非常重要的影响。

5. 犊牛断奶时间及断奶依据

断奶应该以牛只表现为准，当犊牛连续 3 d，每天能够采食 1.5 kg 犊牛料，并且体重持续增加，说明犊牛已经具备断奶条件了，此时犊牛的日龄大约是60日龄。当犊牛在断奶前能连续3 d并且每天摄入1.5 kg以上的犊牛料时，可以有效地减少断奶应激。

断奶后，如果犊牛发生明显的断奶应激，可能是因为犊牛在断奶前每天喝大量的牛奶[超过8 L/(头·d)]，限制了犊牛料应有的采食量，而使瘤胃乳突没有得到很好的发育，因此无法在断奶后马上从犊牛料及干草中获得足够所需的营养。

3.4.9.6 断奶后到3月龄犊牛的饲养关键点

1. 饲养目标

断奶犊牛在完成第一阶段的瘤胃乳突发育之后，接下来的目标就是培养瘤胃微生物以及扩大瘤胃容积。这时候除了犊牛料和清洁饮水需要自由采食以外，还需要给犊牛喂饲优质干草，但是不推荐喂饲青贮，因为青贮会降低犊牛在这一时期的干物质采食量，不能满足营养需求。

2. 断奶后到3月龄犊牛饲喂程序的设计宗旨

(1)此阶段的犊牛需要足够质量和数量的长纤维，以刺激反刍和培养瘤胃中的纤维消化菌。

(2)在扩充瘤胃容积的同时要兼顾干物质采食量，以满足此阶段犊牛的营养需求。

3.4.9.7 3～6月龄小青年牛的饲养关键点

1. 不饲喂青贮

这个时期的小青年牛需要继续培养瘤胃微生物和继续扩充瘤胃容积，在扩充瘤胃容积的同时还需要更高的干物质采食量，所以这一时期仍然不建议饲喂青贮。

2. 侧重骨骼与肌肉的发育

6月龄之前的后备牛处于神经、骨骼、肌肉快速发育的时期，这时候要侧重骨架与肌肉的生长，需要日增重但绝不是肥胖，体况评分(BCS)应该控制在3.0～3.25分。此时的青年牛料应该采取限制饲喂的策略，每头牛每天的饲喂量大约2.5 kg，视体况评分酌情增减用量。如果3月龄之前的犊牛没有被养好，瘤胃发育进度没有跟上，在这时，可能会出现草腹、毛色差、腹泻等状况。

3. 3～6月龄小青年牛饲喂程序的设计宗旨

(1)这个时期的后备牛需要继续扩大瘤胃容积和继续培养瘤胃微生物。

(2)此时后备牛的骨骼和肌肉处于快速发育时期，要关注骨架的发育，应防止后备牛长胖。

(3)假如日粮设计不合理，可能会使这一阶段的后备牛过早沉积脂肪，虽然日增重成绩高，但并不是这个时期后备牛最需要的。

3.4.9.8 6～13月龄大青年牛的饲养关键点

1. 开始饲喂青贮

在经历了前6个月顺利的基础发育，此时的大青年牛瘤胃功能已经日趋完善，可以适应青贮、干草等多种日粮结构，此时日粮中可以添加青贮或者黄贮，体况评分(BCS)应该控制在3.25～3.5分。

2. 日增重

需要注意的是，8～10月龄时，是乳腺发育的关键时期，此时的日增重不能超过800 g。

3．6～13月龄大青年牛饲喂程序的设计宗旨

(1)瘤胃功能日趋完善，通过饲喂青贮可以降低饲养成本；推荐对后备牛开始饲喂青贮的时间是6月龄以后。

(2)骨架已经初步成型，脂肪沉积速度加快，要控制后备牛不能过肥。

(3)8～10月龄期间，乳腺细胞开始发育，日增重不能过高。

(4)要在13～14月龄达到适配标准。

3.4.9.9 需要注意的细节

1．哺乳期犊牛需要分开个别饲养

哺乳期的犊牛，个体免疫能力没有完全建立，分开个别饲养(图3-4-31)可以防止犊牛相互接触、吸吮，防止传染性疾病快速蔓延。另外，犊牛因为好奇，可能会互相吸吮乳头，分开个别饲养也会杜绝这类问题的发生。

图3-4-31 分开个别饲养的犊牛舍范例

2．犊牛的饮奶方式

哺乳初期的犊牛食道沟尚未完全闭合(图3-4-32)，当犊牛低头喝奶时，食道沟处于打开状态，牛奶会进入瘤胃，而此时的瘤胃没有消化牛奶的能力，会影响牛奶的吸收效率。当犊牛抬起头来喝奶时，食道沟处于闭合状态，牛奶可以顺利进入真胃，使犊牛对牛奶的吸收效率增加(图3-4-33)。

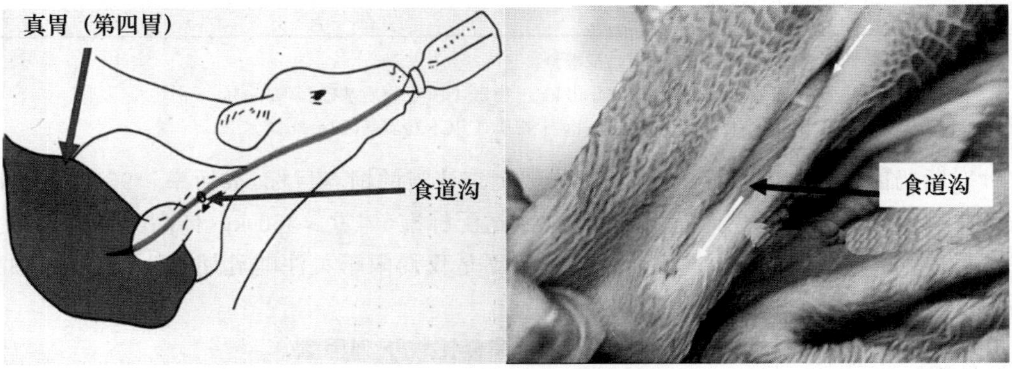

图3-4-32 尚未闭合的食道沟

图 3-4-33 犊牛正确的饮奶方式

3.4.9.10 结论

哺乳期犊牛采食不同数量的牛奶，会影响犊牛料的采食量，也会使饲养成本产生较大的差异（表 3-4-21）。

表 3-4-21 不同犊牛饲喂程序的成本比较（以 60 d 断奶计）

牛奶用量/[L/(头·d)]	项目	单价/(元/kg)	57 d 用量/kg	成本/(元/kg)	成本差异/(元/头)	代谢能总摄入量/Mcal	蛋白质总摄入量/kg
6	牛奶	3.30	342.00	1 128.60		464.18	27.14
	犊牛料	4.00	90.00	360.00			
	总成本	1 488.60					
8	牛奶	3.30	456.00	1 504.80	262.20	464.46	25.66
	犊牛料	4.00	61.50	246.00			
	总成本	1 750.80					
10	牛奶	3.30	570.00	1 881.00	524.40	464.75	24.18
	犊牛料	4.00	33.00	132.00			
	总成本	2 013.00					

注：1. 牛奶用量计算公式为 57 d×每天牛奶饲喂量。

2. 牛奶干物质为 12.5%，代谢能＝5.3 Mcal/kg 干物质，CP（干物质基础）＝25.6%。

3. 犊牛料干物质为 88%，代谢能＝3 Mcal/kg 干物质，CP（干物质基础）＝20%。

针对断奶前犊牛喂饲程序的决策，首先要制定清晰的饲养目标：成活率≥95%，任何时期的后备牛都要健康并且毛色光亮，13 月龄达到适配标准（体重≥350 kg，体高≥130 cm），头胎母牛产后体重 567～590 kg。这些目标的设定不是仅局限于关注哺乳期犊牛，更要兼顾到断奶后犊牛以及后备牛，甚至是未来的泌乳牛。

在可达到同样最终饲养目标的前提下，则综合比较下列因素。

(1)比较饲养成本，按照上述的测算结果显示，不同饲养程序之间的饲养成本差异可达到

500 元/头以上。

(2)比较饲喂程序的便利性,饲喂程序的设定要符合牧场工人的实际操作,程序越简单越不容易出错,反之则越容易出错。

(3)比较安全性,如哺乳期犊牛之间的疾病传播,尤其是在超大型牧业,由于犊牛群体众多,这一点尤为重要。

(4)减少断奶应激。

[撰稿:聚牧(天津)科技有限公司 单仁政 童荣信]

3.4.10 哺乳犊牛代乳粉的选择与饲喂模式

随着奶牛养殖集约化程度的提高,哺乳期犊牛饲喂代乳粉不仅可以节约牧场经营成本,更成为犊牛主要的优质营养来源,而且代乳粉是按照配方设计的,营养成分全面,配比合理,不仅可以给犊牛提供生长发育所需求的全面营养,更能最大化促进开食料的采食,减少断奶应激。

犊牛的饲养旨在健康生长,提高日增重,减少腹泻,减少呼吸道疾病,最大限度地促进瘤胃发育,最终达到更小的头胎产犊月龄,提高第一胎产奶量,延长使用寿命,获得更高的终身产奶量。要想实现一系列进阶式目标,哺乳期的犊牛培育尤为重要,因此,代乳粉的选择更成为一项关键因素。

3.4.10.1 代乳粉的选择

代乳粉的选择应遵循以下 4 点原则。

1. 蛋白质的来源应以乳清蛋白为主,尽量避免植物性蛋白质的添加

选择代乳粉,首先要看代乳粉的蛋白质含量和粗纤维的含量,综合两个指标,可直观地看出代乳粉的蛋白质来源,即是否以乳清蛋白为主。因为乳清蛋白具有最理想的乳糖水平,有利于犊牛消化吸收,不会形成凝乳,真胃排空快,促进精饲料采食。因为精饲料的采食量是促进犊牛瘤胃发育的关键因素,优质代乳粉的使用会促进精饲料采食,优化瘤胃发育。

2. 脂肪的来源与形态应以易于犊牛消化吸收为主

代乳粉中脂肪的含量在 17%～20%,有利于犊牛消化吸收,不易造成营养性腹泻,也可降低犊牛长期处于饱腹感的状态,促进精饲料采食。在脂肪的来源上,尽量选择含有较高含量椰子油的代乳粉。椰子油含有丰富的中链脂肪酸(C_{10},C_{12}),在促进肠道健康、提高消化吸收率方面有重要的生理作用。脂肪的存在形态通过特定的加工系统以达到均质微粒为最佳,通过特殊的加工工艺,使脂肪球直径$<2\ \mu m$,且脂肪球颗粒均匀,这样就克服了幼小动物由于胆汁酸分泌不足而导致日粮中大的脂肪球不能被充分乳化成小脂肪球,进而影响脂肪水解吸收。简言之,就是所选择的代乳粉,其脂肪是否是经过了“预消化”的过程。

3. 维生素和微量元素的含量要满足犊牛的需求量

犊牛出生后的前 3 周,主要依靠初乳提供的被动免疫保护犊牛不受外界致病菌的侵害。随着时间的推移,被动免疫逐渐下降,主动免疫逐渐建立,但尚未完全,二者交互期间,在一段时间内犊牛的免疫力是低于阈值的(可以保护犊牛免受疾病感染的免疫力最低值,如图 3-4-34 所示)。因此,所选择的代乳粉应含有丰富的维生素和矿物质元素,促进犊牛在哺乳

期尽早建立主动免疫，抵抗细菌和病毒的侵害。

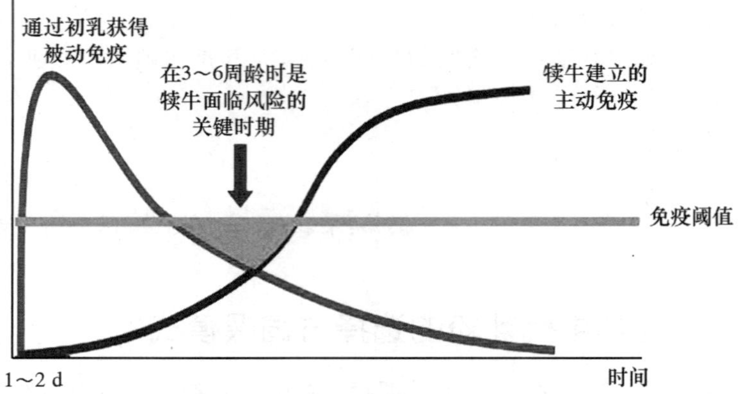

图 3-4-34　犊牛的免疫阈值期

4．添加有益于犊牛肠道健康发育的营养元素

代乳粉中若添加有益于犊牛肠道健康发育的营养元素，会对犊牛整个哺乳期的培育过程起到事半功倍的效果。如有机酸、益生菌和益生元的添加，三者之间的协同作用，可以大大提高肠道有益菌群的建立，防止并降低犊牛腹泻，为培育健康的犊牛保驾护航。

以优质犊牛代乳粉“喜利康”为例，其蛋白质含量为 22%，粗纤维含量＜0.1%，说明代乳粉中的蛋白质是以乳清蛋白为主；脂肪含量在 17%左右，富含丰富的椰子油，理想的脂肪水平不会导致犊牛持续处在饱腹感状态，并且“喜利康”的脂肪是经过微粒化处理和乳蛋白质包被的，脂肪颗粒均匀，易于消化吸收，不仅避免了营养性腹泻，而且促进开食料的采食；代乳粉添加 Imagro 营养因子(有机酸、益生元和益生菌)，更从肠道发育的角度保证犊牛健康，提高转化率，提高日增重，促进犊牛发育。

3.4.10.2　针对代乳粉的饲喂

比较常见的模式有以下 2 种(以 60 d 断奶为标准)。

1．代乳粉常规饲喂模式(图 3-4-35)

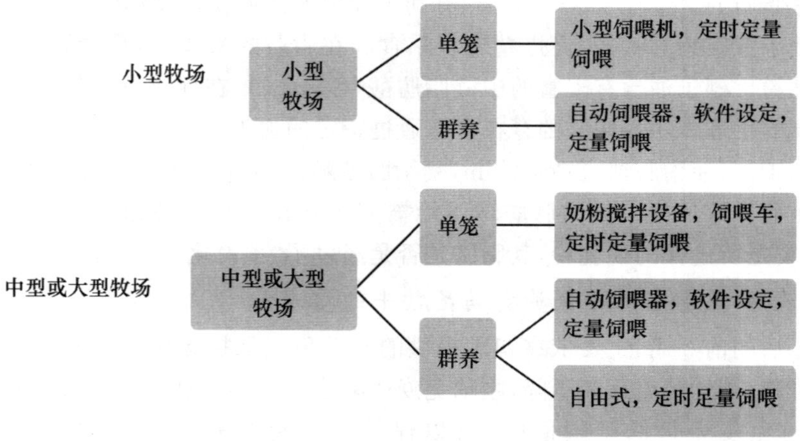

图 3-4-35　代乳粉的常规饲喂模式

2. 代乳粉酸化饲喂模式(图 3-4-36)

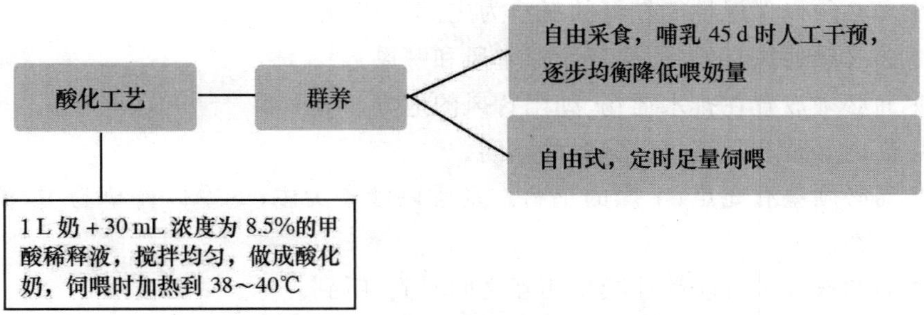

图 3-4-36　代乳粉的酸化饲喂模式

选择优质代乳粉是犊牛培育的先决条件,搭配合理的饲喂模式才能将优质培育发挥到极致。

［撰稿:北京中农动科技术有限公司　杨萌;北京东方联鸣科技发展有限公司　叶锋］

3.5　奶牛应激管理及奶牛福利

3.5.1　奶牛福利

动物福利是指动物如何适应其所处的环境,满足其基本的自然要求。科学证明,如果动物健康、感觉舒适、营养充足、安全、能够自由表达天性并且不受痛苦、恐惧和压力威胁,则满足动物福利的要求。奶牛福利则指能够满足奶牛生存和生活的基本的自然要求,从而使奶牛健康生长和生产出优质的牛奶。

3.5.1.1　产房管理

(1)临产牛必须在垫有松软垫料的产房内待产。

(2)产房必须具有足够的助产空间。

(3)产房除了待产牛,不允许有其他牛只存在。

(4)病牛严禁放于产房内饲养。

(5)产房每头牛面积至少为 3 m×4.3 m 或 3.7 m×3.7 m,并配有颈枷,方便助产。

(6)单头牛产房不能低于 13 m^2。

(7)产房消毒:在每头牛分娩后,将排出的胎衣进行无害化处理,消毒要彻底,不留死角。

3.5.1.2　犊牛的饲养管理

(1)使用初乳汁或折射仪测定初乳的质量(Ig 的有效测定范围是 20～100 mg/mL)。

(2)确保初乳收集的卫生条件和储存条件,避免细菌污染。

(3)初乳的饲喂:犊牛在出生后 1 h 内灌服第一次初乳;必须保证初乳的质量,其中 Ig 的含量不得低于 50 mg/mL。

(4)饲喂器具如灌服器、奶桶、奶瓶、奶嘴必须每班次彻底清洗、消毒,并存放于干燥、清洁的位置。

3.5.1.3 犊牛岛管理

(1)犊牛岛必须以保温性能较好的材料为主。

(2)犊牛岛必须通风良好,但要禁止穿堂风和贼风。

(3)犊牛岛必须放置在排水通畅、朝阳背风的地方。

(4)犊牛岛内必须有足够躺卧休息的空间。

(5)犊牛岛必须垫有充足、干燥的垫料。夏季以沙子为主,冬季以褥草为主,褥草厚度为没过犊牛四肢为宜。

(6)犊牛岛的放置最好能够让犊牛相互之间看到、听到。

(7)犊牛岛应定时检查、维修。

3.5.1.4 犊牛过渡圈管理

(1)犊牛过渡圈要求通风良好、地面干燥、垫料充足,禁止穿堂风。

(2)犊牛过渡圈必须要采光良好。

(3)犊牛过渡圈的大小必须能够满足犊牛的年龄、体格以及饲养要求。

(4)过渡圈要求每头犊牛面积为 2.3～2.8 m^2,10～15 头一圈为宜。

3.5.1.5 犊牛隔离圈管理

(1)在暴发高危传染病时,必须有独立的隔离区。

(2)隔离圈每头牛地面面积至少 1.8 m^2(1.0 m×1.8 m),保证舒适度。

3.5.1.6 饲料与饲养管理

1. 饲料

(1)营养计划,每年至少 2 次讨论。

(2)饲料的使用必须满足奶牛的实际营养需求。

(3)饲喂量充足,饲料的营养能够满足其维持、生长、生产的需要。

(4)饲料的组成、营养成分应该有完整的记录。

(5)饲料种类及营养成分应避免突然改变。

(6)饲料必须定期检查,防止污染,切断潜在传染源。

2. 饲养管理

(1)奶牛挤奶返回后应及时提供新鲜的饲料。

(2)奶牛饲养的密度应合理,不应该出现采食竞争或无采食栏位的情况。

(3)蹄病、体弱的奶牛分开饲养或至少应提供 65 cm 的采食空间。

(4)保证饲料的适口性及新鲜度,最大限度地减少饲喂影响奶牛适口性的饲料。

(5)饲槽保持干净,饲料避免受到奶牛粪便、唾液或鼻涕的污染。

(6)每头泌乳牛至少提供 60 cm 的采食空间,围产期牛只应适当增加采食空间。

3.5.1.7 水

(1)除兽医特别要求外,7 日龄以上犊牛必须提供干净、新鲜、充足的饮水。

(2)任何时候,饮水池贮水量必须能够满足本圈舍 10%的奶牛同时饮用。

(3)每头牛每天的需水量为:4.5 L/50×体重(kg)+3 L×牛奶产量(kg)。

(4)确保所有水槽定期彻底清洗,并能够有效蓄水。

(5)水槽周围地面最好硬化。

(6)确保在紧急情况下水的供应,如冰冻时。

(7)水槽的形状以圆形或方形为好。

(8)成母牛水槽有效周长为 20 cm/头,后备牛为 10 cm/头。成母牛牛群规模与水槽有效周长见表 3-5-1。

表 3-5-1　成母牛牛群规模与水槽有效周长

牛群规模/头	水槽最小有效周长/m
50	10
100	20
125	25
140	28
200	40

3.5.1.8　牛棚环境

(1)在牛棚周围或内部,不允许有对奶牛造成应激或伤害物体的存在。如果有尖锐的物体或粗糙的地面,应加以覆盖或修缮。

(2)牛棚采用光滑的水泥地面时,应在地面上凿有沟槽,沟槽深度为 9～20 mm,或者铺上防滑垫。同时,牛棚的地面也不能太粗糙,否则会对奶牛蹄部造成损伤。

(3)牛棚的过道应经常维护修缮,防止损伤奶牛蹄部。

(4)除了灭蝇剂以外,任何刺鼻的、有毒的气味都不能在牛棚中存在。保持舍内空气清新,可吸入灰尘不得超过 10 mg/m^3,氨水平不得高于 25 mL/m^3。

(5)确保牛棚内有效通风,舍内空气应低速流通,防止强风、雨雪侵入牛棚。如果条件允许,舍内湿度应低于 80%,避免牛棚内太冷或太热对奶牛造成应激。

(6)没有卧床的牛棚,在寒冷的季节做好预防乳头冻伤的工作;在炎热的季节,必须提供凉棚,减少蝇虫对奶牛的叮咬。

(7)运动场或牛棚应保持干燥,给奶牛提供干燥的站立与躺卧空间。

(8)采食位的粪便应及时清理。

(9)牛棚的灯光不能太强,应保持在 200 lx 左右。

(10)通道宽度的设计必须满足 2 头奶牛并肩自由通行。

(11)牛棚高度的设计必须满足奶牛的活动需求。

(12)饲槽的设计:奶牛在采食饲料时,头部移动,左右采食接触范围内的饲料,如果奶牛采食时处于自然低头的状态,放松地采食,可以分泌更多的唾液。为了使奶牛在饲喂栏中以相同方式采食,饲槽底部应高于奶牛站立地面 10～14 cm。

(13)颈枷的设计:颈枷上部栏杆的高度为 0.85×肩胛高度(1.14～1.25 m),比底部栏杆前倾 20～25 cm。

3.5.1.9　运动场及凉棚

(1)运动场的长度应以牛棚长度一致对齐为宜,其面积见表 3-5-2。

(2)运动场应定期平整,保持其松软。

(3)运动场边应设饮水槽、饲槽。

(4)运动场应配有凉棚,凉棚的面积:成年乳牛 7～20 m^2,青年牛、育成牛 3～4 m^2。

(5)凉棚宽度不足 12 m,高度至少为 4 m;如果宽度大于 12 m,高度不得低于 4.5 m。

表 3-5-2 不同群别奶牛牛棚最小面积

面积	犊牛	育成牛	青年牛	成母牛
凉棚/m^2	2	3	6	7～20
运动场(不包括凉棚)/m^2	6	7	9	15～30
总面积/m^2	8	10	15	25～40
采食通道/m	0.15～0.31	0.31～0.47	0.6	0.6

3.5.1.10 卧床

1. 卧床的设计

(1)奶牛躺卧的位置必须安全,无被其他奶牛踩踏的危险。

(2)奶牛必须能够随意地站立和躺卧,自由伸展四肢。不同体重卧床的尺寸见表 3-5-3。

(3)躺卧时,奶牛身体的所有部位包括后肢和乳房都应能够在卧床上。成母牛卧床设计示意图见图 3-5-1。

表 3-5-3 不同体重奶牛卧床的推荐尺寸

动物体重/kg	卧床长度/m	卧床宽度/m
250～500	2.0	1.1
500～600	2.14	1.14
600～700	2.3	1.25
700～800	2.5	1.3

(4)卧床和粪道之间的高度差必须能够保证在刮粪时稀粪不溅到卧床上,并且必须能够让奶牛头部先进入卧床。

(5)卧床后沿的高度为 14～20 cm。

2. 卧床的管理

(1)卧床必须保证干燥、松软。

(2)卧床坡度的推荐值是 2%～4%。

(3)卧床垫料的厚度不能低于 8 cm。

(4)必须给奶牛提供充足的垫料,并保持垫料的干净、干燥、松软,保证奶牛休息的时间达到 12～13 h,垫料优先顺序为沙子>干粪>锯末>橡胶垫。

3.5.1.11 奶牛行为

(1)奶牛对近距离的事物观察力差,应避免人突然出现在牛的面前。

(2)奶牛的敏感区域为乳房、眼睛、鼻子、肛门、阴门,应尽量避免对奶牛这些部位造成

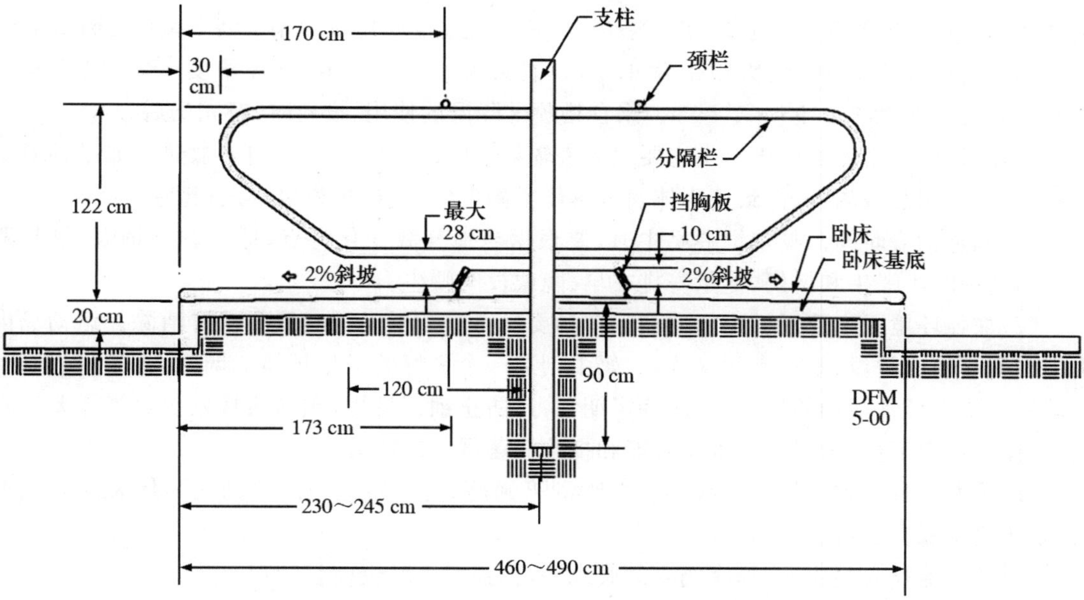

图 3-5-1 成母牛卧床设计示意图

伤害。

(3)在奶牛活动时，不能对它们施以暴力。

(4)奶牛的听力与人类相似，尽量不要在牛棚大声喧哗。

(5)奶牛属于群居动物，无特殊情况应避免单独隔离。

(6)避免陌生的声音、特殊的气味，以及陌生动物的突然出现，以免对奶牛造成惊吓应激。

(7)驱赶奶牛时，严禁使用尖锐、坚硬的物体，严禁扭转牛尾。

(8)奶牛在任何时候不能被夹、锁，以下情况除外：疾病诊断、兽医治疗、挤奶、采取血及奶样、特殊的情况下进行饲喂(清洗、称重、做标记等目的)、人工授精、等待运输期间。

3.5.1.12 热应激

1. 热应激受湿度和温度共同影响

其影响情况见温湿度指数表。热应激来临时应搭建凉棚，在奶牛经常活动的场所减少日光照射，如运动场、饮水池、挤奶厅入口处等。避免日光直接照射奶牛，避免奶牛中暑。

2. 预防热应激措施

(1)提供充足、干净、新鲜的饮水。

(2)牛棚顶棚应选用隔热性能较好的材料。

(3)增加牛棚内通风量。

(4)蒸发降温。当温湿度指数(THI)大于 68 时，奶牛处于应激状态，启动抗热应激措施。THI 计算公式如下：

$$THI=(1.8\times AT+32)-(0.55-0.55\times RH)\times(1.8\times AT-26)$$

式中，AT 为周围环境温度(℃)；RH 为相对湿度。

①待挤厅和淋浴棚喷淋设施：淋浴棚喷头距地面高度 2.2 m，列间距 2 m，行间距 1.5 m，喷头角度 180°或 360°水压至少为 $3.039\ 9\times10^5$ Pa，喷头流量 500 L/h；风扇安装下缘距地面 2.4 m。

②采食槽喷淋设施：喷头距牛背 1.5 m，喷头流量 120 L/h，喷淋角度 180°，喷头间距 1.5 m，水压至少为 $3.039\ 9\times10^5$ Pa。采食槽喷淋降温的使用：投料时，挤完奶后。

(5)降低饲养密度。由于奶牛主要靠体表辐射、呼吸、排泄等方式向外散热。如果饲养密度过大，奶牛相互距离较近，致使牛体表散热能力降低，造成热量积聚，易引起应激反应。

(6)调整饲喂时间。夏季饲喂奶牛时，要根据当地气温变化特点，适当调整饲喂时间，避开气温高峰时段喂牛和挤奶，尽量安排在早、晚或夜间喂牛。

(7)加强环境卫生管理。牛棚内和运动场要保持清洁干燥，粪、尿要及时清除。运动场内不得堆积粪便或垃圾，不得有污水坑，给奶牛创造一个良好的卫生环境。同时，牛棚内、饲槽、运动场等奶牛经常活动的场所，要坚持定期消毒，防止细菌滋生，预防疾病发生。牛体要经常刷拭，保持体表卫生，增强皮肤散热功能和抵抗病菌侵入的能力。

(8)采取各种有效措施消灭蚊蝇。在喷洒灭蝇药时，不要把药液喷洒在牛体表面和饲槽内，以防奶牛舔食中毒。

(9)及时治疗有关疾病，提高奶牛健康水平，加强奶牛健康监督管理。

(10)保肢蹄、护乳房。夏季根据肢蹄保健标准进行浴蹄，对肢蹄损伤处要及时用药治疗，防止感染，以免扩大病情。加强乳腺炎的监测，发现隐性乳腺炎，一定要及时给予治疗。

(11)加强卫生管理，做到“四净”：保证饲草、饲料洁净无污染；保证饮水洁净；保持饲槽洁净；保证挤奶人员和挤奶器具洁净。

(12)降低热应激优先次序：降低围产前期奶牛热应激；降低新产牛热应激；降低高产牛热应激；降低后备牛热应激；降低犊牛热应激；降低泌乳中后期奶牛热应激；降低干奶牛热应激。

[撰稿：法国馥蒂公司　李亚君；加拿大拉曼公司　刘辉]

3.5.2 奶牛舒适度评估

现代奶牛场设计硬件及管理体系的目的是使奶牛的生产效率最大化，但以其为目标的牛床设计维护及饲养管理方案却经常导致奶牛不必要的损伤及应激，使疾病的发生率和淘汰率升高、降低奶牛的生产性能及经济效益。研究表明圈舍和管理环境对奶牛的行为和健康有重要的影响，为使奶牛达到高效产奶的目的，必须保证它的健康，并且给它提供舒适的采食、躺卧和泌乳环境。就奶牛本身来讲，舒适度的评估主要有两个方面：一为奶牛本身的评估，包括四肢关节损伤、跛行流行情况及躺卧时间；二为奶牛舒适度风险因素的评估，包括管理因素、设施因素以及环境因素。本节从上述两个方面来说明奶牛场的舒适度评估。

3.5.2.1 对奶牛本身的评估

1. 躺卧时间

躺卧时间在奶牛的各种活动中有非常高的优先级，是评估奶牛舒适度的关键指标之一。奶牛有每天躺卧休息 12～14 h 的需要，但是笔者近几年对全国 64 个牧场的评估结果显示奶牛平均躺卧时间为(11.2±1.0) h，最高的牛场平均为 13.0 h，最少的为 8.7 h，68%的奶牛场的平均躺卧时间在 10～12 h，只有 20%牛场的奶牛平均躺卧时间超过 12 h，绝大部分牧场不能满足奶牛正常的躺卧休息需要，改善潜力很大。图 3-5-2 显示了 64 个奶牛场各自的平均躺卧时间。

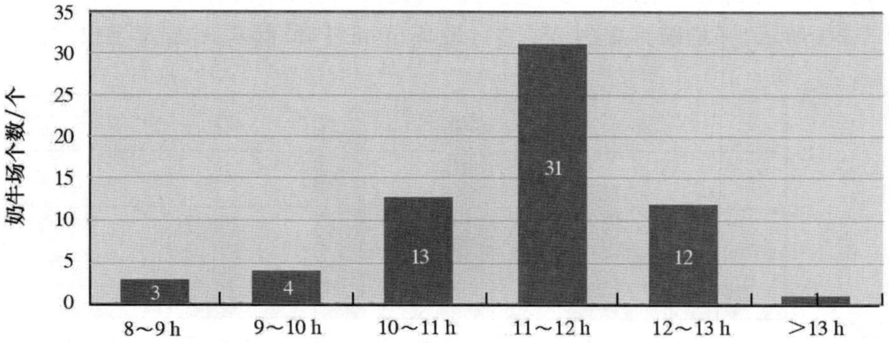

图 3-5-2　中国牛群躺卧时间概况（数据由诺伟司国际公司奶牛舒适度评估组提供）

影响奶牛躺卧休息时间的因素有如下几点：卧床尺寸、卧床表面类型（橡胶垫或沙床等）、垫料水分、卧床的维护、挤奶时间、热应激、饲养密度（牛头数/卧床数）、为治疗配种而在颈枷上夹牛等操作。

2．奶牛跗关节损伤

奶牛四肢损伤，尤其是后肢跗关节的损伤是奶牛舒适度下降的重要指标。跗关节损伤主要是由于奶牛每天起卧时与卧床表面相互摩擦造成的。康奈尔大学根据奶牛跗关节损伤严重程度分为 3 级：正常（关节无肿胀，无掉毛），中度损伤（关节有掉毛和皮肤裸露，但无肿胀，无伤口）和严重损伤（关节肿胀或有伤口）。图 3-5-3 显示了笔者对国内 59 个奶牛场跗关节损伤情况的调查结果，损伤率平均 32.5%，最低为 0，最高可达 95%，不同的奶牛场差异极大。导致奶牛后肢跗关节损伤的原因主要有以下几点：卧床的类型（橡胶垫/水泥/橡胶垫＋垫料/沙子/牛粪/糟渣等），卧床维护如橡胶垫上是否加垫料、垫料量是否足够、厚垫料卧床垫料是否够（如垫料是否与后面挡墙平齐，如果不平齐，可能导致关节直接与水泥挡墙摩擦），垫料板结，导致关节与垫料板结面的摩擦严重等。

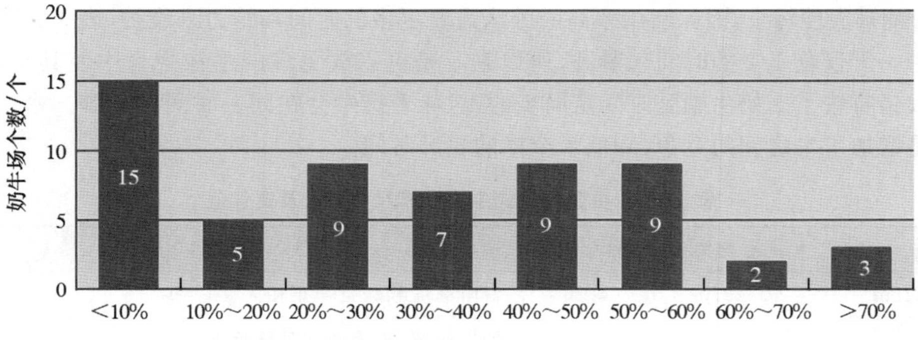

图 3-5-3　中国牛群后肢跗关节损伤率概况（数据由诺伟司国际公司奶牛舒适度评估组提供）

3．奶牛的跛行

跛行是奶牛舒适度降低的关键因素，也是导致奶牛淘汰和繁殖性能下降的重要影响因素。跛行有不同的评分方法,主要为5分制和3分制。5分制更适用于科学研究过程中,而在实际的饲养管理过程中3分制(Stone和Moseley,2017)更为合适。其标准为:①正常(1分)。行走时,无弓背,瘸腿及点头。②轻度跛行(2分)。行走时弓背,但看不出明显瘸腿。③严重跛行(3分)。至少看到某一条腿瘸腿或上下剧烈晃头。笔者对我国61个奶牛场跛行的调查结果如图3-5-4所示,平均跛行率为28.5%,最高50.6%,最低6.3%,差异很大。

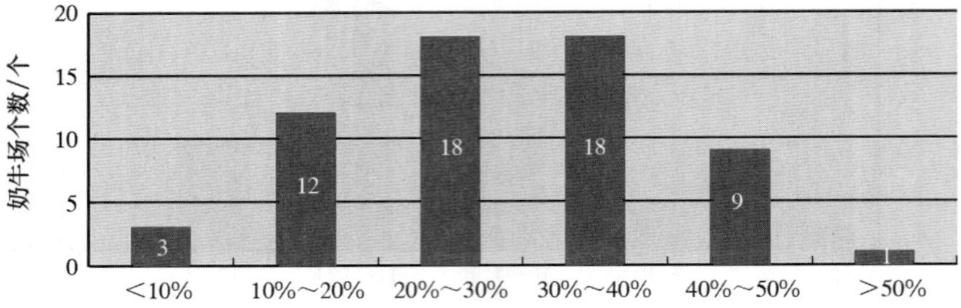

图3-5-4 中国牛群跛行流行概况(数据由诺伟司国际公司奶牛舒适度评估组提供)

导致奶牛跛行的因素很多,日粮配方或加工不合适,修蹄次数不够或修蹄技术不过关,在坚硬潮湿的地面上站立时间过长(尤其是双前蹄在卧床,双后蹄在过道上的站立姿势对牛蹄损伤更厉害),蹄浴等,挤奶过度,赶牛,奶牛行走过快,导致挫伤,微量元素(铜、锌、锰)营养状态差,热应激,围产期营养不平衡等。常规性的检查奶牛行走步态以及常规2次/年修蹄可以减少和预防跛行。由兽医、修蹄工合作制定一个有执行力的修蹄计划对预防蹄病是非常有益。严重跛行的奶牛应该隔离治疗,并在沙床上恢复,否则将很快导致淘汰。泌乳牛群最理想是跛行率10%以下,无严重跛行牛。

3.5.2.2 奶牛舒适度风险因素的评估

1. 躺卧区域及维护

应提供一个干净、舒适的卧床供牛躺卧(表3-5-4)。然而,奶牛经常在卧床上活动会增加粪便污染卧床的概率,通常卧床设计者的做法是增加更多的限制,逼着牛站立到水泥粪道上排粪,他们会采用狭窄的卧床和颈轨等限制来降低粪便污染牛床。阻止牛利用卧床固然可以保持卧床干净,然而单纯的干净并不能反映出卧床是好的。舒适的卧床通常会有更高的卧床率,因而更有可能被粪便污染,因此利用率高的卧床需要更多的时间和精力来维护(表3-5-5)。

奶牛一天仅花1/2的时间来躺卧,所以是不是可以放更多的牛在牛舍中使其轮流休息?这样就大错特错了。奶牛躺卧时间是同步的,意味着奶牛会在同一时间内躺卧。密度过大的后果就是增加了牛之间的竞争,降低了个体的躺卧时间。

表3-5-4 中国散放式牛舍卧床尺寸概况及建议值

项目	平均值[1]	目标值[2]	说明
挡墙高/cm	22.0	≤20	台阶高度和跛行率正相关
挡墙宽/cm	15.0	—	挡墙过宽,需要增加卧床长度
卧床宽/cm	120.8	≥122	卧床尺寸需要和牛体型大小相当,足够宽的卧床可以提高奶牛的躺卧时间,减少牛用前肢倚站的可能性

续表 3-5-4

项　目	平均值[1]	目标值[2]	说　明
卧床长/cm	228 单排 478 双排	≥274 单排 ≥520 双排	卧床应该有足够的长度供奶牛站立时前冲，卧床前不应该有障碍物阻止牛的前冲惯性
颈轨到垫料表面的高度/cm	107.5	≥122	使用颈部挡栏会让奶牛选择站在过道中或者倚站在卧床上。将颈部挡栏调高或调到较远离台阶的位置，可以减少这些异常行为，并且减少跛行和瘸病的概率
颈轨到卧床后缘的水平距离/cm	172.1	≥175[3]	
胸挡高出垫料表面的高度/cm	12.0	≤10	胸挡影响奶牛在卧床上躺卧的时间，并且还可能加剧前肢关节的损伤。胸部挡板高出垫料太多导致奶牛站立时前肢无法伸展，造成异常行为
胸挡到卧床后缘的距离/cm	184	≥175[4]	

注：[1]平均值是全国 56 个牧场的平均值。

[2]目标值是根据 636～720 kg 的成年泌乳牛推荐的(美国威斯康星大学)。

[3,4]这个数值在本评估中量的是挡墙外侧到颈轨或胸挡的距离(包括挡墙宽度)。如果是橡胶垫，这个建议距离合适，如果厚垫料卧床，应该还加上挡墙宽度才够(奶牛不喜欢站在挡墙上)，建议值是 175 cm，如果厚垫料卧床挡墙为 15 cm，那么建议值应该是≥190 cm 才合适。

以上数据由诺伟司国际公司奶牛舒适度评估组提供。

表 3-5-5　中国散放式牛舍卧床维护概况

项　目	平均值[1]	说　明
添加垫料频率[2](每次添加间隔的天数)	8.9	提高添加垫料的频率并且增多垫料的量可以促使奶牛花多一些时间躺卧休息
垫料的凹陷程度(针对厚垫料卧床)/cm	4.2	垫料量的多少和卧床的利用率正相关。卧床的类型(深槽凹陷式、水泥、橡胶垫等)以及垫料类型(沙、干粪、沼渣、锯末等)和垫料的量一样重要。深槽卧床采用凹陷程度来评价垫料的量；非厚垫料卧床采用1～3 分进行打分
垫料量(1～3 分，1 分为垫料足量，3 分为垫料不足以覆盖卧床面积的 50%)	1.8	
垫料的护理(每天清扫或/和整理/翻耙垫料的次数)	2.1	利用率高的卧床会相对脏一些。影响卧床干净的因素很多，如卧床的设计、添加垫料的频率、卧床的维护等都对卧床的干净度有贡献，一般来说，舒服的卧床在同样的维护条件下会脏一点，所以要加强清洁工作
卧床洁净度(1～3 分，1 分为干净，3 分为有粪便)	1.8	
垫料干物质/%	82.7	奶牛喜欢干燥、松软的垫料。当垫料干物质低于60%时，奶牛明显减少躺卧时间
卧床区密度/%	87.7	饲养密度过大会大大减少奶牛的躺卧时间和产量

注：[1]平均值是全国 59 个牧场的平均值。

[2]问卷调查中没有给出确切频率的(如答“看着少了就加”“不一定，有时候勤，忙起来顾不上加”等，统计时按缺失数据对待(即不含在平均值计算中)。

以上数据由诺伟司国际公司奶牛舒适度评估组提供。

2. 采食区域

奶牛需要足够的采食空间。采食区域过度拥挤会增加竞争、降低奶牛采食的时间。这种不利作用对处于从属地位的牛(包括跛行牛或病牛)影响更大。建议每头牛至少有 61 cm 的采食空间。围产期的牛和病牛舍的牛这个值应增加到 75 cm。采食区过度拥挤会迫使一些牛站立在水泥地面等待采食(表 3-5-6)。

采食区域的物理结构设计也会影响奶牛的采食行为。一些饲喂屏障如颈枷能够将牛分割开来,降低牛只之间的竞争。一个好的方法是使用采食槽,采食槽能够避免竞争,如果在采食站立区域提供柔软的、干的站立表面会有利于奶牛舒适度和蹄的健康。

每次投放新鲜饲料时和泌乳后奶牛都会有采食的欲望,增加饲喂次数和推料次数会促进饲喂行为,增加新鲜饲料的投放次数也会降低采食竞争和挑食行为的发生。

表 3-5-6 中国散放式牛舍采食区概况

项 目	平均值[1]	说 明
牛数/颈枷	89.0%	采食区域饲养密度过大会造成动物采食竞争,换言之,缩短了动物采食的时间,并且增加了奶牛在过道中停留等待和站立的时间
料槽长度/(cm/头)	76.5 目标值[2]:泌乳中期牛 61 cm,围产期和新产牛>76 cm	
推料次数/(次/d)	9.3	推料可以有效增加采食量和产量
饮水槽长度/(cm/头)	12.3	泌乳牛平均每天喝 80～120 L 水。水的质量(如干净程度,适口性等)影响动物的饮用,保持水槽干净、水量充足是确保动物饮水量的关键
饮水密度/(头/个)	21.5	水槽应该是至少 20 头牛 1 个水槽(夏季 15 头 1 个水槽),无论奶牛在任何位置,20 m 之内应该够到水槽,尤其是夏季,饮水是关键

注:[1]平均值是全国 58 个牧场的平均值。
[2]目标值采用的是加拿大奶牛饲养管理规范的推荐值。
以上数据由诺伟司国际公司奶牛舒适度评估组提供。

3.5.2.3 总结

通过现场评估奶牛的舒适度,改善卧床维护和日常饲养管理有利于改善奶牛舒适度,能够帮助消除限制泌乳的因素,增加生产效率和利润,所以现代奶牛养殖生产中,生产管理者越来越重视奶牛舒适度。他们对改善奶牛舒适度的兴趣日益增加,这主要是因为改善舒适度能显著提高奶牛的生产性能,减少蹄病的发生,降低淘汰率等,而不仅仅是动物福利问题。

[撰稿:诺伟司国际有限公司 边四辈;上海健荷牧业科技有限公司 肖玲]

3.5.3 奶牛冷应激防控技术方案

3.5.3.1 冷应激危害

奶牛品种多源于冷寒气候地区,生性耐寒怕热。目前养殖户更多关注奶牛热应激的影响，缺乏对冷应激的防范意识。但是奶牛对低温也有一定的耐受限度，一旦处于耐受限度之下，管理不善会导致奶牛产奶量下降，最高可下降30%～40%。有的奶牛还会发生呼吸道和消化道疾病，甚至出现冻伤，妊娠奶牛还易造成流产或者死胎，新生犊牛会由于寒冷导致死亡率大幅度上升。

3.5.3.2 冷应激防控措施

1. 管理措施

冷应激防控工作应尽早开展准备，牧场需每天关注气候变化，有极端天气变化时提前准备（以气象台预警为准）。在寒流到来之前完善设备设施，保证防寒效果。

2. 技术措施

对于冷应激的防范，可参考表3-5-7中的技术措施，成本与效果参见表3-5-8。

表3-5-7 冷应激防控技术措施

环节	关键点	防控措施
牛舍、运动场	牛舍	冷应激前1个月对牛舍保温及通风设施进行排查，及时修补； 冬季舍内最佳温度为8～16℃，同时应适当通风，降低氨气浓度； 防止水管跑冒滴漏，保持牛舍干燥； 产房铺垫干草20 cm以上； 做好湿滑路段的防滑措施，使用橡胶垫或撒盐
	卧床	每天翻松，每周补沙1次，保证卧床干净、干燥、疏松、平整，在入冬前还需完成卧床垫沙的晾晒和储备工作
	运动场	上冻前需对运动场进行2次以上旋耕； 每日清粪至少2次，不可在运动场堆积粪污
	饮水设施	入冬前1个月对恒温饮水槽保温性能进行排查、检修； 冬季奶牛饮用水温度9～15℃，犊牛饮水水温控制在35～38℃； 降低饮水槽水位，周围定期撒盐
奶厅	—	提前检查奶厅内取暖设备，保证能够正常运行； 后药浴可使用专用防冻药浴液
饲喂	营养及饲料	及时调整日粮营养，保证奶牛有充足能量御寒； 冬季应多补充硒、维生素A和维生素E； 使用优质粗饲料，有利于消化和瘤胃发热； 寒冷地区牧场青贮窖顶应做防冻保温处理
	TMR	冬季适当降低日粮水分至40%～45%； 与夏季相反，应提高中午日粮投喂比例，早∶中∶晚＝3∶4∶3； 及时回搅或丢弃冰冻日粮

表 3-5-8　参考措施成本与效果

	措施	具体操作	备注	预期效果
营养管理	增加脂肪	产奶牛日粮增加脂肪，不超过8%	产奶牛增加 200 g 过瘤胃脂肪	可以提高受胎率 5%
	提高浓度	增加谷物、棉籽等能量饲料饲喂量；提高能量饲料的供给量20%～30%	谷物和棉籽增加 3%；玉米、麸皮等增加20%～30%	减少冷应激对奶量的影响，使单产提高至少 2 kg
	饲料添加剂	补硒：添加亚硒酸钠，每 100 g 拌料 30 kg；补维生素：维生素 A、维生素 E、维生素 C 等	4 mg 硒	提高抗应激能力
	TMR 管理	冬季适当调整到 40%～45%，拌料后不得超过 24 h 才饲喂	—	提高奶量 1～2 kg
	粗饲料	根据原有配方情况使用优质燕麦代替羊草或增加 3%优质粗饲料喂量	替换羊草；增加优质粗饲料	保证采食量，避免掉量 0.5～1 kg
	饲料管理	饲料库保持干燥通风，防止粗饲料结冰	需 1 人每日巡查	及时处理冰冻料草
	提高营养浓度	犊牛牛奶中添加脂肪，增加能量	犊牛添加脂肪或代乳粉，提高干物质，每头牛 10 g 脂肪；增加 0.1 kg 代乳粉	可以提高日增重 50 g
犊牛产房管理	浴霸烤灯	在产房安装浴霸烤灯	出生 7 d 内犊牛使用	可以降低新生犊牛死淘率，提升成活率，使成活率提升 3%
	犊牛烘干器	犊牛出生后及时将湿润的被毛吹干，以免犊牛发生着凉、感冒、咳嗽等呼吸性及代谢性疾病，提高犊牛 24 h 成活率		可以提高犊牛 24 h 成活率
	犊牛稻草	根据当地资源铺垫麦秸、干玉米秸秆、羊草、干麦草、锯末等；地面铺设干麦草 10 cm 以上，2～3 d 更换 1 次，防止犊牛腹泻		降低死亡率 3%
	保暖设施	产房锅炉及保暖设施的检修、保证正常使用，提高牛舍温度并保证所需热水的供应		控制在 8～16℃，降低死亡率
奶厅管理	挤奶厅保暖	挤奶厅安装暖风炉、奶厅上方或者两旁安装管道	暖风炉、管道	增加奶量，减少应激，每头牛约 0.5 kg
	使用成膜药浴	上成膜药浴后，在奶厅停留等药浴成膜后出厅		

续表 3-5-8

	措施	具体操作	备注	预期效果
牛舍管理	恒温饮水槽	建议针对泌乳牛进行统计，按照牧场实际需求配备不同价位材质的恒温水槽	更换恒温饮水槽（4 m 不锈钢）	可以保证水温在 15℃以上，犊牛在 35℃以上，泌乳牛奶量增加 1～2 kg
	卧床垫料的装填	结合当地资源，卧床用稻壳或小麦秸进行填充，增加卧床的舒适度以及保证卧床的温度		增加奶牛的舒适度，降低乳腺炎的发病率，预计提升单产 1 kg
	全封闭牛舍	将牛舍改成封闭牛舍，能有效地阻挡大风降温，顶棚用部分透光板，同时又不影响阳光的摄入		能够有效阻挡严寒酷暑，预计增加单产 2 kg 以上
	运动场加装挡风帘	在运动场向阳处安装布帘或者采光板	布帘或者采光板	增加奶量，减少应激，每头牛约增加 1 kg
	防风帆布或折板	在半封闭牛舍安装防风帆布或折板能够有效起到保暖、避风效果		利用防风帆布避风，可提升舍内温度 5～10℃
	塑料薄膜	在牛舍外部使用塑料薄膜		牛舍温度可提高 4℃
	挡风物品	牛舍北面使用挡风板保温（适宜南方）		南方天气最冷不超过－10℃，简单挡风能保证奶牛采食不受大风影响
	换气扇	在牛舍棚顶安装自动换气扇，及时对牛舍进行通风换气。同时也可以安装手动开关		可提升温度 2℃，减少饲料发霉，排出氨气，降低湿度
	冬季增加清粪频次	冬季增加 2 次清粪，保证牛舍清洁、干燥，避免奶牛趴卧后出现环境性乳腺炎以及去运动场冻伤		环境乳腺炎占 14%，乳腺炎影响产奶量 30%；以 300 头牛计算，每头牛按照 25 kg 计算：每日影响 300×14%×30%×25＝315 kg，每月影响 315×30＝9 450 kg，6 个月影响 9 450×6＝56 700 kg

［撰稿：蒙牛乳业（集团）股份有限公司　张楠　吴鹏华　刘高飞　李文敏　敖德古里那］

3.5.4 奶牛热应激防控技术方案

3.5.4.1 热应激危害

奶牛的理想环境温度是－0.5～21.0℃，泌乳牛的最佳产奶环境温度是5～25℃。当热应激发生时，奶牛表现出一系列的生理反应，即热应激综合征，最终造成奶牛采食量、产奶量、乳品质、繁殖性能的下降以及诱发一系列疾病，使养殖经济效益下降。

3.5.4.2 热应激的判断标准

判断奶牛热应激按照温湿度指数(THI)：THI达到68时，奶牛呼吸频率超过60次/min，直肠温度超过38.5℃，产奶量开始降低；THI达到70时，呼吸频率超过70次/min，直肠温度超过39℃，表现为轻度热应激；THI达到80时，呼吸频率超过85次/min，直肠温度超过40℃，表现为中度热应激；THI达到90时，呼吸频率120～140次/min，直肠温度超过41℃，表现为严重热应激。

3.5.4.3 重点防控区域

目前，我国部分地区日最高气温已达到30℃，尤其华北及华北以南(中南部和南方地区尤甚)气温逐日升高，是防范热应激的重点区域。另外，西北、东北区域夏季也应引起重视，采取必要的预防措施。

3.5.4.4 热应激防控措施

1. 环境调控措施

(1)搭建凉棚，顶部采用隔热材质，长轴方向为南北方向，且利于排水。

(2)牛舍、待挤区安装风扇和喷淋相结合，保证合理的风速、风角、喷水量及喷淋奶牛身体部位(以上措施技术参数见表3-5-9)。

表3-5-9 热应激环境调控措施技术参数

设备	牛舍	奶厅(包括待挤区)	运动场
温湿度计	悬挂于最能代表牛舍温湿度的地方		—
风扇	每6 m间隔设置直径为0.9 m以上风扇，且保证到达牛背的风速大于2 m/s 安装高度距牛背2 m 安装夹角20°～30° 先淋后风		—
空调	间距10 m	每50 m²安装一个	—
喷淋	与风扇配套、安装于风扇下方，保证喷出的是水珠而不是水雾(水雾可能会加重热应激) 俯射角120°(覆盖整个牛颈、背部) 每小时喷水量120～180 L	每小时喷水量500 L	—
遮阳棚	—	—	3.7～5.6 m²/牛

(3)加强环境卫生管理,每天及时清除剩余饲草料、粪便,定期消毒,避免发生疾病而加重热应激。

2．饲喂管理技术措施

(1)控制群体饲养密度。

(2)增加饲喂次数,延长饲喂时间,尽量安排早晚多喂、中午少喂,及时清料。

(3)提高日粮营养浓度,矿物质水平,维生素水平。

(4)使用效果明确的抗应激产品。

(5)提供充足、清洁、清凉的饮水,夏季每日清理水槽卫生。

(6)夏季建议在待挤区、挤奶通道增加额外的饮水槽。

(7)根据当地气候变化特点,避开气温高峰时段挤奶。

3．设备设施管理

提前对风扇、喷淋等设备进行全面检查、调试,对运行有问题的设施设备及时维修,保证有效使用。

[撰稿:蒙牛乳业(集团)股份有限公司　杨春生　张楠　刘高飞　贺文斌]

第 4 章　奶牛疾病防治

4.1　传染病

4.1.1　口蹄疫免疫预防技术

口蹄疫(foot and mouth disease，FMD)是由口蹄疫病毒(foot and mouth disease virus，FMDV)引起的一种急性、热性、高度接触传染性且能快速远距离传播的动物疫病。口蹄疫能感染猪、牛、羊等主要经济动物和野生偶蹄动物，可易感动物 70 余种。发病动物的主要症状是精神沉郁、流涎、跛行、卧地，在其口鼻部、蹄部和母畜乳部等无毛部位发生水疱，水疱破裂后形成溃疡和瘢痂。口蹄疫的发病率高，但大部分成年家畜可耐过，幼畜则经常不见症状而死，死亡率因病毒的毒力不同而有差异，严重时可达 100%。该病是世界动物卫生组织(World Organization for Animal Health，OIE)法定报告的动物传染病之一。我国农业部(现农业农村部)于 2005 年 5 月 24 日发布的《动物病原微生物分类名录》(农业部第 53 号公告)中，将口蹄疫病毒列为一类动物病原微生物。口蹄疫也是《中华人民共和国进境动物一、二类传染病、寄生虫病名录》中进境动物必须检疫的一类传染病。

4.1.1.1　口蹄疫病毒(FMDV)

口蹄疫病毒属微 RNA 病毒科的口疮病毒属(包括 4 种病毒，即牛鼻病毒 A、牛鼻病毒 B、马鼻病毒 A 和口蹄疫病毒)，口蹄疫病毒为典型代表毒株，也是人类确认的第一个动物病毒病原，开创了病毒学新纪元，是研究最深入的动物病毒之一。

1. *蹄疫病毒结构*

电子显微镜观察，口蹄疫病毒颗粒呈圆形，表面光滑，直径为 27～30 nm(图 4-1-1)。病毒粒子无囊膜，呈二十面体对称，由蛋白质衣壳包裹基因组 RNA 组成核衣壳。采用 X 线晶体衍射技术对多个血清型病毒衣壳的精细结构进行了解分析，衣壳由 60 个 VP1、VP2、VP3 和 VP4 分子组成，其中 VP1～VP3 位于病毒粒子表面，VP4 位于内部，并有一个十四烷基共价键连接到其氨基端。表面结构蛋白 VP1、VP2 和 VP3 立体结构相似，是由 8 个链状 β 折叠桶(βB、βC、βD、βE、βF、βG、βH、βI)组成(图 4-1-1A)，β 折叠桶之间由表面环(surface loops)结构所连接，表面环含有病毒重要的表位(epitope)。例如，VP1 的 βG 和 βH 之间的 GH 环(G-H loop)含有口蹄疫病毒最重要的抗原位点和识别整合素(integrin)受体的 RGD 基序。VP1、VP2、VP3 和 VP4 各一个分子组成一个原粒(protomer)(图 4-1-1B 和 E)，相对沉降系数为 5 S，分子量约为 8 000 ku。五个原粒组成一个五聚体(pentamer)(图 4-1-1C 和 F)，相对沉降系数为 14 S，浮密度为 1.5 g/mL，分子量为 3.8×10^6 ku，12 个五聚体构成完整病毒衣壳(capsid)。自然培养或采用基因工程方法可以获得口蹄疫病毒样颗粒，不含核酸 RNA，由 VP1、VP3 和 VP0(VP2 和 VP4 的前体)组成，沉降系数为 75 S，分子量为 47×10^6 ku。病毒基因组由大约 8 400 个核苷酸组成，为正链单股 RNA 分子。病毒衣壳和基因组共同组成完整病毒粒子(virion)(图 4-1-1D 和 G)，其表面不像其他微 RNA 病毒科成员有许多参与病毒-受体结合的沟或谷，而是相对比较光滑的球面，表面有一细小的环状或纤突突起，五重轴中心点有一个小孔，可以允许小分子进入病毒颗粒，如二乙烯亚胺(BEI)、氯化铯(CsCl)等可以进入病毒颗粒。完整病毒粒子蔗糖密度梯度中的相对沉系数为 146 S，分子量为 8.08×10^6 ku。完整病毒颗粒 146 S(灭活疫苗的抗原)或 75 S 空壳在酸性、碱性或一定温度条件下降解为 12 S 和 5 S 粒子，降解后的小分子(12 S、5 S)无免疫原性。

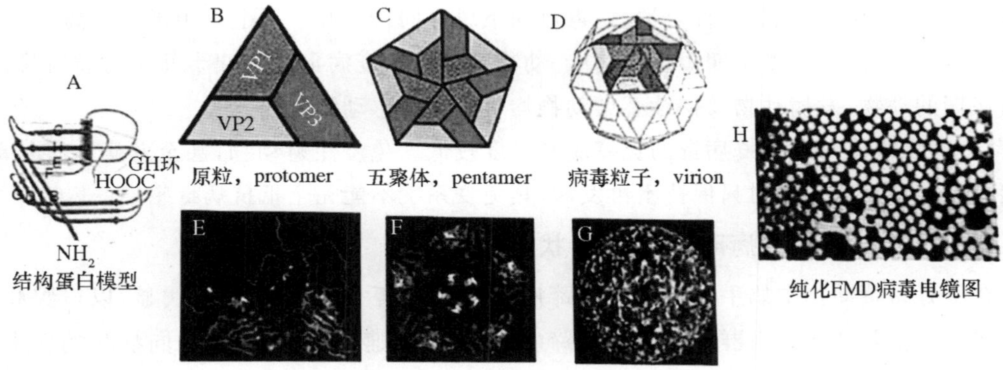

图 4-1-1 口蹄疫病毒结构示意图

(A. 病毒表面结构蛋白结构示意图；B、E. VP1、VP2、VP3 和 VP4 分子组成的原粒，其中 VP4 位于内部；C、F. 5 个原粒组成的五聚体；D、G. 12 个五聚体组成病毒粒子衣壳；H. 纯化口蹄疫病毒粒子原子电子显微镜图)

[A、D 引自 Flint (2003)；F 引自 Zhao(2003)；G 引自 Acharya(1989)；H 引自 USDA，PIADC]

2. 口蹄疫病毒的分类

(1)血清型(serotype)。1922—1953 年，德、英、法三国学者发现并命名了口蹄疫病毒的 7 个血清型即 O、A、C、SAT1、SAT2、SAT3 和 Asia1 型。至 20 世纪 80 年代后期已经确定了 70～80 个亚型，其中 O 型有 10～11 个血清亚型，A 型大约有 32 个血清亚型，C 型有 5 个血清亚型，Asia1 型有 3 个血清亚型。随着新毒株的不断出现，亚型分类越来越混乱，现已放弃亚型分类，采用拓扑型分类。

(2)拓扑型(topotype)。在 Rico-Hesse 脊髓灰质炎病毒基因分型的基础上，根据变异度最大的 VP1 核酸序列，将同一血清型中关系密切的一组病毒分为不同拓扑型，拓扑型毒株具有明显的地域性。目前 O 型口疫病毒有 10 个拓扑型，A 型有 3 个拓扑型、C 型有 8 拓扑型、Asia1 型有 1 个拓扑型，SAT1、SAT2 和 SAT3 分别有 3、2 和 3 个拓扑型。我国曾经流行过的有 O 型、A 型和 Asia1 型，2018 年 7 月 1 日 Asia1 型退出免疫之后，主要流行毒株为 O 型和 A 型。其中 O 型的流行毒株有 3 个拓扑型，分别是东南亚拓扑型(如 O/Mya98/BY/2010 等)、中东-南亚拓扑型(又叫泛亚拓扑型，如 O/Ind 2001 等)和古典中国拓扑型(如 O/GX/09-7 等)。A 型的流行毒株只有一个拓扑型，即东南亚拓扑型(如 A/Sea-97/G2 等)。

3. 口蹄疫病毒的易感动物及感染特点

(1)口蹄疫病毒的易感动物种类繁多。重要家畜如猪、牛、羊等都易感，其中牛的发病率几乎达100%，其次是猪，再次是羊及20多科70多种野生动物。

(2)口蹄疫病毒变异性极强。其7个血清型之间不能产生交叉免疫，因此防治口蹄疫相当于防治7种不同的传染病。同型内不同病毒株的抗原性也有差异，而新毒株又不断出现，每出现一种新毒株，疫情就出现一次新高潮。

(3)口蹄疫病毒的感染性和致病力极强。如一头牛只要吸入10个感染单位的病毒就可发病，而病畜的排毒量又特别大，一头病猪每天仅从呼吸道排出的病毒就高达10^8个感染单位。一头病猪一天呼出的病毒可使1 000万头牛发病。

(4)口蹄疫病毒有多种传播方式和感染途径。该病不但可通过与病畜接触传播，还可通过含毒空气传播。若气象条件合适，病毒可向下风方向传播几十至上百千米的距离。

(5)口蹄疫病毒的潜伏期短，发病急。动物感染口蹄疫病毒后最快十几小时就可排毒，处于潜伏期的动物、发病动物及持续感染动物均可引起易感动物发病。

(6)动物机体对口蹄疫病毒的免疫应答程度较低。免疫注射动物，甚至发病后康复动物，再次受到同源病毒攻击时只保持不再发病，其免疫系统不能完全抵抗病毒感染。

4.1.1.2 奶牛发病时的临床症状

在所有易感动物中奶牛最易感染口蹄疫病毒，感染后临床表现十分明显，以口腔和蹄部出现水疱为主要特征。牛群一旦感染口蹄疫病毒，传染速度很快，出现相同症状的病牛数量急剧增加。牛感染口蹄疫病毒时，潜伏期一般为2～14 d。但是，随着环境的变化，潜伏期亦可缩短或延长。

患病初期，病牛出现急性发热，体温可以升高至40～41.5℃，稽留1～4 d。伴随精神沉郁、脉搏加快、黏膜潮红、反刍减弱和产奶量下降等症状。牛在感染24 h后出现病毒血症，在病毒血症期间，从多数组织中可检测到病毒，其中蹄叉、蹄冠部和舌上皮组织中的病毒含量最高。

病牛蹄部病变主要发生在蹄叉、蹄冠及蹄踵和趾间隙的柔软皮肤，初期表现局部有热感、红肿和疼痛，之后形成小水疱，继而融合为较大的水疱。水疱破溃时液体排出形成糜烂，其表皮常不完全脱落而干燥形成硬痂。有时蹄冠部发生多处水疱，互相连接融合，引起蹄冠与蹄缘分离，病愈后较长时间内，仍留有明显的缝隙和痕迹，病牛因蹄部疾患常常举步艰难。蹄部水疱破溃后，若护理良好、保持清洁干燥，经10～14 d可以自愈。否则病程很长，严重时，蹄匣脱落。

在蹄部发生水疱的稍前或同时，出现口腔病变，一般是在舌背面出现环形、粗糙的白色隆起。随着液体的积聚，隆起增大，有时多个水疱相互融合，凸现于正常的舌面组织使舌面凹凸不平(图4-1-2)。病牛流出大量泡沫样口涎，挂满口角与下唇(图4-1-3)。水疱破裂后，舌面露出红色烂斑(图4-1-3)，病牛多因口腔疼痛不便采食而日渐消瘦。水疱也会出现在齿龈、舌面、鼻镜、唇内、鼻腔前端及眼结膜等处，这些部位水疱一般较小，破裂后会形成局限性小烂斑。

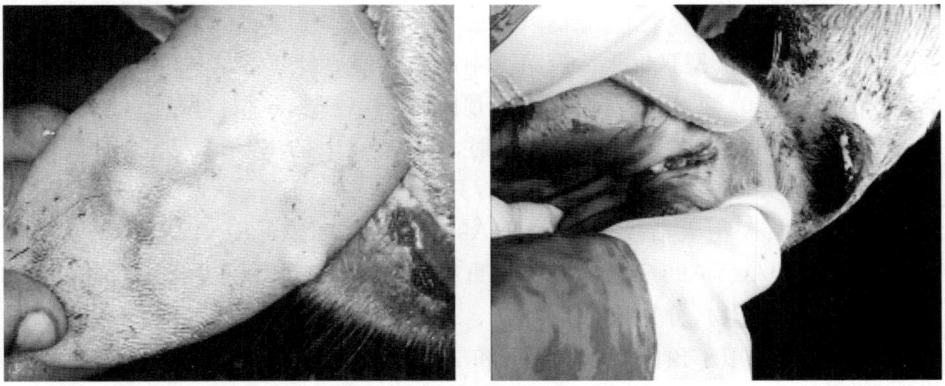

图 4-1-2　舌面凹凸不平

图 4-1-3　口涎和红色烂斑

泌乳牛感染口蹄疫病毒时，乳头皮肤亦会出现水疱。口蹄疫病毒还会引起怀孕母牛流产、死胎或分娩出带病毒的犊牛。此外，病变也见于鼻咽部、食道和瘤胃，亦见于母牛阴道基膜和公牛阴囊皮肤。成年发病牛的死亡率通常比较低，而发病犊牛死亡率高。新生牛呈急性经过而不形成水疱性病损，经过 1～2 d，因心肌炎而死亡。

成年病牛一般 1～2 周后即可痊愈，部分病例由于继发细菌感染，使病变过程复杂化，口腔出现深层溃疡、坏死和脓肿，并可能发展为咽炎、支气管炎，肺水肿和肺气肿。蹄冠部化脓，出现坏死性蜂窝织炎，发生感染的关节与腱鞘松弛，有时伴随败血症而导致病牛死亡。部分病牛康复后，可能发生继发症，表现为精神沉郁，食欲减退，换毛过程停滞，产奶量降低。有些病牛出现心肺性喘息和咳嗽，心搏减弱，脉搏无力，心悸亢进和心律失常，瘤胃蠕动减弱，有时出现抽搐、兴奋或精神沉郁。

4.1.1.3　口蹄疫病毒免疫技术

目前，我国政府批准用于预防口蹄疫的疫苗包括单价、双价或三价灭活油佐剂疫苗、合成肽疫苗及基因工程亚单位疫苗。其中合成肽疫苗仅用于猪口蹄疫的防控，基因工程亚单位疫苗因其抗原分子量小、免疫原性弱而未能大面积推广使用。灭活疫苗因效果良好而且质量稳定，是当前畜牧业生产中预防口蹄疫的主要疫苗。

1. 疫苗选择

2018 年 7 月 1 日，我国宣布亚洲 Ⅰ 型口蹄疫退出免疫。目前主要用于牛羊的口蹄疫疫苗有以下几种。

(1)牛口蹄疫O型、A型双价灭活疫苗。本品系主要成分与含量:O型、A型病毒,灭活前的病毒含量分别至少$10^{7.0}$ $TCID_{50}$/mL。用于预防牛、羊O型、A型口蹄疫。注射后15 d产生免疫力,免疫期为6个月。牛、羊深部肌肉注射,6月龄以上的牛4 mL/头,6月龄以下的牛和1岁以上的羊2 mL/头,6月龄以下的羊1 mL/只。

(2)口蹄疫O型、A型灭活疫苗(O/MYA98/BY/2010株+Re-A/WH/09株)。本品系用口蹄疫病毒O型O/MYA98/BY/2010株、重组A型Re-A/WH/09毒株分别接种BHK-21悬浮细胞,收获细胞培养物,分别经浓缩纯化、二乙烯亚胺(BEI)灭活后与ISA206佐剂按比例混合乳化制成疫苗。用于预防牛、羊O型和A型口蹄疫。免疫期为6个月,肌肉注射,牛1 mL/头,羊0.5 mL/只。

(3)口蹄疫(A型)灭活疫苗(AF/72株)。本品系用牛源A型口蹄疫病毒AF/72株细胞毒,接种BHK-21细胞,通过浓缩培养法培养,收获细胞培养物,经二乙烯亚胺(BEI)灭活后,加矿物油佐剂混合乳化制成。用于预防牛A型口蹄疫。免疫期为6个月,肌肉注射,6月龄以上成年牛2.0 mL/头,6月龄以下犊牛1.0 mL/头。

(4)口蹄疫O型、A型二价灭活疫苗(O/HB/HK/99株+AF/72株)。本品含灭活的口蹄疫O型(O/HB/HK/99株)、A型(AF/72株)病毒,灭活前的病毒含量分别至少为$10^{7.0}$ $TCID_{50}$/mL。用于预防牛口蹄疫O型、A型病毒引起的口蹄疫。免疫期为6个月,肌肉注射,2 mL/头。

(5)口蹄疫O型、A型二价灭活疫苗(OHM/02株+AKT-Ⅲ株)。疫苗中含有灭活的口蹄疫O型毒株(OHM/02株)和A型Ⅲ系鼠化弱毒株(AKT-Ⅲ株),灭活前的病毒含量均至少为$10^{7.5}$ LD_{50}/0.2 mL。用于预防牛、羊O型、A型口蹄疫。免疫期为6个月,颈部肌肉注射,牛2.0 mL/头,羊1.0 mL/只。

(6)口蹄疫O型灭活疫苗(OJMS株)。本品系用口蹄疫病毒O型病毒接种BHK-21细胞培养,收获悬浮细胞培养物,经二乙烯亚胺(BEI)灭活,加矿物油佐剂混合乳化制成。用于预防牛、羊O型口蹄疫。肌肉注射,牛2.0 mL/头,羊1.0 mL/只。

(7)口蹄疫O型灭活疫苗(OS株)。含灭活的口蹄疫O型病毒,灭活前每0.1 mL病毒含量应至少为$10^{7.0}$ $TCID_{50}$,或每0.2 mL病毒含量应至少为$10^{7.0}$ LD_{50}。用于预防牛、羊、鹿和骆驼O型口蹄疫。免疫期为4～6个月,肌肉注射,牛、鹿和骆驼2 mL/头(峰),羊1 mL/只。

(8)口蹄疫O型灭活疫苗(OHM/02株)。疫苗中含灭活的口蹄疫O型病毒OHM/02株,灭活前的病毒含量应至少为$10^{7.0}$ LD_{50}/0.2 mL。用于预防牛、羊O型口蹄疫。免疫期为6个月,肌肉注射,牛2.0 mL/头,羊1.0 mL/只。

2. 免疫操作

免疫前要严格做好接种器具(注射器、针头、镊子以及有关容器等)的消毒准备工作。

(1)注射器。最好使用一次性注射器或者牲畜专用的可定量注射器,注意注射器定量卡是否松动,使用前高压灭菌或煮沸消毒法消毒至少15 min。

(2)针头。使用12～16号针头,针头的消毒应采用高压蒸汽法。

(3)毛剪和镊子。使用前应高压灭菌或煮沸消毒法消毒至少15 min。

(4)灭菌后的注射器与针头应放置于无菌盒内备用。免疫接种工作由兽医防疫人员或养殖场兽医人员执行。做好养殖场兽医人员的技术培训，严格按接种操作要求进行。接种前应备有足够的碘酊棉球、注射器、针头、抗过敏药物以及免疫记录本等。免疫注射时应适当保定动物，严禁使用"飞针"注射。接种前将疫苗缓慢充分摇匀，防止气泡影响疫苗剂量的准确性。疫苗在使用过程中应保存在2～8℃的保温箱内，切不可冻结。吸出的疫苗不可回注于疫苗瓶内，每瓶疫苗启用后，限当日用完，超过24 h则废弃。

严格按照产品说明书中限定的剂量免疫。注射部位要准确，动作要熟练，确保免疫剂量准确足量。接种前应仔细定量，在注射针头上覆盖棉球，将针筒排气溢出的疫苗液吸至棉球上，并将其收集至专用瓶内集中处理。进气针头、吸取针头和注射针头三者之间应严格分开使用，注射器严禁在疫苗瓶内排空气。注射部位用碘酊或70%酒精棉擦净消毒。牛注射部位为颈部上1/3处深层肌肉。

3. 免疫不良反应的预防及处理

通常大多数奶牛在接种疫苗后不会出现明显的不良反应，少数奶牛会出现精神沉郁，食欲下降，注射部位出现短时轻度炎性水肿等局部或全身性异常表现，这都是接种后的正常反应。但有时会发生反应程度严重的过敏反应，表现为缺氧、黏膜发绀，呼吸困难、口流涎沫、全身肌肉颤抖、出汗、呕吐食物、虚脱或惊厥等临床症状。若出现反应的牛数量较多，通常是由于疫苗的质量低劣、注射剂量过大、操作错误、接种途径或使用对象不准等因素引起。即便如此，我们仍可以通过一些预防和应急措施最大限度地减少注射疫苗的不良反应和损失。

(1)不良反应的预防

①接种前后一周内饲料中可适当添加小剂量的左旋咪唑、亚硒酸钠和维生素E等免疫增强剂类物质。不要使用肾上腺素类的激素药物或免疫抑制性药物(如链霉素、新霉素、卡那霉素、四环素等)或抗病毒药物。

②在免疫接种前必须进行奶牛健康状况、体质等生理状况的检查，病畜、弱畜、孕畜可暂缓接种，其免疫严格按说明书要求进行及时补免。

③免疫接种最好选择在温度适宜、天气晴朗的时候进行，夏季在早晚凉爽时进行，冬季在中午温暖时进行。

④免疫接种前应尽可能避免奶牛剧烈活动(如长途运输、转群、采血等)，防止奶牛处于应激状态，在接种过程中更应采取必要措施以避免过分驱赶或抓取。

⑤免疫后需给奶牛适当时间休息，同时兑制多维电解质水供其自由饮用，并密切观察是否出现异常反应，对表现持续高热的奶牛除了供给充足的多维电解质水外，还需采取退热措施。

(2)不良反应的处理

①一般反应：个别奶牛接种疫苗后出现轻度精神萎靡或不安、食欲减少和体温稍高等情况，一般不需要治疗，将其置于适宜环境下1～2 d，症状即可自行减轻或消失。

②急性不良反应：极个别奶牛接种疫苗后可能出现急性过敏反应，呼吸加快、眼结膜充血、发抖、皮肤发紫、口吐白沫、频频排便、后肢不稳或倒地抽搐，如抢救不及时很可能死亡。一般需尽快肌肉注射地塞米松磷酸钠30 mg，皮下注射0.1%盐酸肾上腺素5 mL。若发生过敏反应病牛体温超过40℃，可注射复方氨基比林。若发生过敏反应的病牛心脏衰竭、皮肤发紫，可注射安钠咖，注意保温，并给予充足、干净的饮水。

③最急性不良反应：迅速皮下注射0.1%盐酸肾上腺素5 mL，20 min后根据缓解程度，可重复同剂量再注射一次。对休克牛，除上述方法外，还要迅速针刺耳尖、尾根、蹄头、大脉穴，放少量血，迅速将去甲肾上腺素10 mg加入10%葡萄糖注射液1 500 mL，静脉滴注，待其苏醒、脉律恢复后，再将维生素C 5 g、维生素B_6 3 g加入5%葡萄糖注射液2 000 mL静脉滴注，然后再用5%的碳酸氢钠注射液500 mL静脉滴注即可。

4．免疫程序

根据疫苗种类和群体免疫抗体水平制定适宜的免疫程序，并严格按免疫程序实行免疫接种工作，但根据突发事件和实际情况的变化可以调整免疫程序。

(1)生产母牛。每年普免2～3次。

(2)犊牛。出生后3～4个月首免，间隔3～4周二免。

(3)种公牛。每年普免3次。

(4)补充免疫。按程序免疫之后经免疫抗体检测针对免疫抗体产生不佳的牛可进行补免。

(5)紧急免疫。当地发生疫情时，要对疫区、受威胁区域的全部易感动物进行一次强化免疫。

5．免疫标识与免疫档案

(1)养殖场应每季度提前向动物防疫主管部门申报养殖种类、养殖数量以及所需的动物标识数量，年存栏1 000头以上场须自行配备动物标识识读器。

(2)对奶牛免疫接种后须按照《畜禽标识和养殖档案管理办法》中的规定，建立免疫档案，加施牲畜标识。

(3)免疫接种后应及时认真地填写免疫接种记录表，内容包括疫苗名称、接种日期、舍号、栏号、年龄、免疫头数、免疫剂量、疫苗信息(类别、生产厂家、有效期、批号等)以及接种人员，针对每一头奶牛建立规范性的免疫档案。

6．口蹄疫监测

监测措施是口蹄疫防控和流行病学调查的重要内容和手段之一，所有影响口蹄疫发生与扩散的风险因素都属于监测范围。而规模养殖场口蹄疫发生风险的监测内容主要是场区环境带毒检测，场区外环境的疫情调查，牲畜过往活动情况，牲畜带毒情况以及畜群免疫状况等。

(1)监测范围

①牛群：养殖场内牛群发病、带毒及抗体水平的检测。

②场区内环境：含饲料、饮用水等带毒监测。

③场区外环境：关注养殖场周边范围内的疫情动态，包括疫情调查，场区附近过往易感动物(牛、羊、猪)活动情况等。

(2)监测频率

①集中监测：1年2次，分春、秋季。春季集中监测在5月底前完成，秋季集中监测在11月底前完成。

②日常监测：各养殖场根据生产的实际情况随时自行监测，必要时，结合当地口蹄疫流行状况增加监测次数。一旦发现疑似病例，应紧急封锁疫点、控制发病动物及同群牲畜，并立即报告当地动物防疫监督部门。

(3)监测内容和方法

①临床检查:由饲养员负责每日例行的临床检查,即仔细观察牛只是否表现口蹄疫临床典型症状(如食欲减退、发热、口及乳房部位出现水疱、跛行、喜卧等)。一旦发现异常情况,应立即报告养殖场兽医和负责人员。

②实验室检测:由养殖场兽医诊疗室(若技术和装备条件允许)负责实施,进行血清样品的抗体检测。

液相阻断酶联免疫吸附试验(LB-ELISA)用于口蹄疫免疫抗体水平的检测和评价,是OIE推荐的国际标准方法之一。根据口蹄疫的流行和免疫情况,有时需检测多个血清型的免疫抗体。

正向间接血凝试验(IHA)适用于口蹄疫免疫抗体水平的大规模监测。虽非国际标准方法,但因其操作简便,价廉,在基层兽医实验室仍有较大应用价值。

(4)样品采集

①采样原则:根据检测目的采集相应样品,采集的检测样品要有代表性,样品的采集、保存、运输要按国家《口蹄疫防治技术规范》技术标准进行。

②采样数量:样品采集总量应根据养殖场实际的养殖规模、牲畜用途、畜群大小确定。基本原则是必须符合统计学要求。

③采样时间:为监测养殖场奶牛血清抗体水平,评估疫苗免疫效果,应分别在注苗前和注苗后30 d采集血清样品1次进行检测。

(5)检测结果的判定。液相阻断ELISA,免疫后30 d抗体效价≥26为免疫合格。

(6)免疫效果的评价。牛群免疫抗体合格率80%时,表明家畜群体的免疫水平达到了国家规定要求。未达抗体合格标准的,应及时进行补免。

[撰稿:中农威特生物科技股份有限公司　何虎成]

4.1.2　布鲁氏菌病防控技术

布鲁氏菌病(brucellosis),简称布病,也称波状热,俗称"懒汉病""断代病",是由布鲁氏菌引起的急性或慢性传染病,属自然疫源性疾病。临床上主要表现为病情轻重不一的发热、多汗、关节痛等。如今随着我国奶牛养殖规模不断扩大,该病不但对经济造成极大损失,病原还可通过未经消毒的牛奶、奶制品、内脏及淋巴组织等感染人类,导致严重的社会公共卫生问题。因此,奶牛场布病的防控显得十分重要。

4.1.2.1　病原

布鲁氏菌(*Brucella*)是一种革兰氏阴性、胞内寄生菌,在人类和许多动物感染后可引起布鲁氏菌病。联合国粮食和农业组织/世界卫生组织(FAO/WHO)专家委员会根据宿主的亲嗜性,把布鲁氏菌分为6个种,即羊种布鲁氏菌(又称马耳他布鲁氏菌)、牛种布鲁氏菌(又称流产布鲁氏菌)、猪种布鲁氏菌、绵羊附睾种布鲁氏菌、沙林鼠种布鲁氏菌和犬种布鲁氏菌。在20世纪90年代,从海豹、海豚、鲸和水獭等海洋哺乳动物中分离出两种布鲁氏菌,分离株具有完全不同于陆地哺乳动物源布鲁氏菌的表型和分子特征,分别命名为鳍足类布鲁氏菌和鲸类布鲁氏菌。对于已认定的这8种布鲁氏菌,牛种、羊种和猪种布鲁氏菌对人类极易致病。

4.1.2.2 布病的危害及流行特点

1. 布病的危害

布病是目前世界上流行最广、危害最严重的人畜共患传染病之一，严重影响家畜养殖业的健康发展和国家公共卫生安全与食品安全，阻碍对外贸易。健康动物主要通过接触病畜分泌物和流产胎儿等感染。家畜感染后对繁殖和生产性能造成严重危害，头胎流产率高达50%～90%，二胎和三胎流产率达20%～30%，奶和肉减产。人主要通过接触感染动物以及使用污染的动物产品如奶、奶制品和肉感染。人感染后一般持续数周或数月，如果不及时治疗，则转为慢性病，中壮年患者丧失劳动能力，妇女流产，男性发生睾丸炎甚至失去生殖能力，同时引起全身多系统损害和出现并发症，如肝脾肿大、关节炎、脑膜炎和心内膜炎等。

2. 流行特点

解放初期，我国人畜间布病流行情况没有准确的数据，在1950—1970年我国人畜间布病流行处于高发期，部分省（自治区、直辖市）疫情严重，1980—1990年疫情基本得到控制，2000年以来又迅速反弹。近3年来，主要以牛羊感染为主，其中内蒙古、新疆、陕西、山西、山东和黑龙江等省（自治区、直辖市）发病较多，布病流行已形成全国蔓延趋势，牛羊养殖区的个别畜群流行较为严重，主要归结于活畜流动较为频繁，基层兽医防控认知缺乏和牧场净化程序有待优化。

4.1.2.3 病原学检测

1. 细菌学诊断

细菌学诊断至今为止仍是检测布鲁氏菌病的"黄金标准"。主要是采集流产胎儿、胎盘以及母畜阴道分泌物、乳汁、血液等作为培养样本，所有样本采集后应冷藏并立即用最快的方式运送到实验室。需要检测的样本送到实验室应尽量马上培养，如不能，需冷冻保存，冷冻保存时间不宜过长。

细菌的培养多采用胰蛋白琼脂培养基，用硫化氢产生实验和染料抑制实验进行种和生物型的鉴定。PCR检测方法可检测布鲁氏菌是否发生变异，进一步对其进行诊断。

2. 血清学诊断

布鲁氏菌在感染宿主后7～15 d可出现抗体，在感染第1周时出现IgM抗体，随后产生IgG，其是血清学检测的主要抗体。因此采用血清学方法检测血清中的抗体是诊断布鲁氏菌病的重要手段。目前，世界动物卫生组织（OIE）规定的血清学诊断方法有虎红平板凝集试验（RBPT）、全乳环状凝集试验（MRT）、补体结合试验（CFT）、酶联免疫吸附试验（ELISA）、荧光偏振试验（FPT），还有我国一直沿用的试管凝集试验（SAT）。应强调的是，在国际贸易中试管凝集试验（SAT）检测布鲁氏菌病并不可靠。补体结合试验（CFT）比试管凝集试验（SAT）特异性强，也有标准化体系。酶联免疫吸附试验（ELISA）和荧光偏振试验（FPT）在诊断操作特异性上与补体结合试验（CFT）相当，甚至更好，又因为酶联免疫吸附试验（ELISA）和荧光偏振试验（FPT）操作简单且比较稳定，因此，在世界范围内被广泛推广。

（1）虎红平板凝集试验（RBPT）。其反应灵敏、操作简单，适用于检测样本较多时的筛选性试验。但同时其影响因素也很多，如温度、血清浓度、反应时间等，因此较容易出现假阳性的结果，在临床应用中需要其他检测方法进一步确诊诊断。

(2)试管凝集试验(SAT)。我国将其列为检测布鲁氏菌病的法定方法之一,其特异性强,较敏感,可检测人、畜血清中的抗布鲁氏菌的IgM、IgG及IgA 3类免疫球蛋白,主要检测IgM和IgG抗体。因此,试管凝集试验(SAT)可用于布鲁氏菌病的早期检测。但该试验在结果判定时用肉眼观察没有定量的数值作为判定标准,因此容易出现误差、漏检的情况,并且该试验操作耗时费力,在大规模的养殖场并不适用。

(3)补体结合试验(CFT)。是一种特异性强、敏感性高的检测方法。其主要应用于慢性布鲁氏菌病的诊断,是世界动物卫生组织(OIE)规定的牛种、羊种、绵羊附睾种布鲁氏菌病的确诊方法。然而,这种方法并不适用于猪种布鲁氏菌的检测,因为补体结合试验(CFT)中所使用的大多是豚鼠补体,由于猪、豚鼠补体会在一定程度上互相干扰,所以准确率会显著下降,灵敏度降低38%~40%。

(4)全乳环状凝集试验(MRT)。奶牛布鲁氏菌病检测的主要方法。该试验方法不需要抽血,直接选取单独奶样或混合奶样进行检测,最大限度减轻对奶牛群体的刺激,对生产不会产生任何影响,同时也减轻饲养人员工作强度。全乳环状凝集试验(MRT)因能够快速、准确地检测奶牛布鲁氏菌病,因此在奶牛场中被广泛应用。但其受温度和采样时间影响也会出现假阳性,对免疫期不超过4个月的牛或患乳腺炎的牛产的乳亦可能出现假阳性。

(5)酶联免疫吸附试验(ELISA)。20世纪70年代以来兴起的一种高特异性、高敏感性的试验方法,它不仅可以作为确诊试验也可作为大批量筛选试验使用。酶联免疫吸附试验(ELISA)分为间接ELISA和竞争ELISA。

4.1.2.4 布鲁氏菌对物理和化学因子的抵抗力

布鲁氏菌用巴氏灭菌法10~15 min可杀灭;0.1%浓度的新洁尔灭作用30 s即可杀灭;漂白粉、来苏水、肥皂水、甲醛或生石灰需作用10~15 min将其杀死;直射阳光需0.5~4 h才能将其杀死。布鲁氏菌对热敏感,100℃数分钟即死亡。对干燥、寒冷具有较高抵抗力。链霉素、四环素、庆大霉素、多西环素(强力霉素)、卡那霉素等对其都有抑制作用,对青霉素不敏感。在肉、乳类食品中能生存2个月左右,在衣服、皮、毛上存活达5个月,在干燥土壤内也可以存活37 d。

4.1.2.5 牧场布病防控建议

1. 完善牧场布病监测及诊断技术

牧场应选择适合本牧场生产及检测人员技术水平的检测方法,定期对牧场牛群进行检测。对于阳性牛只,每隔一段时间进行复检,持续阳性牛只做淘汰处理。

2. 规范和完善免疫程序

在布病高发地区,结合本牧场检测结果,向当地畜牧兽医主管部门进行申请、备案后,制定科学的免疫程序,选择合适疫苗对牛群进行免疫,免疫前对免疫范围、免疫剂量和免疫时间进行谨慎规划。免疫后,定期监测抗体变化,随免疫时间的推进,不断修改完善免疫程序。

3. 完善管理制度

做好牧场员工布病基础知识培训工作,根据布病流行特点,加强产房、挤奶和兽医治疗等的管理,减少人员感染发生以及布鲁氏菌在牧场的扩散。

[撰稿:天康生物股份有限公司　李启峰]

4.1.3 牛病毒性腹泻防控技术

牛病毒性腹泻/黏膜病(bovine viral diarrhea/mucosal disease)(BVD/MD)是因牛病毒性腹泻病毒(BVDV)引起的一种非常复杂,呈现多样临床表现的疾病。自 1946 年首次发现,现在 BVD 在全球各国普遍存在,在我国 BVD 的发生也日益严重。因为 BVD 可严重影响牧场的繁殖水平和其他疾病的发生,从而给牧场造成非常高的经济损失。BVDV 可感染牛、猪、羊、鹿等多种动物。BVD 通过直接或间接接触的方式进行传播,也能透过胎盘感染胎儿的方式进行垂直传播。BVD 可引起早期胚胎死亡及犊牛的先天缺陷等,也可产下“外观正常”的持续性感染动物(PI 牛)。

BVD 一年四季均可暴发(冬末和春季多发),是牛群常见疾病。BVD 的发病率高,致死率低。BVD 感染牛只没有年龄的限制,多发于 6～18 月龄的后备牛。70%～80%的小于 4 岁的牛群中都含有 BVDV 抗体。牛群感染病毒经 5～7 d 的潜伏期后,大部分呈亚临床症状(轻热和白细胞减少),少部分呈急性型临床症状(轻度沉郁、厌食、腹泻、口鼻分泌物增多等),病牛排低浓度病毒。在感染病毒后的 21～28 d,血清中可检出 BVDV 抗体并存在几年。BVD 感染牛的产奶量下降(其中 PI 牛的产奶量通常只有健康牛的 1/2)。BVD 对牛只的免疫抑制作用(长达 42 d)是引发其他疾病的诱因。BVD 损害了机体的免疫机能后,增强了其他病原体感染的致病性。

4.1.3.1 病毒性腹泻的危害

BVD 严重影响牛群的健康和生产性能,尤其是繁殖水平。因一过性感染(transit infection,TI)引起的损失有:繁殖紊乱、腹泻、产奶量下降和增加乳腺炎、蹄病等的发病率。因感染胎儿引起持续性感染(permanent infection,PI)包括:早期胚胎死亡、死胎、先天性缺陷、弱犊和发育不良等。当 BVDV 感染怀孕期在 40～120 d 的牛只后,所产犊牛对 BVDV 产生“免疫耐受”现象,成为持续性感染牛(PI 牛)。

PI 牛是 BVD 的传染源,1 头 PI 牛就可危害整个牛群。PI 牛一天中能够释放 1 000 万个病毒颗粒。在流行病学上,牛群中存在 PI 牛,其基本传染数 R_0(basic reproduction number)为$+\infty$,可以想象其传播力有多强,因此牧场内的牛群可以迅速被感染和再感染。不论年龄,所有的牛都容易受到来自 PI 牛的感染。大部分 PI 牛通常在 2 岁之内死于黏膜病(mucosal disease,MD)。PI 牛造成的危害不仅仅是单一的牛舍或牧场。根据美国研究报告,在一个持续感染率为 0.4%的 10 000 头规模的牧场中,71%的牛将受到 PI 牛的感染。

PI 牛是直接造成 BVD 大面积流行并且难以根除的主要因素,PI 牛可以通过其鼻涕、唾液、尿液、眼泪以及流产胎儿和羊水等持续性大量排毒,造成牛群内 BVDV 的持续性传播。另外,来自感染动物的血清、胚胎以及冻精内也可含有 BVDV。由于 PI 牛在免疫后一般不产生抗体(会有个别例外),通过单纯的疫苗免疫无法治疗 PI 牛和阻止新 PI 牛的产生。牛群免疫 BVDV 疫苗的前提是必须鉴定和清除 PI 牛。

我国在 20 世纪 80 年代大量进口国外奶牛的同时引入了 BVD。1980 年,李佑民第一次从国外进境牛流产胎儿的脾脏中分离并鉴定出了 BVDV,证明了我国存在 BVD。近年我国的疫病流调显示,已有 19 个省(自治区、直辖市)查出 BVDV 抗体或分离出 BVDV。

4.1.3.2 造成的主要经济损失

造成的主要经济损失见表 4-1-1。

表 4-1-1 BVDV 的经济影响

报道来源	国家	动物类型	影响报道
Chi *et al*.(2002) Prev Vet Med 55 (2):137-153.	加拿大	奶牛	每头牛损失＄31.07
Duffell S J, *et al*.(1986) The Veterinary record 118(2):38-39.	英国	奶牛	每头牛损失＄31.10～＄88.75
Gunn G J, *et al*.(2004) The Veterinary Journal 167(2): 143-149.	苏格兰	犊牛	每头牛每年损失＄72.68
Hessman B E, *et al*.(2009) American Journal of Veterinary Research 70:73-85.	美国	肉牛饲养场	每头牛损失＄41.17
Houe H.(1999) Veterin Microbiol 64(2-3):89-107.	丹麦	奶牛	每次产犊损失＄20.00～＄57.00
Larson R L, *et al*.(2002) Bovine Practitioner 36(2):106-112.	美国	犊牛	每头牛损失＄15.33～＄20.16
Moenning Volker *et al*.(2006) Animal Health Research Reviews 6 (1):63-74.	英国、挪威、丹麦	所有品种	每次产犊损失＄10.00～＄40.00
Ridpath J F.(2002) Hoard's Dairyman 697.	美国	奶牛	每次产犊损失＄35.00～＄65.00
Wentink G H, *et al*.(1990) Tijdschr Diergeneeskd 115(22): 1031-1040.	荷兰	奶牛	每头牛损失＄81.71

(1)免疫抑制长达 42 d。使牛只更易引发呼吸系统疾病、腹泻和其他病原菌引起的乳腺炎和蹄病等。

(2)影响繁殖。使牛群出现增加配种次数、增高空怀率、早期胚胎死亡、流产、木乃伊胎或弱犊等。

(3)腹泻。特别是在初次感染时(青年牛多见)。

(4)产奶量减少,奶的乳质降低。

(5)感染牛只所产犊牛先天缺陷、发育不良、生长缓慢。

(6)奶牛过早淘汰,缩短利用年限;公牛暂时性不育。

(7)急性和慢性 MD。

(8)持续感染胎儿,造成 PI 牛。

4.1.3.3 防控方法

此病目前无特效的治疗手段,牧场采用控制和净化的方法进行防控,奥地利、意大利的南蒂罗尔、瑞士、德国、苏格兰、爱尔兰、英国等国家已经进行了BVDV净化。通过检测并淘汰PI牛是目前净化该病的最佳途径。

4.1.3.4 BVD防控的好处

(1)对牛只尽早检测,可鉴别和淘汰PI牛,帮助牧场降低费用。PI牛进入泌乳牛群前可隐藏在后备牛群中,没有明显的临床症状,浪费饲料,传播疾病。随着疾病的发展,生产性能变差,最终被牧场淘汰。

(2)提高牛群的繁殖水平,改善牧场繁殖性能。

(3)减少因BVD引起疾病或者易感其他疾病的治疗费用。

(4)减少因BVD引起的额外人工费用。

(5)增加牛只的使用年限。

4.1.3.5 牧场BVD风险评估

1. 检测牧场大缸奶样(仅限没接种过疫苗的牧场)

分群的(≤800头)奶缸样品进行BVDV抗体检测。病牛区奶缸也一定要采样,新产牛采集样品的数量根据奶缸数确定。根据抗体滴度(S/P值)评估在牛群感染BVDV的风险。

(1)若S/P值<0.25,则该场为BVD阴性场。

(2)若0.25<S/P值<0.75,牧场曾经感染BVDV。

(3)若0.75<S/P值<1,牧场近期内感染BVDV。

(4)若S/P值>1,牧场急性或近期内感染BVDV,是高风险场,说明这些奶缸样品对应的泌乳牛群近期内感染过BVDV,全群中极有可能存在PI牛。

2. 血清抗体检测评估(仅限没接种过疫苗的牧场)

采集100~300头12~13月龄牛进行血清抗体风险评估。如果BVDV抗体阳性率≥80%,牧场急性或近期内感染BVDV,是高风险场。

3. 建议

(1)如果抗体滴度(S/P值)>1,建议进行全群BVDV抗原检测,发现PI牛,立即进行隔离或淘汰。

(2)对0.75<S/P值<1的牛场,所有后备牛进行BVDV抗原检测。然后淘汰PI牛,追溯其母亲进行BVDV抗原检测。

(3)牧场应该及时避免PI牛与牛群接触,特别是与怀孕母牛的接触,从而避免新的PI牛犊的产生,进而降低感染压力并逐步净化该疾病。

(4)BVDV抗体阳性率≥80%的牧场,进行BVDV抗原筛查。

(5)阴性牧场要定期进行BVDV抗体评估,大缸奶样2个月监测1次,血清抗体半年监测1次。

4.1.3.6 建议检测方案

1. 全群检测

对全群牛只(成母牛和后备牛耳组织或血清、犊牛耳组织)进行BVDV抗原检测。初次检测BVDV抗原阳性的牛只,立即隔离21 d后对其重新采样,进行重新检测,排除一过性感染干扰;如果结果仍为阳性,即为PI牛,立即淘汰。

后续只需持续检测新生的犊牛，检测过的牛只无须再检测(相当于一次性投入，净化速度快)。为了避免母源抗体的干扰，犊牛检测建议采集耳组织样品。

2. 检测所有后备牛、犊牛、无后代母牛

(1)对牛群中所有犊牛和后备牛、无后代母牛进行 BVDV 抗原检测。如果犊牛是 PI 牛，通过系谱追溯其母亲，并对其进行 BVDV 抗原检测。

(2)初次检测 BVDV 抗原阳性的牛只，同上。

(3)对产过公犊牛的母牛也要进行 BVDV 抗原检测。BVDV 可导致牛只流产，检测所有流产牛只。

后续只需定期检测新生犊牛，检测过的牛只无须再检测(持续投入，净化周期长)。为了避免母源抗体的干扰，犊牛检测建议采集耳组织样品。

3. 持续监测

(1)病毒在牧场存在一定时间，妊娠母牛怀孕期无法确认胎儿情况，需要对新生犊牛进行 1 年以上的 BVDV 抗原检测。

(2)全部新生犊牛耳组织持续采样 1 年以上，做好记录。

(3)成母牛血清，抽样检测(30～60 头/栋，每月或每季度监测一次)或大缸奶样检测抗体变化。

[撰稿：北京爱德士元亨生物科技有限公司　徐延伍]

4.1.4 传染性牛鼻气管炎防控技术

传染性牛鼻气管炎(IBR)属于疱疹病毒科双链 DNA 病毒，是具有急性、接触性、高传染性的传染病。其症状有体温升高、脑炎、结膜炎、传染性脓包性阴道炎、鼻腔脓肿和充血。

4.1.4.1 IBR 的病原

IBR 病原体是牛疱疹病毒-1 型，发病程度与毒力、年龄、自身状况相关。病毒可以通过呼吸道感染，呼吸道感染也能导致怀孕牛流产。全身性感染在未免疫的犊牛群中时有发生，且死亡率很高。免疫缺陷牛只也会出现 IBR 全身感染。

4.1.4.2 牛群感染 IBR 的影响

IBR 感染后的严重程度随年龄的增加而降低。新生小犊牛 IBR 感染导致急性、全身性感染以致死亡，而对于成年牛会导致流产。

4.1.4.3 IBR 的诊断

很多病原体都能够导致牛繁殖和呼吸方面的疾病，因此需要通过实验室诊断来确诊，也可以通过临床症状和牛群感染史进行初步判断。牛群出现食欲不振、精神萎靡、坏死性鼻炎是 IBR 临床的表现，俗称红鼻子病。

(1)用酶联免疫吸附试验(阻断 ELISA)，检测 IBR-gB 和 IBR-gE 抗体进行流调和诊断。

(2)IBR-gB 通过检测牛血清和牛奶中 BHV-1 抗体确认是否自然感染过 BHV-1。用酶联免疫试验检测牛体内 BHV-1 抗体。

(3)IBR-gE 是根据酶联免疫(ELISA)反应原理设计检测血清、血浆、个体奶缸样品的一种诊断方法。gE 抗体阳性表示 BHV-1 感染或者免疫了含 gE 抗原的疫苗。IBR-gE 基因标记疫苗及试剂盒可用于 IBR 控制和净化,能够鉴别自然感染和疫苗免疫,在欧洲用于 IBR 净化。

4.1.4.4 IBR 的感染途径和临床症状

1. 感染途径

牛的主要感染途径是通过口、鼻接触,也有少数会通过接触生殖道分泌物造成感染。牛体分泌液中 IBR 病毒可以保持数天的感染力,可以通过感染牛只、牧场工作人员、器械等工具传播,也可通过阴道分泌物和精液传播。昆虫和啮齿类动物一般不能传播 IBR。

2. 临床症状

牛在感染 IBR 恢复后,体内大部分病毒被清除,除了头部神经系统中一些特殊部位,这与初次感染的途径有关。IPV/IPB 神经组织的感染位点在脊柱的盆骨位置,病毒在这里潜伏或休眠,持续一生,病毒也会偶尔暴发,导致再次感染。当 IBR 病毒潜伏时,没有临床症状,可以通过生殖道、精液、鼻腔散发该病毒。牛群出现应激或其他疫病暴发也会继发该病。

4.1.4.5 IBR 的防控

IBR 疫苗免疫后的检测(监测)和检测(监测)程序(适用于接种 gE 缺失疫苗)见表 4-1-2 和表 4-1-3。

表 4-1-2 IBR 疫苗免疫后的检测(监测)

检测项目	牛 群	目 的	检测频次
IBR-gB	免疫前/免疫后,定头,不同月龄,胎次	了解免疫效果	伴随免疫(1 年 2～3 次)
IBR-gB	免疫后不同时间,定头,定时间	了解抗体水平变化	根据免疫时间
IBR-gE	＞6 月龄即可	了解野毒阳性率	1 年 2 次

注:没做过免疫牛只检测＞6 月龄的后备牛,以排除母源抗体干扰。

表 4-1-3 检测(监测)程序(适用于接种 gE 缺失疫苗)

阶段	检测样品	检测对象	采样频率	结果判读和行动
控制	泌乳牛个体血清,每栏具有统计学意义的样品	gE 抗体	每 6 个月	阳性率应逐渐降低;阳性率上涨 10%或阳性牛数量增加,表明病毒仍流行,有新发感染
	全群免疫后出生＞6 月龄青年牛个体血清	gE 抗体	全群免疫后第一年,每 6 个月	阳性率低表明感染被阻断,阳性牛数量增加,表明病毒流行,有新发感染
	全群免疫后出生＞6 月龄以及 12～24 月龄间青年牛个体血清	gE 抗体	全群免疫后第二年,每 6 个月	阳性率低表明感染被阻断
净化	所有＞12 月龄牛个体血清	gE 抗体	每 6～12 个月	淘汰阳性牛

目前还没有针对 IBR 的有效治疗方案，病牛能在 1～2 周恢复，进行疫苗免疫能够降低病毒传播。

免疫疫苗可以减轻但不能完全防范 IBR 病毒传入，同时不能将 IBR 从已经感染群体中净化。疫苗免疫可以降低病毒从潜伏状态到暴发的频率。免疫也可以降低感染牛只排泄物和分泌物中的病毒浓度。

当 IBR 阳性率达到 40%并且伴有临床表现可以考虑进行疫苗免疫。

免疫不能代替管理，所以合理地做好牧场管理及牧场生物安全是减少 IBR 经济损失的有效措施。

国内需要研发 IBR-gE 基因标记疫苗，进行免疫区分和鉴别诊断，能够对该病进行有效的控制和净化。

［撰稿：北京爱德士元亨生物科技有限公司　徐延伍］

4.1.5 副结核病防控技术

副结核病是由副结核分枝杆菌引起的反刍动物慢性肠道疾病。副结核病是牛的一种慢性病，特征是多数牛为亚临床感染，少数为患慢性腹泻、慢性消瘦和在疾病终末期出现低蛋白血症的衰弱牛。发病牛排出的粪便含有大量细菌，因此围产期的粪口途径是最常见的感染途径。病原菌也可以进入血液和乳汁，通过乳汁传染给犊牛。除粪口途径、初乳途径外，胎儿也有可能子宫内感染，感染母体在其妊娠期内感染胎儿的概率为 25%。敏感牛的感染发生在小肠远端和大肠。回肠是最常见的感染部位，剖检副结核发病牛，常见回肠增厚、水肿。本病于 1895 年由 Johne 和 Frothingham 首次发现。1906 年 Bang 通过人工感染犊牛成功，并命名为副结核病。我国于 1953 年首次报道该病的存在。

副结核病的潜伏期可达数月或数年，感染动物在成年前一般不表现临床症状。由于本病无有效的治疗方法，感染动物最后会因为此病死亡。

副结核病感染的主要损失如下：感染牛终身产奶量比 ELISA 检测阴性牛低 4 000 kg；ELISA 检测阳性牛的跛行发病率是阴性牛的 5 倍；ELISA 检测阳性牛的乳腺炎发病率是阴性牛的 2 倍；ELISA 检测阳性牛的消化道疾病和呼吸道疾病发病率是阴性牛的 1.8 倍。

副结核病与营养状态及产量相关，一般奶产量在 32 kg 以上的牛易出现患副结核病的情况，导致产量达不到预期。

通过 ELISA 检测发现感染牛，制定防控策略，有计划的淘汰和管理感染（阳性）牛的成本损失是被动淘汰成本的 1/3。根据英国统计数据，有计划的淘汰和被动淘汰，两种淘汰成本分别是 1 304 英镑和 3 604 英镑。

4.1.5.1 副结核病检测以及奶牛感染风险评估

副结核病常用的检测方法是 ELISA 检测。副结核菌素皮肤试验法由于交叉反应的原因已被淘汰。由于副结核分枝杆菌生长速度慢，很难培养，而且只有临床发病牛粪便中才有活菌，因此粪便培养只能作为确诊临床病例的方法，无法提前发现潜伏感染。由于副结核病病程长，感染阶段不同，所以需要重复检测将多次检测结果分类，这是找出所有副结核病感染牛以及后期开展副结核防控管理的前提(表 4-1-4)。

表 4-1-4　ELISA 判定结果建议措施

每头牛的 ELISA 结果	建议措施
阴性	在“干净”的产房中产犊 初乳可用 在隔离的产房中产犊
可疑或弱阳性	弃用初乳 持续监测感染状态 在隔离的产房中产犊
强阳性	不再进行配种 结束泌乳后淘汰

4.1.5.2　实施控制措施降低副结核病的风险

(1)产房管理。区分产房,ELISA 阴性牛的产房与病牛和 ELISA 阳性牛的产房区分使用,互不交叉。

(2)犊牛管理。新生犊牛出生后,立即与母牛分开,4 h 内饲喂 4 L 巴氏杀菌后的初乳(娟姗牛饲喂 3 L)。

(3)初乳管理。只使用 ELISA 阴性牛只的初乳,应确保初乳的采集干净卫生,初乳须巴氏杀菌后使用或巴氏杀菌后冷冻储藏。

(4)犊牛喂养。饲喂巴氏杀菌乳或犊牛代乳粉直至断奶,保持犊牛饲养设备干净卫生,确保饲料和饮用水不被粪便污染。

(5)ELISA 检测结果,S/P 值≥2.0,停配。

(6)禁止购买副结核病检测阳性牛只。

4.1.5.3　副结核病检测的注意事项

(1)ELISA 检测仅限于 2 岁以上的牛只(产奶牛)。

(2)结核皮试会影响副结核病 ELISA 检测,如果在结核皮试后 2～3 月以内进行副结核病检测,会导致假阳性出现。

(3)单次检测副结核病的灵敏度在 60%,重复检测可以得到更准确的检测结果。所以对于大型牧场,阳性率低于 10%,建议干奶期检测,配合初乳和产房管理,防止大牛通过粪口途径和初乳传染新生犊牛。阳性率高于 10%的牧场,建议 2 岁以上的牛只一年检测 2 次。

[撰稿:北京爱德士元亨生物科技有限公司　徐延伍]

4.1.6　哺乳犊牛腹泻的防治

4.1.6.1　概述

哺乳期犊牛腹泻是因各种内外界因素的影响,引起消化道功能紊乱或毒素中毒等,出现腹泻的一系列病理过程。一般分为消化不良性、细菌性、病毒性、霉菌性和其他微生物性(表

4-1-5）。常表现为轻度或重度脱水，有淡黄色下痢、灰白色下痢、水样下痢、红色带血性的下痢或黏液、黏膜性下痢，重症者瘫痪、虚脱、休克至死亡。

表 4-1-5 规模牧场犊牛腹泻发病原因分析 头

原因调查	华北某牧场 1	华北某牧场 2	东北某牧场	西北某牧场
大肠杆菌	35	25	48	15
沙门氏菌	7			5
冠状病毒			25	
轮状病毒		5	10	13
病毒性腹泻（黏膜病）	37	41	171	132
脂肪性腹泻	2	12	7	20
球虫性腹泻		9		
合计	81	92	261	185

注：病原微生物的调查依据 2017 年北京某科研单位的实验室分析数据。

4.1.6.2 发病特点

哺乳期的犊牛各阶段均有发生，一般多发生于产后 0～7 d；冬季发病高于其他季节；消毒工作不良的牧场可暴发流行性腹泻；饲养管理不当的牛场一年四季均可能发生本病（表 4-1-6）。

表 4-1-6 规模牧场犊牛腹泻的发病情况调查

牧场	华北某牧场 1	华北某牧场 2	东北某牧场	西北某牧场
犊牛数/头	367	487	1 045	684
腹泻发病数/头	81	92	261	185
发病率/%	22	19	25	27
死淘数/头	35	39	146	62
死淘率/%	9	8	14	9

注：2017 年数据。

4.1.6.3 主要症状

1．细菌性腹泻

（1）大肠杆菌性。主要发生于产后 0～7 日龄的初生犊牛，潜伏期很短，主要是大肠杆菌穿过肠壁进入血液引起败血症和产生肠毒素导致局部发炎引起肠毒血症，急性败血型病例未哺乳或哺食初乳后即发病，粪便呈淡黄色或灰白色、恶臭，混有黏液、气泡或血液。病程延长时，出现肺炎及关节炎等症状，致死率高达 80%～100%。

（2）沙门氏菌性。主要发生于 10～30 日龄的幼犊，潜伏期 1～2 周，急性病例可出现败血症和胃肠炎的症状，粪便混有黏液和血丝。严重病犊出现肾盂肾炎症状，排尿频繁，表现疼痛，病犊迅速衰竭，卧地不起。

2．病毒性腹泻

（1）冠状病毒病。主要感染 7～10 日龄犊牛，有时可见于 3 周龄左右的犊牛感染，主要导致犊牛严重的小肠结肠炎。病毒是溶细胞性的，黏膜细胞可坏死脱落，引起肠道损伤比较严重，可导致严重的腹泻，死亡率超过 50%。

(2)轮状病毒病。新生犊牛对肠道轮状病毒最为易感，多数感染发生于 1 周龄以内的犊牛。奶牛场中新生犊牛感染率极高，发病率可达 50%～100%，死亡率变化很大。

(3)黏膜病。潜伏期为 7～14 d，一般分为急性、慢性两型，急性型常见于幼犊，病死率较高。

3. 其他病原微生物性腹泻

球虫感染常发生于 2 月龄以上的犊牛，牛群拥挤、卫生不良可促使本病暴发。急性发生的表现为腹泻、粪便带血和黏液、里急后重、精神沉郁、食欲下降，脱水、消瘦以及被毛粗乱。轻度感染的表现为轻微腹泻、体况差、生长缓慢、被毛粗乱、粪便偶尔有血液和黏液。

4. 消化不良性

脂肪性腹泻发病以 1 月龄内较多，以后减少，以雨季和冬春季节多发，后躯被粪便污染，腥臭。腹泻排出的粪便有灰白色、水样、混有凝乳块；有黄绿色、似鸡蛋样；有暗红色、呈血汤样；有白色、干硬粪便；有暗绿色、含硬块的稀粪。

4.1.6.4 防治

1. 治疗

(1)细菌性腹泻。选用广谱抗生素作为首选治疗药物：头孢喹肟配合美达佳，使用维生素 B_1、维生素 C 等。腹泻脱水的可根据脱水情况，补充电解质溶液如葡萄糖、盐水、葡萄糖酸钙、碳酸氢钠等，纠正低血糖、代谢性酸中毒，或者口服补液盐，每日 2～3 次。

(2)病毒性腹泻。一般采取防继发感染的综合治疗，在不能确定病原微生物的种类时，根据病情及时补液补糖，控制病势，调整代谢性的酸中毒、高血钾、低血糖，防止脱水、休克。还可采用一些抗病毒类药物。

(3)球虫感染的腹泻。采取抗球虫药物结合止血药物治疗。

(4)消化不良性腹泻。减少高脂肪性牛奶饲喂犊牛，同时采用乳酶生、酵母片等作为辅助治疗。

2. 预防

(1)加强饲养管理。加强妊娠后期母牛的饲养管理，缺硒地区在妊娠后期即产前 21 d 左右注射亚硒酸钠维生素 E。

(2)加强接产人员的技术操作管理，设立独立产房，铺设麦秸类垫草，注意接产时的卫生、消毒。牧场的产圈要求：面积与牧场年存栏成母牛相匹配，满足各阶段产犊需求；铺设以麦秸、揉碎玉米秸秆等为主的垫料或者是水冲式橡胶产床，无发霉变质等现象；垫料厚度保持在 30 cm 以上，并长期保持干燥、干净、无杂物。稻草、稻壳、羊草、沙土、锯末、干牛粪等垫料均具有感染梭菌、克雷伯氏菌、大肠杆菌、污染物等的风险。

(3)出生后的犊牛在 0.5 h 内喂给初乳(图 4-1-4)，初

图 4-1-4 及时灌服初乳

乳要求是2～3胎母牛的优质初乳，使用折光仪测定质量，一般不低于50 g/dL(表4-1-7)。

表4-1-7　犊牛被动免疫与初乳血清蛋白含量的关系

初乳质量	血清总蛋白含量(g/dL)/被动免疫成功率		
遮光度	≥6.5	6.5～5.5	<5.5
≤22%	67%	25%	8%
22%～26%(不含22%)	83%	15%	2%
26%～32%(不含26%)	94.5%	4%	1.5%

化验合格的初乳经过巴氏灭菌后灌装成3.5～4 L的专用初乳袋中，于－20℃冰箱保存，出生犊牛饲喂初乳时用40℃恒温热浴装置快速解冻(20 min内解冻为好)，喂量在3.5～4 L，以使犊牛尽早获得母源抗体。

(4)坚持“五定”，即定温、定时、定质、定量、定饲养员。应做到“四勤”，即勤打扫、勤垫草、勤观察、勤消毒。

(5)保证饮乳质量，严禁饲喂劣质代乳品及发酵变质腐败牛奶。

(6)有传染病史的牛场，可选用特异性疫苗进行预防性注射，治疗时可选用特异性抗体配合治疗。规模奶牛场可根据需要，定期进行防治疾病的预防性免疫措施。

(7)冬季保暖，夏季防暑。

3．犊牛免疫功能的建立

(1)犊牛出生后0～15日龄处于免疫空白期，自身没有抵抗疾病的能力，其免疫功能的建立主要来自早期的母体初乳(表4-1-8和表4-1-9)。

表4-1-8　初乳与常乳的成分区别　%

成分	初乳	常乳
脂肪	3.6	3.5
乳糖	3.1	4.6
总蛋白质	14.3	3.2
酪蛋白	5.2	2.6
γ-球蛋白	5.4～6.4	0.09
白蛋白	1.5	0.47
其他蛋白质	1.2	0.47
钙	0.26	0.13
磷	0.24	0.11
镁	0.04	0.01
铁	0.20	0.03
铜	0.06	0.02

表 4-1-9 初乳随产后时间的变化 %

成分	产后时间				
	0 h	24 h	48 h	72 h	20 d
干物质	21.1	19.3	15.5	14.5	12.9
脂肪	3.5	5.5	5.4	5.0	4.1
蛋白质	13	9.2	5.0	4.4	6.4
酪蛋白	5.7	4.8	3.4	3.4	2.7
清蛋白＋球蛋白	7.3	4.5	1.6	1.1	0.7
乳糖	2.9	3.4	4.2	4.5	4.9
矿物质	1.1	1.0	0.8	0.8	0.7

(2)犊牛出生后 24 h 内，肠绒膜处于开放状态，初乳中 IgG 可以直接通过肠绒膜以原型蛋白形式吸收入血液，组成犊牛早期的免疫功能单位，24 h 以后，犊牛肠绒膜即自行闭合，乳中的蛋白质就以营养的形式消化降解后吸收，不再是具有免疫抗病能力的功能单位。因此，建立犊牛免疫机制的关键时期为出生后 0～24 h，尤其是出生后 0.5 h 以内，要求足量供给优质初乳(3.5～4 L)，才能较好地建立犊牛早期的免疫机制，使犊牛抵抗早期的各种呼吸道和消化道的疾病。

[撰稿：北京奶牛中心　杭孝]

4.1.7 犊牛呼吸道疾病的早期揭发与治疗

牛呼吸道疾病(BRD)，常发于犊牛，尤其是断奶犊牛。据英国报道，暴发犊牛肺炎的时期，每头犊牛因为患病的损失在 30～80 英镑，但当这头犊牛因肺炎死亡，损失则可达 500 英镑甚至更高。多至 20％的犊牛会出现临床呼吸系统疾病，而如果给犊牛做剖检，37％的犊牛被判定为曾患有 BRD 问题。也就是说我们每找到一头 BRD 犊牛，同时就漏掉一头 BRD 犊牛。因此犊牛 BRD 的早期揭发与治疗可以更好地降低疾病造成的经济损失。

4.1.7.1 犊牛呼吸系统的评分系统

目前，世界范围内可用于犊牛呼吸系统的评分系统有数个，每个系统都有其独特优势，那么在牛场中应该如何选用适合自己牧场的评分系统呢？

在国内，一些大的奶牛养殖集团使用的犊牛评分系统是 2008 年威斯康星大学开发的评分系统(简称 WI 系统)。而美国加州大学戴维斯分校的科学家们在 2014 年开发出了另一套评分系统(简称 CA 系统)。WI 系统评估的项目包括 5 种不同的临床症状，分别为：鼻分泌物、眼分泌物、直肠体温、耳和是否咳嗽。针对每一个单独的临床症状，分别有 4 种分数，分别为正常 0 分，轻微异常 1 分，中度异常 2 分和重度异常 3 分。CA 系统临床指征指标包括鼻分泌物、眼分泌物、直肠体温、耳和头部异常、咳嗽以及呼吸行为是否异常。这套评分系统评估的指标以及分值分别如下：咳嗽(包括诱发或自发性咳嗽)，2 分；鼻分泌物(任何分泌物)，

4 分；眼分泌物（任何分泌物），2 分；耳或头姿势异常（耳耷或头歪），5 分；发热（≥39.2℃），2 分；以及呼吸频率（异常呼吸频率），2 分。哪种评分系统总分超过 5 分都判定为出现 BRD。

4.1.7.2 犊牛 BRD 的病因

BRD 为多因素疾病，其中包括应激、病毒性病原和细菌性病原。

1. 常见应激因素

包括运输、断奶、混群、冷应激和热应激等。牧场在控制以上应激时，只能做到尽量降低，但完全避免基本无可能。

2. 病毒性致病微生物

首先被科学家发现的是牛传染性鼻气管炎，该病最早于 1955 年美国科罗拉多的肉牛场发现，次年，科学家从病牛体内分离出病毒，并在 1964 年的时候鉴定出致病的 BHV-1 是属于疱疹病毒科的病毒。这种病毒被发现得早，而且到现在对牛呼吸道健康的危害仍然很严重。

第二个被发现的病毒是呼吸道合胞体病毒。自 1974 年后，在多个国家发现了该病毒，并在发病报道中占据了绝对优势——发病率高达 60%～80%，死亡率也能达到 20%甚至更高。

排在第三位的是牛副流感病毒 3 型，该病毒属于副黏病毒科呼吸道病毒属。它的分布极广，世界各地的报道均很多，而它的作用主要是导致呼吸道上皮的损伤，致使其他致病微生物更易侵入。

在最近的二三十年里，科学家们发现牛病毒性腹泻病毒不仅能够引起腹泻，还能造成急性的肺炎。其致病力并不亚于前 3 种病毒，甚至更严重。

病毒性病原的控制只能依靠疫苗，而犊牛方面还未发现能有效控制病毒的药物，而且引起犊牛严重 BRD 最常见也是最容易的就是在应激因素的刺激下，犊牛感染了病毒性病原，造成犊牛呼吸道有轻微损伤，进而感染细菌性病原，引发严重 BRD。

3. 细菌性致病微生物

20 世纪 80 年代，研究肉牛的科学家在描述 BRD 的过程中，仅包括了多杀性巴氏杆菌和溶血性曼氏杆菌。而后，睡眠嗜组织菌等其他细菌类致病菌和支原体才被慢慢发现。这些微生物在牛所处的环境中是常在的，在应激或病毒感染后，这些微生物有机会侵入肺组织。在时间顺序上，稍靠后的有化脓隐秘杆菌，这个菌在最初被发现的时候被归类为棒状杆菌或放线菌属，彼时的名字叫作化脓棒状杆菌或化脓放线菌。在 1997 年后，重新鉴定了基因序列后，才被归为放线菌科隐秘杆菌。

结核病也可以造成牛的 BRD，目前结核病在北美部分国家已经控制在较好水平，但在美国的部分地区，尤其是边境地区，仍然时有报道，需要准确诊断并采取相应防控措施。

支原体，是困扰奶牛场的一种类似细菌而非细菌的致病微生物。它不仅能够在环境中生存，造成 BRD、关节炎、中耳炎还能引起成母牛的乳腺炎。其种类众多，能够引起牛感染的就至少有数十种。

这些不同的致病微生物的毒力相差非常大，而且能够在体内存活下来的方式也千差万别。其中有形成生物膜的，有形成包囊的，有形成瘢痕组织的，也有生成毒素或酶的。通过各种各样的方式，最终达到在下呼吸道聚集，攻击免疫系统，抵抗机体和抗生素的清除并造成炎症反应的目的。

4. 寄生虫及其他

肺线虫是南方省份常见的寄生虫，它也是能够引起牛 BRD 的因素。肺线虫感染牛的方式需要潮湿的环境。感染的不同阶段也有不同的表现(包括潜伏期、前驱期、症状明显期和再感染)。

迄今为止，科学家发现能够造成牛只 BRD 的致病微生物越来越多，如果想要很好地控制 BRD 需要注意的方面非常多。即使是有多种疫苗可以选购的国家，仍需做好管理措施，及早揭发并使用合理的抗生素，如大环内酯类抗生素专克灵进行治疗，做到快速起效，长期有效，并对犊牛起到长期保护的效果，方能良好控制犊牛 BRD。

[撰稿：勃林格殷格翰国际贸易(上海)有限公司　谢心美]

4.2 代谢病

4.2.1 奶牛代谢病的分类及防控技术

4.2.1.1 奶牛代谢性的分类

奶牛围产期代谢病包括两方面内容：一是离子缺乏性的疾病；二是能量缺乏性的疾病。

奶牛代谢病主要有产后瘫痪、卧地不起综合征、酮病、真胃移位、酸中毒、脂肪肝、乳房水肿等(图 4-2-1)。代谢病在临床上可以独立存在，也可同时发生，彼此之间相互影响，其中低血钙是其他代谢病的核心，可激发其他几种疾病(图 4-2-2)。

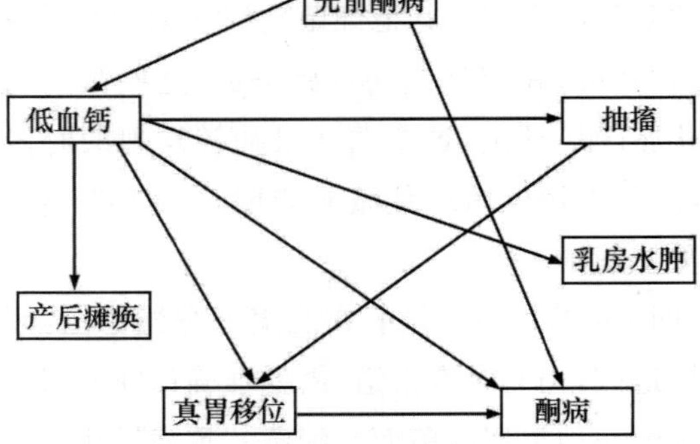

图 4-2-1　奶牛代谢病相互关系

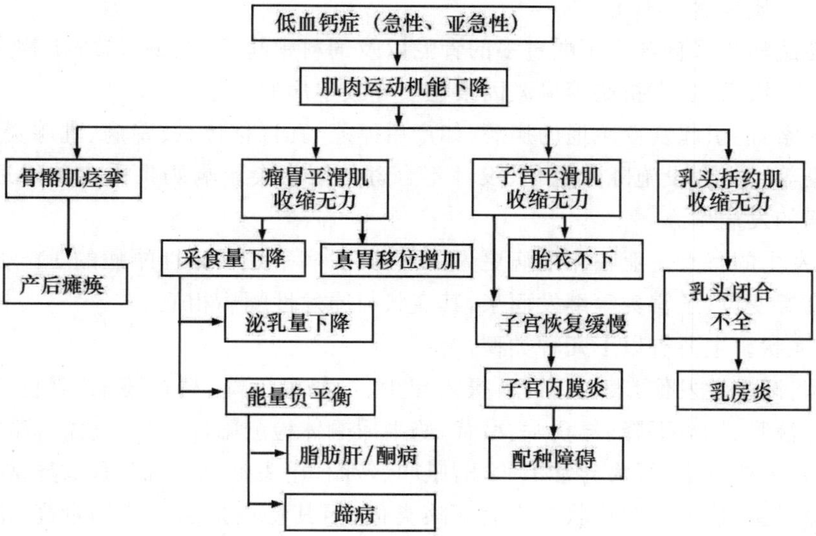

图 4-2-2　产后低血钙对疾病的影响

4.2.1.2　代谢病的危害

(1)造成奶牛产后瘫痪，长期的缺钙会导致佝偻病、软骨病。

(2)引起产奶量降低、品质变差、泌乳高峰期推迟和峰值降低，造成整胎次奶量的损失。患有亚临床酮病的牛只每天要比非酮病牛的产奶量减少 1～10 L 不等。

(3)代谢病会造成各种疾病的发病率增加。

(4)隐性代谢病使母牛健康水平下降而又无临床表现，常不被生产者注意，从而造成严重的经济损失。

4.2.1.3　代谢病对生产性能的影响

(1)代谢病使奶牛泌乳高峰持续时间缩短，奶产量降低。

(2)代谢病使奶牛产后更易患严重的乳腺炎。

(3)引起奶牛繁殖性能的下降，延长产后首次排卵的时间，增加子宫疾病的发生率，降低受胎率，延长空怀期，增加胚胎的死亡率。

(4)代谢病会造成奶牛产后免疫抑制，抗感染能力弱。

(5)真胃变位的发病风险增加。酮病与真胃变位之间存在密切的关系，二者可相互继发或同时发病。奶牛场一段时期内真胃变位的发病率＞8%时，高度提示牛群有群发性酮病的风险。

4.2.1.4　产后主要代谢病发病特点及治疗

1．酮病

临床性酮病的发病率约为 5%，亚临床酮病的发病率约为 40%。酮病常发生于妊娠最后 2 周(少发)和泌乳早期(产后 0～70 d)，在产后 10～30 d 内发生率最高。

(1)酮病发生的原因。主要有如下几点。

①产前过度肥胖、脂肪肝严重影响产后采食量的恢复，引起能量负平衡，产生大量酮体而发病，最严重的产后 3 d 即发病和死亡。

②产后干物质采食量不足。

③原发性酮病是采食含富丁酸过多的青贮以及饲料中缺乏钴、碘、磷等矿物元素引起的。除此之外，寒冷、饥饿、过度挤奶等应激因素也会导致本病的发生。

④继发因素：能引起食欲减退的疾病，如产后瘫痪、真胃移位、肢蹄病、乳腺炎以及胎衣不下和子宫感染等。牛舍设施陈旧老化、设计不合理等因素会影响奶牛采食的舒适度，也会增加亚临床酮病的发病率。

(2)酮病发生的特点。亚临床酮病更为严重，其发病率是临床性酮病的 10～20 倍。继发性酮病常由真胃变位、子宫炎等继发而来，其症状与原发性酮病相似。

(3)临床症状。主要有以下几种类型。

①消化型：渐进性发作，表现为饲料摄入减少、产奶量下降、精神萎靡、瘤胃蠕动弱、干粪表面有坚固黏液膜、体重下降、异食癖、弓背，奶牛尿酮体检测阳性，呼出气体有酮味。

②神经型：突然发生，行为异常 1～2 h，吼叫、转圈、用头抵压、徘徊、食欲异常、共济失调。

③产后瘫痪型：病牛许多症状与产后瘫痪类似，但其特点是病牛产奶量高、消瘦、体重减少、食欲不振，一般称产后瘫痪酮病。

④亚临床酮病：表现为仅吃粗饲料，不食精饲料，体重下降、憔悴、迟钝、产奶量下降、酮尿、低繁殖、卵巢功能紊乱、子宫内膜炎等。

(4)酮病的治疗。主要有以下几种方法。

①静脉注射 50%葡萄糖 500 mL，每日 2 次，第 3 天后改用 1 次；10%葡萄糖酸钙 500 mL 使用 1～3 d；5%碳酸氢钠 300～500 mL，每日 1 次，使用 2～3 d；10%氯化钠 100～200 mL，每日 1 次，使用 1～2 d。

②肌肉注射复合维生素 B 注射液或维生素 B_{12}、维生素 B_1、维生素 C 和维生素 E。

③口服多维健，每日早、晚各一次，每次 500 mL，连用 3～7 d。

2. 产后瘫痪

多发于产后 3 d 内，有多达 75%的经产牛经历临床低血钙。

(1)原因。主要有以下几点。

①奶牛分娩时需要大量的钙，一方面形成初乳，另一方面产道收缩也需要大量的钙离子。

②由于采食量的减少，奶牛从肠道中吸收的钙减少。

③干奶期牛的甲状旁腺功能减退，甲状旁腺分泌减少，导致骨钙动用能力下降，不能补充血钙。

④干奶期日粮中钙含量过高。

⑤维生素 D 供给不足或合成障碍。

⑥日粮中钠、钾等阳离子饲料过高。

(2)临床表现。主要有以下几种类型。

①临床瘫痪型：精神沉郁、全身肌肉无力、昏迷、瘫痪卧地不起。

②亚临床型：食欲降低、产奶量下降、难产、胎衣不下、子宫炎、乳腺炎、真胃移位多发、繁殖障碍发病增加、机体免疫功能降低。

(3)治疗。主要有以下几种方法。

①补糖、补钙：10%葡萄糖酸钙 500～800 mL 或 5%氯化钙 500 mL，10%葡萄糖 1 000～

1 500 mL。

②口服钙剂:美琳钙口服液,每日 2 次,每次 500 mL,连用 3～5 d。

③首次应用钙剂而效果尚不显著者,隔 4～6 h 进行第二次补钙,同时缓慢注入 15%磷酸二氢钠注射液 200～500 mL、15%硫酸镁注射液 150～200 mL。

3. 真胃移位

(1)发病特点。皱胃变位分为左方变位和右方变位,发病率在 3%,2～5 胎体胖、高产成年奶牛多发,发病高峰期在产后 30 d 内。

(2)发病机理。主要有以下几点。

①奶牛分娩时低血钙是变位的直接原因,给奶牛长期饲喂超量精饲料引起皱胃酸度增高而皱胃迟缓是主要原因。

②亚临床酮病是一个危险因素。

③一些感染性、慢性消耗性等疾病如胎衣不下、跛行、流产、子宫内膜炎、乳腺炎、脂肪肝、前胃迟缓等疾病导致机体免疫力下降、食欲减退、反刍停止,促进皱胃变位的发生,气候条件、机械因素、饲养管理不当、代谢性碱中毒、某些营养物质缺乏可诱发皱胃变位。

(3)临床症状。主要有以下几点。

①左方变位:病牛拒食精饲料、吃少量干草、产奶量逐日下降、迅速消瘦、两腹紧缩、肷部深陷。急性病例,体温偶可升到 39.5～40.5℃,心率可达 100 次/min,粪便少而呈黑糊状,后部肠段空虚,瘤胃中度充满。在左腹壁上 1/3(肩关节水平线上方),第 9～12 肋骨之间的区域内,叩诊结合听诊可听到特征性的"钢管音"。

②右方变位:病牛发病突然,弓腰、踢腹、出汗、体温初升高,后期则低于正常。心率可达 100～120 次/min,食欲废绝,右腹明显胀大,病牛迅速脱水,严重者卧地,呈休克状态。在右侧第 8～13 肋间,肩关节水平线处,叩诊结合听诊可听到清脆的"钢管音",与该部位稍下方触诊可听到"拍水音"。

(4)治疗。主要有以下几种方法。

①保守疗法:多用于初期,效果不佳易复发。对于皱胃与周围组织器官发生粘连者无效。不喂精饲料,只给优质干草。

液体石蜡 1 000～1 500 mL,酵母片 300～400 片,一次内服。

10%氯化钠 1 000 mL,维生素 C 10 mL×5 支,一次静脉注射。

庆大霉素 160 万～240 万 U,肌肉注射。

5%葡萄糖酸钙 500 mL×2,一次静脉注射。

②手术疗法:治疗皱胃移位最有效、最可靠的方法是采用手术整复法。

4.2.1.5 产后代谢病的防控

(1)提高围产期奶牛的饲养管理水平。合理的供应日粮,满足围产期奶牛生产营养需要。

(2)加强干奶期奶牛饲养管理。干奶期奶牛控制体膘在 3.25～3.5 分。采取分群饲养,配制营养全面的 TMR 日粮,不限制饲喂量。

(3)降低饲料过渡、转群、产犊等应激反应。

(4)做好围产后期奶牛的饲料过渡。奶牛产后提高日粮营养水平,产后 7 d 可使日粮达到产奶需求标准，10 d 以后可高于产奶需要标准的 15%～20%。

(5)保证奶牛采食空间，提高干物质进食量。日粮干物质占体重的 3%～4%，精粗干物质比 55∶45，混合精饲料中能量饲料和蛋白质饲料要保持平衡。

(6)建立酮体检测制度。奶牛围产后期进行血钙、血磷、血糖、血酮的监测，可以选择在产后第 1 天、第 7 天、第 14 天进行，也可以随机选择监测。

(7)做好产后灌服保健措施。奶牛产后，立即灌服或饮服"美琳钙口服液" 500 mL ＋"多维健" 1 000 mL ＋"口服补液盐" 500 g/20 kg 水。第一次灌服后，观察奶牛情况，对奶牛食欲较差、精神抑郁、运动步态不正常、难产、胎次较高的奶牛，可再灌服 1～2 次。

[撰稿：华秦源(北京)动物药业有限公司　刘小明]

4.2.2 酮病对围产牛的危害及解决方案

4.2.2.1 酮病的概念及分类

奶牛酮病又称为奶牛醋酮血症，常被称为"新产牛病"，是奶牛体内因碳水化合物和脂肪酸代谢障碍或紊乱引起的一种全身性功能失调的代谢性疾病。酮病多发生于奶牛能量负平衡时，最常见于妊娠最后 2 周和泌乳早期。妊娠最后几周，由于激素作用和瘤胃体积减小，从而引起营养物质摄入减少和(或)脂解作用的增强。分娩后，产奶量不断升高导致了能量负平衡，动用体脂，脂肪在分解代谢过程中产生游离脂肪酸(NEFA)，游离脂肪酸进入肝脏(肝脏是脂肪酸代谢的主要器官)，一部分会被完全氧化为肝细胞供能；一部分和甘油结合生成甘油三酯；另一部分则氧化不完全产生 3 种中间产物，即乙酰乙酸、β-羟丁酸(BHBA)和丙酮，合称酮体(图 4-2-3)。酮体经血液输送被肝外组织利用，如果酮体产生过多，超过了动物组织的利用能力，造成体内堆积，就会引发醋酮血症。

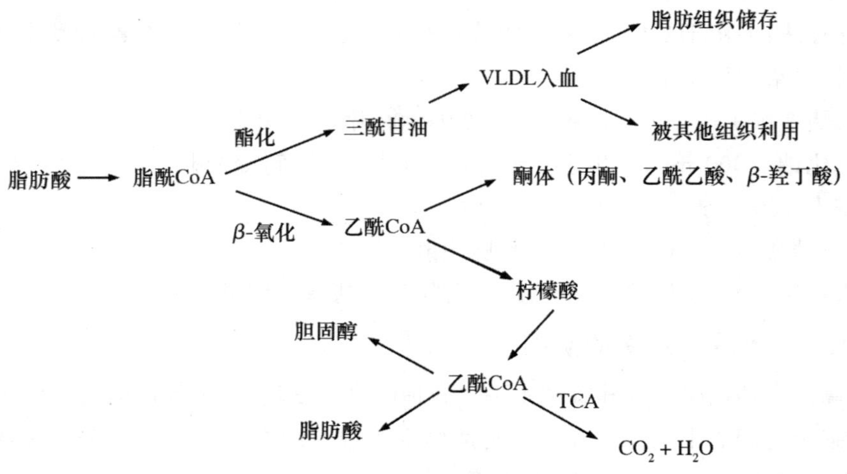

图 4-2-3　脂肪酸代谢与酮体的产生

酮病的分类方法比较多，可分为临床性酮病和亚临床性酮病、神经型酮病和消耗性酮病等。

1. 根据临床症状分类

根据临床有无症状分为两个类型：临床型酮病和亚临床型酮病。

(1)临床型酮病。临床型酮病主要发生在产后3周内，牛只表现为产奶量下降，不食精饲料，迅速消瘦，呼出的气体、乳汁以及尿液中带有酮味，并伴有神经症状出现，牛血清中酮体含量检测大于3.0(2.5) mmol/L。

(2)亚临床型酮病。奶牛产后3周内不表现明显的疾病症状，血清中酮体含量检测在1.4～3.0(1.2～2.5) mmol/L。

2. 按引起酮病的原因进行分类

根据发病原因，奶牛的酮病分为Ⅰ型酮病、Ⅱ型酮病和Ⅲ型-富丁酸青贮型酮病(表4-2-1)。

(1)Ⅰ型酮病。Ⅰ型酮病通常由产后能量代谢负平衡引起。病牛在围产期管理良好、产犊正常、泌乳开始表现良好，后期消化机能也正常，主要是由于产奶量太高而干物质采食量不足，无法满足机体高产的需求，奶牛动员体脂引起酮体产生增加而发病。Ⅰ型酮病主要发生于产后3～6周的泌乳高峰期，奶牛肝脏和消化机能正常，只要提供足够的生糖先质就可以缓解能量负平衡脂动员引起酮体产生增加。预防该型酮病的重点是提高产后干物质采食量，尤其是谷物类饲料，但是要预防瘤胃酸中毒。很多人认为日粮中添加脂肪、增加日粮浓度可以缓解能量负平衡，但是脂肪不能提供生糖前体，反而增加了肝脏脂肪酸流量，同时脂肪添加量过高本身也影响采食量，有可能会造成Ⅰ型酮病的发生。Ⅰ型酮病对治疗的反应较好，一般5～7 d即可治愈。

(2)Ⅱ型酮病。即通常所说的脂肪肝或肥胖综合征，主要由脂肪肝引起，一般发生在产后1～2周。脂肪肝是由于体脂动员超过了肝脏代谢的能力而导致脂肪在肝脏沉积。肥胖牛产前产后采食量下降程度比正常牛大，因此患脂肪肝的概率更大。产前饲养管理不当，如过度拥挤、频繁转群、日粮不合理等造成干物质采食量下降的应激因素都会加剧产前体脂动员的程度，引起肝脏脂肪的沉积。脂肪肝破坏肝脏细胞，降低了肝脏代谢脂肪和糖异生功能，因此一旦泌乳开始，能量负平衡加剧，机体动用更多体脂加剧了肝脏脂肪沉积，酮体生成进一步增加。有研究表明酮病与免疫力降低有直接关系，这是由于免疫器官均为高能耗器官，免疫功能的发挥依赖于能量的供给，因此酮病时能量不足造成免疫力降低，直接导致产后1个月内感染性疾病高发(乳腺炎、子宫炎等)。预防Ⅱ型酮病的关键在于加强产前饲养管理，控制体况，减少肥胖牛，减少围产期应激，降低产前体脂动员程度。Ⅱ型酮病难于治疗，持续时间长，有的可达1个月。

(3)Ⅲ型——富丁酸青贮型酮病。丁酸型酮病主要是由于瘤胃吸收的过多丁酸转化为酮体而引起酮病，主要是由饲喂不良青贮造成的。青贮原料水溶性碳水化合物含量低(小于2.5%)和干物质含量太低，都会导致梭菌生长而产生大量丁酸。一般丁酸型青贮蛋白质降解严重，因此有强烈的刺鼻味道，严重影响采食。有研究表明，奶牛每天摄入丁酸超过50～100 g即可导致酮病，超过200 g可导致严重酮病。发酵不良的青贮尽量不要饲喂围产期牛(产前牛、产后牛)。丁酸含量超过2%的青贮不要饲喂奶牛。

表 4-2-1　三类常见酮病总结

项目	酮病类型		
	Ⅰ型酮病	Ⅱ型酮病	富丁酸青贮型
描述	饲料摄入不足(DMI)	肥胖牛;脂肪肝	湿青贮或发霉变质青贮
血液 BHBA(β-羟丁酸)	非常高	高	高或非常高
血液 NEFA(非酯化脂肪酸)	高	高	高或正常
血糖	低	低(最初可能高)	不确定
体况	可能瘦	通常过肥	不确定
肝糖原异生	高	低	不确定
肝脏病理	无	脂肪肝	不确定
高发时期	产后 3～6 周	产后 1～2 周	不确定
预后	非常好	不良	良好
检测关键点	产后 BHBA	产前 NEFA 或产后 BHBA	青贮 VFA 分析
防控关键点	产后管理和营养	围产期管理和营养	更换青贮

引自:Holtenius 和 Holtenius (1996),Herdt (2000)。

4.2.2.2　酮病的发病原因

奶牛酮病多发生在产后 1～3 周,其他时间段少发,多见于产前肥胖牛和产后泌乳量高、消瘦的多胎牛。

1. 高产

奶牛产后泌乳峰值大多出现于分娩后 4～6 周,此时,奶牛的食欲和采食量尚未恢复,摄入的能量与泌乳量相比较,不能满足高产奶牛的能量需要量,奶牛能量负平衡导致酮病的发生。

2. 日粮因素

(1)产后泌乳高峰期日粮供应不足,品质低劣、单纯或饲以低蛋白质、低能量水平的日粮时易发生本病,此时发生的酮病也称为消耗性或饥饿性酮病。

(2)青贮质量低劣。日粮中含有过多的丁酸(即生酮物质),如劣质青贮饲料含丁酸较高,多汁饲料制成的青贮饲料所含的生酮物质多,所含乙酸、丁酸转化成丙酮,造成奶牛酮病的发生。

(3)饲料中缺乏钴、碘、磷等矿物质元素。

3. 产前过度肥胖

干奶期过长;奶牛因为繁殖问题提前进入干奶圈,在干奶圈停留时间过长引起肥胖;干奶期日粮能量水平过高。肥胖牛酮病常发生于分娩后 1～2 周,开始为亚临床型酮病,之后逐渐转变为临床型酮病,这种酮病的发生与体内碳水化合物代谢障碍,不能有效地转化成葡萄糖有关。

4. 管理不当

围产前期瘤胃功能低下,瘤胃微生物群系和瘤胃乳头、黏膜生长不良,导致从瘤胃消化、吸收的营养物质不足,诱发酮病;产后日粮精粗比例、日粮能量与蛋白质比例、钙磷比例、纤维比例、含水量等不适宜也容易诱发酮病。

5．应激

热应激、冷应激、分娩应激、频繁转群、头胎牛与经产牛混群饲养、过度拥挤和过度挤奶等均会促使奶牛发生酮病。

6．继发于其他疾病

奶牛发生了皱胃变位、瘤胃内存有异物、创伤性网胃炎、皱胃积食、皱胃炎、子宫内膜炎等疾病会引起牛食欲减退，产后得不到必需的营养物质，从而导致奶牛酮病的发生。

7．分娩前亚健康状态的牛产后容易诱发酮病

怀孕牛只往往从产前 7 d 左右开始干物质采食量明显下降，开始进行体脂动员。有研究表明，奶牛产犊当天的能量需求是产犊前的 2 倍，而此阶段的奶牛采食量却下降，因此所有的分娩牛都会经历能量负平衡，都会有不同程度的酮体产生。如果奶牛分娩前 1 周发现以下亚健康状态：如体况评分超过 4 分，或体况低于 2.75 分，瘤胃过度空虚，乳房严重水肿，羊水过多，4 胎次以上的奶牛，产后容易发生酮病。

4.2.2.3　酮病与产后代谢病的相关性

酮病与产后代谢病的相关性见图 4-2-4。

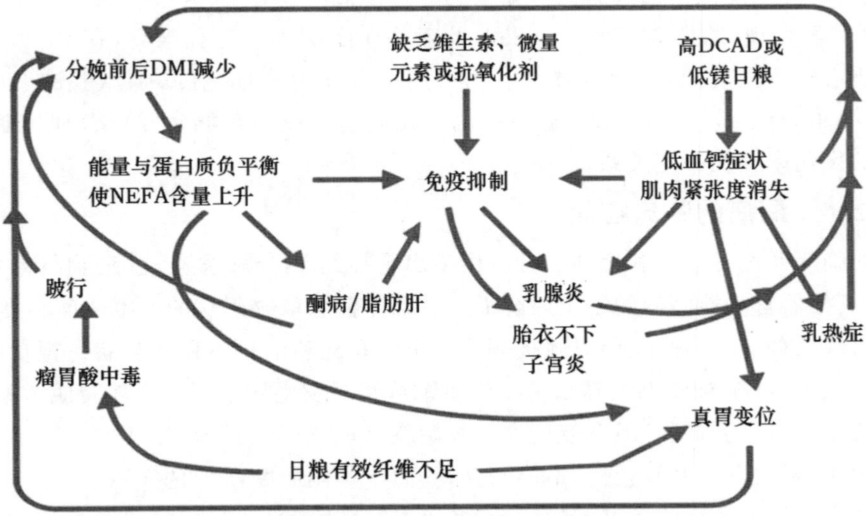

图 4-2-4　酮病与产后代谢病的相关性(Goff，2006)

很多研究表明，酮病很容易引起奶牛的免疫抑制。Ster 等通过体外培养健康牛只的单核细胞(PBMC)和多形核白细胞，来探寻奶牛处于能量负平衡情况下，NEFA 和 BHBA 对泌乳中期的奶牛的免疫功能(主要包括淋巴细胞增殖，γ-干扰素生成，趋化作用，吞噬以及氧化爆发)的影响。他们发现，NEFA 以及 BHBA 对 PBMC 的增殖产生负面效应，其中 NEFA 较 BHBA 更为明显。NEFA 对氧化爆发产生负面效应，而 BHBA 的影响甚微，表明围产期奶牛减少免疫抑制的最为有效的方法就是减少奶牛体内 NEFA 的浓度。薛俊欣等发现奶牛处于亚临床酮病情况下，淋巴细胞转化率，中性粒细胞的吞噬作用，趋化作用以及淋巴细胞比率都发生了显著的变化，这一点也说明亚临床酮病情况下，奶牛容易出现免疫抑制情况。

Sartorelli 等和 Zerbe 等的研究发现多形核白细胞是抵抗微生物感染最主要的细胞，然而产前和产后生理状态的改变会使血液中 NEFA 和 BHBA 浓度升高，导致白细胞趋化能力和吞噬能力降低。Suriyasathaporn 等研究发现能够持续几周的自发性酮病可以影响血液中性粒细胞的趋化能力。Grinberg 等研究表明血液中 BHBA 的浓度升高可以使中性粒细胞对致病性大肠杆菌的趋化能力降低 10 倍，吞噬能力降低 5 倍，而中性粒细胞的细胞内杀菌能力不受影响。Kasey 等通过人工诱发能量负平衡，发现能量负平衡奶牛血液中皮质醇、血清白蛋白、血清结合珠蛋白的浓度升高，同时发现中性粒细胞的吞噬功能下降，进而推测可能是由于产后糖皮质激素分泌的增加增强了免疫抑制作用。皮质醇会提高血压、血糖水平和产生免疫抑制作用，糖皮质激素会使机体免疫力下降，其对免疫系统抑制作用其机理是：诱导淋巴细胞 DNA 降解，影响淋巴细胞的物质代谢，诱导淋巴细胞凋亡，抑制核转录因子活性，糖皮质激素还能抑制白细胞的吞噬、消化和糖酵解功能，可使血液中的淋巴细胞减少。

研究表明，酮病牛只更容易患严重的乳腺炎，其原因有多种。有研究发现高酮血症损害了奶牛的免疫系统。Grinberg 等研究表明，奶牛在患有酮病的情况下，血糖浓度降低到难以满足细胞基础代谢所需要能量的水平，继而出现体脂动员的情况，从而使体内酮体含量增高，而高浓度的 BHBA 通过不同的途径对中性粒细胞的功能产生不利影响，主要是使其对大肠杆菌的吞噬作用降低，同时也能够降低乳腺白细胞在乳腺遭遇病菌感染时的免疫细胞补给作用，这点主要体现在降低了白细胞的移动能力。Duffield 等对 1 000 头奶牛进行产后 1、2、3、6、9 周血样检测发现，结果有 15%(29/258)的亚临床酮病牛患有乳腺炎，有 10%(70/693)的非酮病牛患有临床型乳腺炎，差异显著。另外有一项研究表明，在参加试验的 20 个牛群的 1 142 头奶牛中，有 29%的临床型乳腺炎的奶牛在产前有亚临床酮病，结果表明，亚临床酮病与乳腺炎的发病率存在一定关系。

4.2.2.4 酮病的临床症状

酮病的临床经过有急性和慢性之分。病牛出现神经-内分泌系统、心脏-血管系统、消化系统、肝脏和其他器官功能障碍的复杂综合征。其临床症状取决于病的严重程度和类型。

病初出现采食、反刍减少、前胃弛缓等消化机能紊乱和消化不良的症状。拒食精饲料、青贮、糟渣(青贮-精饲料-糟渣型饲养)，喜食优质干草甚至发生异食而采食被粪便污染的饲草或褥草。有的先兴奋而后抑制，但多数病牛从开始就呈现沉郁，随后则显示虚弱和步态不稳，卧地呈现昏睡状，有的发生四肢轻瘫，不能站立，头曲于颈侧而卧，状如生产瘫痪。

病程中出现的神经症状还有不随意动作，兴奋时肢蹄猛烈踏地，向前猛冲，有时绕圈子或躯体倚靠墙壁、栏杆；有时痉挛，特别是颈部肌肉呈不随意收缩，甚至可出现惊厥；也有的眼球颤动，流涎，感觉异常，不断空嚼。

酮病的特有症状为：由呼气、奶和尿排出多量酮体而散发出烂水果味，严重时一进厩舍，甚至在打开奶牛口腔的片刻即可嗅到。如将新鲜的奶或尿加热至蒸汽形成时，其味更加浓厚而刺鼻。

绝大多数病牛的体温在正常温度的低限或低于常温，个别牛在病初呈现兴奋时体温可略升高，心跳、呼吸加快。除此而外，心跳和呼吸次数减少，呼吸每分钟可减少到 8 次，心跳减少到 40～50 次/min。心音弱而低沉，有时分裂或重复，心律失常。肝浊音区扩大，叩诊时有痛感，有的可视黏膜黄染，严重者可波及皮肤。

血液检查，红细胞、血红蛋白、血钙、血磷都有所减少，血糖、碱贮、生糖氨基酸降低，血脂升高，酮体升高；奶酮升高；尿密度降低到 1.005～1.010(正常值为 1.0250～1.050)，外观似水，初呈中性，后呈酸性，尿蓝母、尿胆素、尿氮和酮体含量增高，其中酮体可高达 4.0 mmol/L 及以上。

有些临床症状不明显的慢性(亦称隐性型酮病)酮病牛，常可继发或并发骨营养不良。有人根据血酮的高低来区分临床型酮病(血酮大于 2.5 mmol/L)和隐性型酮病(血酮在 1.2～2.5 mmol/L)。

由于酮体可通过胎盘屏障而使胎儿受害，因而，由酮病牛(特别是妊娠后期的隐性型酮病牛)所产犊牛较易发生中毒性消化不良。

4.2.2.5　酮病的危害

(1)产奶量下降，乳汁易形成泡沫，有异味。

(2)牛奶质量差，乳蛋白质、乳糖低，乳中尿素浓度增加。

(3)真胃移位和子宫内膜炎等发病率增加，容易继发其他产后代谢病。

(4)奶牛内分泌紊乱和激素分泌失调，导致延迟发情，软泡囊肿增加。

(5)繁殖性能下降，人工授精次数增加，受孕率降低，空怀时间延长。

(6)奶牛免疫力差。

4.2.2.6　酮病的检测

有些酮病并不表现临床症状，尤其是亚临床性酮病，因此通过观察牛的采食、精神状态等来判断是否发生酮病的方法不准确。对于酮病的诊断还需要借助于一定的检测手段，临床上常用的方法包括血酮(BHBA)、尿酮、乳酮检测，各有优缺点。

1．血酮检测

检测血液中 β-羟丁酸，是酮病检测的金标准。一般认为健康成年奶牛血液中 β-羟丁酸含量低于 1.2 mmol/L，1.2～2.5 mmol/L 为亚临床酮病，大于 2.5 mmol/L 为临床性酮病。目前专用的血酮检测仪，如怡成 TNN 检测仪，是酮病检测最准确的方法并且成本低。建议用于牛场全群检测及牛场酮病的风险评估使用。

(1)血酮检测方法。至少 12 头牛，在产后第 5～14 天；固定的采样时间，在采食后 4～5 h。

(2)牛群评估方法。见表 4-2-2。

表 4-2-2　酮病的判定方法

名称	酮体值	最少参测牛头数	牛场情况
健康	<1.2	12	<10%，阴性牛场
亚临床酮病	≤1.2<2.5	12	≤10%<16%，临界牛场
临床酮病	≥2.5	12	≥16%，阳性牛场

2．尿酮检测

主要是针对尿液中的乙酰乙酸及丙酮进行检测。国外有多种检测用试纸条，国内最常用的是西门子公司生产的尿酮体检测试纸条。尿酮试纸条敏感性在 90%左右，由于采样及检测成本较低，因此适用于个体牛的检测。常用的酮粉法检测尿酮，敏感性和特异性均较低(60%)，因此只能区分临床性酮病，而不能检测亚临床性酮病。尿酮检测的缺点是尿液采集困难，通过外阴刺激法只有40%左右的牛可以排尿。对于刺激不能排尿的奶牛，可采用输精管外套导尿，操作的关键在于外阴部的消毒及导尿过程中动作轻柔，防止误伤尿道。

3. 乳酮检测

与尿酮一样，主要是检测奶中乙酰乙酸，也可以检测奶中β-羟丁酸，但其敏感性和特异性均较低(60%左右)，其优点是采样方便，目前在国内使用较少。

4.2.2.7 酮病的预防

预防酮病和脂肪肝的发生，关键是要降低能量负平衡的严重程度和持续时间。预防脂肪肝的关键时期大约是在产前1周到产后1周(Giummer, 1993)。这正是奶牛极易发生脂肪肝的时期，而脂肪肝又是酮病发生的信号。通过避免奶牛体况过肥、避免饲粮急剧变化、不喂适口性差的饲料、预防围产期疾病、控制环境应激等技术措施，使奶牛干物质采食量达到最大。体况评分对奶牛健康和生产性能的影响虽然不很稳定，但还是应避免奶牛过瘦或过肥的情况发生。

预防酮病的根本是防止产前采食量下降过多，降低体脂动员程度，增加产后采食量，减少能量负平衡的程度及持续时间，应该从牛群管理、添加剂使用及产后护理等几方面着手。

(1)保证奶牛采食量不降低。前提是没有不良环境和应激。围产前期如果干物质采食量低于12 kg就应该引起警示。奶牛从产前21 d左右采食量开始下降，到产犊时降到最低，这是非人为可控的，因此要尽量减少其他应激。围产期转群是主要的应激，在转群时不应粗暴对待，5头以上一起转群比较合适，以降低由于牛群争斗引起的应激。研究显示，产前和产后TMR一致有利于产后采食量恢复。现在很多牛场为了降低成本，产前牛饲喂不良青贮，不给苜蓿，这种做法对产后采食量的恢复有很大影响，导致酮病的高发。奶牛采食时有拱料的习惯，以致饲喂不久就很难够到食物，所以要频繁推料，增加采食时间的同时最大限度降低饲料的二次发酵。产房的管理也很重要，给奶牛提供充足的产犊空间、饲料及饮水，并保持环境的安静、舒适，可降低产犊应激。其他管理措施包括避免热应激和冷应激、水槽及料槽干净充足、运动场整洁、加强消毒等，总之要增加牛的舒适度。

(2)控制干奶牛体况，避免过肥。肥胖牛产后采食量下降更为严重，很容易发生脂肪肝，形成Ⅱ型酮病，一般来说干奶牛体况评分以3.5分为宜(5分制)，围产前期肥胖牛应控制在10%以内。对于较瘦的牛(体况评分≤3)来说，可以在干奶期增加能量饲料以充实体况，这时奶牛处于能量正平衡状态，但由于肝脏并不储存脂肪，所以不必担心形成脂肪肝。对过肥的牛(体况评分=4)也不应限饲，否则会促使脂肪组织动员脂肪，使血中NEFA和肝脏中甘油三酯的浓度升高。对于肥胖牛来说，不能在干奶期和围产期进行减肥，应该在低产期或泌乳末期开始降低能量浓度，控制奶牛的体况不超过3.75分为宜。

(3)使用烟酸。烟酸参与脂肪代谢，可以有效减少酮病发病率，产前每头牛每天6～10 g，产后牛也可以使用。

(4)饲喂过瘤胃胆碱。每头牛每天60 g，产前、产后各饲喂30 d。胆碱可增加肝脏用于运输甘油三酯的极低密度脂蛋白(VLDL)产量，将甘油三酯运输到其他组织，能减轻能量负平衡时肝脏脂肪沉积。

(5)饲喂生糖先质。包括丙二醇、丙酸钙。国内很多牛场产后灌服丙二醇预防酮病，每天300～500 mL，连用3～5 d，效果明显。产前预防可每天灌服150 mL，连用15 d，但可操作性差，可能无法坚持。丙二醇适口性差，因此不能与饲料一起使用，灌服时避免洒在饲料上影响牛采食。

(6)干奶期使用莫能菌素。莫能菌素可以抑制革兰氏阳性菌，增加瘤胃中丙酸产量，从而减轻酮病和脂肪肝，但是效果持续时间短。

(7)产前肥胖牛注射“科特壮”(主要成分是B族维生素)可以预防酮病。产前注射2针，产犊当天注射1针，效果良好。科特壮可用于干奶期肥胖牛的个体干预及酮病的辅助治疗，其作用机理是修复肝脏，保证肝脏的糖异生及免疫功能，降低脂肪肝的影响。

4.2.2.8 酮病的治疗

治疗是降低酮病损失的最后一道防线，如果治疗不当，不但增加不必要的治疗费用，更有可能继发乳腺炎、子宫炎、真胃变位等疾病，甚至淘汰。因此要采取正确的治疗方法，并且要做到时时监控。

酮病的根本原因是能量负平衡，因此治疗酮病首先应提升血糖浓度，同时增加生糖先质供给。主要有以下3种方法。

(1)静脉注射葡萄糖，快速升高血糖水平，并刺激胰岛素分泌。静脉注射葡萄糖在血液中只维持2～3 h。临床性酮病葡萄糖的用量为50%葡萄糖500 mL，除神经型酮病每4～6 h重复使用一次外，其他牛注射一次即可。葡萄糖使用量过大、频率过高，会出现一些副作用：血糖升高引起胰岛素分泌减少，影响糖异生；高血糖影响食欲，导致采食量降低；高血糖具有利尿作用，因此经尿液损失的电解质(Na、K等)增加，容易继发其他疾病；反复性输注高糖会诱发静脉炎。目前国内兽医对葡萄糖的使用量过大，过于频繁，忽略了其他的治疗措施。

(2)口服生糖先质，主要有丙二醇、甘油、丙酸钙等。丙二醇经瘤胃壁直接吸收后肝脏将其转化为糖，一般治疗的用量为500 mL/d，经口灌服，持续3～5 d。丙二醇适口性差，因此不能将其同饲料一起饲喂，同时灌服时可引起牛应激，所以最好在牛采食结束后灌服。口服葡萄糖或红糖治疗酮病是不科学的，糖在瘤胃内很快被降解为挥发性脂肪酸，并不能提供生糖先质，达到升高血糖的目的。

(3)注射地塞米松。地塞米松能够增加葡萄糖的生成，持续时间为2～4 d，但是具有免疫抑制及导致流产的风险，因此仅限于产后5～50 d发生临床性酮病的牛，使用1次即可，避免重复使用。

目前兽医只关注临床性酮病的治疗，而忽略了亚临床酮病的诊断及防治。研究显示，对亚临床酮病给予适当的治疗可以明显降低临床性酮病的风险。亚临床酮病一般补充生糖先质即可，如丙二醇500 mL/d，连用3～5 d，血酮或尿酮转为正常即可停止治疗。另外，治疗时一定要随时观察其临床表现，预防子宫炎及真胃变位的发生。有些酮病难以治疗，尤其是Ⅱ型酮病，对于酮病是否痊愈的判断不能依靠临床症状，需要随时进行血酮检测以判定是否继续治疗。

[撰稿：深圳市富瑞祥生物科技有限公司　杨占山　曾银]

4.2.3 新产牛酮病防控以及灌服操作流程

4.2.3.1 新产牛酮病的防控措施

(1)防止奶牛产前过肥或者过瘦。奶牛分娩时适宜体况是3～3.5分。牛体况评分低于2.5的,建议提前干奶1～2周,奶牛适宜的干奶期为45～70 d。

(2)提高围产期奶牛干物质采食量。奶牛的泌乳高峰出现在产后4～6周,采食量高峰出现在产后10～12周,由于这种产后能量负平衡导致奶牛体况下降。因此,提高围产期奶牛食欲,增加干物质采食量对预防酮病的发生有显著的作用。

(3)提高粗饲料品质。饲喂富含乙酸或者丁酸盐的青贮饲料和生酮物质的沼渣类饲料,会增加酮病的发生概率,所以要饲喂高品质粗饲料。此外钴缺乏时导致维生素B_{12}合成受阻,丙酮代谢减弱,糖前体减少,增加体脂肪动员量,使酮病发病率增加。

(4)避免应激。管理与环境应激是造成奶牛产后疾病发生的重要因素。管理应激主要是分群和饲养密度。环境应激主要是高温和高湿的环境。因此提高动物福利,提供舒适和合理的饲养环境对降低酮病的发生率至关重要。

(5)做好酮病的监控工作。一旦发现阳性者及时治疗。

(6)补饲丙二醇添加剂。产后可以灌服300～400 mL丙二醇,每天一次,连用3～5 d。或者新产牛群TMR中加固体丙二醇。

(7)饲料中添加过瘤胃胆碱对酮病防控有一定的效果。

(8)产后注射氟尼辛葡甲胺缓解奶牛分娩应激,对防控酮病也有好的作用。

(9)规范产房管理。合理的产房管理流程,降低产道损伤比例,降低子宫炎的发病比例。

4.2.3.2 产后灌服方案的重要性以及操作方法

1. 灌服方案的重要性

(1)预防产后瘫痪。灌服包的成分含有钙,可迅速补充,防止产后低血钙的发生。

(2)预防真胃变位。产后灌服40 L可以达到物理填充作用,防止变位的发生。

(3)预防酮病。固体丙二醇、丙酸钙等可直接补充能量。

(4)恢复前胃功能。益母草提取物以及健胃成分可帮助恢复前胃机能。

(5)补充机体必需营养物质。有效补充多种矿物质、维生素等营养物质。

2. 操作方法(图4-2-5至图4-2-12)

(1)固定牛只。

(2)投入灌服器。缓慢,有技巧,要顺着牛的吞咽动作。

(3)固定灌服器。用牛鼻夹夹住鼻中隔。

(4)确定灌服器的胃管到瘤胃。

①看:看插入胃管后牛只的反应,如插入气管,奶牛反抗剧烈。

②闻:闻胃管有没有嗳气味。

③听:听有没有“咕噜咕噜”的瘤胃蠕动音。

④摸:摸左侧颈下1/3处是否有胃管。

(5)灌服配好的药物。

(6)缓慢抽出胃管。堵住胃管口，防止药液流到咽喉处。

(7)冲洗消毒灌服器。

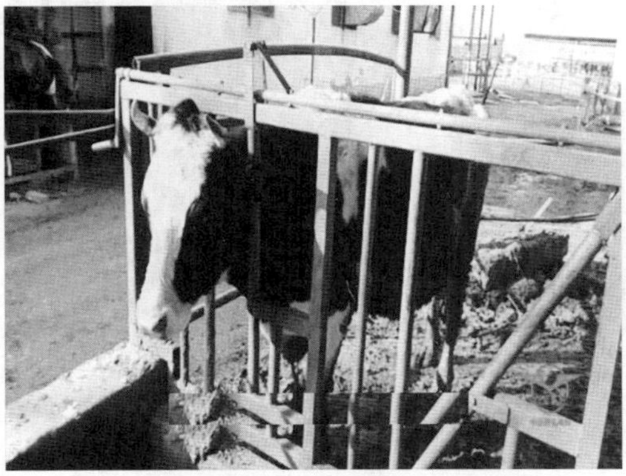

奶牛在分娩完之后需立即赶上颈枷

图 4-2-5 固定好新产牛

水温在 37～39℃为宜

图 4-2-6 灌服水温 37～39℃

将胃管压住舌根缓缓向里推送

图 4-2-7 插入胃管

闻：如闻到嗳气味则插到瘤胃

图 4-2-8 确定插入瘤胃(闻)

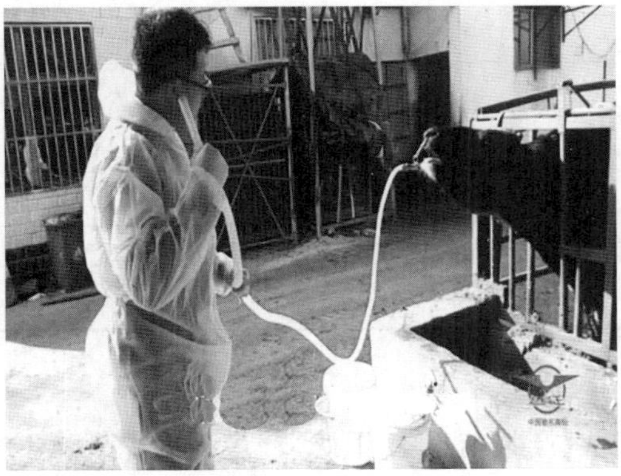

听：如听到“呼呼”声则为插入气管

图 4-2-9 听

摸：如能摸到胃管则为插到瘤胃

图 4-2-10 摸

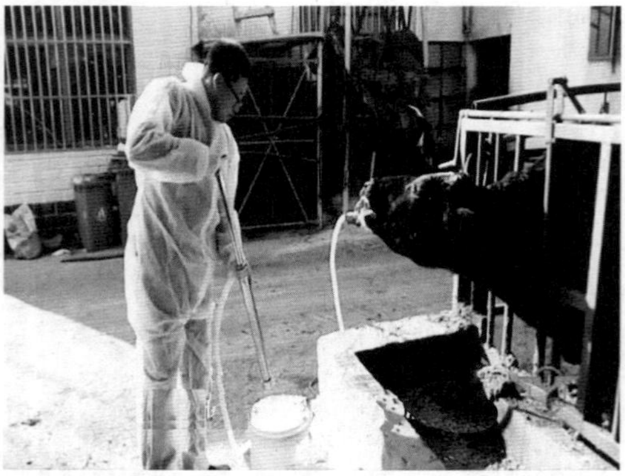

最后空抽几下,将管内的水完全灌入瘤胃

图 4-2-11　灌完药物(空打几下)

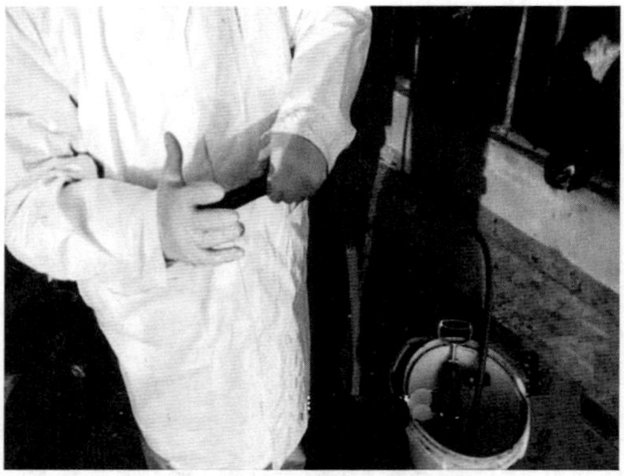

拔出时需注意用手堵住胃管的一端

图 4-2-12　抽出胃管(堵住口)

[撰稿:河北远征药业有限公司　付士彪　李广学;北京农业职业学院　侯引绪]

4.3　乳腺炎

4.3.1　奶牛干奶的细节操作

新产牛乳腺炎发病率高的主要原因是干奶的细节操作和干奶药的选择不当,其次与环境和营养因素也有很大关系。所以建议根据牧场的实际情况来选择适合的干奶药,同时抓好干奶的细节管理。

4.3.1.1　干奶操作要求

干奶操作要求见表 4-3-1。

表 4-3-1　干奶操作要求

干奶目的	恢复乳腺机能、隐性乳腺炎治疗、促进胎儿生长、恢复奶牛体况、预防干奶期乳腺炎、降低新产牛乳腺炎
干奶操作人员	兽医或其他技术人员
干奶时间安排	每月 3～4 次集中干奶
干奶地点	建议选择挤奶厅进行干奶
干奶准备物品	干奶药、CMT 检测设备、75%酒精棉、红色牛蹄环、具有封闭功能的乳头后药浴液

4.3.1.2　干奶操作具体 SOP

(1)根据资料员或系统软件提供的奶牛泌乳天数(产犊前 60 d 干奶,产量高的牛最晚不得低于 45 d 干奶)、妊娠天数,早上挤奶结束,繁育人员确定其确实妊娠后,兽医在中午挤奶完毕后,进行一次性干奶。

(2)每次干奶前应对四个乳区进行 CMT 检测。判定结果为“+”及以下的乳区,直接做干奶处理。"＋＋""＋＋＋"的牛只应进行抗生素治疗，待 CMT 检测结果转为"＋"及以下时，方可进行干奶。如遇顽固性乳腺炎不能短期治愈，也应保证干奶天数不低于 45 d。

(3)机械挤奶结束自动脱杯后，干奶操作人员应手工将牛奶挤净，并用专用干奶药消毒纸巾或者 75%酒精棉球消毒乳头管开口处，以乳头管开口为中心向乳头周围扩大消毒范围，消毒新乳头时注意更换纸巾或棉球，不得重复使用，先消毒离操作人员远端的乳头，然后消毒近端乳头。

(4)注入干奶药。专用干奶药注射器经乳头孔插入，针嘴插入不要过深，以便扩大药液与乳头管接触面积。每个乳区推注 1 支干奶药，注完干奶药后，用 75%酒精棉球消毒乳头孔，再用具有封闭功能的乳头后药浴液再次药浴乳头，并给该牛只绑上红色牛蹄环。

(5)注完药后，不要按摩乳房，将注完干奶药的牛立即转群至干奶牛舍。

(6)干奶后奶牛的检查。干奶后 2 h 之内，干奶操作人员应密切观察牛只，尤其要注意观察乳房是否出现红肿热痛等现象。当乳房出现严重红肿热痛及漏奶现象时，应立即挤出干奶药，并挤净牛奶，再重新干奶。

(7)做好干奶牛的记录。包括：牛号、干奶前各乳区 CMT 检测结果、干奶药、干奶日期、操作人签名。

4.3.1.3 干奶操作的注意事项

(1)擦拭顺序和用药顺序要正确(图 4-3-1)。假如顺序不对，可能污染乳头，造成人为感染。

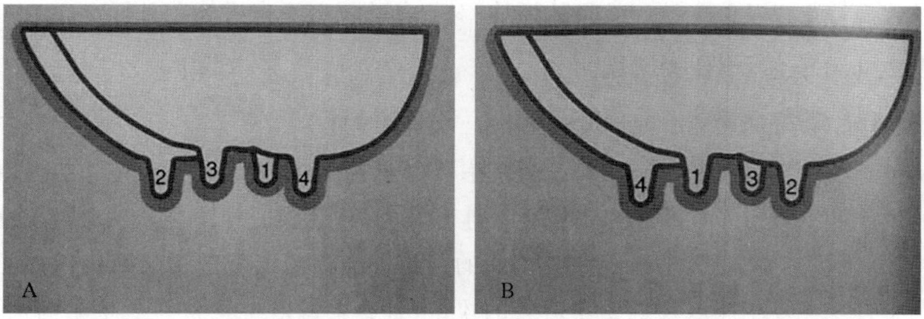

图 4-3-1 擦拭顺序(A)和用药顺序(B)

(2)注射干奶药时尽量使用小针头(图 4-3-2)。当出现乳头损伤或乳导管狭窄等情况时可使用大针头(图 4-3-3)。

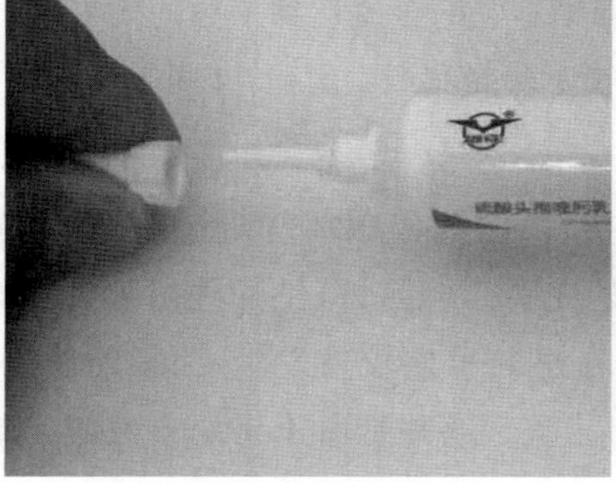

图 4-3-2 小针头注射器

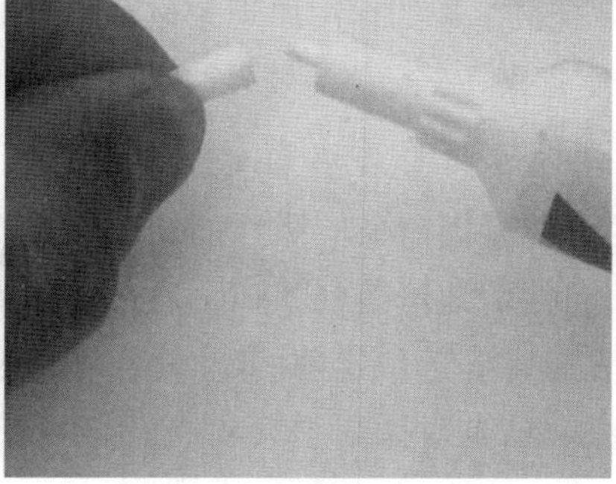

图 4-3-3 大针头注射器

(3)切记干奶药注射完毕后不要按摩乳房。保证干奶药可以缓慢地释放,从而达到长效的目的。

[撰稿:河北远征药业有限公司　付士彪　李广学　马占云;
勃林格殷格翰国际贸易(上海)有限公司　张俊杰]

4.3.2　奶牛乳腺炎治疗的意义

众所周知,乳腺炎是目前阻碍奶牛养殖业快速发展的重要疾病之一,不仅会导致奶产量和奶品质的降低,还会对奶牛的繁殖性能造成影响,造成严重的隐性损失。奶牛乳腺炎是由多种病原感染引发的乳腺组织内的炎性反应,大多数感染由细菌引发。常见的致病菌有大肠杆菌、克雷伯氏菌、凝固酶阴性葡萄球菌、停乳链球菌等。根据病原体的来源和传播方式可分为传染性病原和环境性病原。该疾病病原复杂,且不同病原感染后的临床症状、治疗效果和防控措施都存在差异(表 4-3-2)。随着世界各国对奶牛乳腺炎相关研究的不断发展,且奶牛乳腺炎又是影响牧场经济效益非常重要并值得关注的疾病,因此"因菌治疗,合理使用抗生素"将是未来发展的必然趋势。所以及时更新治疗理念,通过对临床治疗数据与实验室检测数据综合性的持续分析,客观评估各牧场乳腺炎的主要病原菌类型并深入了解不同病原菌在临床上的致病特点以及临床治疗效果的评估,对于各牧场兽医来讲势在必行。

4.3.2.1　革兰氏阳性球菌

1. 金黄色葡萄球菌

金黄色葡萄球菌(简称金葡菌)为革兰氏阳性球菌,定殖于乳头、乳房、阴道以及其他破损不健康的皮肤上。可引发奶牛临床和亚临床性乳腺炎,且乳腺若在泌乳期感染此类病菌极难根除,常引起慢性感染,对乳腺组织造成长期的损伤。金葡菌可藏匿于疤痕组织或泌乳细胞中逃避奶牛自身免疫细胞以及抗生素对其的攻击,且金葡菌对抗生素易产生耐药性,从而导致难诊断、难治疗的情况。因此,有效彻底地杀灭金葡菌是该类临床乳腺炎治疗的关键,若不能完全清除乳腺组织内藏匿的金葡菌,则会导致乳腺炎不断复发,对泌乳细胞造成持续性损伤,最终严重影响该牛的泌乳功能而不得不被淘汰。金葡菌对头孢类抗生素如一代头孢氨苄等非常敏感,该类抗生素的作用原理是通过阻断细菌细胞壁的合成达到杀菌的效果,并且不会在乳腺组织内产生毒素,安全、杀菌效果彻底,并且病原菌不易对其产生耐药性(图 4-3-4、图 4-3-5)。

2. 凝固酶阴性葡萄球菌

常见的可使凝固酶反应阴性的表皮葡萄球菌、中间葡萄球菌、溶血性葡萄球菌等都被统称为凝固酶阴性葡萄球菌(CNS)。通常被认为是皮肤共生菌,但是某些菌种可在健康的奶牛乳头皮肤、乳腺管等部位定殖。CNS 毒力很低,在泌乳早期较易发生 CNS 的感染,一般不会引起临床乳腺炎,且对体细胞数和产奶量的影响甚微。通常是由于挤奶方法不当或牛舍卫生环境较差造成的感染。

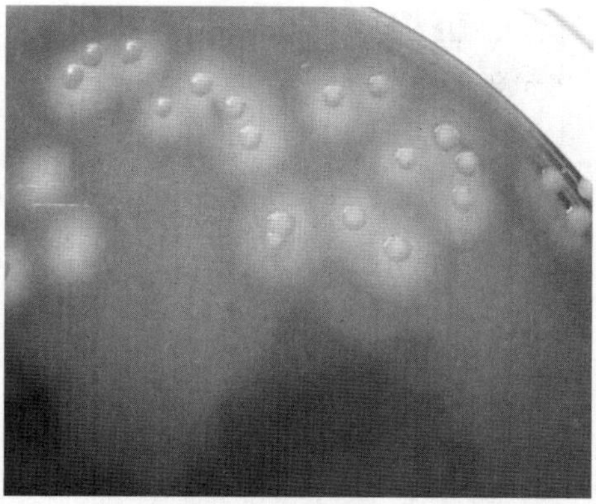

图 4-3-4 金黄色葡萄球菌在血平板上的菌落形态，可见不完全溶血与完全溶血的双重溶血环

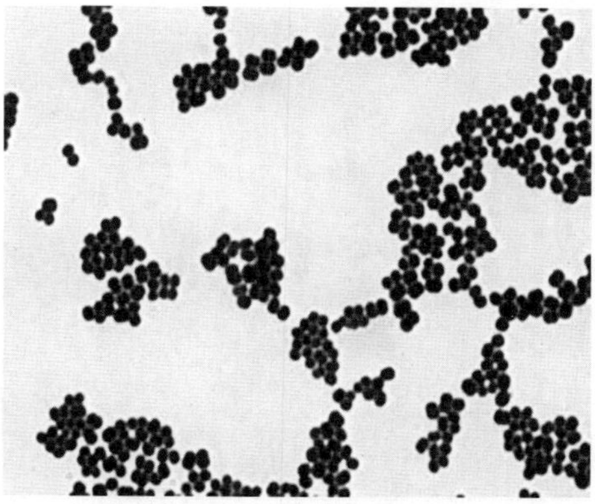

图 4-3-5 金黄色葡萄球菌经过革兰氏染色在显微镜下的形态，呈紫色球形葡萄串排列

3. 链球菌

在链球菌中，无乳链球菌、停乳链球菌以及乳房链球菌是 3 个引起奶牛乳腺炎的主要病原菌。无乳链球菌属于传染性链球菌，在乳腺组织外的环境中很难存活，通过被污染的挤奶工的手或挤奶设备传播。该类病原菌的感染一般不会导致临床乳腺炎的暴发，但是通常会在牛群中造成亚临床性乳腺炎。若不加以治疗或控制，会转化为慢性乳腺炎，造成持续的个体牛体细胞数升高和产奶量降低，从而影响大罐奶的体细胞数。完全彻底的杀菌也是治疗该类乳腺炎的关键，一般头孢类如头孢氨苄以及青霉素等都是可以彻底杀灭无乳链球菌的药物。停乳链球菌则属于环境性链球菌，通过乳头末端与被污染的粪便、垫料接触或在挤奶期间被较差的前药浴液感染，该类病原菌的感染一般与较差的乳头状况紧密相关。乳房链球菌目前在国内外的被关注程度也是呈不断上升的趋势，因为其与围产期息息相关。围产期是奶牛非常关键的时期，也是预防新发乳腺炎的关键时期。另外该菌与金葡菌一样属于侵袭性致病菌，会入侵乳腺组织深部，在治疗上也存在很大的困难。所以针对乳房链球菌的预防，需要着重强调围产期的护理，包含营养、环境维护以及干奶药物、乳头封闭剂的使用等。

4.3.2.2 革兰氏阴性杆菌

1. 大肠杆菌

大肠杆菌是最普遍的引发乳腺炎的环境性病原菌，大量存在于粪便以及垫料中。该菌的感染对大罐奶体细胞数影响不大，但是若不及时治疗，会导致乳房出现硬块、红肿发热，并且有时伴有清澈黄色类似血清样的分泌物。在干奶期和产犊前期高发，大肠杆菌在与进入乳腺组织的中性粒细胞对抗时会释放内毒素，导致患牛的乳腺组织发生急性炎症，若内毒素没有及时清除而进入血液还会引发败血症。因此，对于大肠杆菌类乳腺炎，如何控制由其释放的内毒素导致的炎症更为重要。诸多试验数据已经证明非甾体类抗炎药物如 NSAIDs 可与抗生素配合使用于大肠杆菌性乳腺炎的治疗中。非甾体类抗炎药物最大的优点是可以中和内毒素，缓解临床症状、降低体温，对于消除大肠杆菌引发的急性炎症有非常重要的作用(图 4-3-6、图 4-3-7)。

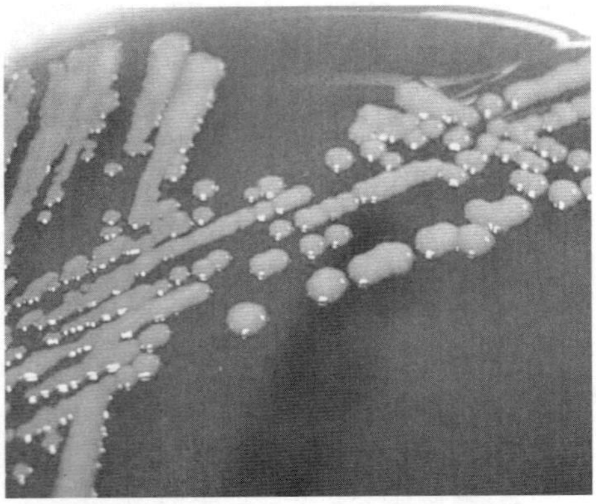

图 4-3-6　大肠杆菌在血平板上的菌落形态，为灰白色、潮湿、圆形的菌落，3～5 mm 大小

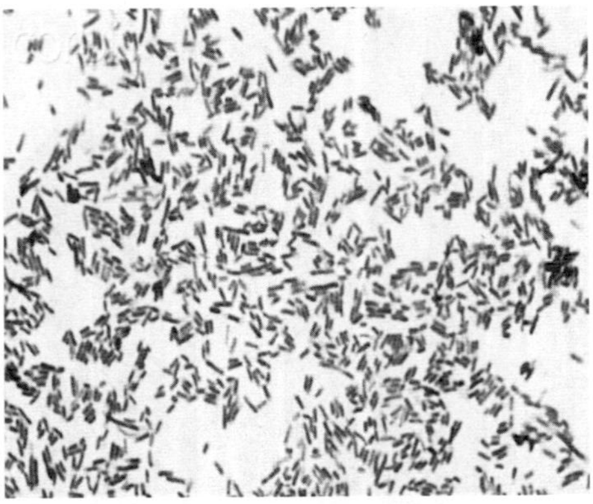

图 4-3-7　大肠杆菌经过革兰氏染色在显微镜下的形态，为粉色杆状

2. 克雷伯氏菌

克雷伯氏菌也是一种环境性病原菌，一般与潮湿和较脏的圈舍环境有关，特别是被污染的潮湿的木屑等有机垫料。感染后乳房会发生明显的肿胀、发热，乳汁会在感染的初级阶段呈稀薄的水样奶，在感染后期则会转变为黄色的浆液。

3. 沙雷氏菌

沙雷氏菌属于环境性致病菌，其中黏质沙雷氏菌和液化沙雷氏菌相关，可引发慢性乳腺炎，若不及时治疗可造成持续感染。通常由被污染的乳头药浴以及乳房灌注器有关。

4. 铜绿假单胞菌

该菌属于环境性致病菌，在自然界广泛分布，在土壤中最为常见。可产生大量的内、外毒素，引发临床乳腺炎且症状严重。感染乳区会出现发硬、发热以及肿胀等现象，乳汁带血，伴有凝块。严重时会引发败血症造成奶牛的死亡。该菌导致的乳腺炎一般为水源性，与用被污染的水冲洗乳房或软管以及用被污染的水槽饮水有关。

对于大肠杆菌、克雷伯氏菌、枸橼酸杆菌等，由于所有的革兰氏阴性杆菌细胞壁内都存在脂多糖（内毒素）成分，所以一旦细菌在与抗生素或自身免疫细胞对抗的过程中死亡导致细胞壁破裂，就会释放出大量内毒素给机体造成很强烈的刺激，致使炎症反应加剧出现临床症状。并且基于目前国内及其他国家的临床数据分析，革兰氏阴性杆菌中仅大肠杆菌自愈率高，且使用抗生素后的细菌学治愈率也非常高，其他致病菌如克雷伯氏菌、肠杆菌属等抗生素治疗后细菌学治愈率都相对较低。因此对于革兰氏阴性杆菌这一群体，在治疗层面上我们更加强调抗炎的理念。炎症是导致奶牛出现红肿热痛、产奶量下降、泌乳细胞损伤以及繁殖性能下降的最直接原因，而细菌感染只是诱因。

4.3.2.3　革兰氏阳性杆菌

1. 棒状杆菌

棒状杆菌中与乳腺炎相关的有 2 种，分别为牛棒状杆菌和化脓隐秘杆菌，两者均为环境性致病菌。近些年，也有研究认为应该将牛棒状杆菌归类为传染性乳房炎致病菌。

牛棒状杆菌的感染一般与较差的乳头后药浴液有关。仅引起轻度乳腺炎，在脂肪含量较高的奶皮中经常发现。牛棒状杆菌导致的乳腺炎有明显的季节性，夏季高发，一般通过蚊蝇等昆虫传播，是在英国、美国等国家发生"夏季乳腺炎"的主要病原菌。

化脓隐秘杆菌与牛棒状杆菌不同，可引发奶牛的急、慢性临床乳腺炎，参与大多数的创伤感染。该菌可产生致死毒素和溶血毒素，在干奶期和夏季的发病率较高，还会引起奶牛的流产。在夏季由蝇类传播，感染后乳房会出现严重的脓性病症，如脓肿和糜烂。

2. 芽孢杆菌

蜡样芽孢杆菌与枯草芽孢杆菌在奶样中较常被分离出来，都属于需氧型芽孢杆菌，分布广泛，在粪便、垫料、水槽等牛舍环境中都可发现。蜡样芽孢杆菌可引起急性乳腺炎，目前发现很多病例与饲喂含有酒糟饲料有关，该菌还可导致人的食物中毒。由于其在土壤和饲料中广泛分布，若在高体细胞数的奶牛奶样中发现枯草芽孢杆菌，一般被认为是采样时从环境中带入的污染物。近些年也有牧场爆发蜡样芽孢杆菌的报道，额外的风险点包括使用含有机质水平高的河沙或回收沙。

综上所述，不同的病原菌导致的乳腺炎在临床使用抗生素治疗时会有不同的治疗效果，如大肠杆菌临床治愈率高，但是克雷伯氏菌导致的乳腺炎临床治疗效果就不尽人意。革兰氏阳性菌如葡萄球菌、链球菌等的治疗需要使用抗生素，因为奶牛自身对于革兰氏阳性菌的感染自愈率低；而对于革兰氏阴性菌的治疗则需要注重抗炎理念，因为内毒素的释放会导致机体出现较为严重的炎症反应，给奶牛的生产性能以及牧场的经济效益造成重大损失。另外还有些致病菌如原壁菌和酵母菌使用抗生素治疗无效，并且如果对酵母菌感染的病例使用抗生素反而会加重临床症状。因此了解各牧场主要的流行病原类型及不同病原的致病特点能够让我们知己知彼，在治疗前合理设定治愈预期，合理使用抗生素及抗炎类药物从而更好地对乳腺炎进行管理（表 4-3-2）。

表 4-3-2　乳腺炎治疗方案

乳腺炎分级	临床症状	治疗方案（需与致病菌结果相结合）
一级乳腺炎	仅乳汁存在异常，牛奶发生变质如出现絮状物、凝块、乳汁颜色有变化，但是乳房没有可见变化，奶牛未出现全身症状	常规致病菌使用 2 针优孢欣，革兰氏阴性杆菌建议配合美达佳 15 mL
二级乳腺炎	乳汁和乳房都存在异常，牛奶发生变质的同时，乳房出现肉眼可见的临床症状如红肿热痛，但未出现全身症状	常规致病菌使用 2 针优孢欣配合美达佳 15 mL
三级乳腺炎	乳腺炎症状已不局限于乳房和乳汁，奶牛出现全身症状如精神沉郁、体温升高、趴卧不起等	常规致病菌使用 2 针优孢欣＋美达佳 15 mL＋全身抗生素＋补糖、电解质、水、钙

表 4-3-3　乳腺炎致病菌及治疗建议

乳腺炎致病菌			治疗建议	备注
革兰氏阳性菌	传染性致病菌	金黄色葡萄球菌	头胎牛首次感染金葡菌建议尝试治疗，治疗方案为优孢欣 5～8 针 慢性感染、胎次过高或多次乳腺炎病史的牛治愈率低，建议永久隔离或淘汰	由于金葡菌间歇性排菌的特点，治疗后在评估细菌学治愈率时若未检出致病菌，需分不同时间点多次采样确认并持续观察体细胞数变化
		无乳链球菌	建议四个乳区同时执行优孢欣常规 2 针治疗，基于个体牛差异原因，若连续治疗 3 个疗程失败，建议永久隔离或淘汰	由于其对奶产量以及体细胞数都有较为严重的影响，所以在评估细菌学治愈率时建议四个乳区分别采样进行致病菌检测
		支原体	停止使用抗生素进行治疗	揭发后第一时间永久隔离或淘汰
	环境性致病菌	凝固酶阴性葡萄球菌	优孢欣常规 2 针治疗	慢性感染病例需合理降低治愈预期，并根据临床症状严重程度判断是否需要延长治疗
		乳房链球菌	建议延长治疗至 5～8 针，以确保最佳细菌学治愈率	慢性感染病例需合理降低治愈预期
		其他环境性链球菌	优孢欣常规 2 针治疗	慢性感染病例需降低治愈预期，并根据临床症状严重程度判断是否需要延长治疗
		原壁菌（藻类）	不建议使用抗生素进行治疗 可视临床症状严重程度配合使用美达佳尽快消除炎症	自行自愈即可
		酵母菌（真菌）	不建议使用抗生素治疗 可视临床症状严重程度配合使用美达佳尽快消除炎症	自行自愈即可，酵母菌抗生素治疗不但不会有效杀菌，还会导致临床症状加重
革兰氏阴性菌	环境性致病菌	大肠杆菌	优孢欣常规 2 针治疗＋美达佳 15 mL	
		其他革兰氏阴性杆菌（如克雷伯氏菌、肠杆菌属、枸橼酸杆菌等）	优孢欣 2 针治疗＋美达佳 15 mL	由于细胞壁结构差异，与大肠杆菌较高的治愈率相比，其他阴性杆菌的感染应合理降低治愈预期
无生长样品			可先观察，不使用抗生素	首次培养若无细菌生长，可进行二次采样确认（金葡菌间歇性排菌特点）。若出现多次培养无菌，但是体细胞数居高不下，不排除支原体感染的情况

[撰稿：勃林格殷格翰国际贸易（上海）有限公司　才灵杰　张俊杰]

4.3.3 乳腺炎对母牛产奶量和繁殖性能的影响

乳腺炎一直是奶牛养殖业的一大威胁，会导致产奶量下降和动物福利问题，给牧场造成巨大的经济损失。最近的研究显示乳腺炎还会导致患牛的繁殖性能受到显著影响。虽然确切机制尚不完全清楚，但研究已经证实发育卵泡的颗粒细胞能表达类似于免疫细胞中表达的Toll样受体（TLR）和CD14受体，从而对机体清除细菌感染过程所产生的细胞因子和炎症介质产生反应，使得颗粒细胞影响雌激素的生成，进而影响卵泡的发育和成熟，并通过影响有效促黄体素（LH）峰值的形成而影响动物排卵。

多年来，牧场主及其顾问已意识到乳腺炎对动物性能产生的不利影响，主要集中在对动物福利和产奶量的影响。但现在越来越多的研究发现乳腺炎通过影响动物的繁殖性能和留群概率，对动物产生更长期的影响。

4.3.3.1 乳腺炎的长期影响

乳腺炎的长期影响主要体现在对动物繁殖性能的影响上。据Madousse等的调查，泌乳牛前2个月的体细胞数（SCC）与产后145 d妊娠率呈负相关。在新西兰的季节性产犊牛群，牧场主通常会直接淘汰那些在配种季未能受孕的母牛，故妊娠率和淘汰率之间关系显得更为密切。

在多数牧场，如果管理者关注乳腺炎记录和繁殖记录时，就会发现乳腺炎的发生会对繁殖表现产生显著影响。笔者对来自44个牛群的30 294次输精结果进行对比研究，所有牛群的大罐奶体细胞数均低于20万，临床乳腺炎发病率低于50%。结果发现，那些发生过临床乳腺炎或体细胞计数高的母牛，无论从整体受胎率还是首次输精受胎率上均低于健康动物（图4-3-8）。

过去20多年的研究表明，发生临床乳腺炎的病牛，受胎率更低，平均配种天数更长（140对比80，$P<0.05$），发情表现更低，首次配种时间推迟，早期流产概率升高等。其中，Barker在1998年的研究发现无论是革兰氏阴性菌还是革兰氏阳性菌所导致的乳腺炎均会对后续的繁殖性能产生显著影响，这种对繁殖性能的影响并不能仅仅归纳为内毒素的作用。

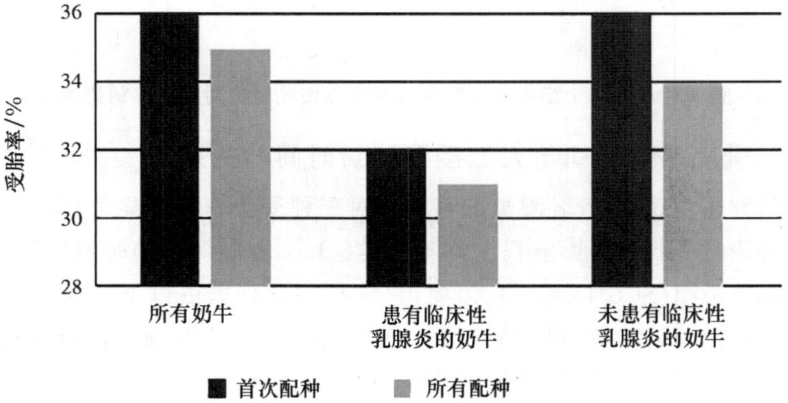

图 4-3-8 患有和未患有临床型乳腺炎的奶牛受胎率

隐性乳腺炎也会对繁殖造成显著影响。在对隐性乳腺炎进行研究时，人们通常会将体细胞计数(SCC)转换为体细胞评分(SCS)以便于统计研究。从图 4-3-9 的结果可以看出，体细胞评分增加与相关的产奶量损失呈线性关系。但是乳区感染对生产的影响不止于此，来自 44 个牧场的数据还显示了，在配种前体细胞评分越高的母牛，受胎率越低。线性评分(SCS)4 分相当于体细胞计数 20 万，即判断乳区内感染的阈值(图 4-3-10)。

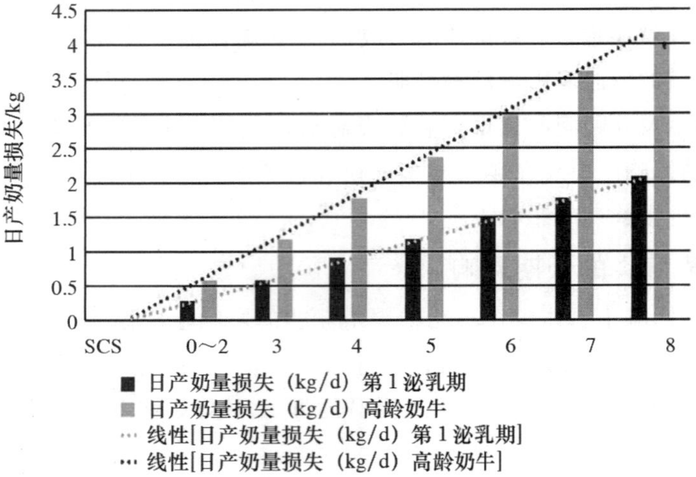

图 4-3-9　第 1 泌乳期和高龄奶牛中与体细胞计数增加相关的日产奶量损失

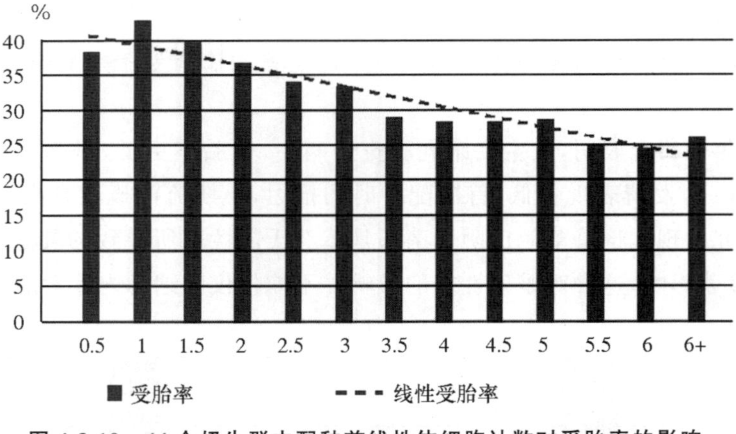

图 4-3-10　44 个奶牛群中配种前线性体细胞计数对受胎率的影响

4.3.3.2　乳房感染时间与人工授精(AI)时间的关系

进一步的研究还发现，尽管乳腺炎的存在会对配种受胎率产生显著影响，但在配种时动物不同的感染阶段对受胎率的影响程度并不一样。Lavon 等(2011)研究依据连续体细胞计数把动物分为未感染组(SCC 持续低)、治愈组(SCC 下降到阈值以下)、新发感染组(SCC 升高到阈值以上)和持续感染组(SCC 持续高)，通过后续的受胎率表现进行分析(图 4-3-11)。相比于健康牛，慢性感染牛的受胎率会下降约 20％。

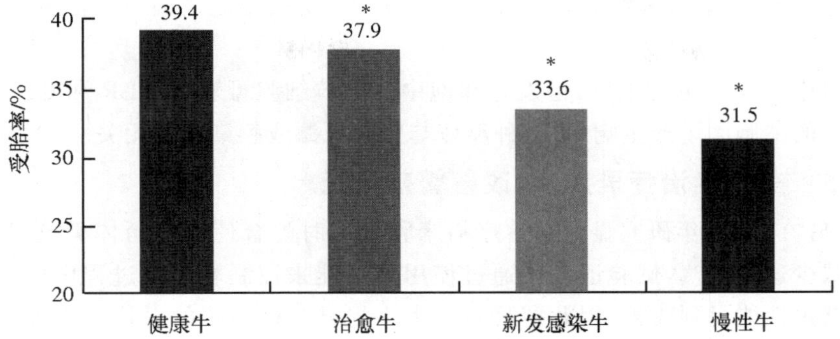

图 4-3-11　不同乳房感染状况对受胎率的影响

* 表示统计学上的差异显著。

研究还发现，临床乳腺炎发生在 AI 之前或之后对受胎率均会产生不同程度的影响。从配种前 10 d 直到配种后 30 d，一旦发生一次体细胞数显著升高（相当于一次临床感染），会分别使受胎率下降 23.6％和 23％。

4.3.3.3　卵泡内分泌功能的破坏

乳房内感染引起繁殖力下降的具体作用机制尚未完全阐明。一种可能的机制是，细菌感染诱导的细胞因子和炎症介质释放，会影响颗粒细胞的正常内分泌功能。颗粒细胞主要通过产生类固醇类激素，如雌二醇（即雌激素），在卵泡形成过程中扮演重要角色。雌激素在促进卵母细胞发育和成熟中发挥了关键作用，卵母细胞细胞核和细胞质的成熟是成功受精的基本条件。研究发现，当卵母细胞暴露于炎症介质（如脂多糖）时，受精过程会受到破坏。雌激素还可诱导促黄体素（LH）峰值出现，促进卵母细胞排卵，并使受精可能发生。排卵期间，雌激素水平下降可引起约 30％受感染奶牛的 LH 峰和排卵水平降低、延迟或完全不出现，最终导致受胎率降低 15％～20％。也有研究认为体细胞的升高预示着炎症反应，所产生的炎症介质和细胞因子会通过影响黄体的形成和消退，干扰黄体酮的分泌，从而影响子宫内膜的功能和胚胎的形成与着床，导致胚胎早期死亡或流产。

Cook 等（2010）研究发现乳区感染的存在会显著影响同期发情处理母牛的正常排卵，导致排卵延迟或不排卵。所研究的 73 头母牛中，有 51 头发生了临床或亚临床乳腺炎，结果这组牛有 26％发生了排卵延迟，甚至有些牛不排卵。而在 22 头未发生乳区感染的对照组，仅有 1 头发生了排卵延迟。

4.3.3.4　先天免疫系统的作用

细菌感染介导的炎症反应对内分泌功能产生影响的生理机制，可以通过对先天性免疫系统的研究结果来解释。绝大多数的乳腺炎均是乳房内的细菌感染所导致的炎症反应过程，这一过程可以通过中性粒细胞的趋化作用检测到，有些过程仅仅表现为体细胞升高，即隐性乳腺炎；当趋化的中性粒细胞进一步升高，还可能导致乳汁或乳区出现异常，即临床乳腺炎。中性粒细胞是机体非特异性免疫系统的重要组成部分，它通过识别细菌感染所产生的某些细胞因子以一种非特异性的方式进行应答，如脂多糖（LPS）就是这样一种细胞因子，见于多数 G^- 菌相关的感染。而与 G^+ 相关的细胞因子肽聚糖和脂膜酸，常见于葡萄球菌和链球菌属，也会激活中性粒细胞的应答反应。机体免疫细胞主要通过自身的 Toll 样受体（TLR）对这些细胞因子的出现进行检测、识别和结合。而且这一过程会被免疫细胞表面的其他调节因子进一步放大，如 CD14。

发育卵泡中不存在免疫细胞，但发育卵泡中的颗粒细胞可表达 TLR 和 CD14，从而可对细菌感染导致的细胞因子产生响应，这种反应与感染来源或感染部位无关。

4.3.3.5　美达佳治疗乳腺炎，改善繁殖性能

McDougal 在 2009 年研究显示在治疗临床乳腺炎时配合使用非甾体类抗炎药——美达佳可以有效减少这种淘汰，试验证实了通过使用美达佳来控制乳腺炎过程中的炎症反应，可使奶牛后续繁殖性能得到改善，因此留群概率大大提升。进一步的对比研究发现，配合美达佳控制炎症组的细菌学治愈率（66%）显著高于对照组（50%）。而繁殖表现方面的差异更令人震惊，美达佳组合对照组的首次配种受胎率分别为 31%和 21%，DIM120 的妊娠率分别为 40%和 31%，平均每次妊娠输精次数的分别为 2.43 次和 2.92 次，DIM300 时的留群率分别为 83%和 79%。

总之，泌乳奶牛的繁殖性能会受到发生在机体卵巢以外部位的疾病和炎症双方面的影响，即便是一些轻度的亚临床乳腺炎，这种影响也是可衡量且显著的。这就提示我们在临床疾病管理中，应重视对亚临床性乳腺炎的控制。同时在治疗临床乳腺炎时，不仅要考虑消除致病源，还应考虑控制感染所致炎症反应对后续繁殖性能产生的影响。

［撰稿：勃林格殷格翰国际贸易（上海）有限公司　张俊杰］

4.3.4　热应激下如何有效治疗乳腺炎

4.3.4.1　奶牛热应激的概念

热应激（heat stress）是指在高温、高湿环境下，动物产生的热负荷（内部和环境产生）超过了散热能力时，机体所做出的非特异性生理反应的总和。当前乳业生产中较常使用的奶牛品种是来自于北欧的荷斯坦奶牛，具有体型大、单位体重的散热面积小、汗腺机能不发达的特点。同时，随着生产性能的不断提高，奶牛机体代谢和泌乳所产生的热量也大幅度增加。因此，散热性能弱、产热量大导致奶牛对热应激尤为敏感。尽管当前使用了一系列的缓解热应激的措施，仍无法解决夏季奶牛热应激的问题。

大量研究结果显示，热应激影响奶牛的健康，导致奶牛呼吸频率增加、直肠温度升高、干物质采食量降低、营养摄入不足、繁殖性能下降、产奶量降低、乳品质下降。奶牛发生热应激时，机体发生了一系列变化（图 4-3-12）。

在炎热的夏季，热应激反应严重影响着奶牛的生产和健康。Waage 等（1998）的研究指出，夏季热应激导致奶牛乳腺炎的发生率更高。中国农业大学高健等对国内 115 个牧场一年时间内临床乳腺炎的累积发病研究也发现，国内乳腺炎的发生情况也呈现明显的季节性变化（图 4-3-13）。

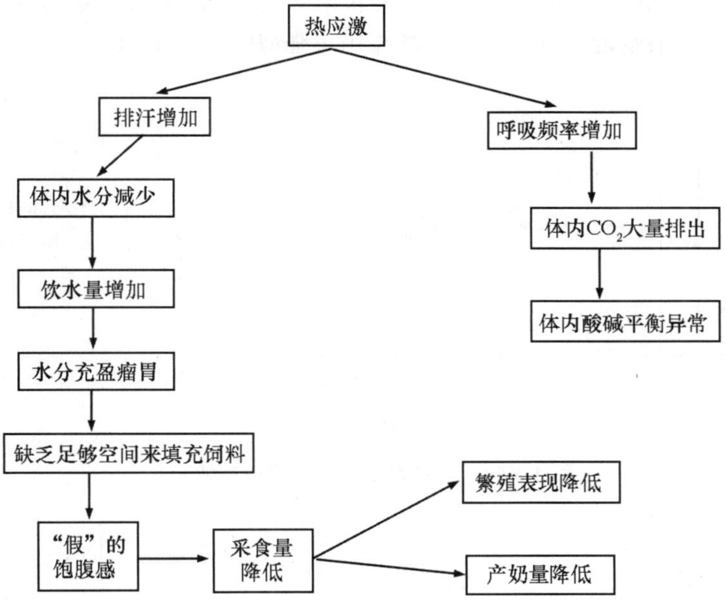

图 4-3-12　奶牛热应激过程中的重要变化(Atrian 等，2012)

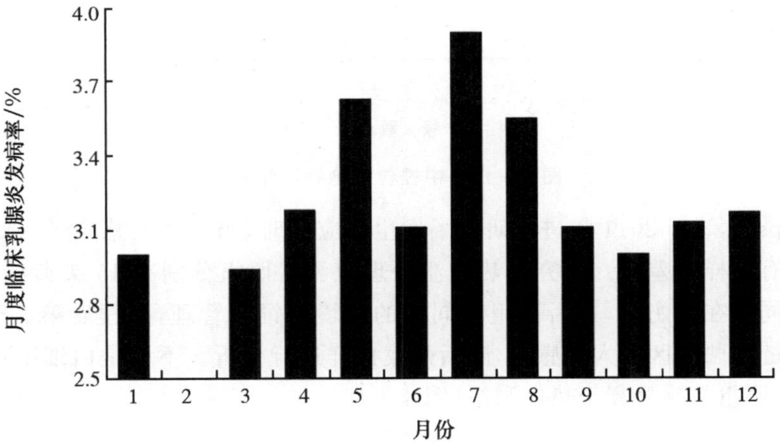

图 4-3-13　临床乳腺炎的累积发病率分布(其中 2 月由于春节没有进行奶样采集工作)

众所周知，影响奶牛乳房健康的三大要素为乳腺上皮细胞完整性、体细胞防御和细菌挑战。那么热应激期间，这几个方面发生了什么有别于其他季节的变化，使得夏季乳腺炎更易高发呢？

4.3.4.2　热应激期间奶牛的免疫系统受到挑战

谈到应激，大家可能都会认同机体的免疫力会下降。那么免疫力的变化在生理指标上如何量化，和疾病的发生又是什么关系呢？

(1)美国佛罗里达大学 Do Amaral 等在 2008 年进行的研究表明，热应激对奶牛的免疫功能产生负面影响。研究中热应激的区别处理在干奶期进行，分别有 12 头热应激处理组和 9 头对照组，通过监测中性粒细胞氧化代谢功能(图 4-3-14)和吞噬作用(图 4-3-15)等指标来反映中性粒细胞的功能。热应激组在产后第 2 天和第 20 天均低于对照组($P=0.04$；SEM＝3%)。产后第 20 天对照组的中性粒细胞吞噬作用更强($P=0.05$；SEM＝ 5%)。

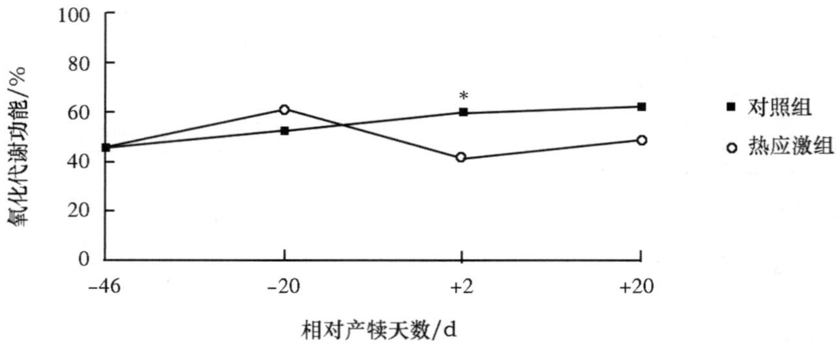

图 4-3-14　中性粒细胞氧化代谢功能

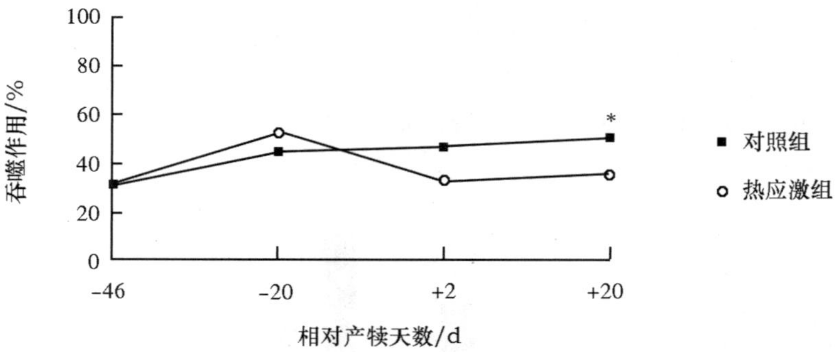

图 4-3-15　中性粒细胞吞噬作用

(2)Thompson 等于 2011 年进而研究了发生热应激时，奶牛乳区感染乳房链球菌后引起的免疫反应会有怎样的差异。研究中热应激处理组和对照组分别有 15 头荷斯坦奶牛，热应激的处理时间同样在干奶期，产后两组在同样的环境中饲养管理，产犊后第 5 天对每组各 5 头牛进行乳房链球菌乳区内人工感染，随后采集血样进行分析。不论是白细胞计数还是中性粒细胞计数，对照组都明显高于热应激组(图 4-3-16)。

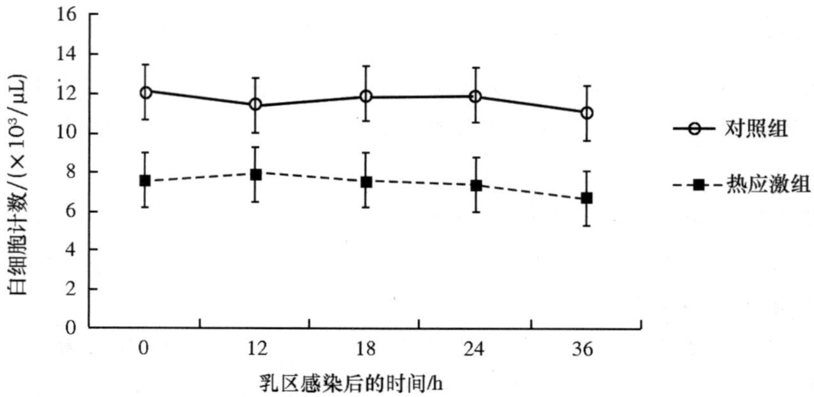

图 4-3-16　中性粒细胞氧化代谢功能

当乳区内有一定程度的细菌感染后，血液中的中性粒细胞通过趋化作用穿过血管壁，进入乳腺中发挥重要的杀菌功能(图 4-3-17)。

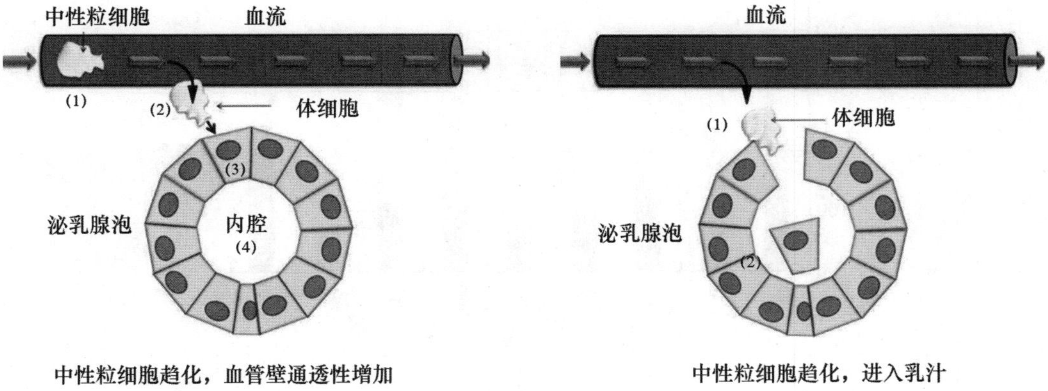

图 4-3-17　白细胞趋化作用

从上面的两个研究中可以看出，热应激会显著减少白细胞和中性粒细胞的数量，降低中性粒细胞的杀菌活性。这可能与热应激降低奶牛舒适度，使得血皮质激素(压力荷尔蒙)上升，出现免疫抑制有关。即使是等量的细菌感染机体，由于白细胞(中性粒细胞)对病原菌的识别、吞噬和杀灭能力降低，机体更容易发生感染性疾病如乳腺炎。

以泌乳早期为例，此阶段出现严重的大肠杆菌乳腺炎病例增多，一个原因是中性粒细胞进入乳区的速度减慢，同时产犊应激等也造成乳房内免疫力下降，对细菌繁殖的抑制能力明显减弱。类似的，热应激期间的奶牛乳区发生细菌感染后，由于其中性粒细胞释放速度减慢，免疫应答出现延迟，且杀菌能力减弱，难以迅速发挥乳腺的特异性免疫功能，以致细菌数可能会上升到一个较高的水平，造成乳腺组织的严重损伤。此外，已有很多研究指出，发生热应激时，奶牛干物质采食量明显降低。而我们知道，奶牛的能量分配是逐一分配的，热应激期间的能量摄入不足，易出现能量负平衡，而奶牛热增耗明显增加，进一步加剧其能量分配的挑战。

4.3.4.3　夏季引起乳腺炎的细菌的特点

细菌的生长，需要营养物质、水分、合适的 pH 和温度。在夏季，湿度和温度等都更适宜细菌生长，环境型微生物大量繁殖，增加奶牛乳腺感染的概率和风险。

在高健等(2016)的研究中，分析了冬季和夏季的乳腺炎病原菌流行情况(图 4-3-18)。可以看出，夏季引起临床乳腺炎的病原菌中，环境型病原菌如大肠杆菌、克雷伯氏菌、肠杆菌等占多数。

4.3.4.4　热应激引起奶牛炎症反应

当发生热应激时，为降低体温，动物体内的血液从脏器输送到皮肤，同时通过体内其他器官的血管收缩来维持血压，其中的主要血管收缩区为肠道。肠道血管在收缩时，会减少肠道细胞的供氧量，肠细胞发生缺氧现象甚至死亡，这就使得脂多糖等毒素能够渗入血流，形成内毒素血症(图 4-3-19)。

持续热应激还会导致奶牛血浆中与炎症反应相关的蛋白质发生变化。TNF-α、IL-1β 和 IL-6 作为促炎症因子，其浓度的升高与奶牛的炎症反应直接相关。闵利等通过对差异蛋白进行生物信息学分析，发现持续热应激导致奶牛血液中的促炎症因子肿瘤坏死因子-α(tumor

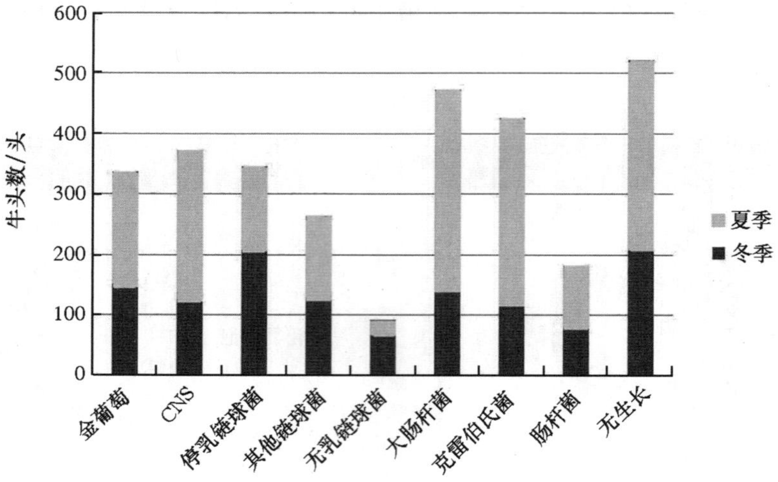

图 4-3-18　临床乳腺炎致病菌在不同季节分布情况

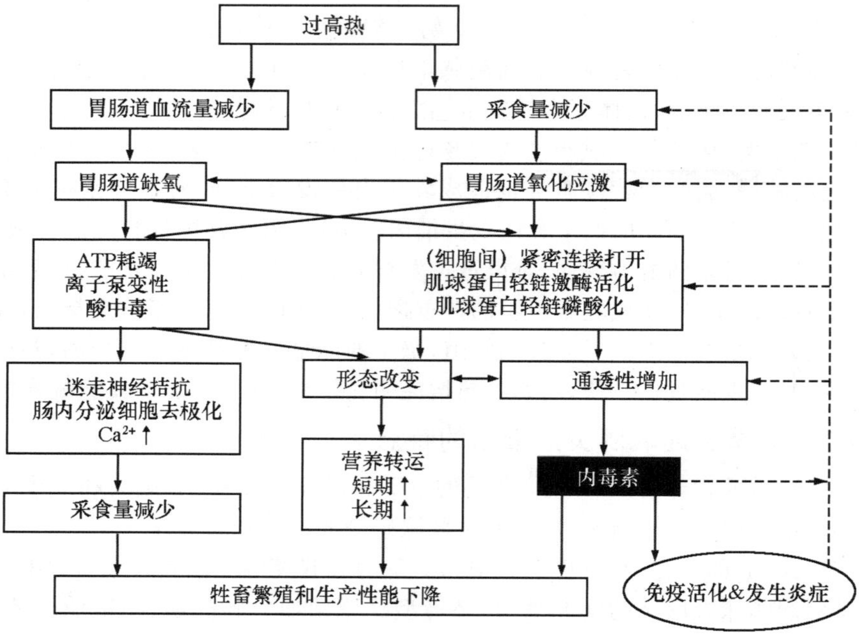

图 4-3-19　热应激引发炎症反应原理图(Baumgard 等，2011)

necrosis factor-α，TNF-α)和白介素-6(interleukin-6，IL-6)显著地升高，证实了持续热应激会导致奶牛产生炎症反应。

4.3.4.5　奶牛热应激期间的乳腺炎治疗要点

1. 重视炎症反应的控制

乳腺炎的治疗，须遵循“杀菌＋抗炎”原则，使用抗生素杀灭乳区内的细菌，同时配合抗炎药(如美达佳)控制炎症反应。尤其在热应激条件下，奶牛的免疫应答延迟，淋巴细胞、中性粒细胞的游离速度减慢，同时内毒素入血的风险更高，提示我们治疗乳腺炎时务必重视炎症反应的控制。

2. 高效彻底杀菌，确保治疗效果

优孢欣是两种抗生素的复方制剂，其中的头孢氨苄针对革兰氏阳性菌，卡那霉素针对革兰氏阴性菌达到广谱的杀菌效果（图 4-3-20）。

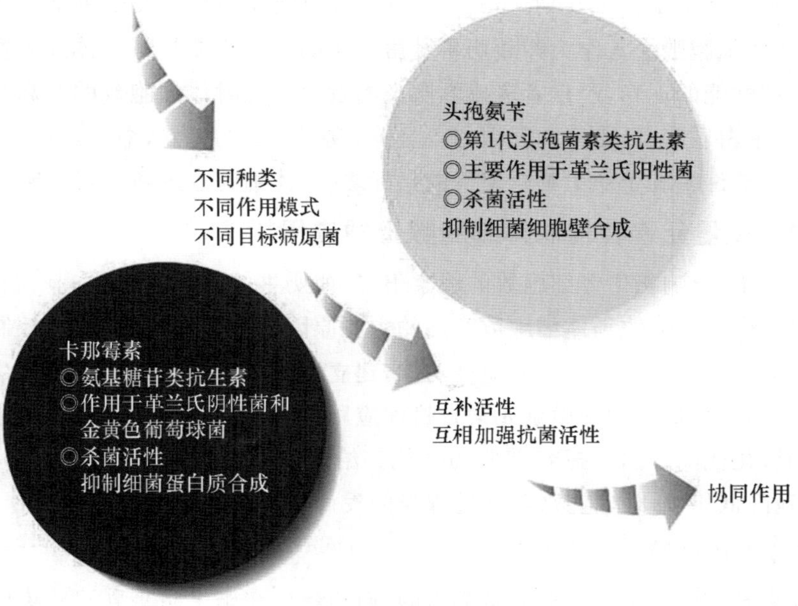

图 4-3-20 优孢欣的杀菌协同作用机理

［撰稿：勃林格殷格翰国际贸易（上海）有限公司 肖亚莉 张俊杰］

4.3.5 微量元素与奶牛体细胞控制

控制牛奶中体细胞的数量对于保证奶牛乳腺的健康、生产性能以及牛奶的质量都十分重要。从营养角度控制体细胞数的常用方法是给奶牛提供合理（形式和数量）的微量元素，如锌、铜和硒等。这些微量元素可以有效地提高奶牛的免疫力，降低体细胞数和乳腺炎的发病率。针对微量元素的这一功效，对其在控制奶牛体细胞数上的应用做一简单综述。

如何控制牛奶中体细胞的数量（somatic cell count，SCC）一直是奶牛生产者比较关注的一个问题，体细胞数过高会降低奶牛的生产性能和牛奶的质量，损害奶牛的健康，影响牧场的经济效益。实际生产过程中，人们可以通过提高奶牛自身的免疫力来控制或降低牛奶中体细胞的数量。微量元素是奶牛必需的营养成分之一，其在调节奶牛的免疫功能方面发挥着巨大的作用。研究表明，给奶牛提供合理的微量元素可以有效地降低牛奶中的体细胞数和乳腺炎的发病率。

4.3.5.1 关注牛奶中的体细胞数的目的

牛奶中的体细胞主要来自白细胞和乳腺分泌组织中的上皮细胞。其中上皮细胞属于正常的体细胞，是乳腺新陈代谢过程中的产物，在牛奶中的含量相对恒定。而白细胞主要包括巨噬细胞、淋巴细胞以及多性核白细胞等，属于防卫型细胞，可以杀灭乳腺内的病原菌，同时兼具修复组织损伤的功能。牛奶中体细胞数一般表示为每毫升牛奶中含有的体细胞数量。在实际生产中控制牛奶中的体细胞数对保证奶牛的健康以及牧场的经济效益具有重要的意义。正常情况下，牛奶中的体细胞数很低。对于1头健康的奶牛来说，如果每天挤奶2次，其奶中的体细胞数应低于1.0×10^5个/mL。而当乳房受到外伤或者发生感染时体细胞数就会迅速增加，因此体细胞数通常作为判断奶牛乳房健康的一个重要指标。体细胞数的增加首先意味着奶牛生产性能的下降，严重者造成乳腺炎的发生。同时体细胞数的升高会改变牛奶的组成，如影响乳蛋白质率、乳脂率和乳糖的含量等，改变牛奶的口感，缩短最终产品的货架期。因此体细胞数也被许多乳企作为鲜奶定价的指标之一，体细胞数过高甚至会导致原奶拒收。

4.3.5.2 微量元素在控制体细胞数上的应用

在实际生产中，影响奶牛体细胞数的因素很多，如奶牛的泌乳阶段、季节、胎次、遗传以及微生物感染等。国内很多牧场体细胞数升高的主要原因是微生物的感染，而控制此类体细胞数升高最好的方法是提高奶牛自身的免疫功能，建立良好的防御机制。提高奶牛自身免疫力的方法很多，给奶牛提供合理的微量元素是目前应用最为广泛的方法之一。微量元素在奶牛的免疫功能和氧化代谢方面发挥着重要的功能。给奶牛补充合理的微量元素，如锌、铜和硒等，可以有效地降低奶牛体细胞数，降低乳腺炎的发病率。

1. 锌对奶牛体细胞数的影响

锌对于乳头管表面角蛋白的形成是必需的，而角蛋白在奶牛防御乳腺感染中发挥着重要的作用。锌同时是铜锌超氧化物歧化酶的重要组成成分，可以有效地清除体内的自由基。由于锌的这两个作用，有关锌对奶牛体细胞数影响的研究很多。Cope等(2009)研究了不同水平和来源的锌对奶牛体细胞数的影响，结果发现无论日粮中使用无机锌还是有机锌，添加NRC(2001)推荐水平的锌(343 mg/kg DM)比低锌日粮(106 mg/kg DM)显著降低了奶牛的体细胞数，并且有机锌组显著提高了奶牛的产奶量。Kellogg等(2004)总结了12个关于日粮添加有机锌对奶牛生产性能影响的试验。结果发现日粮添加有机锌可以显著提高奶牛的产奶量，降低奶牛的体细胞数。Nayeri等(2014)报道，日粮添加有机锌和无机锌的混合物，可以降低经产母牛的体细胞数，而对初产母牛没有影响。该研究同时发现使用有机锌和无机锌的混合物比单独使用无机锌的效果要好。而Whittaker等(1997)的研究认为，无论是补饲无机锌还是有机锌都不会对奶牛体细胞数产生明显的影响。不同试验研究的结果不同，可能与日粮锌的添加水平、来源以及试验开始阶段奶牛体细胞数的高低有关。

2. 铜对奶牛体细胞数的影响

铜是许多酶的组成成分，在机体免疫过程中起着重要的作用。动物体铜的状态会影响体内中性粒细胞、单核细胞以及T细胞等免疫细胞的功能。Scaletti等(2003)研究发现，在含铜6.5 mg/kg的基础日粮中补充20 mg/kg的铜，可以降低由大肠杆菌引起的奶牛体细胞数升高，降低乳腺炎的严重程度。这一结果与Harmon等(1994)报道的一致。Scaletti等(2012)比较了不同铜源降低奶牛体细胞数的使用效果，结果发现对于初产奶牛来说，饲喂百乐铜组与无机铜和对照组相比能够显著降低大肠杆菌所引起的体细胞数升高，而无机铜组和对照组之间没有显著的差异。2000 年，Chase 等研究了不同添加水平和来源的铜对奶牛体细胞数和生产性能的影响，结果发现不同处理组间产奶量和体细胞数没有明显的差异。

3．硒对奶牛体细胞数的影响

硒是动物必需的微量元素之一，以硒代半胱氨酸的形式存在于硒蛋白中，作为其活性中心发挥作用，它的生物学功能主要是抗氧化、抗炎、免疫调节和参与新陈代谢。硒是谷胱甘肽过氧化物酶的重要组成成分。该酶是乳腺细胞抗氧化系统的重要部分。早在 1984 年，Smith 等研究了日粮添加硒对乳腺炎的影响，结果发现日粮单独添加硒虽然不能降低临床型乳腺炎的发病率，但可以使临床症状减轻 46%。血浆中和全血中硒的浓度通常作为奶牛硒状态的评价指标，一般来说血浆或全血中硒浓度的增加，会减少牛奶中的体细胞数，减少乳腺炎的发病率，提高中性粒细胞的功能。增加血浆或全血中硒浓度最简单有效的方法就是在奶牛日粮中补充硒。最初在奶牛饲料中主要以亚硒酸钠等无机硒的形式添加，但无机硒的主要问题是吸收率低、毒性大，同时对环境也存在不利的影响，正逐步被有机硒所取代。Juniper 等(2006)发现，在奶牛泌乳初期饲喂赛乐硒可显著提高血液中硒的浓度。

4．铁对奶牛体细胞的影响

铁与动物体内的氧代谢和能量代谢有关。铁也是过氧化氢酶和过氧化物酶的重要组成成分，对于控制体内活性氧的水平十分重要。因此铁的缺乏会影响奶牛的免疫功能和代谢功能。奶牛日粮中的铁主要来自粗饲料，而由于土壤中铁含量丰富，奶牛粗饲料中铁的含量已经满足或超过了奶牛对铁的需要。因此有关日粮补充铁对奶牛影响的研究报道很少。Weiss 等(2010)发现，在产前 60 d 以及产后的 63 d 给奶牛饲喂 30 mg/kg 的有机铁，可以显著降低乳中的体细胞数，而对产奶量和乳成分没有影响。

5．铬对奶牛体细胞数的影响

铬在动物体内主要以 Cr^{3+} 形式构成葡萄糖耐受因子，协助胰岛素作用，影响碳水化合物、脂肪以及蛋白质的代谢。研究表明，在围产期或泌乳前期补充铬可以提高奶牛的产奶量。除此之外，铬在奶牛免疫功能的调节以及健康维持方面也发挥着重要的作用。而有关铬对奶牛乳腺健康及体细胞数影响的报道较少。Yasui 等(2014)从产前 21 d 天到产后 63 d，给奶牛每天补饲 8 mg 的铬(有机铬)，未发现有机铬对牛奶中体细胞数的影响。Smith 等(2005)报道，围产前期以及泌乳初期奶牛每千克代谢体重饲喂 0、0.03 mg、0.06 mg 的铬，各组之间乳腺炎发病率和牛奶体细胞数没有差异。在另外一篇报道中，在产前 6 周到产后 16 周的时间内给初产以及经产的奶牛持续的饲喂 0.5 mg/kg 的铬，同样未发现铬对乳腺健康以及牛奶体细胞数的影响。

控制体细胞数是全球奶牛行业面临的一个难题。通过合理地选择并补充微量元素特别是有机微量元素，可以有效地控制或降低体细胞的数量，改善奶牛健康，提高牧场的经济效益。

[撰稿：北京奥特奇生物制品有限公司　贾文彬　郭闪闪]

4.3.6 奶牛乳腺炎防控技术方案

乳腺炎的发生与病原微生物、奶牛自身因素、环境因素、管理因素等密切相关，针对夏、秋季气温波动幅度变大、雨水增多、环境卫生较差易造成乳腺炎发病率升高的情况，特制订此技术方案(表 4-3-4)，指导牧场有效控制乳腺炎，提高奶牛生产效益，减少经济损失。

表 4-3-4 各环节防控措施

改善环节		防控措施
卫生环境		牛床要保持清洁、干燥，垫草应干、软、清洁、新鲜，并经常更换
		定期对牛舍和运动场进行消毒，尤其雨后，乳腺炎高发季节应加强消毒
		牛舍、运动场要空间宽敞，保持阳光充足
饲养管理	干奶期管理	必须在干奶期前 10 d 进行 CMT 检测，合格再进行一次性干奶，否则进行治疗
		每头奶牛每天供应 1.0 g 维生素 E，每千克日粮不超过 0.3 mg 硒
		干奶后要随时观察乳房，发现异常应立即处理
		在干奶后期为减轻乳房水肿，要适当控制盐的摄入量和多汁饲料的喂量
		根据奶牛的各生产阶段生理特点，合理搭配精、粗饲料，增加青绿、青贮料的饲喂量，保证营养均衡，以奶定料，维持机体最佳生理机能
	泌乳期管理	至少每旬对全群泌乳牛隐性乳腺炎检测一次，发现后及时进行治疗，患病牛与健康牛分开饲养
		对长期呈阳性、乳汁异常、产奶量低、反复发作、医治无效的病牛进行淘汰，以免从乳中不断排出病原微生物，成为传染源
挤奶	挤奶前检查	发现乳房异常的，及时报告兽医进行治疗
	前药浴	药浴液作用时间至少在 30 s 以上
	擦干乳头	毛巾或纸巾干擦，不建议清洗乳头
	挤 3 把奶	建议把奶挤到专用容器中，观察牛奶状态，避免与牛蹄交叉感染
	套杯挤奶	上杯要快，避免掉杯及过挤的情况发生
	后药浴	挤奶结束后，应迅速进行乳头药浴，停留时间为 3～5 s
	挤奶后	保证奶牛挤奶后回到牛舍能采食到新鲜、充足的饲料，并保证 30 min 以上的站立时间
挤奶设备	设备维护	每季度检查设备真空压力、脉动频率比率，每 2 500 次更换奶衬

[撰稿：内蒙古蒙牛乳业(集团)股份有限公司 郝瑞霞 张楠 刘高飞 逯刚 陈慧明]

4.4 肢蹄保健

4.4.1 肢蹄病的控制措施

4.4.1.1 控制环境因素

(1)运动场地面以透水、疏松的土地面为主。

(2)保持卧床舒适度，奶牛采食后，有85%以上的奶牛卧床休息，躺卧休息时间不低于11 h。

(3)采食通道、奶厅地面、挤奶通道开凿防滑槽或铺设橡胶垫，以增加摩擦力。

(4)运动场、卧床、粪道、走道保持干净干燥。

(5)定期对牧场环境进行消毒。

4.4.1.2 保证奶牛日粮均衡供应

(1)平衡日粮，防止瘤胃酸中毒。

(2)根据奶牛泌乳阶段及产奶量，分群饲养。

(3)配制日粮达到奶牛营养需要的标准。

(4)供给优质的粗饲料，精粗比例合适，保证足量的有效纤维。

(5)为保证奶牛瘤胃pH在6.2～6.5，奶牛日粮中添加1%～2% $NaHCO_3$作为缓冲剂。

(6)供应适宜的矿物质元素、维生素。

(7)注意日粮中阴阳离子平衡，日粮阴阳离子差(DCAD)在奶牛干奶期是－150～－50 mEq/kg，产奶阶段是25～50 mEq/kg。

4.4.1.3 做好修蹄护蹄工作

(1)做好雨后奶牛肢蹄病防控工作。

(2)定期对奶牛进行浴蹄。

(3)建立修蹄制度。

4.4.2 修蹄技术规范及蹄病临床治疗

4.4.2.1 奶牛修蹄技术规范

1. 预防性修蹄

预防性修蹄是指蹄形无明显异常、无跛行出现时而进行的以预防为目的的经常性修蹄。

2. 治疗性修蹄

也叫功能性修蹄，是指蹄已发生变形，或因蹄病出现跛行，通过对蹄进行切削修整，使蹄形恢复正常，跛行减轻或消失，蹄功能恢复健康。

4.4.2.2 修蹄时间

例行的预防性修蹄可根据各场的实际情况，在充分做好检蹄工作的基础上合理确定。一般来说，要求每头牛每年修蹄1～2次。

一般可安排在牛分娩后出产房时进行修蹄；也可安排在泌乳量较低的时期进行；也可安排在每年春(4 月)秋(10 月)进行。

4.4.2.3 修蹄前的准备

1．药械准备

(1)器械。准备好要用的修蹄用具如蹄刀、剪、锯、锉等修蹄用具；检查电动翻转式保定架功能是否正常。

(2)药品。要准备好相应的治疗处理药品，如酒精棉球、2%～5%碘酊、紫药水、磺胺粉、硫酸铜、松馏油、鱼石脂、防腐生肌散、脱脂棉和绷带等。

2．修蹄前的牛蹄检查

在修蹄前要认真地对每头牛进行站立与运动检查，观察牛站立、走动的情况，判断其蹄形、肢势、患病肢蹄，分清蹄病类型及蹄形类型。

3．保定

自然、轻松地将牛保定在电动翻转式保定台或其他修蹄保定架上。保定过程中动作要熟练、轻快，不可粗暴，以免对牛造成惊吓及意外伤害。

4．洗蹄

动手修蹄前对牛蹄进行充分的刷洗，将蹄壁、指(趾)间的粪便、污泥等物彻底清洗干净。

4.4.2.4 修蹄方法

(1)把过长的蹄尖修整到正常长度，从冠状带到蹄尖 75～85 mm 或一掌的距离。

(2)从蹄尖的蹄底表面除去多余的角质，如图 4-4-1 线段 AB 以下的角质都要削除，即第 1 步，与蹄踵底相连划线；第 2 步，蹄壁可用电动打磨机或蹄剪去除，蹄底则应该用打磨机或蹄刀修削。修消过程中用拇指按压检查蹄底软硬程度，不能出现角质变软的情况，一旦出现应马上停止修整(图 4-4-2)。

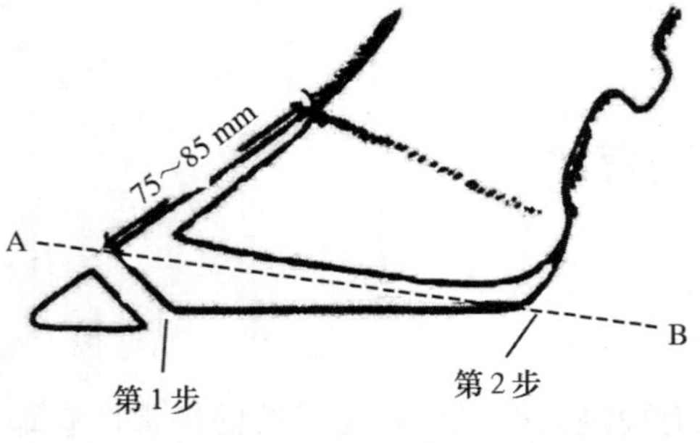

图 4-4-1 正确修蹄示意图

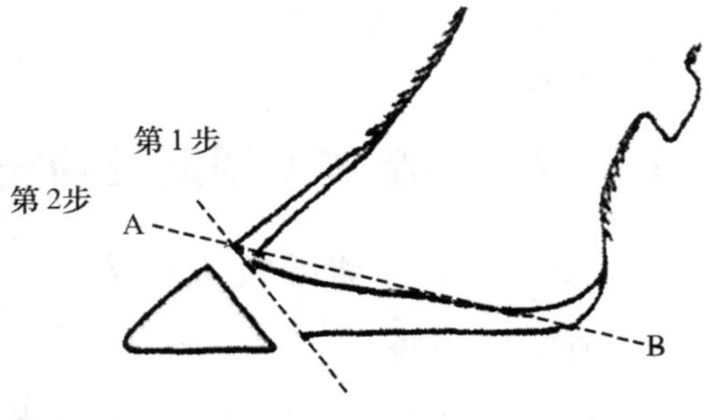

图 4-4-2 蹄尖角质削切过多

(3)沿两指(趾)底面轴侧蝶形线，去除任何蹄底轴侧过长的角质(图 4-4-3)，这样蹄骨屈肌结节下部的负重将降到最低。还要稍微把指(趾)间的空间扩大一些，这样泥土和其他异物就不容易进入了，减少蹄腐烂、指(趾)间皮炎和指(趾)间皮肤增殖等病的发生。

(4)修整两指(趾)，使大小近似，外侧指(趾)稍长 4～5 mm。这通常需要去除后蹄外侧指(趾)、前蹄内侧指(趾)多余角质，使四肢恢复直立状态，负重平均。

4.4.2.5 修蹄注意事项与要求

(1)修蹄前,要做好蹄部检查,检查项目包括长度、形状和指(趾)高,判断蹄形。确定削蹄顺序、方法和正确削蹄要达到的目的要求。

(2)无论修整何种变形蹄,都应根据各个蹄形的具体情况,以决定修去角质的程度。当指(趾)长度正常时,蹄底部只要稍加切削即可。

(3)为了保证蹄的稳定性和良好功能,尽量少削内侧指(趾),或使两指(趾)等高。在奶牛站立时,新的蹄负面要和跖骨的长轴有合适的角度。

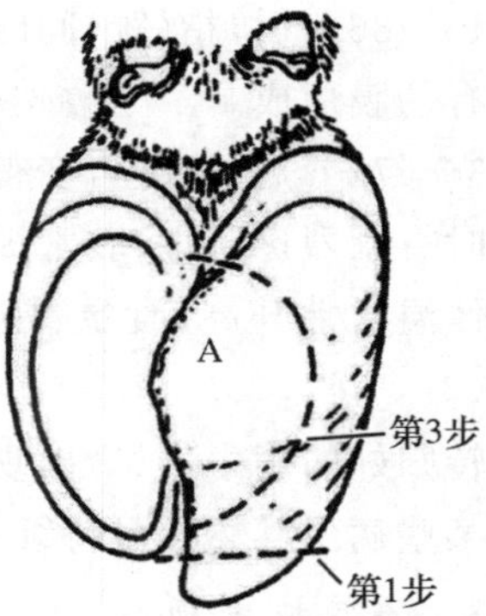

图 4-4-3 第 3 步及修后状况

(4)要注意蹄底的倾斜度,蹄底应向轴侧倾斜。

(5)对发生角质病灶的奶牛,应将指(趾)后方尽量削低,除去蹄底、球部和蹄壁的松脱角质,削薄角质缘并使其过渡平缓。创内真皮因受刺激而增生,如果突出明显而基部狭小,可用锋利的蹄刀将这种增生的肉芽组织整个切除。

(6)对跛行病牛,修蹄时应先修患蹄,再修健康蹄。

(7)修蹄过程要尽快完成,以防牛由于长时间的过度躺卧压迫而出现站立困难等情况。

(8)因蹄病(真皮损伤)而经修整处治后的病牛,应置于干净、干燥的圈舍内喂养。保持蹄部清洁,减少感染机会,也可给患病蹄穿上蹄靴。

4.4.3 奶牛常见蹄病诊断与治疗规程

4.4.3.1 指(趾)间蜂窝织炎

指(趾)间蜂窝织炎是指(趾)间皮肤及皮下组织的炎症,特征是皮肤坏死及裂开,常包括指(趾)间皮肤、蹄冠、系部肿胀,有明显跛行,并有体温反应。坏死杆菌、产黑色素杆菌、普利沃菌是最常见的病原微生物,所以本病又称指(趾)间坏死杆菌病。本病具有明显的传染性,也叫腐蹄病或瘭疽(图 4-4-4)。

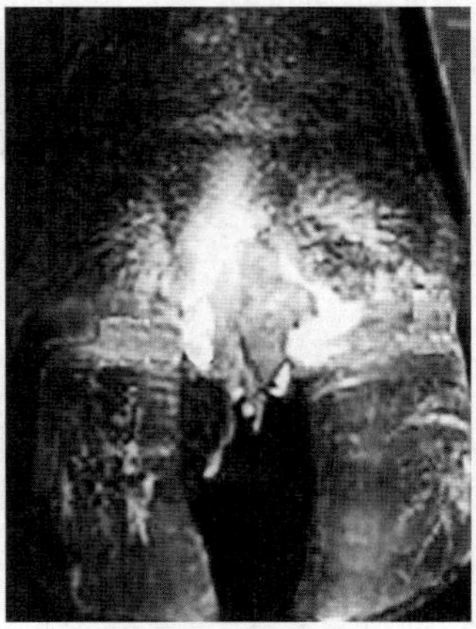
图 4-4-4 腐蹄病

1. 病因

(1)指(趾)间隙由于异物刺伤或粪尿、泥污浸渍,使指(趾)间隙的皮肤抵抗力下降,微生物可从指(趾)间隙侵入。指(趾)部皮炎、指(趾)间皮肤增殖和黏膜病可并发本病。

(2)指(趾)间皮炎、球部和蹄冠部皮炎、疣性皮炎、指(趾)间皮肤增殖和黏膜病可并发坏死杆菌感染。

(3)奶牛泌乳期干物质摄入不足,钙、磷比例失调,导致泌乳期动用蹄角质的钙、磷及矿物质,会引起蹄质疏松和不坚固,从而促进本病的发生。

2. 临床症状

在本病变发生几小时内,病牛一肢或几肢有轻度跛行,系部和球节屈曲,以蹄尖负重。本病大约 75% 发生于后肢。临床观察发现成年牛的右后蹄较多发。

18～36 h 后，指(趾)间隙和蹄冠部出现肿胀，皮肤出现小裂口，甚至脱落，有难闻的气味，表面有伪膜形成。

36～72 h 后，病变可变得更为显著，指(趾)明显分开，指(趾)部甚至球节有明显肿胀，病畜此时有剧烈疼痛，病肢常提起。系关节及蹄冠部明显肿胀、发红、疼痛，系部变直好似木蹄。

体温常常升高、食欲减退、喜卧、泌乳量下降。再过 1～2 d，指(趾)间组织出现剥脱、坏死。

转归好的病牛，以后出现机化或纤维化。有些病例指(趾)间的皮肤损伤可持续很长时间。某些病牛其坏死可持续发展到深部组织，出现各种并发症，甚至蹄匣脱落。

3. 治疗技术规程

(1)全身治疗。肌肉注射速复康(盐酸头孢噻呋)20 mL，体温高于 39.5℃者，配合肌肉注射福安达(氟尼辛葡甲胺)2 mg/kg 体重。每天 1 次，连用 3～5 d。

(2)局部治疗。用 4%硫酸铜或 0.1%新洁尔灭溶液浸泡、清洗患蹄，清除病灶部的脓汁，除去坏死组织；再用双氧水冲洗病灶→生理盐水冲洗→木瓜酶粉(防腐生肌散＋松馏油)→打绷带。3～4 d 换药一次，根据情况确定具体疗程。

(3)注意事项及护理。①对于无法彻底清理干净者，包扎时要为创内液体流出一定空隙；②对于症状较重者要采用全身治疗＋局部治疗方式；③对于症状较轻者可不包扎，每天用 2%戊二醛溶液或 4%硫酸铜冲洗 2 次或每天涂抹鱼石脂(或土霉素粉＋松馏油)1～2 次；④治疗期间，要给患牛提供干燥、清洁的生活与运动场地。

4.4.3.2 蹄底溃疡

蹄底溃疡又名局限性蹄皮炎，是指牛蹄的底球结合部发生角质缺失、真皮裸露，进而发生肉芽组织增生，甚至引起蹄深部组织感染(图 4-4-5)。

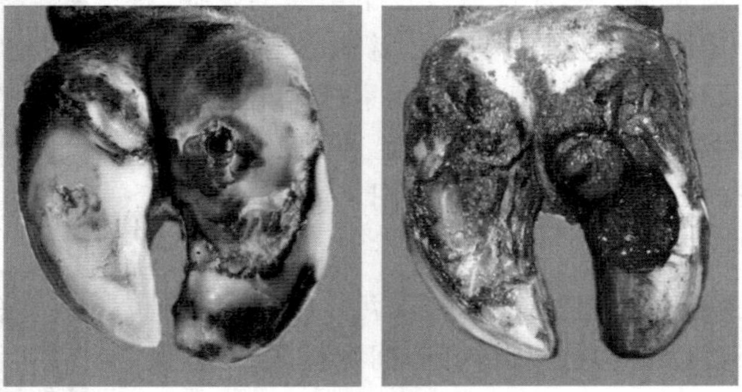

图 4-4-5 蹄底溃疡

1. 病因

(1)削蹄不合理，导致发病部位角质削得过多，形成对该部位的过度压迫，引起本病。

(2)牛舍或运动场过度潮湿，引起角质软化，易导致本病的发生。

(3)奶牛肢势蹄形如 X 状肢势、直腿、小蹄、卷蹄、大外侧趾、延蹄和芜蹄等可导致本病发生。

(4)慢性瘤胃酸中毒或高精饲料导致瘤胃内革兰氏阴性细菌大量崩解释放内毒素或体内组胺水平增高，作用于蹄真皮引起微循环障碍从而导致本病发生。

(5)有人认为固有指(趾)动脉终支和内、外指(趾)动脉之间的吻合支血栓,引起局部缺血性坏死,是引起本病的一个原因。

(6)饲料中锌缺乏也可使蹄底溃疡的发病率升高。

(7)骨质疏松牛在一定病程阶段会发生本病。

(8)本病的发生还与长期站立水泥地面,或在炉灰渣铺的地面和运动场站立和运动有关。

2. 临床症状

发病部位多为前肢内侧指(趾)和后肢外侧指(趾),表现为底球结合部的角质变软、崩解、缺损,蹄底真皮外露。患侧蹄壳可感到温度升高,动脉的搏动增强。早期的病例底球结合部角质脱色,压迫时感觉角质变软,动物表现疼痛。

3. 治疗技术规程

(1)用4%硫酸铜或0.1%新洁尔灭溶液浸泡,清洗患蹄、溃疡灶,切除溃疡灶的坏死角质,或过度生长溃烂肉芽;再用4%硫酸铜或0.1%新洁尔灭溶液冲洗溃疡灶→生理盐水冲洗→防腐生肌散+木瓜酶粉(松馏油)→打绷带。治疗期间换药2～3次。

如感染化脓时,肌肉注射欣利达(盐酸头孢噻呋)20 mL,配合肌肉注射福安达(氟尼辛葡甲胺)20 mL。每天1次,连用3 d。

(2)注意事项及护理。①为了减少患指(趾)负重,可在健蹄下粘木制蹄掌(图4-4-6),这样更有助于提高治愈效果;②口服硫酸锌对治疗本病也有一定疗效,每天每头5～8 g,连用1周;③治疗期间,要给患牛提供干燥、松软的生活与活动场地。

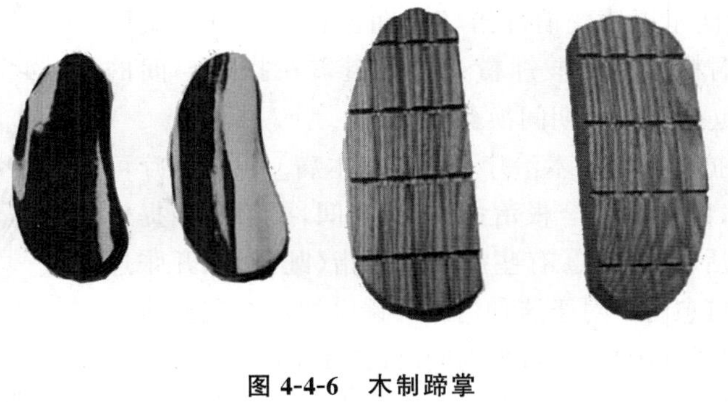

图4-4-6 木制蹄掌

4.4.3.3 指(趾)间皮肤增殖

本病是指(趾)间皮肤或皮下组织的增殖性反应,如指(趾)间瘤、指(趾)间结节、指(趾)间赘生物、指(趾)间纤维瘤、慢性指(趾)间皮炎、指(趾)间穹窿部组织增殖等。

1. 病因

(1)与品种及遗传因素有关。

(2)与指(趾)间皮肤过度紧张和屈伸有关。

(3)与泥浆或粪尿及异物的异常刺激有关。

(4)与饲料中缺锌有关。

2. 临床症状

此病多发生于后肢,可以是单侧性的也可以是双侧性的,病变较小时不引起跛行。指

(趾)间隙皮肤红肿、脱毛,有时可看见破溃面。进一步增殖,可在指(趾)间形成“舌状”突起(图 4-4-7)。随病程的进一步发展,突起会不断增大、变厚,其表面会由于挤压、摩擦而破溃,引起感染时可见表面有渗出物,并有恶臭气味,同时会出现不同程度的跛行。

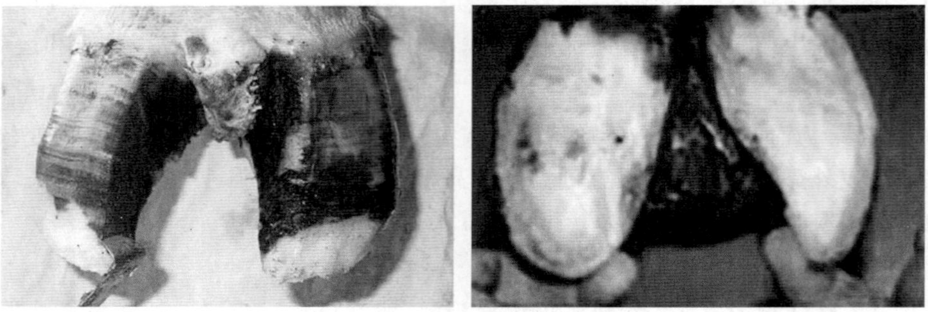

图 4-4-7　指(趾)间皮肤增殖

3. 治疗技术规程

(1)手术治疗。保定→在掌骨或跖骨的中部的掌侧面、背侧面皮下分别注射 20 mL 1%～3%的盐酸普鲁卡因进行局部麻醉→0.1%新洁尔灭清洗消毒→在腕关节或跗关节下方绞压止血→以棱形切口切开指(趾)间增生物基部两侧皮肤→分离增生物及下面的脂肪→切除→止血→敷药(防腐生肌散)→包扎→去除绞压力止血绷带或胶管。手术后换药 1～2 次。

(2)保守治疗。对于较小的指(趾)间皮肤增殖可以用保守疗法,也叫腐蚀疗法。

保定→0.1%新洁尔灭清洗消毒指(趾)间及增生物→在脱脂棉上放一定量硫酸铜粉或高锰酸钾粉→将其覆盖在指(趾)间的增生物上→打绷带包扎。治疗期间换药 1～3 次。

(3)注意事项及护理。①手术治疗可以根治本病。保守治疗可以阻滞、减小增生物,但难以完全根治;②治疗期间,要给患牛提供干燥、松软的生活与活动场地;③有些病牛由于指(趾)间隙开张过大,手术后会影响伤口愈合。对于这种情况可以采取用金属丝将二蹄尖固定在一起,缩小指(趾)间隙过大的问题(图 4-4-8)。

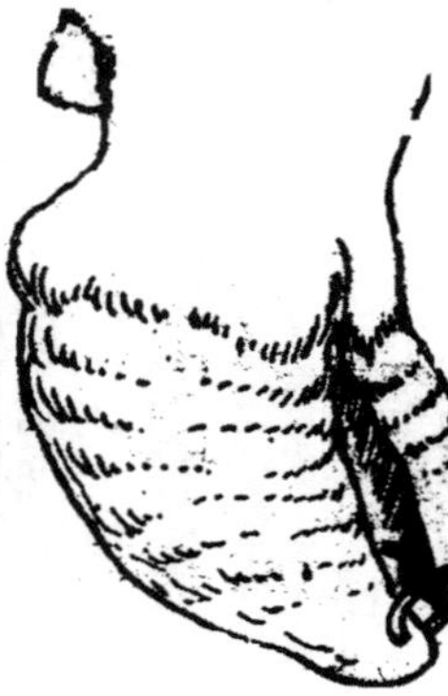

图 4-4-8　蹄尖固定

4.4.3.4　疣性皮炎

疣性皮炎以指(趾)间隙背侧或掌(跖)侧皮肤出现疣状增殖物(菜花样)为特征。本病为慢性增生性炎症,其病变为真皮乳头状纤维瘤,病变可侵害牛的指(趾)间隙背侧或掌(跖)侧、蹄球或系部。

1. 病因

本病常继发于牛的指(趾)间皮炎和蹄糜烂,厩舍不洁常为病因之一。

可从自然病例分离出坏死杆菌、真菌和其他一些微生物,也曾从典型的“疣”中分离到病毒,但其致病性未得到证实,也有人怀疑螺旋体为病原。

2. 临床症状

本病常发生于后肢,初期可见局部皮肤肥厚和肿胀,活动性降低,继则出现乳头增殖,呈菜花样。如继发于牛的蹄糜烂，蹄角质先剥离，然后出现疣性增殖(图 4-4-9)。

在增殖的乳头上附有恶臭渗出物，有时形成干痂附在隆起的组织上，在增殖物之间的小沟内或病变周围，可残留被毛或长的毛干。疣状物的大小有所不同，有的呈典型的肉芽肿，有时易出血。慢性增殖时，有的可角化。

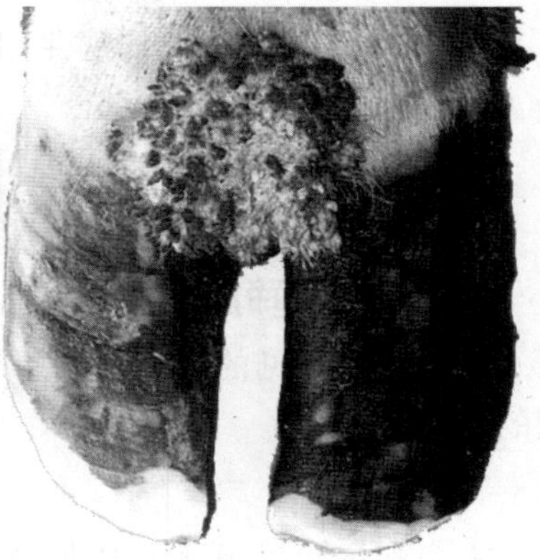

图 4-4-9　前蹄趾间隙跖侧的增殖物

由于增殖部位不同，可有不同程度的跛行，有的不出现跛行，一般不出现全身症状。

3. 治疗技术规程

(1)手术治疗。先将患部用 0.1％新洁尔灭溶液进行机清洗、消毒→擦干→紧贴健康皮肤表面、平行切除疣状增生物→切面撒布土霉素粉→用脱脂棉及绷带包扎。

(2)保守治疗。将护康(20％戊二醛)稀释 10 倍，每天药浴患部 1 次，1 周为一个疗程。此保守疗法以防止感染、破溃，促进疣状增生物坏死脱落为目的。

(3)注意事项及护理。①手术治疗相对于保守治疗而言效果要好，但也有个别可复发；②对于病变较小的疣性皮炎病例可采取保守治疗方式，因为病变较小者不会对牛运动机能及全身功能造成明显影响；③定期用护康(20％戊二醛)药浴牛蹄可减少本病发生。

4.4.3.5　指(趾)间皮炎

指(趾)间皮炎是指(趾)间皮肤表层的急性或慢性炎症，不侵及深层组织。一般认为结节状杆菌和螺旋体为本病的病原微生物，粪便、泥污长时间浸渍是重要诱因。

1. 病因

牛舍及运动场地面潮湿、粪尿积聚、卫生情况差，粪尿污物沾在蹄上不及时清除是诱发本病的主要原因。

2. 临床症状

本病四蹄都可发生，后蹄较为严重。许多病例可看到牛划腿，表现出蹄不舒服，运步时不自然，有轻度跛行。发病初期，病变局限在表皮，表皮增厚和稍充血，指(趾)间隙内有一些渗出物，出现皮肤表层湿性皮炎(图 4-4-10)。与坏死杆菌病不同，本病并不侵及更深的组织。

有的病例在发现时，病变已发展到因球角质相邻皮肤肿胀而使角质与皮肤分离，分离的角质和真皮之间很快进入泥土、粪便和褥草，出现明显跛行，局部有组织增殖，增殖可向指(趾)间隙掌(跖)侧发展，有的在球角质下形成潜洞，严重者可引起踵部与蹄底连接处横向断裂。

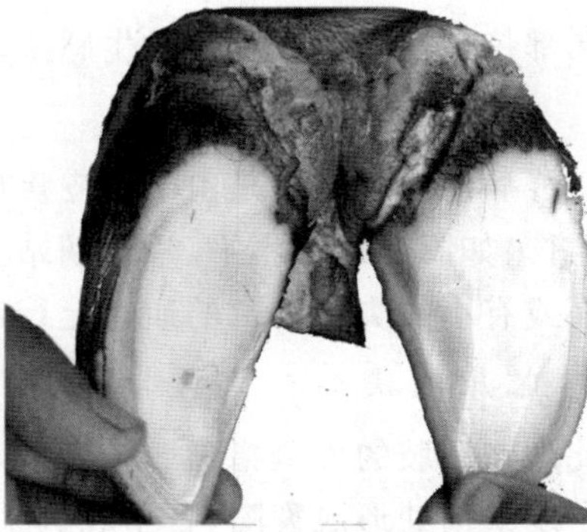

图 4-4-10　趾间皮炎

3. 治疗技术规程

(1)用 0.1％新洁尔灭溶液清洗指(趾)间、蹄底、蹄踵，清除蹄踵部分离角质与真皮间的泥土、粪便，清洗潜洞。

(2)2%戊二醛溶液或4%硫酸铜浸泡药浴5 min。

(3)在局部病变上涂防腐生肌散＋木瓜酶或松馏油，用脱脂棉及绷带包扎。治疗期间换药1～3次。

(4)注意事项及护理。①对因继发感染的配合肌肉注射盐酸头孢噻呋进行全身治疗，每天1次，连续3～5 d；②治疗期间给患牛提供干燥、松软的生活与运动场地。

4.4.3.6 蹄糜烂

这是乳牛常见的疾病，蹄底和球负面角质糜烂，又称坏死性蹄皮炎，也可继发角质深层组织的疾病。

1. 病因

牛舍和运动场潮湿不卫生，牛只长期站立在污泥或潮湿的褥草上容易引起本病，有时和指(趾)间皮炎同时发生。有人认为结节状丝杆菌与本病有关。

2. 临床症状

本病只在蹄底或球部出现小的深色小洞，有时小洞联合在一起形成大洞，浅颜色角质比有色素的角质易被侵害。角质糜烂的小洞，也可向深层发展，引起不同的继发症，轴侧沟处最易向深层蔓延，往往在深部组织形成潜洞，这时可出现跛行。如果球部发生糜烂，由于球部角质较薄，很容易向深层蔓延。

3. 治疗技术规程

(1)用4%硫酸铜溶液彻底清洗患病牛蹄。

(2)削除不正常的角质及糜烂组织，用2%戊二醛溶液或4%硫酸铜溶液或其他防腐消毒剂浸泡。

(3)对于糜烂较重者，涂抹防腐生肌散＋松馏油包扎，换药1～3次。对于患糜烂较轻者，保持地面干燥、松软，在处理之后每天用2%戊二醛溶液或4%硫酸铜溶液蹄浴即可。

(4)注意事项及护理。治疗期间给患牛提供干燥、松软的生活与运动场地。也可对牛蹄进行石灰浴(干浴)。

4.4.3.7 白线裂

白线是蹄底角质和蹄壁的结合部。白线由不含角小管的角质构成，与含角小管的蹄底和蹄壁相比，更为薄弱。真皮的病变引起白线角质质量下降，从而导致白线疾病。白线是蹄壳的薄弱部位，最易藏污纳垢，发生感染。

1. 病因

白线病的发生主要是由于真皮疾病引起角质不健康所致。许多致病因素可引起真皮炎，包括损伤(如圈舍地面不平、牛长期站立、采食和挤奶时间过长)、饲料和环境等因素。牛在坚硬地面或有小的尖利石片的通道上行走，异物刺伤等都可以引起本病。

2. 临床症状

此病在后肢的外侧指(趾)较多发，白线病早期可见白线角质变黄或红染(出血)，严重的病例白线缺损处形成裂隙，石子和其他脏物成为填塞物，进一步使白线分离。侵入真皮的感染可向蹄底蔓延或沿小叶向上蔓延。后肢外侧指(趾)的远轴侧白线最常发病(图4-4-11)。

由于感染的最初部位和蔓延的方向不同，可发生各种白线脓肿。蹄尖处白线感染，有淡灰色脓汁流出。脓汁在蹄底角质下存留，可使角质与其下方的真皮分离，患畜严重跛行。感染不断向深部延伸可导致真皮发生糜烂，症状会进一步加剧。

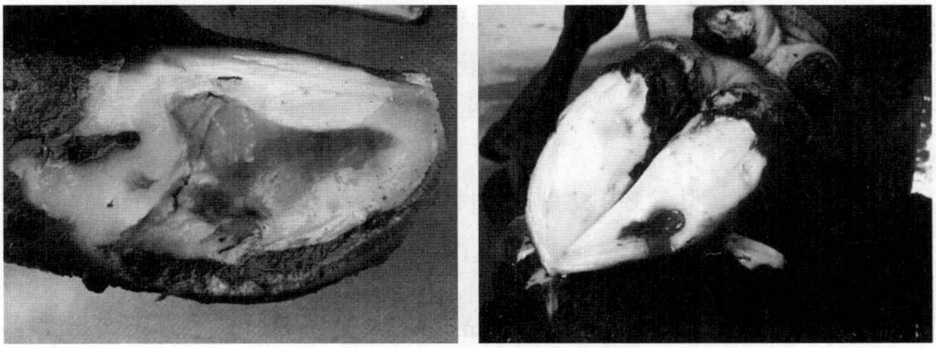

图 4-4-11　白线裂

3．治疗技术规程

(1)用4%硫酸铜溶液清洗整个患病蹄部。

(2)用蹄刀扩开白线裂裂隙，清理其中的异物、脏物、脓汁，形成一个"V"形新鲜创口；用0.1%新洁尔灭清洗，内投防腐生肌散＋鱼石脂软膏，最后用绷带包扎。治疗期间换药1～3次。

(3)注意事项及护理。①在治疗处理时，蹄尖的病变应使之暴露、并检查深部真皮和远端指(趾)节骨被侵害的情况，后者的一部分也可严格地刮除，在此阶段也允许保留该骨，作为肉芽和新角质生长后的一个功能实体。②白线异物、白线脓肿可参照白线裂的治疗规程进行治疗处理，折线脓肿发展为趾关节炎时要配合全身注射抗生素治疗。

[撰稿：北京农业职业学院　侯引绪]

4.5　繁殖保健

4.5.1　繁殖管理

4.5.1.1　繁殖资料建立

(1)建立繁殖母牛档案表。包括出生日期、系谱、胎次、配种日期、配种次数、受孕日期、产犊日期等情况。

(2)牛只分娩记录表。记录分娩情况、产道情况、胎衣状况、胎儿性别。

(3)牛只发情记录表。记录每天牛只发情、出血等情况，预测牛只下次发情日期。

(4)牛只配种记录表。记录每日配种牛只、公牛号、耗用精液数、初配与复配等情况。根据记录统计每月受孕率、情期受胎率、一次受胎率。

(5)牛只受孕记录本。记录每月受孕牛、怀孕日期、预测分娩日期，按照预产日期进行干奶工作。

(6)牛只繁殖疾病记录表。记录治疗牛只繁殖疾病状况、用药剂量、愈后情况。

4.5.1.2 发情监测管理

(1)选择有责任心的员工 24 h 不定时地观察发情。

(2)采用计步器或粉笔、涂料、蜡笔标记于牛的尾根处以提高奶牛发情观测率。

(3)育成母牛性成熟后要注意观察、记录第一次发情。

4.5.1.3 人工授精管理

(1)青年牛参配标准。月龄必须达到 14 月龄以上;身高必须达到 130 cm;体重≥380 kg。

(2)检查并确定受配牛。

(3)清洗并消毒外阴部。

(4)检查精液,确保活力≥0.35 以上的合格冻精。

(5)在提取精液时,提取高度为液氮罐顶端低于罐口 5 cm,10 s 内迅速从液氮罐内取出投入水浴锅内解冻。

(6)精液解冻。解冻水温 35～38℃,解冻时间 30 s。

(7)装枪。将解冻好的细管精液用消毒棉球擦拭干净,再用专用细管剪剪开,按正确方向装入已消毒好的输精枪内(注意输精枪的温度保持在 35℃),套上输精外套(带薄塑料保护套),准备输精。从精子的解冻到输精完成应控制在 5 min 内。

(8)输精。操作如下。

①配种员要佩戴口罩、一次性长臂手套,穿工作服,做好自我防护。

②再次确认牛号,保定好待配母牛,将尾巴拉向母牛身体一侧,配种员左手五指并拢呈楔形慢慢伸入直肠,将直肠内宿粪分次掏干净。

③用 0.1%的新洁尔灭或 0.5%的高锰酸钾溶液冲洗消毒母牛外阴部。配种员手指插入子宫颈侧面,伸入子宫颈下部然后用食、中、拇指把握抓住宫颈,腕部下压,使阴门稍开张,输精器以阴户斜上方 45°插入阴户前庭段 10 cm 左右,外拉薄塑料保护套使枪头露出,进入阴道宫颈段,再平行或略向下推向子宫颈口,使输精枪柔顺地通过子宫颈到达子宫体,确定注入部位无误后缓慢注入精液。

④退出输精枪:缓慢平滑地将输精枪抽出,检查枪头部位有无血液和黏膜。将输精枪冲洗消毒干净,放置在电热干燥箱内。

⑤做好记录。

⑥配种后注意观察奶牛返情情况。

4.5.1.4 妊娠管理

(1)在输精后 45 d、60 d 和 180～210 d 各进行一次验胎。

(2)妊娠鉴定的方法有:①直肠检查法;②B 超诊断法;③试纸检测法。

4.5.1.5 分娩管理

1. 产房管理

(1)产房要求通风、干燥、光线充足、安静。

(2)产房必须由工作细致、责任心强并具有一定饲养经验和助产技术的饲养员负责。

(3)产房设专人值班,便于及时对牛采取接产措施,防止产后母牛突然事故发生。

(4)待产前分群饲养。根据配种记录,将预产期前15～21 d的母牛分群到产房内饲养。

2. 产前检查

一般检查:牛号、胎次、体温、脉搏、呼吸、采食、反刍、粪便性状。

产道的检查:阴道的松软程度及润滑程度,子宫颈的松软及扩张程度,子宫颈有无扭转、子宫颈栓是否正常,骨盆腔的大小、有无变形,软产道是否畸形。

胎儿的检查:通过产道及直肠的检查,以确定胎儿姿势、方向、位置有无反常,胎儿的大小,胎儿进入产道的深浅,胎儿的死活以及有无子宫扭转的发生。

荐坐韧带及荐髂韧带松弛程度的检查:在产前韧带应充分松弛,若韧带不够松弛常会导致难产。

3. 分娩与接产

(1)母牛分娩前兆。主要有以下几种表现。

①乳房肿大,内充满乳汁,乳头肿胀,皮肤平展,皱褶消除,有的经产母牛漏奶。

②外阴部肿大松弛,阴门开张,从阴门内流出溶解的子宫栓。

③荐坐带松软,延长,尾根与荐坐韧带间有明显凹陷出现。

④食欲减少或废绝,精神不安,站立不定,后肢频频倒退,排尿、排粪次数增多,粪便稀软,每次量少,有回首望腹、举尾、起卧不安等。

(2)接产。注意事项如下。

①确认母牛即将产犊,将其置于宽敞、平整、干燥、清洁的地方,产床上应铺有柔软干净的垫草,用消毒药水将母牛后半躯消毒。

②做好接产准备:接产人员系上围裙,穿好胶鞋,消毒手臂,并用0.1%新洁尔灭清洗会阴部及乳房,保持乳房及会阴部的清洁。

③临床检查包括如下。

a. 当胎儿前置部分已进入产道,可将手臂伸入产道,检查胎向、胎位及胎势,有无孪生或死胎,对胎儿前置部分有无异常做出早期诊断与矫正。矫正的方法是将胎儿推退到骨盆腔深部,再矫正异常姿势。若胎向及胎位严重反常不能矫正者,应尽早进行剖宫产术。

b. 凡母牛严重努责而子宫颈未张开者,均应做直肠检查和产道的检查,以确定子宫有无扭转。凡子宫扭转者,均应立即进行整复。若经滚转整复不能解除扭转者,应立即实施剖宫产手术。

c. 尿囊膜破后,若无全身不良症状,应密切观察其变化,让分娩过程自然进行。

d. 尿囊膜破后2 h,若羊膜囊依旧不破或胎儿已探出阴户外而不能娩出时,接产人员必须经严格消毒后进行产道、胎位、胎势、胎向的检查,并争取相应措施。当羊水破后,子宫收缩微弱,胎儿不能排出时,则应拉住两前肢和胎头随着努责将胎儿拉出。

e. 助产时按骨盆轴的方向牵引,先向下然后向上再向下即可拉出胎儿。

f. 助产时应避免产程过长,如果预计引产超过30 min,则应进行剖宫产手术,以保证犊牛安全和防止母体产道损伤。

g. 自然分娩胎儿的唇及两前蹄均已露出阴门时,应撕破羊膜,擦净胎儿鼻孔内的黏液,然后等待自然排出胎儿。

(3)助产基本原则如下。

①助产不能过早,否则往往因产道未充分开张造成产道损伤,常见有产道、阴门、子宫颈口撕裂。

②牵引时,应交替牵引两前肢或两后肢,以减少肩端或髋关节的宽度,不可同时用力拉紧两根助产绳。

③胎儿牵引困难时,先将两前肢送回产道内,再拉头,当头娩出后再拉两前肢,两前肢可利用产道和胎颈之间的空隙顺利拉出。

④胎水少,产道干燥可向产道内涂润滑剂。

⑤牵引时要与母牛阵缩和努责相结合。用力要缓和,不能强拉。

⑥确定胎儿过大或其他原因使胎儿不能从产道拉出时,可考虑截胎术或剖宫产术。

⑦助产的目的是挽救胎儿和母牛的生命,保护母牛的生育能力。尽可能用矫正姿势或助产工具从产道娩出,但必须遵守自然分娩为主、人工助产为辅的原则。

4.5.1.6 产后母牛的护理

(1)加强产房环境卫生和母牛的清洁卫生,产后 1 周对新产母牛用消毒液体每日消毒母牛外阴部和冲洗阴道一次。

(2)母牛产后立即驱赶,使其站立。

(3)观察母牛全身变化,看有无努责。当母牛产后努责强烈,用 1%来苏尔溶液彻底洗净术者手臂和母牛后躯,手伸入产道内仔细检查有无损伤、出血、胎儿等。当损伤面积较大时,应缝合,涂以抗生素。当出血量大时,应找出出血部位采用结扎法止血。当产道无任何异常,子宫内已无胎儿仍有努责时,可用 1%～2%普鲁卡因注射液 10～15 mL 进行后海穴和第一尾椎麻醉,以防止子宫内翻和脱出。

(4)观察胎衣脱落情况,胎衣在产后 12 h 仍未脱落时为胎衣不下。可采取手术剥离,但应遵循能剥则剥,不能剥则不剥的原则。剥完后向子宫内灌注功维康。若胎衣不易剥离,则应向子宫内灌入功维康和用激素治疗,直至子宫分泌物清亮为止。

(5)产后详细记录胎衣及恶露情况。有子宫炎症者及时处理。

(6)对即将移出产房的牛应做健康检查并做记录后移交兽医,同时移交病史卡,同时应与统计及育种员联系。

(7)产后 21 d 进行第一次子宫复旧检查;产后 35～40 d 进行第二次子宫复旧检查。如发现有问题及时治疗处理。

(8)头胎牛在产后 55 d 开始配种;二胎或二胎以上牛产后 50 d 开始配种;所有挤奶牛产后 30 d 开始进行发情观察并做好相关记录。

4.5.2 繁殖疾病的治疗技术

4.5.2.1 胎衣不下的治疗

(1)肌肉注射激素。缩宫素 100 mg,一次肌肉注射。氢化可的松 125～150 mg 隔日一次,共注 2～3 次。

(2)口服益母生化散,250 g/次,每天一次,连用 3 d。

(3)使用抗生素和前列烯醇治疗。

4.5.2.2　子宫内膜炎的治疗

(1)肌肉注射。前列烯醇 5 mg,催产素 100 IU。

(2)子宫冲洗。用 0.25%功维康 100 mL 加 400 mL 生理盐水混合溶液冲洗 2～3 次,直至排出物清亮。

(3)子宫灌注。醋酸氯己定子宫注入剂或聚维酮碘溶液,每隔 3 d 一次。连用 2～3 次。

4.5.2.3　持久黄体

(1)肌肉注射。前列腺素($PGF_{2\alpha}$)5～10 mg,每天一次,连用 2 d。

(2)肌肉注射。孕马血清,每天一次,共注射 2 d。第 1 天注射 30 mL 左右,第 2 天注射 40 mL 左右。或孕马血清促性腺激素进行颈部皮下注射,剂量按每千克体重 8 IU 使用,每天注射一次,连用 2 次。

4.5.2.4　卵巢囊肿

静脉注射:绒毛膜促性腺激素(HCG)3 000～5 000 IU,10 d 后再用甲基前列腺素 2 mg 肌肉注射,2～6 d 之内可发情配种。

[撰稿:华秦源(北京)动物药业有限公司　刘小明]

第 5 章　奶厅管理维护

5.1　奶厅人员管理

挤奶厅是奶牛场的心脏，作为牧场最重要的场所，挤奶厅是否运作良好，直接关系到牛奶的产量和质量。为确保正确、高效的挤奶和生产更多、更优质的牛奶，做好挤奶厅人员的配置与管理是其中的重要环节。

对于一般性挤奶台，通常挤奶台人员分为：赶牛人员、挤奶人员、奶厅管理人员。

挤奶人员的配置数量与奶台类型及大小有关，同时也和挤奶程序的设置以及操作人员的操作速度密切相关。但是无论何种挤奶台，挤奶人员都需要遵循以下原则：挤奶操作的目的是健康、柔和、快速和完整地获取牛奶；建议挤奶前准备时间在 90～120 s；每个挤奶员应遵循标准操作规程，保持操作的一致性；设立改进目标。

挤奶台分为静止式挤奶台（如并列式挤奶台和鱼骨式挤奶台）和转盘式挤奶台。通常在操作流程和时间控制上静止式挤奶台比转盘式挤奶台更难控制，因此静止式挤奶台操作人员的管理更加需要关注。静止式挤奶台挤奶人员的配置取决于挤奶台的大小和挤奶操作步骤，而转盘式挤奶台则主要取决于操作步骤。

5.1.1　静止式挤奶台挤奶人员的安排

第一种是按照操作流程，每侧为一组（图 5-1-1），分别按次序进行操作。对于这样的操作方式，需要尽可能充分分配每个操作人员的工作量，每个操作人员间保持恒定的距离。这样

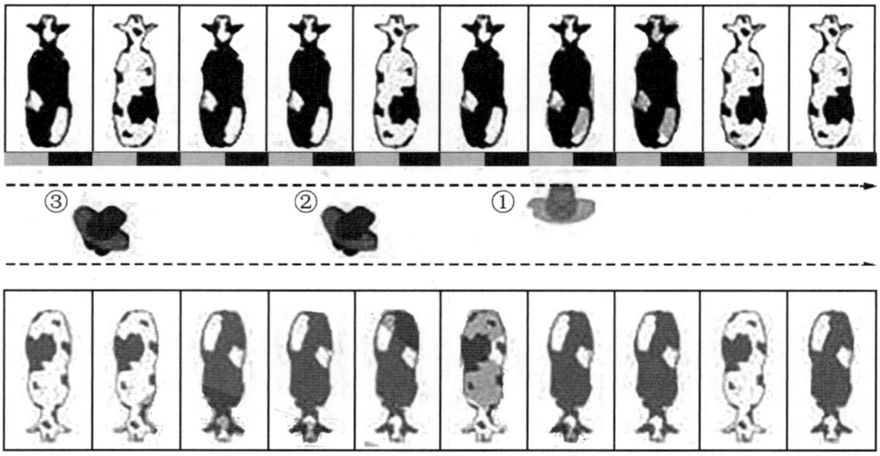

图 5-1-1　挤奶员配合操作

操作的好处是人员分工明确，便于操作流程和时间的控制，而且挤奶人员总的行走距离相对较少，没有反复行走上的时间浪费。当然这也要求挤奶员之间协调配合，如果某个人的操作速度配合不好，流程也很难保持好。

第二种是每个挤奶人员按照固定牛位数量各自操作一定数量的牛位，如图 5-1-2 中的 1 号挤奶员和 2 号挤奶员分别各自负责一侧。这样的好处是便于评估每个操作人员的工作绩效，尤其现在大多奶厅均配置了管理软件，管理软件可以监控各个挤奶点的操作，因此比较有利于评估操作人员的工作绩效。相对于第一种安排而言，工作效率相对较高，但是缺点是操作人员必须严格控制各个步骤的时间。而且由于一个人要完成几个步骤，因此要求挤奶员各个动作都比较熟练，器具准备需要更充分。

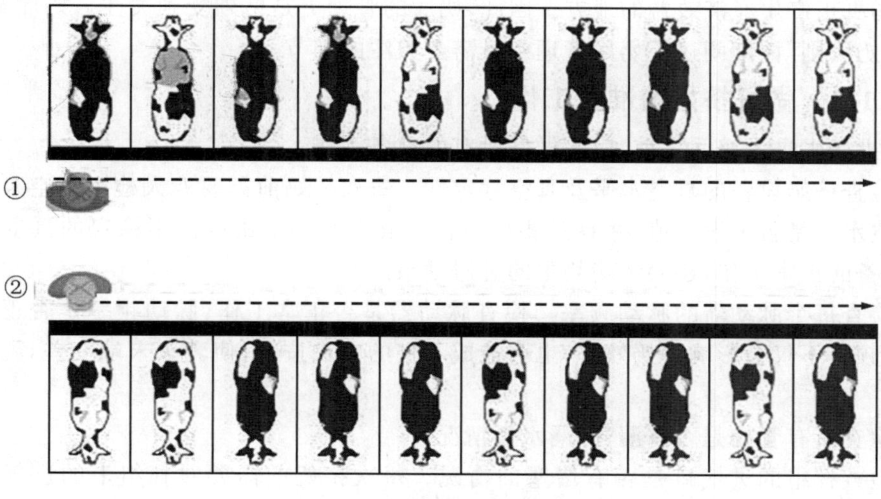

图 5-1-2　挤奶员各负责一侧

5.1.2　转盘式挤奶台

比较典型的转盘式挤奶台(图 5-1-3)是有 3～4 个操作人员，其中挤奶员 1 主要负责前药浴、擦净乳头、挤头三把奶(大多牧场这个位置安排 2 位操作人员)；挤奶员 2 负责擦净药浴液

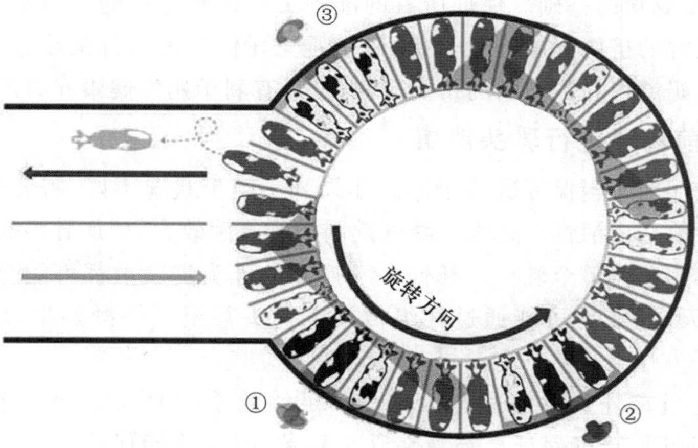

图 5-1-3　转盘式挤奶台

和套杯;挤奶员3则主要负责后药浴和监督出牛。

[撰稿:基伊埃(上海)牧业科技有限公司　杨捷　徐彬　苟宇兵]

5.2 挤奶工艺

5.2.1 十二黄金挤奶法则

随着牧场的集约化水平越来越高,管理水平也不断向精细化迈进。奶厅作为牧场的心脏,是牧场真正产生经济效益的地方。因此,奶厅的管理更是格外受到关注。奶厅管理的"十二黄金挤奶法则"详细阐述了奶厅管理中最需要关注的细节。

5.2.1.1 做好挤奶前准备工作

第一批奶牛进入奶厅之前,应该做好所有的准备工作。

(1)检查挤奶设备的真空水平及真空稳定性。每次挤奶前需要专人检查真空泵是否正常工作,真空水平是否为设定值,并且需要按时校正真空表的准确度。不稳定的真空水平不仅会影响设备的正常工作,还会影响奶牛的乳房健康。

(2)检查每个脉动器的脉动频率。检查脉动器是否正常工作,脉动频率是否正常。不合适的脉动频率不仅会影响挤奶效率,也会造成不良的乳头按摩,使乳头末端变差,乳腺炎发病率升高。

(3)检查所有管路是否有漏气、漏水等情况。

(4)检查杯组的进气口是否有堵塞的情况。每次挤奶前需要对杯组上的进气口进行检查,防止进气口堵塞,影响奶流速度。

(5)准备好干净的毛巾或者纸巾以及存放脏毛巾的容器。挤奶前提前准备好干净的毛巾或者纸巾,挤奶一旦开始,就不要被其他不必要的事情打断。

(6)准备好新配的药浴液,包括混合了润肤剂成分的药浴液。药浴液一定要现用现配,长时间放置会使其中的有效成分挥发,影响杀菌效果。

良好的开始是成功的基础。保证所有的准备工作都有专门的人员负责。在第一批奶牛进入奶厅之后,正常的挤奶程序一旦开始,尽量避免任何原因的打乱或者停止。对于奶牛而言,一成不变的挤奶流程和不间断的挤奶操作,是最有利于奶牛健康和高产的条件。

5.2.1.2 前药浴进行乳头消毒

(1)奶牛在上厅前应当保证乳头干净。如果乳头卫生状况不好,需要先将乳头上所有污垢去除后,再进行前药浴消毒。否则会降低碘制剂的杀菌效力,增加乳腺炎的患病风险。

(2)确保消毒剂覆盖整个乳头。任何一寸遗漏的乳头皮肤上都可能存在乳腺炎致病菌。如果不能将其杀灭,那么就可能通过杯组传染下一头甚至下一群奶牛,增加乳腺炎的感染概率。

(3)药浴液应当在乳头上停留至少30 s。足够的杀菌时间是保证杀菌效力的前提条件。大量的试验证明,至少保证药浴液在乳头停留30 s,才能保证99.999%的细菌被杀灭(图5-2-1)。

(4)必须要使用国家注册的乳头药浴液。药浴液市场比较混乱,各种产品鱼目混珠。因此,建议牧场在选择药浴液产品时,一定要先登录国家兽药基础信息查询系统进行查询。只有正规注册的乳头消毒剂产品,才能在规定的消毒时间内,杀灭绝大部分乳腺炎致病菌,并且不伤害乳头皮肤,保护乳头健康。

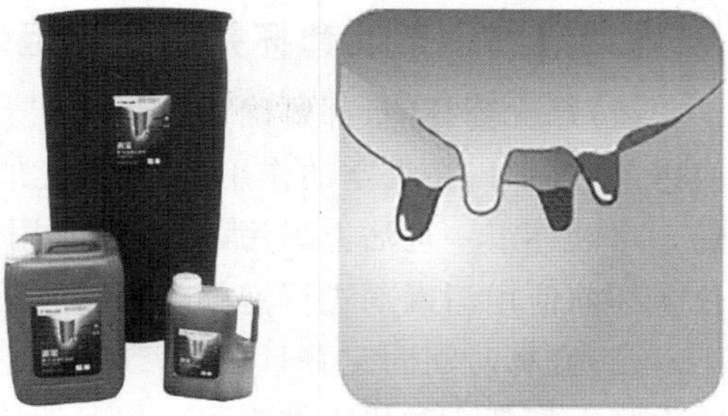

图 5-2-1　药浴液均匀覆盖整个乳头

5.2.1.3　验奶的意义及注意事项

验奶也就是我们通常所说的“三把奶”,对于整个挤奶过程具有非常重要的作用。

(1)使用验奶杯进行“三把奶”操作。验奶杯配备的黑色滤网,非常便于异常乳的检查(图 5-2-2)。一旦出现絮状或者颜色的改变,就可以判断有乳腺炎感染的情况。正确的验奶,有助于及时发现和治疗乳腺炎,减少损失的同时避免致病菌传播。此外,将异常乳挤入验奶杯,也可以避免对牛体及台面造成污染,减少乳腺炎致病菌持续传染、扩散的风险。

(2)保证验奶操作手法的正确和验奶时间的充足(图 5-2-2)。头“三把奶”不仅可以将细菌含量较高的前奶挤出去,减少大缸奶的总菌落数,同时,验奶操作也是模拟犊牛吸吮而使其产生排乳反射的过程。因此,验奶操作应该使用“拳握法”并注意操作时一定要轻柔,不要过度拉扯乳头,造成奶牛疼痛会抑制排乳反射。另外还应该注意每头牛的验奶时间要充足,只有充分的预刺激才能促进催产素的释放。

图 5-2-2　验奶杯及“拳握法”验奶

5.2.1.4　挤奶前清洁和擦干乳头

验奶和擦干都属于挤奶前的预刺激操作,有利于泌乳反射的形成和乳汁的释放。因此我们建议在实际操作中尽量将验奶和擦拭(图 5-2-3)两个步骤连在一起进行,可以促进更高水平的催产素的释放。另外,对于擦拭的标准就是“擦干”和“擦净”,湿滑的乳头会导致滑杯、漏气的增加,不干净的乳头也会污染牛奶,影响牛奶质量。

(1)用一次性纸巾或毛巾仔细擦干、擦净每一个乳头。

(2)每张纸巾或每条毛巾只能擦拭一头牛,并且每个乳区都要使用纸巾或毛巾的干净区域进行擦拭,防止各个乳区之间交叉感染。

(3)所有乳头侧壁擦干擦净以后,再使用纸巾或毛巾干净的区域将乳头孔周围的污垢擦净。尤其是角质化比较严重的乳头末端容易残留粪污和药浴液,不擦净会污染大缸奶,造成碘或者总菌落数超标。同时,乳头末端神经细胞丰富,轻柔的擦拭也可以强化刺激效果。

(4)确定乳房上没有水或者药浴液残留。否则在挤奶过程中,这些污水或者药浴液会通过奶衬头部进入到挤奶管道,污染牛奶并影响质量。

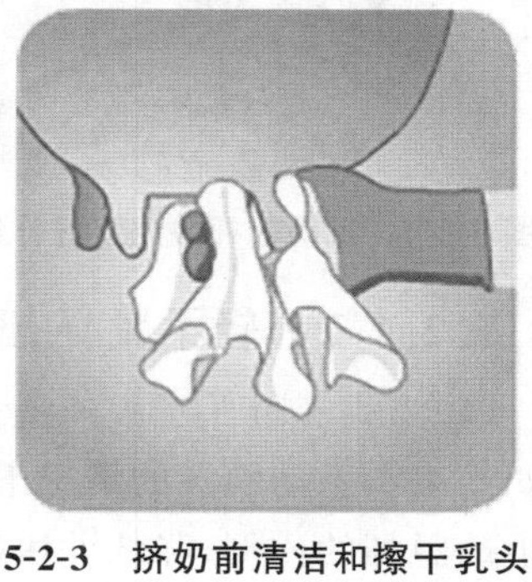

图 5-2-3　挤奶前清洁和擦干乳头

5.2.1.5 正确套杯并调整杯组位置

(1)每次套杯前，都要确认杯组清洁。沾有粪污的杯组，非常容易在套杯时污染乳头，造成感染。同时，在真空的作用下，杯组上的污物非常容易被吸进挤奶系统，造成牛奶质量的降低。建议杯组一旦沾上粪污，应当及时用清水冲刷干净。对于传染性乳腺炎高发的牧场，建议上杯前使用消毒剂进行泡杯处理，彻底灭菌。

(2)套杯时间固定并且根据产奶量进行调整。从预刺激到上杯时间在 60～120 s。太早或太晚上杯都会对奶牛健康和产奶量造成不利的影响。因此，需要根据牛群的不同阶段和产奶量情况，确定适宜的上杯时间。合适的上杯时间不仅可以缩短挤奶时间并且可以增加产奶量。

(3)套杯时需要避免空气通过杯组进入整个挤奶系统。过多的空气进入会导致系统真空不稳，影响其他正在挤奶的牛。牧场可以使用真空启动延时功能或者在上杯时折叠杯组进行套杯，尽可能减少空气的进入。

(4)调整杯组位置(图 5-2-4)，保证长奶管和脉动管一致，避免扭结和交叉，整个杯组垂直或略前倾于乳房下侧。不正确的杯组位置会导致产奶量较低的前侧乳房出现过挤，而产奶量较高的后侧乳房剩奶较多的问题，这都会增加乳腺炎的致病风险。使用奶管夹和辅助臂有助于确定正确的杯组位置，值得奶厅管理人员关注。另外需要加强对挤奶人员的培训和考核。

5.2.1.6 专人巡杯，避免挤奶不完全或过挤

(1)建议有专人负责整个挤奶过程中的巡杯工作，如发现踢杯、掉杯的情况及时二次上杯，不要影响挤奶进度。有滑杯漏气的情况，及时进行纠正调整。

(2)挤奶时密切关注挤奶过程，不要分神。

(3)过挤会损伤乳头末端健康，增加细菌进入的风险。

(4)乳房剩奶量过高，也会增加乳腺炎的发病率。建议 4 个乳区的总剩奶量不超过 400 mL。

(5)可以通过直接观察奶流量或通过自动脱杯的流量感应器来准确判断挤奶结束的时间(图 5-2-5)。

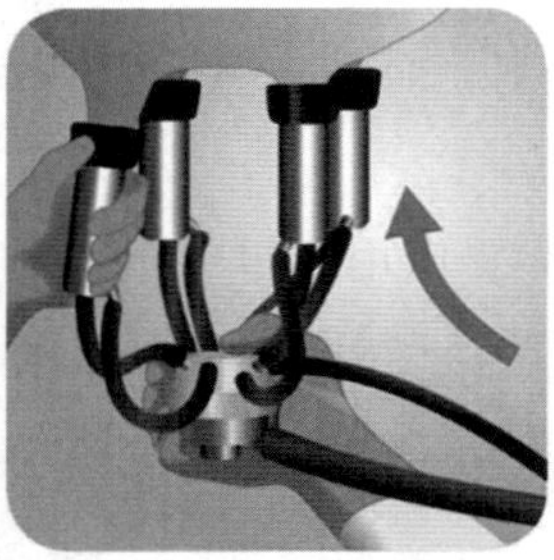

图 5-2-4 正确套杯并调整好杯组位置

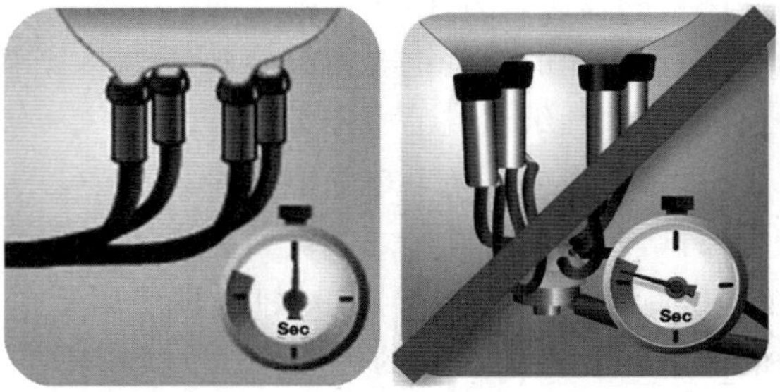

图 5-2-5 流量感应器判断奶流量

5.2.1.7 轻柔脱杯，避免乳头损伤

(1)当奶流量低于脱杯流量限定，系统进入后挤奶时间。后挤奶时间结束后，真空切断，挤奶结束。手动脱杯的情况下，一定要及时脱杯，防止过挤。自动脱杯挤奶系统需要严格控制手动脱杯的比例，降低乳房损伤。

(2)真空完全泄漏之前,不可以用手拽杯,防止伤害乳头及乳房。

(3)根据牧场的牛群状况、奶流量数据,设置正确的脱杯参数。

(4)脱杯要轻柔,并且不要挤压乳房,避免造成伤害(图 5-2-6)。

5.2.1.8 及时进行后药浴,保护乳头健康

后药浴有两大基本作用:保护乳头皮肤,促进乳头及皮肤的修复;乳头皮肤消毒,杀灭来自杯组上的致病菌。因此,后药浴中的护肤剂成分需要格外关注,并且根据不同季节进行浓度调整。

(1)脱杯后立即进行后药浴。挤奶后乳头口处在张开状态,极易引起细菌进入乳房,造成感染。

(2)使用国家注册的乳头药浴液。乳头专用消毒剂不仅可以在规定的时间内杀灭乳腺炎致病菌,并且可以有效保护乳头皮肤健康(图 5-2-7)。

(3)后药浴前后均不要向牛体喷水,包括冲刷台面、地面时,不要冲向牛体方向。

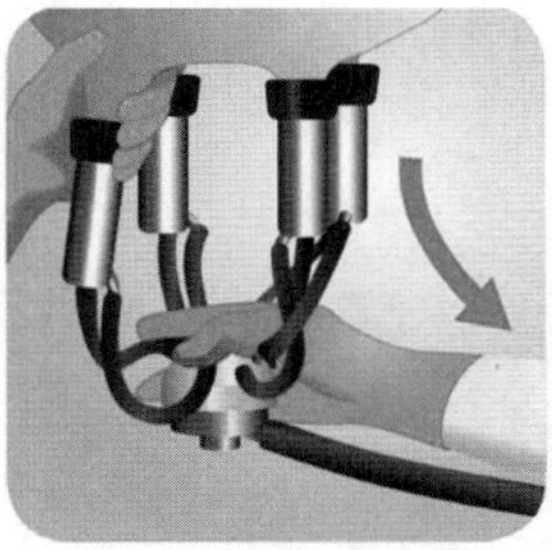

图 5-2-6 轻柔脱杯

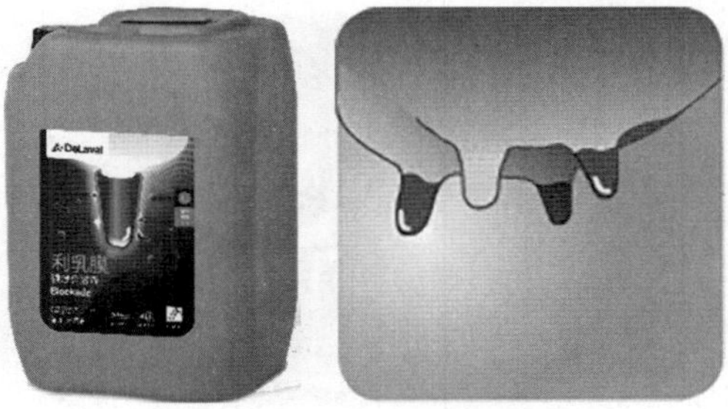

图 5-2-7 乳头后药浴

5.2.1.9 挤奶完毕,赶牛回舍

挤奶结束大约 30 min 之后,乳头口才能完全闭合。因此,在此期间,需要特别关注乳头末端的保护,防止一切微生物通过乳头口进入乳房内部,增加乳房感染的风险。

(1)保持回牛通道干燥、不湿滑。防止粪水直接喷溅到乳头上,增加感染的风险。

(2)保证挤奶回来时有充足、新鲜的饲料和洁净的饮水供奶牛采食和饮用。

(3)挤奶后饲喂,可以使奶牛保持站立采食 20～30 min,以便开张的乳头孔充分闭合。

(4)做好卧床的清理和垫料补加,并保证卧床垫料的干燥、卫生。

5.2.1.10 监控制冷流程,牛奶及时冷却

牛奶是最终收获的产品,直接给牧场带来经济效益。因此,对牛奶进行快速、有效的冷却也是挤奶过程中非常重要的环节。

(1)牛奶温度应在 2 h 内降到 4℃以下。研究表明,该温度可以明显抑制各类微生物的繁殖。

(2)挤奶时和挤奶后,需要专人检查即冷或冷缸的制冷效果。防止温度显示器或搅拌器出现问题,影响牛奶的冷却效果,造成微生物升高,导致牛奶质量降低(图 5-2-8)。

5.2.1.11 挤奶后设备清洗与消毒

挤奶设备的清洗对于牛奶质量,尤其是大缸奶菌落总数的影响非常大。因此,挤奶后尽

快对整套设备进行彻底、有效的清洗至关重要(图 5-2-9)。

(1)进行 CIP 清洗前,需要用高压水枪彻底冲洗杯组及台面。因为 CIP 清洗主要是清洗整个挤奶管路,而杯组尤其是奶衬唇口处的粪污只有通过手工擦洗才能去除。预先去除这些污垢,可以防止污染挤奶管道系统。

(2)预冲洗是整个 CIP 清洗中最重要的步骤。使用 40～45℃的温水,对整个挤奶管路进行不循环的冲洗,直到排水清澈为止。整个挤奶系统中大约 90%以上的残留牛奶是通过预冲洗排出的。

(3)循环清洗时,需要特别注意清洗水温及清洗剂的用量。推荐使用正规、效果好、口碑好的清洗剂并严格按照推荐浓度进行添加。

(4)如需消毒设备,应选择经过验证的消毒剂,并严格按照标签说明使用。

(5)清洗结束后,应将杯组从清洗装置上取下并晾干,防止滋生细菌,影响橡胶制品的使用寿命。

图 5-2-8　牛奶快速有效冷却

图 5-2-9　清洗挤奶设备

5.2.1.12　保持连续性和一致性

整个挤奶流程操作的连续性和一致性,对于奶牛健康和牛奶产量都至关重要。笔者建议固定挤奶操作流程,不同人员、不同班次都使用相同的挤奶操作。

(1)首先药浴乳头。奶牛上台后,首先进行前药浴处理,并保证至少 30 s 的杀菌时间。

(2)预刺激包括验奶和乳头擦拭。时间控制在 10～15 s 最佳。

(3)从预刺激到套杯的时间控制在 60～120 s。根据牛群不同产奶天数和产量等情况设定合理的上杯时间。一旦固定,尽量不要频繁变化。

(4)及时、经常对挤奶人员进行培训并与其分享数据。让其知其然并知其所以然,这样更有利于管理和提高。

总之,奶厅管理涉及人、牛和设备以及相互之间的协调、配合。当然,最终起决定作用的因素还是人员的管理。因此,无论奶厅大小、规模如何,最终都可以通过“十二条黄金法则”来指导奶厅操作中遇到的问题。管理人员有的放矢,将所有细节做到极致,必然会获得令人满意的结果。

[撰稿人:利拉伐(天津)有限公司　付乔颜]

5.2.2 高效挤奶

随着中国奶业的快速发展，牧场管理已变得越来越精细，挤奶厅已不再仅仅只是挤出牛奶。如何健康地、优质地完成挤奶，最大限度地发挥奶牛的生产性能已成为新的课题。

但是面对当前奶业复杂而艰难的发展形势，牧场只有作出调整和改变，才能有健康生存的机会，才能确保牧场的竞争力。一提到挤奶效率，大多都理解为挤奶速度。但是在尽可能提高挤奶速度的同时，还需最大限度地提升每头牛的产奶能力。因此每个奶台每小时能挤出的牛奶量才是挤奶厅绩效考核的关键指标。

对于挤奶厅，影响挤奶性能的几个要素是：挤奶操作流程；挤奶设备硬件的配置与设定；设备脱杯时限；外围赶牛的通道与设施情况。

5.2.2.1 挤奶操作流程

对于操作流程，首要关注的是平均每头牛的挤奶时间。通常对于一头批次挤奶产量为11 kg的牛，最长挤奶时间(指从套上挤奶杯组挤奶到摘掉挤奶杯组，即真空作用到奶牛乳头上的时间)一般不超过4 min。对于个别高产牛，每增加挤奶时间30 s，其正常增长产量应该为4.5 kg。据此可以评定牧场平均每头牛的挤奶时间。

通常将每头牛从套上杯组到摘掉杯组的整个过程分为A、B、C 3个阶段，A段叫预挤奶时间，B段叫主挤奶阶段，C段为后挤奶阶段。B段为高流量阶段，通常受奶牛自身因素限制，称之为不可控阶段，而A、C段均为低流量阶段，这两个阶段称之为可控阶段(图5-2-10)。

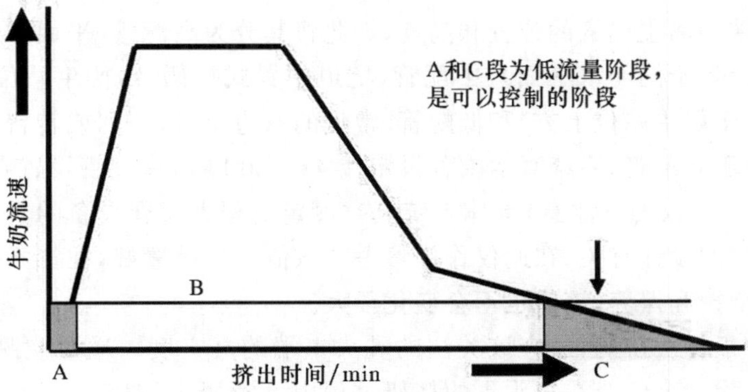

图5-2-10 牛只理想挤奶过程

从挤奶流程上看，通过对奶牛乳头的清洁、验奶、擦拭等流程来刺激按摩乳头(图5-2-11)，让奶牛形成泌乳反射，这个反射形成的最佳时间为90～120 s。这个时间把握得好，可以缩小A段的时间。

A段由于牛奶流速较低，奶杯内衬和奶管里牛奶较少，因此真空度相对较高，真空度越高，挤奶时间越长对奶牛乳头的伤害就会越大。同时，研究表明，如果泌乳反射没有充分形成或者形成后没有及时套杯，都会延长A段的时间，同时还会延长B段的时间，降低班次产量。

对于C段时间的长短，其危害主要是高真空度对乳头的伤害。影响C段的因素主要在于设备的性能和操作人员的工作情况。对于没有自动脱杯装置的挤奶台，C段时间的控制完全依靠操作人员。对于带有自动脱杯的奶台，该时间段的控制主要依靠启动自动脱杯的控制装

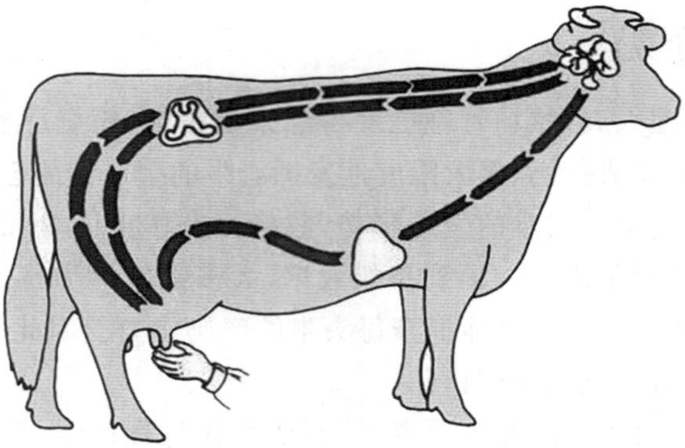

图 5-2-11　泌乳反射形成过程

置。现在大多是设定脱杯流量限制值和检测牛奶流量的设备硬件。关于如何设定脱杯流量限制值，在下文会谈到。而检测牛奶流量的设备硬件，则需要关注其检测方式和灵敏度以及准确性。

5.2.2.2　挤奶设备的硬件配置与设定

设备配置主要强调自动脱杯装置，这里主要突出设备真空度的设置。谈到设备真空度，需要区分两个关键概念，系统真空度和乳头末端真空。

通常系统真空是指我们平常看到的真空表上的读数，这是反应真空泵提供给整个挤奶台的真空度水平，这是操作人员需要关注的数值。这个数值的设定取决于挤奶台类型，简而言之取决于乳头末端距离主奶管的位置和高度，据此将其分为高配管（平面式或管道式，奶牛站位与操作人员站位处于同一水平面）、中配管（坑道中置式挤奶台，奶牛站位高于操作人员站位高度，但奶管位于奶牛站位上方）和低配管（常见的双边鱼骨，并列或转台，奶管位于奶牛站位平台下方）。对于高配管，系统真空推荐设定在 48～50 kPa，中配管设置在 46～48 kPa，低配管则设置在 42～44 kPa。注意，具体系统真空设定需根据每套设备的具体安装而定，也与不同挤奶设备厂家的设计有关，在此仅作为参考。该值一旦设置好，往往不需要做大的调整，如果设备被正常维护和保养，该值也不会变化很大。

而事实上，对于每次挤奶，最应该关注的乳头末端的真空度。通常监测的是挤奶杯组集乳器里的真空，因为这个值会在每头牛的挤奶过程中不断变化（图 5-2-12），即使是同一头牛，在不同的挤奶班次中也可能不一样。但是这个值与奶台类型无关。

那么对于乳头末端的真空度值，到底该怎么设置好一些呢？仅仅从真空对奶牛乳头的伤害程度而言，毫无疑问，真空度越低对乳头的伤害作用越小。事实上，最新的理论是更高一点的真空度对整个挤奶更有利。因为乳头末端真空度越高，奶牛出奶速度越快，有利于缩短真空作用在乳头上的时间而减少对乳头的伤害，也就是说，

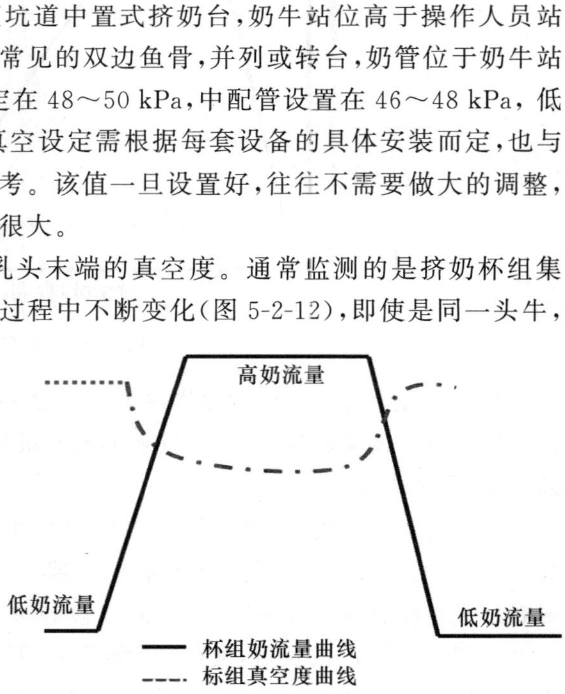

图 5-2-12　杯组牛奶流量与真空变化关系

真空作用的时间对乳头的伤害比真空度高低的伤害更大。

因此，需要监控挤奶杯组集乳器中的平均真空度，尤其在高峰流量时。通常其高峰流量出现在套上杯后 1～2.5 min 内，此时集乳器内真空稳定在 39～42.4 kPa，建议最佳保持在 40.6～42.4 kPa。

5.2.2.3 脱杯时限

脱杯时限是决定何时结束主挤奶阶段的关键点。随着主挤奶阶段的结束，杯组流量降低，杯组真空升高，因此脱杯时限越早，高真空对乳头的伤害就会越少，整个挤奶阶段的时间也会相对缩短。无论是自动脱杯还是手动脱杯，检验脱杯时限最好是进行挤奶摘杯后立即进行并在 1 min 内完成剩奶检测。

关于剩奶量，必须是在摘杯后 1 min 内检测。研究发现，如果一头牛（四个乳区）在摘杯后 1 min 内的总剩奶量小于 500 mL，就不会对奶牛健康产生负面影响。而实际很多牧场检测的剩奶量为 50～100 mL，这已经是严重的过度挤奶。

研究也表明，如果严格地控制挤奶操作流程和准备时间，一般 55% 的产奶出现在套杯后 2 min 以内，因此即使延长挤奶时间，也不能挤出更多的牛奶，而是挤奶时间的延长造成高真空对乳头的伤害。

［撰稿：基伊埃（上海）牧业科技有限公司　杨捷　苟宇兵］

5.3 设备维护

5.3.1 挤奶设备的有效清洗及效果评估

5.3.1.1 清洗的重要意义和常见方法

由于牛奶的自然属性，要保证牛奶质量，控制牛奶中菌落总数的水平，每次挤奶完成后都必须有效清洗挤奶设备。清洗的最主要目的就是彻底去除挤奶设备中所有与牛奶接触表面的污垢，将细菌生存的重要条件（即食物）去除，防止细菌滋生。采用高温彻底消毒挤奶设备，绝大部分的细菌可以被杀死。

在应对细菌方面，清除奶垢是一个很好的开始。但即使大多数残奶被清除，看起来很干净的设备表面也可能存在细菌，这些细菌可以形成一层生物膜，这种生物膜一旦形成非常难以去除，因此防止生物膜的形成是至关重要的。对挤奶设备造成污染的另一种物质是奶石，是由钙离子和镁离子形成的一层鳞状物。奶石使设备看起来很不干净，而且还会藏有微生物。

CIP 清洗，通常也叫在位清洗或就地清洗法，顾名思义，就是不需要把设备拆卸下来，而是固定在原位，用水及清洗剂将挤奶后留下的残渣和微生物彻底清除和杀灭的过程。是食品行业清洗管道和密封设备的常用方法。

5.3.1.2 应该清洗的挤奶设备的部分

简而言之，挤奶设备所有与牛奶接触的部分都要清洗。根据不同的清洗方式，将这些部分分成 3 组(图 5-3-1)。

(1)第一组是挤奶时装牛奶和储存真空的地方，包括挤奶单元、奶量计、奶管和集乳器。

(2)第二组是集乳罐和牛奶冷藏罐之间的输奶管路，包括奶泵，有时候也包括板式换热器。

(3)第三组是牛奶冷藏罐。

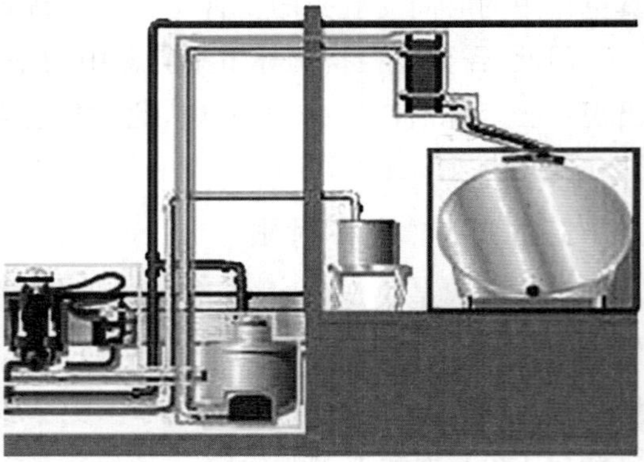

图 5-3-1 清洗挤奶设备

此外，不仅要清洗挤奶机内部，挤奶设备的周围环境也要保持清洁，包括储奶间和挤奶厅，还有挤奶机的外部，如挤奶杯组、奶厅台面、地面等。清洁的挤奶系统和挤奶环境是保证牛奶质量的重要因素。

5.3.1.3 高效清洗五要素

为了达到最佳的清洗目的，必须遵循清洗五要素。从这 5 个关键因素出发，以期获得满意的清洗效果。

1. 水

水对于清洗效果非常重要，有几个原因：首先，水是整个清洗过程的载体。水中有清洗剂和热能，并且对要清洗的表面进行机械作用；水的另一个重要功能是运走残奶，破坏微生物的生存环境。再者，水本身也会含有多种杂质，包括钙、镁以及其他使水质变硬的离子。这些杂质会影响清洗效果。因此，牧场在选择清洗水源时，要注意检测水质的硬度和水中微生物的数量并且关注水中是否含有其他有害物质，所有这些因素都直接会影响到最终的清洗效果。水质较差的地区建议牧场安装、使用软化水系统。

2. 清洗剂

清洗剂分为清洁剂和消毒剂两种。但是通常一种清洗剂两者都会包含。清洗剂能够松动奶垢并使其保持悬浮，冲洗时容易冲走。另一个重要的作用是防止钙离子和镁离子形成奶石。

清洗剂包括碱性清洗剂和酸性清洗剂。碱性清洗剂主要用于去除管道中的有机物，包括脂肪和蛋白质。酸性清洗剂主要去除挤奶系统中的无机物，也就是矿物质(表 5-3-1)。

通常使用的是五步清洗法，即在一次清洗过程中分别使用碱性清洗剂和酸性清洗剂进行酸碱循环清洗。但对于比较小的设备，挤奶时间不太长的情况，也可以使用三步洗，即每次清洗过程中只使用碱性清洗剂或者酸性清洗剂进行循环清洗，根据清洗效果定期轮换。

好的清洗剂需要满足以下条件：松动黏附在设备表面的奶垢；使松动的奶垢保持悬浮状态；防止松动的奶垢再次附着在设备表面的其他地方；防止形成奶石或生物膜；杀灭微生物。

要做到有效清洗，对清洗剂还有一些其他要求：对挤奶设备表面的负面影响最小化，如橡胶部分；操作简便安全；不包含任何会影响牛奶质量的物质；环保。

表 5-3-1 化学物质类型及其功能

种类	功能
碱	分解脂肪分子并将其溶解，易于冲洗，减少蛋白质的坚固性
表面活性剂	减少脂肪和挤奶设备的接触面积
螯合剂	使钙离子、镁离子以及表面形成的一层薄膜离子成为可溶性化合物
消毒剂	杀灭整个挤奶系统中的微生物
酸	去除挤奶设备表面的石灰残渣和其他矿物质薄膜层

3．温度

温度指的是清洗时所使用的水温。对于有效清洗来说也是非常重要的一大因素。因为温度可以改善不同材料的溶解和乳化情况。因此，应该严格按照不同步骤设定适宜的水温进行清洗。通常使用含氯的碱性清洗剂循环清洗时，进水温度要求在 75～85℃，排水温度不低于 40℃。如果因锅炉或其他原因水温达不到要求，可以考虑使用低温清洗剂。

4．时间

除了水、热能和清洗剂，还需要有足够的作用时间。具体所需时间根据不同的清洗方法有所不同，但是，保证足够的接触时间是保证清洗效果的重要因素。

5．机械力

挤奶后奶垢会沉积在挤奶设备的表面（图 5-3-2），需要机械力将其松动。机械力来自挤奶设备中循环的水，当水和空气被真空吸进管道时，就形成了一种塞流，也叫浪涌（图 5-3-3）。这种快速移动的塞流可以形成一种机械力，不仅可以将松动的奶垢冲刷下来，并且可以充满整个管道，清洗所有的管道内壁，包括管道上壁。因此，系统是否具有这种机械力，以及机械力的大小，也关乎清洗效果的好坏。

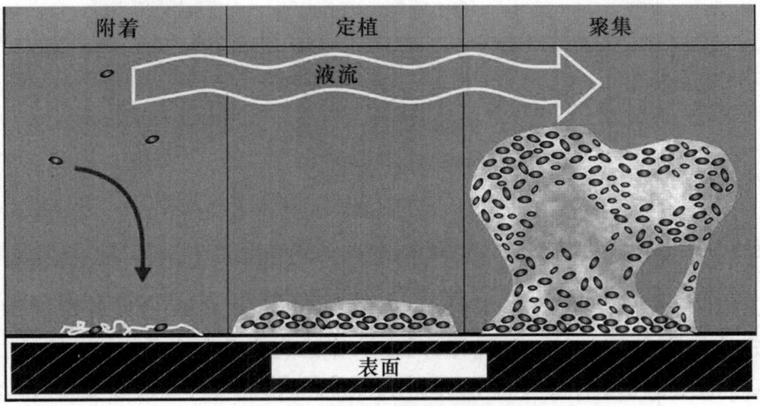

图 5-3-2 奶垢在设备表面形成的过程

虽然这种机械力是肉眼无法辨别的，但是可以通过设备对这一重要因素进行检测。利用图 5-3-4 的设备，来检测固定一段距离之间，同一个浪涌经过的时间，就可以计算出浪涌的长度和速度，并且将整个循环清洗过程中的浪涌数量进行累加并自动判定浪涌

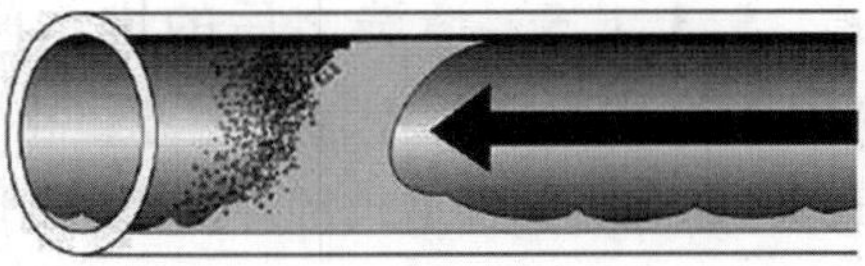

图 5-3-3 挤奶管道中浪涌示意图

的有效性。

5.3.1.4 CIP清洗步骤

原则上有多种清洗设备的方式，但是最常用的是循环清洗。这种清洗方式分为3～5步，其中至少有一步涉及清洗剂的循环。清洗的不同阶段如下。

图5-3-4　浪涌检测设备及系统界面

(1)预冲洗。通常是挤奶后用温水将残留在系统中的牛奶冲掉，必须要冲至排出来的水变清澈为止。水温要求控制在40～45℃。水温太高会使蛋白质变性，大量的牛奶蛋白质黏附在管壁上，很难清除。水温太低，会使牛奶中的脂肪凝固，导致清洗不净。另外需要注意的是预冲洗的判定只有一个标准，即排水为清澈为止。预冲洗一般会洗掉挤奶设备中90%以上的残留牛奶，因此，预冲洗在所有清洗阶段中尤其重要。

(2)循环清洗。使用复合清洗剂进行循环清洗。包括碱循环和酸循环两个部分。

酸碱循环是去除脂肪、蛋白质和矿物质的有效途径。清洗剂的浓度要根据厂家标签的推荐水平，并根据清洗水的水质情况稍加调整。清洗水的用量按照每个杯组8～10 L水的大概标准来确定。另外，有效的循环时间至少保证10 min。如果单次清洗包含碱洗和酸洗的情况下，中间需要增加水冲洗的步骤，或者使用泵彻底清除管道中的碱残留，防止酸和碱混合在一起，影响酸性清洗剂的作用效果，并且可能会产生有害气体，腐蚀设备。常见清洗问题如图5-3-5所示。

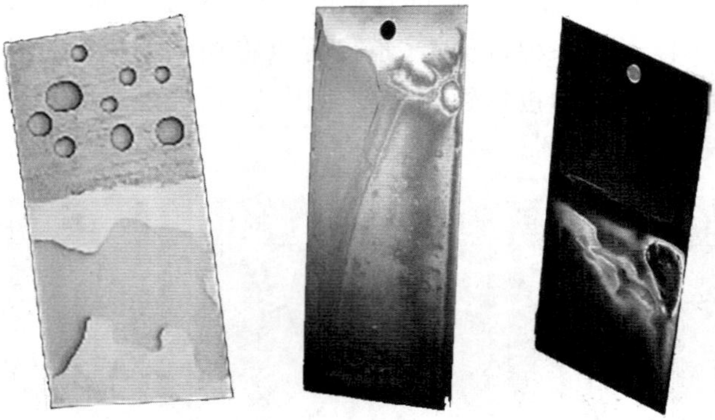

A　　　　B　　　　C

图5-3-5　图中分别为脂肪(A)、蛋白质(B)和矿物质(C)残留导致的清洗问题

(3)后冲洗。通常使用洁净的凉水漂洗，去除整个挤奶系统中所有残留的清洗液。在清洗剂和消毒剂分开使用的系统中，清洗程序还应增加两个步骤。清洗剂清洗之后，要冲洗挤奶设备，再循环使用消毒剂，消毒之后还要进行最后一次冲洗，彻底去除残留的消毒剂，防止进入牛奶，影响牛奶质量。

5.3.1.5 清洗之后的排水问题

挤奶机清洗之后，需要排水。由于重力的作用，管道排水可自然完成，但有时候也会使用工具，如海绵。管道式挤奶系统中管道的坡度无法保证只靠重力就能完全地排水，所以会在管道中塞入一个或几个海绵，吸出系统中剩余的水。这些海绵可以手动塞入，也可以用机械塞入。海绵最后到达牛奶接收罐，需要手动去除。挤奶厅中的管道比较短，可以有足够的坡度保证排水。管道式挤奶设备和挤奶厅的清洗最后一个阶段都是向管道中吹气进行干燥。对于大型的转台等设备,如果是自动排水的,一定要在彻底清洗结束后检查所有排污阀是否正常工作,否则系统中会残留大量的水,这些污水会混入下一次的牛奶中,影响牛奶的品质。

5.3.1.6 牛奶冷藏罐的清洗

与挤奶设备的其他部分一样,冷藏罐也要清洗(图 5-3-6),冷藏罐清空之后要立即清洗。小型冷藏罐一般手动清洗,大型冷藏罐则使用自动清洗装置,因为人工清洗很难清理到所有的表面。在自动清洗装置中,溶液被抽到一个或两个分流机中,分流机将清洗溶液喷洒至要清洗的表面。

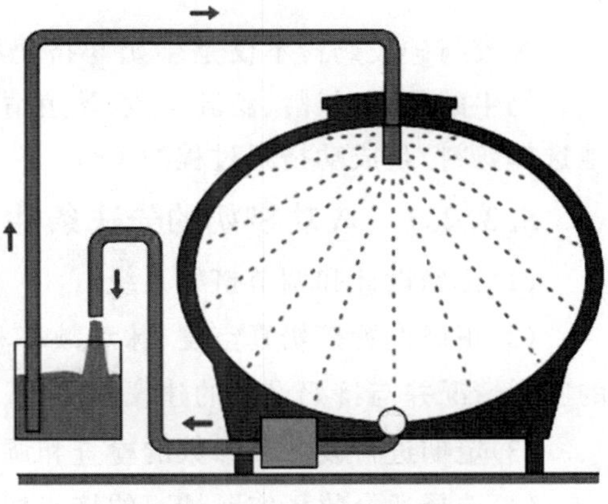
图 5-3-6 自动清洗牛奶冷藏罐

原则上,冷藏罐的清洗步骤和挤奶机其他部分的清洗步骤是一样的。先用温热的水预冲洗,之后用热水加碱或酸性清洗剂循环冲洗,最后用冷水后冲洗。因为冷藏罐表面温度低,所以很难保持循环水流的理想温度,因此循环阶段的水温尽量高些,但是不能超过蛋白质的变性温度,否则很难清洗。鉴于冷藏罐的特性,建议使用低温清洗剂进行清洗。

5.3.1.7 清洗效果评估

清洗效果的好坏,直接影响到牛奶中微生物的数量。因此,需要特别关注清洗过程中的效率评估。牧场可以进行许多简单的检查,但是如果清洗设备出现故障,则需要一位合格的服务工程师进行调整。

由于不同挤奶机之间的区别很大,很难指出难以清洗的具体位置。但一般情况下,牛奶计量器比较难清洗,管道比较容易清洗。可以通过定期的手工拆洗和内窥镜进行管道检查的方式,随时发现和解决设备清洗过程中遇到的问题(表 5-3-2)。

需要注意的是,不彻底的清洗效果有时候肉眼看不见,所以需要其他监测清洁度的方法。大多数方式是使用细菌的增长作为一个评估的指标,但是这种方法非常耗时,操作困难较大。一般来说,牛奶中菌落总数的水平可以作为清洗效果好坏比较直接和真实的反馈。

表 5-3-2 挤奶设备中可能出现的各种残留物及表现

残留物种类	描　述
脂肪	表面显得油腻,可见圆形的脂肪滴
蛋白质	蓝紫色彩虹的斑块,像刷漆一样
奶石	淡黄色的残留物,有机物和矿物质的混合物
铁/锰	红褐色或者黑色
细菌	红色或者粉色/紫色色素或者污点
橡胶碎屑	黑色或者发黑的残留物

总体来说,合理清洗之后设备中微生物的数量应该降到最低,达到清洗的要求,从而保证牛奶的质量。随着牧场坚持使用正确有效的清洗方法和高效、合理的清洗剂用量,清洗将会

越来越高效和环保，同时成本也能得到很好的控制。

［撰稿人：利拉伐（天津）有限公司　付乔颜］

5.3.2　正确选择奶衬

橡胶与硅胶奶衬不仅是牛奶与挤奶机最先接触的部位，也是奶牛与挤奶机直接的接触点。奶牛的品种、年龄、泌乳阶段、繁殖情况、胎次等因素决定了乳头的几何形状。因此，正确地选择奶衬，是成功挤奶过程的关键。

5.3.2.1　成功挤奶的先决条件

(1)正确设计和调节挤奶系统。

(2)正确设置挤奶真空度、脉动频率和比率，以及挤奶杯组自动脱落的条件，以适应奶牛的实际情况并与挤奶设备的建议相一致。

(3)定期进行设备和参数的检查和调整。

(4)选择适合牧场实际情况的挤奶杯组(图 5-3-7)。

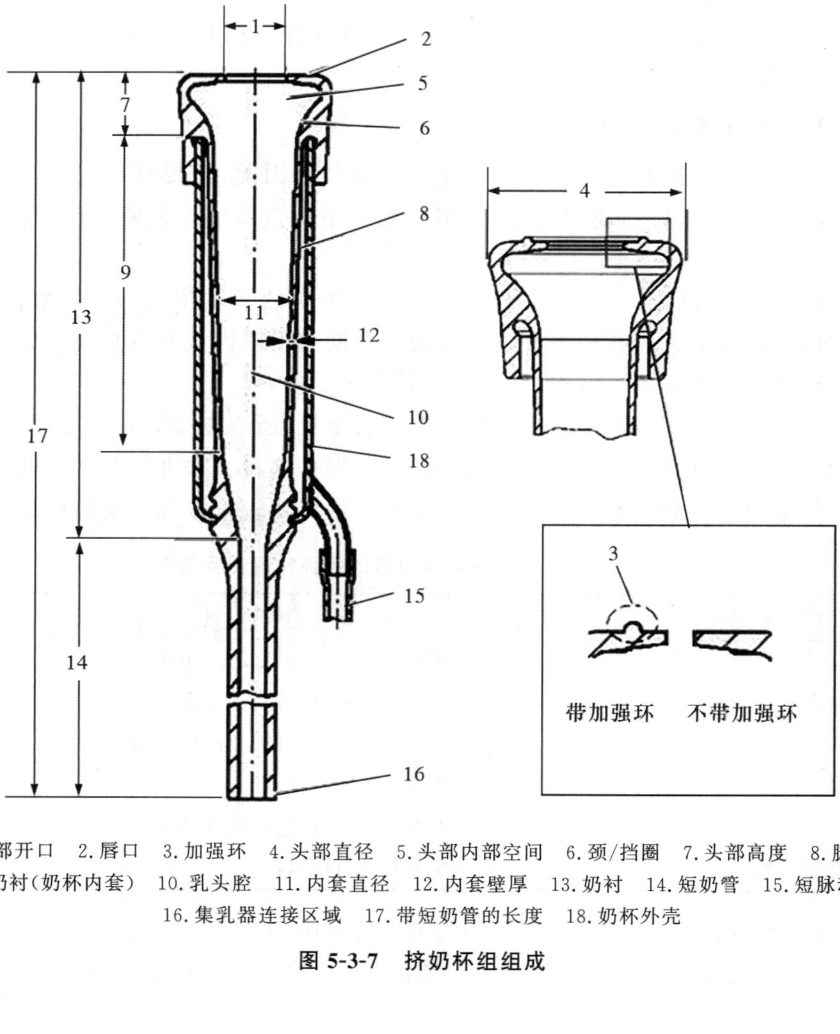

1.头部开口　2.唇口　3.加强环　4.头部直径　5.头部内部空间　6.颈/挡圈　7.头部高度　8.脉动腔　9.奶衬(奶杯内套)　10.乳头腔　11.内套直径　12.内套壁厚　13.奶衬　14.短奶管　15.短脉动管　16.集乳器连接区域　17.带短奶管的长度　18.奶杯外壳

图 5-3-7　挤奶杯组组成

(5)使用含有定位装置和自动脱落装置的挤奶杯组。挤奶杯组正确的定位可以防止对乳房产生不利的扭曲力和拉扯力,同时可以避免附着不牢、脱落困难和乳房健康问题。定位臂和自动脱落装置有利于挤奶杯组正确定位,利用这些装置可以将挤奶杯组安装在奶牛任何动作的最佳位置,不仅便于挤奶杯组的轻松应用,还能减轻挤奶工的体力劳动。通常建议在挤奶期间使用定位臂。

(6)在布置奶管或者脉动管时,应确保管路尽可能短,并避免不必要的松垂。

(7)挤奶完成后立即对挤奶装置进行彻底清洗和消毒。

(8)出现故障时需使用原装零部件进行更换。

(9)必须定期检查建议的设置,必要时进行调整。

(10)分离不可出售的牛奶。

(11)对于患病和刚开始挤奶的奶牛,必须单独采集牛奶。建议使用单独的挤奶杯组和容器收集牛奶或使用单独的排奶管线。

(12)正确的挤奶程序。

5.3.2.2 挤奶过程

乳头位于奶杯内部,挤奶过程中将保持 32～42 kPa(取决于奶流量)的挤奶真空。

在脉动腔(奶杯室)中,脉动器提供来自挤奶装置的交替真空(+)和大气压力(−)。

奶衬在腔室中的压差作用下移动。开启奶衬代表挤奶阶段,在此期间,执行挤奶操作;闭合奶衬代表休息阶段,在此期间,执行乳头按摩(图 5-3-8)。

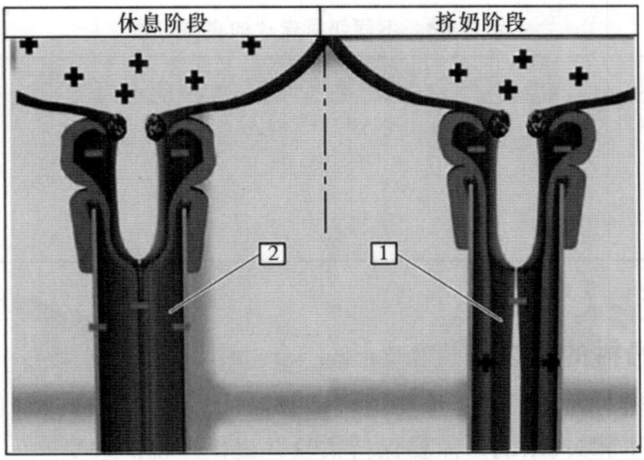

1.奶杯内部　　2.脉动真空腔

图 5-3-8　挤奶阶段

每分钟约 60 次(以脉冲速率/数量为准)的脉动(图 5-3-9)。

在休息阶段,奶衬闭合,对乳头进行刺激按摩,在挤奶真空的作用下,淋巴液和血液开始在乳头小叶聚积。按摩可防止乳导管或静脉环被挤压,从而确保挤奶过程中平稳的牛奶流量和可靠的挤出。

这里,软奶衬和硬奶衬有所不同。为了获得最佳效果,必须考虑到特定的奶衬的相关参数的设置(如真空度和脱杯阈值)(表 5-3-3)。

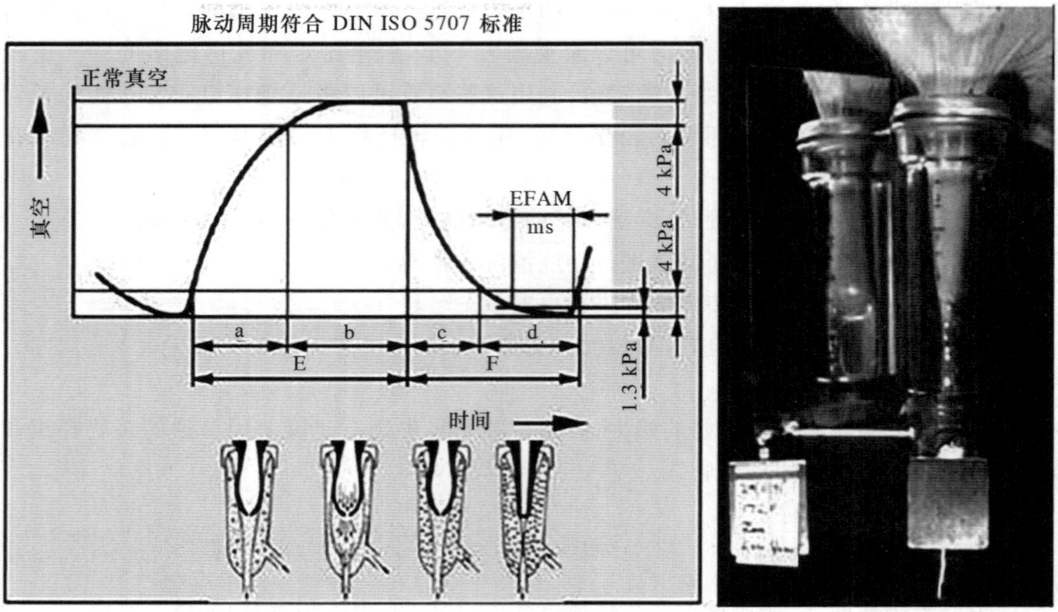

a. 奶衬打开启动阶段　b. 乳头真空接通阶段　c. 奶衬闭合启动阶段　d. 如图真空关闭阶段
E. 挤奶阶段　F. 休息阶段

图 5-3-9　脉动周期

表 5-3-3　不同奶衬建议的真空设置

项目	软奶衬	硬奶衬
收缩压力(真空度)	+（8～12 kPa）	++（>12 kPa）
挤奶阶段长短	+	++
抗疲劳程度	++	+
按摩分配及效果	++	+

注：+表示好，++表示非常好。

5.3.2.3　对奶衬的要求

(1)奶衬头部必须与乳房根部粗细相适应。

(2)奶衬不应夹住乳头(末端)，而要保持柔软并提供环绕的按摩。

(3)唇口不得变形。

(4)挤奶结束前，乳头末端真空不得超过 10～15 kPa。

(5)挤奶时，奶衬唇口与乳头之间应存在些许缝隙。

(6)奶衬内套直径必须与乳头的平均直径相匹配。不得出现过度拉伸或挤压的情况。

(7)如果乳头接触到整个内套区域，末端真空则较低。较低的末端真空可以防止奶衬进一步收缩，松垂于乳房根部，使其处于有利于挤奶的位置。如果奶衬头部不移动且牢牢固定在乳房根部，挤奶期间末端真空则可能过高。移除挤奶杯组后，可以清楚地看到并摸到乳头周围的环状物。这会对牛奶的挤出和牛奶流量造成不利影响。

影响末端真空的因素包括：挤奶流程、奶流量、奶衬尺寸、挤奶杯组重量、挤奶真空度和挤奶杯组的正确定位。

正确选择奶衬是成功挤奶的关键。作为奶牛与挤奶设备之间的直接接触点，奶衬必须与乳头相匹配。正确选择奶衬可促进乳房健康，优化挤奶杯组的附着力，实现快速挤奶。研究发现，牛群的乳房结构可在3年间彻底改变，因此，应定期检查牛群的乳头尺寸，并更换相匹配的奶衬。

5.3.2.4　不合适奶衬对挤奶的影响

乳头应支撑在奶衬内套壁上并膨胀抵住内套壁。

如果奶衬过大(头部开口，内套直径)，乳头组织会由于真空而出现严重的过度拉伸(图5-3-10)。乳头和内壁之间接触不足还会造成附着问题，导致空气泄漏、挤奶杯组脱落、挤奶不均匀且不完整、挤奶时奶牛不安、挤奶后触摸乳头时踢蹬。

如果乳头对于奶衬头部而言过短，远未达到奶衬的按摩区域，也会出现同样的情况。导致血液和淋巴细胞会聚集在乳头且无法得到按摩恢复。乳头末端会发生硬化，乳导管被挤压。挤奶对奶牛而言变得极不愉快，催产素被抑制，导致奶流过早停止，从而残留过多牛奶。

如果奶衬过小，牛奶通道则会被阻塞(图5-3-11)。“静脉环”过早关闭且牛奶不再从乳房池传递至乳头。

如果乳头对于奶衬内套区域而言过大，则奶杯无打开的空间。

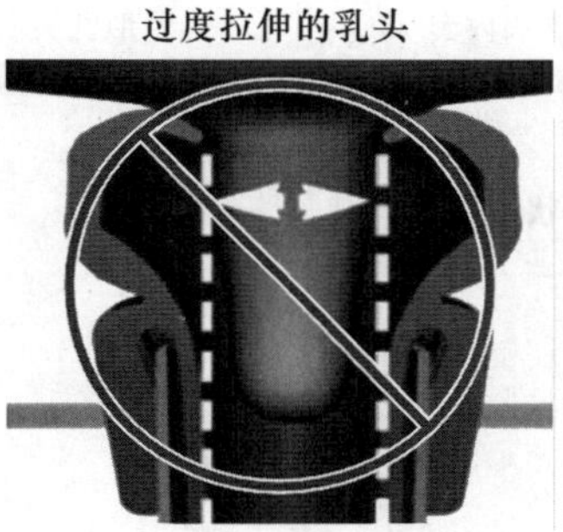

图5-3-10　奶衬过大的影响

图5-3-11　奶衬过小的影响

5.3.2.5　选择正确的奶衬需要对奶牛乳头进行测量

(1)乳房形状。从繁殖的观点来看，扁平的乳房根部有利于实现最佳产奶量，而台阶式乳房则会对产奶量产生不良影响，如空气泄漏，挤奶杯组滑落，奶衬滑落等情况(图5-3-12)。

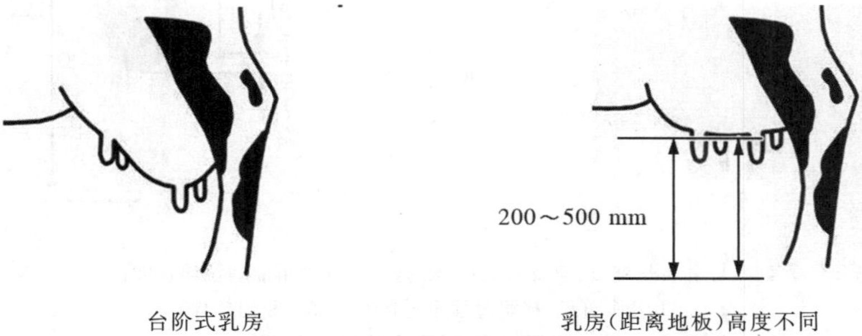

图5-3-12　不同的乳房结构

(2)乳房上的乳头排列。不同奶牛乳头位置如图 5-3-13 所示。

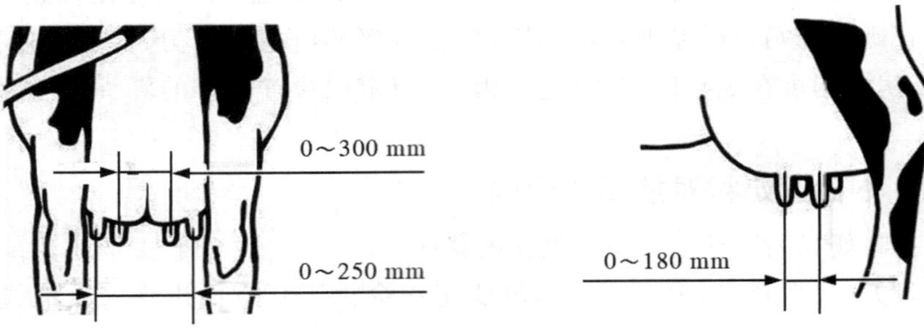

图 5-3-13　乳头位置

(3)不同的乳头形状和结构变化。分别如图 5-3-14 和图 5-3-15 所示。

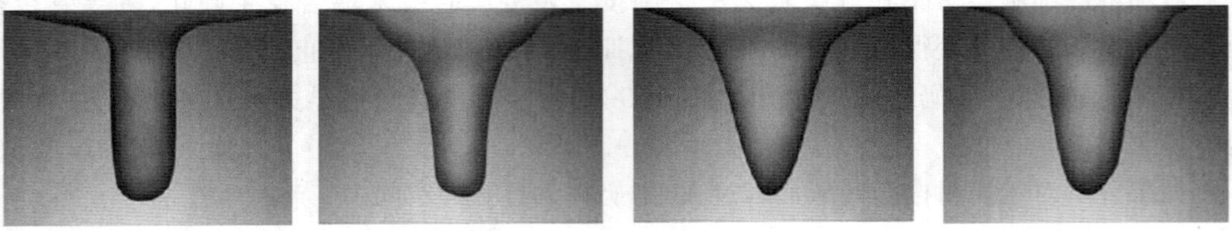

圆柱形乳头内套　乳房下侧呈一定角度（便于对准）

圆柱形乳头内套　乳房根部为漏斗形

锥形乳头内套　乳房根部呈一定角度

锥形乳头内套　乳房根部为漏斗形

图 5-3-14　不同的乳头形状

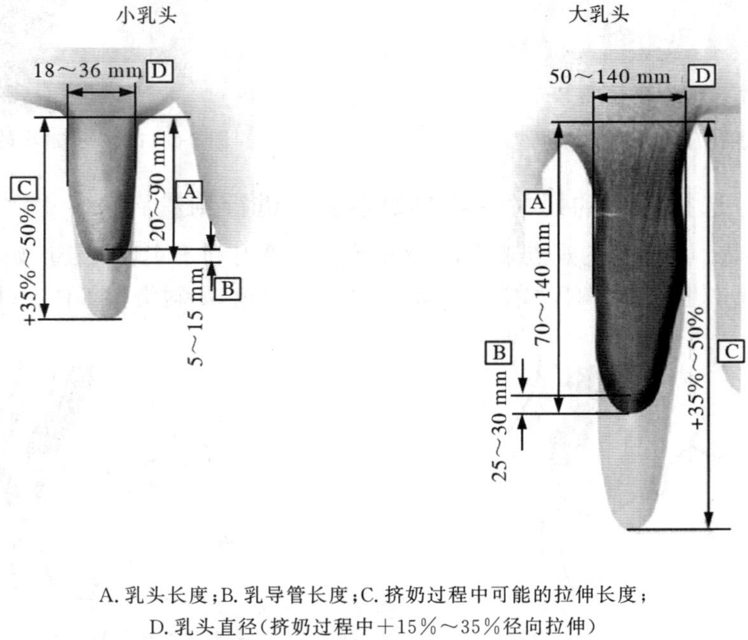

A. 乳头长度；B. 乳导管长度；C. 挤奶过程中可能的拉伸长度；
D. 乳头直径(挤奶过程中＋15%～35%径向拉伸)

图 5-3-15　挤奶过程中乳头结构可能发生的变化

(4)测量。为整个牛群选择奶衬只是一个折中的做法,但是可以测量并规定最佳的奶衬拟合形状(图 5-3-16)。

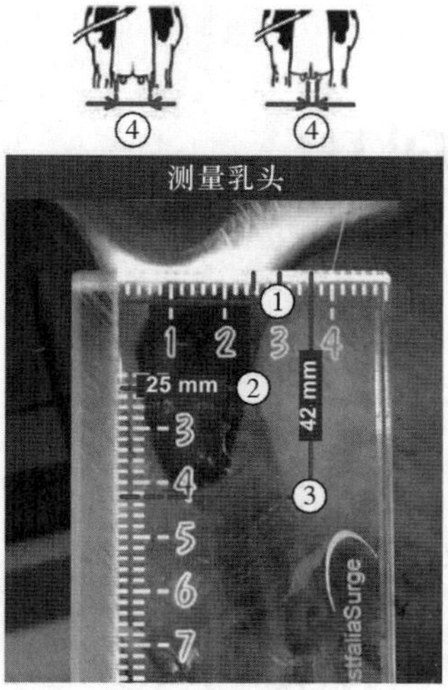

确定测量点

①从乳房根部开始测量;②沿乳头中间部分测量;③测量乳房根部至乳头尖端的长度:使用 ClassicPro 及 IQPro 时,乳头长度至少应为 30 mm;④后乳头间距是选择奶衬的关键:对于 Classic 挤奶杯组,应遵守以下规定:如牛群中绝大多数奶牛的乳头间距比较接近,则应使用 Classic 300 E 7021-6701-090 的上部部分

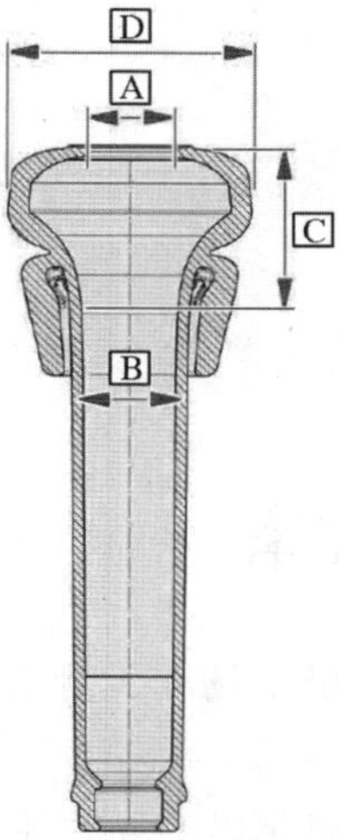

奶衬的尺寸

A. 头部开口;B. 内套直径;C. 按摩区域;D. 头部直径

图 5-3-16　测量乳头

测量的奶牛数量取决于牛群规模。奶牛数量≤100 时至少测量 50%,最好全部测量;奶牛数量≤500 时至少测量 20%;奶牛数量>500 时至少测量 10%。应始终将年幼和年老奶牛以及不同品种的奶牛纳入评估范围内。且每头测量左前和右后两个乳头(图 5-3-17)。

可以采用以下辅助方法:乳头测量装置(7750-0111-880)(图 5-3-18)。

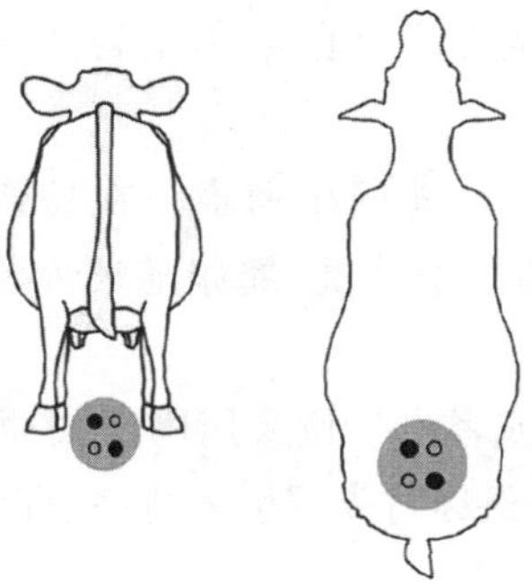

图 5-3-17　每头牛测量两个乳头

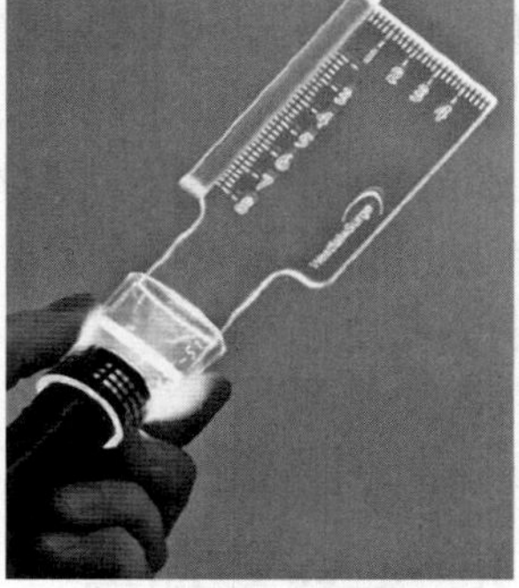

图 5-3-18　乳头测量装置

[撰稿:基伊埃(上海)牧业科技有限公司　杨捷　苟宇兵]

第 6 章　粪尿利用

6.1　收集

规模化奶牛场在设计之初，就应考虑到粪尿的合理收集，将粪污变成粪肥，便于后续的利用。

所以规模化奶牛场的粪尿收集方式合理与否至关重要。每头奶牛每天约产生 2 倍奶量的粪尿（表 6-1-1）。

表 6-1-1　每头奶牛奶量与牛粪尿量统计表（GEA）　　L

奶牛号	1	2	3
产奶量	27	34	41
清洗用水量	40	40	40
牛粪牛尿量	56.5	66.5	76.5
总粪肥量	123.5	140.5	157.5

6.1.1　挤奶厅

当奶牛集中挤奶时，会在挤奶台面范围产生粪尿，考虑到奶源收集区域的洁净要求，此处不能使用循环冲洗水源冲洗，必须使用清水进行冲洗，冲洗方式可以采用水管或者水罐。平均每头奶牛每天需要约 40 L 清水清洗台面及挤奶设备。

（1）鱼骨及并列式挤奶台可在挤奶站位设置一定坡度，坡向回牛通道。在挤奶工站位处向挤奶台面使用高压水冲刷或者在回牛通道头端设置水罐集中冲洗，粪尿随坡度流向回牛通道。通道末端可设置粪渠，最终流入待挤奶区集污池。

（2）转盘式挤奶台可在转盘台面上设置坡度，在进牛位或者出牛位采用固定式冲洗水管，当站位转至冲洗水管处时将粪尿冲洗至台面下，台下设置粪渠最终将粪尿引入待挤奶区集污池。

6.1.2　待挤区地面

当奶牛批次挤奶时，会集中站在待挤区内等待挤奶。此时奶牛由于活动区域较小，会产生较大的应激。应激时会集中产生粪尿，此处每头奶牛产生日粪量的 10%，约 6 L 粪尿。

出于节约冲洗水量的目的，此处一般设置待挤区循环冲洗系统。通过冲洗水流，将滞留在待挤区地面的牛粪冲刷至待挤区末端粪渠，最终流入待挤区集污池。流入的冲洗水可循环冲洗待挤区，从而节约冲洗水量（图 6-1-1）。

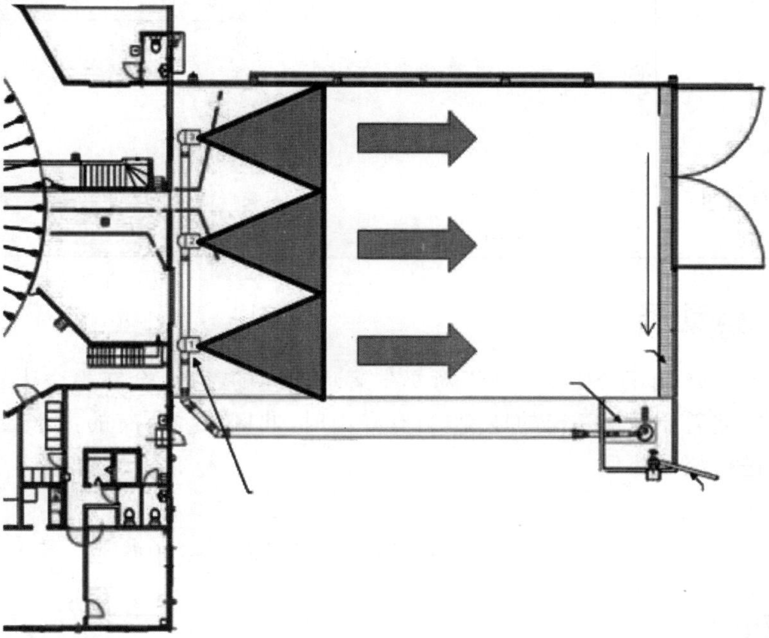

图 6-1-1 待挤区地面冲洗示意图

6.1.3 牛舍地面

规模化奶牛场集中饲养奶牛，奶牛大部分时间待在牛舍内，所以牛舍内产生了日牛粪量的 90%，约每头奶牛 54 L 粪尿。此处属于粪尿较为集中的区域，一般采用以下 3 种方式进行收集（表 6-1-2）。

（1）铲车清粪是目前大多数牧场采用的清粪方式。在奶牛挤奶的时间段进行铲车清粪，可以减少设备运行时对奶牛产生的应激。可以使用大型铲车或者小型推移车推粪，从牛舍一侧推向另一侧，在另一侧使用装载车进行转移。此种清粪方式优点是不受季节和牛舍条件限制，即使在北方寒冷地区不具备保温条件的牛舍依然可以使用。缺点是铲车运行费用较高；受操作人员技术水平影响较大；易对牛舍结构造成损坏；后备牛舍无法清空奶牛，对奶牛应激较大；通过装载车转移时，容易产生滴洒，污染牧场外部环境。

（2）牛舍自动化刮板在新建牛舍得到广泛应用。自动化刮板通过驱动单元清理牛舍地面粪尿，将其推至牛舍端头的粪沟。需要与牛舍纵向粪沟配合使用。其优点在于具备安全保护功能的条件下，可 24 h 不间断对牛舍进行清粪；只要牛舍具备保温功能，可在任何地区进行使用；设备运行费用较低；设备内部较为洁净，提高奶牛健康度。缺点是初期投入较大；系统需要与粪沟清粪设备配合使用；后期需要较好的维护保养；不适合不具备改造条件的老牧场使用。

（3）少数牧场使用牛舍走道吸粪车的清粪方式。其通过罐车底部的吸粪口或者前部的螺杆机收集牛舍走道的粪尿。其优点在于适合老牧场不具备改造条件下实现清粪作业。缺点在于运行费用较大；同样受到操作人员技术水平影响；易对牛舍结构造成损坏；当粪尿黏稠度产生变化时，设备经常无法使用。

表 6-1-2　牛舍清粪方式对比表(GEA)

	铲车清粪	牛舍自动化刮板	牛舍吸粪车
设备投入	中	高	中
运行费用	高	低	高
奶牛应激	高	低	高
操作要求	高	低	高
牛舍要求	不需要保温	需要保温	需要保温
牛粪黏稠度	无限制	无限制	有限制

6.1.4　运动场

在部分气候干燥、少雨的区域，基于对奶牛运动空间的考虑，会在牛舍南、北两侧设置运动场。运动场区域需要设置一定的坡度，当有降雨时，此区域内所有的污水会全部通过坡度流入集污池内进行统一处理。

[撰稿：基伊埃(上海)牧业科技有限公司　杨捷]

6.2　处理

6.2.1　有效粪肥处理方法

奶牛场粪肥处理系统可大体分成 4 部分：待挤区冲洗系统、牛舍牛粪集纳系统、固液分离系统、后续处理系统(图 6-2-1)。

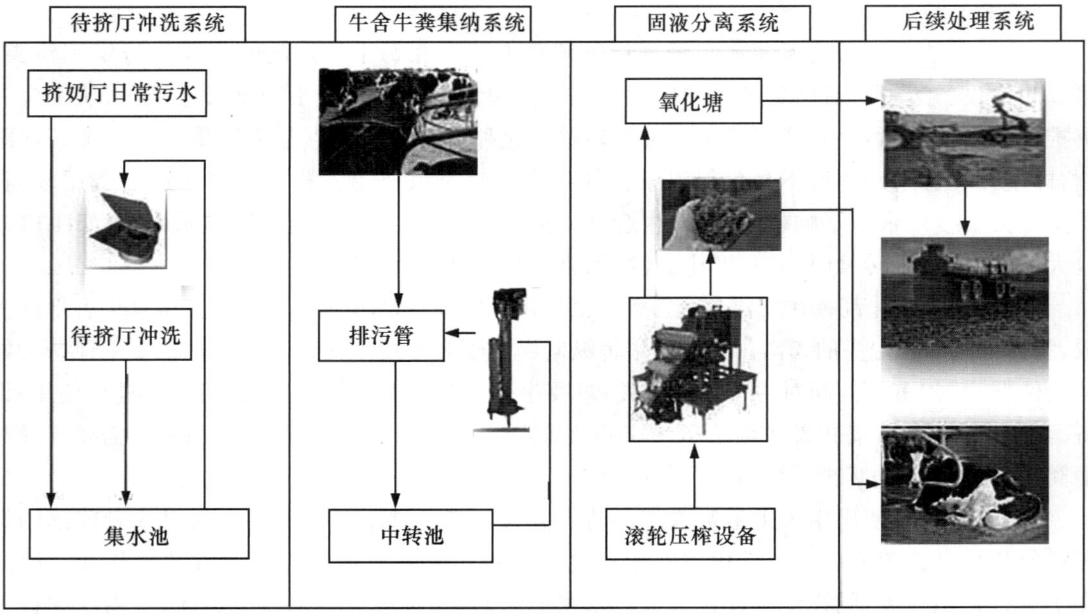

图 6-2-1　牧场粪肥处理流程

6.2.1.1　待挤区冲洗系统

待挤区冲洗系统属于奶牛场粪肥处理系统的第一部分，其主要目的在于收集挤奶厅清洗用水，并作为低浓度液体进行第一次利用。

挤奶厅每天因为清洗设备及挤奶台面需要使用一定量的清水，平均到每头奶牛约需要40 L。由于这些清水已经与牛粪或者牛奶产生接触，无法作为清水直排，必须进行处理后方能排放。为了避免浪费，此部分低浓度液体可以被收集起来用于冲洗待挤区地面。

待挤区由于奶牛的应激会产生一定数量的粪尿。如果等每次挤奶后再人工使用清水冲洗，不仅会浪费大量水，同时工作强度较大。所以使用挤奶区域产生的低浓度液体进行冲洗无疑成了一个很好的选择。

待挤区冲洗仅使用挤奶区域低浓度液体进行不循环冲洗无法满足冲洗水量的需求，故待挤区冲洗系统需要使用循环冲洗模式(图 6-1-1)。

待挤厅循环冲洗基于奶厅清洗后产生的液体收集后再利用，待挤区末端设置粪沟及集水池，池内设置大流量冲洗泵给冲洗阀供水，设计流量应不低于 400 m^3/h，达到 600 m^3/h 最佳。冲洗阀通过气动控制，避免带电风险。

冲洗阀冲洗流程主要分为 3 步：①全面冲洗。将地面润湿并且带走少量的牛粪，时间 30 s。②单独冲洗。单独开启冲洗阀，针对牛粪较多的区域进行针对性的冲洗，单个冲洗阀冲洗时间 1 min。③收尾冲洗。开启所有冲洗阀对地面进行最后一次冲洗，避免牛粪残留。

冲洗后的低浓度液体通过粪渠流入集水池，可以保证冲洗过程的持续性，夏季可作为降温手段在整个挤奶过程中持续使用。

集水池容量设计应遵循以下公式：

$$\text{待挤厅宽度(m)} \times \text{待挤厅长度(m)}/9.28 = \text{集水池可用容量}(m^3)$$

依据此公式设计的集水池可以满足待挤厅循环冲洗的水量需求。

集水池内水量超过警戒液位后，需要搅拌均匀后通过输送泵输送至后续系统。每天挤奶厅产生的清洗水和待挤厅产生的牛粪使得集水池内浓度基本可以维持在 1%～1.5%。此浓度液体冲洗地面后不会产生气味，冲洗后地面可在通风良好的情况下，在 30 min 内干燥，有利于下次挤奶牛通行。

6.2.1.2　牛舍牛粪集纳系统

规模化奶牛场牛舍牛粪通过铲车或者自动化刮粪板将通道内的粪尿刮至牛舍端头的粪渠。粪渠一般设置有坡度，坡度大小与卧床材料有直接关系(表 6-2-1)。

表 6-2-1　牛床材料与坡度的关系(GEA)

卧床材料	坡度
橡胶，牛粪	0.5%
沙子	0.75%

粪渠应采用光滑并且耐腐蚀的材料作为内壁，可采用波比螺纹管。内管径不应大于给水管管径的 2 倍。因为当粪渠管径过大时，会造成冲洗液体流速和液位降低，容易产生沉淀，沉淀堆

积造成堵塞。

粪渠联通多栋牛舍，末端连接中转池。池内设置大流量冲洗泵，流量应不小于 400 m^3/h，达到 600 m^3/h 最佳。冲洗时间应与牛舍落粪时间同步或者提前，在牛舍落粪之前，粪渠应该已经开始冲洗，当牛粪刮落至粪渠时，立刻随水流冲洗流走。如果冲洗时间晚于落粪时间，则容易使得粪渠因粪量过大造成局部堵塞，当堵塞情况严重时，会造成冲洗液体满溢至牛舍地面或者牧场外围道路，对环境造成污染(图 6-2-2)。

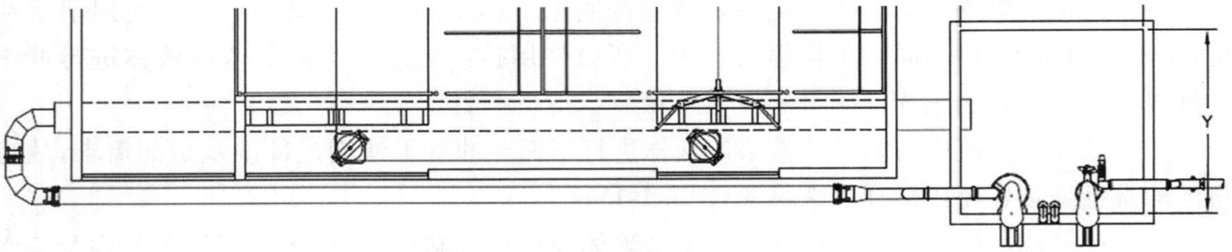

图 6-2-2　牛舍冲洗系统示意图

粪渠末端中转池设计应遵循以下公式。

给水管总容量(m^3)＋排水管总容量(m^3)×1.25＝中转池可用容量(m^3)

中转池内水量超过警戒液位后，需要搅拌均匀后通过输送泵输送至后续系统。每天待挤区冲洗多余的液体和牛舍收集的牛粪混合在中转池，使得中转池内浓度基本可以维持在 4%～6%。此浓度液体可循环用于冲洗牛舍粪渠。

6.2.1.3　固液分离系统

奶厅和牛舍的所有清洗用水，牛粪和牛尿最终混合后通过中转池输送到固液分离系统，固液分离系统可以将混合物中颗粒较大的纤维性物质分离出来，达到更多的利用。根据不同的含固率指标，可以实现以下几种利用目的(表 6-2-2)。

表 6-2-2　不同应用目的的含固率指标(GEA)

应用目的	含固率指标
沼气收集及发电	8%～10%
有机肥	12%～20%
牛粪卧床	30%～34%

(1)沼气收集需要浓度较高并且具备流动性的牛粪液体。根据效率比较，当牛粪的含固率指标达到 8%～10%时，沼气系统所需的空间较小，出气量较大，能达到较好的经济性。固液分离系统可以通过提纯的方式，去除多余的冲洗液体，使牛粪浓度达到 8%～10%。

(2)有机肥制作需要牛粪呈现固态，以便于收集和加工。可通过固液分离去除冲洗液体和牛粪中多余的水分，达到 12%～20%含固率指标，然后通过添加其他辅料混合后制成有机肥原料。

(3)牛粪卧床的生产需要牛粪中的水分尽可能地去除。可通过固液分离、物理挤压的方式，达到 30%～34%含固率指标，然后通过翻堆发酵等杀菌去水分的过程，最终达到 60%含固率指标后还入卧床。

经过固液分离后，固体物质可以通过商业化运作的方式得以消化，液体部分需要进入氧化塘储存。

6.2.1.4 后续处理系统

规模化奶牛场所有清洗用水和粪尿液体经过固液分离后，液体会全部进入到氧化塘储存，奶牛场中产生的粪肥皆来自于此。经过4～6个月的储存后，可进行还田处理。牛粪含有氮、磷、钾等农作物所需要的营养成分，经过合理的规划和计算土地消耗量后，可作为肥料使用。

氧化塘经过4～6个月的储存，液体中的固性物会形成沉淀，如在清塘时没有及时处理，会占用可贵的氧化塘储存空间。所以每次清塘前，需利用上清液对氧化塘底部进行搅拌冲洗，以达到均匀还田和避免沉淀堆积的目的。

还田方式可采用喷灌和撒粪结合的方式进行，喷灌时可混合灌溉水后通过灌溉网进行还田，氧化塘内下部浓度较高的液体可通过撒粪的方式还田以避免高浓度液体堵塞喷灌系统。

［撰稿：基伊埃(上海)牧业科技有限公司　杨捷］

6.2.2 粪水达标排放处理技术

6.2.2.1 技术模式

此模式为达标排放模式，经过处理最终达到国家定义的排放标准，实现自然达标排放或养殖场回用，从根本上解决养殖场粪便污染引起的环保问题。

养牛场粪水来源有：牛粪尿、待挤区冲洗地面废水、奶厅设备冲洗水。

养牛场外排粪水的主要特征有以下几点。

(1)有机物浓度高、悬浮物多、色度深，并含有大量的细菌。

(2)粪水中含有大量动物的粪尿，所以NH_3-N浓度很高。

(3)粪水中的污染物主要以固态、溶解态存在的碳水化合物形式存在，使粪水表现出很高的BOD_5、COD_{Cr}、SS和色度等，此外粪水中含有大量的N、P等营养物质。

进水水质(如水质变化预处理需要进行调整)指标如表6-2-3所示。设计出水水质指标如表6-2-4所示。

表6-2-3 设计进水水质

因子	指标	因子	指标
COD_{Cr}	≤15 000～20 000 mg/L	SS	≤15 000 mg/L
pH	7.0～9.0	BOD_5	≤12 500 mg/L
氨氮	≤1 600 mg/L	总磷	≤100 mg/L

表 6-2-3　设计出水水质

序号	污染因子	单位	出水指标	检测方法
1	COD_{Cr}	mg/L	100	重铬酸盐法
2	BOD_5	mg/L	30	稀释与接种法
3	NH_3-N	mg/L	15	蒸馏和滴定法
4	SS	mg/L	70	重量法
5	pH	无量纲	6～9	玻璃电极法
6	粪大肠杆菌数	个/L	500	

6.2.2.2　工艺流程(图 6-2-3)

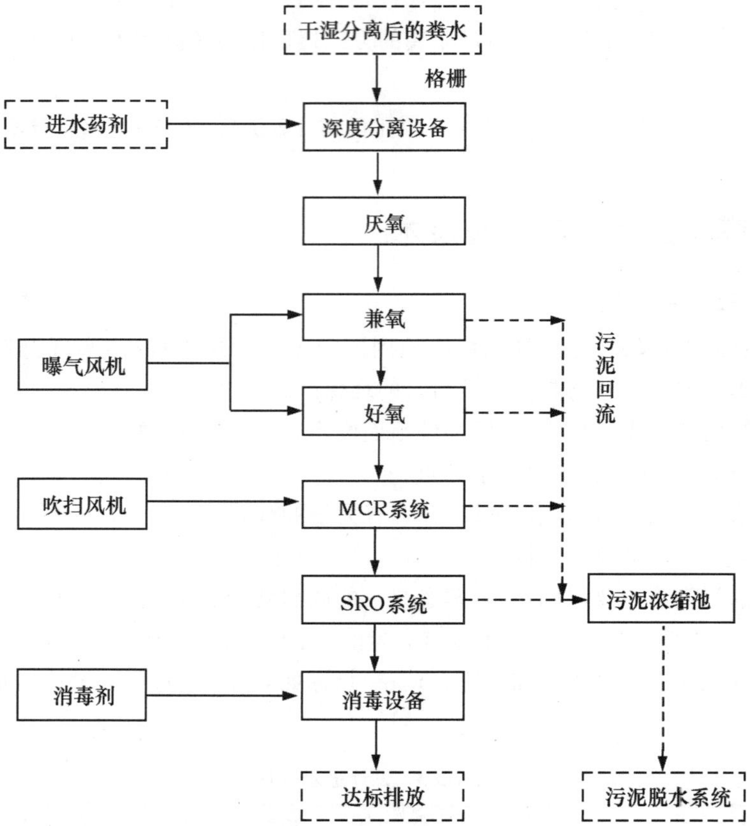

图 6-2-3　粪水处理工艺流程

粪水处理工艺：首先应考虑处理工艺的实际效果，出水水质满足相关要求，达到排放标准；其次还应考虑工艺的可靠性、稳定性。随外部条件的变化，会在水质水量上产生一定的变化，因此要求系统稳定、可靠。最后在保证达标前提下，则应考虑工艺的经济指标、占地面积、运行管理等问题，做到投资少、占地面积小、运行费用低。

养殖场的粪水主要是以有机物为主，$BOD_5/COD_{Cr}=0.5\sim0.53$，污水具有较好的生化性。但因水质、水量变化较大和有机物浓度较高，如单采用好氧工艺很难使出水水质达标。因此本设计采用“预处理(格栅，固液分离等)＋深度分离＋生化反应系统＋一体化设备＋MCR 系统＋

RO系统”工艺，保障COD_{Cr}及氨氮的有效去除，让最终的出水达标排放或回用。

6.2.2.3 技术要点

1. 预处理阶段

(1)沉淀池。由于牧场环境致使粪水中含有一定量细沙，设计沉淀池用于沉淀原水中含有的不溶于水的细沙(图 6-2-4)。

(2)格栅池。格栅池通过旋转机械格栅拦截滤过含大颗粒物质的粪水，减少进入下游工艺粪水的固含物量，降低下游工艺的处理负荷(图 6-2-5)。

图 6-2-4 沉淀池

图 6-2-5 格栅池

(3)收集池。粪水收集池是汇集、储存和均衡粪水的水质水量。牛场粪水主要由尿液、残余粪便、饲料残渣和冲洗水组成。其排出的粪水浓度是不均衡的，在不冲洗圈舍时粪水量少，粪水浓度高；冲洗圈舍时粪水量大，粪水浓度低。高浓度粪水与低浓度粪水的水质差别很大，会对粪水处理设备设施的正常运行产生不利影响。因此在粪水进入污水处理系统前，需设置一个有一定容积的收集池，将粪水储存起来并使其均质均量，以保证粪水处理设备和设施的正常运行(图 6-2-6)。

(4)深度固液分离设备。深度固液分离设备是利用水在不同压力下溶解度不同的特性，通过增压系统、快速反应循环系统对全部或部分待处理(或处理后)的水进行加压、加气，增加水的空气溶解量。在此过程中加入无机高分子絮凝剂，通过絮凝沉淀后，在常温常压下进行悬浮筛选，从而最终将比重小于1的、微小的甚至肉眼无法看到的很难沉降的胶体颗粒物分离出来，SS的去除率达到80%以上(图 6-2-7)。

图 6-2-6 收集池

图 6-2-7 深度固液分离设备

2. MCR 膜生化处理阶段

(1)调节池。养牛场生产过程中排出的粪水,水量、水质、温度等水质指标随排水波动较大。采用调节池进行前期水质调节,使被处理的粪水水质均化,使后续处理设施不受粪水高峰流量或高浓度变化的冲击,保障设备运行的稳定(图 6-2-8)。

(2)水解酸化池。粪水在温度控制稳定后,经过提升泵将定量的水送入设置在反应器底部的布水器。布水器的设置能保证进水十分均匀和粪水上升流速的稳定。在水解阶段,固体物质降解为溶解性物质,部分大分子物质降解为小分子物质。在产酸阶段,碳水化合物降解为脂肪酸,主要是醋酸、丁酸和丙酸(图 6-2-9)。水解和产酸进行得非常快,很难将它们分开。此阶段参与反应的微生物主要是水解菌、产酸菌。在酸性衰退阶段有机酸和溶解的含氮化合物分解成氨、胺、碳酸盐和少量的 CO_2、N_2、CH_4 和 H_2。由于产氨细菌的活动使氨态氮浓度增加,氧化还原电势降低,pH 上升,pH 的变化为甲烷菌的增长繁殖创造了适宜的条件,于是甲烷菌把有机酸转化为沼气。经水解酸化处理,将大分子状态的有机污染物分解为生化性强的小分子物质,改善和提高污水的可生化性和溶解性。

图 6-2-8 调节池

图 6-2-9 水解酸化池

(3)兼氧池。兼氧池是相对厌氧和好氧来讲,一般是指溶解氧控制在 0.2～0.5 mg/L 的生化系统。包括一级兼氧池和二级兼氧池。它们的相同点是:都是兼氧的环境,以厌氧和兼氧菌为主。它们的不同点是:发挥的作用不同,一级兼氧池是控制在厌氧的水解酸化阶段,将大分子的物质分解成小分子物质,提高粪水的可生化性,便于后续工艺的处理;二级兼氧池的作用是在去氨氮过程中提供反硝化等作用,并作为好氧池的过渡阶段。另外一般一级兼氧池不曝气,而二级兼氧池可以选择用穿孔管曝气,适当增加粪水中的溶解氧(图 6-2-10)。

(4)接触氧化池。生物接触氧化法是生物膜法的一种形式,是在生物滤池法的基础上发展起来的,从生物膜固定和污水流动来说,相似于生物滤池法。从污水充满曝气池和采用人工曝气看,它又相似于活性污泥法。所以,生物接触氧化法兼有生物滤池法和活性污泥法的特点(图 6-2-11)。

生物接触氧化法的固定生物膜与一般的生物膜不同。在氧化池中采用曝气方式,不仅提供较充分的溶解氧,而且由于曝气搅动加速了生物膜的更新,从而更加提高膜的活力与氧化能力。另外,曝气会形成水的紊流,使固着在填料上的生物膜可以连续地、均匀地与污水相接触,避免生物滤池中存在接触不良的缺陷。

图 6-2-10 兼氧池

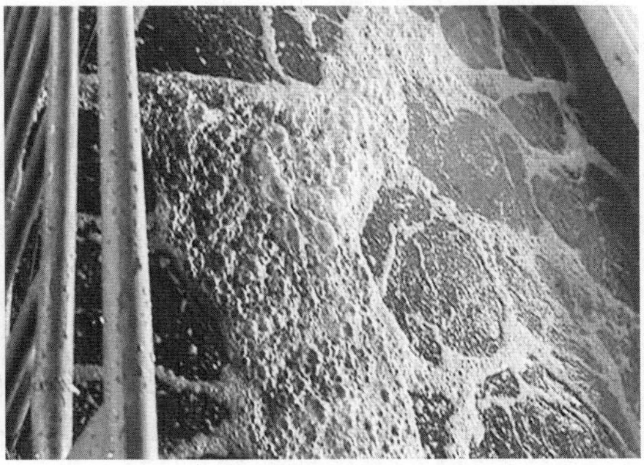

图 6-2-11 生物接触氧化池

(5)MCR 膜反应器。它是将化学处理工艺与膜分离工艺加以结合,使传统的化学反应效率得以提高。该反应器可以根据需要建成固定式或移动式。膜生物反应器具有对污染物去除效率高、硝化能力强(可同时进行硝化、反硝化)、脱氮效果好、出水水质稳定、剩余污泥产量低、设备紧凑、占地面积少于传统工艺、增量扩容方便、自动化程度高、操作简单等优点(图 6-2-12)。

图 6-2-12 MCR 膜反应器

3. 产水段

(1)SRO 反应器。SRO 水处理系统,采用了先进的反渗透膜分离技术,并根据用户的实际原水水质情况,专门配套设计了原水预处理单元,从而保证了系统产水水质的持续稳定。

系统的主要工作原理如下:原水依次经过由机械过滤器、活性炭过滤器、软水器和微孔过滤(保安过滤)四部分组成的预处理单元的处理,分别将原水中的淤泥悬浮物、大部分有机物以及细小颗粒物质处理掉,然后经过高压泵增压,泵入超级反渗透(SRO)膜分离单元。

SRO 具有以下特点。

①高质量的卷式反渗透膜。在反渗透膜分离单元这一系统的核心单元里,由于采用了世界一流先进的卷式超低压反渗透膜,从而保证了整个系统产水质量的持续稳定。

②多种保护措施,保证运行安全可靠。在检测和控制单元,由于采用了高压泵压力保护,并在产水送水泵处采用了管路压力控制或液位控制,保证了整个系统安全可靠地运行。

③采用液位控制技术,实现自动控制产水。由于在产水水箱处设置了性能可靠的液位控制器,实现了系统产水的自动控制,不必再担心水溢出水箱或水不够的情况。

④采用产水电导在线监测,水质一目了然。由于在反渗透膜组件的透过液出口处安装了在线电导率仪,使产水水质得到连续监测,并显示在仪表盘上,方便随时了解水质情况。

⑤采用卫生级洁净耐高压管路,符合行业饮用纯净水制备要求。

(2)消毒脱色装置。整套装置由供料系统、反应系统、稀释吸收系统、在线控制系统、安全系统组成(图 6-2-13)。运行成本是国际上广泛使用的亚氯酸钠与盐酸生产工艺的 20%。

4. 全自动化管控系统

用户可以通过互联网与现场系统设备进行实时交互:查询历史数据、设置工艺参数、控制各类设备(权限控制)。远程交互系统同样可以扩展到移动终端,用户也可以通过 App 完成上述应用模式。

在原有的人力投入上,可以让更多的企业管理人员实时掌控企业的排污情况,并根据自己的权限对各项指标进行调整达到最佳运行状态。

图 6-2-13 消毒脱色装置

[撰稿:北京国科诚泰农牧设备有限公司 关全森]

6.2.3 牛粪固液分离技术

近年来,随着奶牛养殖业规模化、集约化的迅速发展,奶牛场粪便集中排放造成的环境污染问题日益突显,尤其是规模化奶牛场。牛粪不仅对土壤、水源、大气造成污染,同时大量堆放还会占用奶牛场自身有限的生产场区,影响奶牛场正常的生产秩序。因此牛粪的处理及综合利用的研究迫在眉睫。

随着人们环保意识的提高,畜禽养殖场粪污处理已成为全社会关注的热点问题。国家相关部门先后制定了针对畜禽粪污处理的系列法律法规,要求实行畜禽养殖区域和污染物排放总量控制制度,推进生态养殖模式,全面进行粪便无害化处理与资源化利用,推动畜牧业与生态环境和谐发展。而固液分离是规模化畜禽养殖场粪水混合物处理的关键环节,其分离效果直接影响分离出的固体与液体的利用率与资源化。本节介绍几种常用的固液分离技术与装备,并分析其优缺点。

6.2.3.1 固液分离技术及作用

要实现畜禽粪污无害化、资源化处理,简单高效且广泛应用的方法是通过好氧堆肥及厌氧发酵来实现。规模化养殖场排出的粪便量较大,特别是近几年,部分牛场采用了水冲工艺,使得需要处理的养殖粪便的数量更大、TS 浓度更高。通过发酵工艺可降低污水中 TS 浓度,但需要对粪水混合物进行必要的前处理,即固液分离。

固液分离作为规模化畜禽养殖场粪水混合物处理的关键技术,其主要目标是移除粪便污水中的悬浮固体和部分溶解固体。通过此流程分离出的固体与液体均可再利用(图 6-2-14)。固体可制成有机肥,为农作物提供营养,增加及更新土壤有机质,自用或市场销售均可增加经济收入;分离出的液体 COD 含量大幅下降,有利于后序厌氧工艺的实施,降低了处理负荷及处理成本,促进后序好氧处理工序的进行,更易达到排放标准。

6.2.3.2 常用固液分离方法

1. 沉降分离法

不施加外力,仅通过固体自身重力作用自然沉降的分离方法。该方法操作简单且成本

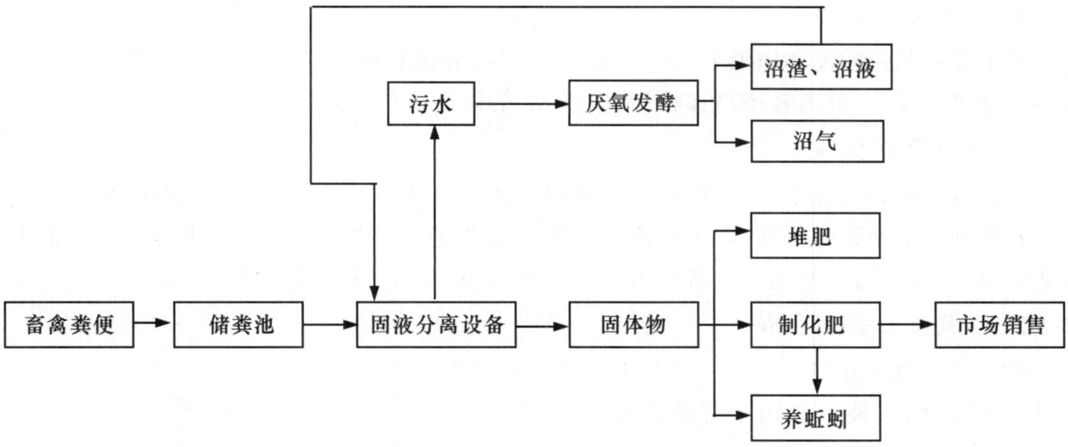

图 6-2-14　固液分离工艺流程

低，但工作周期长，伴有恶臭气体。

2. 蒸发分离法

通过加热或晒干的方法去除粪水混合物中的水分。该方法仅限于干旱地区采用。蒸发池规模及周围环境变化对分离效果影响较大，成本也较高，应用范围较小。

3. 絮凝分离法

应用化学试剂使微小的悬浮固体迅速地聚集成较大的固体颗粒，进而沉淀分离的方法。使用化学试剂不可避免含有毒性化学元素，缺少统一标准，制约此方法的推广及应用。

4. 机械分离法

通过机械设备进行分离的方法。分离率及分离效率均优于其他分离方法，其适用性、实用性及推广性更强。

6.2.3.3　固液分离机械装备

1. 筛分分离机械

由于粪水中固体颗粒的尺寸大小不一，因此采用分离筛进行固液分离(图 6-2-15)。固体颗粒的分离率由筛孔大小决定，筛孔小则易堵塞且难清洗，筛孔大则分离率过低。

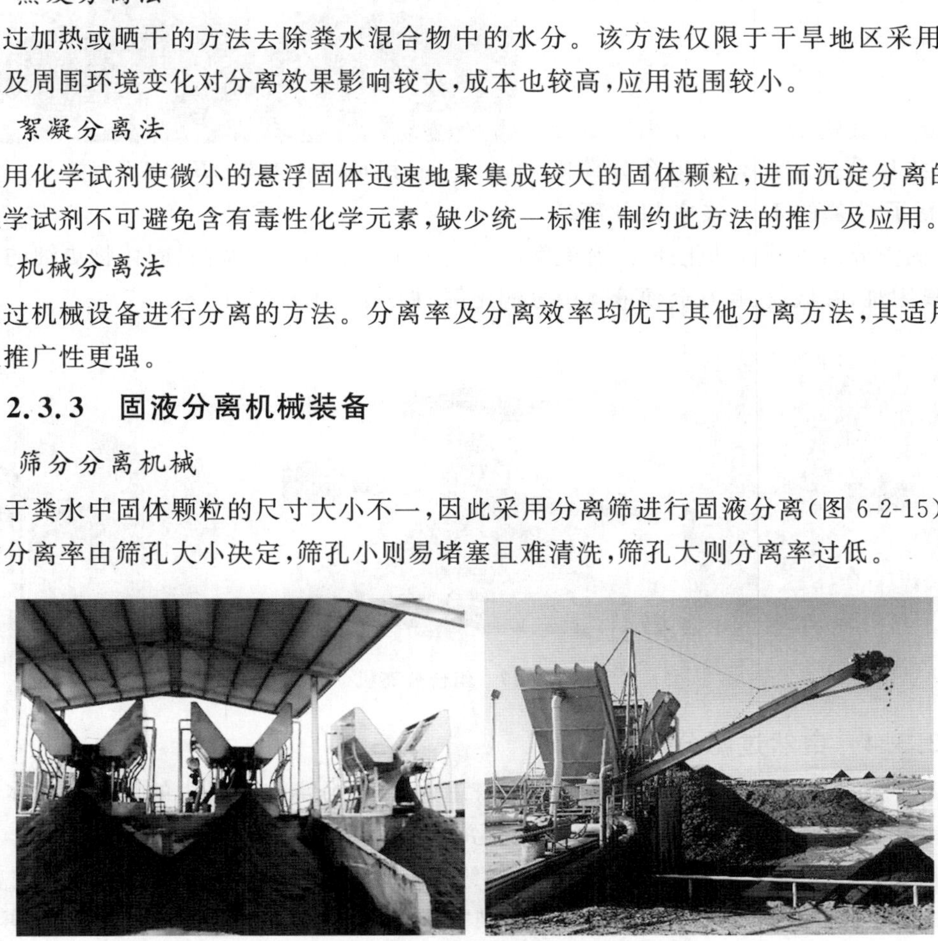

图 6-2-15　斜筛式固液分离机

2. 离心分离机械

用于畜禽粪便的离心固液分离机主要有过滤离心机和卧式螺旋离心机。离心分离机的优点是分离速度快、分离效率高;缺点是投资大、结构复杂和能耗高。

3. 压滤分离机械

压滤机具有处理能力大、操作管理简便、滤饼含水率低、无振动、无噪声和能耗低等优点。但在分离过程中滤带易堵塞,影响分离效率及分离机的连续性,需要不断使用高压水枪进行反复冲刷,增加了污水处理量。絮凝剂加药量大,并需定期更换滤带,成本较高。

4. 螺旋挤压分离机械

螺旋挤压固液分离设备是一种新型的固液分离设备,被广泛用于畜禽粪便处理中(图 6-2-16)。此类型固液分离机较振动筛分固液分离设备更适宜于发酵后粪浆的分离,生产效率高、分离效果好、人工成本及维修成本低。同时,也具有不耐沙,挤压绞龙与筛网易磨损的缺陷。

图 6-2-16 螺旋挤压固液分离机

5. 组合分离机

筛分、螺旋输送分离与螺旋挤压分离、对辊挤压分离相结合的组合分离机极大提高了设备的工作效率和分离效果,实现固液分离机械自动化处理,有效解决了规模化养殖场含水率高、固体物更细的水泡粪固液分离困难,降低氮、磷在粪便液体中分配比例的关键技术难题(图 6-2-17)。

图 6-2-17 组合分离机

6.2.3.4 自然过滤分离法

利用牛粪自身的过滤毛细通道及液体自身重力势能,分离出牛粪中的大部分液体。系统分离效率高,运行成本低,缺点是对环境温度比较敏感(图 6-2-18)。

随着畜禽养殖业的迅猛发展,规模化、集约化成为必然趋势,畜禽粪便排放总量日益增长,带来一系列的空气、土壤、水体及生态污染等问题,严重威胁人们赖以生存的环境安全。采用传统方式直接还田往往难以消除污染,通过现代化机械装备及自动控制技术可以实现畜禽粪便无害化、资源化处理。

畜禽粪便中的BOD、COD和SS等对环境构成威胁物质的80%以上存在于固态粪便中,采用机械化处理可将难分解的物质提前分离出来。分离出来的固体粪便,经过好氧发酵制成有机肥,可以改善土壤结构,促进农业增产增效。分离出的污水经过厌氧发酵生产沼气,为社会提供绿色能源。规模化畜禽养殖粪便固液分离技术及设备可将畜禽粪便变废为宝,适应畜禽养殖业的快速发展。

图 6-2-18 自然过滤分离装置

[撰稿:北京国科诚泰农牧设备有限公司 关金森]

6.3 利用

6.3.1 奶牛粪肥利用及优缺点分析

奶牛场粪肥利用目前主流的方式包括:沼气(包括沼气提纯及发电)、有机肥、牛粪卧床、还田4种。

6.3.1.1 沼气系统

沼气可燃烧供热,也可燃烧发电,或者通过提纯的方式形成商品化的能源供车辆行驶使用。除了沼气之外,整个发酵的过程可以使牛粪中的细菌被杀灭,纤维物质状态得到一定程度的分解。经过发酵以后的沼渣在固液分离后,具有无臭味、细菌指数低的优点。经过沼气处理之后,沼液中的氮磷钾指标有所降低,对于还田面积不够的牧场可以起到帮助。以上为沼气系统的优点。

沼气系统同时也存在着缺点。沼气系统发酵以后的液体,虽然氮磷钾等指标降低,但是没有达到直接排放的标准,仍需要进行还田处理。在冬季寒冷地区,沼气系统无法提供额外的能源用于供暖或者发电,其所产生的能源大部分都用于保温。当沼气用于发电时,甲烷容易造成发电设备腐蚀,因甲烷产生的电能不够或者仅仅能够支撑设备腐蚀所需要的配件替换费用,经济效益较低,无法为牧场产生价值。沼气系统对于使用沙卧床的牧场有着天然的不适应性,无论是隧道式还是气罐式都会因为沙子的存在产生堵塞。

6.3.1.2 有机肥

可利用固液分离后的干粪物质制成有机肥产品。有机肥产品可通过商业化的方式进行加工和销售。混合其他类型的生物肥料,可以满足农业肥料所需要的氮磷钾要求。

缺点在于,牛粪经过固液分离后,80%的氮磷钾被液体带走,干物质部分仅保留了20%的氮磷钾,直接使用干牛粪作为有机肥加工,其营养成分无法满足农业需求,需要混合其他肥料才能达到氮磷钾指标。

6.3.1.3 牛粪卧床

利用经过固液分离的干粪，再翻堆发酵以后，回填卧床使用，可节省牧场对于卧床材料采购的费用。

缺点在于，使用牛粪作为卧床材料，需要良好的管理能力，达到每天消毒、杀菌和整理。否则容易造成奶牛乳腺炎发病率升高。

6.3.1.4 还田

无论牧场通过何种方式处理牛粪，最终还是要实现粪肥还田的目标，牛粪中具备良好的氮磷钾含量，并且不含重金属等物质，用于还田可以肥沃土地，减少工业化肥对土地的伤害。

［撰稿：基伊埃（上海）牧业科技有限公司　杨捷］

6.3.2 粪污收集沼气发电技术及案例

规模化奶牛养殖可促进我国现阶段农业生产结构调整，增加农民收入，是奶牛养殖生产力进一步发展的客观要求，有利于加速奶牛养殖生产的专业化、商品化、现代化进程，是我国现代农业在市场竞争形势下的必然趋势。但是，集约化的饲养方式也造成了牛粪尿过度集中和冲洗水的大量增加，如果不对其进行妥善处理，会给环境带来严重污染。目前，我国畜禽养殖粪便污水已经成为部分地区主要的污染源，引起了各级政府的高度重视。随着《畜禽养殖污染防治管理办法》《畜禽养殖业污染物排放标准》以及《中华人民共和国畜牧法》的颁布，国家对规模化畜禽养殖污染防治提出严格要求。因此，规模化畜禽养殖污染的治理已经刻不容缓。

图 6-3-1　粪污收集沼气发电现场

本节以德国中温沼气发酵技术为案例进行粪污处理介绍。

6.3.2.1 工艺描述

占地面积 50 000 m^2，每天产气量 11 300 m^3，年发电 955 万 kW·h（节约 3 056 t 标准煤，减排二氧化碳 9 330 t），余热能约 320 万 kW·h。

粪污投入量 182 500 t，沼液 162 500 t，沼渣 20 000 t。

1. 畜禽粪污收集

一座 10 000 头的奶牛场，日产粪污约 500 t，含固率 8%～10%，粪污通过管道输送至处理中心。

2. 粪污处理中心建设

包括调节池、厌氧发酵系统、沼气发电系统、固液分离系统、公用工程等（图 6-3-2）。

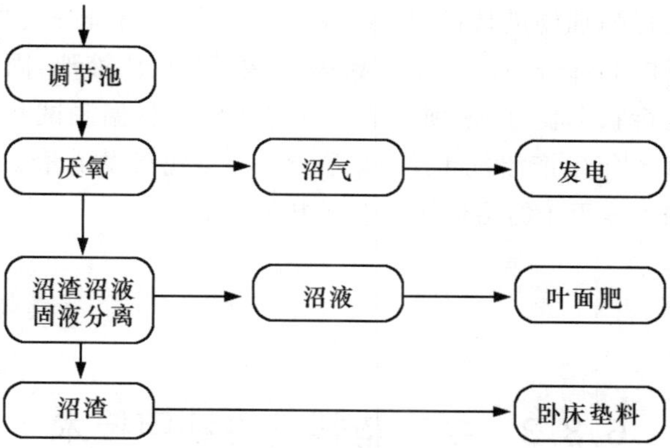

图 6-3-2　粪污处理流程

(1)调节池。牛粪经过输送泵及管道破碎机送至调节池进行调质,均质后通过管道进入厌氧罐。

(2)厌氧发酵系统。有机质经高效厌氧发酵系统产生沼气。厌氧系统进料、出料、搅拌、增温、排沙、产气均能实现全自动化操作运行。厌氧消化后的物料有沼气、沼液、沼渣。剩余沼渣脱水后作为卧床垫料,脱水后的沼渣柔软、舒适、清洁,对于减少奶牛乳腺炎的发生,提高产奶量有重要意义。

(3)沼气发电系统。畜禽粪污经厌氧工艺产生沼气,用于发电上网或提纯后并入天然气管网、车用燃气、工商企业用气,实现了有机废弃物资源化高值高效利用。

(4)固液分离系统。厌氧发酵后产生的沼液通过分离机进行固液分离,产生的沼渣作为奶牛卧床垫料回到牧场,沼液因含有氮、磷、钾以及其他丰富的矿物质养分,可用于还田,有效提高土壤的养分含量。

(5)公用工程。为保证项目的正常运行,建设使用满足项目运行负荷的给排水、暖通、电气、自控系统。

6.3.2.2　效益分析

1. 经济效益

项目收益:收益率 9.56%,投资回收期 8.8 年。

财务净现值:932.7 万元(税前)。

2. 环境效益

通过项目实施建成投产后,可以年综合处理利用畜禽粪污 182 500 t,厌氧发酵产生的沼渣用于奶牛卧床垫料、沼液用于农作物种植,极大地提高了粪污综合利用率,对减轻环境压力、确保区域环境质量安全等有着显著的环境效益。

畜禽粪污资源化产生的沼气可用于发电上网,替代大量的化石燃料,降低环境污染。

3. 社会效益

畜禽粪污资源化利用实现了上联养殖业,下促种植业,是促进生态循环农业发展的重要举措。不仅有效防止和减轻了畜禽粪便排放和化肥农药过量施用造成的环境污染,而且对提高农产品质量安全水平,促进绿色和有机农产品生产,实现农业节本增效,转变农业发展方式发挥了重要作用。

牧场畜禽粪污处理项目的建设,可以解决规模化养殖场产生的粪污,有利于改善和保护周边生态环境,促进循环经济的不断发展,进而形成绿色环保养殖业和种植业的良性循环。

6.3.2.3　案例

红星集团粪污处理沼气发电项目整体工程及工艺流程由德国公司设计,建设期间由德国工程师现场进行指导，整体工艺流程由原料输送、粪污预处理、粪污厌氧发酵、沼气净化、沼气发电 5 部分组成。发酵罐体、预处理池、沼液池、固液分离间、可移动式发电机组等体系完善、运行状态良好，该项目顺利通过了冬季低温测试并成功并入国家电网。预计年处理粪污 4.23 万 t，年生产沼气 127.87 万 m^3，可实现年发电量 281.3 万 kW·h，可以生产 0.4 万 t 的沼渣肥和 3.6 万 t 的沼液肥作为有机肥回田。

[撰稿：北京奥耐尔农牧科技有限公司　孟秀荣]

6.3.3 牛粪垫料再生利用技术

随着国内奶牛养殖业的快速发展，中大型规模的养殖场越来越多，随之出现的粪污集中处理问题也日益严重。与此同时，现有的垫料如稻草、沙子等价格已经上涨，养殖场已经越来越难以确保质量好的垫料来源。全自动牛床垫料再生系统通过将牛粪分离、快速发酵处理，实现奶牛牛粪的循环利用，保证了经济垫料的来源。

6.3.3.1 牛床垫料再生系统概述

牛床垫料再生系统为一种半开放式有氧发酵技术，主要原理是此系统可提供促进微生物在有机物料中增殖的适宜环境，依据发酵时间的不同，发酵物料可被加工成牛床垫料。

6.3.3.2 全自动运行

从牛舍清理出来的粪污在集粪池内进行均匀搅拌后，被泵抽到螺旋挤压固液分离机，分离的固体不断进入发酵滚筒，滚筒持续 24 h 运行（图 6-3-3）。同时，在 PLC 程序的自动控制下，整个系统全自动运行。

图 6-3-3　螺旋挤压固液分离机分离效果

6.3.3.3 生物型牛床垫料

牛床垫料再生系统 24 h 连续运行稳定，运行成本低廉，无须任何外源加热，仅依靠自然存在的细菌有氧发酵就能使转鼓中的温度升至 65～75℃，并且至少有 5～6 h 达到 70℃ 以上。符合最新的欧盟法规的规定，即在 70℃ 发酵至少 1 h，杀灭 99% 以上的有害病菌（图 6-3-4）。生产的牛床垫料安全，能降低乳腺炎的发病率，提高产奶量，是一种理想的生物型牛床垫料。

6.3.3.4 经济型牛床垫料

转鼓内的生化反应过程是通过温度传感器和通风系统进行自动控制，每日垫料的生产量可以达到 3～36 m^3，垫料含水率低至 58%～61%，可以替代传统的垫料原料，节省养殖场垫料采购成本，同时减少粪污处理费用，是一种新的经济型牛床垫料（图 6-3-5）。

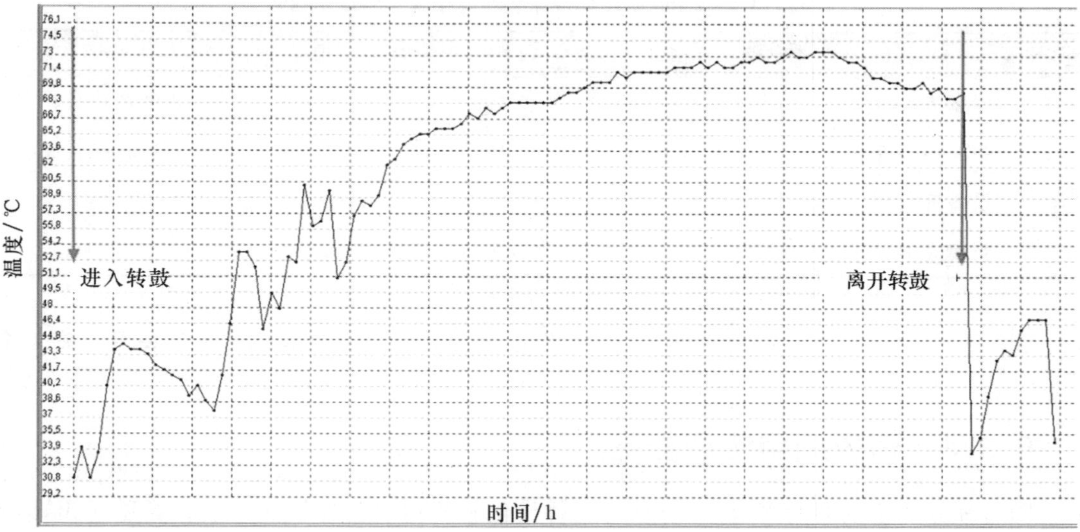

图 6-3-4 转鼓中的温度变化

图 6-3-5 牛粪用作垫料

6.3.3.5 牛床垫料再生系统的优势

配备专门研发的耐磨型螺旋挤压固液分离机，分离效果好；特殊高密度聚乙烯制成的发酵滚筒，提供优良的热绝缘性和耐腐蚀性；无须外源加热；用电脑或智能手机通过互联网远程监控系统运作，可编程的全自动 PLC 系统。

6.3.3.6 应用案例

以新疆某牧场 2 100 头牛为例，设备投资 385 万元，土建投资 20 万元，系统总投入 405 万元。

综上所述，牛粪通过牛床垫料系统进行处理后作为牛场垫料，对维持奶牛正常的健康没有影响。不仅可以有效循环利用牛粪、减少环境污染，同时可为牛场节省沙子、稻壳等垫料的资金投入（表 6-3-1）。这种模式值得推广，但对牛舍内适当的干燥处理以及对牛垫床的管理也是至关重要的。

表 6-3-1　2 100 头牛的沙床垫料与牛粪垫料成本比较

序号	名称	项目	数量/头	年经济指标/元	备注
1	沙床垫料费用	500 元/(牛·年)	2 100	1 050 000	原牧场垫料成本
2	牛粪垫料费用	150 元/(牛·年)	2 100	－315 000	现模式垫料成本
3	设备折旧			－202 500	
	新模式年节省			532 500	

[撰稿：北京国科诚泰农牧设备有限公司　关金森]

6.3.4　有效施用液态粪肥

随着环保养殖热潮的兴起，一场有机肥替代化肥的运动已经悄然开启。粪肥还田，既可以解决畜牧粪污问题，又可以帮助作物施肥，还能减少化肥使用量。机具作业不仅效率高，而且抛洒均匀，固态肥料通过抛洒的方式直接还田，液态粪肥则通过抛洒、注入等方式，“滋润”着土地。

6.3.4.1　有机肥的肥效

有机肥中含有未被动物完全消化吸收的植物残留，其中包含大量养分，有利于农作物的生长。施用含有植物残留的肥料可使植物获得更充分、更全面的营养，与此同时，有机肥含有机物，可有效改良土壤品质，如腐质能够增加土壤的储水量。

为了确保有机肥料的全部价值有效利用，必须采取一定的处理措施。不当的处理，不合适的时间，不均匀的施用等均会造成营养物质的损失并降低利用率。

6.3.4.2　有机肥的营养成分

有机肥含有 70%～95%的水分、5%～30%的养分和有机物，固体有机肥一般都含有大量的垫料(如秸秆)和高浓度干物质，液体有机肥(如粪)含有少量垫料和低浓度干物质。

有机肥中的营养元素包括氮、磷、钾、钙、镁、硫、钠、铜、锌、锰和硼。大部分营养成分都能立即被植物所吸收。氮有 2 种表现形式：可立即使用的铵态氮和不可立即使用的有机氮(表 6-3-2)。硝酸盐是人工化肥中的一个重要组成部分，通常不存在于有机肥中。

表 6-3-2　有机肥的干物质浓度及营养素

项目	干物质含量/%	氮含量/(kg/t)	铵态氮/(kg/t)	磷(P_2O_5)/(kg/t)	钾(K_2O)/(kg/t)
牛粪	8	5	3	2	3
猪粪	5	5	4	2	2
固体粪污	20	6	2	4	4
尿液	3	5	4.5	0.5	10
厚垫草	30	10	2	3	13

6.3.4.3 有机肥的有效利用

有机肥是一种优良的肥料，可以改善土壤质量。与施用人工化肥的土壤相比，定期施用有机肥的土壤肥力较高。氮是最具挑战性的营养物质，因为有机部分不可立即使用，损失的胺转化为氨气或对土壤无任何益处的硝酸盐。总之，损失越低，氮的利用程度越高。影响有机肥利用率的因素有：处理和播撒技术、施用的时间、气候和天气、有机肥的类型。

图 6-3-6 液体施肥设备

可以通过使用专用施肥设备来提高肥料的利用率（图 6-3-6）。此外，施用有机肥最好选在植物需要营养物质的生长期。在阴凉条件下施肥可减少氨的蒸发，可事先或在施肥后使用工具（犁耕或耙）将水分注入有机肥中。在常降雨地区的冬季，氮会转化为硝酸盐浸出，所以这些地方只有春季或夏季适用有机肥。

利用率是指有机肥中总氮量的利用率（与人工化肥相比）。一般液体有机肥的利用率（40%～70%）比固体有机肥（20%～50%）高。磷、钾和大量微量元素均含有较高营养价值且不易遭受损失。

6.3.4.4 施肥时机和施肥技术的重要性

施肥的时机很重要，最好选在农作物易吸收的时期，否则氮难以被吸收。冬季播种的作物，最好在冬季之后施肥；春季播种的作物，最好在播种前施肥。对于草原上生长的农作物，每次收割后为最佳施肥时间。

表 6-3-3 针对不同农作物，建议施肥的时机和技术

农作物种类	例子	建议施肥	
		液体有机肥	固体有机肥
春种	春大麦、春小麦、春油菜、玉米、甜菜、马铃薯等	在种植之前进行灌溉，灌溉深度 10～12 cm。4～6 周会发芽	在播种之前进行播撒、耙平或进行翻犁
秋种	冬小麦、冬大麦、冬黑麦、冬油菜、向日葵等	在春季植物开始吸收营养时进行灌溉	在秋季播种作物之前进行播散、耙平、翻犁；或者在春天时薄薄地播撒
草地	轮流牧区或永久的牧区	在早春或每次放牧完成后进行灌溉，灌溉深度为 4～6 cm	一般不推荐使用。如果没有合适的有机肥，可在春季时薄薄地播撒
固氮作物	豌豆、豆类或三叶草	无氮应用，不需要施粪	无氮应用，不需要施粪

施肥技术可以分为 4 类（图 6-3-7 至图 6-3-10）。

图 6-3-7　使用软管施肥

图 6-3-8　无生长作物施肥的注射技术

图 6-3-9　有生长作物施肥的注射技术

图 6-3-10　广泛洒施

施肥期间仅有少量氨蒸发，即使广泛施肥时，喷到空中的粪污中氨蒸发的数量也是极少的，详见表 6-3-4。

表 6-3-4　不同施肥技术下氨的蒸发量

不同的施肥技术	施肥过程中氨的蒸发量/%
广泛施肥	0.75
软管	0.4
注射	0

虽然在施肥后的 1～2 d 内，氨的蒸发量达到最大值，但是总量还是很少的。

一般不推荐广泛施肥，因为氨的蒸发量过高，土壤的营养吸收不均(表 6-3-5)。

表 6-3-5　不同技术施用猪粪和牛粪氨的蒸发量比较

不同的技术	施肥过程中氨的蒸发量/%	
	猪粪	牛粪
广泛施肥，冬季小麦	26	48
软管，冬季小麦	15	428
注射，草地(4～6 cm 深)	13	25
注射，无农作物土地 (10～12 cm 深)	1	2

6.3.4.5 详细的施肥计划

每一个阶段都需要详细介绍如何利用有机肥或人工肥料来满足营养物质的需求。根据本地的实际情况，确定好氮、磷、钾的用量；确定施粪的种类和数量；确定人工化肥需要满足需求量的氮、磷和钾的量；何时施肥；如何施肥。

该计划必须在合适的季节前开始考虑所有的作物所需的有机肥和化肥使用量，包括所需的抛撒设备、施肥环境等。有机肥与化肥按计划实施，回收率高，对环境影响小，固定成本最低。有机肥的利用率越高，人工化肥的消耗量越低，成本也就越低。

表 6-3-6 冬小麦(产自丹麦)施肥方案 kg/hm^2

日期	建议用量	N	P_2O_5	K_2O
		200	60	100
3 月 20 日	化肥（硝酸铵，27%），400 kg/hm^2	110	0	0
4 月 15 日	猪粪，30 t/hm^2，5 kg/t 的含量，利用率 60%	90	60	90

［撰稿：北京国科诚泰农牧设备有限公司　关金森］

第 7 章 牧场设备

7.1 设备维护和使用

7.1.1 牧场设备管理与维护的有效途径

随着我国畜牧业的飞速发展及环境条件的制约，牧场的集约化、规模化养殖程度势必加大，机械化、自动化、智能化程度需求自然也随之提高，养殖过程对设备的多样性需求及各项要求（如结构、功能、性能、质量稳定性等）越来越高，设备管理与维护的任务也愈加复杂和繁重。然而根据近 15 年的牧场现场服务经历，发现大部分牧场对自身设备管理使用及维护的思想与方法并没有得到很大改善，设备管理与维护的薄弱或被严重忽略已成为制约养殖效率提升、现场改善、奶肉品质稳定、经营成本下降的又一障碍。如今牧场设备维护与管理工作正处于传统与现代的交叉过渡阶段，诸多因素制约和影响着设备管理与维护工作的改进。

7.1.1.1 制约和影响牧场设备管理与维护工作的因素分析

制约和影响牧场设备管理与维护工作的因素主要有以下 3 个方面。

1. 牧场对设备管理的思想与方法

高效、平稳、无故障是牧场设备管理与维护工作追求的最高境界，然而在现实工作中，由于管理方法与管理思想存在的问题，在大部分牧场中都或多或少的存在着以下现象：维修工如同救火队员，设备总是坏了才修，头痛医头、脚痛医脚；使用与维修两张皮，操作人员只求使用和完成作业，不管设备“死活”；维修人员则是治标不治本，修完能用就行。操作人员与维修人员之间相互埋怨，相互推卸责任，结果是关键时刻出问题，造成牧场相关工作人员经常被牧场设备“修理”。此外，牧场操作人员与设备维护人员流动性大、无培训上岗、违规操作、技能欠缺、管理断档等问题也都给设备使用与维护带来了各种隐患及负面影响。

2. 牧场设备维修方式的转变

传统的农机设备维修方式，划分为显著的小型、中型、大型集中维修，有着时间性与季节性的明显特点。对于规模化牧场来说，迫于养殖任务的压力，无故障、不间断运行则是对设备维护工作的基本要求，不但要求取消大、中型维修，对日常维修也有严格的时间限制。设备维修方式上的转变，实际上是设备使用与维护理念的彻底更新。

3. 设备维修技能的要求

牧场设备的多样化、多功能化、集成度越来越高，对设备维修技能的要求也越来越高。传统牧场的设备维修工作中，以职业化、低学历的技工为主，维护对象主要是高低压配电、简单机械结构方面的零部件和设备；然而在现代的牧场设备管理工作中，需要以专业化、中等学历的技师为主，因为维护对象还包括弱电、电子、集成电路板等零部件和设备；在未来的牧场设备管理工作中，则以机电一体化的专业工程师为主，维护对象囊括计算机系统与信息工程在内的从高到低的所有领域，设备维护不再单纯依靠本牧场维修人员完成，牧场维修人员与供应商的设备工程师共同组成了牧场设备维护的主体力量。目前，大部分牧场的设备管理仍旧停留在传统阶段，维修人员技能缺乏及缺乏优秀的维修人员成为许多牧场设备维护工作薄弱的主要原因之一。

对于国内大部分牧场来说，之所以会出现目前普遍存在的各类设备维护问题，根本原因是设备管理维护思想没有跟上牧场规模化发展的步伐，许多牧场的设备管理与维护工作仍旧停留在重使用、轻管理、投入少、故障多的恶性循环之中。随着牧场规模化程度逐渐提高，降本增效的需求不断加大，牧场设备折旧、能耗及维护成本控制方面问题急需解决，设备管理表现出不可替代的重要作用(图 7-1-1)。随着多种新技术的普及与运用，牧场业务工作越来越精细和精准，养殖工艺及设备性能对奶肉产品品质的影响越来越大，牧场迫切需要设备管理与维护工作实现突破性的提升。传统的设备管理、维护思想与方法已不能适应牧场发展的要求，预防管理与系统管理将成为开展设备管理与维护工作的主导思想。

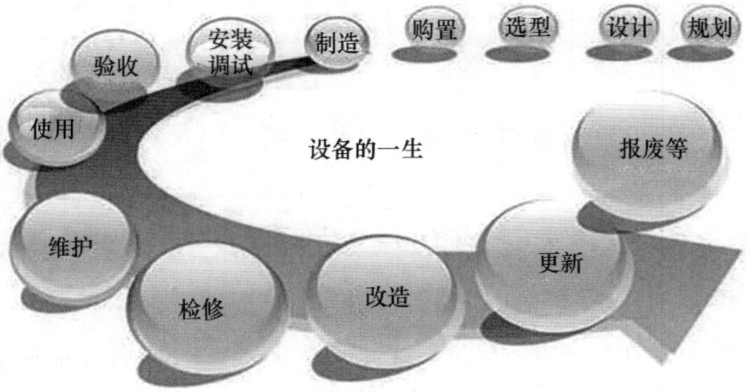

图 7-1-1　现代化牧场设备的管理维护

7.1.1.2　设备管理与维护的有效途径

将预防与系统管理思想转变为行动，需要采取相应的措施。在牧场实际工作中，建议先从以下十大途径入手。

1. 明确牧场设备管理与维护的组织架构及相关责任人

牧场设备维修部门为主要维修力量，担负全场设备设施维护、管理与指导工作。牧场设备操作人员为牧场设备维护第一责任人，负责对所操作牧场设备的日常清理、润滑、维护与异常检查。如果牧场设备操作人员工作时间过长或工作量繁重，建议缩短操作人员工作时间或工作量，以使操作人员能有时间和精力对所操作设备进行维护，但不建议另外指定设备维护第一责任人，避免相互扯皮。牧场各业务部门经理、主管为牧场设备维护小组的主要成员，负责协助与支持维修部门开展各项牧场设备检修工作，负责监督操作人员的牧场设备使用情况。

2. 完善牧场设备基本档案管理

鉴于牧场工作人员流动频繁，建立健全牧场设备管理档案，不仅能够维持牧场设备管理工作的连续性，还有利于牧场固定资产的管理。常规上，牧场设备管理档案应包括牧场设备及零配件档案、使用操作说明档案、维修档案、技改档案、日常维护档案、日常清理与润滑档案、配件采购合同、供应商信息、维修厂家信息、技术信息等内容。然而在很多牧场，这些资料往往被随处放置或被管理层封锁在高柜里，操作人员或维修人员无法随时看到，甚至都不知道这些资料，建议这项工作安排专人管理，便于操作人员或维修人员随时查阅。增强牧场设备管理的数字化信息化程度，即通过局域网系统，初步形成设备、备品、备件计算机管理，同时积极使用牧场设备管理软件，推动牧场设备档案、固定资产、牧场设备运行、维修等管理性基础工作向计算机管理、资源共享方向发展(图 7-1-2)。在设备管理或操作工作交接过程中，提前熟悉这些档案及进行相关设备培训是新人上岗前的必要环节。

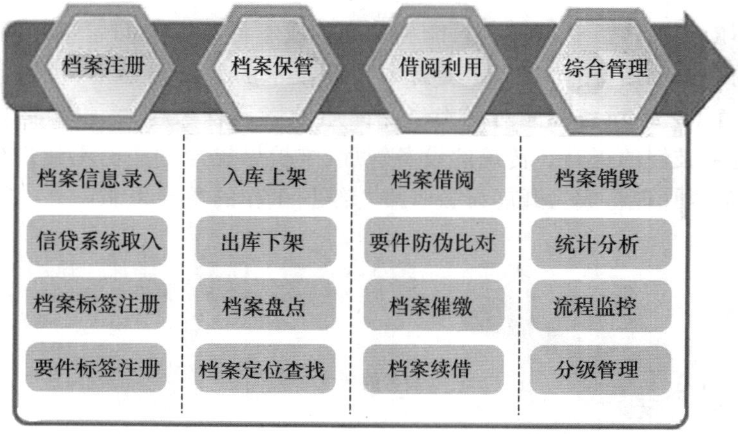

图 7-1-2　建立健全牧场设备管理档案

3. 牢固树立预防为主的理念

牧场设备的正常运转在于维护，不在于维修。几乎所有的牧场设备故障大部分源于缺乏日常保养，“头痛医头、脚痛医脚”的维修方式只能使牧场设备维护工作陷于低效率、高成本的恶性循环之中。积极推行预防维修，强调牧场设备的维护保养，转变“重使用、轻维护”的旧观念，通过有效的维修保养流程，保证牧场设备的精度和有效利用率。实施设备预防管理的重点是强化牧场设备的日常保养工作。

4. 制定预防维修计划

依据牧场经营情况，合理制定维修计划是牧场实现预防与系统管理的重要措施。一般来说，维修计划的制定以时间为单位进行划分，一般包括：年度维修计划，即将全年维修工作按季度进行分解制定；季度维修计划，即将各季度维护工作按月进行分解制定；月维修计划，即将月维修计划按周进行分解制定；周维修计划，即将周维修计划按班次进行分解制定。上述计划中应当包含明确维修工作的具体内容、具体时间、主要操作人员、开展维修工作的程序与步骤、维修工作所需的零部件材料预算与采购时间安排、维修工作的档案记录和维修工作的结果验收等主要内容。提前做好牧场人员维护和维修能力评估、与外部供应商资源对接及零部件材料采购到位的及时性，这些对预防维修计划的正常实施至关重要(图 7-1-3)。

5. 制定牧场设备点检制度

牧场设备的预防管理与系统管理思想要求牧场设备的日常维护工作按两条主线开展实施,一条是按维修保养计划展开,另一条就是强化牧场设备的日常巡检,即牧场设备点检。点检分三级,操作工、维修工及管理人员的点检,要形成 PDCA 循环,即 plan(计划)、do(执行)、check(检查)和 action(纠正)工作循环(图 7-1-4),维修工对操作工的点检工作进行审核,管理人员对操作工、维修工的工作及时复审并作出考核,形成考核结果反馈,建立激励机制。日常点检是操作工对牧场设备进行最基本的检查,操作人员利用感官和简易工具对操作的牧场设备进行检查,判定是否存在振动、异响、发热、松动、腐蚀、异味、泄漏、缺失等异常现象,避免牧场设备在不正常状态下工作。

图 7-1-3 牧场设备管理计划

6. 采取化整为零的维修方式

牧场的大部分业务工作都具有日周期性特点,这就要求牧场设备维修方式必须彻底转变,尽可能利用设备每天停机间隙时间进行设备维护,将停机时间与牧场设备维护时间最大限度地重合。一方面,按照系统维护计划,对牧场设备进行不间断地循环维护,并将规模较大的维护维修项目分解成耗时短、内容少的维护维修工作加以完成。另一方面,通过牧场设备点检制度的有效实施,及早发现并解决牧场设备隐患,在不影响牧场工作的前提下,完成牧场设备的维护与维修(图 7-1-5)。

图 7-1-4 PDCA 循环示意图

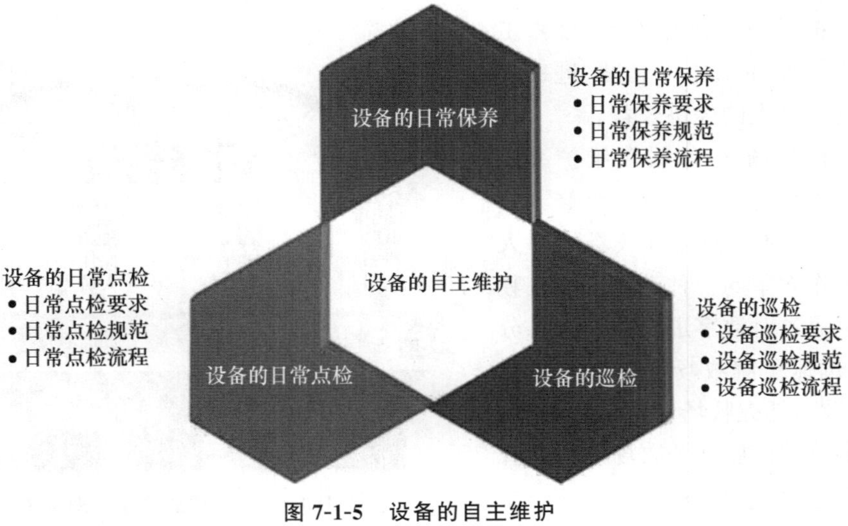

图 7-1-5 设备的自主维护

7. 保持设备健康运行，严禁带病运转

牧场设备带病运转不仅会缩短设备使用寿命，带来运行成本增高、设备效率下降、奶肉产品品质缺失等诸多方面的问题，还可能导致严重的牧场设备事故与安全事故，不仅使牧场蒙受巨大的经济损失，甚至牧场因此而倒闭。

8. 树立牧场设备优先原则

对于牧场工作人员来说，保持牧场设备良性运转是首先要做到的工作，当养殖任务与牧场设备维护在时间或先后顺序上产生冲突时，应严格执行“牧场设备优先原则”，将牧场设备隐患与故障控制在最小范围内，只有这样，才能使牧场设备维护工作逐渐从“抢修”状态转变到“维护”状态。对于许多牧场管理人员来说，这是一个非常艰难的选择。但对于牧场的长远发展来说，却是必须要实现的工作目标。为了预防养殖任务与牧场设备维护产生较大冲突，严重影响牧场运营和效益的问题，牧场需要提前准备好应急或备用方案。

9. 从制度上实现全员维护

“维修、使用两张皮”是牧场设备管理与维护工作中常见的现象，也是牧场设备故障频发的原因之一，只有从制度上保证使用操作人员是牧场设备维护的第一责任人，让每一个使用牧场设备的人承担起牧场设备日常维护的工作职责，才能有效改变重使用、轻维护的不良管理现状。实现全员维护的一个重要举措就是转变维修部门的职能，充分发挥牧场设备维修部门的监督考核、技术服务作用，将牧场设备维护人员变为牧场设备管理员与设备设施培训师，通过对全体牧场人员的培训，提升全员的牧场设备维护意识与正确操作技能。

10. 实行绩效管理

相关牧场人员的工作积极性对于整个牧场设备管理与维修工作都起着非常重要的影响，如果牧场人员没有工作热情，即使制定出非常严谨的设备维修管理制度，这些制度也只会流于形式，发挥不出应有的作用。所以应该充分结合牧场的具体情况来制定出一套完善的绩效管理制度，主要从安全意识、成本意识、技术水平以及工作态度等多个方面来对维修人员的实际工作状况进行严格的考评，同时还应该将考评结果和个人的薪酬所得进行挂钩，这样一来，便可以有效提升设备操作人员、维修工作人员的积极性和工作认真度，进一步为牧场创造出更大的经济效益。

对于现代牧场来说，设备维护系统集成的数字管理是区别于传统维修方式的一个特点，也是全面提升牧场维修人员思想与工作效率的一种有效方法。牧场维修人员通过对数字进行定期汇总分析，便能够迅速了解牧场设备维护中存在的隐性问题，把握牧场设备运行规律，从而采取有效的措施展开牧场设备的管理与维护工作(图 7-1-6)。

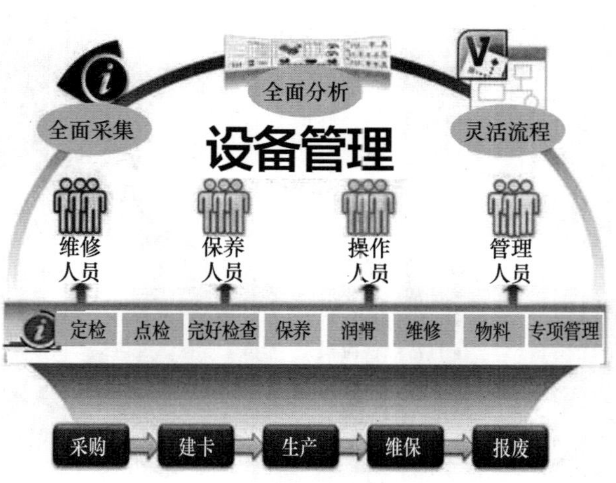

图 7-1-6　集成的设备管理系统

牧场设备管理是牧场养殖管理工作

中最基本的一项工作，也是直接制约牧场发展的一项工作。对于牧场来说，影响牧场设备管理与维护工作的根本因素是牧场设备管理思想。换句话说，一个牧场设备管理的好坏从根本上并不取决于牧场设备的自动化程度高低与维修、操作人员的技能，而是取决于牧场管理层对牧场设备维护工作的管理思想、支持力度以及操作维修人员的使用维护思想，正所谓态度决定一切。

[撰稿：北京国科诚泰农牧设备有限公司　关金森]

7.1.2　犊牛清洁整体解决方案

7.1.2.1　初乳厨房清洁方案

1．初乳盒的清洁

(1)初乳盒用热水冲洗干净后，使用吸水毛巾擦拭干净(图 7-1-7)。

(2)新的初乳袋放置于初乳盒内，准备初乳灌装(图 7-1-8)。

(3)初乳灌服完后，将用完的初乳袋放入垃圾箱内(图 7-1-9)。

图 7-1-7　擦拭初乳盒

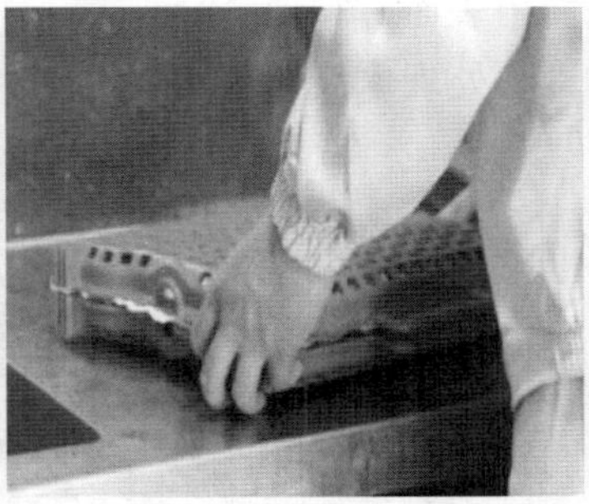

图 7-1-8　放置初乳袋

图 7-1-9　丢弃初乳袋

2．灌服插管/乳头和软管的冲洗

(1)先使用冷水配合管刷冲洗灌服插管和软管内部(图 7-1-10)。

(2)再使用热水(50℃)配合管刷清洗灌服插管和软管内部(图 7-1-10)。

(3)控干灌服插管和软管，并将插管和软管放入冰柜中保存(图 7-1-11)。

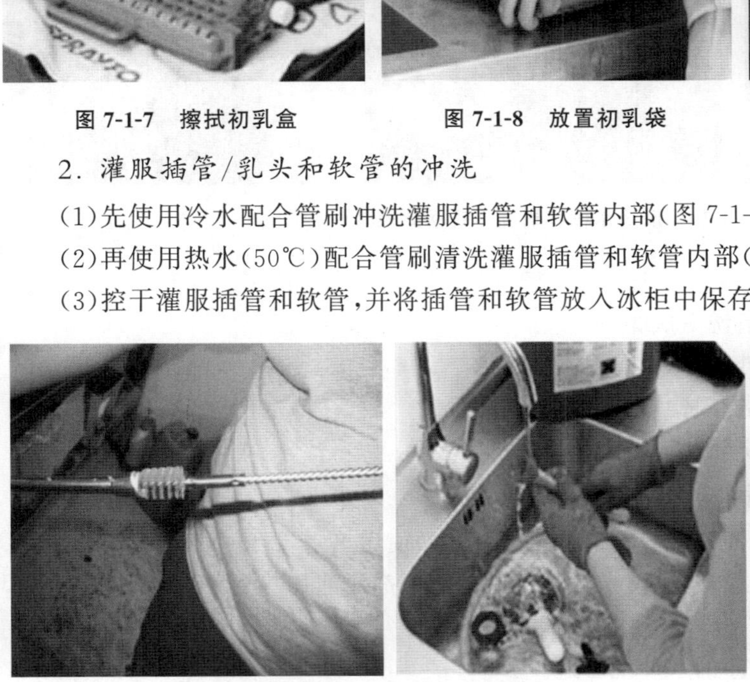

图 7-1-10　刷洗和清洗饲喂插管

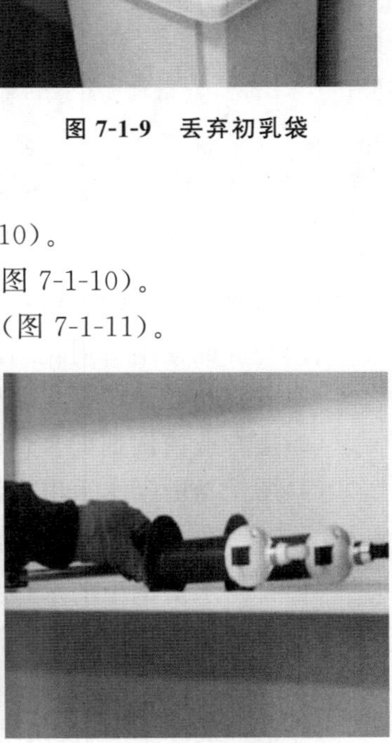

图 7-1-11　晾干饲喂插管

3. 灌装支架的清洗(图 7-1-12)

(1)先使用冷水配合碟刷清洗表面。

(2)然后使用热水配合管刷清洗内部和灌装管道内部(温度不低于 50℃)。

(3)再使用专业清洗剂(柠檬酸)刷洗后,用干净的水冲洗一遍。

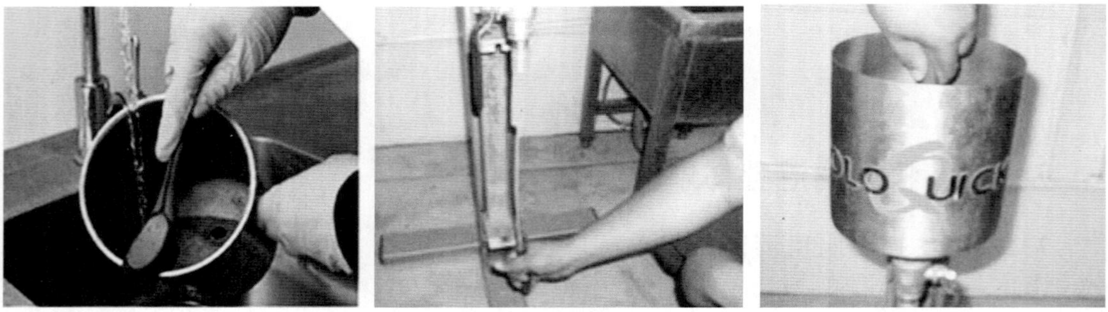

图 7-1-12 刷洗灌装壶

4. 橱柜的清洗

(1)手柄刷、碟刷配合专业清洗剂清洗台面、水槽和小物品(图 7-1-13)。

(2)用罐刷配合清洗剂清洗橱柜表面(图 7-1-13)。

(3)清水冲洗后用手持橡胶刮板处理水渍。

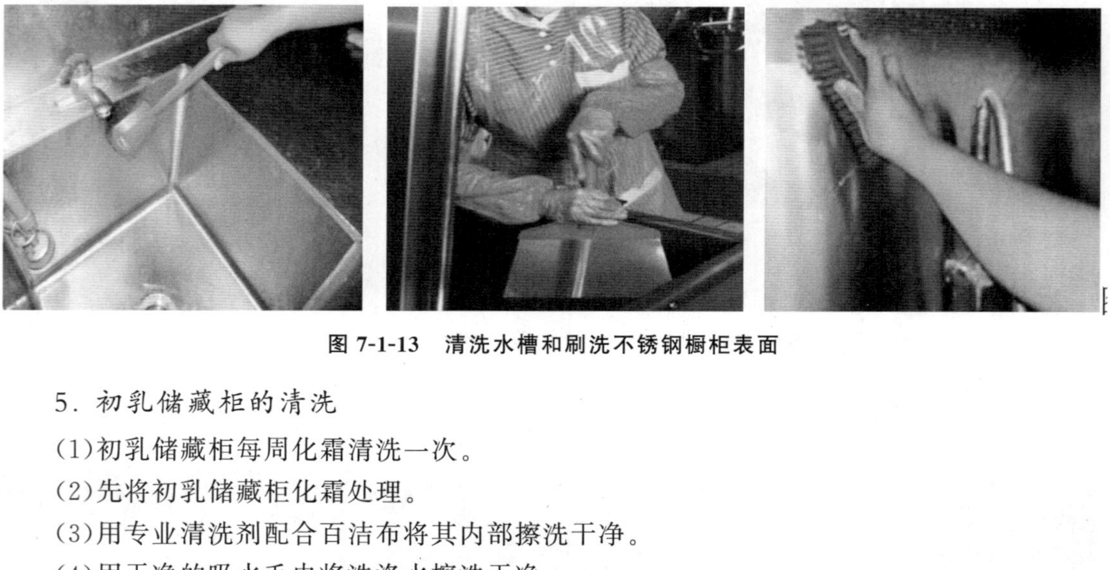

图 7-1-13 清洗水槽和刷洗不锈钢橱柜表面

5. 初乳储藏柜的清洗

(1)初乳储藏柜每周化霜清洗一次。

(2)先将初乳储藏柜化霜处理。

(3)用专业清洗剂配合百洁布将其内部擦洗干净。

(4)用干净的吸水毛巾将洗涤水擦洗干净。

6. 初乳巴氏杀菌机的清洗(图 7-1-14)

(1)排出水浴锅中的水,用滚刷或碟刷清洗干净。然后使用热水(温度不低于 50℃)冲洗。

(2)再使用专用清洗剂(柠檬酸)刷洗。每周用专业清洗剂浸泡加热管,不要超过半小时,避免腐蚀加热管。

(3)清掉洗涤水后,使用干净的水冲洗一遍。

(4)最后用百洁布擦洗干净设备外部。

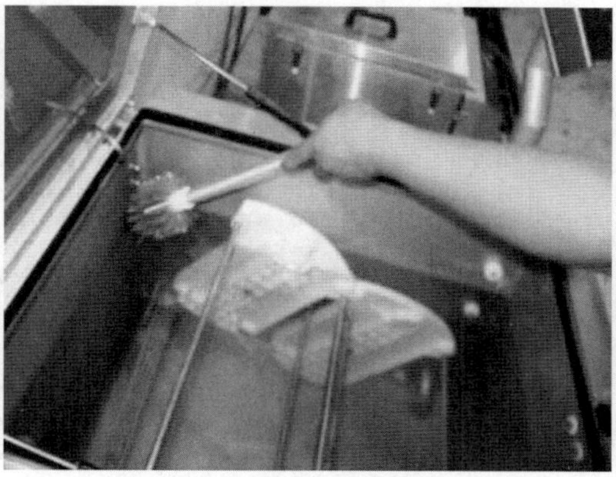

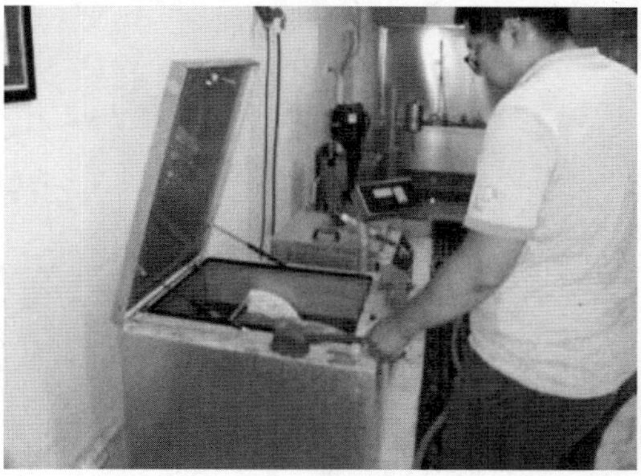

图 7-1-14 巴氏杀菌机的清洁刷洗和擦干

7. 其他配件的清洗

(1)热水器:断电后用罐刷配合清水清洗后,用清洁海绵擦拭干净(图 7-1-15)。

(2)水池:建议使用手柄刷或者圆头刷清洁(图 7-1-16)。

(3)奶桶:建议使用圆头刷配合食品级清洁剂清洗(图 7-1-17)。

(4)笔式初乳测定仪:每次使用完,用清水归零后,使用卫生棉擦拭干净(图 7-1-18)。

图 7-1-15 擦拭热水器外壁

图 7-1-16 刷洗水槽

图 7-1-17 刷洗初乳桶

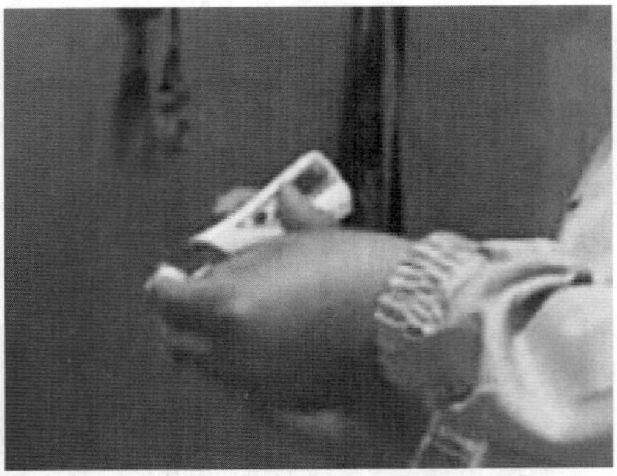

图 7-1-18 擦拭初乳检测仪

7.1.2.2 初生犊牛舍清洗方案

1. 地面清洁

(1)使用高压喷水枪将清洁剂喷洗地面。

(2)使用地板刷及墙面刷清洗地面和圈墙。

(3)用高压水枪将地面冲洗干净。

(4)用硬刮板将水渍刮出牛舍。

(5)喷洒泡沫消毒剂。

2. 牛圈清洁

(1)用专用卫生钯将褥草清理到专用防疫垃圾桶内。

(2)与地面清洁相同步骤清洗地面(食品级清洁剂)。

(3)用手柄刷或者罐刷清洁围栏。

(4)喷洒泡沫消毒剂(图 7-1-19)。

7.1.2.3 哺乳犊牛舍清洗方案

1. 地面清洁(图 7-1-20)

(1)用凯驰高压清水机将水泥地面及站内地面冲洗干净。

(2)用硬刮板将水渍刮入粪道。

(3)用卫生锹将沙床内粪便清理到粪道。

注:如果舍内净空的条件下,可以使用泡沫消毒剂进行舍内消毒。

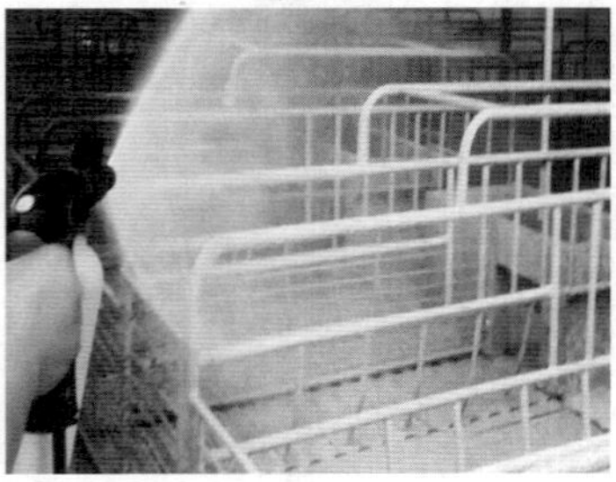

图 7-1-19 消毒围栏

图 7-1-20 冲洗地面

2. 犊牛自加热饮水槽清洗(图 7-1-21)

(1)用大型设备清洁刷或者地面刷清洁设备表面。

(2)用管刷清洁设备缝隙处。

(3)用碟刷或者手柄刷配合食品级清洁剂清洁饮水槽储水池。

(4)用高压清洗机用清水冲洗干净,并使用泡沫消毒剂消毒。

图 7-1-21 刷洗饮水槽

3. 自动饲喂系统清洁

(1)设备内部配有全自动清洗系统,设备可每日按设定的程序进行内部清洗。

(2)奶管至饲喂机之间的清洗:一天一次,用酸和肥皂。卸下用管刷清洗(图 7-1-22)。

(3)管道的清洗:利用管刷及管道刷配合清洗剂进行清洗。

(4)用高压水枪配合手柄刷、地面刷和手刷清洗饲喂站围栏(图 7-1-23)。

(5)用清洁海绵擦拭干净。

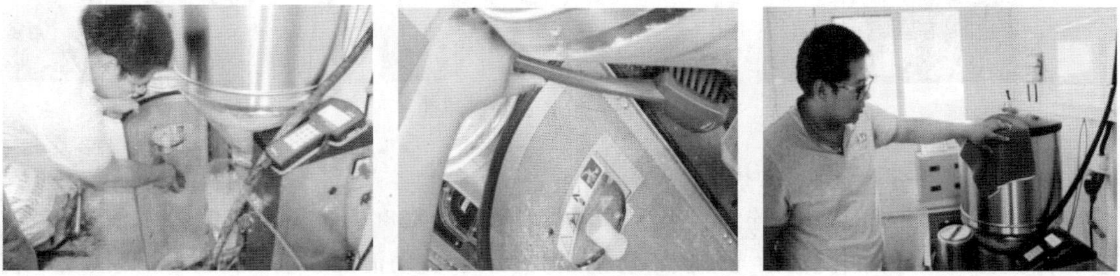

图 7-1-22 刷洗外壁和擦拭机身

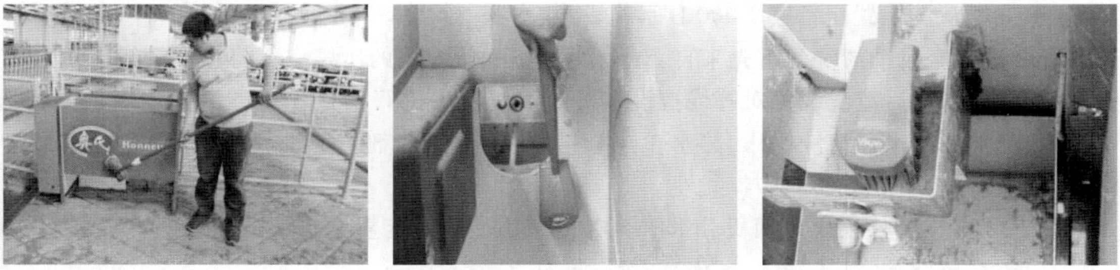

图 7-1-23 刷洗饲喂站

7.1.2.4 哺乳犊牛舍设备间清洗方案

1. 地面清洁(图 7-1-24)

(1)用清水冲洗地面。

(2)用地面刷清洁地面。

(3)用刮板将水渍刮入下水道内。

图 7-1-24　刷洗地面

2. 设备及管道清洁(图 7-1-25)

(1)用罐刷清洁设备外部。

(2)管道内部使用管刷清洁。

(3)管道外部使用管道刷清洁。

图 7-1-25　设备及管道清洗

3. 全自动巴氏消毒系统内部自清洁

FP4100 奶泵、CFP3000 连续式巴氏杀菌机、REMDX3800 直冷罐、BT1000 清洗装置、直冷罐配置了 Packo 独特的激光焊接不锈钢蒸发板和全自动清洗系统,可提高热交换效率和单独对奶罐进行全自动清洗,确保清洁效果。

BT1000 清洗装置配备有 1 000 L 水箱、冷热水阀、排水阀和酸碱计量泵等部件,可对环形饲喂管线进行全自动清洗。首先来自 Atlas 无油空气压缩机的压缩空气将环形管线内剩余牛奶推回制冷罐,然后清洗装置对管线按设定好的清洗程序进行清洗。标准清洗程序一共为 5 个步骤,分别为冷水预清洗奶沫、热水预热管道、热水加清洗剂主清洗、冷水冲洗和冷水最终清洗。

CFP3000 连续式巴氏杀菌机和 REMDX3800 直冷罐都配置全自动清洗系统。

4. 连续巴杀消毒系统外部清洁(图 7-1-26 和图 7-1-27)

(1)手刷或者圆柄手刷清洁缸体外部。

(2)用管刷清洁管道内部。

(3)用手柄刷或者圆头刷清洁桶内部。

(4)用百洁布或清洁海绵将外部用清水擦拭干净。

图 7-1-26 刷洗和擦拭外壁

图 7-1-27 刷洗管路和平衡罐

7.1.2.5 断奶犊牛舍清洁方案

(1)用卫生锹将沙床上粪便清理到粪道内。

(2)用卫生钯将脏褥草清理到防疫专用卫生桶内。

(3)水泥地面使用高压清水机冲洗后,用硬刮板将地面水渍清洗干净。

7.1.2.6 后备牛舍清洁方案

使用吸粪车将水泥地面的粪污收集、转移到积粪池集中处理(图 7-1-28)。

图 7-1-28 吸粪车清粪

[撰稿:北京奥耐尔农牧科技有限公司 李虎仓]

7.2 光管理控制

7.2.1 泌乳牛长光周期管理要点

7.2.1.1 奶牛的光周期管理

奶牛的光周期管理就是奶牛的"生物钟"管理，所有哺乳动物都存在生物钟，包括人。每天清晨，我们为什么几乎在同一时间睡醒，即使关掉闹钟，打算在周末早上睡个懒觉，但是我们身体里的"闹钟"一般都非常准时，让我们早早就"自然"醒了。

这就是昼夜生物钟在起作用，生物钟是包括人类、奶牛在内的所有哺乳动物内在的定时器。

几乎所有的生理活动都或多或少地受生物钟的调控。昼夜生物钟可以调控奶牛大脑的松果体随着昼夜变化分泌不同浓度的褪黑素。太阳落山时，褪黑素的分泌也开始旺盛，体温下降，奶牛的各个器官进入休息状态，与之相反，清晨时分，褪黑素的分泌水平下降，身体各个器官包括消化、泌乳开始活跃起来。

生物钟对哺乳动物身体的调控高度依赖自然光的变化。昏暗的环境，或者不正确的照明将导致生物钟紊乱，导致生产性能下降，免疫能力下降等一系列问题。

那么，奶牛的昼夜生物钟是什么样子的呢？荷斯坦奶牛的发源地北荷兰省，夏季最长18 h长光照，冬季最短8 h的短光照，相对应的是，奶牛春季产犊、夏季泌乳和冬季干奶的自然状态，奶牛光周期管理的研究结果恰恰与这一自然现象吻合。夏天和早秋的长日照是荷斯坦奶牛泌乳和配种（后备牛生长）的信号，而冬天的短日照则是干奶的信号，所以，我们需要给荷斯坦泌乳牛和后备牛营造一个"北荷兰的夏天"（16～18 h连续光照——长光周期），给干奶牛营造一个"北荷兰的冬天"（6～8 h连续光照——短光周期）。事实证明，进行合理的光周期管理对奶牛具有如下益处：泌乳牛的产奶量提高；后备牛生长速度提高，乳腺发育改善；干奶牛采食量及其下个泌乳期的产奶量显著增加。

7.2.1.2 国外研究结果

国外有大量的试验验证了光照管理的重要作用和极高的投资回报率。

最早关于光周期管理的研究来自1978年Peters等发表于最顶尖的《Science》杂志，从此，关于奶牛光周期的研究一直是科研界的热门方向。从光照长度的研究，到光照度、频闪的研究，到最近色温的研究。来自不同研究团队，不同国家的研究结果反复验证了光周期管理能够快速提高奶牛的采食量，减少应激，提高免疫力，从而提高产奶量和奶牛健康度。Dahl与Petitclerc总结了1978—2003年国际上所有关于奶牛光周期的研究（图7-2-1）。基本结论是泌乳牛适合长光周期管理——16～18 h的亮期（太阳光＋早晚补充光照），紧接着6～8 h的暗期，在16～18 h亮期要确保整个牛舍亮度均匀达到100 lx及以上。相反，在6～8 h暗期，要确保整个牛舍亮度小于10 lx。在长光周期下，奶牛生物钟的节奏最适合泌乳状态。所以，泌乳牛在长光周期（16～18 h光照）作用下，比短光周期（8 h光照），产奶量提高5%～16%（平均8%），约2 kg/d（图7-2-1），采食量平均提高6%。一般情况下，长光周期处理后，2～4个星期能看到奶量增加。

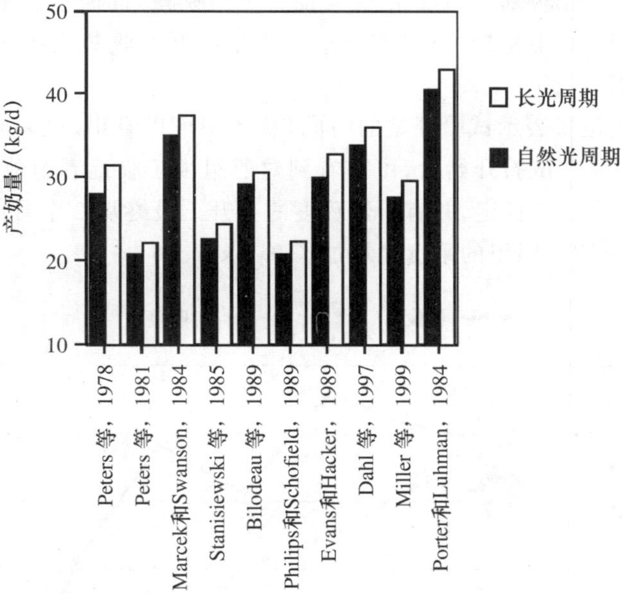

图 7-2-1　1978—2003 年所有试验结果均表明长光周期管理能够提高泌乳牛产奶量 5%～16%

(Dahl 和 Petitclerc，2003)

7.2.1.3　国内研究结果

国内近几年对光周期的研究也表明，长光照能够提高产奶量和采食量，2002 年，崔娟娟从生理角度验证了 16 h 光照显著提高奶牛胰岛素生长因子-1(IGF-I)在血液中的含量，并增加产奶量 2.5 kg，2009 年，李云甫等研究表明 15 h 光照相对于自然光照可以分别提高奶牛产奶量和采食量 9.3%和 16.8%；2013 年，中国农业大学李璟辉等进一步肯定了 16 h 的长光照可以增加产奶量 8%～10%。

除了学术界，企业也开始在牛场不断证明了科学长光周期管理的可行性及其极高的投资回报率。宁夏某规模牛场进行了斯塔克牧场专用灯试验，试验于 2018 年 1 月 18 日开始运行(图 7-2-2)。

A　　　　B

图 7-2-2　白天补光期间白光(A)和夜间暗期的蓝光(B)

试验数据采集:主要包括采食量和每天每头牛产奶量,同时监控其他管理和环境变化。试验数据收集时间为 10 个星期(灯具安装前 2 个星期开始收集数据 + 安装灯后继续收集 8 个星期的试验数据)。

图 7-2-3 中箭头位置表示试验开始的时间,从图中可以看出,试验开始之前,试验组采食量略低于对照组,但是在试验开始后,可以看到对照组由于临近春节放假等原因采食量不断下降,而试验组采食量保持稳定,并有一定程度的上升。最终从 2 个月的数据分析,试验组采食量比较稳定并明显比对照组的采食量增加了 0.7 kg/d。

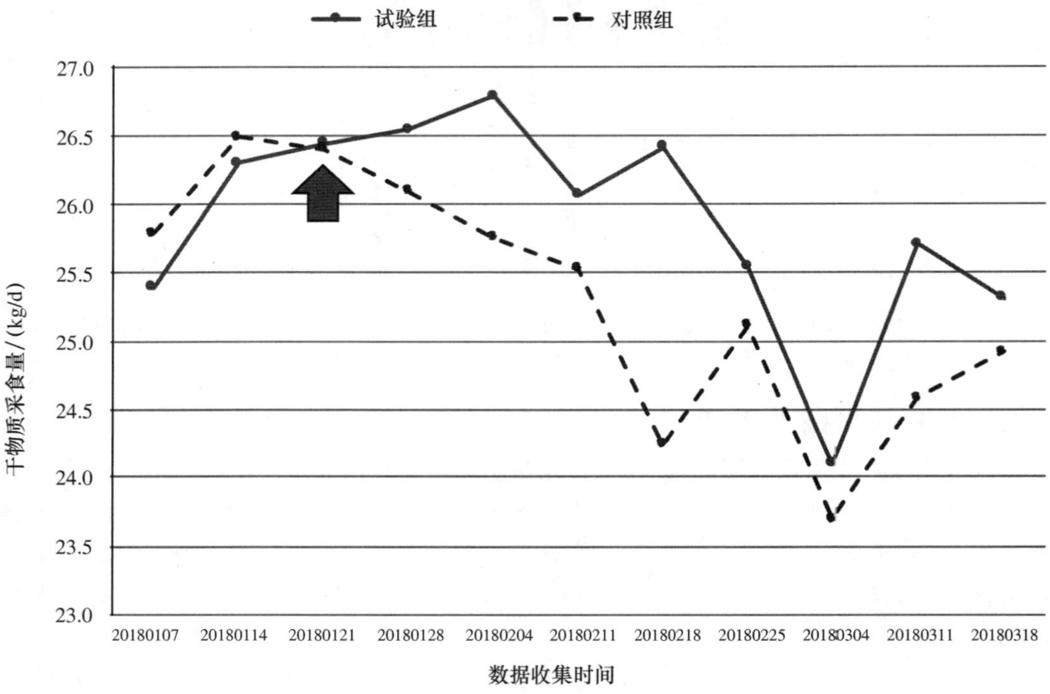

图 7-2-3 试验组与对照组的采食量对比

根据图 7-2-4 线性拟合结果,可以看出,试验开始前,试验组与对照组的产奶量相近,而随着试验的进行,试验组产奶持续力优于对照组,试验组的产量逐渐高于对照组。根据趋势线公式,可以计算,安装索尔斯塔克牛场专用照明灯 2 个月期间,试验组产奶量比对照组提高了 1.86 kg/d,增产效果十分明显且非常稳定。

7.2.1.4 奶牛舍合理光照的几个关键指标

1. 合理补光时间

根据日出日落时间及牛舍设计,合理控制补光时间,确保泌乳牛 16～18 h 的亮期(太阳光+早晚补充光照),紧接着 6～8 h 的暗期,即长光周期管理。这样的做法实际上就是在模拟荷斯坦奶牛发源地北荷兰的夏天。

2. 照度和光谱

对于合理照度的研究,大家的研究结果差异很大,有人建议 200 lx 以上,更有甚者,建议 400 lx 以上,但是,也有研究表明 50 lx 就可以达到效果(实际上,研究结果差异这么大的主要

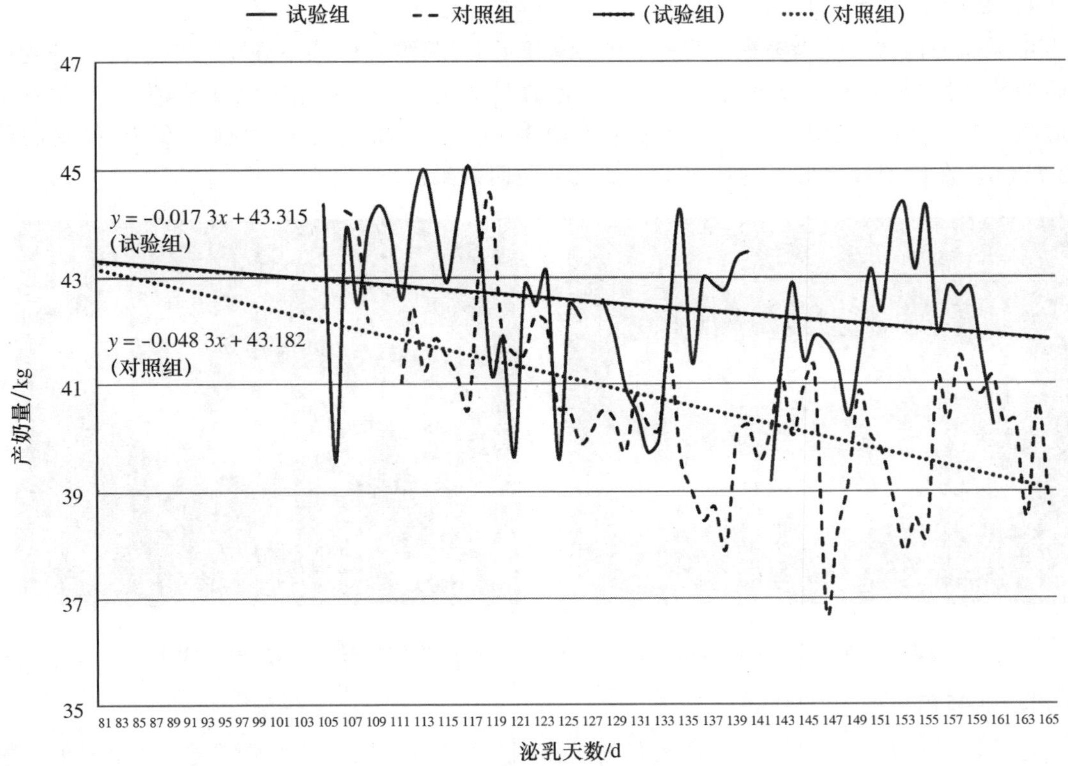

图 7-2-4　试验组与对照组的采食量对比

原因是大家使用的灯光光谱不同，荷兰瓦格宁根大学 2010 年不同光谱对奶牛褪黑激素抑制效果的研究表明，选择更接近自然光的光谱的奶牛专用 LED 灯，照度达到 50 lx 就可以达到效果，100 lx 效果更佳）。

3. 不同光源切换

在晚上 6～8 h 的暗期，需要控制照度在 10 lx 以下。由于工人需要饲喂、推料、挤奶等工作，也不能关掉所有灯光，所以，这个时候需要牛场的灯光可以切换到低照度的蓝光光源。方便工人工作，同时确保不影响奶牛暗期的休息（图 7-2-5）。

A　　　　　　　　　　B

图 7-2-5　16～18 h 补光期间的白光（A）和 6～8 h 暗期的蓝光效果（B）

4. 整个牛舍照度均匀

牛眼球的构造不像人类这么发达，视觉深度不够，三维立体感不强。一堵 3 m 开外光线较暗的墙，对牛来说就是个大山洞，所以，牛舍的照明应该尽量避免明暗交替，减少对牛造成的应激。每一栋牛舍都要经过专业的照明模拟，安装高度与角度都要经过专业测算（图 7-2-6），在使用最少灯具的情况下达到最佳照明效果。

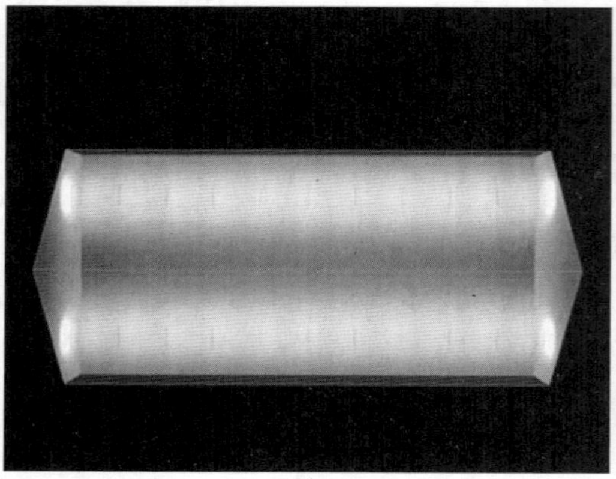
A

B

图 7-2-6 某牛场斯塔克牛场专用灯照度效果模拟俯视图(A)和全视图(B)

5. 无频闪

光源频闪对人和动物的视觉系统有刺激作用，奶牛由于眼球的特殊构造，对频闪更加敏感。奶牛长时间在频闪环境中会有应激。奶牛场的照明系统需要加装变压器，将 220 V 交流电转换为低压 48 V 直流电供电，既安全又有效降低频闪的应激，提高奶牛舒适度。

7.2.1.5 选择合适的灯具及配套自动化控制系统

1. 节能高效，低发热

照明产品最重要的参数就是流明值，其次才是灯具的功率。灯具的流明数越大，就代表这个灯具发光亮度越亮。灯具的流明值除以灯具的瓦数，就是灯具的发光效率：流明/瓦（lm/W），其值越大，就代表不同灯具在相同的用电功率下，亮度越高，越省电。不同类型灯具的发光效率差异很大：白炽灯，每瓦的光转换效率 10～15 lm；荧光灯，每瓦的光转换效率 30～40 lm；节能灯，每瓦的光转换效率 50～70 lm；LED 灯，每瓦的光转换效率 80～100 lm。

就算是发光效率最高的 LED 灯，不同的品牌，真正的发光效率和使用寿命也是差别巨大的，正规品牌 LED 灯发光效率能够达到 95～100 lm/W，使用寿命在 5 万 h 以上，在牛场使用时间达到 10 年及以上。但是，也有很多 LED 灯可能只有 50～60 lm/W，光衰非常严重，可能使用 1～2 年照度就下降至少 50%。

2. 选择分散的光源

灯具的造型不同，对实际的亮度也有巨大影响。例如现在的一些 LED 灯，是面光源，光线只是投射到灯具平面以下，而奶牛场需要的是分散的光源，所以，柱状 LED 灯的效果更适合奶牛场。

3. 防尘防水

由于所有灯的设计都是给人用的，所以通常不考虑雾气和灰尘，雾气会严重影响使用寿命，灰尘则影响灯的发光效率，所以牛场使用灯具必须防尘防水，最好是 IP67 级，可以用高压水枪直接冲洗。

4. 日出日落模拟器

光周期的管理有严格的时间性要求，需要按照日出日落时间定时打开或者关闭照明灯。如果没有很好地控制照明时间，反而会扰乱奶牛的生物钟，产生负面效果。所以，奶牛场的照明一定要能够实现日出日落模拟，定时自动开关。

5. 感光器

白天阴天多云时候，圈舍里面照度一般都会比较昏暗，通常都小于 50 lx。这个时候需要有个感光器来探测到这个照度变化，然后自动启动照明系统。确保奶牛的生物钟不会被影响，保持产奶量稳定。

7.2.1.6 夏季/冬季各地的补光时间推荐

夏季随着各地气温升高，奶牛会发生不同程度的热应激，牛只干物质采食量会随之降低，严重时可达到 30%。利用晚间温度降低时，提高夜间的采食量是大家普遍采取的应对措施，也确实在不同程度上取得了一定的效果。但是，如果能够配合夜间补光，进行合理的光周期管理，将能够显著地提高干物质采食量和改善饲料转化效率，从而减少热应激对广大养殖企业的影响。根据国内各地区的纬度、地势、环境等差异，选取几个有代表性的区域，哈尔滨、乌鲁木齐、呼和浩特、银川、济南、西安、武汉、广州，根据全年日出日落时间（图 7-2-7），我们给出合理的牛舍补光建议供大家参考。

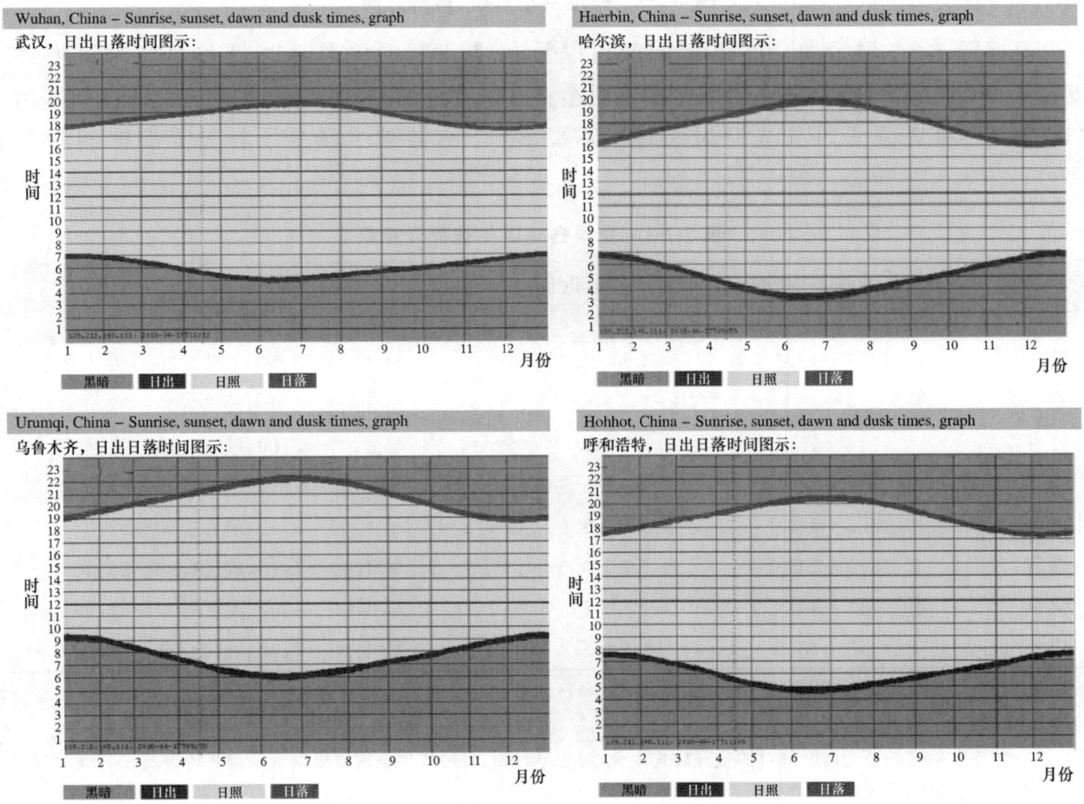

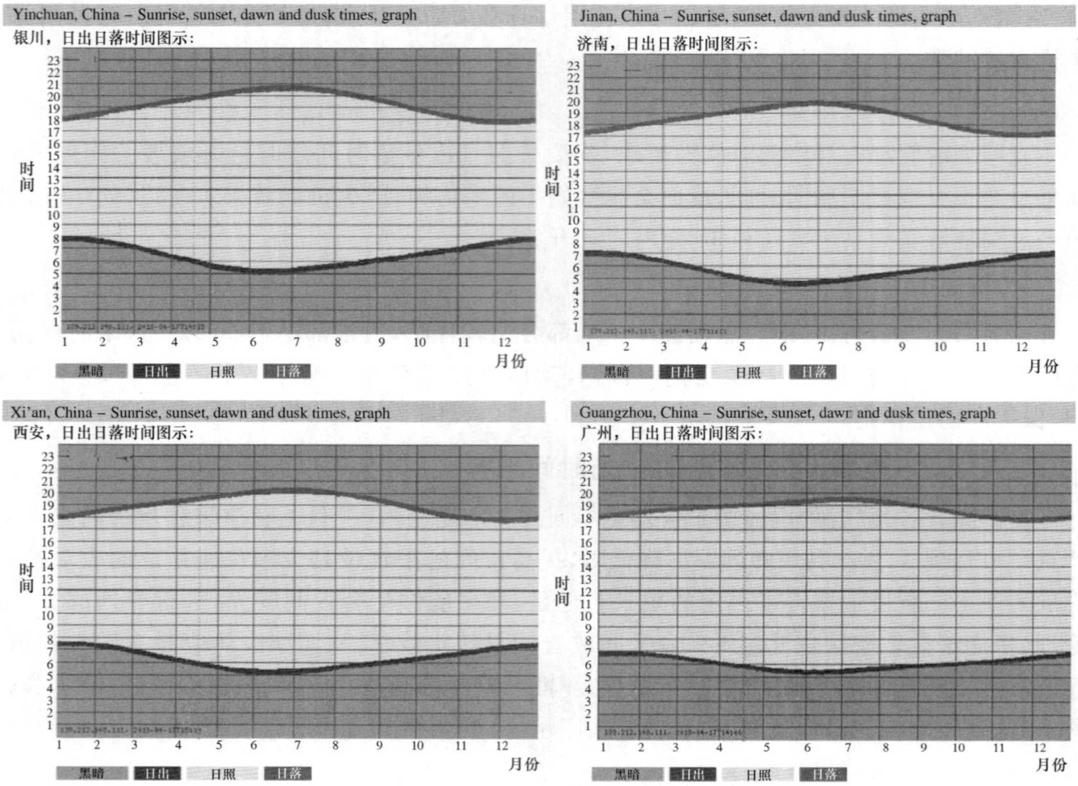

图 7-2-7　各地全年日出、日落时间

根据图 7-2-7 展示的日出日落时间，可以看出，夏天我国从南到北，平均日照时间在 13～15 h。一般情况下，晚上补光时间至少在日落前 1 h 就开始，凌晨补光时间至少延长到日出后 7 h。所以，推荐夏天补充光照时间每天需要 5～7 h，各地牛场夏季补充光照时间参考表 7-2-1。

表 7-2-1　夏季各地区牛舍补光建议

区域	夏季日照时间/h	夏季补光时间/h	当前建议补光程序
哈尔滨	14.5～15.5	4.5～5.5	早 4:00—5:50，晚 17:20—22:00
乌鲁木齐	14～15	5～6	早 4:00—8:40，晚 20:00—22:00
呼和浩特	14～15	5～6	早 4:00—7:00，晚 18:10—21:40
银川	14～14.5	5.5～6	早 4:00—7:20，晚 18:30—21:50
济南	13.5～14.5	5.5～6.5	早 4:00—6:30，晚 17:50—22:00
西安	13.5～14	6～6.5	早 4:00—7:10，晚 18:20—22:10
武汉	13～14	6～7	早 4:00—7:00，晚 18:00—22:00
广州	13～13.5	6.5～7	早 4:00—7:00，晚 18:00—22:00

注：①以上所有时间计算按照日出日落时间计算，建议补光时间具体需根据当地光照环境用专业照度计检测后进行调整。

②以上给出的补光时间针对的是开放式牛舍，对于半封闭、封闭式牛舍需要根据现场光照情况延长补光时间以达到合理的光照要求。

随着冬季的来临，各地日照时间越来越短，平均在 9～11 h。为了维持 16～18 h 的长光周期管理，牛舍的补光时间要相应延长，我们推荐冬天补充光照时间每天需要 8～11 h(表 7-2-2)。

表 7-2-2 冬季各地区牛舍补光建议

区域	冬季日照时间/h	冬季补光时间/h	12 月初建议补光程序
哈尔滨	9～11	9～11	早 4:00—8:00，晚 15:00—22:00
乌鲁木齐	9～11	9～11	早 4:00—10:30，晚 17:30—22:00
呼和浩特	9.5～11	9～10.5	早 4:00—8:30，晚 16:00—22:00
银川	10～11	9～10	早 4:00—9:00，晚 16:30—22:00
济南	10～11.5	8.5～10	早 4:00—8:00，晚 16:00—22:00
西安	10～11.5	8.5～10	早 4:00—8:30，晚 16:30—22:00
武汉	10.5～11.5	8.5～9.5	早 4:00—8:00，晚 16:30—22:00
广州	10.5～11.5	8.5～9.5	早 4:00—8:00，晚 16:30—22:00

注：①以上所有时间计算按照日出日落时间计算，建议补光时间具体需根据当地光照环境用专业照度计检测后进行调整。

②以上给出的补光时间针对的是开放式牛舍，对于半封闭、封闭式牛舍需要根据现场光照情况延长补光时间以达到合理的光照要求。

7.2.1.7 泌乳牛长光周期管理总结

图 7-2-8 展示了泌乳牛长光周期管理的示意，根据我国各地的日出日落情况，基本上，太阳光照射时间为 9～11 h，为了确保 16～18 h 长光周期管理，一般需要凌晨补光 2～3 h，晚上补光 3～4 h。

根据牛舍的具体情况，晚上补光时间至少在日落前 1 h 就开始，凌晨补光时间至少延长到日出后 1 h。

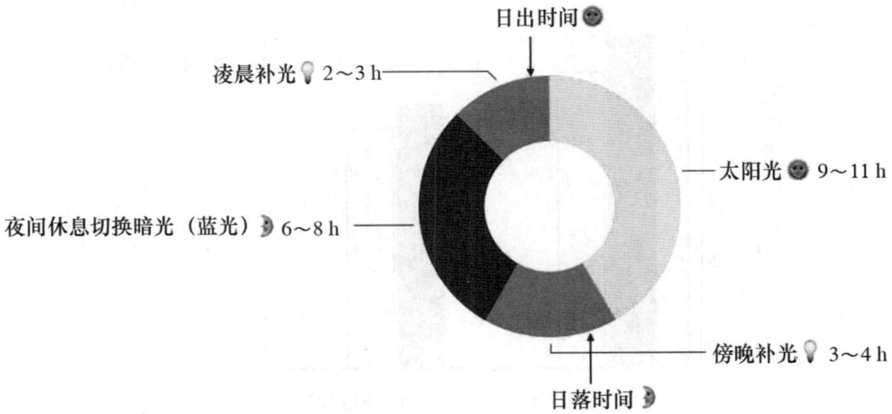

图 7-2-8 泌乳牛长光周期管理示意图

为了进行科学有效的光周期管理，有几个重要细节需要特别注意。

(1)不同的光谱对褪黑激素抑制作用差异很大，确保选择奶牛光周期管理专用照明灯(色温 2 900)。

(2)凌晨或者傍晚补光期间,确保整个牛舍照度均匀(没有明显阴影,整个牛舍最亮和最暗区域照度差异不超过 20 lx),且达到 100 lx 及以上(斯塔克奶牛光周期管理专用灯),或者达到 200 lx 及以上(普通 LED 灯)。

(3)具有日出日落模拟器,能够自动开关和切换不同光源。

(4)一定要有感光器,确保阴天下雨时能够自动补光。

(5)一定要直流电,安全电压,避免频闪给奶牛带来巨大的应激。

(6)为了实现在牛场环境长寿命使用,一定要实现防水防尘 IP67 级别,也便于清理。

[撰稿:索尔泰姆生物技术(北京)有限公司　林立军　王仁刚　王兰惠]

7.2.2　干奶牛和后备牛光周期管理要点

7.2.2.1　干奶牛短光周期管理要点

夏天和早秋的长日照是荷斯坦奶牛泌乳和配种(后备牛生长)的信号,而冬天的短日照则是干奶的信号。所以,需要给荷斯坦泌乳牛和后备牛营造一个"北荷兰的夏天"(16～18 h 连续光照,即长光周期),而干奶牛则更喜欢"北荷兰的冬天"(6～8 h 连续光照,即短光周期)。

所以,干奶牛的昼夜生物钟更适应的是短光周期 6～8 h 连续光照(亮期,照度大于 100 lx),接着连续 16～18 h 的黑暗(暗期,照度小于 10 lx)。Dahl 和 Petitclerc 的综述总结了 1978—2003 年间国际上所有关于奶牛光周期研究,表明了干奶牛短光周期管理显著提高下个泌乳周期的产奶量(图 7-2-9):来自美国伊利诺伊大学的研究结果表明下个泌乳期产奶量提高 3.2 kg/d,来自美国马里兰大学的研究结果是下个泌乳期产奶量提高 3.1 kg/d。

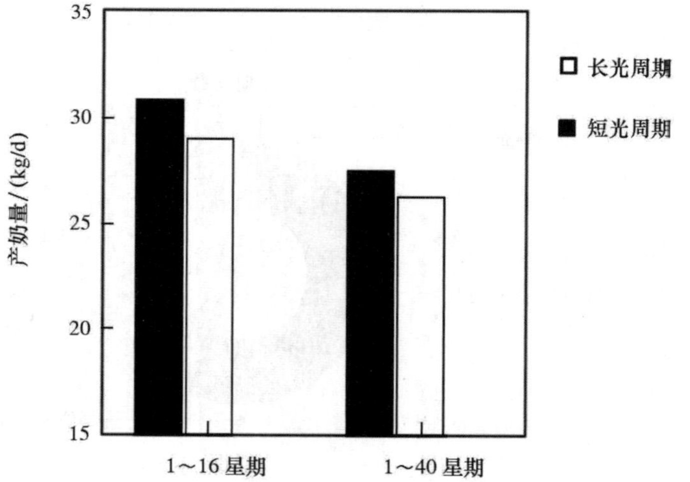

图 7-2-9　干奶牛短光周期管理对下个泌乳期产奶量的影响

(Dahl 和 Petitclerc,2003)

对于封闭式牛舍,可以对干奶牛圈的照明系统进行短光周期的设置(6～8 h 光照),达到短光周期的管理的目的。但是,对于半开放式或者全开放式牛舍,实际上,很难避免太阳光照的影响，尤其是夏天日照时间达到 15 h 的北方地区。所以，对于干奶牛，笔者的建议是不需要进行任何夜间补充光照，或者为了管理方便，只在饲喂通道安装照度很低的灯光（地面 1 m 高地方小于 10 lx），最好选择蓝光灯，避免灯光照度太高，影响干奶牛休息。

7.2.2.2 后备牛长光周期管理要点

与泌乳牛一样，后备牛生长和发育的信号是长日照，所以，长光周期管理除了能够促进泌乳牛的产奶量提升和影响繁殖外，对后备牛的体高生长和乳腺细胞发育也同样有正面作用。早在 1985 年，Petitclerc 就比较了长光周期和短光周期对青春期后备牛乳腺细胞发育的影响，结果表明，长光周期作用下，后备牛乳腺细胞数量更多，发育更好。这可能与长光周期加速了性腺类固醇的分泌有关，最近，Rius 等（2005）再次证实了长光周期对后备牛生长发育的促进作用，而且 Rius 和 Dahl（2006）进一步跟踪研究发现，经过长光周期管理的后备小母牛头胎产奶量比短光周期管理的后备牛增产近 800 kg。

需要注意的是，在妊娠最后 60 d，后备母牛应该和其他干奶牛一样，进行短光周期管理，以便提高围产期间的免疫功能，并最大限度地提高下一个泌乳期的产奶量。

［撰稿：索尔泰姆生物技术（北京）有限公司 林立军 王仁刚 王兰惠］

7.3 自动化智能化设备

7.3.1 挤奶机器人系统

可持续性概念在奶牛养殖中发挥着越来越重要的作用，动物健康和动物福利也变得越发重要。奶牛应该首先有一个美好、健康和长寿的生活，然后再增加牛奶产量。与传统挤奶方式相比，机器人挤奶可以提高 10%～15%的产奶量。

7.3.1.1 挤奶机器人的主要特征

1. 精确的牛奶品质和奶牛健康监测系统

挤奶机器人一般配备有奶牛识别系统、牛奶品质监测系统、奶牛健康监测系统等，既能确保高品质牛奶的生产可控，又能有效保护奶牛健康和福利，为牛场综合管理提供有用信息。

奶牛识别系统一般采用射频（RF）和红外识别标牌识别奶牛（也用于测量奶牛活动），以实现奶牛个体监测和例外管理。

牛奶品质监测系统将大量的牛奶品质测量工具集成安装在挤奶机器人的机械臂中，挤奶时机械臂紧靠近乳房，持续监测每个奶杯组的牛奶品质，获取脂肪、蛋白质、乳糖含量等重要信息。当可能发生意外情况时，牛奶品质监测系统可根据测得数据快速反应，以便采取措施确保牛奶品质。

奶牛健康监测系统既充分利用牛奶品质和奶牛活动相关信息，又监测特定的健康指标，从而构成完善的健康指标监测体系。系统能可靠地检测出乳腺炎患牛，并在线检测每头牛每天的脂肪和蛋白质含量。监测的健康指标包括牛奶色度、主要乳成分（脂肪、蛋白质、乳糖）含量、电导率、奶温、体细胞数、奶牛反刍时长、奶牛活动情况和奶牛体重等。

2. 高度集成的信息管理系统

包括参数集成显示、牛群动态管理、成本效益优化、辅助管理决策。

3. 细致周到的产品设计

机器结构设计更加智能可靠、挤奶过程更加智能高效、牛奶处理更加柔和可控、清洗系统更加卫生安全。

7.3.1.2 挤奶机器人的三大优势

1. 智能

(1)牛奶质量控制 MQC。在线测量每个乳区的牛奶成分(脂肪、蛋白质、乳糖)含量以监测牛奶质量;在线测量牛奶体细胞数和导电率来预测奶牛健康(乳腺炎)状况。异常的牛奶会被自动分开储存。

(2)牛栏。各种体型的奶牛可以自由进出;柔软的橡胶地板;I-flow 设计,直接进出,奶牛不用拐弯;牛可以活动,称重地板的感应器感应牛的位置,机械臂可以控制整个挤奶程序;安装的位置也能保持奶牛最佳的流通量。

(3)Lely 刷。清除污垢,降低牛奶污染和细菌感染的概率;刺激排乳,保证催产素的释放,增加奶流量;双向螺旋设计,清洁和刺激效率提高 40%。

2. 高效

(1)4Effect 脉冲器。近 30 年来挤奶技术革命性的突破创新,为每个乳区量身定制。先连接后乳区,3 束激光扫描,决定连接哪个乳区;4 个乳区独立,单独测量每个乳区流量;挤奶结束后,套杯缓慢地脱落。

(2)机械臂。机械臂在牛体的下方且在挤奶过程中始终控制在牛下方,保证最快的套杯动作时机械臂动作更少,会更静音。

(3)乳头检测感应器 TDS。3 层扫描,保证最快和最精准的检测,同时机械臂动作较少。

3. 稳健

机械臂的稳健性和气动转向使牛即使站在上面也不会有任何损坏;机械动作少,材料顶级,使用寿命长。

机器人的作用不仅仅是挤奶,还要在挤奶过程中对奶质进行检测。对不符合质量要求的牛奶,自动传输到废奶存储器;对合格的牛奶,机器人也要把每次最初挤出的一小部分奶弃掉,以确保品质和卫生。挤奶机器人还有一个作用,即自动收集、记录、处理奶牛体质状况、泌乳数量、每天挤奶频率等数据,并将其传输到电脑网络上。一旦出现异常,会自动报警,大大提高了劳动生产率和牛奶品质,有效地降低了奶牛发病概率,节约了管理成本,提高了经济效益(图 7-3-1)。据调查,通过使用挤奶机器人,奶牛产奶量可以提高 20%~50%。

在 Lely 智能化牧场,整个泌乳期只需与牛接触 9 次(图 7-3-2)。既能最大化利用奶牛,围绕奶牛分配劳动力,将管理聚焦在提高效率上,又能让牧场主有更多的时间享受业余生活,提高人的幸福指数。

图 7-3-1　信息管理系统 T4C:一切尽在掌握中

7.3.1.3　A4 挤奶机器人的配置

A4 挤奶机器人的配置见图 7-3-3。

(1)不锈钢牛栏。

(2)(I-flow)机器人挤奶箱。

(3)精确定位奶牛位置的三维摄像机。

(4)Lely 的每个机器人都有对牛蹄护理治疗的 Meteor 软件。

(5)每个机器人都有一个隔离门。

(6)ISO 智能脖颈标签——包括反刍和热探测功能。

(7)2 台浓缩饲料分配器。

(8)乳头检测感应器。

(9)奶头自动清洁和按摩刺激。

(10)奶头自动喷淋药液。

(11)挤奶间的清洁——清洗奶杯。

(12)MQC2——用于乳房健康和牛奶质量的牛奶质量控制传感器。

(13)MQC-C2——体细胞计数,用于分析每次挤奶牛奶的细胞计数器。

(14)用于数据管理的定制服务器。

(15)阿特拉斯·科普柯无油空气压缩机。

(16)便于操作的牛奶双过滤系统。

图 7-3-2　Lely 智能化牧场只需与牛接触 9 次

图 7-3-3　自动挤奶机器人

7.3.1.4 挤奶机器人挤奶与传统挤奶方式的对比

1．关键点比较

现代化的自动挤奶器与传统的非自动挤奶器关键点比较见表 7-3-1。

表 7-3-1 现代化的自动挤奶器与传统的非自动挤奶器的对比

关键比较点	自动挤奶器	传统非自动挤奶器
更全面的数据及信息	√	
更好的牧场管理和监控	√	
更完善地控制整个生产运作过程	√	
更全面地对挤奶过程及原奶质量的控制	√	
更及时地预防及规避各种风险	√	
更加个体化的饲养	√	
更健康的奶牛	√	
更多的高质量牛奶	√	
更好的原奶质量	√	
更低的幼牛数量	√	
更长的产奶周期	√	
更持久的牧场运作	√	
更有效地利用牛舍空间	√	
更节省牧场劳动力花费	√	
减少饲料花费	√	
减少雇佣有经验的牧场挤奶人员的花费	√	
减少雇佣牧场工人的花费	√	
减少兽医花费	√	

2．对牛奶质量的影响

现代化的自动挤奶器与传统的非自动挤奶器对奶牛产奶量影响的比较见表 7-3-2。

表 7-3-2 每头牛单产及总产奶量

奶产量/(kg/d)	2017 年	2018 年	2019 年	2020 年	2021 年
时间/年	1	2	3	4	5
自动挤奶机部分					
首次哺乳期牛	23	23	23.5	24	24.5
日产量＜150 DIM（1 次哺乳期以上）		35	35.5	36	36.5
日产量＞150 DIM（1 次哺乳期以上）		24	24.5	25	26
平均	23	29.3	27.7	28.2	28.9
转台式挤奶机部分					
首次哺乳期牛	22	22	22.5	23	23
日产量＜150 DIM（1 次哺乳期以上）		32	32.5	33	33.5

续表 7-3-2

奶产量/(kg/d)	2017 年	2018 年	2019 年	2020 年	2021 年
日产量＞150 DIM（1 次哺乳期以上）		23	23.5	24	24
平均	22	27.4	26.1	26.6	26.7
每头牛增产/%	4.50	7.20	6.30	6.20	8.10
每台自动挤奶机每日奶产量/kg	1.03	1.29	1.43	1.45	1.49
自动挤奶机生产量/kg	7 482.32	9 404.12	10 413.82	10 601.79	10 861.54
转台式挤奶机生产量/kg	7 157.01	8 443.13	9 066.67	9 241.87	9 294.67
自动挤奶器与转台式挤奶器对比增产/%	4.50	11.40	14.90	14.70	16.90

3. 对饲料转化率的影响

现代化自动挤奶器与传统的非自动挤奶器对饲料转化率影响的比较见表 7-3-3。

表 7-3-3 自动挤奶机和转台式挤奶机饲料消耗对比

饲料消耗总结	2017 年	2018 年	2019 年	2020 年	2021 年
自动挤奶机部分					
饲料转化率[产奶量(kg)/干物质摄入量(kg)]	1.42	1.47	1.45	1.45	1.45
饲料花费/(元/kg 牛奶)	1.25	1.38	1.43	1.45	1.47
转台式挤奶机部分					
饲料转化率[产奶量(kg)/干物质摄入量(kg)]	1.33	1.36	1.34	1.34	1.35
饲料花费/(元/kg 牛奶)	1.36	1.53	1.59	1.61	1.63

[撰稿：北京奥耐尔农牧科技有限公司 孟秀荣]

7.3.2 TMR 饲喂机器人

7.3.2.1 TMR 饲喂机器人的优势

日粮设计的合理性；日粮实施的准确性；更少劳动力投入；过程可追溯；保证原料的质量；分组饲喂；增加喂料的频率；提高奶牛福利；调整的灵活性；降低牛舍与场地建设成本；与自动挤奶机器人协同工作；自动推料，保障奶牛总是在最舒服的位置和状态采食；普通饲喂机具的轮胎经常会夹带外部泥土、石子、牛粪等，既有对饲料造成污染的风险，也有对奶牛形成伤害的风险；定时自动清理剩余饲料，降低饲料变质仍被采食的风险（图 7-3-4）。

图 7-3-4 TMR 饲喂机器人

7.3.2.2 TMR 饲喂机器人的工作流程

1．饲料厨房——备料

Triomatic T30 饲料厨房有一个或多个饲料仓，饲料仓的数量取决于粗饲料成分的数量，可适用于所有类型的饲料（最长 15 cm）。储料仓由不锈钢制成，使用青贮饲料切割器很容易填充饲料。饲喂机器人根据预先编程的数量从每个储料仓收集饲料。储料仓完全由液压驱动，每个容积为 18 m^3（图 7-3-5）。其特殊设计意味着首先加载的饲料也首先使用，即所谓的先进先出原则。根据饲料质量和天气条件，储料仓需要平均每 2 d 填充一次饲料（图 7-3-6）。

图 7-3-5　料仓

图 7-3-6　备料

2．自动加料（图 7-3-7）

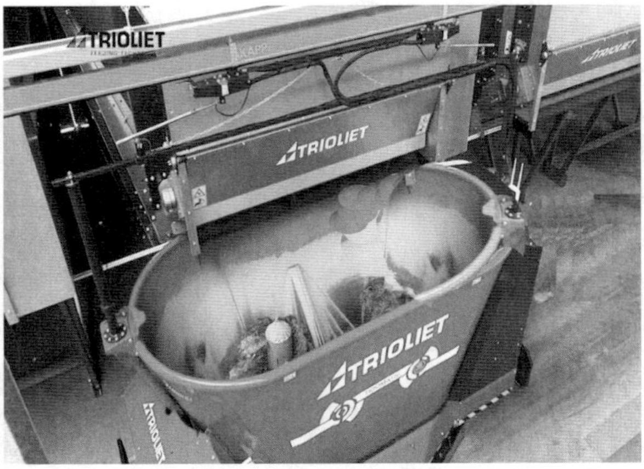

图 7-3-7　自动加料

3．搅拌(图 7-3-8)

图 7-3-8 搅拌

萃欧立地面轮式喂料机器人容积是 3 m³，安装 2 个立式绞龙。搅拌仓壁和绞龙均使用高耐磨材料。绞龙的特殊结构推动饲料轻柔运动,不揉搓破坏饲料粗纤维结构。因为饲料已经很蓬松,机器人只需要混合不同的饲料组分,切割饲料(多数时)已不再必要。绞龙装备了线性速度控制器。前段送料皮带也采用线性速度控制。如果喂料通道太宽,送料皮带可配备伸缩结构。食槽饲料推送刮板可以在喂料时或喂料后将远离肉牛的饲料推进到适合采食的区域。刮板同样可以选配可伸缩结构。

4．喂料、推料(图 7-3-9)

每天喂料次数可达 6～8 次,保障奶牛总是在最舒服的位置和状态采食。

A　　　B

图 7-3-9 喂料(A)和推料(B)

5．方向引导、电力供应(图 7-3-10)

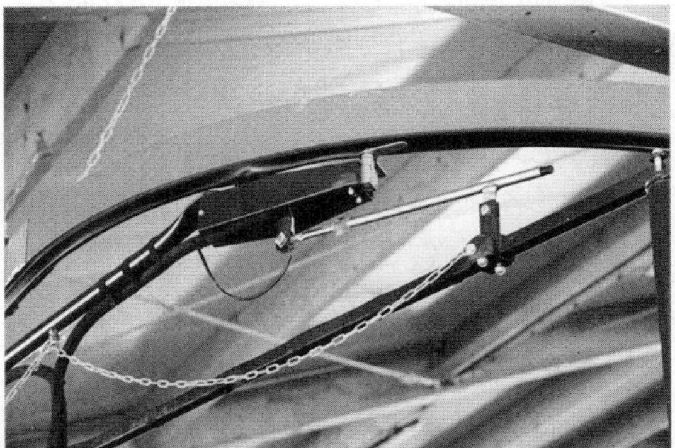

图 7-3-10 方向引导、电力供应

Triomatic WP 饲喂机器人由轮子带动,沿着与其连接的电源轨道行进。电源导轨的悬挂式系统不拘泥于牛舍的钢结构。除了供电之外,电源轨还引导饲喂机器人的行进路线。这种机器人的优点在于其适用于较为宽阔的饲喂通道。

7.3.2.3 Triomatic 软件控制系统平台以及 TFM Tracker 饲喂管理系统——控制核心

分别见图 7-3-11 和图 7-3-12。

图 7-3-11 Triomatic 控制系统平台

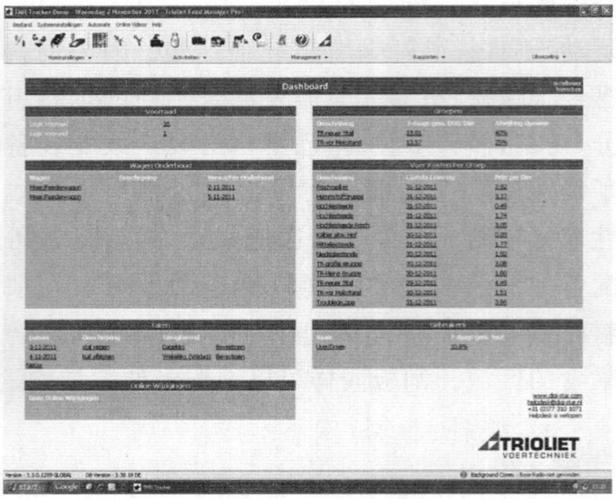

图 7-3-12 TFM Tracker 饲喂与日粮管理

［撰稿：北京奥耐尔农牧科技有限公司 孟秀荣］

7.3.3 TMR 饲喂设备的选择

目前，我国规模化牧场已全面使用 TMR，高质量的 TMR 需要高性能、高可靠性的 TMR 制备机来制作生产。高品质的 TMR 制备机具有优良的技术性能和较高的生产效率，能够将各种饲料进行充分的搅拌混合，确保奶牛所采食的日粮与配方日粮具有较高的一致性。TMR 有很好的蓬松度和适口性，能显著提高奶牛的干物质采食量，从而增加奶牛的产奶量。饲喂工作是牧场最重要的工作之一，TMR 制备机的正确选择、合理使用、规范的维护保养是牧场高效运营的重中之重。

7.3.3.1 TMR 制备机的选择

目前，牧场使用的 TMR 制备机有自走式（取料、搅拌混合、撒料一体机）、车载式（搅拌混合、撒料一体机）、牵引式（立式、卧式）、固定式（立式、卧式）等各种不同的结构形式。各种 TMR 制备机各有优劣势，根据牧场发展战略、资金实力和价值取向、现场条件和规划布局、管理水平和成本指标等因素，选用的 TMR 制备机也不尽相同。

图 7-3-13 自走式 TMR 制备机

1. 自走式 TMR 制备机（图 7-3-13）

（1）特点。自走式 TMR 制备机融行走取料、混合搅拌、撒料饲喂功能于一体，集信息化、自动化、智能化为一身，具有精准度高、饲喂效率高、节省人工等特点。

(2)优势。自走式 TMR 制备机四轮驱动、转向灵活、转弯半径小；取料及投料误差低、配方执行率高；节省人工、效率高。

(3)劣势。设备结构复杂，对牧场管理水平、操作技工素质要求高；配件价格高、维修保养成本高；设备购置投资大。

(4)适用范围。适用于管理水平高，经济效益好，资金实力雄厚的规模化牧场。

2. 车载式 TMR 制备机(图 7-3-14)

(1)特点。搅拌好的饲料可以直接进行饲喂，无二次筛分；能独立完成搅拌、运输和饲喂。

(2)优势。操控方便、机动灵活；生产效率较高，转弯半径小。

(3)劣势。集行驶、混合搅拌为一体，由于机头的不可替代性，设备专用性较强、设备调剂余地小；设备一旦发生故障，影响饲喂生产的风险较大。

(4)适用范围。牧场面积较小，牧场道路或牛舍饲喂通道调头困难的牧场。

图 7-3-14 车载式 TMR 制备机

3. 牵引式 TMR 制备机

(1)立式(图 7-3-15)

①特点：搅拌好的饲料可以直接进行饲喂，无二次筛分；机动灵活，能独立完成搅拌、运输和饲喂；配合饲喂管理软件能够提高装料精准度，减少投料误差。

②优势：结构简单、机动灵活；翻滚效果好，搅拌效率高；保养简便，费用低。

③劣势：设备总高度较高，转弯半径大，操控不方便，设备移动使用，故障率相对偏高，比自走式占用人工多。

④适用范围：道路和牛舍饲喂通道宽阔，牛舍空间及饲喂通道比较高的牧场。

图 7-3-15 牵引式 TMR 制备机——立式

(2)卧式(图 7-3-16)

①特点：对于黄贮和干玉米秸等木质素含量高的饲料切割效果较好；对牧场饲喂通道的高度要求较低。

②优势：卧式 TMR 搅拌车的总高度较低，便于添加饲料；对于木质素较高的饲料搅拌效果较好。

③劣势：会对优质粗饲料造成结构性破坏；

图 7-3-16 牵引式 TMR 制备机——卧式

反复揉压饲料造成饲料发热，维生素流失；搅拌仓磨损大；使用年限较低；结构复杂、故障点多；能耗高、维修成本和运行费用高。

④适用范围：比较适合圈舍或饲喂通道较低；肉牛、肉羊等饲喂黄贮较多的牧场。

4. 固定式 TMR 制备机

(1)立式(图 7-3-17)

①特点：工厂化生产，专业化分工、流水作业、便于质量控制；混合搅拌和撒料饲喂同步进行，工作效率高。

②优势：使用电机(变频)驱动，运行成本较低；设备利用率高，便于日粮质量控制；设备故障率低、维修保养和日常运行费用低。

③劣势：需要建设饲喂站，占地面积大；日粮转运环节多，对日粮具有二次筛分破坏；比自走式占用人工多。

④适用范围：适用于饲喂强度大、工作时间长、日粮质量要求高的大型、特大型牧场(5 000 头以上)。

(2)卧式(图 7-3-18)

①特点：对于黄贮和干玉米秸等木质素含量高的饲料切割效果较好。

②优势：卧式 TMR 制备机的总高度较低，便于添加饲料；比牵引式(卧式)制备机故障率低。

③劣势：对优质粗饲料造成结构性破坏；反复揉压饲料造成饲料发热，维生素流失；不宜直接添加整捆草料；搅拌仓磨损大、寿命低；结构复杂、故障点多、维修不方便；能耗高，运行费用和维修成本高。

④适用范围：适用于肉牛、肉羊等饲喂黄贮和长纤维饲料较多的牧场。

图 7-3-17　固定式 TMR 制备机——立式

图 7-3-18　固定式 TMR 制备机——卧式

以上所述各种 TMR 制备机都有各自的优势和劣势，不能简单地说孰好孰坏，牧场可以根据自身的条件、实际情况、习惯和偏好进行正确的选择。

7.3.3.2　TMR 制备机的科学管理

1. 按照设备的技术要求和使用保养说明书的要求，正确操控使用和维护保养

(1)管理人员和操控人员要了解和熟悉设备的构造与性能。

(2)管理人员和操控人员要了解并熟练掌握设备的操作要领和方法。

(3)管理人员和操控人员要了解并熟练掌握设备的维护保养知识和操作技能。

(4)管理人员和操控人员要了解设备一般故障发生的原因和排除方法。

2. 建立设备运行管理制度

(1)建立设备安全操作规程。

(2)建立设备维护保养制度。

(3)建立设备操控人员技术培训和持证上岗制度。

(4)建立设备检查考核和奖惩制度。

3. 对管理人员和操控人员进行技术培训,经考试合格持证上岗

(1)建立设备操控人员培训制度,进行定期培训(每季度一次),不定期培训(上岗、转岗培训)。

(2)经过培训的员工,要经过理论和实践考试,合格者颁发上岗证书,操控设备人员必须持证上岗,这是设备平稳运行和饲喂生产正常开展的前提保障。

4. 抓好管理制度的贯彻落实和检查考核工作

(1)建立设备运行管理的检查制度,采取点检、抽检、定期和不定期检查的方式,发现问题及时处理,确保设备处于完好状态。

(2)建立设备管理考核制度,做到日检查、月考核;发现问题及时处理,确保设备管理时刻处于受控状态。

5. 考核结果与职务晋升、薪金待遇、人员去留紧密挂钩

(1)建立设备管理和操控人员的奖惩制度,设备的维护保养、完好程度、安全运营、工作效率、工作质量要与薪酬和奖金紧密挂钩,奖优罚劣、鼓励先进、鞭策后进。

(2)考核结果要与员工的职务晋升挂钩,对于在设备运营管理和维护保养工作中作出突出贡献的员工,要提拔晋升,委以重任。

(3)建立员工末位淘汰制度,对于没有上岗证书和经过培训仍然不能胜任的员工,坚决予以调换或辞退,以免后患。

严格的管理、合理地使用设备,是饲喂工作正常进行的前提保障。设备管理和操控人员必须严格地按照设备的技术要求和操控规范,正确使用设备;按要求对设备进行维护保养,设备才能正常地运转,否则,将会带来一系列的不良后果。

制度建设是各项管理工作的基础,基础不牢,地动山摇。在加强制度建设的基础上,要抓好制度的实施与考核,并与员工的收入、晋升、淘汰紧密挂钩,这样设备管理工作才会取得实效,设备的维护保养和使用才会正常进行。

7.3.3.3 TMR 制备机的维护保养

1. 传动系统

(1)确保润滑。按照使用说明书的要求,每天检查润滑油的液面和油质,确保润滑油充足不变质;按要求定期更换润滑油(自走式、车载式制备机应定期更换润滑油滤芯)。按要求每天向传动机构(图 7-3-19)各润滑点加注润滑脂。

(2)定期检查保养。按照产品使用说明书的要求,定期对设备进行日保、周保、月保,使设备始终处于完好状态。

(3)不超负荷使用。严禁设备超载使用,长期运转负荷保持在85%左右为最佳状态,在此状态下运转,可以大幅度延长设备的使用寿命。

(4)预防性检修。建立设备例行保养检修制度,按计划每个月停机半天对设备进行预防性检修,一般问题及时处理;检查运动部件、易损件的磨损情况,根据磨损情况作出预判,提前做好配件采购计划和维修计划,按计划提前做好配件更换和设备维修工作,避免设备发生故障后被动抢修而影响饲喂生产。

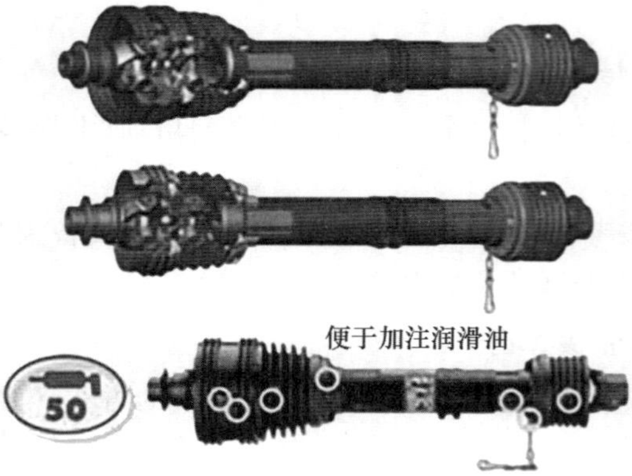

A

B

图 7-3-19 大广角传动轴(A)和绞龙减速机(B)

2. 计量系统

(1)定期校验。称重传感器和电脑显示器(图 7-3-20)是制备机最重要的部件之一,要定期(每月一次)进行精度校对,以确保计量系统的准确性。

(2)不定期校验。雷雨天过后、产生剧烈震动后,设备经过大修理以后,都要对计量系统的准确度进行校对。

(3)定期保养。每个班次都要对电脑显示器和称重传感器进行清洁保养;每周都要对计量系统的线路及接头进行检查;每月都要对计量系统进行精度校对和全面检查和清洁。

A　　B

图 7-3-20 电脑显示器(A)和称重传感器(B)

3. 混合搅拌系统

(1)定期更换刀片。定期更换磨损的刀片(图 7-3-21),一般每隔 1 500 h 左右更换一次(根据搅拌不同饲料,视刀片的磨损情况而定);一般绞龙下部的刀片(50%左右)磨损较大,应优先更换,上部刀片使用一段时间后,根据磨损情况及时更换,以保持刀片的锋利程度,确保制备机的搅拌效果和工作效率。

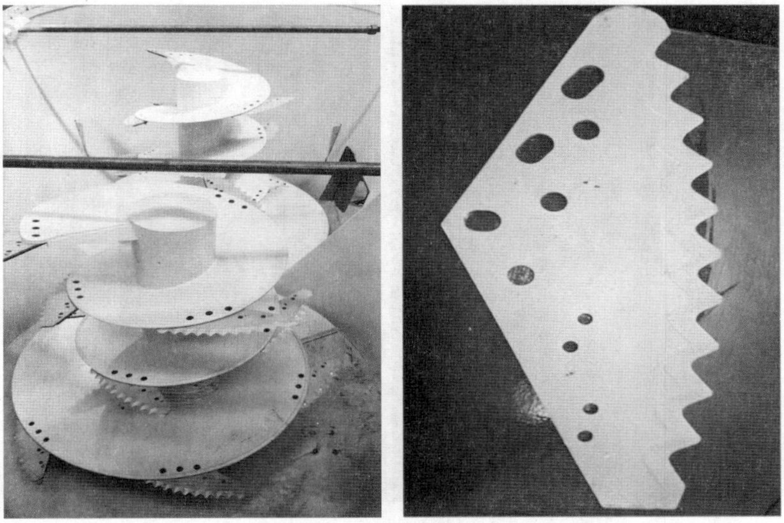

图 7-3-21 刀片

(2)每天进行清理。保持罐体和绞龙的清洁,下班前要对剩料(图 7-3-22)及时清理,避免剩料变质影响奶牛健康,同时,也避免饲料对设备机体造成酸性腐蚀。

(3)注意观察调整。每班要肉眼观察设备空载运转情况,声音有无运转异响;注意观察绞龙与罐壁之间的间隙是否在允许的范围之间;检查绞龙上的提料板是否磨损;满负荷运转时注意观察饲料的翻滚状态是否正常,是否存在搅拌死角,如果出现上述情况,应该及时进调整,以免影响搅拌效果和日粮质量。

图 7-3-22 设备中的剩料

(4)按要求进行保养。注意观察罐壁和绞龙磨损情况,超出使用极限应及时修补或更换,以免影响生产效率和日粮质量。

4. 动力、电气系统

(1)每班检查。固定式制备机由减速电机驱动,每班应该对电流、电压状况进行检查;对电机减速机的润滑油液位进行检查,对电气控制柜(图 7-3-23)的防潮、防雷、散热、粉尘状况进行检查;在检查没有发现异常的情况下,启动电机进行不同速度的空载运转,观察设备空载运转的声音、震动、安全防护装置是否正常。在检查一切正常的情况下,方可进行生产作业。

(2)每班清理。每班后在断电和有人监护的情况下,对电机以及周围、电气控制柜内部进行清理,确保电机、电控柜内卫生清洁、无粉尘、无安全隐患。

(3)预防性检修。电机及减速机每 3 年进行一次,电控柜每年进行一次预防性检修。

(4)定期保养。按产品使用说明书的要求,正常进行日保、周保、月保定期保养,以保证动力、电气系统的完好性。

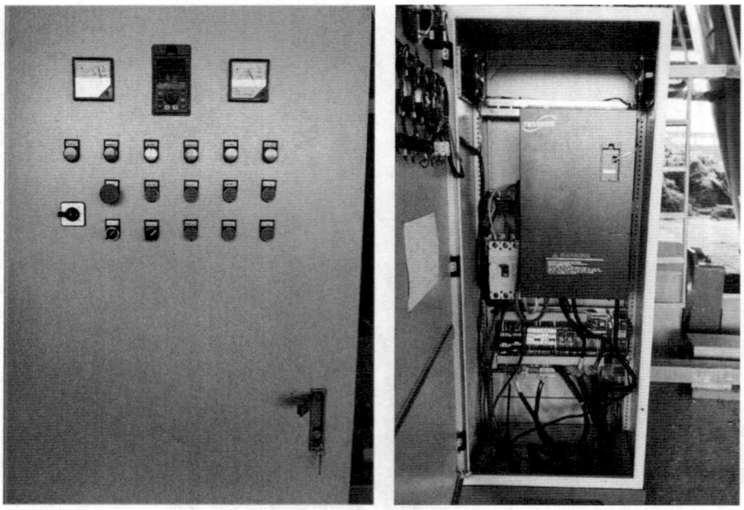

图 7-3-23 电气控制柜

5. 行驶系统

(1)润滑。除固定式制备机以外,其他 3 种制备机都是行驶设备,行走式设备大部分运动部位都是自动润滑或飞溅润滑方式,但是,也有一些部位需要人工加注润滑脂,设备操作人员应该按照产品使用说明书的要求,按时对指定部位进行润滑保养。

(2)紧固。车辆行驶过程中,会经常进行颠簸,久而久之紧固件就会松动,所以,每班次都要对行走系统的紧固件进行检查,可以用榔头敲击的方法进行检查,发现松动现象及时处理,避免事故的发生。

(3)气压。每班一次检查轮胎气压,避免出现机损事故。

(4)预防性检修。按照产品使用说明书的要求定期对汽车发动机、减速机、汽车底盘、传动系统进行预防性检修,确保设备平稳运行,减少故障停机率。

(5)定期保养。按照产品使用说明书的要求,定期更换润滑油、更换润滑油滤芯、液压油滤芯、柴油滤芯、空气滤芯等;并对其他部件进行例行维护保养。

做好设备的维护保养工作,是保障设备安全平稳运行的保障。个别牧场不重视设备的日常维护保养工作,管理工作不到位,设备不坏尽管用。这种做法不仅仅减少了设备的使用寿命,增加了维修成本,更重要的是增加了设备的故障停机率,影响了牧场正常的饲喂工作,真是得不偿失。

7.3.3.4 TMR 制备机的合理使用

个别牧场耗费巨资购买的饲喂设备,由于使用不当,导致制作的日粮质量不稳定,混合均匀度达不到要求,变异系数平均值超标。概括起来主要有以下几种原因和处理方法。

1. 搅拌车装载量过大或过小

处理方法:立式 TMR 制备机的最佳搅拌容积是料仓容积的 50%~85%,在这个区间进行搅拌混合,无论是搅拌质量、工作效率、能源消耗都处在最佳工作状态。调整到此状态后日粮质量会得到明显提高。

2. 过度搅拌或搅拌时间不足

处理方法：固定式搅拌机在粗饲料预铡的状态下，泌乳牛料（高产）搅拌混合时间一般≤10 min 即开始排料（加完最后一种料搅拌 3～5 min 即可排料），3 min 左右排料结束，时间控制在 15 min 以内。

固定式搅拌机在粗饲料预铡的状态下，青年牛料搅拌混合时间一般≤25 min 即开始排料，3 min 左右排料结束，时间控制在 30 min 以内。

个别牧场由于准备工作不充分，加料时间过长，导致日粮过度搅拌；应调整上料时间，避免过度搅拌。

3. 干草没有预先处理

处理方法：燕麦草、羊草、稻草、麦秸、黄贮等粗饲料，应该用铡草机进行预铡，长度控制在 3～5 cm。

4. 设备磨损，翻滚效果不好（图 7-3-24）

处理方法：将罐壁与绞龙之间的间隙调整至合理区间，更换磨损的起料板和刀片。

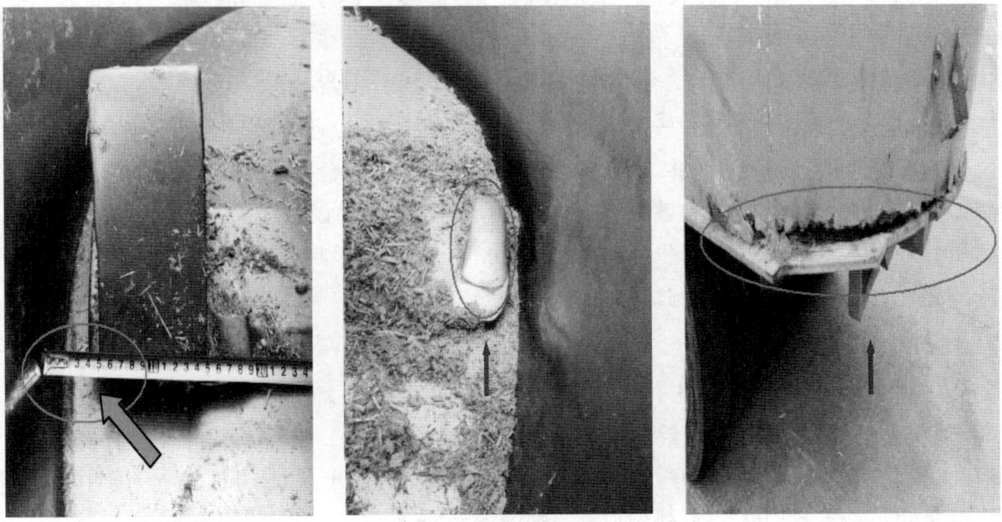

罐壁与绞龙之间的间隙过大　　提料板磨损严重　　罐体磨损严重

图 7-3-24　设备磨损

5. 装料顺序不合理

处理方法：按照先长后短、先粗后精、先干后湿、先轻后重的原则，顺序添加饲料。

6. 绞龙转速未达到要求

处理方法：各种制备机的 PTO 轴的额定工作转速在 540 r/min，搅龙转速在 25～33 r/min（机型不同转速不同）。按设备的技术要求将搅龙转速调整到额定转速范围之内。

7. 加料、加水位置偏移或过于集中

处理方法：装载机上料时，应注意添加至搅拌罐的中间位置，不得偏移太大；加注水、糖蜜等液体时，管路宽幅应覆盖搅拌罐长度的 1/2 以上，避免单点加注（图 7-3-25）。

8. 设备没有放平

处理方法：移动式的制备机（自走式、车载式、牵引式）在混合搅拌过程中，要注意停放在平整的区域，倾斜不得大于 2°；牵引式制备机与拖拉机的牵引连接处的高度要一致。

9. 助切刀使用不当

处理方法：切割长纤维饲料（羊草、稻草、麦秸、黄贮）时，助切刀应全部插入；不切草时应全部或部分拉出助切刀（图 7-3-26）。

图 7-3-25 水、糖蜜加注

图 7-3-26 助切刀

仅仅有好的饲喂设备还不够，还需要科学的管理和规范合理的使用才能发挥饲喂设备的技术性能，才能取得事半功倍的效果。不当使用不仅仅是对设备资源的巨大浪费，更重要的是生产质量不稳定的日粮，会给牛体健康带来伤害，会严重影响奶牛的产奶量，从而会对牧场的经济效益产生巨大的不利影响。

7.3.3.5 总结

饲喂工作是牧场最重要的工作之一，饲喂工作做得好与坏直接关系到牛体健康、干物质采食量、饲料转化率、产奶量，最终会影响到牧场的经济效益。选择好适合牧场的 TMR 制备机是基础；科学管理、合理使用好 TMR 制备机是保障；制作出优质的日粮、保障牛体健康、提高奶产量是目标，以上几件工作都做好了，牧场的经济效益就有保障了。

[撰稿：澳欣（北京）机械科技有限公司　许军]

7.3.4 清粪机器人

7.3.4.1 清粪机器人简介

移动式牛舍清粪机（图 7-3-27）采用最灵活及最全面的智能技术，以确保牛舍的卫生及牛行走的舒适度。Discovery 移动式牛舍清粪机能避开奶牛穿过牛舍，通常不需要额外的设施或修改牛舍（图 7-3-28）。总之，Discovery 是一种易于安装及保护动物型的系统，并且只需要少量维护。

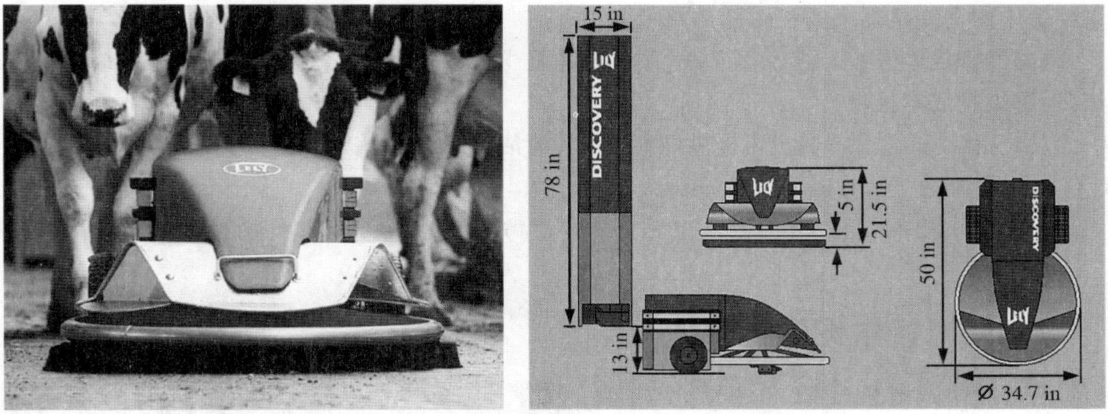

图 7-3-27 Discovery 移动式牛舍清粪机实物和设备尺寸

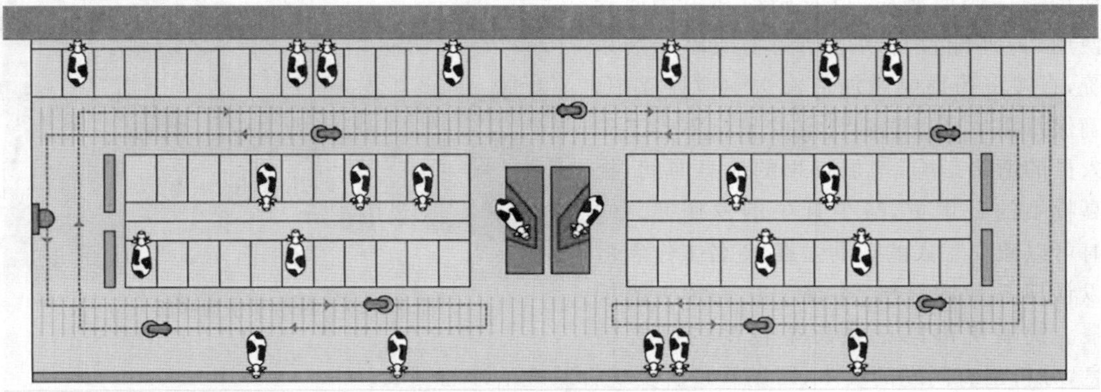

图 7-3-28 牛舍布局图

奶牛的健康状况和牛奶质量是影响乳品业务经济效益的主要因素。除了给奶牛提供充足的水和高质量的饲料外，干净的环境也是必要的。快速处理牛粪可能对实现这一目标有很大帮助，牛舍漏缝地板上的水分和肥料通常是蹄病感染的主要来源。患有蹄病的奶牛产奶量会减少，行走时会遇到问题，高温下牛蹄也感觉不出来。此外，牛舍的漏缝地板上潮湿的粪肥累积，特别是当位于牛栏附近时，会直接影响牛奶质量。清洁乳房能减少牛奶质量问题出现的概率。

实际生产中避免污染奶牛和牛舍是首要关注的问题，解决的方法之一是要经常清理粪池。人工清洁是一项密集且不太令人愉快的工作，它只能在短时间内保持地板干燥和清洁。

通过使用移动式牛舍清粪机，可以随时随地清洁牛舍中的粪肥通道。使用该机器的效果显而易见，牛栏中的粪肥更少，牛蹄、尾巴和乳房更清洁，所有这一切维持着牛群中的和平与安静。

7.3.4.2 清粪机器人的优点

（1）合理的投资。健康对奶牛的整体表现至关重要，而奶牛饲养环境的卫生是保持奶牛健康的必要条件。从这个角度来看，移动式牛舍清粪机是一项有价值且经济合理的投资。

（2）智能型、保护动物型。在避开所有障碍物的情况下（包括奶牛的腿和/或牛犊），大部分的牛舍区域可被自动地彻底地清洁。

（3）易于安装维护。设立充电站是安装的全部工作，使用电子链接远程控制，可轻松地输入牛舍中的清粪机器人需要跟随的路径。

(4)经济成本效益。移动式牛舍清粪机是奶牛舍中脏污漏缝地板和通道的最终解决方法,运营维护成本极低。

总之,移动式牛舍清粪机可提供奶牛舍保持清洁的最终解决方案——每周 7 d,每天 24 h。

[撰稿:北京奥耐尔农牧科技有限公司　孟秀荣]

7.3.5　犊牛饲喂机器人

自动犊牛饲喂机(图 7-3-29)为全自动控制,可实现自动为犊牛配制、加热、定量和饲喂牛奶或奶粉,以及奶粉和牛奶混合使用,另外配置自动添加药物或添加剂系统,直接将药物或添加剂输送到搅拌罐中,确保每头牛可以吃到设定的量。不受工作人员的情绪影响,增加犊牛的休息时间,提高犊牛的日增重,减少犊牛的发病率。同时可以减少工人的劳动强度,2 名工作者可以管理 5 台饲喂机,实现 500 头犊牛的饲喂。饲喂机可以记录每个犊牛的采食信息,分析出有问题的犊牛,帮助管理者实现针对性治疗与饲喂。

图 7-3-29　自动犊牛饲喂机

自动犊牛饲喂机采用闭合回路技术的机型,由于采用了闭合回路技术,奶管、搅拌罐和整个牛奶换热器等可以完全自动清洗。闭合回路可以源源不断地从奶罐到奶嘴提供温度适宜的原奶。不再需要其他手动喂奶辅助设备,快捷的操作按钮,可以快速、方便地从搅拌罐中放出温度适宜的牛奶用于饲喂犊牛岛中的犊牛(图 7-3-30)。

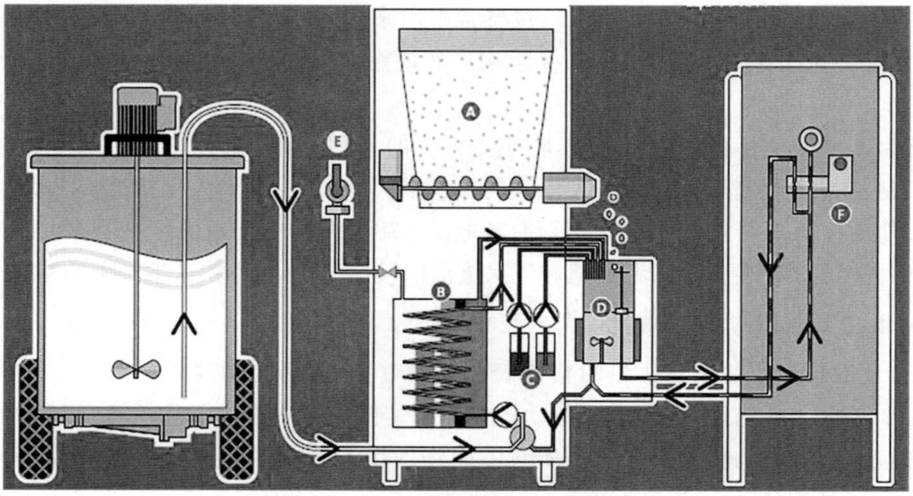

图 7-3-30　自动犊牛饲喂机原理图

每台自动犊牛饲喂机可以为4个饲喂站点(4×25=100只犊牛)提供牛奶。提供混合型饲喂模式,既可饲喂鲜奶,也能饲喂代乳粉,同时可以将奶粉和牛奶混合饲喂。

7.3.5.1 产品配置

1. 搅拌罐加热装置

自动犊牛饲喂机的搅拌罐都配有加热系统(图7-3-31)。搅拌罐连同饲喂用的牛奶都通过一个水浴加热器保持在适宜的温度。这就意味着搅拌罐的温度是恒定的,饲喂机可确保搅拌罐及奶管中的牛奶恒定在(39±1)℃。如果无法达到所需的准确温度,奶粉当然就不会完全溶解。配有混合器排污阀,具备自动排奶功能,如果已冲调的牛奶未被及时喝完,设备在一定时间后自动将残奶排空,保证牛奶新鲜。奶粉出口配有蒸汽防护罩,配有鲜奶进口过滤装置。饲喂鲜奶时,设备和犊牛牛奶冷却罐进行连接,可自动泵取牛奶。

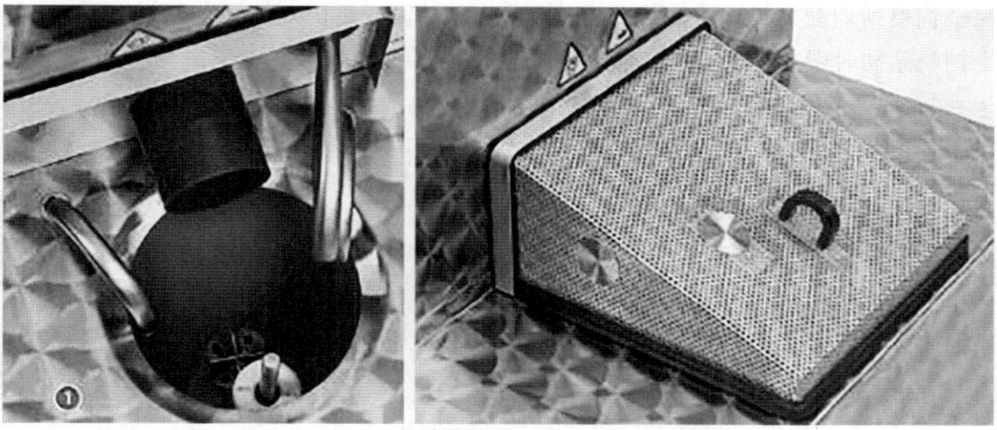

图7-3-31 搅拌罐保温外围水浴循环加热装置

2. 不锈钢材质

自动犊牛饲喂机中的所有金属件都由不锈钢材料制成,采用不锈钢材料使设备清洗更加简便,使用寿命也更长,在饲喂站点中采用不锈钢零件是特别重要的,这些零件埋在犊牛排泄物下,因而非常容易受到腐蚀。

3. 对剩余奶量的精确计量

自动犊牛饲喂机可以称量犊牛未喝完的剩奶的准确质量,意味着管理者可以知道一只犊牛到底有多少奶没有喝完。其他类型的饲喂器系统只能测出牛奶容器是空的还是满的,此外,已加热的混合容器中牛奶可以保持在适当温度。

4. 先进的自动清洗功能

自动犊牛饲喂机配有一个交替采用酸性和碱性洗涤剂的自动搅拌罐清洗装置(图7-3-32)。一个不锈钢牛奶换热器参与整个喂奶过程,该装置带有一个全自动清洗系统,而该系统则标配内置洗涤剂罐(酸/碱),配有自动

图7-3-32 自动搅拌罐清洗装置

洗涤剂加液泵，通过混合感应装置提供定量的洗涤剂。

5. 学会识别牛犊的机器

每只犊牛都有其独特的饮奶速度，自动犊牛饲喂机可以记录并储存每只犊牛的这种特点。通过液位计变化准确测量液位变化，从而测量犊牛饮奶速度。当一只犊牛的饮奶速度偏离其正常值一定量时，机器就会发出警报，这有助于明显降低误发警报的数量。

6. 机器配置保温措施

饲喂机的外部奶管均包裹了保温棉，饲喂站奶管接头放在机器中，具备防冻保护装置。设备如安装在高寒地区，只需供水管加装加热装置，排水管可配置加热装置，避免冬天残留的液体结冰。

7. 并行饲喂模式

每个饲喂站均配置了带液位传感器的储奶罐，机器可采用“并行饲喂模式”(图 7-3-33)，即 4 个饲喂站同时喂奶，无须等待，减少饲喂时间。

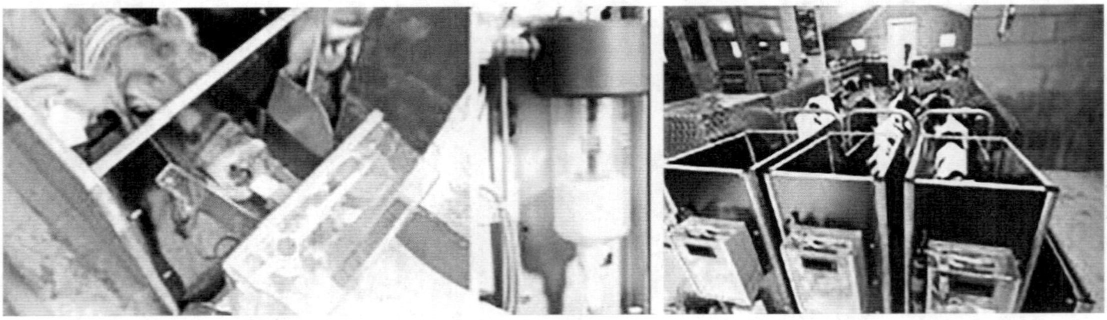

图 7-3-33　并行饲喂模式

8. 直观的电脑控制犊牛饲喂

机器可配备犊牛自动饲养管理软件(图 7-3-34)，可以记录每头犊牛的个体机饲喂信息，修改设置设备的各种参数，进行数据分析并打印分析报告。

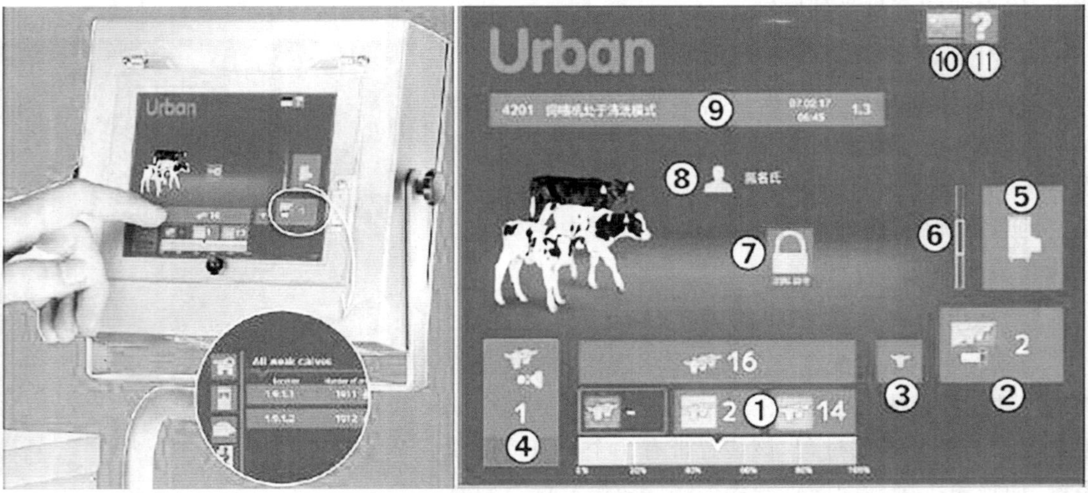

图 7-3-34　犊牛饲喂机管理软件

机器配置了电脑式操作显示终端，可方便地进行犊牛注册、检查、机器设置等操作。饲喂管理系统具备随意、个体及保留 3 种饲喂模式，可设置 8 种饲喂方案，便于针对不同犊牛情况设置不同饲喂方案，更加贴合犊牛的生长发育。

7.3.5.2 自动犊牛饲喂系统的特点

每个饲喂主机可以带 4 个饲喂站，每个饲喂站可以饲喂 25 头左右小犊牛，所以一个主机可以饲喂 100 头左右小犊牛。

从管理者的角度来说，减少了 60% 的劳动成本。一个 3 000 头的、机器化使用程度高的牧场，犊牛的饲喂只需要一个人就可以完成全部的工作，包括犊牛的饲喂、牛舍的卫生、疾病的防治等。

从使用者的角度来说，极大地减少工作量，过去是一个人按头饲喂，现在是一个人一群地饲喂，这样就可以节约时间和减少体力劳动，轻松地去做其他的工作，如清扫牛舍、水槽、防疫、巡圈等。

对于犊牛本身来说，它是一款辅助牧场管理的工具，犊牛在饲喂站进行所有的活动都可以通过软件数据化，变得可追溯。因为系统会记录每天犊牛的喝奶时间、喝奶速度、喝奶量、喝奶的奶温。这些数据是非常有意义的，如可以通过两天的饲喂量，以及喝奶的速度来做对比，如果差异显著，系统会有一项预警，提示我们去观察一下这头牛，分析造成的原因。另外，记录犊牛在整个断奶周期内喝的总奶量，对于成母牛时期泌乳量有较强的参考意义，可以发现最佳的断奶方案。对于犊牛健康也有很大的意义，保证了定时、定量、定温、定人的四大原则，根据犊牛的大小，匹配相应的饲喂量，少量多次，类似于喂养小孩子的方法进行饲喂，有利于犊牛的健康发育。

系统本身具备定时、定次数的自清洁功能，消除机器本身奶路循环造成的奶垢，减小细菌繁殖的概率。系统配备相关故障预警功能，如缺水、断电、奶温低的预警。该系统可以选配红外线测体温系统，犊牛的自动称重系统及水源的净化系统。

［撰稿：北京国科诚泰农牧设备有限公司　鲁沛　关金森］

7.3.6 TMR 精准饲喂监控系统

TMR 是全混合日粮的英文简称(total mixed ration)，自 20 世纪 90 年代从欧美、以色列等国家引入中国以来，TMR 对中国奶业的生产水平的提高和转型升级起到了极大的推动作用。在当前规模化牧场养殖中，TMR 的应用比例已经达到 95%，TMR 使用过程中加料、投料的误差及剩料率较大，导致奶牛场生产水平不稳定，产奶量以及产奶质量容易波动，给奶牛场带来一定比例的经济损失。

当前，我国正处于转型升级的关键时期，饲喂经过 30 多年的快速发展，取得了很大的成就，不过饲料转化效率不高、产能过剩、资源结构性短缺、经营成本上升等问题，面临“提供均衡营养、提高饲喂效率、实现降本增效”的迫切任务。

奶牛场获取经济效益关键是高产，确保奶牛的营养需求得到满足是提高产奶量的关键。设计日粮配方时，要将饲料按照营养需求合理、充分配比，尽量减少饲料日常浪费，做出满足奶牛日常需求的配方。在日粮配方、上料配方、搅拌配方过程中尽量减少配料误差，做到均匀搅拌、均匀投喂，精准饲喂的目的(图 7-3-35)。让每头牛吃到新鲜安全、足够足量的饲料，最后还要对饲喂日粮情况进行评价、反馈，通过奶牛消化吸收情况和产奶量情况，对营养师、饲喂员考核。

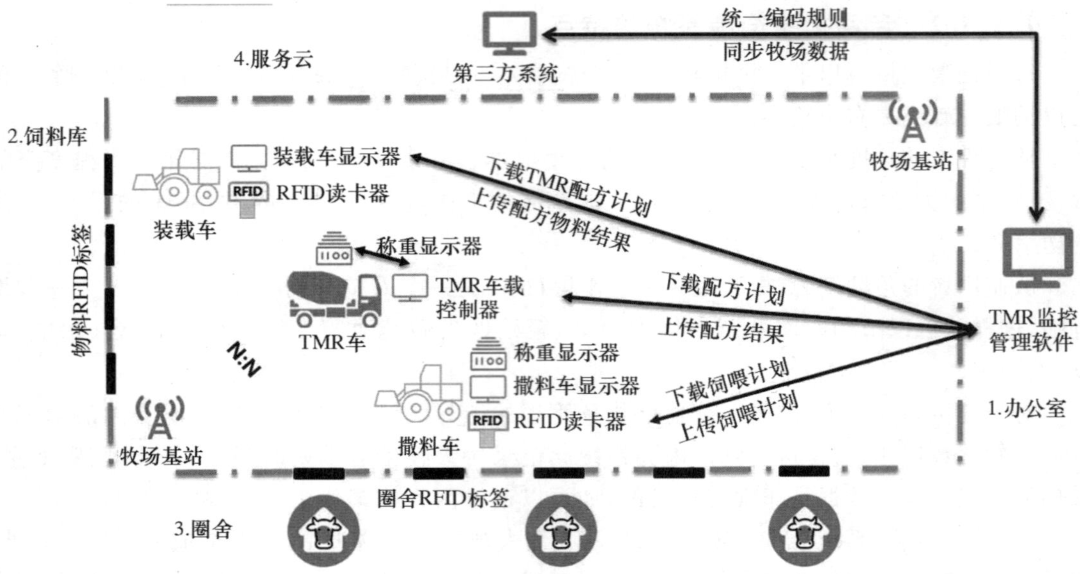

图 7-3-35　精准饲喂流程

7.3.6.1　TMR 精准饲喂系统

此系统由 TMR 终端系统、铲车终端系统、管理系统三大部分组成。数据管理系统从日粮配方制作、整体投料曲线图、投料均匀度曲线图及上料下料误差率走势图等方面进行全面分析，帮助奶牛场管理者做好基层数据统计、执行情况汇报、下一步数据预测、饲料库存管理以及各个环节对奶产量的影响等数据分析(图 7-3-36)。

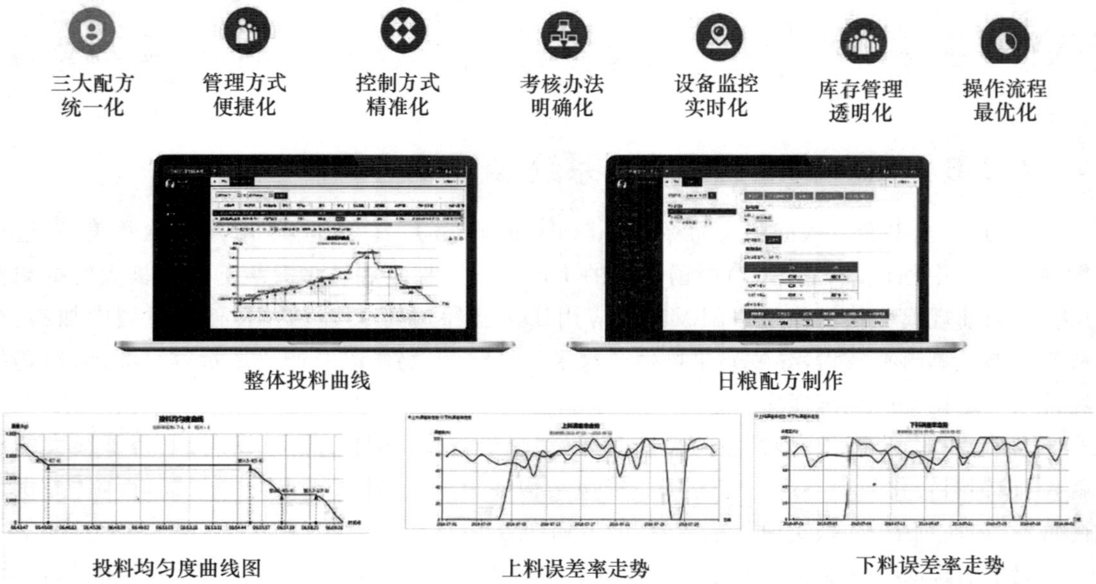

图 7-3-36　TMR 精准饲喂系统

国科蓝海 TMR 精准饲喂系统(图 7-3-37)对饲料配方的执行情况。从上料、搅拌、下料全过程进行监管,根据不同岗位、职责的领导分配不同的账号密码,用户单独登录管理自己的模块。

图 7-3-37 蓝海牧场管理系统

7.3.6.2 智能饲喂水槽系统

智能饲喂水槽系统(图 7-3-38)可完全用于奶牛和肉牛的个体采食和饮水测定,并提供每个测定牛的采食和饮水行为。此系统可以安装于各种类型的、新建和原有奶牛和肉牛牛舍,根据测定的需要,可以进行粗饲料、精饲料、全混日粮采食和测定,称重测定,活动测定和产奶性能测定。

图 7-3-38 精准称重饲喂槽设备外观

智能饲喂水槽系统由以下几部分组成。

1. 智能饲槽颈枷

智能饲喂颈枷由镀锌饲喂颈枷、控制门识别传感器和耳标组成。制定的饲料配方和采食时间都可输入软件,根据耳标的识别信息,立式控制门掌控牛的采食活动。

2. 饲喂称重饲槽

该系统广泛应用于世界著名的研究所和实验牧场。本系统可以识别和控制每头牛的采食时间、称测和记录粗饲料和精饲料的采食量,精准度极高。

3. 智能水槽

与称测饲草饲料的采食功能一样,本系统还可以经可称测的水槽来称测牛的饮用量,这对奶牛的研究极为重要。饮水结束,水槽自动灌满。一个水槽可供 20~25 头牛饮用。

4. 智能饲槽

一头牛可同时采食 4 种饲料,并将采食量记录下来。经过对颈枷、饲槽、电控和控制软件的多年研究和实践,本系统保证了饲料不会外溢,并被采食干净。可让每头牛采食不同的饲槽,也可以让每头牛采食固定的饲槽。

5. 牛体称重记录

软件具有牛只通过称重功能,也可以将精饲料称重与牛体称重这两个功能结合起来使用。

6. 系统管理软件

软件具有奶牛和肉牛管理的功能,便于进一步的数据处理。所采集的数据既可应用于科研,也可适用于牧场的生产实际。

7. 不锈钢顶盖

饲槽顶盖设计,保证了粗饲料采食量的精确称测,这对研究非常重要。

8. 加料及清理

可使用 TMR 搅拌车为智能饲槽添加饲料。饲槽的设计也非常便于拆开、清理和复位。

智能饲喂水槽系统的重要特点为:研究专用,便于安装于新旧牛舍;模块化设计,经久耐用,维修率极低;精准记录,便于各种操作。

7.3.6.3 自动推扫机器人

自动推扫机器人(图 7-3-39)可取代牧场的人工推料设备,可以按照预设的轨迹路线和在相应的牛舍内进行推扫或清理,可实现定时、定点的工作,减少工人的劳动强度,降低奶牛的应激。

A B

图 7-3-39 自动推扫机器人外观(A)和工作现场(B)

设备主要部件是移动、推扫主机,具有编辑、定位、自动充电等功能,可以选配自动添加精补系统,用于对特需牛群进行精饲料和微量元素补充。

TMR 饲料自动推扫机器人的特点:可实现定时、定点推料作业;大大减少工作人员的工作强度;减少普通推扫车造成的奶牛应激;机器人配置 24 V 驱动电机;配置强劲的单独推料滚筒,协助推料;机器人可根据实际电量判断是否需要充电,并到指定地点自行进行充电。

7.3.6.4 撒料机器人

自动投料机器人(图 7-3-40)是以自动控制的 TMR 饲料制备机为主体,通过称量、切割、混合后，沿着预设的导轨进行输送投喂饲料，同时具有及时清理剩料的功能，保证奶牛采食到的 TMR 饲料每一次都是新鲜的，取代人工操作 TMR 饲料制备机，减少工人的操作强度，具有定时、定量饲喂的特点。该系统由原料暂存仓、精料存储仓、TMR 饲料投喂系统组成。

原料暂存仓（图 7-3-41）主要是存放粗饲料，包括羊草、苜蓿、棉籽、青贮等，暂存仓的放料口具有预切功能，可将整捆原料做成蓬松度一致的饲料，原料通过提升机输送到 TMR 饲料投喂系统内。

精料存储仓（图 7-3-42）主要是放置奶牛需要的精饲料，在加料的过程中精饲料通过电控制闸门和溜管投放到 TMR 饲料投喂系统内。

图 7-3-40　撒料机器人

图 7-3-41　原料暂存仓

图 7-3-42　精料存储仓

TMR 饲料投喂系统主要是在不同存储仓提升机下，通过称重系统计量需要添加的原料，同时进行切割、搅拌，然后输送到需要投喂的牛舍内（图 7-3-43）。

图 7-3-43　自动投料场景

自动投料系统的特点为：①可用于规模性的观光牧场；②智能自动控制，减少人工加料的误差性，保证 TMR 的设计配方、制作配方、投喂配方的一致性；③改善工人的劳动环境，降低劳动强度；④保证纤维饲料的预切效果；⑤取代原来 TMR 饲料制备机或撒料车的工作，减少噪音和对牛只的干扰，提高牛只环境的舒适度；⑥实现投料流程完全自动化，不存在人为情绪因素；⑦自动识别群组，可按群组不同制作不同的饲料；⑧只要系统正常，即可定时供应新鲜饲料；⑨所有的原料可以提前加装，只要设定好程序即可；⑩青贮块或成捆草垛可以自动使用预切系统；⑪配置卧式 TMR 饲料制备机为主体，因此不受 TMR 饲料需求量的限制。

［撰稿：北京国科诚泰农牧设备有限公司　关金森　孙德麒］

7.3.7　自动牛体称重及分群系统

牛只称重、分群是牧场的日常事务，需要针对不同牛群情况制定相应的分群策略。监测奶牛体重可以为日粮配方的改进提供基础数据信息，并根据增重情况为牛只分群，以便形成整进整出的养殖场管理机制。

1．系统概述

此系统是牛用自动称重分群系统，包含一个完整的称重平台（图 7-3-44）。分栏秤可以通过系统程序自动控制的分栏门，根据系统设定的条件，对牛只进行分栏分类，从而实现对牛群的精细化管理。

自动称重分群系统安卓客户端软件是运行在分栏秤三防平板电脑（图 7-3-45）上的客户端软件，采集数据，实时显示当前任务状态，进行语音播报，通过长距离 3G/4G 等无线网络与服务器通信，协同任务执行，汇总上传数据。

图 7-3-44　牛用称重平台

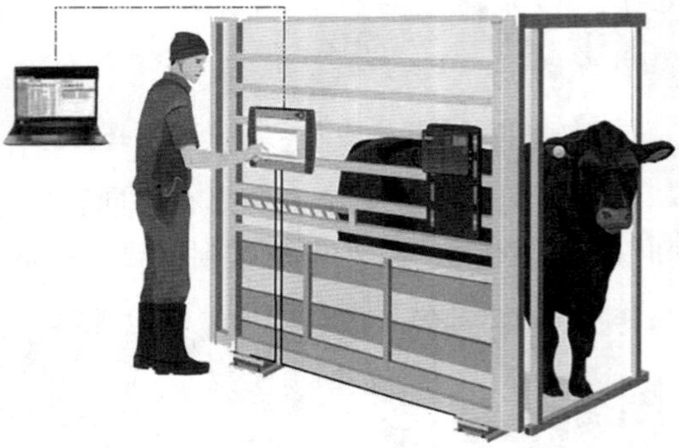

图 7-3-45　三防工业级平板电脑

2．系统优势

自动称重分群系统基础系统由客户端的分栏秤主机、通道、围栏、分栏秤平板电脑工作站，以及云端服务组成。系统扩展支持部分包括电子耳标、手持机以及手机客户端 App 软件等。

(1)系统可实现 1 s 快速精准捕捉牛只体重，每小时可称重 200 多头。

(2)适用于各种圈舍场地，5 min 便可布置完成。

(3)可根据实际情况灵活设置分群条件。

(4)自动识别牛只，数据实时采集、传输。

(5)系统采用无线连接，数据实时同步。

当牛只通过智能分群称重设备时，系统会自动识别电子耳标，并采集体重数据。系统通过与设定的牛只分群条件对比，判断出牛只归属通道圈舍，自动打开对应通道，实现牛的自动化分群。分群称重的目的在于精细化养殖管理，通过区分不同牛群，便于后续集中饲养和繁育、育肥精细化饲喂等工作。衡量饲料的转换效率与日增重情况，帮助企业管理者进行效益分析和决策，实现最小的投入、最高的经济回报。

［撰稿：北京国科诚泰农牧设备有限公司　关金森］

7.3.8 自动垫料撒布系统

牛床垫料自动投放系统(图 7-3-46)是代替牧场抛洒机或铲车投料的自动化设备,按照预设在牛床上方的运动轨迹进行投放,在垫料投放过程中,不影响奶牛休息,减少应激,以及人工劳动强度。

图 7-3-46 牛床垫料自动投放系统

系统主要分为以下两部分。

1. 垫料的暂存系统

垫料暂存系统主要由存储仓和提升系统组成(图 7-3-47)。存储仓主要由 2 个方形或 3 个圆形仓组成,通过存储仓前端的自动疏料结构,对垫料进行膨化处理,保证垫料的蓬松度,然后通过提升机提升至投放系统内。

图 7-3-47 垫料暂存系统的存储仓和提升机

2. 自动投放系统

自动投放系统主要由预设导轨(图 7-3-48)和投放设备(图 7-3-49)组成。预设导轨根据实际牛床的位置进行铺设,方便投放设备的运行,投放设备由电机驱动,沿着预设导轨进行投放垫料。

图 7-3-48　预设导轨

图 7-3-49　投放设备外观

自动垫料撒布系统的特点为：①可实现定时、定量进行投料；②大大减少工作人员的工作强度；③减少奶牛抛洒垫料时的应激，保证奶牛的舒适度；④减少普通牛床垫料抛洒机造成的交叉感染；⑤保证牛床垫料的干燥和卫生；⑥自动投放系统可适用不同的材料；⑦整个系统无噪声，保证奶牛在安静的环境中休息；⑧改善垫料的存储条件；⑨垫料投放量灵活可调；⑩整个系统结构简单，操作方便。

［撰稿：北京国科诚泰农牧设备有限公司　关金森］

7.3.9　奶牛发情监测系统

对于养殖场来说，及时发现奶牛发情有利于提高奶牛的受孕率、产犊率并延长泌乳期，可见监测奶牛发情率对牧场运行状况的重要性。

1. 牧场发情监测现状

人工观察法不仅效率低、增加配种成本，而且无法及时监测发情、发现最佳配种时间，降低了产犊率，而且耗费大量人力成本，影响奶牛养殖企业的效益。

2. 系统概述

国科蓝海奶牛发情监测（图 7-3-50）采用了射频识别技术和无线通信相结合的方式，具有数据实时采集和分析功能，把现代科学技术运用到奶牛养殖业，加强了现场生产的条理性以及大量数据信息的计算技术监管。

3. 系统特点

（1）系统结构。BlueWay 项圈对每头牛进行实时行为采集，通过 433 MHz 频段与标签识别中断器无线传输通信，数采主机实现数据每小时上传云端一次。

（2）BlueWay 项圈功能。奶牛的发情期比较短，只有 6 h，而且一般在晚间。BlueWay 项圈安装在奶牛的颈部，一天 24 h 监督跟踪，能够针对每头牛进行行为采集和分析，各项生理指标，提供疾病预警、发情揭发、采食量监测等多项数据。

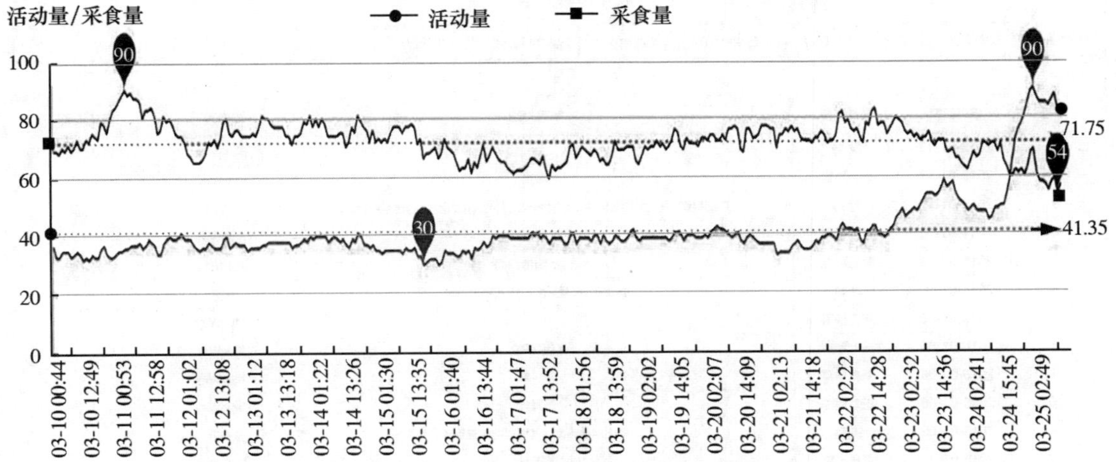

图 7-3-50 奶牛发情监测系统活动量和采食量监测

BlueWay 项圈的疾病预警早于人工观察，发情揭发率高于人工观察。随着数据量积累，判断精度持续提高。

(3)数据分析功能。发情监测系统通过能量计算对采集的数据进行分析并且与历史的运动规律和行为习惯做对比，通过 App 及时传送给工作人员以便及时做人工授精或健康检查处理，替代人工观察，缩短奶牛空怀期，快速提高牧场繁殖水平。

(4)管理追溯功能。了解奶牛实时繁殖状态和繁殖历程，提供奶牛发情相关数据报表，有效提高牧场的管理水平。

4. 系统优势

系统模型算法集三大专利技术：能量计算、动作捕捉、机器学习。

该系统采用机器学习算法，随着数据积累，准确度越来越高，24 h 不间断的行为采集，每小时上传一次，预警反应迅速，电池使用寿命为 5 年，3 年内非人为损坏免费更换。发情揭发率 95%，揭发率超过人工观情。21 d 怀孕率提高了 4%，胎间距平均缩短 8 d，每头每年平均多产 2.4%的奶。全封闭设计防水防潮，体积小质量轻适合奶牛佩戴，具有大连接、广覆盖、功耗低等特性，可以在自然环境下使用 5 年。

5. 价值分析

牧场在使用国科蓝海奶牛发情监测系统后奶牛 21 d 怀孕率提高了 4%，胎间距平均缩短 8 d，平均每头牛每年多产奶 240 kg。

6. 应用案例

某牧场发情监测系统中记录牛号：14051。

从图 7-3-51 看出，某些情况下系统的疾病预警早于人工观察。1 月 3 日该牛已经有发病症状，但兽医未看出异常，病情逐渐恶化。1 月 6 日系统再次发出预警，兽医没有看出异常。1 月 8 日系统预警，兽医初步判断为“疑似移位”，1 月 10 日，兽医确诊为“真胃移位”。1 月 12 日治疗无效死亡。

请选择牛号 查询 ◀ 14051 ▶

牛只卡片 | 基本信息 | 事件 | DHI | 历史产奶 | 当前胎次 | 活动量曲线 | 牛只照片

序号	事件日期	事件类型	事件说明	操作人	备注信息
1	2018-01-12	发 情		BlueWay	备注信息
2	2018-01-12	乏力预警	淘汰	BlueWay	
3	2018-01-12	死 淘	死淘类型: 死亡; 淘汰类型：被动淘汰；死亡原因: 其他消化系统疾病	杜吉峰	备注信息
4	2018-01-10	乏力预警	移位	BlueWay	
5	2018-01-10	真胃移位	未治愈; 治愈日期: -;	杜吉峰	
6	2018-01-10	转 群	转出牛舍:3西南； 转入牛舍:5南	刘丽	
7	2018-01-08	采食预警		BlueWay	
8	2018-01-08	乏力预警	疑似移位	BlueWay	
9	2018-01-06	采食预警	无异常	BlueWay	
10	2018-01-06	乏力预警	无异常	BlueWay	
11	2018-01-05	转 群	转出牛舍:5南； 转入牛舍:3西南	刘丽	
12	2018-01-03	采食预警	无异常	BlueWay	
13	2018-01-01	转 群	转出牛舍:6南； 转入牛舍:5南	姚伟	
14	2018-01-01	产 犊	难产评分: 1; 犊牛号: -; 公犊; 存活	姚伟	

图 7-3-51 发情监测记录示例

7．结论

综上所述，国科蓝海奶牛发情监测系统的发情揭发率比人工观察高，可及时发出发情预警信息和健康状况信息，而且准确率高、性能稳定，可以提高奶牛的受胎率，适用于规模化牧场，为奶牛养殖场带来更大的经济效益。

［撰稿：北京国科诚泰农牧设备有限公司 关金森］

7.3.10 牧场环境监控系统

养殖环境给牧场的正常运行带来很大挑战，在环控手段缺失的条件下，温湿度、光照、有害气体（NH_3、CO_2、H_2S）、空气质量、风速风向等因素，将直接影响奶牛的生产性能，给牛场带来巨大的经济损失。随着智慧化牧场理念的引入，养殖者已经开始意识到环境控制在奶牛养殖中的重要性，从中获得了更高的生产效率和更大的饲料报酬。尤其是规模化养殖场，人力成本投入增高，奶价频繁波动，养殖者为了获得更多的投资回报，对牛舍的环境控制的要求越来越精确。

1．影响养殖环境的因素

（1）温湿度对奶牛健康和生产性能的影响。奶牛健康成长的最适宜环境温度是5～22℃，范围外有可能会热应激/冷应激，造成饲料的损耗、产奶量下降。超过25℃就有明显的应激，采食量、产量下降，超过30℃严重应激，在没有良好的防暑降温设施时减产25%～30%。

（2）有害气体对牲畜的影响。奶牛养殖场有害气体氨气（NH_3）常易溶解在牛只呼吸道黏膜和眼结膜上，使黏膜充血、水肿，引起结膜炎、支气管炎、肺炎、肺水肿。二氧化碳（CO_2）无毒，但舍内二氧化碳含量过高，氧气含量相对不足，会使牛只出现慢性缺氧，精神萎靡、食欲下降、增重缓慢、体质虚弱，易感染慢性传染病。

2. 系统概述

国科蓝海奶牛场养殖环境系统(图 7-3-52)是采用先进的环境控制理论与技术,结合实际的数据和经验,综合自然环境因素,为客户提供经济合理的解决方案。系统由主机、传感器、风机、喷淋等设施组成,实现了环境监测与控制一体,同时可以与手机、电脑等 PC 设备连接随时查看牛舍情况并即时控制外部设备,真正实现了物联网。通过分析采集各项实时数据的变化联动控制天窗、风机、喷淋、水帘设施的启停,科学智能地管理棚内设施,达到使牛舍温度降低和奶牛呼吸新鲜空气的目的,加大企业自动化管理的力度,为企业节约资源、提高生产效率(图 7-3-53)。

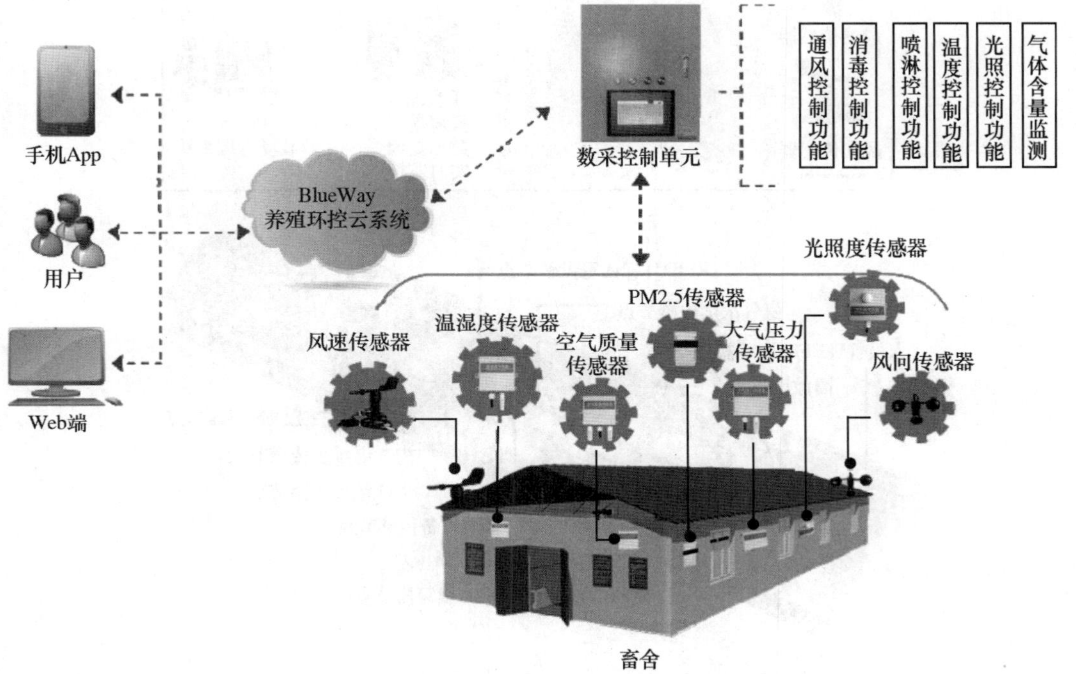

图 7-3-52　奶牛场养殖环境系统

3. 系统特点

养殖环控系统是牛舍设施设备的关键系统,同时也是影响奶牛产奶量和采食量的重要因素。为奶牛营造一个舒适的生活环境,有利于奶牛的健康生长、降低发病率,而且还可提高生产性能、增加牧场经济效益。根据牧场的自然环境和成本投入,自由设定警戒值,24 h 不间断采集和监测数据。系统由养殖环境实时监测和养殖环境设备控制两部分组成。

4. 系统优势

各类型的传感器监测设备均采用低功耗设计;全天采集和记录监测,上传云端;支持多种数据采集通讯方式、实时手机 App 报警提醒;设定各监控模块传感器警报值,提升安全度;同时拥有强大的数据处理与通信能力。

5. 环控与饲喂的结合应用

热应激会导致奶牛呼吸性碱中毒、瘤胃酸中毒、肠道损伤、代谢功能紊乱等情况,严重影响奶牛的健康成长和产奶量。合理的环境管理以及 TMR 精准饲喂是奶牛养殖的合理组合。

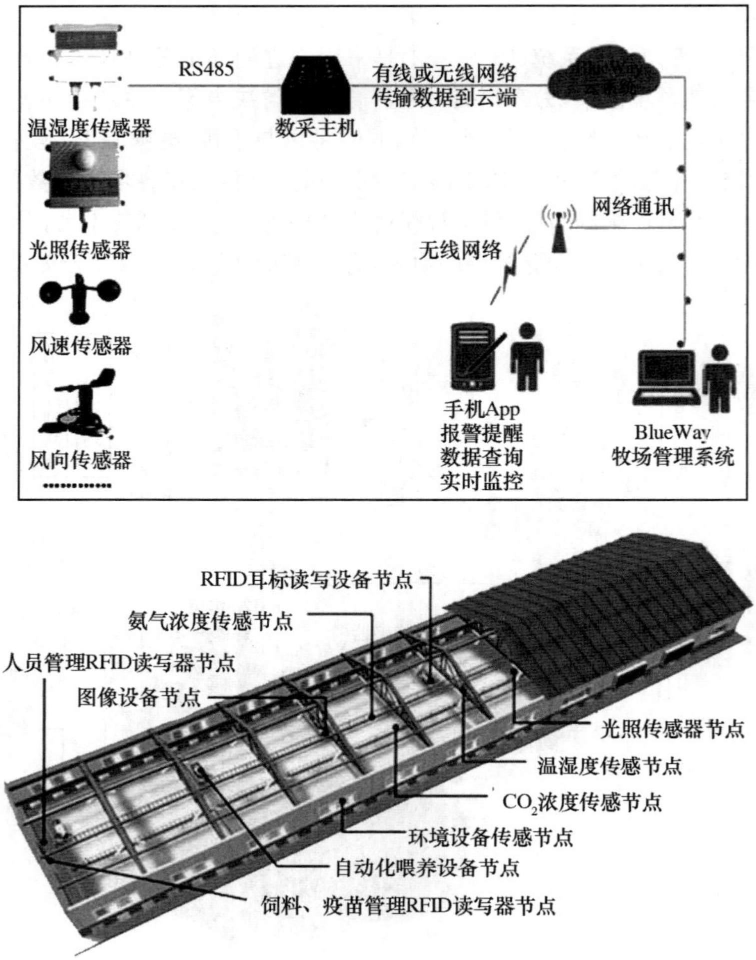

图 7-3-53　养殖环境实时监测和养殖环境设备控制

［撰稿：北京国科诚泰农牧设备有限公司　李海杰　关金森］

7.4　奶牛场信息管理软件

7.4.1　奶牛配方软件

奶牛配方需要考虑两个主要方面，首先是影响奶牛营养需要的因素，如奶牛体重、胎次、温度、活动量、泌乳量、健康情况等，其次是组成饲料配方的原料营养特异性。

目前，国内外配方软件很多，所用的模型为 CNCPS 和 NRC，中国奶牛养殖发展 10 多年，我国的专家们做了很多基础性研究，发现奶牛的营养需求和饲料效率方面和国外存在一定的区别。

《牛人配方》是以中国农业大学李胜利教授为核心的国家奶牛产业技术体系营养团队历

经 10 年的研究和实践成果。

7.4.1.1　主要特点

1. 强大的数据库

奶牛体系历时 10 年归纳整理的饲料数据库，同时牧场可修正自己的数据库。

2. 先粗后精原则

操作人员选择自己牧场的粗饲料品种以及可以投喂的数量，系统自动计算出精饲料需要提供的营养浓度；再确定需要购买的精饲料营养浓度或自配料的配比；奶牛场实时了解奶牛的干物质需要量和实际提供量、NDF 及粗饲料中 NDF 情况，从而确保奶牛瘤胃健康。

3. 技术参数先进

汇集产业体系众多专家的研究成果，应用最新的中国奶牛营养和饲料标准；降本增效，提供饲料转化率、每公斤生奶成本指标和标准；弥补了国内针对中小牧场，专业性不足的现象；牧场可以轻松评估现有日粮。

4. 操作简单

网页版；无须专业背景，按照提示即可做日粮评估；在操作界面上，会选择就会做配方，注册和登录：

(1) 登录网址为：http://www.niu305.cn/ration/。

(2)点击"我要使用"，填写注册信息，等待后台审核通过。

(3)审核通过后，输入"用户名""密码"和"验证码"登录进入操作页面。

图 7-4-1　登录页面

7.4.1.2　页面介绍

1. 主要页面

软件包含 2 个主要页面：主页("配方") 和辅助页面("信息管理—饲料库管理")，可通过点击页面左侧上方的图标进入，如图 7-4-2 所示。

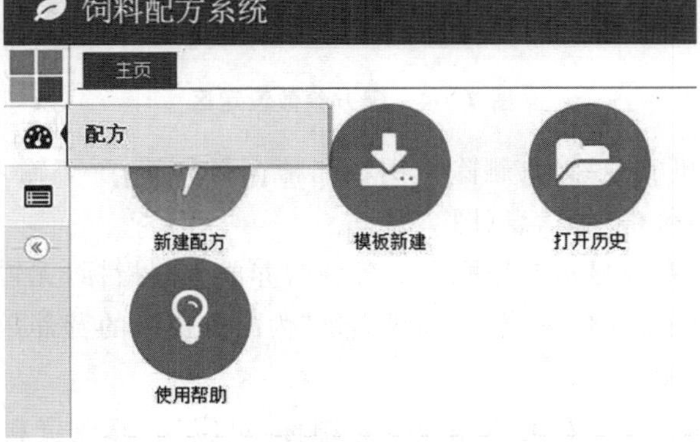

图 7-4-2　主页面图标

2. 主页（“配方”）介绍

主页上方包含7个圆形功能图标（图7-4-3），下方是参数设定区、配方制作区和配方结果区，介绍如下。

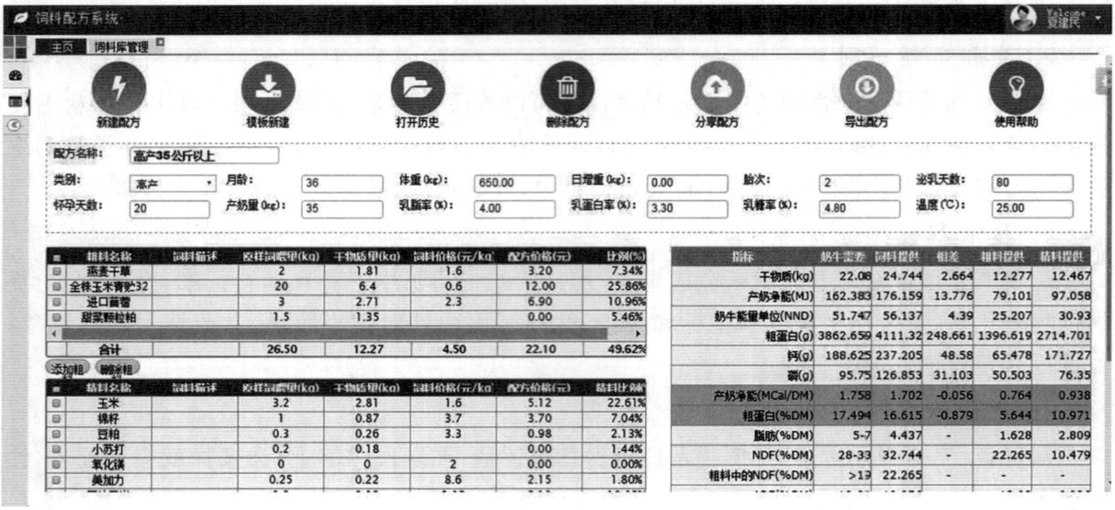

图7-4-3　配方介绍

（1）“新建配方”。可新建一个配方，新建配方会自动保存。

（2）“模板新建”。以历史配方为模板，新建配方。

（3）“打开历史”。打来以前制作的配方。

（4）“删除配方”。删除当前主页面显示的配方。

（5）“分享配方”。分享配方给其他用户。

（6）“导出配方”。将配方导出，以Excel格式存储。

（7）“使用帮助”。获得使用说明。

（8）参数设定区。包括“配方名称”（可自定义）、类别等，可输入配方所需的相关参数（图7-4-4）。

图7-4-4　配方参数设定区

（9）配方制作区。可实现添加、删除粗饲料和精饲料种类；手工输入各种原料的“饲料描述”“原样饲喂量”“饲料价格”等信息（图7-4-5）。

（10）配方结果区。在线显示制作配方的各种营养成分等指标，无输入功能。“奶牛需要”为该类别奶牛的营养需要，为理论值。“饲料提供”为配方提供的营养数值，其数值是“粗料提供”和“精料提供”之和（图7-4-6）。

（11）用户信息图标。点击右上角用户信息图标，可实现“修改资料”“修改密码”“退出”3个功能。

	粗料名称	饲料描述	原样饲喂量(kg)	干物质量(kg)	饲料价格(元/kg	配方价格(元)	比例(
	进口苜蓿		1.5	1.35		0.00	5.82
	羊草		0	0		0.00	0.00
	全株玉米青贮32		18	5.76		0.00	24.7
	燕麦干草		0	0		0.00	0.00
	苜蓿青贮		6	3		0.00	12.8
	合计		25.50	10.11	0.00	0.00	43.4

添加粗料　删除粗料

	精料名称	饲料描述	原样饲喂量(kg)	干物质量(kg)	饲料价格(元/kg	配方价格(元)	精料比
	玉米胚芽粕		0	0		0.00	0.00
	玉米		5	4.4		0.00	33.4
	豆粕		4	3.53		0.00	26.8
	DDGS		1	0.9		0.00	6.85
	全棉籽		2	1.84		0.00	13.9
	预混料		0.65	0.58		0.00	4.45
	美加力		0.1	0.09		0.00	0.68
	压片玉米		2	1.8		0.00	13.6

图 7-4-5　配方制作区

指标	奶牛需要	饲料提供	相差	粗料提供	精料提供
干物质(kg)	17.323	18.397	1.074	7.726	10.671
产奶净能(MJ)	129.21	136.5	7.29	49.044	87.456
奶牛能量单位(NND)	41.176	43.499	2.323	15.629	27.87
粗蛋白(g)	3387.079	3233.46	-153.619	854.176	2379.284
钙(g)	160.2	129.227	-30.973	43.491	85.736
磷(g)	82.2	102.074	19.874	32.355	69.719
产奶净能(Mcal/DM)	1.783	1.773	-0.01	0.637	1.136
粗蛋白(%DM)	19.553	17.576	-1.977	4.643	12.933
脂肪(%DM)	4-6	5.916	-	1.341	4.575
NDF(%DM)	28-33	28.974	-	18.126	10.848
粗料中的NDF(%DM)	-	18.126	-	-	-
ADF(%DM)	17-19	18.115	-	12.228	5.887
钙(%DM)	0.925	0.702	-0.223	0.236	0.466
磷(%DM)	0.475	0.555	0.08	0.176	0.379
(4.0)饲料转化效率(kg/DM)	1.5-2	1.5	-	-	-
(3.5)饲料转化效率(kg/DM)	1.5-2	1.722	-	-	-
粗精比（%）	-	-	-	41.995	58.005
日粮成本(元)		0		0	0
干物质成本(元/公斤)		0		0	0

图 7-4-6　配方结果区

7.4.1.3 “饲料库管理”介绍

(1)饲料库管理中已经有系统自带的饲料营养价值数据库,来源显示为系统。

(2)用户可通过左下角的“添加”“编辑”“删除”和“复制”菜单实现对数据库的管理。

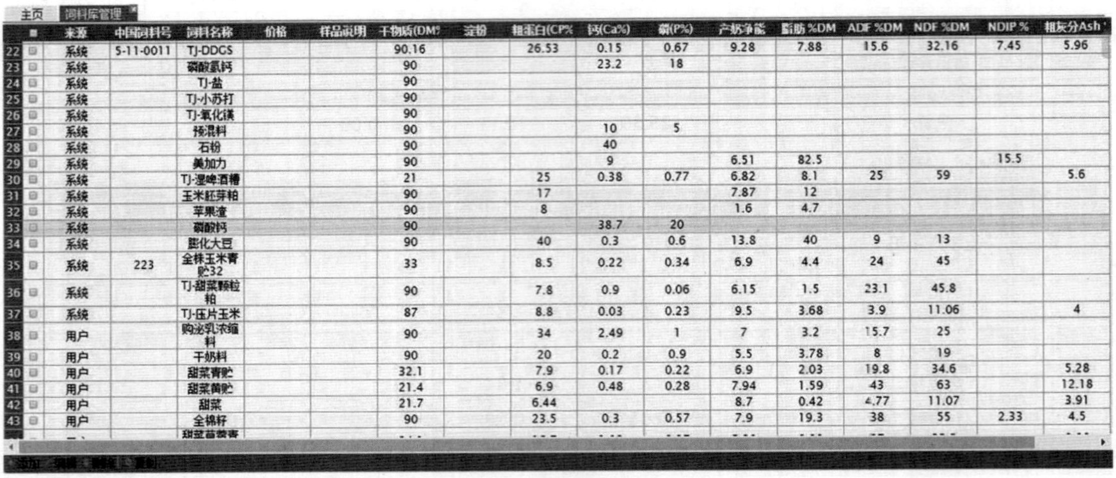
主页 饲料库管理

	来源	中国饲料号	饲料名称	价格	样品说明	干物质(DM%	淀粉	粗蛋白(CP%	钙(Ca%)	磷(P%)	产奶净能	脂肪 %DM	ADF %DM	NDF %DM	NDIP %	粗灰分Ash
22	系统	5-11-0011	TJ-DDGS			90.16		26.53	0.15	0.67	9.28	7.88	15.6	32.16	7.45	5.96
23	系统		磷酸氢钙			90			23.2	18						
24	系统		TJ-盐			90										
25	系统		TJ-小苏打			90										
26	系统		TJ-氧化镁			90										
27	系统		预混料			90			10	5						
28	系统		石粉			90			40							
29	系统		美加力			90			9		6.51	82.5			15.5	
30	系统		TJ-湿啤酒糟			21		25	0.38	0.77	6.82	8.1	25	59		5.6
31	系统		玉米胚芽粕			90		17			7.87	12				
32	系统		苹果渣			90		8			1.6	4.7				
33	系统		磷酸钙			90			38.7	20						
34	系统		膨化大豆			90		40	0.3	0.6	13.8	40	9	13		
35	系统	223	全株玉米青贮32			33		8.5	0.22	0.34	6.9	4.4	24	45		
36	系统		TJ-甜菜颗粒粕			90		7.8	0.9	0.06	6.15	1.5	23.1	45.8		
37	系统		TJ-压片玉米			87		8.8	0.03	0.23	9.5	3.68	3.9	11.06		4
38	用户		购泌乳浓缩料			90		34	2.49	1	7	3.2	15.7	25		
39	用户		干奶料			90		20	0.2	0.9	5.5	3.78	8	19		
40	用户		甜菜青贮			32.1		7.9	0.17	0.22	6.9	2.03	19.8	34.6		5.28
41	用户		甜菜黄贮			21.4		6.9	0.48	0.28	7.94	1.59	43	63		12.18
42	用户		甜菜			21.7		6.44			8.7	0.42	4.77	11.07		3.91
43	用户		全棉籽			90		23.5	0.3	0.57	7.9	19.3	38	55	2.33	4.5

添加 编辑 删除 复制

图 7-4-7 饲料库管理页面

(3)点击“添加”,可新增饲料种类,来源显示为用户。需将各营养指标填写完整,否则会导致配方计算结果不准确(图 7-4-8)。

(4)勾选一条饲料最左端的方框,点击“编辑”,可对该种饲料原料进行编辑。

(5)点击“删除”,可对选中饲料进行删除。系统自带的饲料原料不能删除。

(6)点击“复制”,可对选中的饲料原料进行复制,复制的条目出现在最下端。

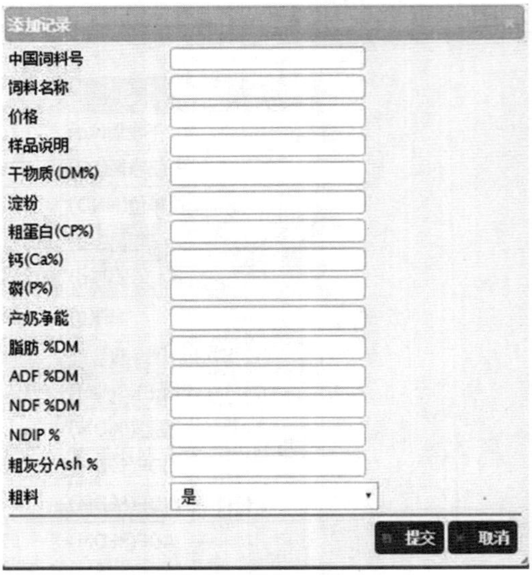

图 7-4-8 添加饲料

7.4.1.4 配方制作

1. 新建配方

(1)点击新建配方,在弹出的对话框中输入“配方名称”,点“确定”。在参数设定区选择牛奶的“类别”,根据实际情况输入月龄等其他参数,按下回车键(Enter)。

(2)分别点击“添加粗料”和“添加精料”,勾选所需要的饲料原料,点击下方的“确定”按钮,添加原料。

(3)可通过“删除粗料”和“删除精料”对已选的饲料原料进行删除。

(4)用鼠标点击原料的“原样饲喂量”选框,选框变白色后手工输入各种原料每头牛每天饲喂的重量;点击“饲料价格”选框,输入原料价格。各种原料用量和价格输入完成后,然后按下回车键(Enter),在“配方结果区”即可看到制作配方的各种营养成分。

(5)根据“奶牛需要”和“饲料提供”的差距，手工更改各原料的“原样饲喂量”的数值，使两者相差较小即可完成配方制作。

2. 模板新建

点击“模板新建”，从弹出的对话框“配方列表”中，点击选择一个历史配方，在“新名称”对话框中输入配方名称，点击“确定”，实现以历史配方为基础新建配方，且不会覆盖历史配方。

3. 打开历史

(1)点击“打开历史”，在“配方列表”对话框中，点击任意一个想要打开的历史配方。

(2)在主页面修改打开的历史配方，配方会自动保存，覆盖原有的历史配方。原理与新建配方相同。

4. 删除配方

可删除不需要的配方，前提是需要将该配方打开到主页面，且一次只能删除一个配方。

5. 导出配方

(1)点击导出配方，选择保存的磁盘位置，点击“确定”，可将配方以 Excel 格式储存在电脑中。具体格式见图 7-4-9。

(2)借此可以实现打印、邮寄等功能。

	A	B	C	D	E	F
1	牛人配方表					
2	制作人：夏建民		打印日期：2018-05-22			
3	牛只类别：	高产	体重(kg)：	650	日增重(kg)：	0
4	月龄：	36	胎次：	2	温度(℃)：	25
5	泌乳天数：	80	怀孕天数：	20	产奶量：	35
6	乳蛋白率(%)：	3.3	乳脂率(%)：	4	乳糖率(%)：	4.8
7						
8	粗料名称	原样饲喂量(kg)	干物质量(kg)	饲料价格(元/kg)	配方价格(元)	干物质比例(%)
9	燕麦干草	2	1.81	1.6	3.2	7.3399
10	全株玉米青贮32	20	6.4	0.6	12	25.8646
11	进口苜蓿	3	2.71	2.3	6.9	10.9565
12	甜菜颗粒粕	1.5	1.35			5.4558
13	合计	26.5	12.27	4.5	22.1	49.6168
14						
15	精料名称	原样饲喂量(kg)	干物质量(kg)	饲料价格(元/kg)	配方价格(元)	比例(%)
16	玉米	3.2	2.81	1.6	5.12	22.6082
17	棉籽	1	0.87	3.7	3.7	7.0442
18	豆粕	0.3	0.26	3.3	0.98	2.1272
19	小苏打	0.2	0.18			1.4438
20	氧化镁	0	0	2	0	0
21	美加力	0.25	0.22	8.6	2.15	1.8048
22	压片玉米	2.5	2.25	2.05	5.12	18.0477
23	购泌乳浓缩料	6.5	5.85	3.15	20.47	46.924
24	合计	13.95	12.44	24.4	37.54	99.9999
25						
26		需要	提供	相差	粗料	精料
27	干物质(kg)	22.08	24.744	2.664	12.277	12.467
28	能量(MJ)	162.383	176.159	13.776	79.101	97.058
29	能量(MCal/DM)	1.758	1.702	-0.056	0.764	0.938
30	粗蛋白(g)	3862.659	4111.32	248.661	1396.619	2714.701

图 7-4-9　导出的配方展示

7.4.1.5 其他事项

(1)配方软件使用人员需要有一定的饲料和奶牛营养学基础。初学人员制作配方后需咨询有经验的营养师后方可使用。

(2)温度参数请填入适宜的温度区域,尽量避免使用极端温度。

(3)如果牛场使用的是外购的精补料、浓缩料,不管使用何种配方软件,都需要知道该饲料的主要营养成分,否则无法制作配方。

[撰稿:上海科湃腾信息科技有限公司　徐云　朱红宾]

7.4.2 奶牛场信息管理平台

随着牧场规模化、集约化发展,管理人员和技术人员通过现场查看工作情况,进而发现问题的有效性降低了。因此,需要一套数据化管理工具,能够实时掌握奶牛的全面信息,及时发现问题,找到问题的原因,从而高效地解决问题。

数据化管理是牧场未来发展的主要手段之一,牧场管理就没有数据为依托如同人没有目标和方向感在走路,虽然当前很多牧场都安装了牧场管理软件系统,但真正全部应用的还不是很多,所以很多功能应用并没有发挥作用。生产中,部分挤奶设备也自带了管理软件,通过管理软件对牛群计步器的行走以及奶质奶量变化综合分析导出牧场所需要的各类数据,发现牧场存在的繁育、体细胞变化、酮病等问题,同时向管理者对奶牛的各种情况进行提前预警,如干奶、配种、产犊等。物联网时代对牧场管理系统的便捷性、智能性提出了更高的要求,科湃腾公司凭借先进的物联网及云计算技术开发平台,结合国内牧场生产管理现状,开发出了新一代的牧场管理系统——COWatch。该管理系统打通和连接牧场软、硬件通路,运用先进的无线技术实时采集和录入牧场生产管理信息,为牧场制定生产计划和规范生产流程提供了保障;凭借完善、便捷、高效的数据采集、整理、筛选、发布功能,全面提升了牧场的管理水平。这套工具的应用可以说是牧场管理中一次质的革命,不仅带来了准确性,还节省了人力分析。这些管理工具在奶牛养殖发达国家如美国、以色列等早已应用,并成为其单产提高的主要因素之一。

牧场端的繁育管理、健康管理、产奶管理、饲喂管理、质量管理、兽药管理与牧场当前使用系统实现管理业务横向互联,生产业务纵向集成,数据信息互联互通,从而实现牧场设备数据自动采集、工作任务自动提醒、风险管理自动预警、奶量自动预测。乳企端与牧场纵向打通,实现奶量预测、运营管理、质量管理、成本管理、分析管理、兽药管理。

1. 牧场信息管理平台具备的优势

(1)无缝集成国内多款奶厅软件。可以和国内主要的奶厅软件系统无缝集成,解决牧场的数据分散管理问题。

(2)先进的程序自主设定管理。有效地通过软件指导实际生产,如通过在软件里设定好PG、GnRH 等同期程序,系统将在软件上实时提醒繁殖人员,繁殖人员做好业务后,在手机上确认,即保存好数据。

(3)完善的报表功能呈现。完全灵活的报表查询,所有的报表或图标均可以完全自定义,系统强大的检索与查询功能可以使您所想所得、随心所欲。

(4)多样化的数据录入手段。为了增强数据录入方便性,提供了5种数据录入方式:①单个牛只资料录入;②批量牛号录入;③牛舍内满足条件的打钩录入;④外部文件导入;⑤手机实时录入。

2. 智能一体化的牧场解决方案示例

见图 7-4-10。

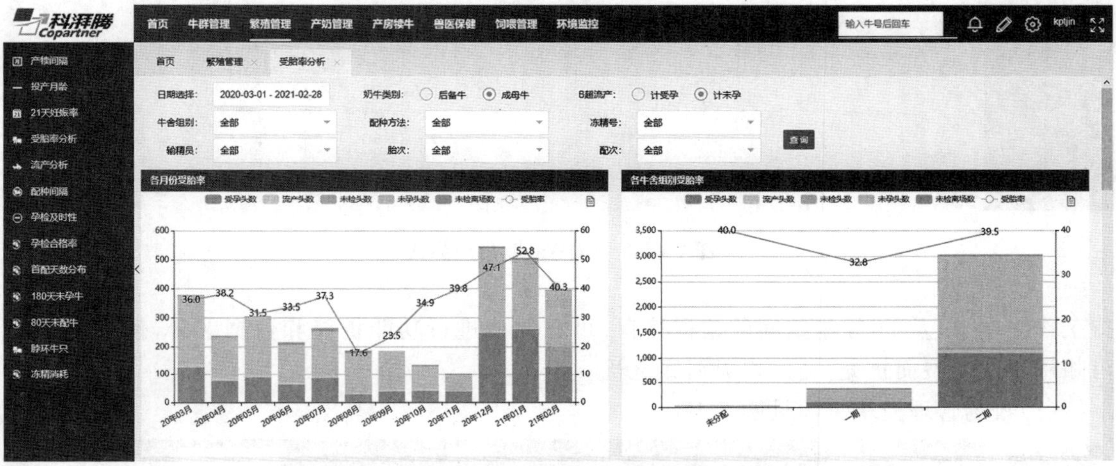

图 7-4-10　智能一体化的牧场解决方案示例

3. 实现了易用性和功能设计间的平衡

作为面向牧场用户的软件系统,COWatch 充分考虑了系统顺利运行的需要。在保障牧场及集团核心管理需求的前提下,对软件功能进行了适当的精简,并大量采用数据模板和人工智能技术,最大程度上减少了一线工作人员的操作工作量,为软件深入应用提供了前提条件。

4. 友好的用户界面和操作方法

根据奶牛行业多年的信息化经验,COWatch 提供了符合用户习惯的界面及操作方式。如系统首页即以图表方式集中显示牧场当前主要的生产管理数据,使管理人员对牧场整体情况一目了然(图 7-4-11)。

5. 准确的提醒、预警功能

通过用户自定的业务逻辑数据,自动判断牛只情况,并及时提醒管理人员进行业务处理,并对异常数据进行报警。

6. 强大、灵活的数据汇总和统计分析功能

可通过数据加密、认证技术在互联网上安全传递数据,使牧场管理层随时掌握下属牧场生产、经营情况,及时作出决策。

系统数据中心功能模块不但内置了牧场生产管理所需的 70 余种报表,还特别提供了所见即所得形式的报表设计器,使用户可随时根据自身需求,灵活设计报表。

7. 全面的外围系统接口

预留了与当前主流挤奶设备、奶牛个体识别系统、牧场环境监测系统、TMR 监控系统、手

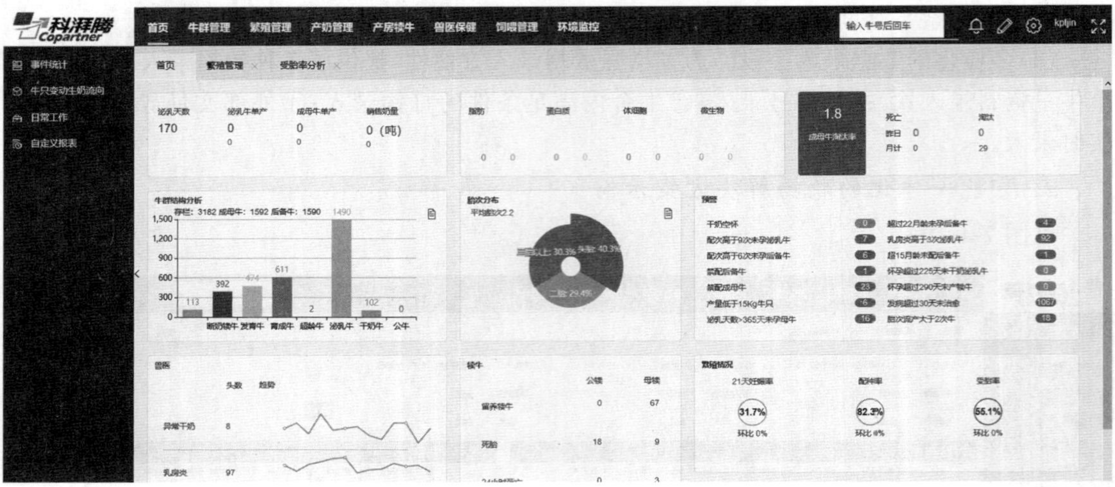

图 7-4-11　COWatch 用户界面

持工作终端、以及 DHI 组织间的数据接口，可方便地进行功能扩充和数据融合，使系统功能可随用户的发展而扩充，使用户无后顾之忧。

(1)牧场管理模块页面见图 7-4-12。

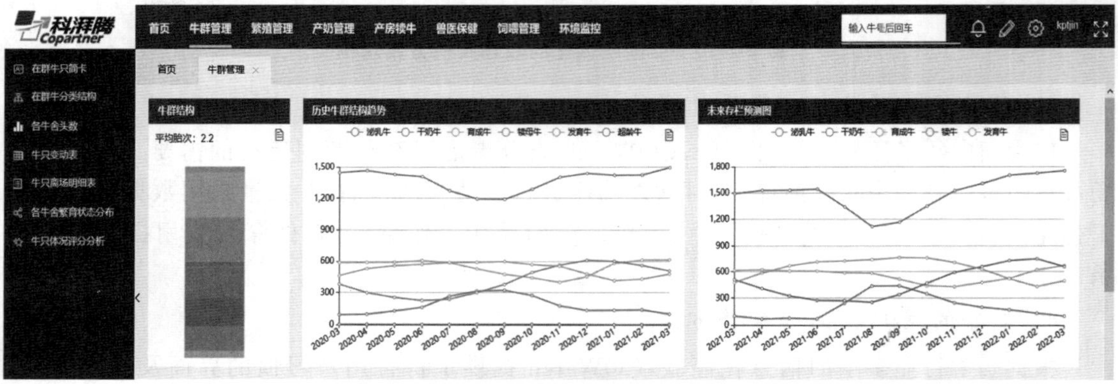

图 7-4-12　牧场管理模块页面

(2)牛只管理。用于牛只信息录入以及单项信息条目查询修改，主要包括如下信息。

①奶牛入场：记录牛号、入场日期、性别、品种、出生日期、近交系数等信息。

②奶牛离场：记录离场日期、原因、去向等信息。

③移牛：记录移牛日期、类型、新牛舍号、移牛员等信息。

④体尺称重：记录称重日期、体高、胸围等信息。

⑤体况评分：记录评分日期、评分、评分员等信息。

⑥生产性能测定：记录测定日期、日产量、乳脂率等信息。

(3)繁育管理。用于奶牛繁育信息录入以及单项信息条目查询修改，主要包括如下信息。

①配种：记录配种日期、公牛号、配种等信息。

②妊娠检查：记录检查日期、结果、检查员等信息。

③妊娠诊断：记录诊断日期、诊断方法等信息。

④干奶:记录干奶日期、干奶类型、总泌乳量等项信息。

⑤产犊:记录产犊事件对应的产犊日期、胎膜情况、子宫情况等信息,以及所产每头犊牛的牛号、初生重、是否母犊等信息。

⑥流产:记录流产日期、胎膜情况、子宫情况、是否立胎次等信息。

⑦诱导催乳:记录报告日期、催乳方法、效果等信息。

(4)公牛资料。记录公牛号、出生日期、测定日期等信息。

(5)牛奶生产、销售管理。用于录入和管理牛奶产、销量及牛奶质量检测数据。

①牛只日产量:记录挤奶日期、牛奶类型等信息。

②牛舍日产量:记录磅奶日期、牛奶类型、各潮次产奶量等信息。

③牛奶销售:记录发奶单号、发奶日期、类型等信息。

④牛奶支出:记录支出日期、牛奶类型、支出类型等信息。

⑤乳质检测:记录检测日期、牛奶类型、乳脂率等数据。

⑥微生物检测:记录测定日期、细菌总数、嗜冷菌数量等信息。

(6)奶牛保健。用户通过查询牛只的牛号来查看牛只简要资料,简要资料包括新牛号、入场日期、体重、价格、操作人、牛舍、出生日期、月龄、父号、母号、繁殖状态、所属类别、胎次、分娩日期、产犊类型、干奶日期、总天数、总产量、305 d产量、最近配种、距今天数、配次、与配公牛、供体母牛、最近初检、初检员、最近复检、复检有胎、复检员、预产日期、备注、录入日期、录入员、最后更改日期、更改人、检疫免疫日期、类型、结果、疫苗名称、批号、操作人等,通过该模块可以清楚地知道牛只检疫免疫情况。

(7)仓库管理。分别针对饲料、兽药、冻精等投入品进行入库、出库、外销、盘点等业务管理和库存量等信息查询。

(8)人事管理。管理职工入场、离场、奖惩等方面的工作,并记录牧场职工的编号、姓名等信息。对牧场相关的人员进行信息管理,主要是记录基本的人员信息,包括姓名、年龄、入场时间、学历、职位、角色等,可以上传照片等。

(9)系统管理。提供系统基础数据管理功能,除具有用户管理、权限管理、备份数据、还原数据、上传数据等功能外,还提供基础参数设定功能,以便系统按用户自定义的各类参数进行业务提醒、数据关联和统计分析(图7-4-13),这些参数主要包括如下。

①牧场信息:记录上级牧场、牧场名称、代码法人代表等信息。

②管理参数:记录犊牛哺乳期、犊牛日喂奶量、发情周期、妊娠天数等数据。

③科目参数:用户可根据本牧场实际情况设定奶牛品种、畸形类型、离场原因等科目内容。

④体型线性评定:设定线性评分表。

⑤称重系数与培育指标:按照不同的奶牛分组设定开始月龄、终止月龄公式系数、目标体重、身高、体斜长、胸围等数据。

⑥体况评定与培育指标:按照不同奶牛生长阶段设定起始月龄、结束月龄、理想指标上下限及描述等数据。

⑦牛舍:设定牧场各牛舍名称、是否产房及描述。

⑧客户:设定各客户的编号、名称、法人等信息。

图 7-4-13　系统基础数据管理

(10)分析中心。提供所有数据查询、统计和分析功能,主要包括如下方面。

①牛只资料卡:可按牛号查询每头牛只基本信息、胎次繁殖生产、人工授精与胚胎移植、验胎报孕、分娩产犊、生产性能测定、体型线性评定、体况评分、体尺称重、移牛信息等所有相关信息(图 7-4-14)。

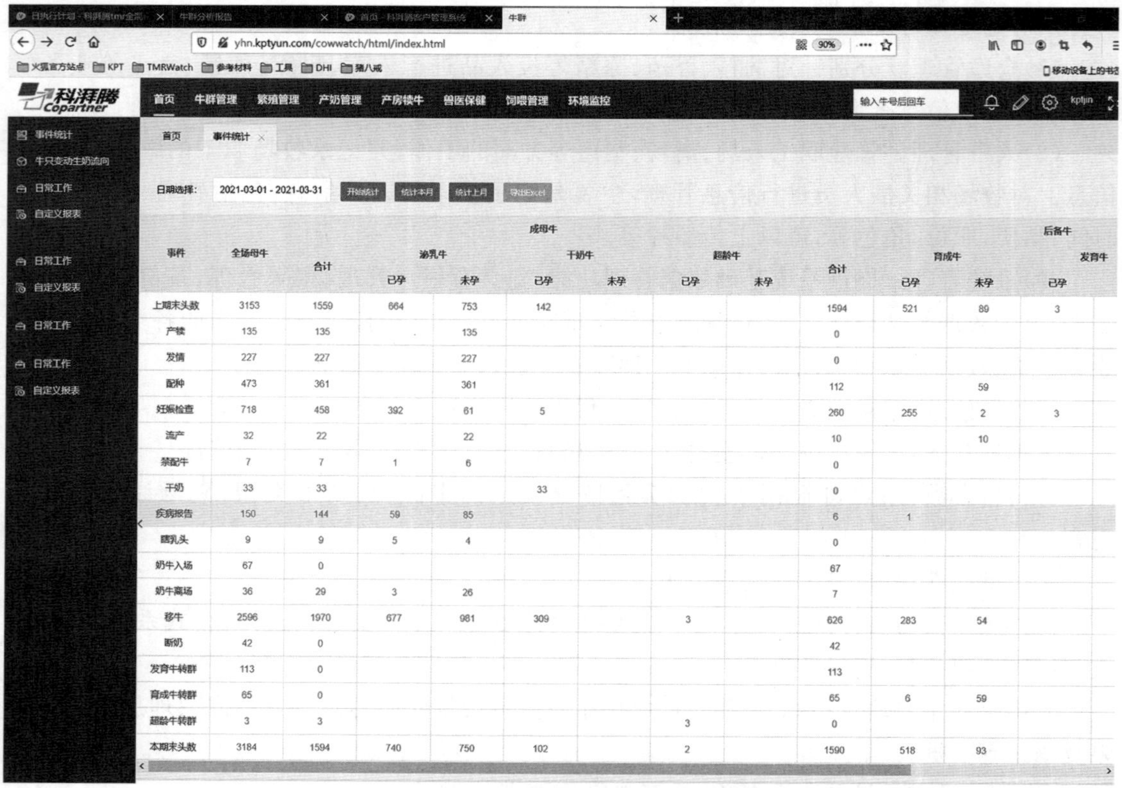

图 7-4-14　COWatch 牛群管控系统牛只事件统计页面

②全场按公牛分类：可按父号为主要索引项查询其不同类别、繁殖状态、胎次的所有后代数量。

③在群牛只分类结构：可按在群牛只类别为主索引查询不同繁殖状态、胎次牛只的数量。

④近交评估：自动计算用户选定公、母牛间的近交系数。

⑤牛只产量分析：可按最近胎次间隔、低产母牛、高产母牛、测定日下降等主要分类条件查看奶牛生产数据。例如，对于高产奶牛，可查看牛号、牛舍、类别、产犊日期等数据；而对于测定日下降奶牛则可查看牛号、牛舍产量变化、配次等15项数据。

⑥产后未孕分析：可按空怀母牛、产后未配、配后未孕、繁殖障碍等主要分类条件，查看奶牛繁育数据。例如，对于空怀母牛可查看胎次、产犊日期、空怀天数等数据。

⑦报表中心：查询各类统计报表，如在群牛只简卡、在群牛按牛舍统计头数、成乳牛处理表、成乳牛和后备牛的受胎率汇总表、初生体重统计报表、牛只离场明细表、在群牛分类结构、牧场日产量报表等。

(11)设备管理。对牧场现有设备进行信息管理，主要是记录设备的基本信息，包括购买时间、名称、维修记录、保养记录、使用记录等。

(12)无线发情监测系统。实现与现有发情监测系统对接，将牛只的发情信息无缝导入到养殖管理系统。

打通饲喂管理系统、发情揭发系统、奶台软件等，构建牧场的管理平台，实现数据录入的同步，通过手机App上奶牛发情通知，可以录入繁殖数据，并可将数据自动同步给阿菲金、DC305等软件，手机App可以实时查询牛只信息资料(图7-4-15)。

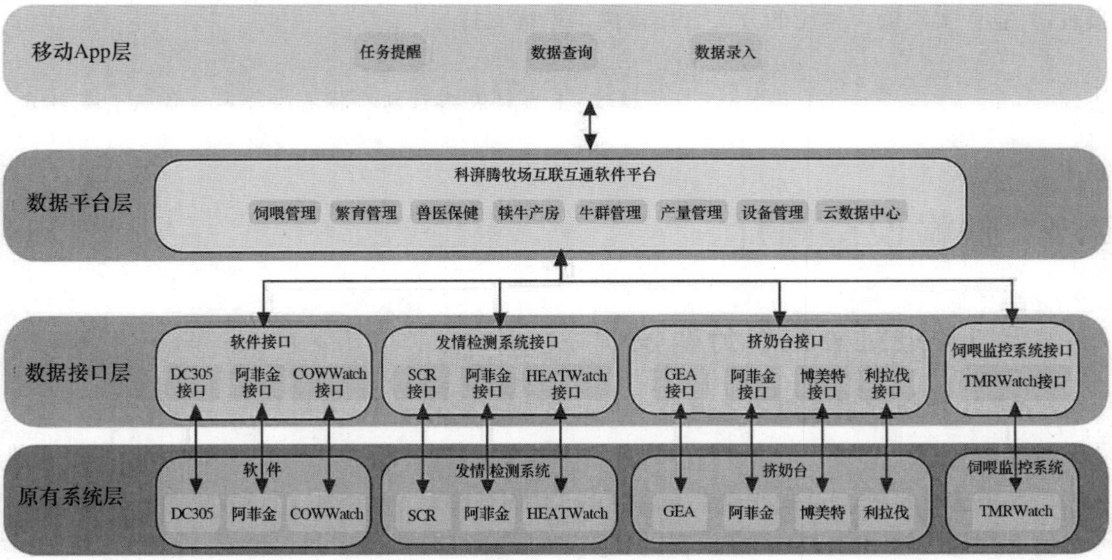

图7-4-15　数据接口

①发情监测软件的互联互通，最大限度地实现数据共享，如牛只最新状况、牛舍、泌乳天数、发情、配种、验胎、产犊、出售、淘汰等状态(图7-4-16)。

②奶台软件4.1奶量采集接口的互联互通：及时同步牛只最新状况，同时可以从奶台读取生产数据，为奶量的数据分析提供最大的数据支持，从而极大程度地实现数据的共享。

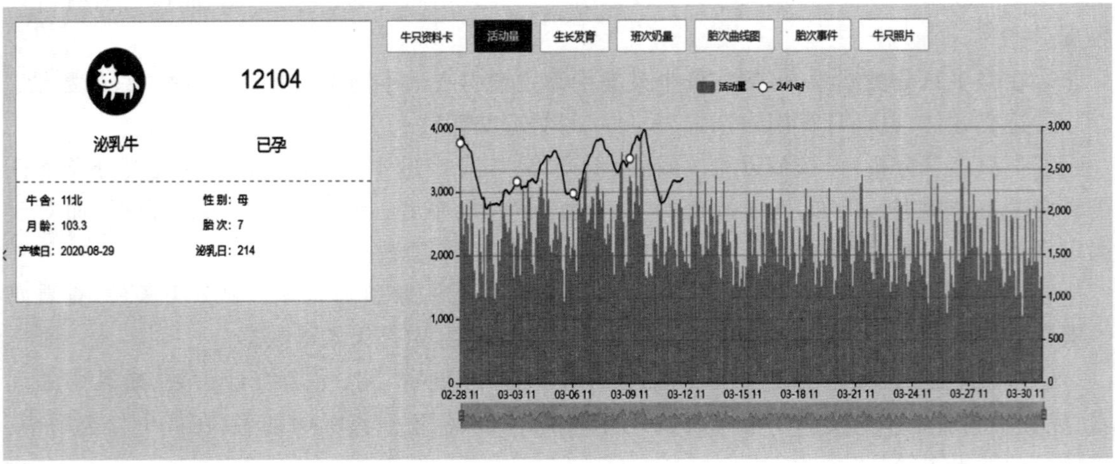

图 7-4-16　发情监控

③TMR 监控系统的互联互通，获取牛群最新结构，各牛舍牛头数、平均泌乳天数、平均奶量、月龄等数据，同时向平台发送各牛群的饲料效率和投入产出等各项指标的相关数据。

牧场管理平台，结合移动互联网技术，借助移动手机 App 极大程度地方便了牧场人员的数据采集，再结合以上 3 套系统数据的互联互通，最大限度地避免一项数据的多套系统输入。牧场管理平台针对牧场现实情况，还可以和各种分群门、料仓、磅秤、环境、奶源追溯、ERP 等系统接口互通，根据各岗位的不同，实现不同岗位的不同计划任务，不同岗位都有各自相应的报表，为企业实现最大程度的分工合作提供了系统支持。

[撰稿：上海科湃腾信息科技有限公司　徐云　朱红宾]

7.5　快检设备简介

7.5.1　近红外饲料分析仪

1. 近红外分析技术的基本原理

近红外光是介于可见光和中红外光之间的电磁波，波长范围为 700～2 500 nm，一般有机物在该区域的近红外光谱吸收主要是含氢基团（OH、CH、NH、SH、PH）的倍频和合频吸收，几乎所有有机物的主要结构和组成都可以在它们的近红外光谱中找到信号，且谱图稳定。20 世纪 60 年代美国的 Norris 博士首先提出相对近红外光谱法分析理论，即物质的含量与近红外区内多个不同的波长点吸收峰呈线性关系，并利用该技术测定了农产品中的水分、蛋白质、脂肪等含量，使其成为定量分析技术。

2. 近红外光谱法在饲料检测中的应用

早在 20 世纪 90 年代初，我国就开展了近红外光谱法测定饲料中各种成分定标软件的研制，先后完成了饲料中干物质、粗蛋白质、粗纤维、粗脂肪、灰分、氨基酸等指标的定标工作。曾经有学者分别用生物学法和近红外光谱法来测定饲料原料及配合饲料中的氮校正表观代谢能（AMEn）发现，两种方法的测定值相差甚微，说明近红外光谱法在饲料的配制中对测定 AMEn 非常有用。

3. 近红外饲料分析仪在技术服务中的应用

该设备在几秒内就可对牧草和谷物量化的百分比、湿度或水分（干物质）、淀粉、粗蛋白质、ADF、NDF、粗灰分及粗脂肪的饲料养分含量进行分析（图 7-5-1）。

A

B

图 7-5-1　便携式（A）和手持式（B）近红外饲料分析仪

［撰稿：北京国科诚泰农牧设备有限公司　关金森］

7.5.2　奶牛 TMR 便携式分级筛

影响电脑设计配方到奶牛采食配方的一个重要因素是 TMR 的颗粒度控制，TMR 的颗粒度分布是判断采食配方是否合理的重要指标。TMR 颗粒度偏长，长纤维饲草过多，易造成奶牛挑食，TMR 颗粒度过细，又会导致奶牛的咀嚼时间减少和唾液分泌不足，瘤胃缓冲能力不足。目前越来越多的标准化奶牛场开始采用分级筛对 TMR 进行有效的评估和质量控制。

1. 操作工具

对 TMR 和玉米青贮颗粒度评价工具采用日粮分级筛。最早的饲料分级筛于 1996 年发明，已经进行了数次改进升级，为了更好地评价粗饲料或保证 TMR 能够为奶牛提供的物理有效纤维总量，2013 年将第三层的筛孔直径由原来的 1.18 mm 增加到 4 mm。目前常用工具包括美国宾州筛（PSPS）（图 7-5-2）和中国农业大学便携式分级筛（图 7-5-3）。

2. 操作方法

（1）中国农业大学便携分级筛。将 500 g 左右的 TMR 饲料放在日粮筛的顶层，置于平整地面上，双手扶筛在操作平台上左右滑动，左右往复位移合计 10 次，为一个重复；每次移动距离 17～20 cm，推荐的频率为＞1.1 Hz（每次位移耗时 1.1 s）。把筛体旋转 90°，再左右往复位移合计 10 次，要求做 4 个重复，每次重复都要旋转 90°，见图 7-5-4。筛分结束后，对每层的饲料颗粒进行称量，并计算出每层的百分比数据。

图 7-5-2　美国宾州筛(PSPS)

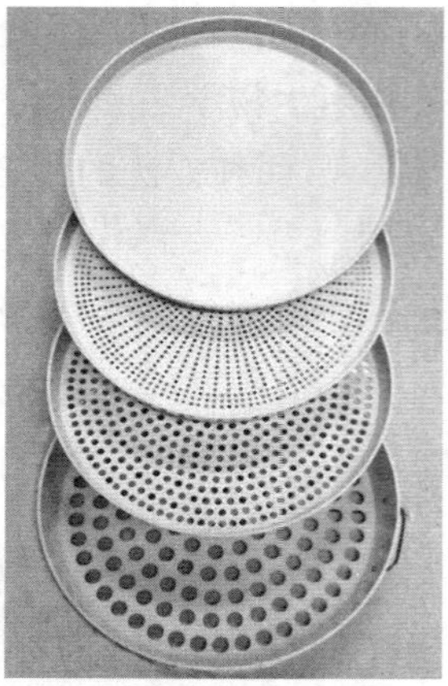

图 7-5-3　中国农业大学便携式分级筛

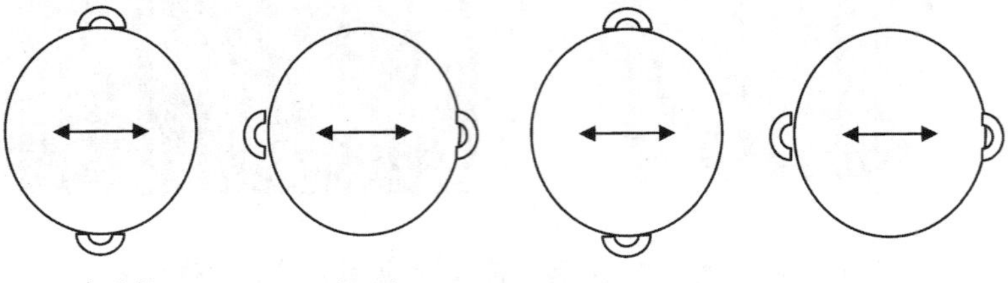

图 7-5-4　中国农业大学便携式分级筛使用方法

(2)宾州筛。将 TMR 饲料放在宾州筛的顶层,置于平整地面上进行筛分,每一面筛 5 次,然后 90°旋转到另一面再筛 5 次,如此循环 7 次,共计筛 8 面,40 次。注意在筛分的过程中不要出现垂直振动。

筛分结束后,对每层的饲料颗粒进行称重,并计算出每层的百分比数据。

3. 实用案例

奶牛“金钥匙”技术示范培训指导了多家牛场,现场通过分级筛对牛场的 TMR、青贮的颗粒度进行评价,借助便携式近红外分析设备现场检测日粮常规营养成分(图 7-5-5),依靠实测数据,对牛场 TMR 日粮制作进行科学准确的分析和指导。

图 7-5-5　TMR 颗粒度现场检测

(1)日粮筛分结果。东北地区某规模牛场 TMR 筛分结果见表 7-5-1。该牛场的高产牛 TMR 第二层比例严重偏低,第一和第二层之和仅占 30%左右,说明日粮轧切长度过细,第一和第二层之和推荐大于 40%;第四层比例严重偏高,说明精饲料给量过多,有可能导致该牛场的日粮有效纤维不足,瘤胃缓冲能力下降和亚临床酸中毒。

表 7-5-1 高产牛 TMR 颗粒度检测结果

层次	中国农业大学便携筛		宾州筛		2013 年推荐标准/%
	质量/g	比例/%	质量/g	比例/%	
第一层	12.6	2.4	34.3	6.5	2～8
第二层	135.4	25.4	141.5	26.6	30～50
第三层	115	21.6	84.8	16.0	20～30
第四层	269.5	50.6	270.8	51.0	30～40

(2)日粮营养成分。通过近红外分析设备测定,高产牛 TMR 常规营养成分如表 7-5-2 所示,NDF 含量为 37.6%,淀粉含量为 23.8%。

表 7-5-2 TMR 便携式近红外检测结果(干物质基础)

指标	数值/%
干物质	44.5
粗灰分	7.2
粗蛋白质	16.3
粗脂肪	2.8
中性洗涤纤维(NDF)	37.6
酸性洗涤纤维(ADF)	22.4
淀粉	23.8

(3)日粮颗粒度与淀粉的平衡。该牛场高产牛 TMR 第二层比例在 26%的情况下,日粮淀粉含量为 23.8%,通过表 7-5-3 推荐的比例,淀粉处在略微偏高的水平。

表 7-5-3 TMR 颗粒度与淀粉和 ADF 的关系

宾州筛数据		日粮淀粉水平		
上层	二层	19%	—— 日粮 ADF ——	21%
8	40	26	27	28
8	37	25	26	27
8	34	24	25	26
8	31	23	24	25
8	28	22	23	24
8	25	21	22	23

(4)物理有效纤维。TMR 中物理有效纤维(peNDF)的含量可以通过以下方法测定。把停留在第一层、第二层和第三层(19 mm+8 mm+4 mm)上面的比例加起来,乘以要评定日粮的 NDF 含量即可。

该牛场 TMR 第一、第二、第三层比例合计为 49.4%，故

$$peNDF = 37.6\% \times 49.4\% = 18.6\%$$

该牛场泌乳牛产量 36 kg，18.6%的物理有效 NDF 含量处在正常范围，接近下限，略微偏低(表 7-5-4)。

表 7-5-4　泌乳牛日粮 NDF 推荐值

产奶量/kg	NDF/%	粗饲料 NDF/%	peNDF/%
>35	28～32	21～27	18～22
25～35	33～37	25～32	20～26
<25	38～42	29～36	23～29

(5)青贮颗粒度。日粮分级筛测定玉米青贮颗粒度，上层比例满足标准，第二层比例非常高，说明玉米青贮的颗粒度非常优良，均匀度很高，有利于制作高质量的 TMR。导致 TMR 第二层比例偏低的原因可能是精饲料比例较高、干草的使用和搅拌时间，需要进一步分析配方和加工过程(表 7-5-5)。

表 7-5-5　青贮颗粒度分析结果

层次	中国农业大学便携筛		宾州筛		2013 年推荐标准/%
	质量/g	比例/%	质量/g	比例/%	
第一层	13.3	2.6	19.5	3.9	3～8
第二层	365.2	72.0	388	78.1	45～65
第三层	93.7	18.5	54.7	11.0	20～30
第四层	34.8	6.9	34.7	7	<10

(6)日粮建议。通过以上结果分析，可以认为该牛场泌乳牛日粮物理有效纤维略微不足，与之匹配的淀粉含量略有偏高，可能会导致瘤胃处在亚临床酸中毒的状态，导致饲料的消化率偏低。粪便筛的结果也证明了这个观点：第二层偏高，为 79.2%，第三层为 13.2%(应大于 50%)，说明粗饲料的消化率并不理想。

综上所述，该场泌乳牛产量较高，建议使用高质量的苜蓿草和燕麦草，高产牛不再使用羊草。可以增加青贮的使用，减少低质和性价比低的羊草的使用，提高饲料的转化效率和性价比，优化 TMR 制作程序。

[撰稿：中国农业大学　夏建民　都文]

7.5.3 自动宾州筛分析仪

1. 传统宾州筛使用方法

(1)准备宾州筛、托盘、电子秤、计算器、笔记本和笔。

(2)随机选取一定量的新鲜饲料，用四分法取出 400～500 g 饲料样品放于第一层筛上。

(3)前后水平摇动筛子 5 次，动作幅度在 17～20 cm，摇动频率每秒 1～2 次；切勿垂直

抖动。

(4)将分级筛水平逆时针旋转 90°,然后重复上述动作,直至旋转 2 圈为止。

(5)将每层上的样品分别堆放、称量、记录。

(6)将所有样品的质量加起来;计算每层筛子上饲料的质量占整个样品总质量的百分比。

现在,有这样一种小机器,可以打破传统,替代人工宾州筛。

2. 自动宾州筛测试

(1)测试仪器。全自动 TMR 颗粒度分析仪(图 7-5-6)。

(2)测试目标。仪器是否可以替代人工宾州筛。

(3)测试方法。对用同一个样品进行 2 组测试。

第一组:先机器再人工,往复 4 次,记录结果。

第二组:先人工再机器,往复 4 次,记录结果。

(4)方法依据。本机器是否可以通过验收,取决于与人工测试结果的比对,如果人工与机器的结果符合,就证明仪器的运动模式可以替代人工的运动模式,可以通过验收。

(5)测试数据。见表 7-5-6 和图 7-5-7。由结果可知,此机器可以替代人工运动模式。

图 7-5-6 全自动 TMR 颗粒度分析仪

哈罗德(北京)科技有限公司专利产品

表 7-5-6 测试结果

第一组 1 次:426 g				第一组 2 次:同一样品损耗后 419				第一组 3 次:同一样品损耗后 411				第一组 4 次:同一样品损耗后 402			
操作方式	层	质量	比例/%	操作方式	层	质量	比例/%	操作方式	层	质量	比例/%	操作方式	层	质量	比例/%
机器	上	41	9.72	机器	上	39	9.47	机器	上	39	9.70	机器	上	37	9.27
机器	中上	172	40.76	机器	中上	161	39.08	机器	中上	150	37.31	机器	中上	156	39.10
机器	中下	84	19.91	机器	中下	86	20.87	机器	中下	78	19.40	机器	中下	70	17.54
机器	下	123	29.15	机器	下	126	30.58	机器	下	135	33.58	机器	下	136	34.09
	总质量	420			总质量	412			总质量	402			总质量	399	
手工	上	41	9.69	手工	上	24	5.80	手工	上	32	7.80	手工	上	24	5.96
手工	中上	162	38.30	手工	中上	172	41.55	手工	中上	156	38.05	手工	中上	174	43.18
手工	中下	72	17.02	手工	中上	61	14.73	手工	中下	68	16.59	手工	中下	61	15.14
手工	下	148	34.99	手工	下	157	37.92	手工	下	154	37.56	手工	下	144	35.73
	总质量	423			总质量	414			总质量	410			总质量	403	
第二组 1 次:同一样品损耗后 450				第二组 2 次:同一样品损耗后 444				第二组 3 次:同一样品损耗后 437				第二组 4 次:同一样品损耗后 432			
操作方式	层	质量	比例/%	操作方式	层	质量	比例/%	操作方式	层	质量	比例/%	操作方式	层	质量	比例/%
机器	上	46	10.31	机器	上	41	9.32	机器	上	35	8.05	机器	上	27	6.25
机器	中上	180	40.36	机器	中上	182	41.36	机器	中上	178	40.92	机器	中上	176	40.74

续表 7-5-6

机器	中下	83	18.61	机器	中下	76	17.27	机器	中下	76	17.47	机器	中下	79	18.29
机器	下	137	30.72	机器	下	141	32.05	机器	下	146	33.56	机器	下	150	34.72
	总质量	446			总质量	440			总质量	435			总质量	432	
手工	上	36	8.14	手工	上	30	6.79	手工	上	37	8.55	手工	上	30	6.98
手工	中上	173	39.14	手工	中上	177	40.05	手工	中上	170	39.86	手工	中上	175	40.70
手工	中下	94	21.27	手工	中下	76	17.19	手工	中下	78	18.01	手工	中下	77	17.91
手工	下	139	31.45	手工	下	159	35.97	手工	下	148	34.18	手工	下	148	34.42
	总质量	442			总质量	442			总质量	433			总质量	430	

图 7-5-7　自动宾州筛筛分结果

[撰稿:北京国科诚泰农牧设备有限公司　关金森;哈罗德(北京)科技有限公司　周玉虎]

7.5.4　正确合理使用粪便筛

我国奶业在近几年的快速发展中,各地涌现出越来越多的规模化、集约化牧场,如何做好规模化牧场的管理已成为当下奶牛养殖业的一个中心话题。奶牛瘤胃功能的健康是奶牛消化和生产的核心,直接影响奶牛的健康状况和生产性能。粪便分离筛是奶牛营养工作者和牧场技术人员快速了解奶牛瘤胃功能和饲料原料消化程度的简便、有效的工具。通过笔者多年的生产实践,在此分享粪便筛的使用心得,以期为指导奶业生产提供思路。

图 7-5-8　粪便分离筛的组成

1. 粪便分离筛的组成

水桶 1 只、盛便的 2 L 容器 1 个、长柄勺 1 只、喷洒头 1 个、3 层筛 1 组(图 7-5-8)。其中 3

层筛为核心部件，上、中、下层的孔径分别为 4.76 mm、2.38 mm 和 1.59 mm。

2. 粪便样品采集原则

(1)按牛群组别和饲喂日粮分别采集粪样。

(2)使用配备的长柄勺采集新鲜粪样(表层干粪去除)，采样量大约 2 L。

(3)随机采集的新鲜粪便比例应占牛群总数的 10%以上。

(4)根据粪便评分分布情况，平衡各种类型所要采集的量；如果粪便不一致，原则要采集所有类型的粪便。

3. 粪便筛的正确使用方法

(1)用长柄勺采集的粪便放置于 3 层筛上层(图 7-5-9)。

(2)将筛子缓慢放入装满水的工具桶中(图 7-5-10)，进行 360°旋转漂浮清洗，漂洗时要求不借助任何外力，缓慢左右匀速旋转(图 7-5-11)，让上层粪样自然向下层沉淀。

(3)水混浊后更换清水继续重复上一步骤，直至粪样被清洗干净，工具桶中水样清澈(图 7-5-12)(一桶水大约漂洗 5 min，一般更换 5～6 次清水)。

图 7-5-9　粪便放置于 3 层筛上层

图 7-5-10　装有粪样的粪筛放入工具桶中

图 7-5-11　360°旋转式漂浮清洗

图 7-5-12　清洗至工具桶中的水清澈

(4)漂洗完毕后将筛子取出，分别拣出上层棉籽(分别记录带绒棉籽和未带绒棉籽的数量)、玉米粒，并进行计数记录。同时将各层残渣清理干净水分，之后称量并做好记录(图 7-5-13)。

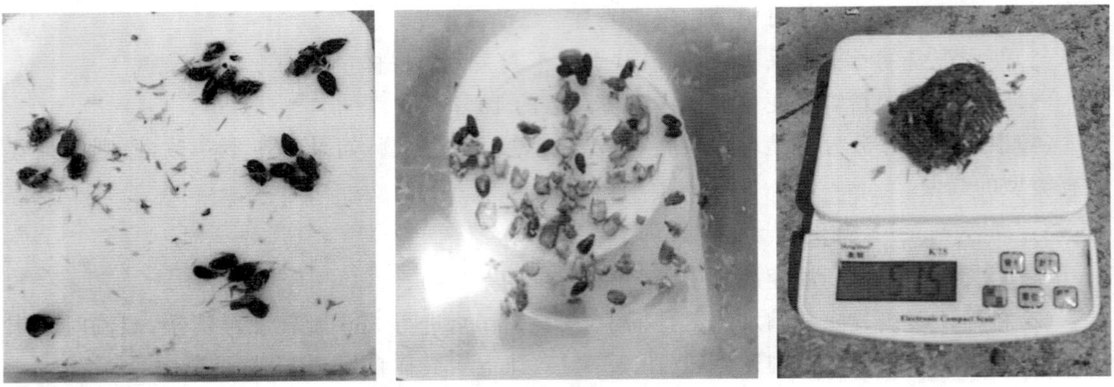

图 7-5-13　分拣棉籽、玉米并称重

(5)将 3 层残渣质量相加并分别算出每层的百分比。之后按百分比将 3 层粪便残渣进行扇形按压处理，并将统计结果和相应牛群信息以便条的形式放置在 3 层筛上，拍照记录(图 7-5-14 和表 7-5-7)。

图 7-5-14　整理粪筛结果及拍照记录

表 7-5-7　浙江某牧场粪筛数据

日期	06.25	星期	六	天气	晴	温度	13～26℃	湿度	88%	风向风速	西北风3级
牛群	高产群	全群牛头数	108	泌乳天数	116	平均胎次	2.2	泌乳单产/kg	29	采样头数	23
分筛结果			质量/g					百分比			
上层			29.7					19.8%			
中层			42.3					28.2%			
下层			78					52%			

续表 7-5-7

合计	150	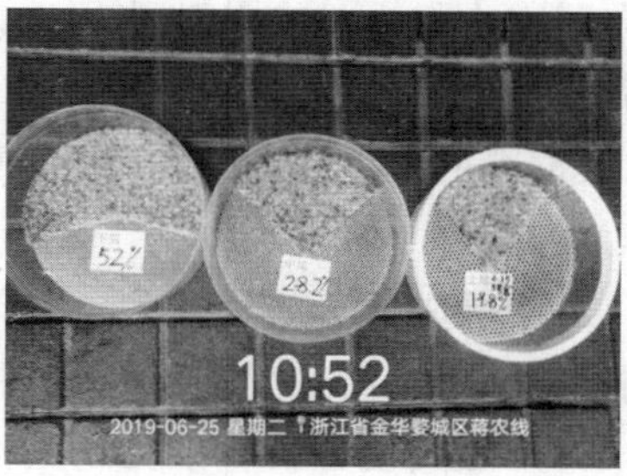
未消化玉米粒	2	
未消化棉籽粒	5	
其中带绒棉籽粒	1	

4．水冲法

目前有部分牧场采用水冲法(图 7-5-15)，两种方法数据比较如下。

采用同样的采取粪样原则，将新鲜粪便采集好，先取出一勺子粪便放置于 3 层筛上层，使用喷洒头冲洗，直到冲洗干净后再取一勺子，直到所采粪样全部冲洗完毕。

图 7-5-15　用喷头进行水冲法

经过在牧场反复验证对比这两种方法，总结得出，水冲法不可控因素较多，不能全面真实反映奶牛瘤胃消化情况。其中最主要是水压大小难以控制，容易将上层残渣冲至中层，导致数据不准确。其二是冲水时间的长短和水流量都会影响到数据的真实性，如在新疆某实验牧场，当时牧场牛群采食量、反刍率、产奶量都比较低，有轻度腹泻，牛群有明显酸中毒现象。

经过本次试验牧场对试验数据进行的高度评估，发现手摇法得出的试验数据更接近实际生产(表 7-5-8)。

表 7-5-8　新疆兵团某牧场使用奶酵益实验前后数据对比

层	实验前		实验后	
	手摇法	水冲法	手摇法	水冲法
上层	36.5%	11%	16.4%	10%
中层	33.6%	40.6%	24.8%	38.8%
下层	29.9%	48.4%	58.8%	51.2%

5．粪便分析筛结果评定

(1)上层粪便分析标准为<20%。粪便分析筛上层标准一般为<20%，围产后期和泌乳前期的标准可以适当上浮。分析上层比例偏高的可能原因：有效纤维过多；瘤胃酸中毒；能氮不平衡特别是非纤维性碳水化合物和瘤胃降解蛋白质不平衡；调群、热应激等造成的牛群应激；粗饲料品质较差等。粪便分析筛上层除观察比例外，还需要观察的 3 个方面为：一是棉籽数量和形态。带绒棉籽过多说明瘤胃酸中毒风险加大；脱绒棉籽过多说明棉籽质量存在问

题，存在含绒量较低或者光籽比例过高的情况。二是玉米粒，存在整粒玉米粒或者较大玉米粒，在配方中如果没有单独使用玉米粒就说明青贮的籽粒破碎存在问题或青贮收割时间过晚，需要加强青贮收割工作的管理。三是长纤维粗饲料的残渣，如果在上层发现较大量的长纤维粗饲料的残渣，如燕麦草或青贮，说明燕麦草或青贮质量可能存在问题，需要进一步跟进调查。

(2)中层粪便分析标准为<30%。如果中层粪便比例偏高，可能出现的原因有：瘤胃酸中毒；能氮不平衡，特别是非纤维性碳水化合物和瘤胃降解蛋白不平衡；谷物加工不恰当。

(3)下层粪便分析标准为>50%。如果比例偏低，可能原因参考上、中层。

对于国内大部分中小牧场来说，根据科学、真实的粪便分析筛方法有效的结果，同时结合奶牛场的其他信息如牛群信息、舒适度信息、饲料品质信息、TMR管理信息等汇总，为营养师快速有效分析奶牛场营养现状，及时调整日粮配方，改善管理提供更合理的依据。通过信息的汇总还可以分析出奶牛场的风险防控关键点，确定第一重要防控点、第二重要防控点等，并使用绩效考核进行跟进，促使风险防控点管理的有效改善，使得奶牛场的生产工作更加规范合理。

［撰稿：西安鑫汉宝生物科技有限公司　柳启武　王文盼］

7.5.5 便携式牛奶体细胞快速检测仪

便携式牛奶体细胞快速检测仪(图 7-5-16)为加拿大进口产品，与苹果公司联合开发，用苹果手机在牧场现场可以检测体细胞数，准确率 95%左右，时间不到 1 min，同时能够初步检测出乳腺炎是由什么细菌导致，如葡萄球菌、链球菌、真菌等。对于牧场兽医，个体兽医、乳品厂奶源工作者，化验室、政府畜牧兽医站等都是非常方便和实用的。

图 7-5-16 便携式牛奶体细胞快速检测仪

1. 新的科学技术

RT10 体细胞检测仪在奶厅或奶牛身旁就能够完成奶牛体细胞数的检测。通过对牛奶中体细胞进行计数，然后得出结果。该产品独特的图像分析技术能够预测是哪种常见的病原菌引起的问题。

通过体细胞测定仪，移动端所安装的应用软件 Dairy SCC，不用将样品送到实验室，几秒钟内就能等到体细胞数的读数。

2. 需要的配备(图 7-5-17)

(1)iPhone 或 iPad。

(2)RT10 监测仪。

(3)样品条。

(4)DairySCC，从软件商店付费下载，目前与 iPhone 4/4S、5/5S、5C、6 和 iPod5 兼容。

3. 工作原理

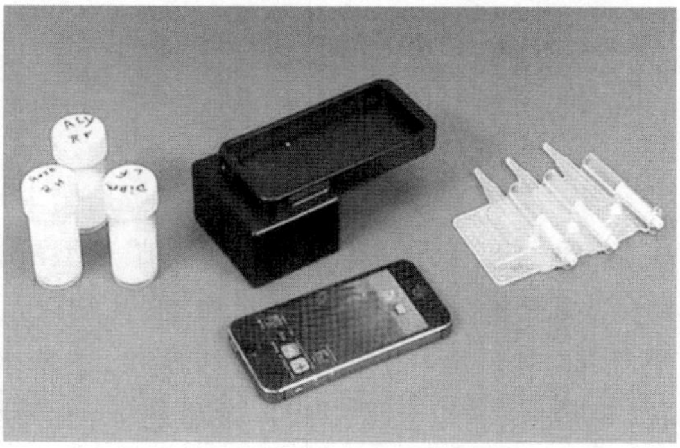
图 7-5-17 需要的配备

RT10体细胞检测仪应用的是众所周知的荧光染色技术，但是，这与传统的检测方法又大不相同。该检测方法对样品的检测、读数、分析和对结果的呈现都是在一个简单的移动平台上。为了对样品中的体细胞进行检测，首先对细胞进行荧光染色，进行染色后的体细胞，在特定波长的高密度光束照射下，会发出荧光，最终经过一系列镜片和滤光片，体细胞的图像就呈现在显示器的摄像头里，Diary SCC应用软件通过对视野里的细胞进行计数和分析得出结果。RT10牛奶体细胞检测仪是最新推出的一款革新式的牛奶体细胞检测仪器，体细胞检测可以在牛舍、挤奶厅或任何地方完成。最为神奇的是，体细胞读数在几秒钟内就可以获得，节省了费用和时间。RT10体细胞检测仪独特的图像分析技术能够预测是哪种常见的病原菌引起的问题。

将牛奶引入样品条，样品与检测体细胞数的试剂会自动混合；检测仪的图像分析技术对样品进行扫描；iPhone或iPad的摄像头会捕捉到扫描图像，并用其应用软件进行分析；几秒钟后，检测结果会显示在屏幕上。

4. 优点

(1)即时结果。单头奶牛、单个乳区和大罐奶的体细胞数。

(2)图像分析。根据不同体细胞的形态预测导致体细胞数升高的病原菌。

(3)数据储存。可对图像、结果和记录进行自动保存，以供将来参考。

(4)可以快速检测体细胞数，更好地控制牛群健康。

(5)检测治疗后奶牛牛奶的体细胞数。

(6)检测新产牛的牛奶体细胞数。

5. 主要技术参数

(1)型号。RT10 iPod Touch或iPhone。

(2)速度。30个/s或120个/h。

(3)原理。荧光染色和显微镜下计数。

(4)检测精度。根据对201个样品的检测分析，与DHI、利拉伐DCC以及其他经典方法的吻合率为95%以上。

(5)检测范围。1万～600万/mL。

(6)检测载体(是否需要现配)。一次性试剂条，即取即用。

(7)检测样品(是否需要现配)。不需调配、不需要稀释、不需要预热。

(8)技术力量。提供相关培训。

(9)主机尺寸。外观尺寸：15 cm×8.5 cm×5.5 cm(长×宽×高)(iPhone 5大小)。

(10)电源功率。9 V电池(寿命1年)。

(11)操作环境温度。－15℃～＋40℃。

(12)便携式。方便携带。

[撰稿：北京国科诚泰农牧设备有限公司 关全森]

7.5.6 奶牛血酮检测仪

1. 血酮仪简介

奶牛酮病又称为奶牛醋酮血症，是奶牛产犊后因碳水化合物和脂肪酸代谢障碍所引起的疾病，根据其有无临床表现可分为临床型酮病和亚临床型酮病。临床型酮病主要表现为食欲降低、奶产量减少、体况消瘦、血酮、乳酮以及尿酮含量异常升高，严重时呼出的气体都含有丙酮气味，少部分牛还会出现神经症状，血糖水平下降。而亚临床酮病则无肉眼可见的临床症状，只是血、乳以及尿中酮体含量超标，血糖水平下降。

脂肪在分解代谢过程中产生游离脂肪酸（NEFA），游离脂肪酸进入肝脏，一部分会被完全氧化为肝细胞供能；一部分和甘油结合生成甘油三酯；另一部分则氧化不完全会产生3种中间产物，即乙酰乙酸、β-羟丁酸和丙酮，合称酮体（BHBA）。酮体经血液输送被肝外组织利用，如果酮体产生过多，超过了动物组织的利用能力，造成体内堆积，就会引发醋酮血症。手持式血酮仪（TNN血酮仪）可以方便快捷地检测出奶牛的血酮水平，能及早发现诊断出奶牛的亚临床酮病，是牧场尽早发现奶牛酮病的好工具。

2. 操作流程（以怡成血酮仪为例）

（1）对产后5～14 d的产后牛尾根静脉采血，最佳采血时间为上料后4～5 d，每次采血固定在同一时间点。

（2）采血后将血样送到实验室检测，实验室温度要求在10℃以上，注意冬季室外气温过低的情况下，必须在室内检测。

（3）打开血酮仪，屏幕下方出现“校正”字样，且屏幕闪烁字样，如“H00”；此时根据试剂条包装上的校正码，如“H22”，调整仪器的校正码为“H22”。

（4）待仪器屏幕下方显示“插入”时，取出试纸条，按照试纸条所指示的方向正向插入血酮仪。

（5）待仪器屏幕下方显示“进血”时，将血样从试纸条的边缘通过其海绵的虹吸作用，吸进反应区，反应区由黑色变为红色。

（6）等待7 s，仪器会自动显示检测结果（图7-5-18）。

图7-5-18 血酮仪操作步骤

3．血酮检测判定标准

血酮检测判定标准见表 7-5-9。

表 7-5-9 血酮检测判定标准

名称	血酮值/(mmol/L)	预防及治疗措施
健康	<1.2	无
亚临床酮病	1.2≤,<2.5	1. 提高牛场舒适度； 2. 控制体况，体况评分 3.5 分为宜，围产前期肥胖牛控制在 10%； 3. 饲喂胆碱，每天 60 g，产前产后各饲喂 21 d； 4. 灌服丙二醇或丙酸钙，每天 300～500 mL，连续 3～5 d
临床酮病	≥2.5	第 1 天静脉 50%葡萄糖 500 mL+10 mg 地塞米松，后续每天口服 500 mL 丙二醇，连续 3～5 d，酮病是否痊愈随时进行血酮检测以判断是否继续治疗

4．牛群酮病的风险评估

(1)随机抽测产后 5～14 d 产后牛群 20%～30%的奶牛，以存栏小于等于 500 头为例，至少检测 12 头奶牛来评定牛群情况。

(2)测定牛亚临床酮病(1.2 mmol/L 以上)超过 10%即表明牛场存在酮病的风险：0/12 为阴性牛场；(1～2)/12 为临界牛场；>(2/12)为阳性牛场。

(3)如果超过 4%的个体牛的血酮值>2.5 mmol/L，表明牛群患有酮病的风险，则应立即采取措施。

[撰稿：深圳市富瑞祥生物科技有限公司　杨占山　曾银]

第 8 章　奶牛场运营管理

8.1　奶牛场运营及绩效管理

8.1.1　奶牛场管理工业化

奶牛场管理工业化是实现智能化的基础。奶牛场从传统管理迈向集约管理，从集约管理走向工业化管理的过程，就是奶牛场实现技术标准化、管理流程化、运营信息化、决策数据化的管理升级过程。充分认识奶牛业发展与演进的历程和趋势，了解奶牛场这个企业存在的价值和使命，掌握奶牛产业创新与发展方向，有利于正确地把握当下，聚焦展望判断未来；有助于跟上时代科技进步、社会进步、产业进步、奶牛场(企业)进步的快节奏。

8.1.1.1　奶牛养殖业传统管理

长期以来，传统的奶牛养殖业主要以家庭经营为主，生产方式相对落后，中小规模为主，较为分散，生产技术与管理运作较封闭。养殖理念落后，技术相对保守陈旧，学习能力低下，产业视野不够开阔。生产布局、生产工艺、生产工具匹配不尽合理。各个生产环节运转不够顺畅，生产瓶颈、技术短板较多。传统奶牛养殖业特点：组织化程度低、粗放式管理、资金不足、供需失衡、产业链松散、存在食品安全风险等问题。

因此，无论传统的奶牛养殖业是否实现机械化、规模化，都必须向集约化奶牛养殖方向升级转型，才有机会跟上产业升级、质量提升的需要，否则只剩被动退出的遗憾结局。

8.1.1.2　奶牛养殖业集约化管理

集约化是一个经营的概念，集约化奶牛养殖企业经营的基本内涵有本义和现代义两种解释。《辞海》解释其本义为："集约"是指奶牛养殖生产上，在同一奶牛场投入较多的生产资料和劳动进行精细饲养管理，运用提高奶牛生产效率的方法来增加产品总量的经营方式；现代意义的"集约化奶牛场经营"的内涵，则是从苏联"引进"的。1958 年苏联经济学家第一次引用"集约"一词，解释其义为：指在社会经济活动中，在同一经济范围内，通过经营要素质量的提高、要素含量的增加、要素投入的集中，以及要素组合方式的调整，来增进效益的经营方式。简言之，集约是相对粗放而言，集约化经营是以效益(社会效益、经济效益、生态效益)为根本目的对经营诸要素重组，实现最小的成本获得最大的投资回报。集约化奶牛养殖经营具有以下特征：

1. 追求生鲜乳质量

把生鲜乳质量经营放在生产重要位置上，从过去传统的"外延扩大，增数量""争地盘，壮块头"为主的经营思路，转向以"强化内涵""修练内功""升级质量"为主的经营思路上来。在资产质量、负债质量、管理质量、产品质量、服务质量等方面。

2. 适度规模生产

集约化经营要求生产要素的相对集中，经营集团化、规模化。因此，对“分散生产”“各行其是”“各自为战”易被各个击破的局面，要通过有效的组织化手段，通过资本或行业协作组织加以改变，应对市场不利环境造成的压力。

3. 高效率创造价值提高效益

集约化经营以提高效益为最终目标，善于投入和驾驭先进生产工具，坚决杜绝“高成本、低效率”和“数量少、速度慢、质量差、饲料废”的状况，全力向“中高投入、高效产出”和“多、快、好、省”的经营目标迈进。

4. 技术使用价值最大化

注重学习，不断提高科技含量，大力发展技术集成，加快实现依靠科学技术提高质量、效率、效益的能力，不断提高经营管理手段和生产技术手段的创新和进步水平。

5. 珍惜善用人才

建立优胜劣汰的用人机制，注重人才培养，知人善任，责权利协同，敢于起用人才，激励主动担当，主动参与日益激烈的市场竞争，这也是集约化经营最重要的特征。

8.1.1.3 奶牛养殖业工业化管理

奶牛养殖业实现工业化生产，采用工业化管理，就是把奶牛场实现装备工程化、技术应用现代化的奶牛场纳入工业企业管理轨道，应用工业企业简单再生产或扩大再生产过程的经营管理理念，建立针对生鲜乳生产经济活动的科学决策、客观计划、高效组织、正确指挥、合理调节、有力监督、迅捷反馈的高效运营系统，能够自我优化的经营管理系统。包括拥有奶牛场的经营战略、管理架构、制度体系、运营机制、管理方法、风险策略、企业愿景等工业化运营管理体系。从而实现工业化经营管理条件下，生鲜乳的标准生产、批量生产、优质生产、效率生产、精益生产、效益生产。

以工业化的方式重新组织奶牛养殖生产工艺、流程、规范，是提高劳动生产效率、提升奶牛养殖质量的重要方式，也是我国当下奶牛养殖业进一步转型升级发展的新方向、奶业振兴的新目标。奶牛养殖工业化的基本内容是：采用先进与适用的技术、工艺、装备，科学合理地组织生产过程；发展养殖工序专业化，提高机械化水平，减少繁重、复杂的手工劳动，改变湿、热、冷、脏、臭、累的作业环境；配套专业工具、使用专业产品、人机匹配适合于奶牛养殖生产；并形成适度的高效规模经营，为员工和奶牛提供优良工作环境和生产舒适度；制定和执行统一的奶牛产业先进的生产技术参数和重要的生产技术基础标准（原料标准、检测标准、营养标准、饲喂标准、鲜奶标准；育种标准、繁殖标准、健康标准、防护标准、卫生标准、淘汰标准等）；合理协同标准化生产、数字化控制、精益化管理的递进关系，不断完善和提升产品标准、工艺标准、企业管理标准、技术操作规范等，不断提高奶牛养殖标准化水平和工业化管理水平；采用现代管理方法和手段，优化资源配置，实行科学的经营和管理，用好人才，培育人才，开发技术，提高信息管理能力；不断主动适应市场竞争，高效优质发展壮大生鲜乳企业综合经济效益。工业化管理奶牛场（企业）应该具备以下特征：

1. 资金投入到生鲜乳生产，实现销售回报的系统性

在实现奶牛生产的每个阶段，从成本分析到成本控制，从生产工艺和技术装备，从犊牛到泌

乳，从健康到长寿，从市场分析到生鲜乳销售，必须按计划进行，且生产管理过程不断优化升级。

2．育种与繁殖周期和泌乳生产的重复性再生产

后备牛育种与繁育的重复性再生产，能不断提高泌乳能力、长寿性、抗逆性、残值可利用价值，还能够适应乳企质量、高附加值产品设计生产的需求。后备牛育种繁殖、生鲜乳生产在重复生产的循环中，产品质量、产量、效益目标方向明确，在重复中循环向上，牛群在育种繁殖重复中不断优化提高到遗传生产力更高的目标。

3．饲料储备、优质后备牛和生鲜乳生产批量化

没有任何一种确定的工业化结构能够适用于所有的奶牛场生产需求，因此，奶牛场生产工业化必须提供满足当下和未来市场需要的后备牛及生鲜乳，并能在质量、市场竞争、价值实现的安全范围内，批量储备饲料、批量更新后备牛、批量淘汰泌乳牛、批量生产销售生鲜乳。

奶牛场规模化工业化管理生产条件下，“装备工程化、技术现代化、生产工厂化和管理工业化”，将成为奶牛产业振兴和获得竞争优势的利器。现在随着奶牛养殖业在先进奶牛场工业化进程的加快，新技术的不断应用，产生了奶牛产业新型工业化的概念。所谓奶牛产业新型工业化，就是坚持以信息化带动奶牛场工业化，以工业化促进奶牛场信息化；就是科技含量高经济效益好，生产效率高资源消耗低，循环经济主导环境污染少，人力资源优势得到充分发挥的新型奶牛产业工业化的道路。与传统的奶牛场（企业）工业化相比，新型奶牛产业工业化有 3 个突出的特点。

（1）以信息化带动的、能够实现跨越式发展的奶牛场工业化。以科技进步和创新为动力，硬件技术、软件技术协同进步；互联网技术、物联网技术共享决策数据，注重科技进步和劳动者素质的提高，在激烈的市场竞争中，以质优、价廉、特色的生鲜乳商品，赢得更大的市场份额和用户青睐。

（2）能够增强奶牛场和奶牛产业可持续发展能力的工业化。要强调生态建设和环境保护，强调处理好奶牛养殖经济发展与种植、加工、消费、资源、环境之间的关系，减少资源占用，降低资源消耗，增强奶牛场排泄物良性循环，为农牧结合、用养结合提高土壤肥力，提供强大的技术支撑，从而大大增强我国奶牛产业的可持续发展能力和经济后劲。

（3）能够充分发挥人力资源优势的奶牛产业工业化。拥有一整套选人、用人机制，知人善任，持续培养的人力资源开发、任用、培训、考核、激励的长效机制。

奶牛场和奶牛产业工业化，向新型奶牛场和奶牛产业工业化过渡的进程中，奶牛场和奶牛产业智能化又迅速到来。智能化是指事物在网络、大数据、物联网和人工智能等技术的支持下，所具有的能动地满足人的各种需求的属性。未来实现智能化的奶牛场和奶牛产业也将能够满足投资人，在网络、大数据、物联网和人工智能等技术的支持下，让劳动者支配的资金流、劳动对象利用的物质流、生产系统产出的价值流能动的高效、协同运转，达到生产效率最优化，综合经济效益最大化。在新型奶牛场和奶牛产业工业化基础上，智能化是现代人类文明发展的新趋势。奶牛场和奶牛产业在新兴技术推动下，在智能化发展过程中也不会例外发展。而谁能走在行业进步的前列，需要能主动学习提高能力，善于合作借力发展，合理分享互利多赢，聚集人才共同奋斗。

［撰稿：北京厚实顿科技有限公司　杨敦启；天津嘉立荷牧业有限公司　靳文仲］

8.1.2 精益管理理念和方法——现代奶牛场的管理哲学和方法

奶业的特点是产业链长，横跨一、二、三产业，涉及供应链、产业链、物流冷链、资金链、价值链、服务链等各个方面。奶业产业链，从农田到餐桌，种→养→加→销→服共同指向一个最终用户，就是牛奶商品消费者。而且，这类消费者，是以独立自然人或家庭用户为主要购买或消费单元。面对有着特殊保质条件和特定保质期的一个营养快消品，必须质量保障环环紧扣安全可靠，实现尽善尽美的价值创造与到达用户满意消费的全过程，才能为终端用户提供尽善尽美的牛奶商品价值体验。

随着奶业产业的不断进步，从传统走向集约，从奶牛场生产向工厂化生产逐步迈进，从传统的管理向工业化管理逐步迈进。奶牛场在逐步实现工业化生产，持续导入工业化管理的过程中，早日学习精益思想，掌握精益生产，驾驭精益管理。奶牛场在减少无谓的投入与浪费，降低无效成本，提高生产效率，提升经济效益，整体提升奶牛场竞争力，具有现实意义。

精益管理，源自精益生产(lean production)，是衍生自日本丰田汽车公司生产方式的一种管理哲学。精益管理，由最初的在生产系统的节本增效管理实践中取得成功，而逐步延伸到企业的各项管理业务，也由具体业务管理的方法，上升为战略管理理念。成为提高用户满意度、降低成本、提高质量、加快业务流程速度、改善资本投入效率，能够提升资本回报和股东价值最大化的一种生产组织管理方式，进而发展成一种管理哲学。

8.1.2.1 精益概述

1. 精益生产

精益生产是美国麻省理工学院教授詹姆斯·P. 沃麦克等专家通过“国际汽车计划(IMVP)”对全世界 17 个国家 90 多个汽车制造厂的调查和对比分析，认为日本丰田汽车公司的生产方式是最适用于现代制造企业的一种生产组织管理方式。

2. 精益思想

沃麦克、琼斯和鲁斯在《精益思想》中指出，所谓精益思想，就是根据用户需求定义企业生产价值，按照价值流组织全部生产活动，使要保留下来的、创造价值的各个活动流动起来，让用户的需求拉动产品生产。不是把产品硬推给用户，而是暴露出价值流中所隐藏的浪费；同时不断完善，达到尽善尽美。

3. 精益内涵

精益管理，要求企业的各项活动都必须运用“精益思维”(lean thinking)。“精益思维”的核心就是以最小资源投入，包括人力、设备、资金、材料、时间和空间，创造出尽可能多的价值，为用户提供新产品和及时方便的服务。

4. 精益管理智慧

精益管理的目标可以概括为：企业在为用户提供满意的产品与服务同时，把浪费降到最低程度。企业生产活动中的浪费现象很多，常见的有：不合格错误——提供有缺陷的产品或不满意的服务；积压——因无需求造成的积压和多余库存；过度加工——实际上不需要的加工和程序；多余搬运——不必要的物品移动；等候——因生产活动的上游不能按时交货或提供服务而等候；多余的动作——人员在工作中不必要的动作；制造过度——提供用户并不需要的服务和产品。努力消除这些浪费现象是精益管理的最重要的内容。

5. 精益生产的5个原则

(1)价值观。精益生产认为产品的价值需由最终的用户来确定,价值只有满足特定的用户需求才有存在的意义。

养殖企业有责任按需优质生产,符合加工用户的需要。当然,鲜奶具有保质时间短、保质成本高的特殊性,必须以销定产,产销紧密挂钩。乳企有责任优质优价、全量收购达标生鲜乳。鼓励养殖业按需生产,宏观和微观计划双调节相结合。保持奶业产业链的稳定、可持续运行。

(2)价值流。指从原材料到成品赋予价值的全部活动,识别价值流是精益生产的起步点,并按照最终用户立场寻求全过程的整体最佳状态。

奶业产业链环节多,链条长。价值链上的价值流必然环节多,从农田到餐桌,种→养→加→销→服必须环环相扣,保持价值流的整体最佳状态,一旦出现环节瓶颈,价值流速、流量都会受到影响。

(3)流动。精益生产强调要求各个创造价值的活动需要流动起来,强调的是动。奶业在"种养加"环节中实现各自的价值增值,其中,创造价值的活动就属奶牛养殖环节最复杂,技术综合性强而高,且投资大、风险高,回报相对低。加上鲜牛奶保质的特点,议价能力很低,是产业链中最为弱势的环节。因此,站在最终用户的角度,产业链各个创造价值的环节上,分工创造价值的活动,需要统筹起来,实现产业价值最大化,更为有利。

(4)拉动。拉动生产亦即按用户需求拉动生产,而不是把产品强行推给用户。奶产业链的特殊性,要求产业链各个环节,必须协同一致,把最终用户的利益和需求,通过产业链、价值链、价值流多赢的原则下价值传递,通过价值拉动产业链健康发展,满足消费者需求和利益最大化。

(5)尽善尽美。用尽善尽美的价值创造过程为用户提供尽善尽美的价值。奶业产业链,从农田到餐桌,种→养→加→销→服共同指向一个最终用户,就是牛奶产品消费者。而且,这类消费者,是以独立自然人或家庭为用户单元。面对有着特定保质条件和时间的一个营养快消品,必须环环质量可靠,实现尽善尽美的价值创造过程,才能为用户提供尽善尽美的牛奶产品使用价值。

8.1.2.2 按需求确定产品价值结构

1. 正确理解产品价值结构的含义

产品价值结构即产品价值的组成、比例及其价值实现流程。即某种产品所提供的各种利益、支出及其比例关系及价值的实现过程。产品价值结构就是要确定企业的某一种产品具体提供给用户哪些具体的利益,每种利益的数量;还要确定用户购买产品的各种支出,各种支出的数量;各种利益、支出之间是一种什么样的联系;各种利益和支出是按照什么样的流程来实现产品价值的。如对一般个体用户,家乐福超市免费提供购物塑料袋,麦德龙的购物塑料袋却要收费。这表明家乐福向一般个体用户提供购物塑料袋这一利益,麦德龙不向一般用户提供该种利益。其原因是两商家的目标群体不一样,家乐福主要面对一般个体用户,而麦德龙主要面对团体用户。

2. 产品价值结构由用户确定

在当前信息经济社会的背景下,由于高素质的人才、低成本的信息、先进的技术、成熟的管理模式、用户的强势购买力等外部环境因素,企业已具有了相对经济满足用户多样化需求的社会条件。企业竞争的焦点是如何利用工业社会的规模优势和信息社会的信息低成本优势，来满足用户个性化的需求。这时候，产品的价值结构就由用户来确定了。当然，社会经济条件下，企业由于经济性的约束，大部分情况是企业提供一个价值组成清单，在清单的范围内，由用户确定产品价值结构。精益管理的出发点是产品价值结构，价值结构只能由最终用户来确定，当价值结构赋予特定价格、能在特定时间内、满足用户需求的特定产品（商品或服务，而经常是既是商品又是服务的产品）来表达时才有意义。

8.1.2.3 变“成批移动”为“单件流动”

1. 成批移动与单件流动的概念

成批移动就是在制品成批的在各工作地加工，并按工艺流程成批地经过各工作地移动。成批移动源于成批生产，成批生产是周期性的、成批的轮番生产几种产品。在成批生产条件下，生产具有重复性，产品品种较少，每种产品的产量较多，形成多品种周期性的轮番生产的特点。

单件流动就是在制品一件一件的按照工艺流程经过各工作地进行加工、并连续移动，即按照工作流程将作业场地、设备（作业台）合理配置，一般划分为几个工作段，产品在每个工作段生产时，零件一个一个地经过各种工作地进行加工、移动，不是一批一批地加工、移动，每个工序最多只有一个在制品或成品。在每个工作段中从生产开始到完成之前，没有在制品放置场地及入箱包装的作业。作业人员随着在制品走，从作业区的第一个工序到最后一个工序都是该作业人员操作。

2. 将“成批移动”变为“单件流动”

如果产品按从原材料到成品的过程连续来生产的话，即单件流动，工作能更好、更有效地完成。在单件流动中，因为在每个工段中各工序衔接在一起，前工序做完一个在制品，就可立即“流”到下一工序继续加工，所以工序间几乎没有搬运距离，也没有在制品，因此在制品数量可以大幅度降低，生产空间也跟着减少了。不良品一旦发生，就可立即发现，而且很容易确认出是由哪一台机器、哪一个作业者做出来的，这有助于消除不良品。更重要的是生产周期大幅度缩短，更能满足市场多变的需求，由于不必为每台设备单独设置入口存放处和出口存放处，场地也节省了许多。

8.1.2.4 生产由用户拉动

1. 推动式生产与拉动式生产

推动式生产就是计划部门根据市场需求，按产品构成清单对所需的零部件规格和数量进行计算，得出每种零部件的需要量和各生产阶段的生产前置时间，确定每个零部件的投入产出计划，按计划发出生产和订货的指令。

在推动式生产中，每一生产车间都按计划生产零部件，将实际完成情况反馈到生产计划部门，并将加工完的零部件送到下一道工序或下游生产车间，无论下一道工序和下游生产车间当时是否需要。在此方式中物流和信息流基本上是分离的，整个过程相当于从前（前工序）向后（后工序）推动，故这种方式被称为推动式方法。

拉动一词最简单的意思是在下游用户（或工序）提出要求之前，上游企业（或工序）不能进行产品生产或提供服务。拉动式生产就是从市场需求出发，由市场需求信息决定产品组装，再由产品组装拉动零部件加工。每道工序、每个车间都按照当时的需要向前一道工序、上游车间提出需求，发出工作指令；上游工序、车间完全按这些指令进行生产。物流和信息流是结合在一起的。整个过程相当于从后（后工序）向前（前工序）拉动，故这种方式被称为拉动式方法。

2. 生产由用户需求拉动

采用拉动式系统可以真正实现按需生产。如果每道工序都按下道工序的要求，在适当的时间，按需要的品种与数量生产，就不会发生不需要的零部件生产出来的情况。一旦有了在用户需要的时候就能设计、安排生产和制造出用户真正需要的产品的能力，就意味着企业可以抛开销售预测，直接按用户的实际要求生产。这就是说，企业可以让用户按需求拉动产品生产，而不是把用户常常不想要的产品硬推给用户。当用户知道他们可以及时得到他们所要的东西时，而且，当生产者停止定期的减价销售活动，不再把已经生产出来却没人要的产品推销出去时，用户的需求就变得稳定多了。

8.1.2.5 如何消除产业价值链的浪费

精益管理必须超出单个企业的范畴，去查看生产一个特定产品所必需的全部产业活动。这些活动包括从概念构思经过细节设计到实际可用的产品，从开始销售经过接收订单、计划生产到送货，以及从远方生产的原材料到将产品交到用户手中的全部活动。形成精益企业确实需要用新的方法去思考企业与企业间的关系，需要一些简单原则来规范企业间的行为，以及沿产业价值链的所有环节的改善。

1. 产业价值链的概念

产业价值链是产业中从原材料到销售，围绕某种（或某类）产品，所有企业所形成的价值增值链。即从原材料供应开始，经过价值链中不同企业的制造加工、组装、分销等过程，直到最终用户的一条价值链。物料在价值链上因加工、包装、运输等过程而增加其价值，给相关企业都带来收益。

2. 消除产业价值链中的8种浪费

在分析每个产品（或产品系列）的产业价值链时，通常会暴露出大量的、错综复杂的浪费。产业价值链中的浪费和企业中的浪费一样，可以分为2类：一是有很多活动虽然不创造价值，但是在现有技术与生产条件下是不可避免的，如为保证质量，焊接处要检验；乘飞机从青岛到敦煌要到西安转机的额外旅途（为一类浪费）；二是还有很多不创造价值而且可以立即去掉的步骤（二类浪费）。实际上产业价值链的浪费是非常多的，常见的仅站在奶牛场角度的分析如表8-1-1所示。

表8-1-1 奶牛场八大浪费分析

序号	现场浪费	浪费描述	浪费原因	浪费现象——概念性示范说明
1	过多制造的浪费	在不必要的时候制造不必要的产品	超前预计市场的结果	泌乳高峰与奶量需求错位、主动淘汰、时机优化、育种计划衔接等
2	库存的浪费	成品、中间品、原材料的库存浪费	超前储备的浪费带来大量的管理浪费	采购原料低质、过量储备、储存变质、储存损耗、预处理不达标等
3	搬运的浪费	物料搬运的浪费	搬运步行运输的浪费	饲料区、生产区布局不合理、途中撒料、加工过细过粗，转群时间长、奶厅路途远、奶牛站立时间长等

续表 8-1-1

序号	现场浪费	浪费描述	浪费原因	浪费现象——概念性示范说明
4	不良品的浪费	制造不良的浪费，之后还有检验的浪费	可靠性带来的各种事件中、事后的浪费	饲料质量异常、健康管理不到位、应激管理差、吃不饱、喝不好、卧不足、挤不爽、配不上、治不好、护不当、死淘增加、病率上升、鲜奶不达标、犊牛遗传性状差等
5	加工的浪费	与产品价值核心的功能不相关的加工与作业都是浪费	作业浪费	TMR 加工出错、奶厅过挤、设备空转、“大马拉小车”、牛舍舒适度不高、卫生管理、安全管理、防疫管理等
6	动作浪费	步行、放置、大幅度的动作	非必要动作的浪费	青贮收、运、储、压、封、压，上料、投料，料槽、水槽、卧床清理，运送粪尿，挤奶操作、清洗作业等
7	等待浪费	人、机械、部件，在不必要时发生的各种等待	不必要等待的浪费	青贮作业、原料储备、TMR 作业、兽医操作、配种操作、待挤厅、转群作业、鲜奶储存、鲜奶结算等
8	管理浪费	管理本身成为一种专职的工作发生浪费	事后管理的浪费	信息监测、数据利用、管理巡视、无效反馈、协同不利、无效会议、统筹不足、培训不足、整改缓慢、执行不利等

8.1.2.6 精益管理带给企业的益处

对于制造型企业而言，在以下方面已经有无数的实践证明是取得成效的：库存大幅度降低，生产周期减短，质量稳定提高，各种资源（能源、空间、材料、人力）的使用效率提高，浪费减少、生产成本下降，企业利润增加。同时，员工士气、企业文化、领导力、生产技术都在实施中得到提升，最终增强了企业的竞争力。对于服务型企业而言，提升企业内部流程效率，做到对用户需求的快速反应，可以缩短从用户需求产生到实现的过程时间，大大提高了用户满意度，从而不断扩展市场占有率。

8.1.2.7 奶牛养殖企业推行精益管理

推行精益管理模式，对于促进奶牛养殖企业的管理进一步升级有非常重要的意义。首先，精益管理有利于实现两个根本性转变。一方面，精益管理的出发点就是强调用户确定价值和用户拉动，而市场经济的基本动力是用户的需求；另一方面，粗放型与集约型最本质的区别在于是否最大限度地减少各种形式的浪费，合理利用社会资源，提高企业经济的整体效益。其次，精益管理有利于企业运行模式的改革。在奶牛养殖企业中，浪费现象严重，技术落地周期长，成功率低，生产过程资金占用大，生产效率、生产效益普遍不高。运用精益管理方法，将有助于企业改革原有运行模式，消除浪费，高效率运转起来。最后，精益管理有利于奶牛场和牧业公司的战略实施，利于牧场公司或发展中的企业集团，在生产过程上、中、下游的产业链优化中，重组新型企业。如果在企业集团中运用精益管理，则使每一个企业之间相互协作关系更和谐、更紧密，使每个企业都减少库存，提高资金效率，社会资源浪费会大大减少。奶业企业对精益管理的运用正处在起步阶段。当前，推行精益管理模式中，需要明确以下几个问题。

1. 更新观念,树立精益意识

奶业企业过分强调扩大生产规模,在引进国外先进技术装备时,片面追求高自动化和高生产效率,而不考虑整个生产过程和需求的均衡性,企业重技术轻管理现象也比较普遍。因此,要树立精益意识,企业才能有效地遏制浪费,提高资金运用效率、饲料转化效率、泌乳效率、繁殖效率、反应长寿性的平均泌乳胎次等,才能从根本上增强奶牛场的竞争力。

2. 加强对精益思维的学习和培训

精益思维是精益管理的核心,西方国家曾建立示范中心,推广精益管理。奶业企业对精益管理比较陌生,政府和社会应积极引导奶牛场,鼓励奶牛场运用精益管理方法,建立精益企业指导中心和示范基地,举办培训研讨班,宣讲精益管理,让奶牛场结合自身情况,按照精益思维原理进行改进业务流程,从浪费抓起,优化供应链,升级价值链,提速价值流。

3. 推行精益管理模式要循序渐进

精益管理不是奶牛养殖企业管理活动的全部,它应与企业的其他管理活动相协调,同时,不同奶牛养殖企业的经营环境不一样,奶牛场管理适宜方法也不尽一致。精益管理只是生产管理的一种较好模式,具体实施要因地制宜。只有每一个奶牛养殖企业都有自己的"精益原则",这才真正得到了精益管理的精髓。

8.1.2.8 正确掌握实现活用精益管理的八大利器

1. 现场管理对象五要素

现场情况千变万化,但基本管理对象只有 5 个,就是现场管理五要素:人、机、料、法、环。

2. 现场管理基本目标

现场管理千头万绪,但基本管理目标只有 6 个:Q(质量)、C(成本)、D(交货期)、P(生产效率)、S(安全)、M(士气)。

3. 现场精细化管理

如何通过有效管理人、机、料、法、环 5 种要素来实现 Q、C、D、P、S、M 6 方面的目标呢?通过现场精细化管理。

(1)现场精细化管理基础。5S、可视化两个利器重点在于改善现场的基本环境,为现场精细化管理奠定基础。

(2)从预防的角度实现管理精细化。TMP(全员设备管理)、防错法(是一种作业过程中采用自动作用、报警、标识、分类等手段,使作业人员不特别注意,也不会失误的方法)、KYT(危险预知训练)3 个利器都是从预防的角度实现机器设备"零故障"、产品质量"零缺陷"、人员安全"零事故"。

(3)精细管理动作优化。动作经济原则是从改善动作细节的角度提升作业效率和改善执行力,及改善供方交货期。

(4)OEC 管理来源于海尔。日事日毕,日清日高,是加强现场控制,实现奶牛养殖生产的成功方法。

(5)精益生产原则。通过消除现场七大浪费,在生产制造方面进行精细化管理。

[撰稿:北京厚实顿科技有限公司 杨敦启;天津嘉立荷牧业有限公司 靳文仲]

8.1.3 规模牧场运营管理

现代牧业(集团)有限公司成立于2005年9月,在全国7个省(自治区)建有26个万头规模牧场,奶牛存栏量近23万头,日产高品质原奶3 834 t,年产鲜奶130万t。

规模牧场的管理相较于工厂管理更为复杂和艰难,经过实践,可以分别从对“牛”和对“人”总结出两条管理经验:对牛的管理“不折腾”,无论从牧场建场的选址、运营模式的选择还是工程建设、实际运行,一切要以牛的舒适度为主;对人的管理则是“必折腾”,无论是管理人员还是一线员工,都要不断地学习、掌握更多的技巧来满足牛的需要。

无论从哪个方面着手,牛与人都是构成牧场运营的最主要元素,将运营流程和牧场人员结合起来,实现把“人”这一元素利用最大化,对于牧场整体和牛群来说都是共赢的。

以现代牧业为例,集团的运营组织架构成矩阵式,上层建筑为核心架构,下共设有13个职能中心服务牧场开展工作(图8-1-1)。

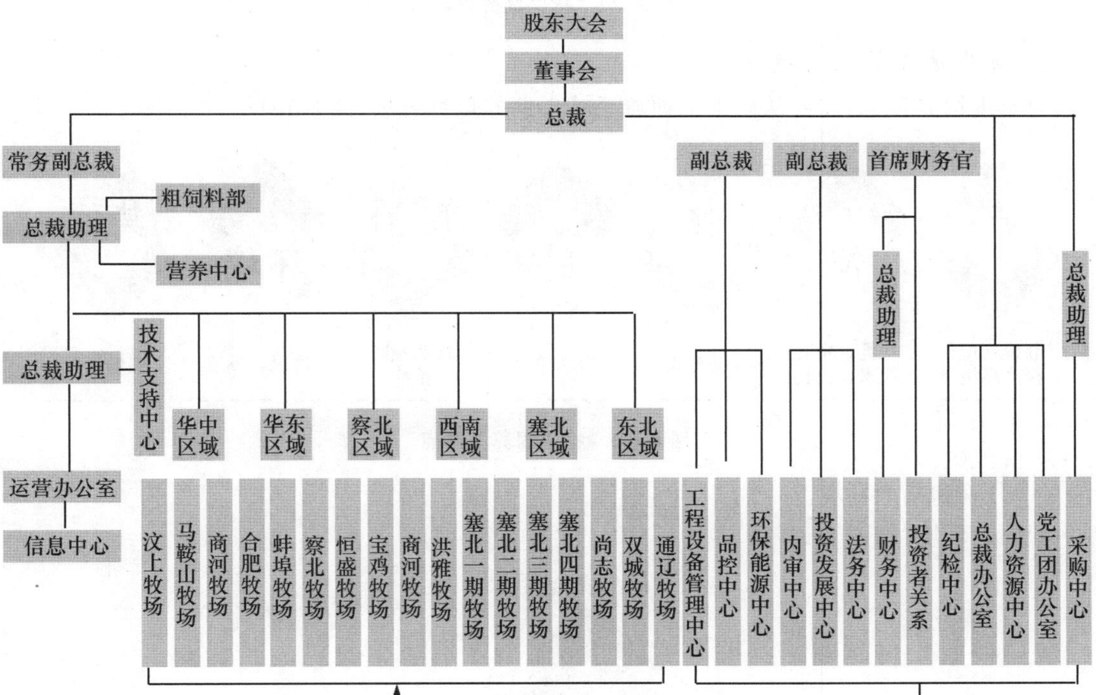

图8-1-1 现代牧业(集团)有限公司组织架构图

将各中心的职能融入牧场实际运营后,作为国内最大的奶牛养殖企业,结合现代牧业14年来的不断探索、学习和发展经验,可以通过犊牛饲养管理、奶牛繁育管理、奶牛饲养管理、兽医管理、挤奶管理、沼液还田与青贮制作、质量管理、信息化管理、大流程管理9个方面,来全面展示规模牧场运营管理模式。

8.1.3.1 犊牛饲养管理

1. 饲养目标

犊牛饲养目标见图 8-1-2。

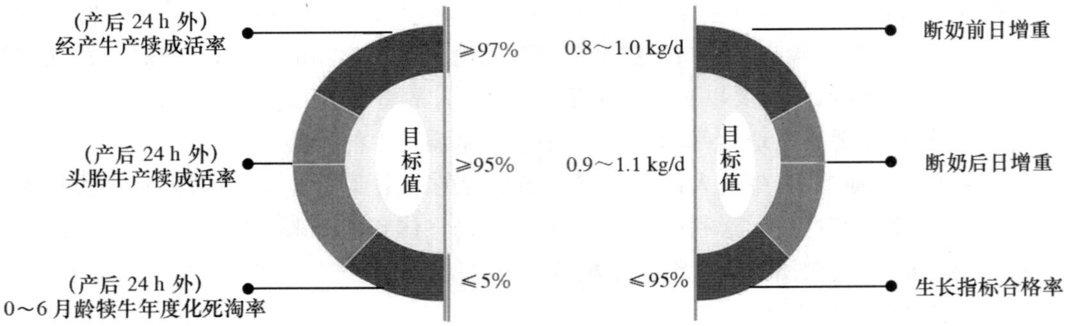

图 8-1-2 犊牛饲养目标

2. 犊牛饲养管理关键点

为实现饲养目标,需要从以下 7 项着手犊牛饲养现场管理(图 8-1-3)。

图 8-1-3 犊牛饲养关键点

(1)分娩和接产环境。

①分娩环境:如图 8-1-4 所示。

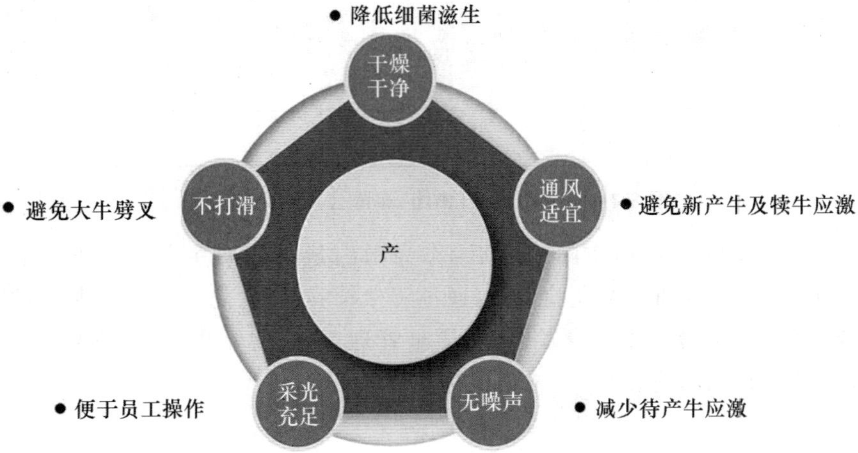

图 8-1-4 分娩环境

②接产管理:如图 8-1-5 所示。

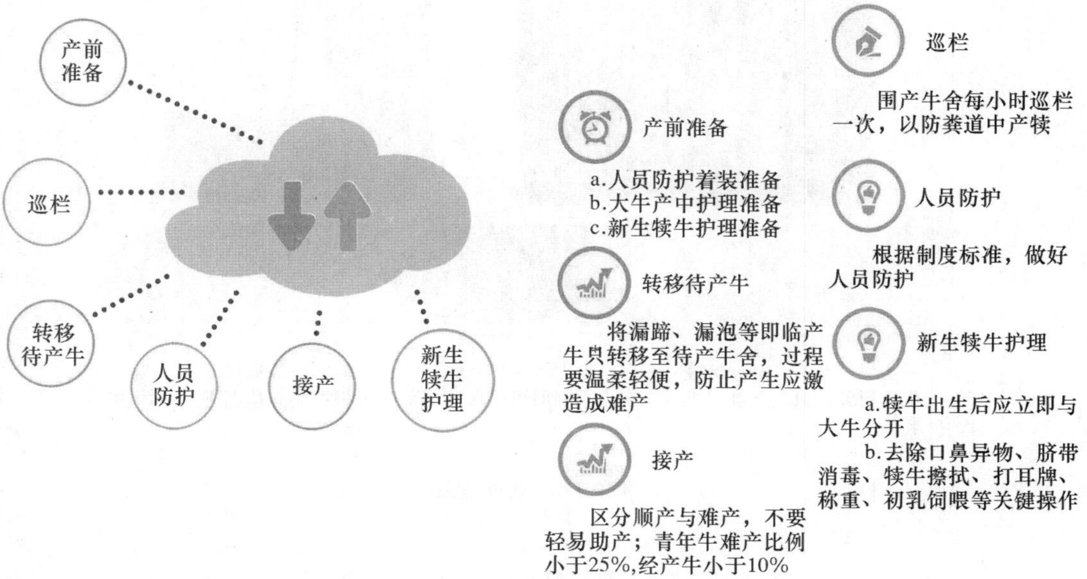

图 8-1-5 接产管理

③新生犊牛暂放区管理:犊牛出生后在产房暂放栏放置 12 h,冬季时加装保温灯,避免犊牛受到冷应激(图 8-1-6)。

图 8-1-6 新生犊牛暂放区环境

从大规模牧场管理的角度出发,必须做到操作标准统一,避免同一岗位因不同员工操作产生技术上的偏差,保证精准执行操作。

(2)饲——初乳、常乳、饮水、饲料。

①初乳收集:如图 8-1-7 所示。

②初乳饲喂:如图 8-1-8 所示。

③常乳管理:饲喂管理和程序如下。

a. 常乳饲喂管理。

定时:每天喂奶时间上下浮动不超过 30 min,喂奶间隔 9～15 h。

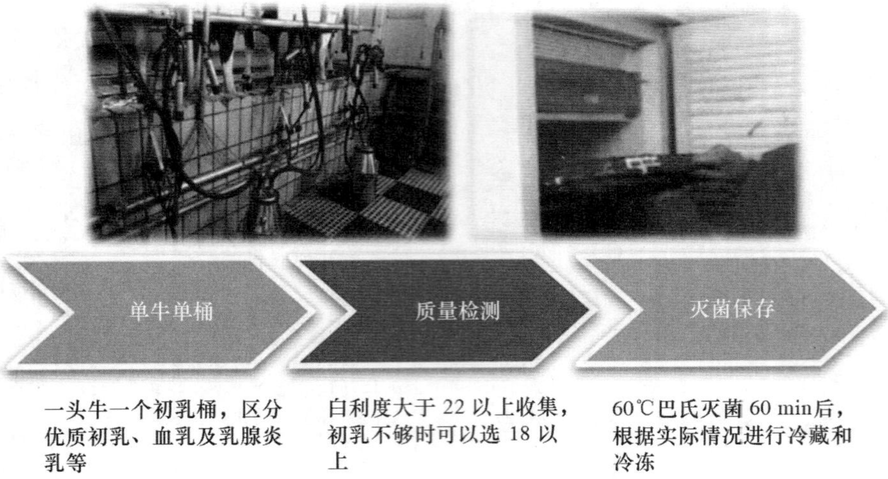

图 8-1-7 初乳收集

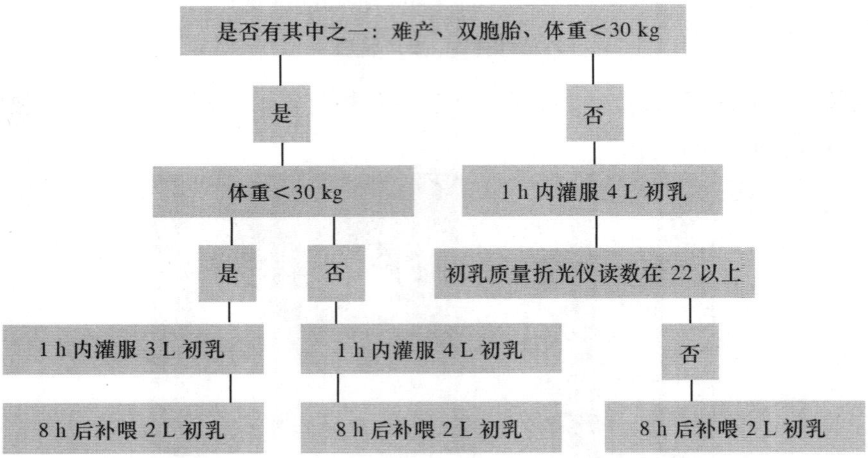

图 8-1-8 初乳饲喂管理

定量：根据日龄选择饲喂量。

定质：微生物达标、干物质浓度稳定。

定温：犊牛饲喂奶温 38～40℃。

定人：固定人员饲喂、减少犊牛应激。

b. 常乳饲喂程序见表 8-1-2。

④饮水管理注意事项如下。

自由饮水：不缺水。

水温：10℃以下环境，保证水温 10～20℃。

水质清洁：清澈、无污物。

水槽管理：定时、定期、定人清洗。

表 8-1-2 常乳饲喂程序

日龄	上午饲喂量	下午饲喂量	温水
1 日龄	4 L 初乳	—	—
2～7 日龄	3 L 初乳	3 L 牛乳	自由饮水
8～14 日龄	4 L 初乳	4 L 牛乳	自由饮水
15～70 日龄	6 L 初乳	6 L 牛乳	自由饮水
71～76 日龄	6 L 初乳	—	自由饮水

⑤颗粒料饲喂的要求和原则如下。

颗粒料营养成分：断奶前蛋白质＞20％，断奶后蛋白质＞18％；淀粉含量＞40％；NDF＜15％。

颗粒料饲喂原则：24 h 不空槽。

断奶后饲喂原则：限制干草饲喂量。

(3)住——牛舍建设。单栏饲养模式见图 8-1-9。

A. 室外犊牛岛　　B. 室内犊牛栏

图 8-1-9 单栏饲养模式

(4)卧——卧床舒适度。各牧场根据气温环境、废旧垫料处理能力选择不同垫料(图 8-1-10)。

稻壳垫料　　稻草垫料　　沙子垫料

图 8-1-10 群养饲养模式

①断奶前犊牛卧床要求：犊牛卧床(包括散栏、独栏、犊牛岛)垫料厚度 20～40 cm(包括垫草、稻壳或稻壳粉、沙子等)；卧床干净、干燥、舒适(图 8-1-11)。

图 8-1-11　断奶前犊牛卧床

②断奶后犊牛卧床要求：卧床垫料厚度 10～20 cm(包括垫草、稻壳、沙子、沼渣等)；卧床干净、干燥、舒适(图 8-1-12)。

图 8-1-12　断奶后犊牛卧床

(5)环境——通风与粪道。

①通风换气：降低牛舍内氨气浓度，减少呼吸道疾病发病。

②粪道卧床：及时清理粪道卧床，减少微生物滋生，减少消化道疾病发病。

通风管(图 8-1-13)在关闭卷帘情况下使用，保障冬季保暖与通风平衡，减少呼吸道疾病发生。

图 8-1-13　犊牛岛和通风管

(6)防治——疾病预防与治疗。具体见图 8-1-14。

A. 卧床消毒

B. 环境预防

C. 奶桶洗晒

图 8-1-14 疾病预防与治疗

(7)现场管理的注意事项如下。

①产房操作间物品摆放整齐,安放有序。

②保证公告栏干净整洁;张贴最新下发的制度、流程、通知等文件,确定纸张整洁,字迹清晰。

③兽医操作间物品摆放有序,生产记录有专用的文件夹摆放整齐。

④及时清理现场卫生,不得有乱扔口罩和手套的现象。

⑤统一规范人员着装。

⑥有指定车辆停放区域并停放整齐。

8.1.3.2 奶牛繁殖管理

1. 每天一次配种实施

(1)配种前的准备工作。从早晨 6:00 开始,做好准备工作后进入牛舍参配圈,在奶厅的赶牛工将奶牛赶往奶厅挤奶的时候,繁育人员将这一栏颈枷全部上锁。奶牛挤完奶回到牛舍后上颈枷采食,锁定在颈枷上。

(2)通过涂蜡笔揭发发情。由经验丰富的繁育员从一端开始检查尾根蜡笔涂蜡是否被爬跨蹭掉,来区分和判定奶牛是否发情。如果仅从尾根是否被爬跨不能准确判断是否发情的话,需要进一步根据后躯是否有爬跨的痕迹、外阴的特征甚至需要用直肠触诊的方式来准确判定牛只是否发情。

(3)涂蜡标准。涂蜡长度(尾根前最高点前 20 cm);涂蜡宽度(两指宽)。

(4)对发情牛只进行参配。判断出发情牛只后,不再涂蜡,只是继续给非发情牛只尾根涂蜡,监测发情后,回来参配时很容易找到颈枷上的发情牛。这一栏牛发情结束后,迅速对发情牛只进行参配。

(5)奶牛后驱显示屏。参配后进行标识,在牛只“后躯显示屏”标清参配日期,奶牛后躯是非常好的“显示屏”,当对牛只进行了有针对性的处理之后,都要将处置信息和日期信息标在后躯显示屏上。每天坚持该操作,繁育员在进入这一圈开始处理揭发发情工作时,很容易从显示屏上看到已经处理并标识过的牛只,不会在这些牛上花费精力和浪费时间,从而将工作效率提高。

2. 繁育操作标准化流程

(1)奶牛配种 7 步流程见图 8-1-15。

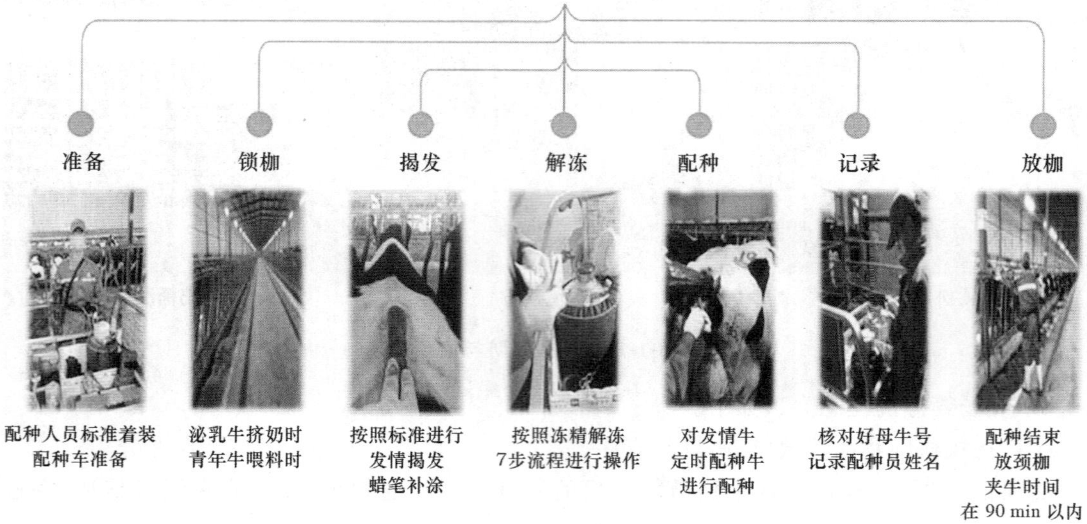

图 8-1-15　奶牛配种流程

(2)冻精解冻 7 步流程见图 8-1-16。

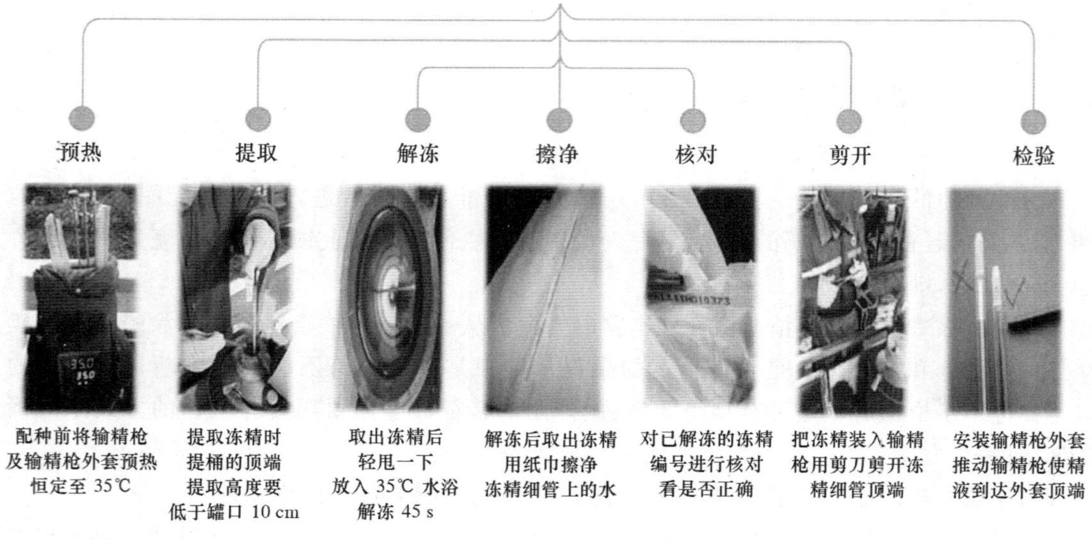

图 8-1-16　冻精解冻流程

(3)涂蜡笔发情揭发 7 步流程见图 8-1-17。

8.1.3.3　奶牛饲养管理

1. 牛群管理

(1)每 2 周对泌乳牛群梳理,一遍分群原则。

高产牛:拒绝出现体况≥3.5 分的牛只;低产牛:严禁出现体况<3 分的牛只。

青年牛:体况以 3~3.25 分为最佳。

(2)舒适的牛舍环境见图 8-1-18。

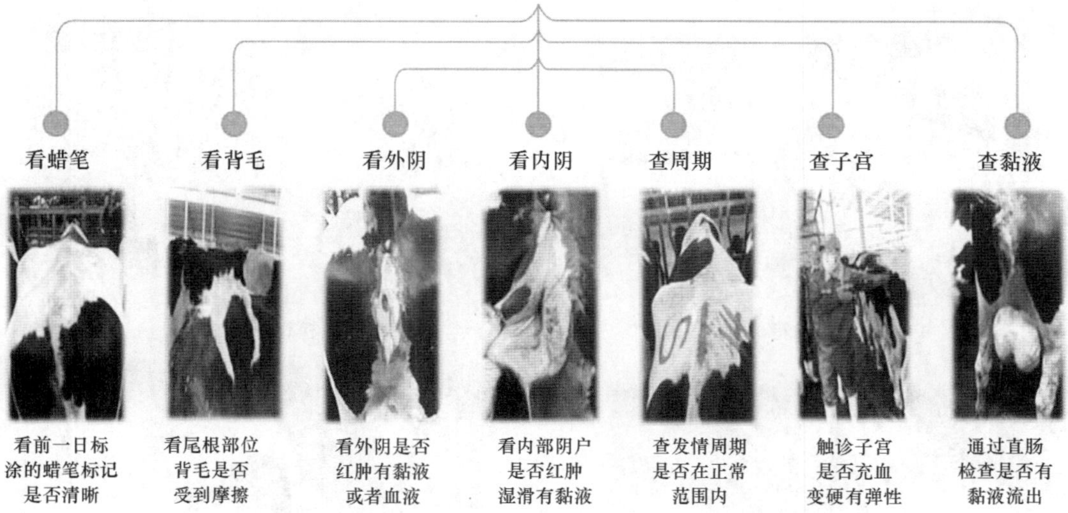

图 8-1-17　涂蜡笔发情揭发流程

图 8-1-18　舒适的牛舍环境

(3)弱电检查见图 8-1-19。

2. 原料管理

(1)由具有丰富实践经验的动物营养学博士、硕士组成,负责全集团奶牛的配方制作、营养管理和成本控制。

(2)聘请美国顶级营养专家担任中心顾问,并定期考察牧场和开展培训。

检查配电箱

检查牛颈枷

检查饮水槽

检查增压泵

图 8-1-19　弱电检查

8.1.3.4　兽医管理

1．产后护理

(1)每天早上新产牛第一班次挤奶时，产后护理兽医站在奶厅验奶员与擦拭员之前对每一头新产牛进行乳房充盈度观察，发现充盈度不够的牛用蜡笔在后腿腓关节上方做一条状标记(图 8-1-20)。

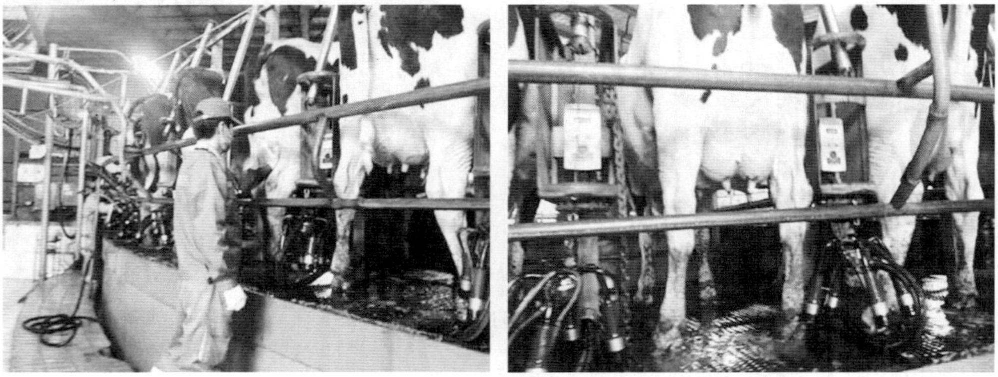

图 8-1-20　产后护理兽医员对乳房充盈度观察并做标记

(2)牛回到牛舍后进行前面观察，包括食欲、精神状况、眼睛，问题牛背部撒 TMR 料做标记。

(3)待新产牛挤奶回来前将产后护理需要物料准备齐全，前面观察后主要检查人员佩戴产后护理腰包，腰包里面配备电子体温计、长臂手套、蜡笔、液体石蜡等对牛只进行后面观察，问题牛在牛只后面进行三步检查。

(4)通过后面观察每一头牛,对问题牛进行 3 步检查,测体温、听诊、直肠检查。

(5)兽医在做护理时需了解每一头牛的产犊日期。

(6)对检查出的问题牛进行疾病标记,对其进行针对性治疗(瘤胃蠕动差的牛灌服丙二醇)。

(7)使用电动灌水设备对新产牛进行灌水来预防真胃移位的发生(图 8-1-21)。

图 8-1-21　电动灌水设备对新产牛进行灌水

2．牧场防疫(图 8-1-22)

(1)场区门口对进入生产区域的外来车辆进行全方位喷洒消毒。

(2)不同的工作人员有不同的着装要求。

图 8-1-22　牧场防疫

8.1.3.5 挤奶管理

挤奶厅是牧场的生产运行中心，也是牧场创造经济利益最重要的环节，同时也担负着保证原料奶品质安全的责任。

现代牧业的各牧场主要使用80位转盘挤奶机进行挤奶（图8-1-23），利用信息化管理方式，达到员工操作标准化、挤奶流程规范化、设备信息化，使奶厅高效、低成本运营。

图 8-1-23　80 位转盘挤奶机

(1)先进的挤奶设备。利拉伐 PR3100-24 h运行重型转盘，多种设备配件免维护，提高挤奶设备使用率。

(2)数字化挤奶监控视频平台。通过利用数字化挤奶监控视频平台，对集团各牧场奶厅生产工作进行实时监控，跟踪每日挤奶操作流程、奶厅安全工作、奶厅清洗工作等项目。及时准确纠正工作流程中错误操作。

(3)高清管道内窥镜评估清洗效果。使用高清内窥镜伸入挤奶设备管道内，对管道内壁进行视觉检查，同时内窥镜定位系统可以准确定位清洗不合格位置和截取图片、录制视频，然后进行人工拆洗、分析污物成分，优化清洗流程。

(4)ATP涂抹仪器检测日常清洗效果。使用ATP涂抹仪器中自带涂抹棉签对挤奶设备管路内壁进行涂抹，然后将棉签放入涂抹仪器中进行检测，ATP检测仪器自动识别底物，10 s内显示数据，判断挤奶设备清洗是否合格。

(5)MIS系统监控各牧场挤奶效率。通过使用MIS系统实时监控集团各牧场奶厅每日、每月挤奶效率，利用数据统计分析平台，指导各牧场奶厅日常生产工作。

8.1.3.6 沼液还田与青贮制作

1. 生态循环式牧场牛粪发酵系统

现代牧业旗下牧场在建设之初就配套建设完善的特大型沼气发酵工程，每个牧场牛粪发酵系统的投资均在4 000万元左右。采用“能源生态型”处理利用工艺，牛粪经厌氧消化处理后作为农田水肥利用。实现了沼气发电、沼渣垫料、有机液肥还田，将牛粪尿100%利用，不仅保护了生态环境，而且实现了资源的循环利用和农业循环经济模式（图8-1-24）。

集团年产沼气发电量4 837万kW·h，占全年总用电量的301%，固体沼渣181万t，全部用于牛舍垫料，有机液肥640万t，100%用于农业种植。

2. 生态循环式牧场牛粪收集

牛舍采用全封闭和半封闭式建设，不设开放式运动场，奶牛生活区域与其他区域严格分开。牛舍内的粪尿采用自动刮板清粪系统收集至封闭的地下粪沟，通过全程封闭式管道输送至牛粪发酵系统的前处理浓度调节池。

3. 生态循环式牧场牛粪发酵

牛粪在进入发酵系统前，在前处理调节系统将浓度调节至8%～10%，采用半地下进料推

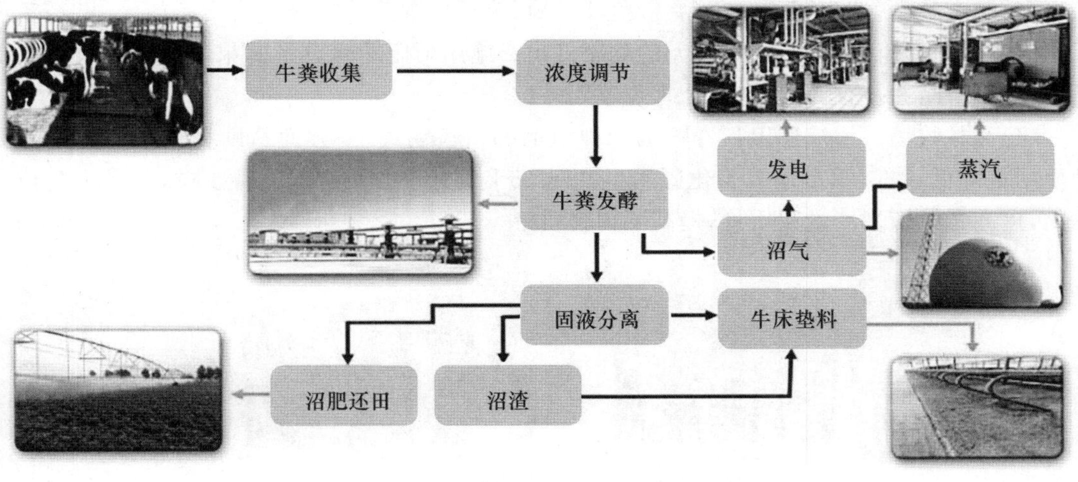

图 8-1-24 牛粪发酵工艺流程

流式中温厌氧发酵。牛粪料液经电磁流量计计量，平均分配到各发酵池，在发酵池内发酵 20～25 d，发酵温度 35～38℃，池内加热盘管的热能来源于沼气锅炉。

4. 生态循环式牧场沼气利用

沼气采用生物脱硫，利用微生物繁殖来降低沼气中的硫化氢含量。用于发电机组和沼气锅炉使用，由于发酵池产气均匀稳定，发电机发电不仅供牧场生产，还可以并网发电，沼气锅炉的蒸汽用于发酵池内盘管加热、挤奶厅供热和牛奶加工车间供热。

5. 生态循环式牧场沼渣利用

发酵后的牛粪，经过固液分离机进行固液分离产生沼渣和液肥。脱出的沼渣经二次挤压降低水分后，可直接用于补充牛舍卧床垫料。

6. 生态循环式牧场液肥还田

沼液作为一种优质的有机肥料，含有全部作物生长发育所必需的氮、磷、钾、钙、镁、硫、硼、铁、锌、锰、铜、氯、钼等 16 种营养元素，并存留了丰富的氨基酸、腐殖酸、B 族维生素、各种水解酶、某些植物生长素，能够促进作物生长代谢，预防作物病虫害，提高作物的产量和品质。

自建场以来，现代牧业对于沼液的利用一直是采取还田综合利用的方式，用于牧场的自有地和合作土地还田使用。国家的相关政策也有明确的指导方向，实现沼液资源化利用、改善土壤质量、提高农业种植效益。

7. 现代牧业沼液还田利用案例

(1)蚌埠牧场。在牧场周边拥有 10 万亩(1 亩≈666.67 m^2)苜蓿种植基地，沼液通过管道全部还田到 10 万亩种植地内，实现了“牧草—养牛—沼液—草地”有机循环，也是全球最先进的“种、养、加”一体化的产业链发展模式。

(2)洪雅牧场。农业循环经济模式管道施肥项目，已成为国家农业部(现农业农村部)重点支持和推广的项目。洪雅牧场自 2011 年就开始建设实现管网施肥，到目前已铺设 4 条管线，累计长度15 万 m，覆盖土地面积 1.8 万亩，管道延伸到农户的地头，打开阀门就可以轻松施肥，被当地农民称作“自来肥”。

(3)肥东牧场。“牛—沼—菜”有机蔬菜基地，牧场周围蔬菜大棚利用沼肥施肥，已经实现了化肥零使用，每亩地可减少 220 元的化肥支出。施用沼肥的蔬菜及水果的品质及口感获得了市场的好评，并被誉为“绿色无公害蔬菜”。

(4)和林牧场。沼液还田与青贮玉米种植捆绑销售模式，一方面帮助种植户通过降低化肥使用量降低成本，每亩地减少化肥用量 20～25 kg；另一方面有效改善土质，解决土壤板结恶化，提高青贮玉米产量和质量，提高了饲料质量。

图 8-1-25　现代牧场沼气还田案例

8．生态循环式牧场青贮玉米收购

青贮玉米收割规划如图 8-1-26 所示，实行 GPS 在线监管收割，定位、定机、定质，源头控制收割质量。

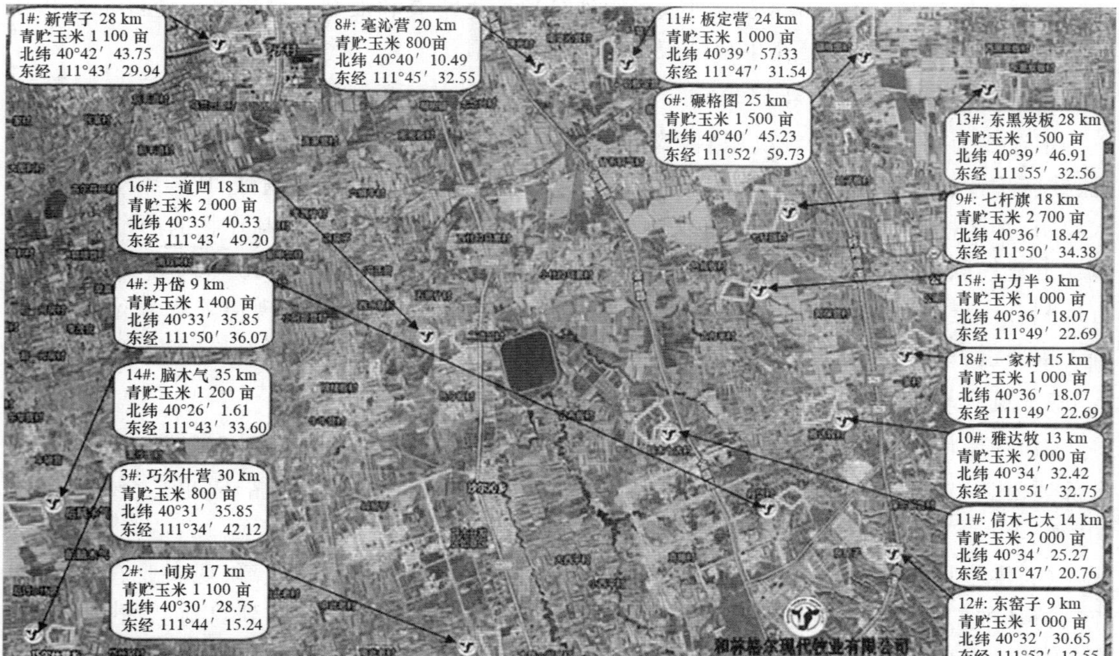

图 8-1-26　青贮玉米收割规划

9. 青贮玉米的收获

(1)青贮玉米收割时期为玉米蜡熟期,颗粒乳线至 1/2 处;干物质含量 30%～35%。

(2)青贮玉米切割质量标准见表 8-1-3。

表 8-1-3　青贮玉米切割质量

干物质含量	切割长度
干物质<30%	2.2 cm
干物质 30%～32%	1.7 cm
干物质 33%～35%	1.2 cm
干物质 36%～38%	0.9 cm
籽粒破碎率≥95%	

10. 收割前地头检测评估,源头把控青贮质量

玉米即将到收割期前一个月,不间断地对每个地块进行抽样检验,对质量、产量进行综合评估。在收割地头调试试割,控制好源头青贮质量,减少中间检测环节,提高收割效率和青贮质量。

11. 青贮质量检验

青贮入场前、入窖前两次感官检测,对干物质、二次发酵、切割长度、籽粒粉碎、带棒率、杂草、掺假、掺水、霉变等指标进行检测,并取样(图 8-1-27)。

图 8-1-27　青贮质量检测

12. 压窖现场

窖贮压窖,“U”形压窖面,确保窖边压实。压窖密度≥750 kg/m³,堆贮压窖,各方向交叉无死角压窖。

13. 喷洒青贮剂

青贮剂喷洒方式如图 8-1-28 所示。

四轮车喷洒

压窖机喷洒

图 8-1-28　喷洒青贮剂

14. 封窖

压窖过程分段封窖，压窖标准如图 8-1-29 所示。

图 8-1-29　青贮封窖

8.1.3.7　质量管理

1. 以过程为导向的管理体系

见图 8-1-30。

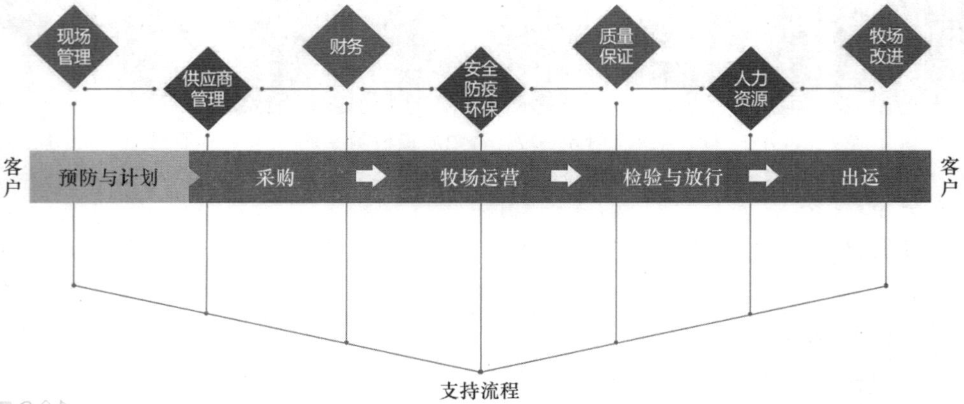

图 8-1-30　过程导向管理体系

2. 实验室管理

见图 8-1-31。

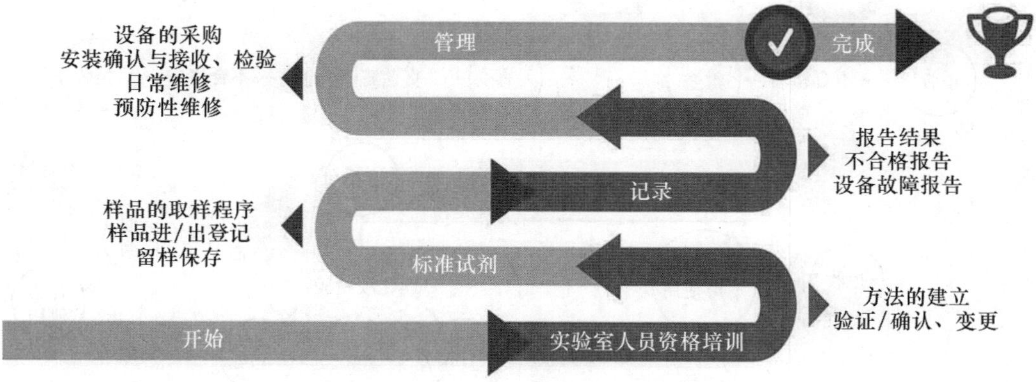

图 8-1-31 实验室管理示意图

3. 原奶质量安全控制流程

见图 8-1-32。

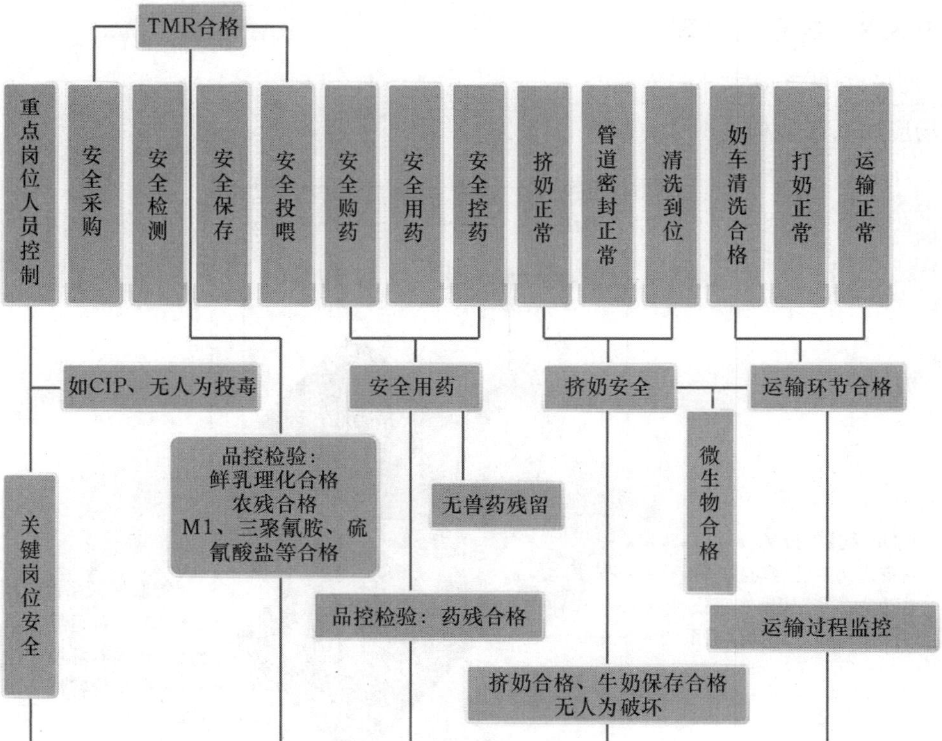

图 8-1-32 原奶质量安全控制流程

4. 原料质量控制流程

见图 8-1-33。

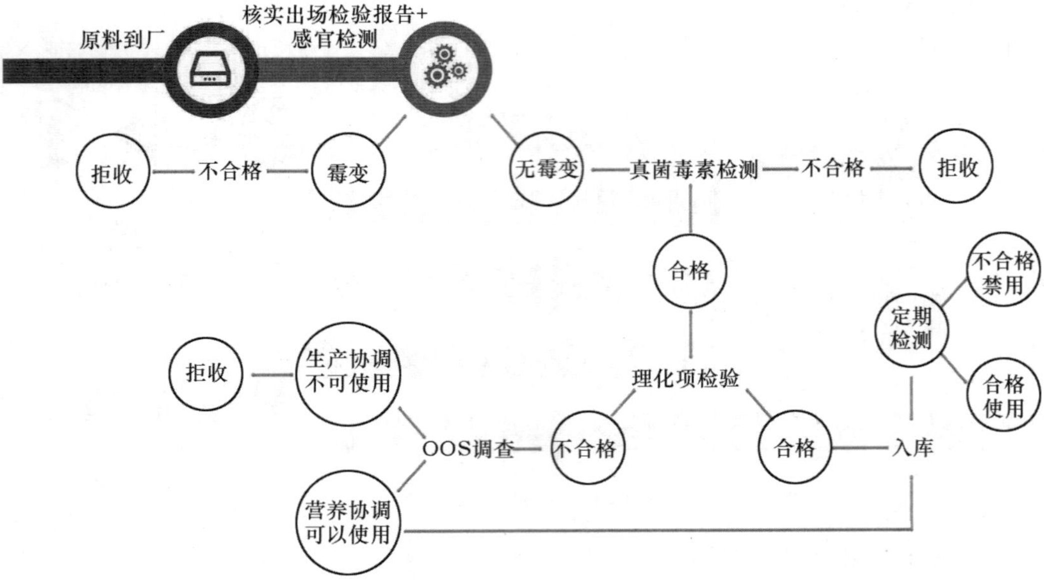

图 8-1-33　原料质量控制流程

8.1.3.8　信息化管理

1. 牧场应用系统架构

牧场应用系统架构见图 8-1-34。

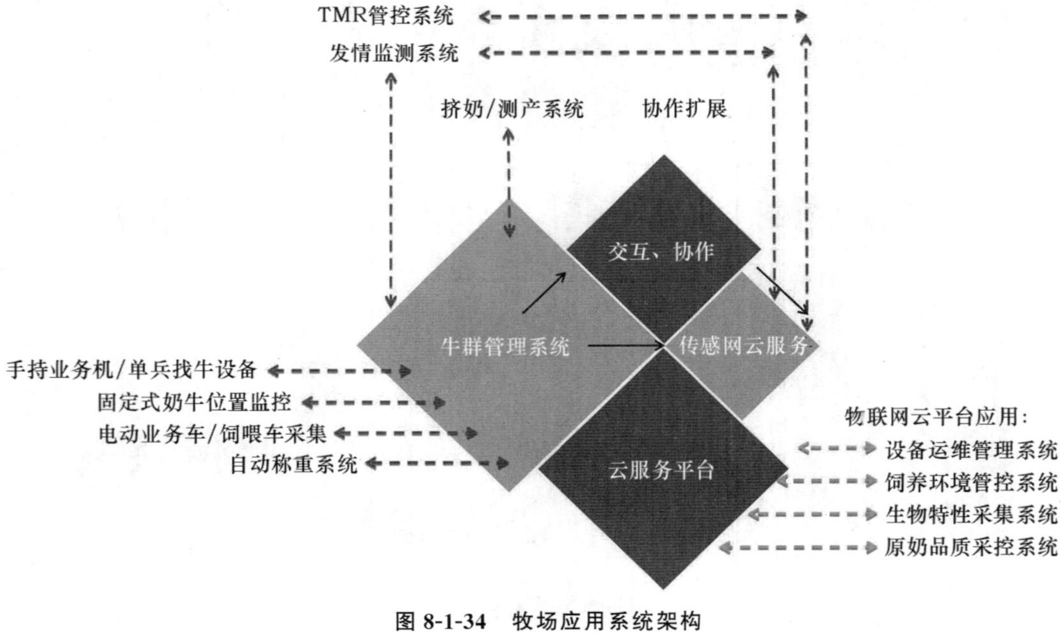

图 8-1-34　牧场应用系统架构

2. 物联网云平台应用

(1)新版的超高频耳牌具备防换功能,耳牌套耳钉处如被剪开,即证明耳牌被更换,手写耳牌内码如在系统内无记录,即证明耳牌被私自更换(图 8-1-35)。

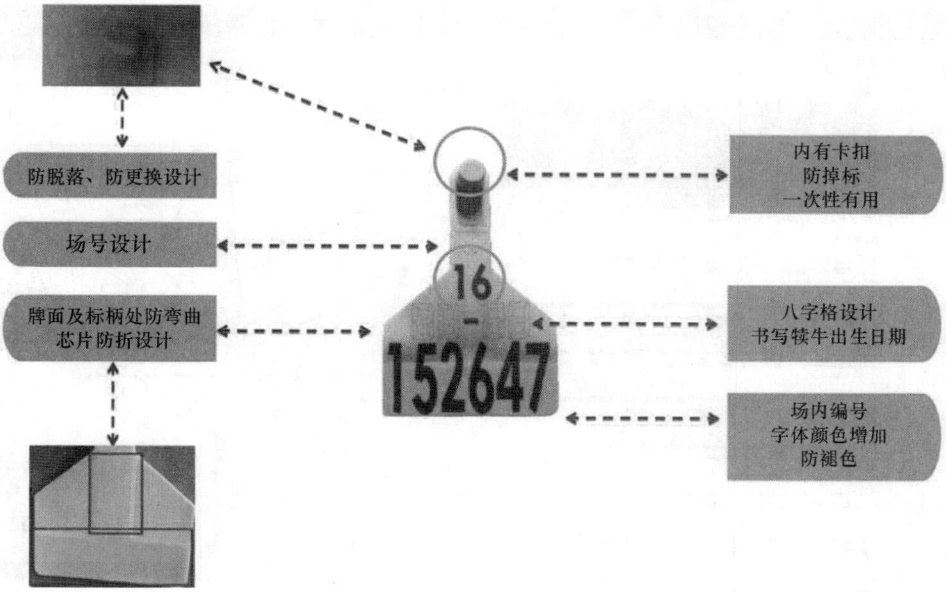

图 8-1-35　新版耳牌

(2)单兵找牛设备。可以快捷地实现大范围牛只定位和批量找牛功能,同时结合 MIS 信息系统,可以自定义找牛目标并进行找牛过程,大幅度节省找牛的时间,且识别率几乎接近 100%,提高了工作效率。

(3)带有无线 WiFi 功能的 RFID 手持机。可以直接扫描奶牛电子耳标,即可现场查询奶牛详细信息(图 8-1-36)。以任务单驱动人员,扫描牛只耳牌和简单选择录入,数据实时上传到信息系统,信息准实时反馈,极大地提高了工作效率。

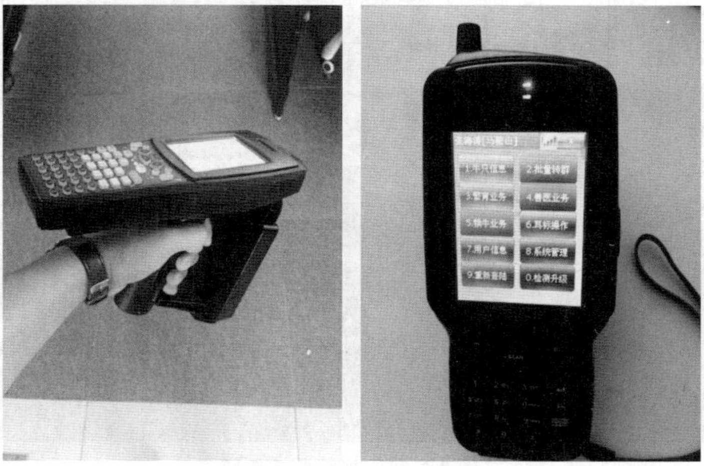

图 8-1-36　RFID 手持机

(4)OpManager 运维监控管理。实施 OpManager 运维监控管理,可以实时监控服务器系统和网络运行状况,及时发现 IT 基础设施运行中出现的问题。解决了 IT 故障发现和排查困难的问题,能够以直观、量化的方式了解 IT 设施运行情况(图 8-1-37)。

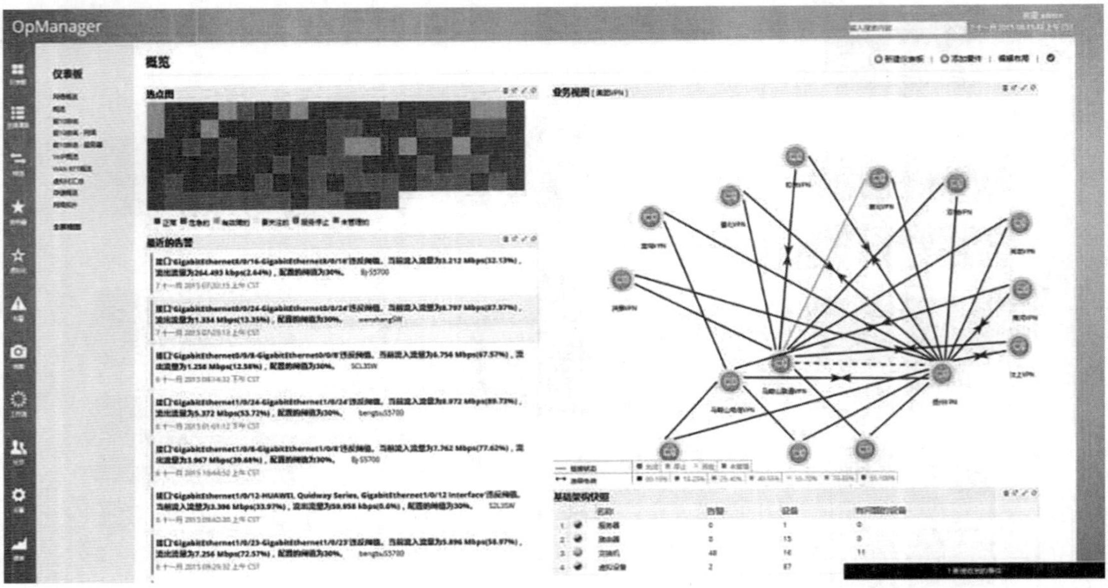

图 8-1-37　OpManager 运维监控管理

(5)视频监控系统。将实时视频摄像头、PLC 程控器、软件技术相结合,按照牛只、牛群、牛舍等关注的条件,有系统自动调取摄像头,查看现场实际情况(图 8-1-38)。杜绝人为因素带来的操作不到位、不及时等情况的发生,实现远程会诊、流程现场教学等功能。

图 8-1-38　视频监控系统

(6)MIS 系统。MIS 系统是一个综合的数据平台,依赖于强大的数据库支撑,提供各类原始业务数据、报表、图表的展现,邮件推送以及接口服务等(图 8-1-39)。

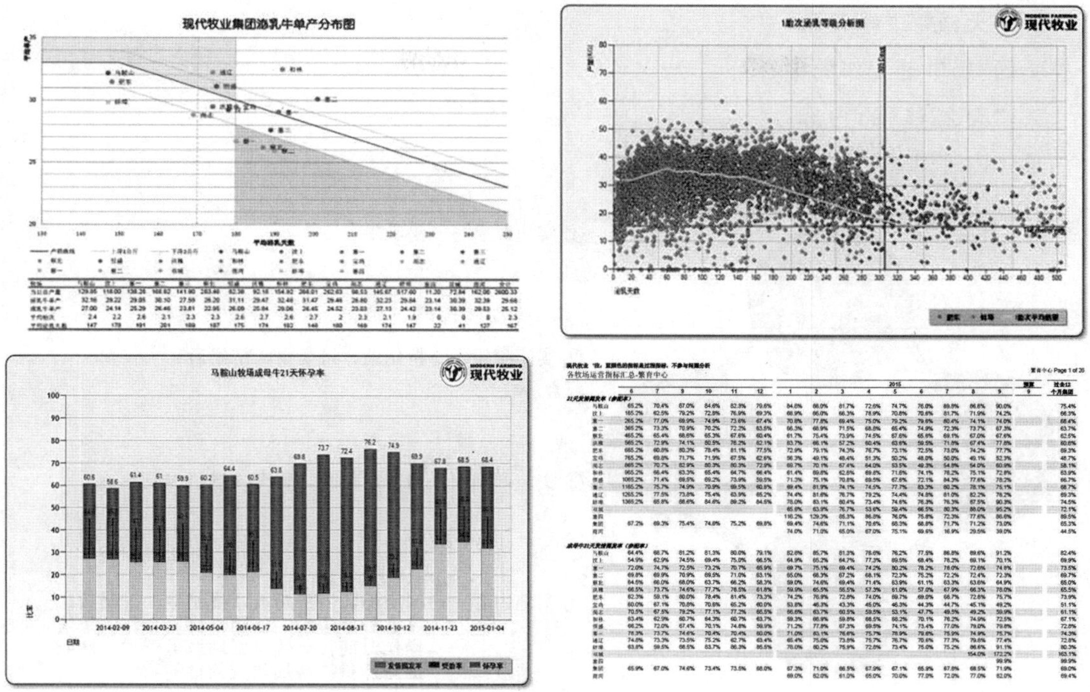

图 8-1-39 MIS 系统

(7)移动办公终端。采用手持机、智能手机、e-mail 办公实现数据现场采集与上报,实现各操作部门业务查询、事件录入、任务预警。以手机微信、手持终端实现查询、办公体系。

(8)信息化标准牧场核心模块。继续推广实施信息化标准牧场核心模块:手持机/单兵找牛,电动业务车/饲喂车,自动测产,挤奶/TMR/推料管控联动,自动称重鉴证体系。

8.1.3.9 大流程管理

1. 流程管理的定义

企业的业务流程描绘成一个价值链(value chain),竞争不是发生在企业与企业之间,而是发生在企业各自的价值链之间。只有对价值链的各个环节(业务流程)实行有效管理的企业,才有可能真正获得市场上的竞争优势(图 8-1-40)。

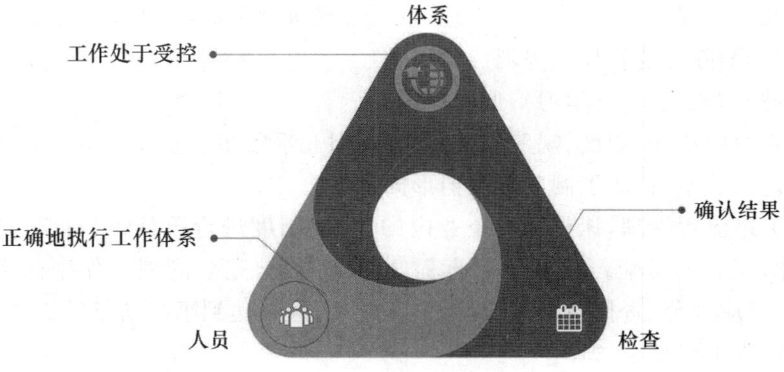

图 8-1-40 “大流程”体系

2. “大流程”的目的

明确“奶牛是工作的中心”。

3. “大流程”的内容

具体内容见图 8-1-41。

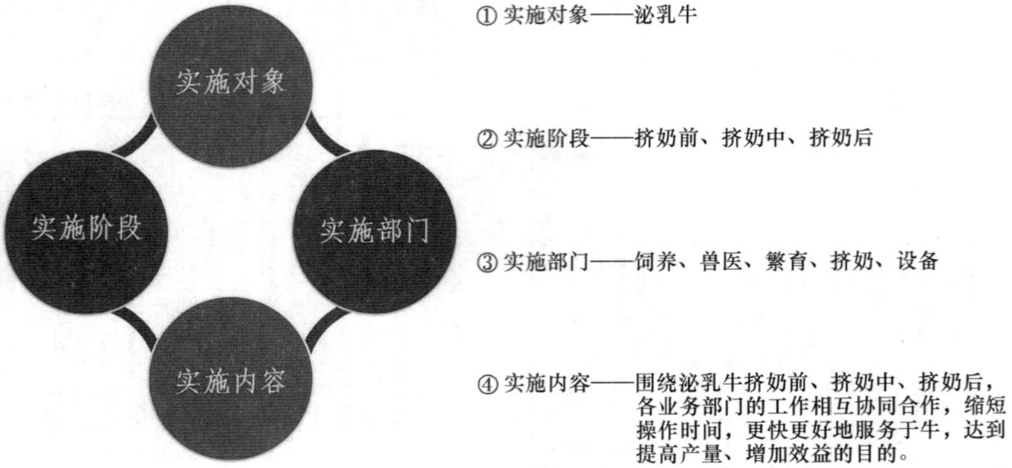

图 8-1-41 “大流程”内容

4. “大流程”的作用

(1)减少中间环节,节省操作时间,让牛休息的时间更长。如赶牛的同时赶牛工配合疏松司机清理、疏松卧床。

(2)避免扰牛。如在奶牛挤奶时进行撒料、补舔砖或者食盐、维修设备、维护卧床等工作。

(3)减少工伤事故及意外事故的发生。如一些不涉及牛的操作,均选择在挤奶时(牛舍没牛)完成。

(4)集团标准化管理,以便管理流程规范化、标准化、制度化、集团化。

5. 流程管理的必要性及意义

(1)打破传统管理习惯性业务的弊端

①弊端:存在固有的文化观念和体制背景,有“猫教老虎留一手”的观念。

②改变:通过流程管理,形成知识管理,重视流程执行关键点,形成共享的知识平台,从而从根本上减少和消除传统管理的弊端。

(2)制度健全,无人关注(学习),形同虚设

①弊端:企业内通知、制度、规范等文件众多,但几乎很少有员工主动关注或学习,导致员工对制度、规范不熟悉,造成了制度健全但形同虚设。

②改变:通过流程管理,让员工对企业内的规章、制度进行再认识、再学习、再提炼,让部门分工更具体,职能更明确。让员工从流程开始到结束,完全清楚工作中的关键点、对应制度,对应标准、对应规范、责权明晰等,提高员工效率,最终达到事半功倍的效果。

(3)管理流程不清晰

①弊端:员工对企业程序、规定及其流程不明确,导致同样的事情,不同员工处理流程不

一致。归根结底，就是管理流程不清晰，不利于规范化管理。

②改变：通过流程管理，按流程执行，步骤、程序具体化，更加清晰明了。

(4)内部控制的要求

①弊端：内部员工文化差异、素质差异，导致员工执行力松懈，逐步成为中庸的人，无法做好内部控制。

②改变：通过流程管理，重新汲取好的管理理念，设计改造流程，做好内控工作，让员工更加有执行力、创造力、凝聚力，发挥最大潜能。

8.3.1.10 结语

大规模牧场管理文化的形成，经过了“内化于心、固化于制、外化于行、实化于行”四个阶段，秉持“高标准、讲原则、抓细节、提效率、重执行”理念，培养企业管理文化。而大规模牧场管理始终是一个“以终为始，与时俱进”的过程，作为企业的员工，做到事事按流程执行，处处把工作做到位，就能减少工作中不必要的工作量，有效提升工作效率和执行力。

产奶量的高低直接反映了奶牛是否舒适，通过建立“人”与“牛”之间的良性互动——人员提供舒适的牛群服务，奶牛提供高产奶，规模化牧场才能持续发展。

[撰稿：现代牧业(集团)有限公司　韩春林]

8.1.4 奶牛场优质生鲜乳生产与管理

当前我国奶业正处于转型升级、提质增效的关键时期，我国农业农村部在2016年针对我国奶业情况，实施“中国奶业竞争力提升行动”，通过《奶牛金钥匙技术示范》推广奶牛精准营养、健康养殖、奶牛福利、选种选配、环境友好、科学管理、粮改饲、自给苜蓿行动等一整套政策、技术、管理等奶业产业升级对策，全面推进我国奶业振兴。奶牛场优质生鲜乳生产的前提是：拥有热爱养牛事业的团队、健康的奶牛群，稳定优质的饲料原料保障，良好的奶牛生活、分娩、泌乳、社交、卫生环境条件，且需要奶牛养殖技术和管理理念随着单产提升，管理和技术能力不断进步、创新、升级。既要与国际先进水平接轨，又要符合我国奶牛养殖的客观条件。建立高效率、低成本、高效益的优质生鲜乳基础，形成科学精准营养、精细饲养、精确选配、高效繁育、精益管理的生产管理体系。

8.1.4.1 饲养管理

科学精细的奶牛饲养需要科学的饲养技术与精细化饲养管理有效结合，奶牛饲养主要是分为三大方面：首先，饲料原料，选购优质性价比高的饲料原料，严控饲料原料的品质，有效的饲料原料库存保管，为奶牛的营养做好基础；其次，全混合日粮(total mixed ration，简称TMR)，TMR为各阶段牛群科学搭配营养全面的混合日粮，精细化管理混合日粮制作和槽道混合日粮维护，确保理论配方、制作配方和采食配方统一；最后是牛群，合理分群，实时监控牛群采食情况，及时调整日粮或调群。

1. 饲料原料

奶牛养殖场的饲料原料分为：干草类、青贮类、糟渣类、精饲料类等，优质性价比高的饲料原料是保证奶牛场正常运转的基础。饲料原料的品质检验是首关，品质检验的方法是感官检验和化学分析，感官检验主要是有经验的专业技术人员根据感觉器官对饲料原料的色、香、味、行、质地等指标做出初步评价的方法(图 8-1-42)。

嘉立荷（山东）牧业玉米检测记录

玉米检测标准：		
	感官标准	1、水分≤14%；
		2、杂质率≤1%；
		3、不完善率≤5%；
		4、霉变率≤2%；
		5、虫蛀率≤2%；
		6、容重≥680g/L；
	毒素标准	7、黄曲霉毒素≤20ppb；
		8、赤霉烯酮毒素≤200ppb(2018年1月份开始赤霉烯酮≤300ppb)；
		9、呕吐毒素<2000ppb；

编号	类型	检测日期	水分仪 第一次	水分仪 第二次	水分仪 第三次	水分仪 平均值	水分烘箱检测 水分平均值%	杂质率%	不完善%	霉变率%	虫蛀率%	容重g/L	黄曲霉浓度（质控10（7-13）ppb） 试剂盒 质控	黄曲霉浓度 试剂盒 样品	黄曲霉判定	赤霉烯酮浓度（质控80（66-104）ppb） 试剂盒 质控	赤霉烯酮浓度 试剂盒 样品	赤霉烯酮判定	呕吐毒素浓度（质控1000）(700-1300ppb) 试剂盒 质控	呕吐毒素浓度 试剂盒 样品	呕吐毒素判定	化验员	备注
YM18111	商品	2019/1/16	12.8	12.7	12.9	12.80	12.69	0.83	1.72	0	0.25	660	9.434	1.096	合格	84.833	3.251	合格	1204.227	562.081	合格	DYT	

图 8-1-42　玉米品质检测和结果

化验员利用技术设备对饲料原料的营养成分、毒素指标等做进一步的综合分析。例如，玉米的感官检验指标有色泽、杂质、容重、虫蛀粒等检测，毒素检测指标有黄曲霉毒素、赤霉烯酮毒素和呕吐毒素等。全株青贮玉米的切割长度、破碎度、留茬高度等，图 8-1-43 是青贮玉米的制作过程的质量检测的关键点。

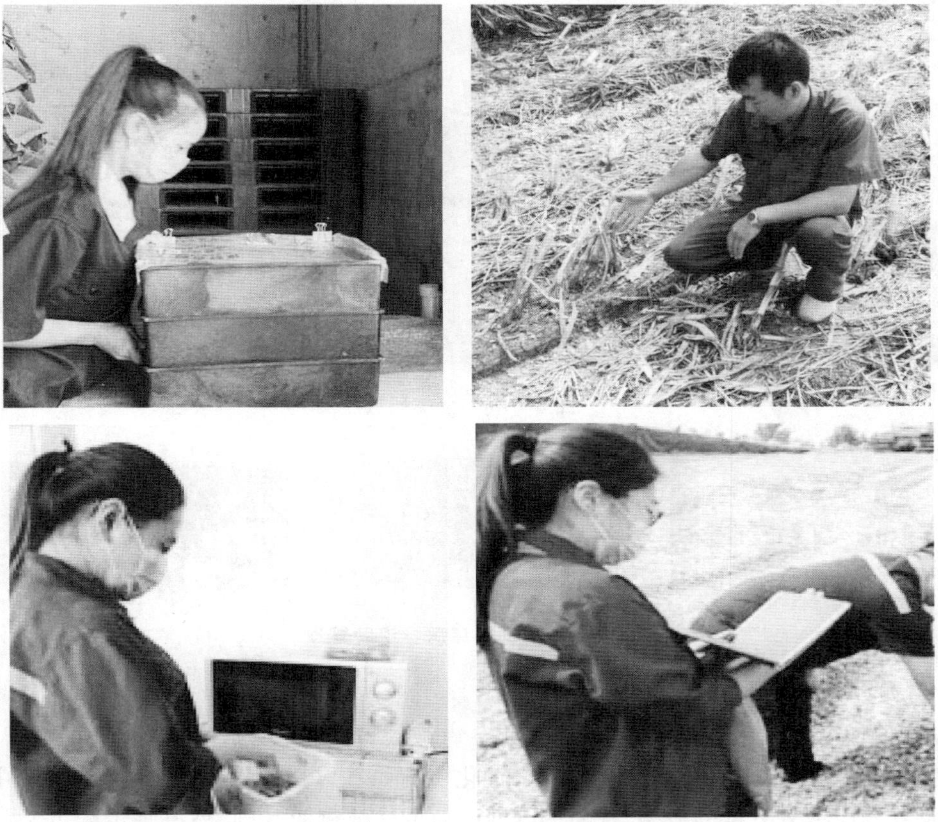

图 8-1-43 青贮玉米制作过程

2. 库存保管

饲料原料库存保管的原则是最大限度地保证原料的品质,减少损失。饲料原料库存保管要做到“防水防火”(图 8-1-44)、“离地离墙”(图 8-1-45)、“分类码放”(图 8-1-46),同时饲料库房配有简单明了的标识牌(图 8-1-47)。

图 8-1-44 防水防火

图 8-1-45 离地离墙

图 8-1-46　分类码放

图 8-1-47　饲料库房标识牌管理

3．全混合日粮(TMR)

TMR 保证了奶牛采食每一口饲料都具有均衡的营养，避免奶牛挑食，维持瘤胃 pH 稳定，有利于瘤胃健康，防止瘤胃酸中毒，减少消化疾病如真胃移位、酮血症、泌乳热、酸中毒、食欲不良及营养应激等发生的概率，优质的 TMR 是牛群健康的基础，做好理论配方、制作配方采食配方相统一才能制作出优质 TMR。

(1)TMR 制作　TMR 组主要工作是为全场牛群供应营养全面稳定的混合日粮，TMR 司机主要工作内容(图 8-1-48)如下。

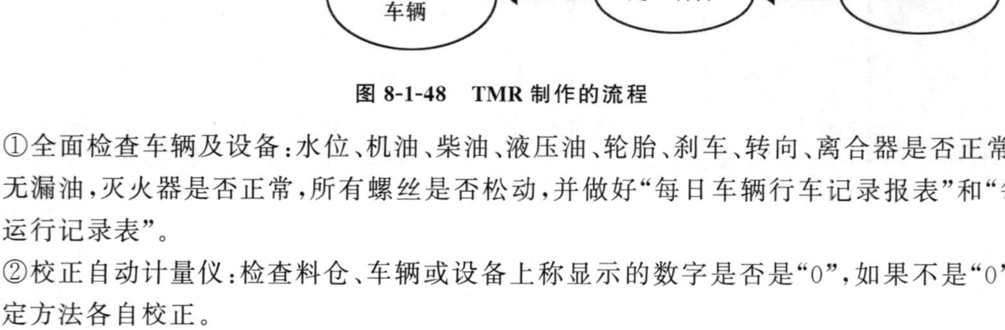

图 8-1-48　TMR 制作的流程

①全面检查车辆及设备：水位、机油、柴油、液压油、轮胎、刹车、转向、离合器是否正常，机体有无漏油，灭火器是否正常，所有螺丝是否松动，并做好“每日车辆行车记录报表”和“每日设备运行记录表”。

②校正自动计量仪：检查料仓、车辆或设备上称显示的数字是否是“0”，如果不是“0”，按照规定方法各自校正。

③核对配方：认真核对上传至搅拌车或搅拌设备的配方与 TMR 管理员下的配方是否

一致。

④制作 TMR：按照“先干后湿”“先粗后精”的加料原则，严格按照料单配方上要求按时、按量、及时和准确配制 TMR 日粮。粗饲料加料范围控制在±20 kg；精饲料加料范围控制在±10 kg。TMR 司机可以根据现存原料的特性确定每种配方具体加料顺序、搅拌时间和搅拌速度，制定出在最短时间内搅拌出最佳的混合日粮（图 8-1-49）。一般情况下，最后一种饲料加入后搅拌 3～8 min 即可，每车 TMR 搅拌时间不得超过 40 min。

立式搅拌车加料顺序：长干草—燕麦草、进口苜蓿—精补料、豆粕、麸皮—棉籽、甜菜颗粒—啤酒糟—压片玉米—青贮玉米—糖蜜—水（根据配方需要）。

卧式搅拌车加料顺序：精补料、豆粕、麸皮—长干草—燕麦草、进口苜蓿—棉籽、甜菜颗粒—啤酒糟—压片玉米—青贮玉米—糖蜜—水（根据配方需要）。

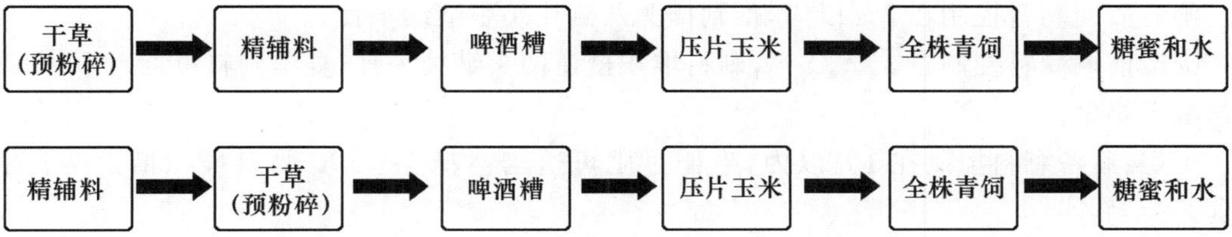

图 8-1-49 TMR 制作加料顺序

⑤投放顺序：原则上按照图 8-1-50 顺序投料，固定时间投料，保证泌乳牛在回圈前料已均匀投放在圈舍，做到 TMR 车和泌乳牛“零碰头”。

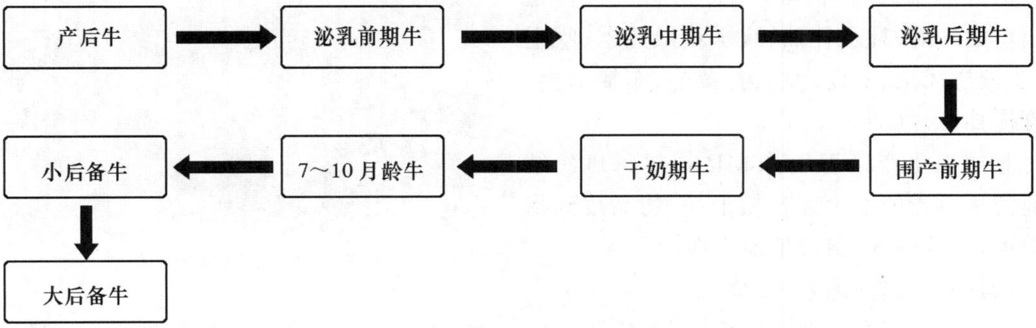

图 8-1-50 投料顺序

⑥投放 TMR：正常行驶时车速在 20 km/h，拐弯处严禁急行猛拐，需要倒车时使用倒车警笛，注意安全。在投料的过程中，TMR 司机要集中精力，投料时维持车速在 10 km/h 以内，按照料单准确（范围：±200 kg）将日粮均匀地投放在相应的槽道内。靠近水池、槽道两侧、冬季向阳处撒料数量为其他地方的 2 倍，保证牛群密集位置的牛的采食量。

⑦TMR 制作效果评价：TMR 司机在投料前，需要对 TMR 制作效果做感官评价。精粗料混合均匀，搅拌颗粒度适宜，松散不分离，色泽均匀。各牛群 TMR 的干物质和颗粒度标准见表 8-1-4。

表 8-1-4 TMR 宾州筛评定标准

宾州筛	泌乳牛 TMR(鲜重)/%	产前 TMR(鲜重)/%	后备及干奶牛 TMR(鲜重)/%
顶层	6～10	10～15	10～25
中层	30～45	30～40	30～45
底层	45～60	45～55	35～45
水分	45～52	45～52	55～70

⑧剩料处理:采用相应的运料车和称量工具处理剩料,填写“剩料记录表”,按以下剩料处理方案处理。

围产后期剩料控制在 3%～5%、泌乳前期和泌乳中期剩料控制在 2%～3%,按头份混入低产 TMR 日粮。

泌乳后期剩料控制在 3%以内,推到槽头两侧让奶牛继续采食。

围产前期剩料控制在 3%～5%,剩料堆积槽道两头继续采食,夏季剩料可混入干奶 TMR 中饲喂干奶牛。

干奶、后备剩料控制在 1%以内,牛群过肥可适当空槽 1～2 h,剩料堆积槽道两头继续采食。

严禁泌乳牛剩料饲喂后备牛。

⑨车辆停放和保养:每个班次的 TMR 司机在投料工作结束后,务必将车辆、设备停放到指定地点,并做好卫生和保养工作,填写“每日车辆保养报表”。例如:清理出料口或传送带出口的铁屑、补水补油、吹水箱散热器、吹空滤、吹液压风扇、吹发动机、打黄油、车辆卫生、检查搅拌刀片(图 8-1-51)。

⑩加工生产区卫生:TMR 司机每班次结束前需将负责的卫生区打扫干净,物品放到指定地点,摆放整齐,保持地面干净。

图 8-1-51 车辆停放和保养

(2)槽道管理(图 8-1-52)

①每日早班在上料前使用扫帚、推板或推料车(不得使用叉子)将剩料清到采食通道两端,并将剩余 TMR 料装车称量,将槽道打扫干净,确保饲喂通道清洁无异物。

②夏季定期清扫槽道结垢,清扫干净后将槽道用 0.2%～0.3%过氧乙酸进行消毒。

③查看所管辖饲槽剩料情况,发现剩料过多,应向 TMR 管理员及时汇报,控制投放数量。同时观察剩料是否有霉变、冰冻、发热现象,发现问题应请示主管领导解决,不应擅自处理。

④匀料及时,泌乳牛采食应 24 h 不断料,不允许出现空槽现象。推槽频率为 1 次/h,每日推槽应不少于 8 次。

⑤匀料后及时清扫饲喂通道,保证饲喂通道整洁,采食通道不得出现粪便、石头、塑料布等异物。

⑥雨雪天气,推匀料人员需要及时疏通槽道头的排水沟,并将槽道的料往里推 2～3 m。

⑦至少每月清理一次清理牛舍槽道结垢或牛粪。

⑧车辆维护：每班次对自己负责的车辆进行卫生清洗和定期保养。

⑨匀料结束应将工具存放到指定地点，不得随意乱放。

堆剩料

投料

清料渣

槽端头

图 8-1-52　槽道管理

4. 其他管理

(1)水槽管理

①刷水槽人员冬季每周刷洗 2 次，夏季每天刷洗一次。如果水槽内有牛粪、绿苔等异物，则立即刷洗，保持饮水清洁。

②水槽外侧定期用工具清理，不可用水清洗。

③刷洗水槽时，提前把水槽截门关上，到水槽水位降到 10 cm 以下才能刷洗。

④刷水槽人员增加检查水槽的频率，禁止出现溢水、漏水、滴水、跑水等现象，发现有问题的水槽立即解决，自己不能解决的水槽问题，及时汇报。

⑤冬季开启电加热，保证水槽不结冰，且在水槽附近撒盐，避免结冰使牛只滑倒。

(2)舔砖管理

①泌乳牛(包括围产后期牛)使用泌乳舔砖,后备牛(包括断奶犊牛)使用后备舔砖,干奶牛以及围产前期牛不给舔砖。

②定期检查盐槽,及时上舔砖,添加数量以1周使用量为宜。

③及时将牛舍内舔砖桶里的牛粪及时清理,有撒落在牛圈内的添砖及时捡起放回,不可随粪便清走进入粪污处理系统。

④雨雪天过后,及时将舔砖桶内的雨雪清理干净。

5. 饲养评价

(1)粪便评分

①粪便评分的标准见图8-1-53。

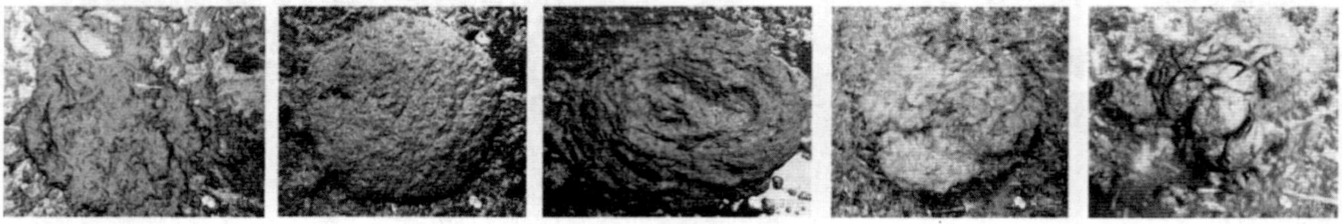

1分　2分　3分　4分　5分

图8-1-53　粪便评分

②粪便评分描述见表8-1-5。

表8-1-5　粪便评分

评分	描　述
1	高水分含量,不成环状,能像稀泥一样流动
2	松散,飞溅,不成形或少量成形,不成堆,高度低于2.5 cm
3	中间有浅窝,呈同心环,堆状,高度为3～6 cm
4	粪便浓稠,厚,无浅窝,堆状,高度为5～12 cm
5	粪球,干硬,堆状,高度为8～12 cm或以上

③粪便评分分析如下。

1分粪便要分析是否蛋白质过量、碳水化合物过量、缺乏有效纤维、矿物元素过量。

2分粪便原因类似1分,饲喂大量适口性好、新鲜的牧草。

3分粪便说明当前牛群采食理想、营养平衡的日粮。

4分粪便说明瘤胃蛋白质缺乏、碳水化合物缺乏、纤维过量,一般为干奶牛或大于1岁的青年牛。

5分粪便与4分原因类似,可能脱水或饲喂高饲草日粮、饮水缺乏。

(2)瘤胃充盈度评分

①奶牛采食后1 h观察瘤胃充盈度。

②瘤胃充盈度评分标准见图8-1-54。

图 8-1-54　瘤胃充盈度评分

③瘤胃充盈度评分描述见表 8-1-6。

表 8-1-6　瘤胃充盈度评分

评分	描　述
1	左侧腹壁深陷,腰椎下方的皮肤向内折曲,皮肤沿髂骨翼折叠垂直下行;最后肋骨后的腰椎旁凹陷大于一手掌宽;侧面观腹壁呈直角
2	腰椎下皮肤向内折曲,沿髂骨翼折叠的皮肤呈对角线向前直达最后肋骨;最后肋骨后的腰椎旁窝凹陷一手掌宽;侧面观腹壁皮肤呈三角形
3	腰椎下皮肤垂直向下一掌宽,然后向外折曲;沿髂骨翼折叠的皮肤不可见,最后肋骨的腰椎旁窝仍可见
4	腰椎下皮肤向外折曲,最后肋骨的腰椎旁窝不可见
5	瘤胃完全充盈时,腰椎不可见

④瘤胃充盈度评分分析如下。

1 分牛采食量极其不足,可能是患病牛,要及时诊治。

2 分牛常见于产犊后 1 周的奶牛,如果在泌乳期出现,表现采食量不足或消化速度太快。

3 分牛常见于泌乳牛,说明采食良好,饲料在瘤胃停留时间合适。

4 分牛多出现在泌乳后期牛和干奶牛。

5 分牛常见于干奶牛。

(3)体况评分

①评分标准见图 8-1-55。判定描述见表 8-1-7。

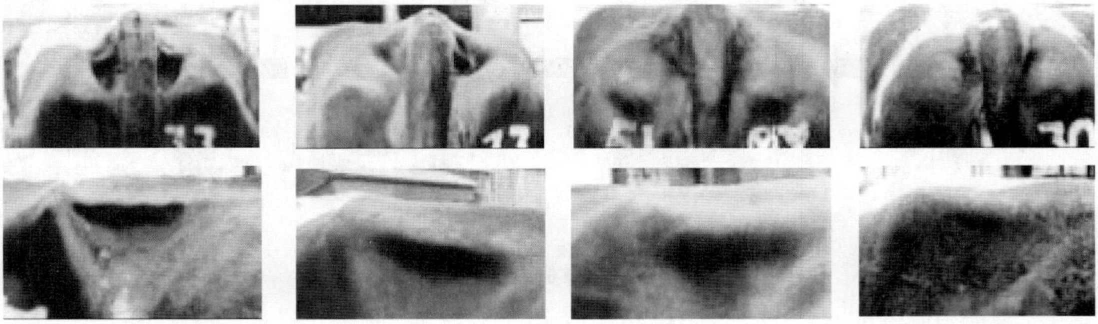

图 8-1-55　奶牛体况评分

表 8-1-7　奶牛体况评分判定

评分	描　述
1	尾根隐窝深陷，皮下无脂肪沉积，皮包骨，皮毛粗糙；脊椎骨尖锐突出，侧望如大锯
2	尾根隐窝明显，腰椎骨骼突出皮下稍有脂肪沉积，皮毛发干；脊椎骨突出锯齿状明显
3	尾根整体有脂肪覆盖，皮肤平滑光亮有弹性；脊椎骨已被脂肪覆盖突起不明显
4	尾根隐窝完全被脂肪填满，尾根两侧可见脂肪块，皮肤光滑圆润，背腰平直
5	尾根全部被脂肪组织包埋，用力按压仍触摸不到骨盆

②体况评分分析如下。

1 分牛多是久病而致，这种牛在牛群中不能出现。

2 分牛多为产后食欲恢复较慢、失重过快，应加强围产期的饲养管理促进食欲早期恢复；这种牛应避免在任何牛群出现，一般在泌乳早期最瘦的牛体况应在 2.25 分以上。

3 分牛在泌乳期是健康的。

4 分和 5 分牛在牛群中不能出现，若在干奶牛和泌乳后期牛群中出现要注意及时调群或注意调整饲料营养浓度。

(4)粪便评分

①使用方法：取样(先进行粪便评分，按照比例取样，取样要有代表性，占牛群头数 10%，总量约 2 L)；冲洗(水冲/喷淋/浸提)；涮洗(要求最后流出的水接近清水)；分层比较(整理成厚度一致的圆饼形，比较面积/称量比较)(图 8-1-56)。

②结果分析：上层出现长粗料颗粒，整粒/不完整的玉米、棉籽、大豆颗粒，中层出现过多中长粗料颗粒，不完整的玉米、籽实、籽壳颗粒，底层比例过小问题。

粗料原因：瘤胃内容物构成差；粗料质量差；日粮变化突然；可降解蛋白质不足；可发酵淀粉和糖不足；不饱和脂肪酸过多；瘤胃酸中毒。

精料原因：谷物的加工不充分；谷物饲喂过多；TMR 挑食精料；瘤胃内容物构成差；瘤胃酸中毒。

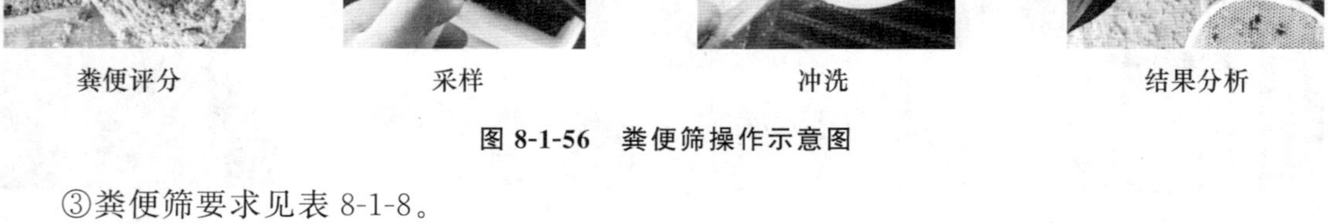

粪便评分　　采样　　冲洗　　结果分析

图 8-1-56　粪便筛操作示意图

③粪便筛要求见表 8-1-8。

表 8-1-8　泌乳牛粪便筛要求

各层	泌乳牛占比
顶层	＜10%
中层	＜20%
下层	＞50%

(5)TMR 颗粒度评估

①宾州筛使用方法如下(图 8-1-57)。

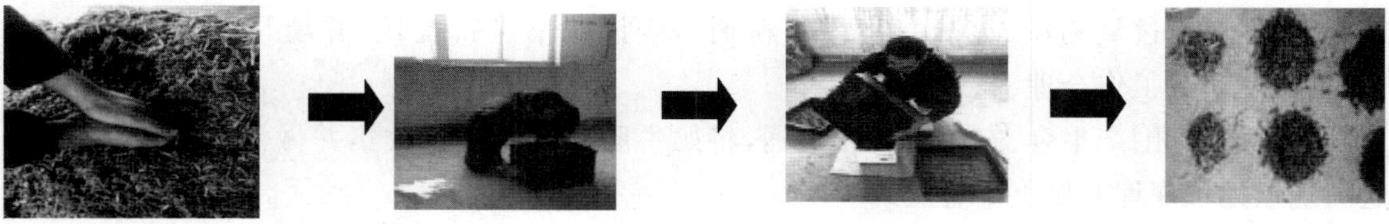

图 8-1-57　使用流程

各取上、中、下 3 层料样进行称量,计算各层比例。

②宾州筛结果分析如下。

比例是否符合要求。

观察各层料样组成成分,查找原因,调整上料顺序和搅拌时间。

结合其他检测结果,综合分析 TMR 制作效果,及时反馈到企业管理部,进行配方变动。

(6)反刍评价

①奶牛采食后 1 h 时观察反刍情况。

②以舍内躺卧奶牛为基数,计算反刍比例,要求反刍比例大于 50%。

③随机观测舍内 5～10 只牛的反刍情况,并统计每次反刍的咀嚼次数,要求在 50～80 次。

④及时分析反刍效果,结合 TMR 制作情况和牛群状态(疫苗注射、外界应激等因素)分析变化原因。

8.1.4.2　奶牛健康管理

健康牛产健康奶,如果说饲养环节是产生健康牛奶的前提条件,那么奶牛健康则是生产优质乳的必要条件,疫病防控则是奶牛健康的关键要素。

1. 奶牛场防疫管理

①牛场所有出入口保证有人值班,在无车辆人员进入时,牛场大门应紧闭。

②非牛场人员必须经过场长同意后,方可登记消毒进场,需要进入生产区的外来人员经公司相关领导同意后,应严格执行奶牛场消毒防护措施。

③所有车辆进出时,都要经过消毒池,池内药物保证浓度(火碱即氢氧化钠 2%、过氧乙酸 0.5%),液面高度 15 cm 以上,每天更换消毒液,保证池内药液泥沙少。

④非牛场非必须进入车辆(私家车、参观车等)一律在场区外等候。

⑤人员进出生产区时，要经消毒通道进入，进入生产区前必须正确穿戴防护用具（工作服、帽子、口罩、手套、雨鞋）。

⑥进入通道处，应长期配有新洁尔灭等洗涤消毒用品，方便人员消毒。

⑦奶牛场封场期间，严禁一切非生产车辆往来。

⑧生活区每半月消毒一次。

2. 牛群防疫管理

(1)牛舍消毒

①每周对牛舍、运动场、挤奶通道进行至少2次喷雾消毒，特殊情况下每天至少消毒一次。消毒药为：过氧乙酸、火碱、生石灰（粉剂），按说明书进行配比，并填写"奶牛场消毒记录"。保证消毒工作合理、高效、全面。

②在产房、围产牛舍、安放胎衣收集桶，将奶牛胎衣统一进行收集并做无害化处理（在特定的地点挖坑深埋并撒上生石灰）。

③对流产的胎儿应立即装入塑料袋内，做无害化处理，对污染的地区进行消毒（用具、产床、垫草）并对牛体进行喷洒消毒。

④每天对犊牛舍进行喷雾消毒。

⑤定期对奶牛饲槽进行彻底清理，并用0.5%的过氧乙酸喷洒一遍，以防因潮湿滋生细菌或发生霉变。

(2)设备消毒

①每天对饲喂水盆、料槽进行消毒，可选0.1%新洁尔灭或0.5%过氧乙酸。

②日常兽医用具、配种用具使用前后应分类进行干热消毒或煮沸消毒。

(3)人员消毒

①工作人员进入生产区时，要更换工作服，用紫外线照射消毒，工作服不要穿出生产区外。

②外来参观人员要彻底消毒，严格遵守场内防疫制度。

(4)牛群免疫（图8-1-58）

①免疫信息：每月25日之前，向奶牛场资料员索取免疫牛基础资料交给兽医主管，免疫接种前打印出来，以便合理统筹安排。

②每月15日之前，完成布病疫苗接种工作。

③防疫人员接疫苗时确认在疫苗在2～8℃运输和储藏情况。室外温度符合条件时可不予放置冰袋，但室外温度＞8℃时必须放置冰袋保证运输冷链或配备保温箱。

④必须配备75%酒精棉、肾上腺素（20头份）、注射器、针头、保温箱、冰袋等。注射所用的针头、针管需要消毒的器具应事先进行高压灭菌或煮沸消毒备用。

⑤免疫之前，检查颈枷应完好、通道应坚固，确保正常使用。

⑥注射疫苗、检疫、激素、药物等，局部必须用75%的酒精棉球擦拭消毒后方可注射，且保证一头牛一个针头，严禁打飞针。

⑦接种疫苗时锁牛时间不能超过1 h。

⑧严格按疫苗使用说明书和公司规范要求使用，接种时注意疫苗放置的环境。天热时疫

苗应在带有冰袋的保温箱内携带，天冷时保温箱应要用棉衣或棉被等包裹采取保温措施，避免阳光照射，开封后和稀释过的疫苗应当天用完。

⑨注射疫苗时，临产前 10～15 d 牛及体弱、病牛，特别使用抗生素牛应延迟注射疫苗，待病牛康复、体况恢复及产后再注射，但不得漏注。

⑩注意各类疫苗免疫间隔 5～10 d。

⑪群免疫后 21～30 d，按 5%比例分别随机采集 7 月龄以上后备牛及成母牛血清样品进行免疫抗体效价，评估免疫效果。口蹄疫三价疫苗免疫接种 21～30 d 的抗体保护率＜90%，示意免疫失败，需要再次免疫。

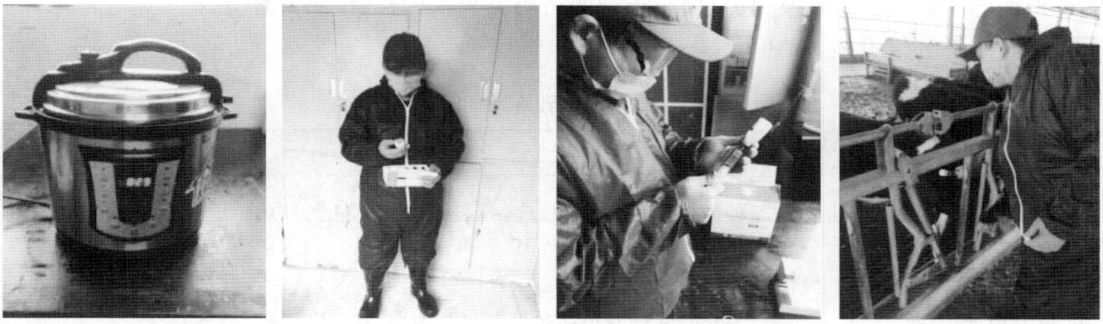

器具消毒　　疫苗验收　　疫苗吸取　　疫苗注射

图 8-1-58　疫苗免疫流程

(5)牛群检疫管理

①奶牛结核病检疫：每年春、秋两季对 1 月龄以上奶牛进行结核检疫，检疫前 3 d 内告知属地管理部门进行监督。初次检疫可疑的牛只，应隔离饲养，42 d 后复检；两次检疫均可疑的按阳性处理。对阳性牛所在牛舍增加消毒频率，暂停牛只调动。该群牛每隔 42 d 后复检一次，连续两次不出现阳性反应牛为止。采血实验室 γ-干扰素确认，阳性牛隔离，调走、扑杀，无害化处理。结核检疫出现的阳性牛只，应在 3 d 内扑杀。

②布氏杆菌病检疫：每半年抽检一次，数量为 100 头(怀孕 8 个月以上)，妊娠青年牛 40 头，成母牛 40 头，头胎牛产后 10 d 之内的 20 头。牛场应配合检疫部门进行每年春、秋两次检疫，凡 3 月龄以上的牛均需采血检疫。采血针头和部位应严格消毒，一牛一针，严谨一针多牛，其他疫病检疫按上级防疫主管部门安排进行。

3. 疾病管理

(1)新产牛护理

①乳房：挤初乳过程观察有无血乳，若有血乳现象，及时治疗，挤完 2 遍初乳后检验隐形乳腺炎情况，若为阳性，核对干奶记录，二者一致可视为正常牛对待，相反按照乳腺炎阳性牛只处理。

②肢蹄跛行牛只及时进行修蹄保健。

③子宫：密切关注并准确记录产后胎衣排出情况，对于胎衣不下牛只及时处理。

④其他：新产牛挤奶完毕回到牛舍，锁住颈枷，分别从前面和后面检查。检查项目包括体表、食欲、精神状态、眼睛、阴门、粪便、瘤胃充盈度。

⑤异常牛只进一步全面检查：使用体温计测量体温，用听诊器听诊瘤胃蠕动和判断真胃移位情况，直肠检查粪便和子宫分泌物，对有临床症状或疑是酮病牛进行血酮检测。

(2)乳腺炎管理

奶牛感染乳腺炎后，机体会产生大量的白细胞杀灭病原菌，并对组织进行损伤修复。如果大量的白细胞聚在一起，就会堵塞部分乳腺导管，从而使其分泌的乳汁无法排出。

奶牛发生乳腺炎时，损失20%的产奶量，并影响整个胎次产奶量。临床乳腺炎治疗无效的结果是浪费药费又弃奶，生产性能下降，产奶量下降最后淘汰。

①乳腺炎预防：保持环境干净（卧床松软、牛舍清理、待挤厅干净整洁勤消毒）；挤奶设备的维护保养（定期奶衬更换、真空度）；正确的挤奶流程及操作、干奶管理等。

②乳腺炎分级见表8-1-9。

表8-1-9　乳腺炎分级

分级	程度	症状		
		牛奶性状	乳房症状	全身症状
Ⅰ级	轻度	絮状物较少、无凝块、乳汁颜色无变化	无	无
Ⅱ级	中度	凝块较多、乳汁颜色变淡	红、肿、痛、硬	无
Ⅲ级	重度-急性乳腺炎	乳汁凝块、水样	红、肿、痛、硬	精神沉郁、采食减少或废绝，体温升高到40℃以上、心率快、脱水、腹泻、卧地不起

③乳腺炎治疗方法如下。

Ⅰ级乳腺炎：乳区灌注林可霉素，根据临床采食量、脱水等症状进行辅助。Ⅱ、Ⅲ级视情况全身用抗生素及支持疗法。

局部用药：林可霉素乳区灌注剂，挤奶后，患病乳区使用1支，2次/日，连用2～3 d。

全身用药(任选其一)：5%盐酸头孢噻呋(仅用于Ⅲ级乳腺炎败血症的控制，单纯Ⅰ、Ⅱ级乳腺炎，由于很难通过血乳屏障，效果不佳)，25 mL，肌肉注射，1次/日，连用3～5 d。

辅助治疗：Ⅲ级乳腺炎可乳区用药同时全身用药。

(3)肢蹄病管理

奶牛场及时修蹄可以减少跛行，提升妊娠率并降低淘汰率。加利福尼亚的研究认为，采用1～5评分体系评定奶牛跛行情况：行走评分为3分的母牛，少产5%的奶，少采食3%的干物质，对此类跛行牛要当天采取有效处理或治疗。发展为评分4分的母牛采食量下降7%，产奶量下降17%，应当充分的治疗和关注并且越快越好。

①蹄底溃疡。

症状：奶牛蹄底后1/3处即蹄底和蹄球结合部发生角质缺失，真皮裸露，进而发生肉芽组织增生，甚至引起蹄深部组织感染。

治疗：清蹄后，彻底去除溃疡周围所有已坏死的角质和真皮，去除过度突出的肉芽组织。适当切削蹄底轴侧部，以减少病变部负重。严重病例，可在健指(趾)下装置支撑物。根据病情选择治疗药物和处置方法。常用药物有松脂油和浓复方苯甲酸软膏(魏氏膏),上药物用蹄绷带包扎,轻度病例可不包扎。

②指(趾)间皮肤增殖。

症状:指(趾)间隙皮肤的异常增殖,增殖物的结构与正常皮肤相同,但各层组织都显著增生。

治疗:手术切除增殖物可根治,术后用高锰酸钾腐蚀。

③疣性皮炎。

症状:指(趾)间隙背侧或掌(跖)侧皮肤出现菜花样增殖物,已证实增殖物为真性纤维乳头状瘤(图 8-1-59)。

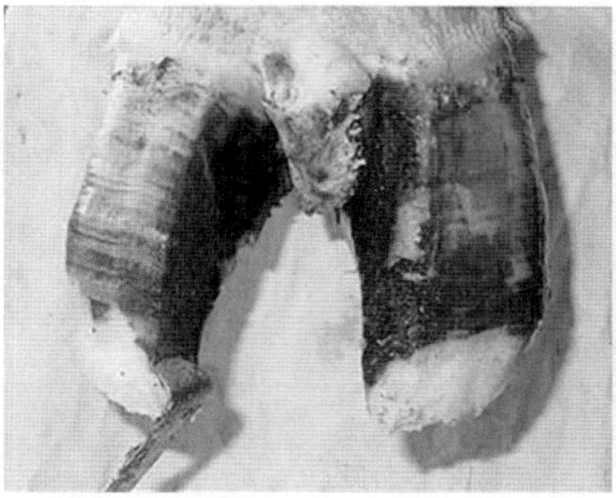
皮肤增殖物在指(趾)间呈舌状突起

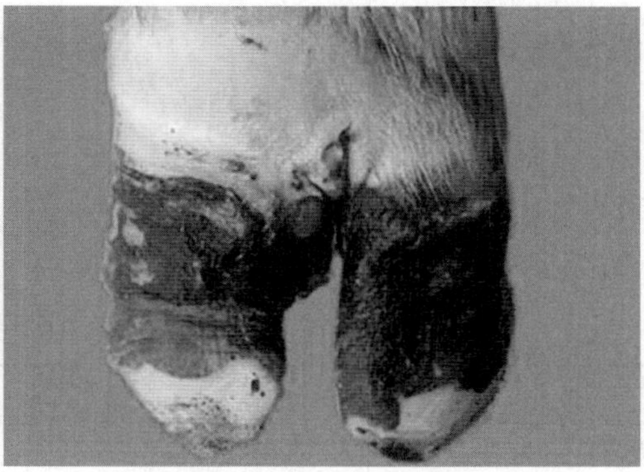
增殖物感染后破溃,导致蹄冠部肿胀

图 8-1-59 疣性皮炎

治疗:手术切除增殖物是最有效的治疗方法。

④指(趾)间皮炎。

症状:指(趾)间皮肤表层的急性和慢性炎症(图 8-1-60),不侵及深层组织,一般认为结节状杆菌和螺旋体为本病的病原微生物。

治疗:仔细清洗蹄部,用 5%甲醛溶液浸泡浴蹄(局部应用收敛和防腐绷带包扎,可用土霉素、硫酸铜和磺胺二甲基嘧啶。

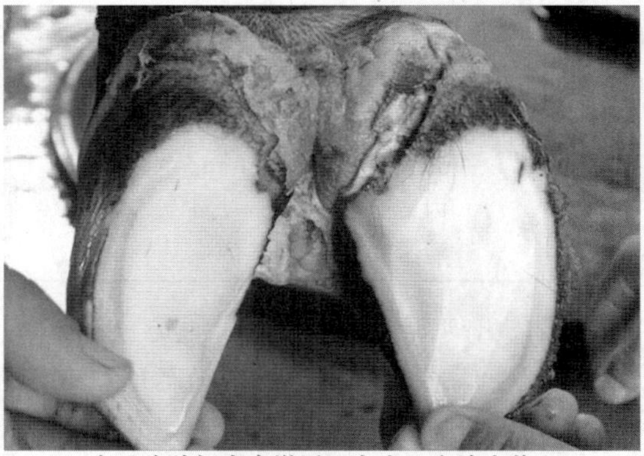
右后蹄趾间表皮增厚、充血,有渗出物

图 8-1-60 指(趾)间皮炎

⑤白线病。

症状:蹄底角质和蹄壁角质结合处的白线的疾病,主要可分为白线异物、白线裂和白线脓肿。

治疗:浅小的白线裂,仔细清除裂隙内的脏物后,将周围角质削薄即可。发生白线脓肿时,不要在裂口处挖深洞,应牺牲部分蹄底或蹄壁的角质,使裂口扩开呈倒漏斗形,以便于深部的渗出物和脓汁排出。

坚持用 5%的硫酸铜溶液或 5%的甲醛溶液对牛实施浴蹄,每周进行 2 次浴蹄。浴蹄时必须先洗净牛蹄上粪污后再浴蹄。配制浓度要准确,并注意掌握更换药液的时间。

坚持常年修蹄,干奶时对所有的牛必须进行修蹄。成乳牛每年进行 2 次修蹄保健,去除蹄底和蹄壁多余的角质,使其负重均衡。

对蹄病患牛应及时治疗。当蹄变形严重、蹄病发生率>2%时,应视为群发性问题,要分析原因,采取相应的防治措施

饲养管理:防止出现消化不良和亚临床型瘤胃酸中毒导致出现蹄叶炎。TMR平衡日粮的精粗比不能超过60∶40;TMR平衡日粮确保使用宾州筛检测最上层存留8%~12%。

(4)产后瘫痪

症状:产前7 d内及典型产后瘫痪发生在产后3 d内,个别在产前数小时发病。头颈侧弯、精神沉郁、皮温湿冷,前驱呈短暂的兴奋和抽搐,然后牛站立不稳更多的倒地不起,体温逐渐降低,耳根冰凉,颤抖,瘤胃蠕动及反刍停止,无粪便,牛伏卧,颈、胸、腰呈S形,最后呈昏迷状态,对外界刺激减低或无反应。

治疗:补钙原则——2 g钙离子/100 kg体重,1 g钙离子/min,冬季加温。

600 kg体重的牛需5%氯化钙输注666 mL,可与5%葡糖糖注射液500 mL混合输注;如使用10%葡萄糖酸钙治疗,需要输注1 290 mL/次。输液后能够站立的奶牛,口服补钙一次。

(5)酮病

酮病类型及治疗方案见表8-1-10。

表8-1-10 酮病类型

酮病类型	Ⅰ型酮病		Ⅱ型酮病	
发病原因	采食量不足,缺乏生糖先质		肥胖牛脂肪肝	
发病时间	产后3~6周		0产后1~2周	
临床症状	乳量下降或无乳;转圈、步态蹒跚等神经症状;重症卧地不起;厌食、体重急剧下降;试纸条检测β-羟丁酸含量>1.2 mmol/L(亚临床性酮病);β-羟丁酸含量>3.0 mmol/L(临床性酮病)			
	临床	亚临床	临床	亚临床
治疗方案	静脉注射50%葡萄糖500~1 000 mL+5%碳酸氢钠500 mL;灌服500 mL丙二醇。后续3~5 d灌服400 mL丙二醇	每头每天灌服500 mL丙二醇,连用3~5 d	静脉注射50%葡萄糖500~1 000 mL+5%碳酸氢钠500 mL;灌服500 mL丙二醇,连用3~7 d	灌服500 mL丙二醇,连用3~5 d

注意事项如下。

①停药后检测血酮含量,确定痊愈或继续治疗。

②关注产前、产后奶牛福利,如调群过于频繁、饲养密度过大、热应激、采食空间不足等。

③奶牛每天丁酸的摄入量超过50~100 g可以导致青贮丁酸型酮病,如果青贮过湿或有刺鼻的酸味,可检测青贮丁酸含量,以便减量饲喂。

④真胃变位发病率高于8%,需更加关注奶牛酮病。

(6)子宫炎

子宫炎分级和治疗见表8-1-11。

表 8-1-11 子宫炎分级

分级	症状	措施
一级	体温正常，食欲正常，恶露呈半脓性或脓性	头孢噻呋钠 1 g 或 5%盐酸头孢噻呋 25 mL 肌肉注射，1 次/d，连用 3～5 d。或子宫内土霉素灌注，20%长效土霉素 20 mL/次，2～3 d 一次
二级	体温高于 39.5℃，食欲正常，恶露呈半脓或脓性	头孢噻呋钠 1 g 或 5%盐酸头孢噻呋 25 mL 肌肉注射，1 次/d，连用 3～5 d。或子宫内土霉素灌注，20%长效土霉素 20 mL/次，2～3 d 一次 氟尼辛葡甲胺 25 mL，静脉推注，1 次/d，连用 3 d
三级	体温高于 39.5℃，食欲差，恶露呈半脓或脓性	头孢噻呋钠 1 g 或 5%盐酸头孢噻呋 25 mL 肌肉注射，1 次/d，连用 3～5 d 氟尼辛葡甲胺 25 mL，静脉推注，1 次/d，连用 3 d 同时支持疗法：25%葡萄糖 1 000 mL＋10% NaCl 500 mL＋10%葡萄糖酸钙 500 mL＋10%维生素 C 50 mL、维生素 B 50 mL，静脉注射；1 次/d，连用 3 d

8.1.4.3 挤奶厅管理

奶厅部门负责牧场原奶的生产工作，是牧场经济效益的直接体现。挤奶操作规程是部门每一位员工所必须掌握的技能，它是员工实现自我价值和推动团队进步的有力保证。

任何人在未经授权或许可的情况下，不得擅自变更、简化、违反操作规程。每一位员工都应该通过理论和实践不断学习和改进，严格要求自己做好最基本的工作。挤奶厅就如同牛场的心脏，心脏运作效率高，奶产量就会提高，如果运作不正常，将严重影响奶牛场的效益。

挤奶厅坚持以人与牛皆为本的安全生产思想，以现场为阵地，以管理为重点，注意引导职工从思想上、行为上提高控制不安全因素的能力。人性化对牛，温柔地进行挤奶操作，实现人与牛的和谐相处，保证人与牛安全的同时，也保证了奶的安全。从思想上认识到安全生产的重要性，提高生产技术的能力，熟悉操作规程，有良好的团结协作及互相监督和督促的精神。保证挤好每一头牛，挤好每一滴奶，贯彻一切为了奶牛，一切为了牛奶的中心思想，严把操作关，降低风险，控制乳腺炎发病，控制体细胞数，控制细菌数，提高牛奶质量，致力于提供优质奶源。

1. 人员管理

奶厅管理首先要以稳定人心为主，稳定人心才能谈到管理，适合于自己的管理办法才能更好地稳定人心，二者密不可分。

①每个班次必须召开班前会，讲安全，分配挤奶工作，做挤奶前准备工作，总结上个班次存在的问题。

②每班次挤奶前按规定时间到达现场，确保每班次挤奶时间必须固定，挤奶开始前奶牛等待时间≤5 min。

③每班次挤奶前挤奶员佩戴一次性橡胶手套、一次性口罩、工帽、雨鞋、围裙、套袖(图 8-1-61)。

④奶牛进入牛位时，禁止手持利器、大声吆喝。

图 8-1-61　挤奶操作流程

⑤识别异常牛标识，防止异常牛混入，造成大罐奶污染。

⑥挤奶前药浴顺序为由远及近。

⑦前后药浴覆盖至少 80%乳头皮肤，且药浴杯容易区分。

⑧前药浴液停留在乳头时间≥30 s。

⑨乳头被粪或泥严重污染要进行擦拭，但禁止水洗。

⑩检奶顺序由远及近，检奶时检奶员手部逐头消毒，弃掉前 3 把奶至杯中并观察。

⑪发现乳区异常奶(水乳、血乳、乳腺炎、降产)的牛要做标记并做揭发记录。

⑫禁止一条毛巾擦拭多头牛和用毛巾同一位置擦拭乳头，由远到近旋转擦拭，保证乳头末端擦拭到位，将用过的毛巾收集到毛巾桶内。

⑬假乳头用消毒液浸泡、干净，挤奶时塞假乳头的奶杯体不能与地面接触。

⑭采取双手一次性套杯操作，降低奶杯体接触地面污染风险。

⑮及时套杯，降低漏气量，从挤三把奶刺激到套杯结束时间为 90～120 s(泌乳后期牛可延迟至 120 s)。

⑯套杯结束，调整并固定橡胶输奶管位置，使奶杯组自然下垂，不打弯。

⑰重复套杯比例<10%，二次套杯必须确保挤奶杯组清洁。

⑱挤奶员随时进行巡杯、听声音，发现漏气、滑杯现象及时采取补救措施。

⑲严禁下压挤奶机和开启强制挤奶模式等措施，避免过度挤奶。

⑳乳区奶量不均衡，有个别乳区接近排乳结束时，先关闭真空，再移走挤奶杯组，禁止挤奶员强制脱杯操作。

㉑脱杯后 10 s 内及时药浴封闭乳头孔，并列或鱼骨式挤奶设备在一侧进行检奶和上杯操作时如另一侧脱杯需要后药浴可暂时延迟，待完成对侧操作后进行，其余情况下后药浴必须及时。

㉒每批次挤奶结束奶牛放出后统一冲洗台面（并列式和鱼骨式）和奶杯组，不得在挤奶过程中进行，泡杯和冲洗奶杯必须切断真空后进行，冲杯过程严禁将水管插入奶杯内。

㉓挤奶厅内部冲水时，禁止向奶牛冲水，不得冲向任何带电工作的设备。

㉔每班次挤奶结束擦拭挤奶设备、做好挤奶厅卫生。

㉕挤奶效率：转盘式挤奶机 6 批次/h，并列式和鱼骨式挤奶机 4.5 批次/h。

㉖定期修剪乳房长毛和尾毛。

㉗执行主管安排的其他临时性任务。

2. 数据管理

①单产完成每月牧场制定的产量。

②细菌数牧场内部检测<5 万 CFU/mL，出场细菌数<8 万 CFU/mL。

③乳腺炎发病率低于 2%。

④15～30 s 流量到达 2.0，提高挤奶效率。

⑤手动模式挤奶少于 5%，关注乳头情况。

⑥体细胞数低于 20 万个，定期进行 DHI 测试，监控牛群健康。

⑦乳头损伤比例<10%。

⑧牛体卫生标准>3 分的比例<10%。

⑨卧床粪便比例<5%。

⑩乳腺炎揭发率 100%。

⑪隐性乳腺炎比例<6%。

⑫挤奶开始后 2 h 内牛奶温度降至 4℃。

3. 设备的维护保养

①设备的维护应该“以防为主，修养并重”，减少故障停机。

②设备管理人应该制定每月的保养计划，查看仓库库存，备保养配件，防止出现要保养没配件，拖延整个保养进度。

③设备保养责任落实到人，每项保养都应该有详细的记录，主管负责进行检查监督。

④教会挤奶员正确使用设备，防止出现使用不当导致的故障。

图 8-1-62 设备保养

4. 牛奶储存与运输管理

(1)设备清洗

①预冲洗清洗温度控制在 40～45℃。

②碱洗温度控制在 75～85℃,回水温度控制在 45℃。

③碱洗完毕用常温水及时冲洗。

④酸洗温度控制在 65～75℃,回水温度控制在 40℃。

⑤后冲洗用常温水将清洗剂残留冲洗干净,pH 为中性。

⑥清洗结束后关闭各处阀门,使设备处于密封状态。

(2)牛奶储存与运输

①保证鲜奶储藏罐外部清洁、干净,无灰尘,罐内和罐口清洗无污垢、奶垢,罐内无积水。

②监督鲜奶运输车和运输罐的卫生情况,确保鲜奶转移前奶车罐体内外表面整洁、干净,罐口不能残留污垢、奶垢,罐内无积水,发现问题汇报给奶厅主管或其他牛场负责人,问题解决前禁止将鲜奶转移至奶车罐内。

③有产房鲜奶转运情况按照鲜奶运输车标准执行。

④确保鲜奶转移过程中无漏奶现象,结束后清洗打奶泵和管道。

⑤牛奶运输车统一标识并安装 GPS 定位。

⑥牛奶运输车离场前必须签封。

(3)卫生管理

①挤奶结束,挤奶厅门窗、墙面、地面、挤奶设备内外均无污垢、奶垢,待挤厅地面无牛粪堆积,饮水槽清洁。

②挤奶位点做防滑处理时及时清理防滑垫下方污垢。

③制冷间只能储存生鲜牛奶,不得堆放化学物品和任何杂物。

④制冷间有物理防蚊蝇措施，如安装纱窗、捕蝇纸、电子捕蚊器、捕蝇笼等，但禁用灭蝇药品。

⑤鲜奶储藏罐和运输罐外部保持清洁、干净、无灰尘，罐内和罐口清洗无污垢、奶垢、积水。

⑥挤奶设备和鲜奶转运设备内外无污垢、奶垢、酸碱液和积水残留（图 8-1-63）。

⑦挤奶厅无抗生素、注射器和其他违禁物品。

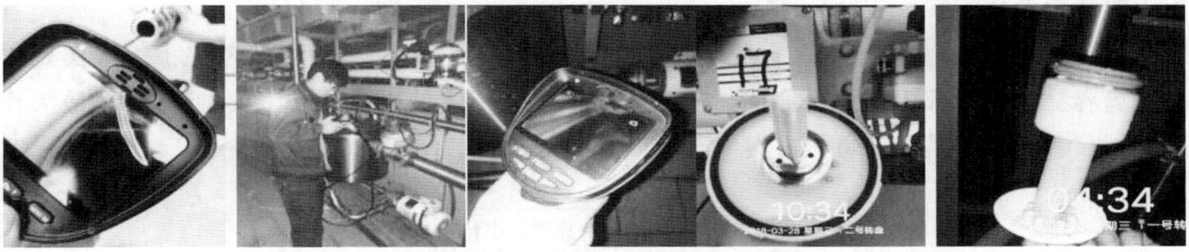

图 8-1-63　设备卫生检查

5．体细胞监控

乳汁中细胞计数或者说是白细胞计数在奶牛乳腺炎监测方面大概有百年的历史。体细胞这一概念是在 1910 年由 Prescott 和 Breed 首先提出，当时他们建议用“body cells”，因为当时认为奶中细胞是从上皮细胞脱落下来的。直到 1960 年左右，“somatic cells”逐渐被人们普遍接受，现今我们通常所说的牛奶体细胞主要指白细胞，包括巨噬细胞、淋巴细胞以及多形核白细胞（PMN）。乳中细胞类型研究表明，腺泡上皮细胞，无论是在干奶期还是泌乳期，在乳中很少，仅占细胞总数的 7％以下。所以说泌乳期乳中细胞数的增加不是由于上皮细胞的脱落造成的，巨噬细胞是正常乳中的主要细胞，占细胞总数的 30％～70％。

①定期进行隐性乳腺炎监测（定性）和牛奶 SCC 监测（定量）。根据每月的 DHI 报告找出体细胞高的牛，跟踪监测体细胞变化情况；当牛群体细胞数普遍升高时，说明牛群被病菌感染，奶牛的发病率增多，所以管理人员需要结合 DHI 报告，通过 CMT 监测及时挑出体细胞数升高的奶牛，对奶牛进行有效的治疗并单独饲养，防止疾病传播。

②确定引起感染的病原，乳腺炎多发季节应该每月监测 2 次。降低环境性乳腺炎发病率，保持环境的干净、干燥，选择优质的牛床垫料，做好挤奶前后的卫生工作。

③定期监测乳房健康、制定维护乳房健康的计划，落实各部门在防治乳腺炎过程中的责任。

④构筑奶牛机体抵抗力，良好的饲养和管理是提高奶牛乳房免疫力的前提，保护乳房自然防御屏障是提高奶牛乳房免疫力的保障。

8.1.4.4　绩效考核

确保饲料源头的质量安全是生产优质乳的前提条件，同样健康无疾病的奶牛才能生产优质的牛奶，通过标准的奶厅操作，将挤奶过程对原奶的污染降到最低，这样才能确保生产出优质原料奶，实现牛场效益最大化。

绩效考核指企业在既定的战略目标下，运用特定的标准和指标，对员工的工作行为及取得的工作业绩进行评估，并运用评估的结果对员工将来工作行为和工作业绩产生正面引导的过程和方法，绩效考核的成功运用标志着奶牛养殖行业向工业化迈出了成功一步，必须通过制定有效的绩效考核方案并成功运用于牧场运营才能有效控制生产优质乳的关键环节，确保生产高品质原料奶。

1. 明确绩效考核的组织架构与层级

成功的绩效考核所考核的对象一定要明确，尤其在现代化集团牧场，针对不同层级制定相应的绩效考核方案。

(1)组织架构建立。绝大多数牧场组织架构(图 8-1-64)都很相似，但考评小组确实是很多牧场容易缺失的部门，再好的绩效考核方案必须有相应的人员来监督才能发挥其最大作用，因此，考评小组是绩效考核方案能否有效开展的关键。

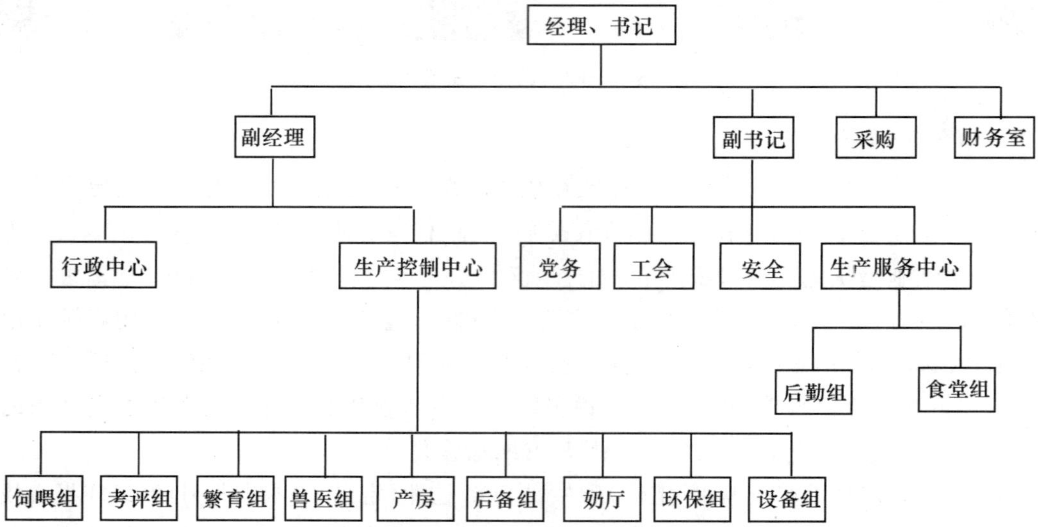

图 8-1-64　组织架构图

(2)牧场的一级绩效考核方案。一级绩效考核方案考核对象为整个牧场团队，具体方案由集团公司商议制定，根据业绩完成情况核算工资总额(表 8-1-12)。

表 8-1-12　牧场一级绩效考核方案

项目	成母牛月繁殖率	2 月龄成活母犊率	产后 180 d 内淘汰牛头数	成母牛饲料转化价值	牛奶非饲料场控成本	头均场控利润
权重	10%	15%	15%	20%	10%	30%
指标	见各月成母牛繁殖计划表	经产牛计划为 42%，头胎牛计划为 50%	当月平均饲养成母牛头数的 1.0%	见各季度成母年饲料转化价值计划表	见各季度牛奶非饲料场控成本计划表	见各季度头境外场控利润计划表
考核	±0.1 点/±10%	±1 点/±5%	±1 头/±5%	±0.01/±3%	±0.01/±6%	±25 元/±2.5%

(3)牧场的二级绩效考核方案。二级绩效考核方案(表 8-1-13)考核对象为牧场各生产车间,具体方案由各牧场根据实际运营情况制定,根据业绩完成情况核算各车间工资总额。

表 8-1-13　牧场二级绩效考核方案

项目	病牛调出率	产后牛调出率	产后 30 d 监控合格率	产后乳腺炎	当月体细胞	产后 180 d 被动淘汰
指标	55%	85%	95%	2 头	40～60 万	成母牛×1%
考核办法	±1.0 点/±1%	±2.0 点/±1%	+1 点/+1% -1 点/-1%	±100 元/±1 头	±100 元/±5 万	-400 元/+1 头 +400 元/-1 头
项目	瞎乳区	被动淘汰	月平均单产	新生公犊死亡	新生母犊死亡	3 日龄母犊死亡
指标	1 个/月	6 头	21 kg	3 头	2 头	1 头
考核办法	±200 元/±1 个	±200 元/±1 头	±150 元/±1 kg	±100 元/±1 头	±300 元/±1 头	

(4)牧场的三级绩效考核方案。三级绩效考核方案考核对象为牧场各生产车间每个员工(表 8-1-14),具体方案由各车间协商讨论后制定,根据个人业绩完成情况,参考二级考核完成情况核算每位员工工资。

表 8-1-14　牧场三级绩效考核方案

TMR 司机百分考核表　　姓名　　年　月						
考核指标		分数	考核标准		考核情况	
			加分标准	减分标准	得分	说明
工作业绩 50 分	加料顺序 100%正确	7		出现一次错误,扣 3.5 分		
	装料误差率(粗 5%,精 2%)	7	-1%,加 1 分	+1%,减 1 分		
	投料误差率±5%	7		±1%,减 1 分		
	TMR 水分合格率 95%	5	+1%,加 1 分	-1%,减 1 分		
	TMR 粗蛋白质合格率 95%	5	+1%,加 1 分	-1%,减 1 分		
	TMR 宾州筛合格率 95%	6	+1%,加 1 分	-1%,减 1 分		
	TMR 异物(包括霉变)为 0	3		出现 1 次减 1 分		
	每日填写饲喂记录表	4		填写不认真减 1 分		
	每日工作前车辆检查及记录	4		不检查、不记录、记录不认真均减 1 分		
	作业现场卫生状况	2		一个月 4 次随机抽查,不合格一次减 0.5 分		

2. 牧场如何制定科学的绩效考核方案

部分员工对绩效考核有时会有一定的抵触情绪,但如果能够把握实施绩效考核的正确方式,会使其成为提高绩效行之有效的方式,它会让所有的人感到愉快,并且真正享受这样一个过程，不要让你的绩效考核方案变成一套薪酬制度，而是让薪酬制度和绩效方案相互融合。

通常我们认为的绩效考核就是制定一些制度，如扣多少钱，奖多少钱，然后实施，最后进行相应激励，这样的绩效考核就变成了一种约束力，变成了一种数字制度。相反，绩效考核最重要的一个层面应该在绩效考核的顶层设计，绩效考核的方案指标必须从实际出发，不能将目标理想化，必须将结合公司生产经营现状制定合理的考核指标，做到逐步提高。绩效考核指标来源于生产一线，又不局限于生产一线，每年到年底都要给各场下指标，牧场需要在场里对于运行一年的工作情况进行汇总，自己总结完成了哪些指标还存在哪些不足，汇总分析公司指标完成情况，是绩效考核实施之前的准备工作，是一个非常重要的过程。绩效考核需要有一定的原则性，在总额控制下要合理分配，内部要保持公平，对员工职位价值进行评估，保证每个部门、每个员工都觉得相对公平。其次是差异性，对不同业务形态、不同的职位工资体系的员工，要有倾斜性，也就是在相对公平的情况下，有一个重要性和次重要性。同时强化激励也是很重要的一部分，要使个人的收入分别与公司、部门和个人绩效挂钩。

(1)合理的指标设定。工作目标好比路线图上的方向标，组织如同路线图，只有在明确了目标的前提下，员工的工作才会有方向性。如果员工在工作中找不到方向，是无法达到工作目标的。让员工制定自己工作目标是促使员工提高效率完成目标的关键，在自我的约束下，他们会更加努力实现自己的目标。

指标设定有依据，考核指标一定以生产数据为基础，不能一味地追求国际化和行业标准，盲目制定考核标准，这样反而适得其反，不能给工作带来动力。如一般 21 d 妊娠率在 28%～35%浮动，但实际生产过程中很多牧场只能做到 20%上下，在不同季节又存在较大差异。因此，在制定绩效考核时就根据实际完成情况适当降低指标标准，根据各月份完成情况要做到总体目标不变的差异化标准，但又要与公司预期相匹配，不能为了完成目标而大幅度降低考核标准，所以，指标设定一定要来源于生产。

(2)绩效方案激励制度很关键。传统的绩效重考核轻激励，往往负激励大于正激励，负指标只能给员工带来负激励，负激励又给员工带来压力，压力的价值在缺乏必要动力的情况下很难体现，这样就不会得到员工的认同，推行起来难度增大，奖罚往往就失去价值。考核的关键是激励，员工工作就有了动力，考核方案就更能得到员工认可，这样就找到企业与员工的平衡与利益共赢点，形成利益共同体。

3. 绩效考核的落实

一个绩效考核方案出台后，得到了管理者和员工的认可，但这个方案往往不能很好地推行下去，甚至是推行失败，因此，好的绩效方案如何推行是运营成败的关键。而检查监督就是决定绩效考核成功与否的关键，对绩效考核工作进行监控、检查、评价、报告和跟踪，定期对绩效考核工作的实施效果进行考察。在准备阶段，应对绩效考核对象的确定、考核工具的选择提供恰当的指导，并对培训工作提供帮助；在实施阶段，应监督绩效考核过程，以保证考核的公正、客观；在沟通反馈阶段，应督促考核双方充分沟通，以及向被考核者反馈信息选择实用的考核方法，建设有效的执行系统，是确保绩效考核落地实施，有效执行的科学依据和有力支撑(图 8-1-65)。

(1)考评小组职责。考评小组同时肩负着牧场运营监督与指导的双重责任。

(2)考评小组检验检测职能。检测化验室承担着质量和研发检验的重要任务，是企业预

1.乳品质：乳脂、乳蛋白质、乳糖、总固形物、含水率、非脂固形物、密度、冰点、细菌数	1.水槽评分	1.每日产奶量报表
2.牛奶抗生素	2.瘤胃育盈度评分	2.每日牛群结构
3.酮病：β-羟丁酸	3.体况评分	3.繁殖数据
4.犊牛血清总蛋白	4.步态评分	4.疾病数据
5.初乳质量	5.粪便评分及粪便筛	5.日报
6.尿液pH	6.牛体损伤评分	6.旬报
7.饲料检测：水分、黄曲霉	7.乳房清洁度评分	7.月报
8.口蹄疫、布病检测	8.TMR宾州筛监测	
9.乳腺炎病源微生物检测	9.TMR干物质监测	
	10.剩料率监测	
	11.投料准确率、加料准确率监测	
	12.反刍率监测	
	13.采食量监测	

图 8-1-65　监测体系

防质量事故发生的有力保障，生产各个环节都离不开检测实验室工作的支持和帮助，是企业的“眼睛”，它不仅对企业提高产品质量、新产品研发，增加经济效益，提高市场竞争力起到不可或缺的作用，也是检验绩效考核落实的有效手段。

（3）考评小组信息管理职能。监督依据是数据管理，数据化管理是将业务工作中的基本状况，通过翔实的数据直观地展现，并通过适当的分析，明确经营基本状况，发现业务工作中的不足之处，为管理者提供准确的决策依据，促进管理层进行有针对性的改进和有效的决策，是科学管理的基础。因此考评小组必须掌握牧场运营数据。

（4）考评小组监督职能。为有效落实绩效考核工作，对绩效考核工作进行监控是必不可少的，监督职能也是考评小组工作职能的最重要环节，检查、评价、报告和跟踪各个阶段考核工作，定期对绩效考核工作的实施效果进行考察，及时发现工作中存在的问题并纠正。

4. 目标管理

绩效考核指标是最终表现形式，指标没有变成员工工作目标就仅仅是个数字，完成指标到目标转化是考核能否成功的关键。目标管理就是每一个人根据公司的总目标，而建立起特定工作目标，并自行负责计划、执行、控制、考核的管理方法，就是把个人在一定期间所应完成的工作计划指定为目标，把考核指标转化为工作目标，让员工人人心中有指标，工作有目标，考核有坐标。

［撰稿：天津嘉立荷牧业有限公司　彭传文　李爱琴］

8.1.5　牧场节本增效技术

8.1.5.1　牧场管理的基本内容

技术管理：目的是挖掘奶牛的泌乳潜力。

成本管理：目的是提升牧场的盈利能力。

人员管理：目的是加强落实执行能力。

信息管理：目的是精准提供决策参考。

8.1.5.2 牧场的节本增效技术

1. 牧场效益计算方法

总收入－总支出＝利润

这样的计算方法并不能指导我们来控制成本，这种计算方法会导致我们盲目控制总支出而使我们进入误区。

2. 牧场效益的另一种计算方式

利润＝头日利润×饲养头日

头日利润＝头日单产×(公斤奶价－公斤奶成本)

这种计算方法让我们轻易得出“节本增效”的关键技术：提升头日单产与降低公斤奶成本。

8.1.5.3 提升头日单产“八要素”

必须同时做好以下几个方面，才能让奶牛发挥出最大的泌乳潜力。

喂得精——精准的饲喂管理。

吃得饱——干物质采食量管理。

排得少——消化效率管理。

睡得好——舒适度管理。

挤得净——挤奶管理。

生得多——繁殖管理。

防得严——疾病管控。

育得准——育种管理。

记得全——数据记录。

8.1.5.4 降低公斤奶成本

公斤奶成本的主要组成有：饲料成本、设备折旧/生物资产折旧、人工成本、药品(含冻精)成本、维修/物耗/办公费用等。

后备牛的所有费用都进行资本化，在奶成本内体现为生物资产折旧。

8.1.5.5 影响公斤奶成本的第一大因素——单产(表 8-1-15)

表 8-1-15 公斤奶成本

单产/kg	DMI/(kg/头日)	饲料费用/(元/头日)	公斤奶所占成本/元	下降幅度/(元/kg)	制造费用/(元/头日)	公斤奶所占成本/元	下降幅度/(元/kg)
30	22	57	1.9	0	30	1	0
31	22.4	58	1.87	−0.03	30	0.97	−0.03
32	22.8	59	1.84	−0.06	30	0.94	−0.06
33	23.2	60	1.82	−0.08	30	0.91	−0.09
34	23.6	61	1.79	−0.11	30	0.88	−0.12
35	24	62	1.77	−0.13	30	0.86	−0.14

8.1.5.6 影响公斤奶成本的其他因素

1. 饲料成本

(1)原料使用原则。原料选择的多样性有助于降低日粮成本，如短纤饲料/液体饲料、饼类/粕类，尽量选择本地原料以降低成本，优质的原料适口性好，促进干物质采食量。

(2)科学地选择添加剂。如酵母培养物及活性酵母，植物精油的添加会提高饲料转化效率，过瘤胃氨基酸的使用更易达到氨基酸的平衡从而降低成本。

(3)原料的管理。①在 RFV 基础上的定价策略有助于降低成本。主要针对粗饲料而言，$RFV=DMI\times DDM/1.29$，$DMI=120/NDF$，$DDM=88.9-0.779\times ADF$。②水分管控。在干物质基础上对比价格会让我们购买到性价比更高的物料，高水分增加发霉风险。③主要营养指标检测和表观判定作为评估原料价值的主要依据。④保证养分不波动。⑤毒素超标的原料再便宜也不能要。⑥开发新原料有时会让我们制定出更具性价比的日粮配方，从而降低公斤奶成本。

2. 优质的青贮可以大幅度降低公斤奶成本

见表 8-1-16 至表 8-1-18。

表 8-1-16 青贮干物质对成本的影响

原料	原料价格/元	干物质含量	干物质价格/元	30 kg 奶量使用 7 kg 青贮干物质的公斤奶成本变化
青贮 1	430	25%	1 720	0.40
青贮 2	500	32%	1 563	0.36
差异	+70	+7%	−157	−0.04

表 8-1-17 青贮淀粉对成本的影响

原料	原料价格/元	干物质含量	干物质价格/元	淀粉干基含量	7 kg 青贮干物质提供的淀粉量	玉米价格/元	30 kg 奶量使用 7 kg 青贮干物质的公斤奶成本变化
青贮 1	430	25%	1 720	17%	1.19	1 800	由于淀粉量的提升可以减少日粮中玉米的添加量 1.26 kg(0.77/0.71/0.86)
青贮 2	500	32%	1 563	28%	1.96	1 800	−2.27 元(1.26×1.8)
差异	+70	+7%	−157	+11%	+0.77		−0.076

表 8-1-18 青贮损耗对成本的影响

原料	原料价格/元	干物质含量	干物质价格/元	损耗率	7 kg 青贮干物质加上损耗率实际使用的青贮量	实际使用青贮的费用/元	30 kg 奶量使用 7 kg 青贮干物质的公斤奶成本变化
青贮 1	430	25%	1 720	20%	35	15.05	0.502
青贮 2	500	32%	1 563	12%	24.86	12.43	0.414
差异	+70	+7%	−157	−8%	−10.14	−2.62	−0.088

3. 日粮配方对公斤奶成本的影响

科学的日粮配方是发挥奶牛最大泌乳潜力的前提和基础，随着奶牛产奶量的不断提高，对日粮配方的配制要求也越来越高，日粮配方的水准逐渐成为限制牛场进一步提升效益的瓶颈。氨基酸平衡的日粮会让我们在充分发挥奶牛泌乳潜力的前提下获得最低的日粮成本。

对于目前日粮的分析结果表明蛋白质能量基本都能够满足(图 8-1-66)，为挑战更高产奶量水平但由于某些氨基酸限制或不平衡而导致日粮成本过高(表 8-1-19)。

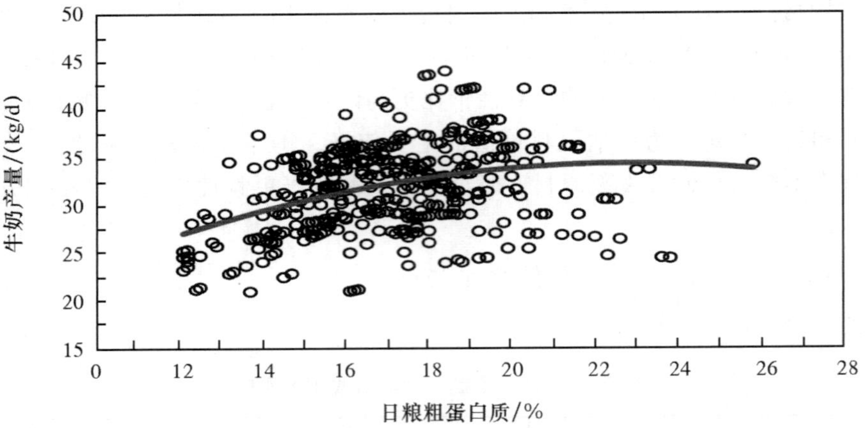

图 8-1-66　科学的日粮绝不能只关注粗蛋白质

表 8-1-19　氨基酸平衡日粮对牧场效益的影响

日粮	传统日粮	氨基酸平衡日粮	差异
日粮配方成本	48.44	48.45	+0.01
平均单产	27.3	32	+4.7
干物质采食量	20.6	22.0	+1.4
干物质单价	2.24	2.24	
日粮成本	46.14	49.28	3.14
公斤奶饲料成本	1.69	1.54	−0.15
每头奶牛年多赚利润			1 643 元

4. 饲喂——客观上落实科学日粮对成本的贡献

(1)精准的日粮制作，保证三大日粮的一致性。

(2)分群与调群管理。

(3)食槽管理。

(4)水槽与舒适度管理。

(5)严防青贮的二次发酵(包括入窖前、压窖中和开窖后)。

5. 日粮制作评估

(1)颗粒度管理。新鲜日粮宾州筛；剩料宾州筛。

(2)均匀度管理

①宾州筛(前、中、后段比对)。

②实验室检测对比。

(3)日粮精准性管理。实验室检测日粮结果对比，树立饲养部长是“物理营养师”的概念，好的日粮一定是化学营养和物理营养的完美组合。

6. 分群与调群管理

分群的合理性将促进奶牛泌乳潜力的发挥，合理的分群和调群可以避免应激。分群范例：新产群、高产经产群、高产头胎群、低产或体况过高群、干奶前期母牛、临产母牛、抗群和干涉群。

不合理的分群会对牛群健康产生威胁并提高成本，合理的调群方式会降低日粮成本(表8-1-20)。

表 8-1-20 不同分群方式对牛群平均产奶量的影响

项目	分群前		分群后			
	15 d	14 d	20 d	37 d	38 d	180 d
全群泌乳天数	164.70	165.10	179.40	193.80	194.80	186.90
全群泌乳单产	18.98	18.94	19.41	20.74	20.71	28.39
泌乳日校正奶	18.98	18.97	20.44	22.78	22.82	29.95
奶产量变化	0.00	−0.01	1.46	3.80	3.84	10.97

来源：昊宇泌乳牛分群前后产奶量对比分析统计表。

从表 8-1-20 可以看出，分群 38 d 天后全群泌乳日校正单产从 18.98 kg 提升至 22.82 kg，产奶量提高了 3.84 kg。分群后 180 d 泌乳日校正奶达到了 29.95 kg，增长更加明显。

7. 食槽管理

目标是提高干物质采食量，降低公斤奶成本，包含：食槽设计、食槽清洁(夏季尤为重要)、投料管理、保证饲料新鲜度、每圈投放头份、投放位置、不同食槽段的投放比例、提前发布和沟通调群计划、及时调整投料量、推料管理、匀料管理、剩料管理(状态/单个圈舍剩料比例/去向)。

8. 水槽与舒适度管理

(1)水槽管理。清洁度和平均水槽占用长度。

(2)舒适度管理。包括如下方面。

①饲养密度：干奶、围产、新产 80%～85%；缺少内容 85%～90%；其他 90%～95%。

②卧床管理(铺沙，平整)。

③运动场管理：翻耕、平整、补沙。

④待挤厅密度：要求每头牛至少有 1.62 m^2 的面积，最好达到 2 m^2，良好的舒适度能够让更多养分转化为牛奶，从而降低公斤奶成本。

多项研究结果表明：奶牛被减少躺卧休息时间 2～4 h/d，采食时间会减少 32～45 min/d，即奶牛的躺卧时间每减少 3 min，采食时间相应减少 1 min，美国 Minor 研究所发现奶牛每多休息 1 h，单产提升 1.7 kg。按照 30 kg 提升到 31.7 kg，按原成本为 57 元，公斤奶成本为 1.9 元，单产提升后采食量提升了 0.68 kg，采食成本提升 1.76 元(2.59 元/kg 干物质)，奶量提升后为 58.76 元，公斤奶成本为 1.85 元；每增加 1 h 的休息时间，公斤奶成本下降 0.05 元，由于成本下降每头牛年多创造利润 579 元。而由于产奶量提升，每头牛年多创造利润 1 405 元，计算公式：利润＝(1.7×3.3－1.76)×365。

9. 保障奶牛最佳的瘤胃效率

使用粪便筛对日粮消化率进行监控，除过渡期奶牛和非常高产的奶牛外，保证粪便筛的底层大于 70%，一旦发现问题，必须迅速找到产生的原因，以保证最高的饲料效率。

10. 小结

公斤奶饲料成本是成本控制的关键，做好以下几点会有效降低和控制公斤奶成本：提升单产、原料管理、日粮管理、饲喂管理。切忌不能盲目地从奶牛口里“抠食”降成本。

8.1.5.7 设备折旧成本

1. 影响设备折旧的因素

设施规模和实际饲养规模的匹配度、牛舍规模、挤奶设备规模、牛舍设计合理性(有利于奶牛生产，以提升单产，防止材料的浪费)。

2. 设备选择的合理性

避免购买后的闲置现象，生物资产折旧成本，所有的后备牛费用都将计入生物资产，生物资产折旧在公斤奶成本中占有比较大的比例，一般按 5 年折完。

8.1.5.8 后备牛投产时价值的决定因素

1. 干奶围产期饲养费用

母犊留养率：0～6 月龄犊牛成活率，育成牛淘汰率，首次产犊年龄，达到配种要求的月龄，受胎率，饲养成本，饲草料/人工/水电/牛舍及设施折旧(表 8-1-21)。

表 8-1-21 生物资产价值对于公斤奶成本的影响 元

投产时生物资产价值	按照 5 年折完每日的折旧额	按照 30 kg 单产所占公斤奶成本	增加幅度
21 000	11.5	0.38	0
24 000	13.15	0.44	+0.06
28 000	15.34	0.51	+0.13

2. 母犊留养率对公斤奶成本的影响

见表 8-1-22。

表 8-1-22 母犊留养率对公斤奶成本的影响 元

犊牛落地价值	母犊留养率	母犊价值	生物资产折旧/(元/d)	公斤奶成本(按 30 kg 单产计)	公斤奶成本变化
1 800	35%	5 142	2.82	0.094	
1 800	45%	4 000	2.19	0.073	−0.021

8.1.5.9 人工成本

人的管理是所有管理的基础，一定要保证员工能够拿到有竞争力的薪酬，下面几点可以化解人工成本压力。

(1)人员安排的合理性。精简机构,合理的人牛比例;挤奶员配置:两班三倒,岗位合而为一,或砍掉可有可无的岗位。

(2)有竞争力的工资/奖金/社保/福利。合理的或有竞争力的薪酬会增加职工的稳定性,好的绩效设置会帮助稀释人工成本。

(3)培训。训练有素、水平较高的员工会提升工作质量和效率,从而稀释人工成本,绩效考核和培训提升应该是牧场坚持要做的事。

(4)通过硬件改善保障工作热情。

8.1.5.10 药品(含冻精)成本

1. 疾病控制

以防代治才是降低药品成本的关键措施。

(1)乳腺炎。通过在牧场落实"奶牛乳头健康防御体系"来保障乳头健康,达到减少牧场乳腺炎的发生,从而提升产奶量,增加效益。主要关注内容:挤奶设备管理,挤奶操作管理,生活环境管理。

(2)蹄病。保证定期有效的蹄浴,每头牛每个泌乳周期内修蹄 2 次,改善奶牛生活环境,尤其是奶牛行走的路面管理,要保证平坦,防滑效果好、清洁、不积粪、不积水。

(3)子宫炎症。接助产要规范,不可盲目助产,产房卫生要清洁、干燥、卫生,产后护理要有 SOP 规范操作,运动场和卧床卫生要保持清洁、干燥、卫生。

2. 药品的选择和使用

选择有效敏感的药物治疗,价格高的不一定是最好的,但有时选择一些价格高的药物恰恰能够降低治疗成本。不建议投喂防治隐乳的药物,效果不明显,成本很高,有条件的要做药敏试验。

8.1.5.11 繁殖管理

配种技术的提升,受胎指数在 1.7 以内,提高年繁殖率,减少非正常干奶牛的占比(表 8-1-23)。

表 8-1-23 非正常干奶牛对公斤奶成本影响

月份	非正常干奶牛牛头数	非正常干奶牛牛头数占比/%	影响公斤奶饲草料成本/(元/kg)	公斤奶饲草料成本/(元/kg)	非正常干奶牛成本占比/%
4月	1 250	3.02	0.255 6	2.345 5	11.05
5月	1 042	2.51	0.155 3	2.160 9	7.18

8.1.5.12 维修/物耗/水电/燃动

(1)牧场设施/机械的维修保养。奶厅设备定期检测/维护/保养;TMR 车:严格按照操作和保养规范操作,并与绩效挂钩;拖拉机/铲车:设定有效的保养维修制度,并与绩效挂钩。

(2)牛舍设施等。粗制滥造的牛舍维修费用高,不合理的设计会导致返修费用增加,杜绝车辆造成的牛舍设备及其他设备的损坏。

(3)提高挤奶效率。防止浪费纸巾,控制油耗(及时熄火,保证 TMR 刀片锋利),防止药浴液滴落,控制奶厅用水,用电控制。

(4)设定定额指标考核。通过设定定额指标考核推动实现上述目标。

8.1.5.13 重要和有效的成本管控措施

1. 牧场一定要建立公斤奶成本分析

(1)直接材料。饲料、药品、冻精、其他。

(2)直接人工。工资/福利等。

(3)直接费用。固定资产折旧/生物资产折旧;办公/通信/差旅/交通/劳保/物耗/修理/检验检疫/培训/运输等。

(4)间接费用。职工薪酬;办公/通信/差旅/交通/燃动/修理/水电/固定资产折旧;有效利用公斤奶成本分析数据开展牧场成本分析会。

2. 与上月数据进行详细比对

找出任何一项公斤奶成本变化较大的项目进行分析,成本降低,要找出有效的措施并进行记录和推广,成本升高,要找出具体原因,分析原因并找到解决办法,避免以后发生,牧场的经营管理水平会在这样的过程循环中不断成长提高。

8.1.5.14 公斤奶成本分析表

找一个成本分析员是必须的,当然前提是牧场先建立各种信息日报制度,“记得全”是科学养牛的基础(表 8-1-24)。

表 8-1-24 成本分析日报表(示例)

日期	当日单产/kg	昨日单产/kg	当日公斤奶饲草料成本/(元/kg)	前5d平均公斤奶饲草料成本/(元/kg)	公斤奶饲草料成本差值/(元/kg)	当日泌乳牛饲料总成本/万元	昨日泌乳牛饲料总成本/万元	饲料总成本差值/万元	当日冻精用量	当日兽药用量
7月1日										
7月2日										
7月3日										
7月4日										
7月5日										

8.1.5.15 成本评估

每日原料出入库及费用报表,公斤奶成本分析报表。饲料效率,分析公斤奶成本组成的变化情况,以进一步判断影响成本变化的主要因素。

[撰稿:独立营养师 赵全刚]

8.1.6 牧场绩效考核及 KPI 设定

绩效考核是指企业在既定的战略目标下,运用特定的标准和指标,对员工的工作行为及取得的工作业绩进行评估,并运用评估的结果对员工将来的工作行为和工作业绩产生正面引导的过程和方法。管理的核心是针对目标的绩效管理，绩效管理的关键是提升组织的整体绩效，而绩效管理的终极目标并不只是利润最大化。企业设定合理且有挑战性的经营管理目标，按照组织层次来有效地分解，使之合理地分配到每个员工身上，形成“千斤重担大家挑，人人头上有指标”的责任承担体系，然后通过有效的过程管理，包括策略的分析、计划的制订、能力的辅导、士气的鼓舞、过程节点的控制等，再运用绩效考核的方式实现见人见数考核，最终促成目标完全实现的管理过程。

数字化管理是实行目标管理和绩效考核的基础，建立关键绩效指标 KPI(key performance indicators)，是一项数据化管理的工具，也是一个衡量管理工作成效的重要指标。除 KPI 之外还有 2 个考核指标，即 GS(goal setting)、KCI(key competency index)(图 8-1-67)。

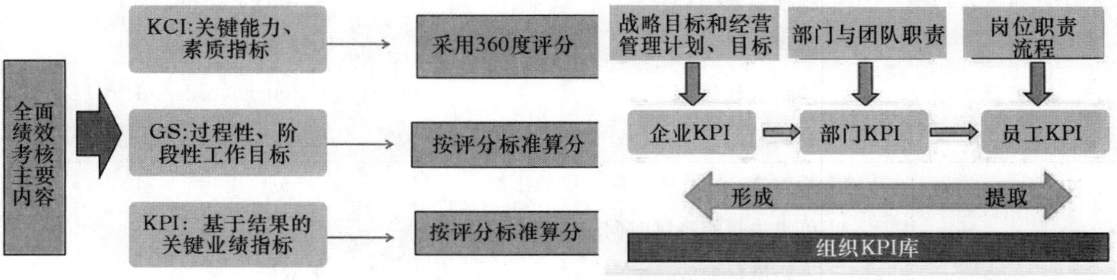

图 8-1-67　全面绩效考核主要内容

GS：过程性、阶段性工作指标，是对工作职责范围内的一些相对过程性、阶段性、难以量化的关键工作任务完成情况的考核方法，重视过程性和行为表现。通常包含 5 个考核维度：时间、质量、数量、成本、风险，每个考核维度有不同的评价方式，可以弥补完全量化的 KPI 所不能反映的方面。

KCI：是指对考核对象的高效达成的关键胜任力的评定，通过工作行为评定把能力、个性、动机、态度等进行量化和定性，最终使反映绩效的过程影响因素可控、可观察、可培养。简而言之，基于结果的考核，即 KPI；基于过程的考核，即 GS；基于素质的考核，即 KCI。

绩效考核分为月度考核、季度考核和年度考核(表 8-1-25)，而生产目标通常分为两个部分：总体目标(成本目标、产量目标、效益目标)(表 8-1-26)和部门目标(奶厅目标、繁育目标、兽医目标、犊牛目标、饲养目标)(表 8-1-27 至表 8-1-31)。生产目标每年需根据市场、经营方向及牧场生产现状提高或降低最初设定的目标值，可遵循质量管理 PDCA 循环，计划(plan)、执行(do)、检查(check)、处理(act)的思路和方法，不断提升管理水平。

表 8-1-25　不同考核指标的权重分配

考核	态度类	GS	KPI	KCI
月度考核	20%	20%	60%	
季度考核	20%	20%	60%	
年度考核			70%	30%

表 8-1-26　组织绩效与个人绩效

岗位	公司绩效权重	部门绩效权重	个人绩效权重
总经理	100%		
部门经理	30%	70%	
员工	10%	20%	70%

表 8-1-27　奶厅部门主要 KPI

项　目	名　称	目　标
牛奶质量	细菌总数(TBC)	<10 000 CFU/mL
	肠杆菌素(TCC)	<100 CFU/mL
	嗜热菌素(LPC)	<100 CFU/mL
	体细胞数(SCC)	<200 000 cells/mL
	牛奶温度	<3°
挤奶操作要求	开始 2 min 产量占总产量的比例	≥55%
	单头牛挤奶持续时间	<4 min
	牛奶流量曲线	无双峰
	乳头评分	1～2 分占 90%以上
挤奶效率要求	并列 2×60	≥4.5 批/h
	转盘 80 位	≥7 批/h

引自澳亚牧场。

表 8-1-28　繁育部门主要 KPI

项　目	名　称	目　标
每周孕检要求	青年牛普精 CR	≥65%
	青年牛性控 CR	≥55%
	青年牛 PD	≥95%
	泌乳牛普精 CR	≥47%
	泌乳牛性控 CR	≥37%
	泌乳牛 PD	≥85%
21 d 怀孕率	青年牛 HDR	≥75%
	青年牛 PR	≥40%
	泌乳牛 HDR	≥65%
	泌乳牛 PR	≥28%
其他	平均产犊间隔	≤400 d
	青年牛平均产犊月龄	≤24 月龄
	繁殖障碍淘汰率	<10%

续表 8-1-28

项 目	名 称	目 标
其他	产后 50(55)～85 d 时参配率	＞85%
	产后 100 d 内参配率	100%
	平均产后首配天数	≤75 d
	已孕牛平均配次	青年牛≤1.7 泌乳牛≤2.1

引自澳亚牧场。

表 8-1-29 兽医部门主要 KPI

项 目	名 称	目 标
成母牛疾病发病率	乳房炎月发病率	＜2%
	蹄病月发病率	＜1%
	产后瘫月发病率	＜5%
	胎衣不下月发病率	＜5%
	真胃移位月发病率	＜1.5%
	酮病月发病率	＜3%
	子宫炎月发病率	＜2%
	其他疾病月发病率	＜1%
死淘率	成母牛月淘汰率	＜1%(新建/第一年) ＜1.7%(第二年起)
	青年牛月淘汰率	＜0.8%
	成母牛月死亡率	＜0.4%
	青年牛月死亡率	＜0.2%
	产后 60 d 死淘率	＜8%
防疫检疫	口蹄疫抗体滴度检测(1∶128)合格率	≥95%

引自澳亚牧场。

表 8-1-30 犊牛部门主要 KPI

项 目	名 称	目 标
饲养目标	(产后 24 h 内) 经产牛产犊成活率	≥97%
	(产后 24 h 内) 头胎牛产犊成活率	≥92%
	(产后 24 h 外) 0～2 月龄犊牛成活率	≥98%
	2～6 月龄犊牛成活率	≥98%
	(产后 24 h 外) 0～6 月龄犊牛淘汰率	≤2%
	平均日增重	60 d 断奶时体重是初生重的 2 倍,2～6 月龄＞1 000 g/d

续表 8-1-30

项　目	名　称	目　标
疾病发病目标	犊牛腹泻月发病率	＜20％
	犊牛肺炎月发病率	≤2％
	犊牛其他月发病率	≤3％
质量监控目标	犊牛被动免疫(3～5 d 血清总蛋白)	90％以上犊牛≥5.5 g/dL
	初乳质量巴杀前	TBC＜100 000 CFU/mL TCC＜10 000 CFU/mL
	初乳质量巴杀后	TBC＜1 000 CFU/mL TCC＝0 CFU/mL

引自澳亚牧场。

表 8-1-31　饲养部门主要 KPI

项　目	名　称	目　标
产奶量	成母牛年单产	＞10 000 kg
青年牛	到 13 月龄生长指标	体高≥130 cm;体重≥390 kg
营养性疾病	月发病率	真胃移位＜1.5％ 产后瘫＜5％ 酮病＜3％ 胎衣不下＜5％ 子宫炎＜2％
剩料率	泌乳牛	≤3％
	干奶牛	≤2％
	青年牛	≤1％
	初产、围产	＜10％
装料与投料误差	粗饲料	青贮±50 kg;其他±30 kg
	精饲料	±20 kg
	投料误差	±2％
饲料库损耗	青贮	＜15％
	粗饲料	≤5％
	精饲料	≤2％
TMR	日粮干物质	50％～55％
	搅拌颗粒度	最上层:初产牛 8％～12％,高产牛 5％～10％

引自澳亚牧场。

绩效管理的重要理念:不考核的东西,员工不会主动去做;不理解的东西,员工不会主动去做;无奖惩的东西,员工不会主动去做;不仅是为了检查过去,重点是要提升未来;每对上下级都是绩效伙伴关系;评估员工的行为而不是性格;奖惩与发展两大系统要齐头并进;绩效管理是一个不断进行的过程。

有效的牧场绩效考核体系，是用考核促进员工与牧场的共同成长与发展，进而达到不断改进绩效、提升管理水平、扩大生产效益的目的。打造一流牧场并非一朝一夕，也并非单纯的硬件设施组建，无数的经验告诉我们，硬件软件必须两手抓。回顾以上生产目标管理，每一个细节都是围绕奶牛的健康、营养、舒适来进行的，只有创建人、牛、环境、效益共赢的和谐牧场，将管理由精细化到精准化向精益化提升，才能真正成为一个生态、高效、可持续发展的农牧业企业。

[撰稿：辽宁禾丰牧业股份有限公司 刘翔]

8.1.7 规模化牧场的绩效管理

8.1.7.1 绩效管理的定义

所谓绩效管理，是指各级管理者和员工为了达到组织目标共同参与的绩效计划制定、绩效辅导沟通、绩效考核评价、绩效结果应用、绩效目标提升的持续循环过程，绩效管理的目的是持续提升个人、部门和组织的绩效。

8.1.7.2 绩效管理的SMART原则

1. SMART原则(图8-1-68)

S代表具体(specific)，指绩效考核要切中特定的工作指标，不能笼统；M代表可度量(measurable)，指绩效指标是数量化或者行为化的，验证这些绩效指标的数据或者信息是可以获得的；A代表可实现(attainable)，指绩效指标在付出努力的情况下可以实现，避免设立过高或过低的目标；R代表相关性(relevant)，指绩效指标是实实在在的，可以证明和观察；绩效指标是与本职工作相关联的；T代表有时限(time-bound)，注重完成绩效指标的特定期限。

无论是制定团队的工作目标还是员工的绩效目标都必须符合上述原则，5个原则缺一不可。制定的过程也是自身能力不断增长的过程，领导层必须和员工一起在不断制定高绩效目标的过程中共同提高绩效能力。

2. 绩效管理的两定五化(图8-1-69)。

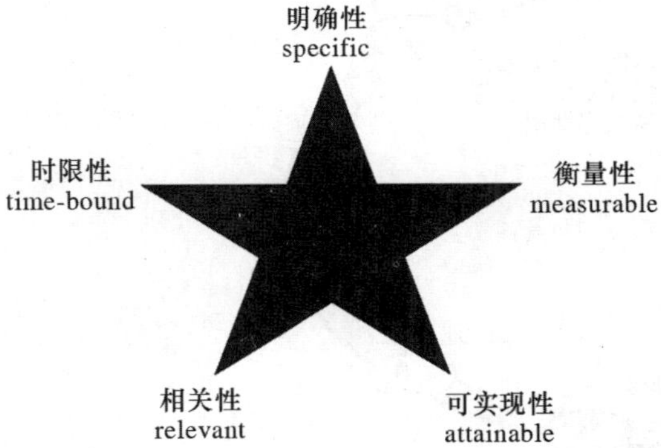

图8-1-68 SMART原则

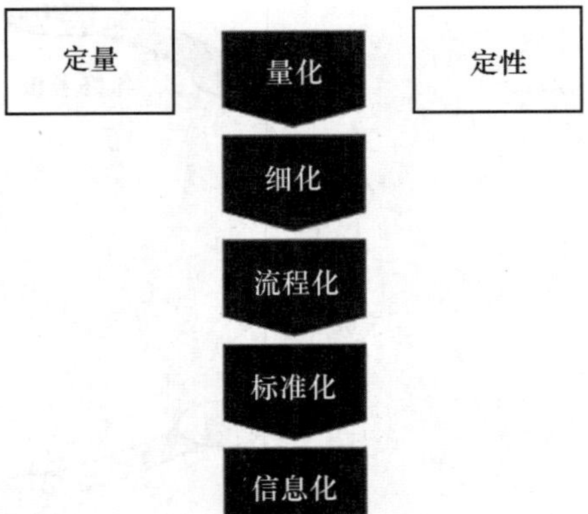

图8-1-69 两定五化

3．绩效管理的作用（图 8-1-70）。

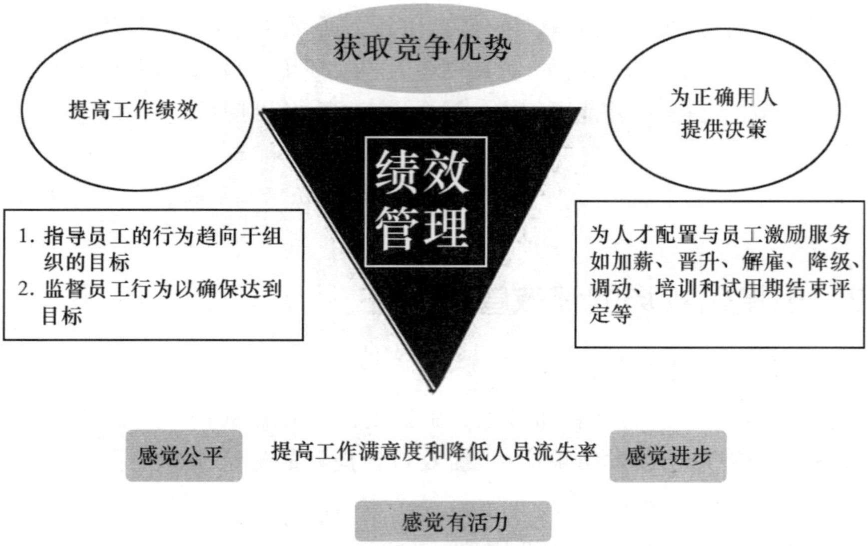

图 8-1-70　绩效管理的作用

8.1.7.3　全面绩效管理

全面绩效管理是指公司目标与指标、部门目标与指标、岗位目标与指标的设定、分解、执行的全过程管理（图 8-1-71）。

目标管理到部门，绩效管理到个人，过程控制保证结果，是这一过程的根本逻辑。既要考察因循“岗位—部门—组织”的绩效垂直路径，也要兼顾流程绩效的水平路径。

强调经营与管理的平衡：兼顾经营系统和管理系统；兼顾经营性目标和管理性目标。

对部门主要是经营性考核，归企业管理部（或战略规划、企划、运营、计划等部门），对岗位主要是管理性考核，由人力资源部组织实施。

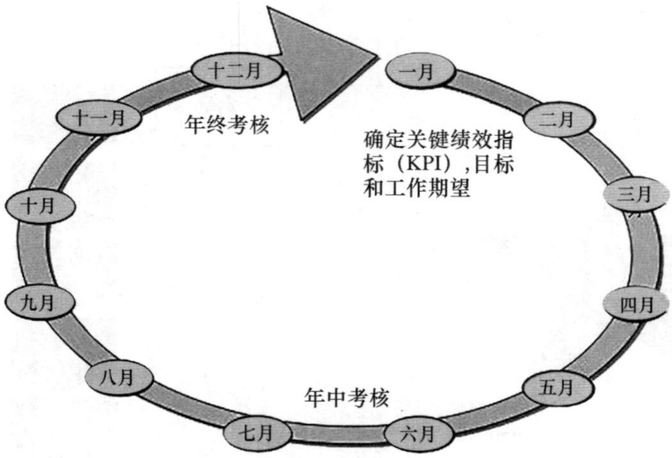

图 8-1-71　全面绩效管理图

1. 建立全面绩效管理体系

全面绩效管理体系有 4 个组成部分。

(1)目标管理。根据公司战略规划,确定年度目标,之后将目标分解到目标领域(财务、采购、生产、人事、内部流程、学习与成长),通过组织架构将目标从目标领域分解到各部门,各部门将确定后的目标分解到岗位。

关键绩效指标是目标实现过程中的关键控制点,分为 4 类:数量性 KPI、质量性 KPI、成本性 KPI、时间性 KPI。

关键绩效指标:量化数据形式——检验合格率 99%。

关键绩效标示:①量化数据——检验合格率 99%;②客观证据——获得合格证书;③客观结果——公司验收。

公司级目标及 KPI 的设定可以借助 OGSM 方法或 BSC 方法,部门级目标及 KPI 的设定须遵循以下步骤(图 8-1-72)。

图 8-1-72　部门级目标及 KPI 的设定步骤

(2)绩效管理。目标管理体系是企业最根本的管理体系,绩效管理体系包含在目标管理体系之中,目标管理最终通过绩效管理落实到岗位,PDCA 是绩效管理发挥作用的根本逻辑。

①绩效管理包含 6 个环节(图 8-1-73)。

绩效计划:目标、指标、绩效标准、绩效协议。

持续沟通:进一步明晰标准;持续跟踪以发现问题,关注成长。

数据记录:为将来的考核提供依据,但经常被忽略。

绩效回顾:也称为中期面谈,及时发现差距,修正错误,提供支持。

绩效考核:培训评估者,回顾绩效标准,作出客观评价,结果运用。

绩效改进:通过面谈,找出绩效差距,设定改进计划。

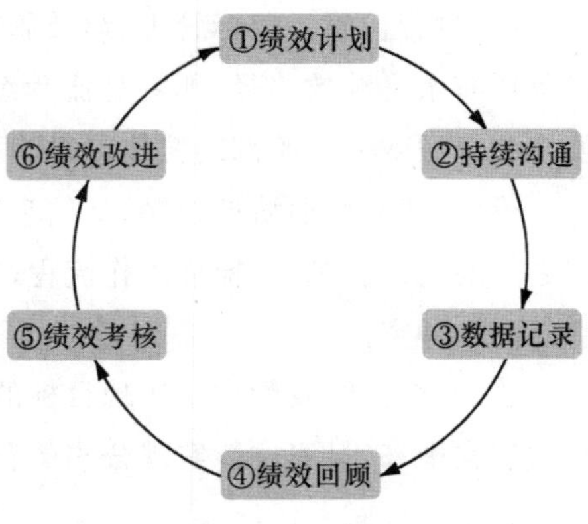

图 8-1-73　绩效管理六环节

②绩效管理的关键是要有效分解部门目标,设定岗位目标及 KPI。

岗位 KPI 的来源有 3 个:部门工作要点;岗位职责;工作流程。

③作为管理者,要按照以下内容检视绩效管理流程。

你有清晰的绩效目标和绩效指标吗?

绩效考核标准有文字描述吗?

你是否和下属签订了绩效协议?

你注意到和下属保持沟通吗?

你在考核中期和下属进行绩效回顾吗?

在评分时,你是否有一好百好的倾向?

在评分时,你是否有平均主义倾向?

在评分时,你能否看到下属的进步,你是否为你的下属指出不足并督促其改进呢?

在评分时,你是否做了不适当的比较,是否根据自己的好恶来评价下属的表现?

在评分时,你是否从整个考核周期评估下属表现?

作为管理者,不但要考察关键绩效指标,还要对员工进行全面考核,包含 3 个部分:行为、任务和 KPI。

(3)过程管理。在实现目标的过程中,必须关注 PDCA 的全面展开:工作任务、工作目标、工作计划、工作标准、工作安排、工作检查、工作改善及工作总结。尤其在安排工作时,必须遵循以下步骤(图 8-1-74)。同时,做好绩效辅导、绩效面谈和绩效改进工作。

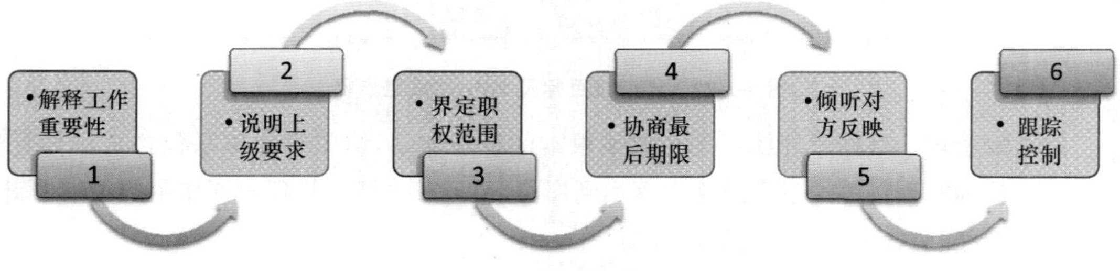

图 8-1-74　过程管理遵循的步骤

(4)过程保障。目标管理、绩效管理、过程管理,关注的是垂直绩效路径。在实现目标的过程还有水平绩效路径,那就是流程绩效的概念。流程绩效主要从两个方面考察:流程的增值性和流程效率。跨部门协作就是为了保障流程绩效的实现以及企业整体目标的达成。

第一,建立沟通协调机制,从信息交流、情感交流、思想交流 3 个依次深入的层面关注部门之间的沟通。第二,梳理工作流程,流程舒畅才能高效合作。第三,运用技巧有效处理管理部门间的冲突。

总之,全面绩效管理是实现目标的全过程管理,只有公司、管理者和员工全部参与到这一互动过程中来,最终才能实现公司的整体目标。

2. 绩效考核管理流程

绩效管理时间轴见表 8-1-32。

表 8-1-32 绩效管理时间轴

时间轴	负责人	事宜安排
九月	集团人力资源	提供社交化培训和表格
十月	雇员	列出其工作目标或关键绩效指标并提交给主管
	主管	评价员工并给出评分 1. 工作目标或关键绩效指标业绩 2. 胜任力 备注:主管无须向员工泄露评分
		提交完整的表格给分公司人力资源部用于整合
十一月	分公司人力资源	用电子表格整合所有的绩效评分
		同分公司的领导讨论,确保对绩效评分依照绩效管理分配指南来整合
		1 d 完成,提交绩效管理评分电子表格给集团人力资源
十二月	集团 HR	用于 GI/MI 管理批复的表格。一旦批复,需立即将电子表格返回给分公司人力资源部
	分公司人力资源	两分公司的领导 HOU/HOD 进行交流
	主管	给员工开会进行绩效反馈
一月/二月	集团或分公司人力资源	奖励或晋升
	主管	设定新的年度关键绩效指标和工作目标

(1)年终绩效考核。员工考核期:1 月至 12 月,考核评估表见表 8-1-33。

表 8-1-33 考核评估表

项目/权重	高管	经理	主管	基层员工
胜任力	20%	30%	40%	50%
KPI 关键绩效指标	80%	70%	60%	50%
绩效管理总汇	100%	100%	100%	100%

(2)绩效评估考核流程。如下。

①主管审查后,与员工见面,讨论他/她的表现。

②主管与牧场经理讨论部门的工作表现,员工考核积分,哪些员工可以提拔,升职或有员工问题要处理。

③考核人要把所有签署后的考核交给牧场人力资源部。

④牧场人力资源部整理后交人力资源总部。

⑤年终奖金、升职由牧场总经理、CFO 和总裁批准。

(3)绩效评估考核时间表

12 月 17 日:绩效考核培训。

12 月 31 日:提交所有考核表格给牧场 HR,整理后交 HR 总部(注:表格必须经过签字确认)。

1 月 1~7 日:HR 总部审核所有考核表格。

1月11日:上层领导审核批准。

1月16日:执行员工加薪和奖金方案。

(4)绩效评估考核项目。见表8-1-34。

表8-1-34 绩效评估考核项目

分量

SN	考核项目	描述	副经理以上	主管与中层	其他员工
1	工作知识	评估对当前工作所需要运用的知识,信息,程序,材料,设备和技术		15	20
2	工作效率与执行力	生产效率,执行力指数		30	20
3	领导/员工管理	能明确规定公司与部门的目标,及确保这些目标得以实现。承担制定和实现部门目标的责任。训练及激励属下员工共同达成目标并能处决纪律问题	20	15	
4	团队合作精神	团队工作能力,并能鼓励团队成员的合作	10	10	15
5	解决问题能力和判断	预计及分析问题的明确和确定适当的解决方案或替代方案。评估结果及采取适当的行动。能作出正确的判断	20	10	
6	员工关系及沟通	与其他工作人员和公众的关系及沟通技巧。考虑内外的工作单位,包括机智与和谐外交	10	10	
7	策划和组织的技能	组织能力和应变能力,能达到期限和贯彻以达到工作目标	10	10	
8	工作质量	评估及时性,准确性,完整性和后续工作,并增加个人及组织的效能;审查和改进过程相关的工作职责			20
9	主动和态度	自动自发能力,机智和创造力适用于该职位的职责。对待工作任务与批评的热忱和态度			20
10	考勤	迟到和旷工次数,包括病假			5
11	策略与目标一致	有策划和应变能力,并按照制定计划以达到公司目标	20		
12	成本效益	分析和评估各种方案以提供最好的结果和最节约成本	10		
		涉及的项目总计	7	7	6

(5)与员工做绩效考核面谈

①鼓励员工积极参与。

②要具体,有书面记录。

③要积极地倾听。

④总结员工工作表现和需改进的地方,明确发展计划。

⑤讨论今后改进的目标，达成共识等。

(6)考核面谈目标

①了解上司对员工的绩效评价。

②让员工了解企业和工作岗位的需求，工作目标、计划。

③如员工有好的贡献，要给予鼓励或奖赏。

④识别需要改进的地方。

⑤加强上司和员工之间的工作沟通，诚实、信任与相互尊重。

(7)绩效评估反馈

①根据胜任力评估和关键绩效指标打分，对员工进行面谈交流反馈。

②帮助员工积极梳理 KPI 及胜任力考核意见。

③制定相关培训及发展规划。

④将反馈情况汇报上级主管领导及人事部门。

(8)薪资调整，年终分红。依据如下。

①企业经营利润。

②个人工作表现。

[撰稿：北京爱德士元亨生物科技有限公司　周东东]

8.2 实用技术案例

8.2.1 牧场规划设计标准

8.2.1.1 颈枷

颈枷见图 8-2-1。

图 8-2-1　颈枷

1. 不同月龄奶牛适合的颈枷尺寸规格

不同月龄奶牛适合的颈枷尺寸规格见表 8-2-1。

表 8-2-1　不同月龄奶牛适合的颈枷尺寸规格

奶牛月龄	奶牛类别		适用颈枷类型	颈枷长度/mm	颈枷高度/mm	自锁宽度/mm
≥24	成母牛	产牛	3.6 m 3 牛位	3 595	960	195
		产牛	3 m 3 牛位	2 995	960	195
		泌乳牛	3 m 4 牛位	2 995	960	195
		泌乳牛	6 m 9 牛位	3 325+2 665	960	195
19～24	青年牛	青年牛	6 m 9 牛位	3 325+2 665	930	178
		青年牛	3 m 5 牛位	2 995	930	178
15～18	育成牛	大育成牛	3 m 5 牛位	2 995	900	165
11～14		育成牛	3 m 5 牛位	2 995	840	157
			3 m 6 牛位	2 995	840	157
7～10		小育成牛	3 m 6 牛位	2 995	840	137
3～6	犊牛	大犊牛	3 m 7 牛位	2 995	710	114
2～4		小犊牛	3 m 9 牛位	2 995	780	—

2. 不同月龄奶牛适合的颈枷安装高度

不同月龄奶牛适合的颈枷安装高度见表 8-2-2。

表 8-2-2　不同月龄奶牛适合的颈枷安装高度

奶牛月龄	奶牛类别	挡墙高度/mm	颈枷安装高度/mm
≥24	泌乳牛	500	520
19～24	青年牛	450	470
15～18	大育成牛	400	420
11～14	育成牛	400	420
7～10	小育成牛	350	370
3～6	犊牛	300	320

8.2.1.2　卧床

卧床见图 8-2-2。

不同月龄奶牛适合的卧床规格参数见表 8-2-3,卧床布置示意图见图 8-2-3 和图 8-2-4。

图 8-2-2 卧床

表 8-2-3 不同月龄奶牛适合的卧床规格参数

卧床类型	月龄/月	牛位宽(A)	规格参数/mm				
			挡颈杆位置(B)	双卧床宽度(C)	卧床高度(D)	栏架缩进量(E)	卧床挡墙(F)
成母牛	≥24	1 200	1 700～1 800	4 500～5 000	1 350～1 400	300～350	200
青年牛	16～24	1 100	1 600～1 700	4 200～4 500	1 250～1 350	250～300	200
大育成牛	12～16	1 000	1 500～1 600	4 000～4 500	1 150～1 200	200～250	200
小育成牛	9～12	900	1 400～1 500	3 800～4 500	1 100～1 150	200～250	200
大犊牛	6～9	700	1 300～1 400	3 500～4 500	950～1 000	150～200	150

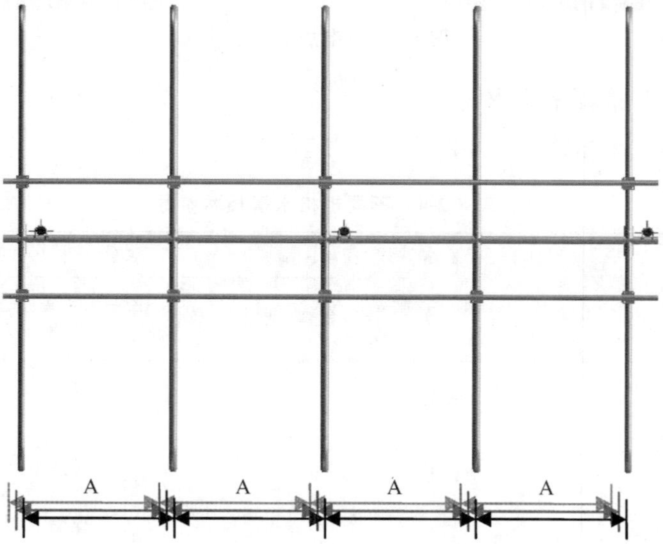

图 8-2-3 卧床平面布置示意图

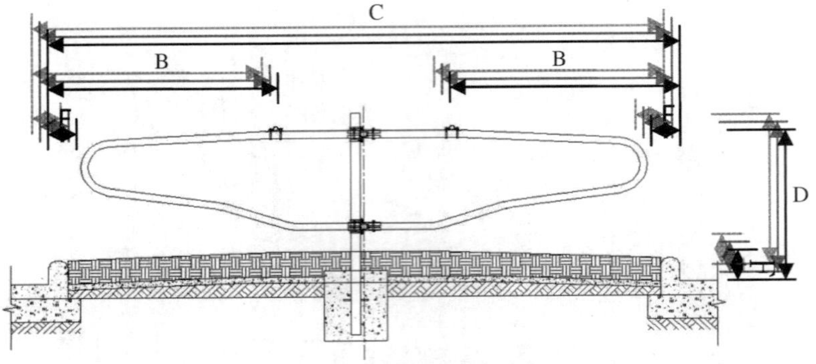

图 8-2-4　卧床立面布置示意图

8.2.1.3　电加热饮水槽

电加热饮水槽见图 8-2-5。

图 8-2-5　电加热饮水槽

1. 不同规格水槽技术参数

不同规格水槽技术参数见表 8-2-4。

表 8-2-4　不同规格水槽技术参数

<table>
<tr><th rowspan="2">水槽规格</th><th rowspan="2">使用头数</th><th rowspan="2">外形尺寸</th><th colspan="2">盛水参数</th><th colspan="2">保温层</th><th colspan="3">进水系统</th><th colspan="2">排水系统</th><th colspan="2">加热系统</th></tr>
<tr><th>盛水量</th><th>盛水深度</th><th>材料</th><th>厚度</th><th>管径</th><th>控制方式</th><th>保温方式</th><th>管径</th><th>排水方式</th><th>功率</th><th>电压</th></tr>
<tr><td>DYSC-4. 0</td><td>30～40</td><td>500 mm×500 mm ×4 000 mm</td><td>380 L</td><td rowspan="4">300 mm</td><td rowspan="4">聚苯乙烯</td><td rowspan="4">30 mm</td><td rowspan="4">DN20</td><td rowspan="4">自锁式球阀</td><td rowspan="4">伴热带＋保温棉</td><td rowspan="4">≥DN40</td><td rowspan="4">直排</td><td>1 050 W</td><td rowspan="4">24 V</td></tr>
<tr><td>DYSC-3. 6</td><td>25～35</td><td>500 mm×500 mm ×3 600 mm</td><td>340 L</td><td>1 050 W</td></tr>
<tr><td>DYSC-2. 4</td><td>20～25</td><td>500 mm×500 mm ×2 400 mm</td><td>220 L</td><td>700 W</td></tr>
<tr><td>DYSC-1. 5</td><td>10～15</td><td>500 mm×500 mm ×1 500 mm</td><td>130 L</td><td>350 W</td></tr>
</table>

2. 水槽安装技术参数

水槽安装技术参数见表 8-2-5。

表 8-2-5 水槽安装技术参数

奶牛月龄	奶牛类别	水槽基础高度	水槽安装完高度
月龄≥24	泌乳牛	200 mm	700 mm
18≤月龄<24	青年牛	150 mm	650 mm
15≤月龄<18	大育成牛	100 mm	600 mm
11≤月龄<14	育成牛	100 mm	600 mm
7≤月龄<10	小育成牛	50 mm	550 mm
3≤月龄<6	大犊牛	0 mm	500 mm

8.2.1.4 刮粪板

刮粪板见图 8-2-6。

图 8-2-6 刮粪板

主要的工作流程:电机启动→传动轮转动→链条运转→刮板运行→刮板将粪刮入粪沟。

表 8-2-6 不同刮板类型适用牛舍长度

刮板类型	适用牛舍长度/m
0.75 kW 单驱	≤120
1.5 kW 单驱	120～150
0.75 kW 双驱	150～180

8.2.1.5 卷帘

卷帘见图 8-2-7。卷帘规格参数见表 8-2-7。

图 8-2-7　卷帘

表 8-2-7　规格参数

洞口高度	卷帘	长度
≤2 m	双层卷帘(上层较下层低 0.4 m)	
2～4 m	三层卷帘(上层较下层均低 0.4 m)	≤100 m
4～6 m	双层卷帘(上层较下层低 0.4 m)	

8.2.1.6　智能喷淋系统

智能喷淋系统见图 8-2-8。

图 8-2-8　智能喷淋系统

喷淋的选用参数见表 8-2-8。

表 8-2-8　喷淋选用参数

喷淋	参数及描述
电压	24 V
喷头	单向喷头、360°喷头可选，间隔 1.5 m
水流量	数据同喷头参数
水压要求	1.4 kg/cm^2

智能喷淋系统主要是由高压风机及喷淋系统联动作用，其规格参数如表 8-2-9 所示。

表 8-2-9　规格参数

风机	参数/描述	
产品型号	JPFJ-1000	JPFJ-1200
外框尺寸	1 140 mm×1 140 mm×80 mm	1 400 mm×1 400 mm×95 mm
电源	380 V/50 Hz	380 V/50 Hz
风量	25 222 m^3/h	30 500 m^3/h
最大风距	23 m	30 m
扇叶直径	1 m	1.2 m
转速	720 r/min	550 r/min

8.2.1.7　挤奶系统

1. 转盘式挤奶机

转盘式挤奶机见图 8-2-9。

图 8-2-9　转盘式挤奶机

不同转盘挤奶机型号适用牛场规模见表 8-2-10。

表 8-2-10　不同转盘挤奶机型号适用牛场规模

转盘型号	牛场规模(挤奶牛)
50 位转盘	1 000～1 500 头
60 位转盘	1 200～1 800 头
80 位转盘	1 600～2 400 头
84 位转盘	1 600～2 600 头

2. 并列式挤奶机

并列式挤奶机见图 8-2-10。

图 8-2-10 并列式挤奶机

不同并列式挤奶机型号适用牛场规模见表 8-2-11。

表 8-2-11 不同并列式挤奶机型号适用牛场规模

并列式挤奶机型号	牛场规模(挤奶牛)
2×20	500～800 头
2×24	600～1 200 头
2×30	800～1 500 头
2×50	1 200～2 400 头

以上数据来自北京京鹏环宇畜牧科技股份有限公司。

[撰稿人:北京京鹏环宇畜牧科技股份有限公司 聂会武 葛锋 李宇]

8.2.2 牧场消毒与防疫管理程序

8.2.2.1 牧场消毒

1. 门卫管理

①门房 24 h 保持有人值班。

②牧场大门及人员通道平时要保持关闭状态。

③人员及车辆出入管理制度明确,落实责任到人。

④牧场门口设立防疫警示标志、入场须知、消毒流程。

⑤消毒池及消毒通道设施完善并保持消毒设备正常使用。

⑥消毒池、消毒通道等的消毒药液必须保证药液有效,喷雾消毒不得使用对人体有害的药物如氢氧化钠、过氧乙酸等强酸强碱腐蚀性的药品,冬季防止冻结。

⑦消毒剂应存放在阴凉的专用房间,注意有效期,消毒剂的使用必须严格按使用规范配比,现配现用,定期更换。

⑧具备为进入生产厂区的外来人员配置的防护用品。

⑨外来人员与车辆出入场登记要求完整、规范。

2. 人员及车辆管理

①进入厂区的人员和车辆必须按消毒流程的要求严格消毒。

②外来人员及车辆必须经主管领导的同意,填写入场登记。

③外来人员进入生产区必须穿好防护服。

④内部员工进入生产区必须更换工作服、鞋、帽,出生产区更换生活服,工作服应保持清洁、定期消毒,与生活服分别放置在专用的衣柜内。

⑤所有人员不得将动物、生肉带入生产区。

3. 消毒管理

①人员进入消毒间先将手浸入消毒液,再用清水冲洗,在消毒通道内停留 3 min 充分接受紫外灯或雾化消毒,脚踏消毒液以淹没鞋底为准。

②车辆进入厂区,司机先进入消毒间消毒后将车辆开入消毒池消毒轮胎,车辆其他部位进行喷雾消毒,整车消毒以滴水为标准。

③生产区和办公区每日进行清扫,及时将垃圾运至专用的场所。

④厂区定期每 1～2 周进行大消毒,不留死角,消毒标准以地面、墙面均匀湿透为标准。

⑤对重点场所如犊牛舍、产房、病畜舍应每日消毒一次。

⑥有疫情危机时或发生疫情时,每日消毒一次。

⑦对病死牛、胎衣、流产胎儿必须做无害化处理,对医疗垃圾集中存放。

⑧牧场至少具备 3 种以上的消毒药(表 8-1-12),如稀戊二醛溶液、碘制剂、火碱等,应用于不同的消毒对象。

⑨消毒药严格按说明使用并交替应用。

⑩及时清理粪尿并运至专门场所。

表 8-1-12 常见消毒药物

药物	浓度	应用范围
氢氧化钠(火碱)	2%～3%	场门口、圈舍、饲槽、车辆、道路
氢氧化钙(生石灰)	10%～20%	墙壁、柱子
碘伏	0.5%～1.0%	乳头浸泡
过氧乙酸	0.3%～0.5%	牛舍、食槽
稀戊二醛溶液	1∶400(常规),1∶200(疫期)	牛舍、器具、车辆
碘制剂	0.1%～0.2%	牛舍、母牛后躯、助产器

8.2.2.2 牧场防疫

1. 强化防疫意识,重视防疫工作

(1)强化防疫意识。充分认识防疫工作的首要性和重要性,提高全员防疫的自觉性和主动性,普及防疫知识,提高防疫水平。

(2)建立防疫领导小组。主管防疫领导负责制,统一部署,认真贯彻和执行防疫规范,不走过场,落到实处。

2. 严格免疫程序，确保免疫质量

(1)全年定期强制免疫计划

①每年至少 3 次注射口蹄疫疫苗。

②每年一次(秋季)注射炭疽疫苗。

③每年 5 月底或 6 月初接种牛流行热疫苗，间隔 21 d 同剂量第二次注射。

④布病净化，疫苗接种。

⑤干奶期魏氏梭菌疫苗接种。

⑥其他疫苗(BVD，BRSV，PI3，IBR 等)。

(2)牧场各种疫苗免疫程序

①口蹄疫疫苗免疫程序。

疫苗：使用口蹄疫 A 型、口蹄疫 O 型、亚洲Ⅰ型三价灭活疫苗，肌肉注射，免疫期为 6 个月。

剂量：4～6 月龄(包括 6 月龄)的小牛 2.0 mL/头，6 月龄以上所有牛只 3 mL/头。

免疫条件：4 月龄以上的所有牛(包括 4 月龄)青年牛、挤奶牛，4 月龄犊牛首免一次，30 d 后加强免疫一次，以后每 3～4 个月免疫一次。

疫苗监测：每月一次，疫苗注射 30 d 后按比例随机采血进行抗体检测，合格率大于 90% 为达标。

②布病疫苗免疫程序。

疫苗：使用 A19(S19)疫苗，采用尾根部皮下注射免疫(或眼结膜免疫)。

剂量：所有牛只不分月龄大小一律 3 mL/头。

免疫条件：首免满 4 月龄，次免满 13 月龄。阳性牛群在第 1 年对 3 月龄以上牛实施整群免疫(怀孕牛暂不免疫，在产后 30～60 d 进行免疫)，从第 2 年开始仅对 3～6 月龄后备犊牛进行免疫。

抗体检测：每月一次，免疫 30 d 后采样，每次免疫数量＜500 头随机采血 20 头；每次免疫数量大于等于 500 头小于 3 000 头随机采血 50 头；每次免疫数量大于等于 3 000 头随机采血 100 头，合格率达 99% 为达标。

③梭菌疫苗免疫程序。

疫苗：羊梭菌病多联灭活干粉苗，每瓶梭菌疫苗干粉用一瓶氢氧化铝胶生理盐水稀释液稀释，使用时摇匀，皮下注射(尾根部位)，免疫期为 6 个月。

剂量：4 月龄小牛 2.5 mL/头，12 月龄以上的所有牛 3 mL/头。

免疫条件：满 4 月龄首免，30 d 后加强免疫一次，满 13 月龄次免，产前 21 d 追加免疫。

3. 免疫注意事项

①所有疫苗入库时必须做好登记(生产厂家、生产日期、有效期、注意事项等)。

②免疫后注意观察牛只异常反应，出现异常，立即使用 0.1% 肾上腺素(5 mL)一次注射。

③做好疫苗的运输、储存、保管等工作，注意疫苗的保存条件和有效期。

④皮下注射时应用 16×15 号的针头，肌肉注射时用 16×25 号的针头。

⑤免疫用过的针、头、瓶、破损注射器、手套等都要做集中收集，集中焚烧处理，不得随意

丢弃。

⑥如果遇其他疫苗进行免疫，间隔 15 d 后才可进行免疫。

⑦免疫时应把跑散的牛集中起来再进行免疫，严禁打飞针。

⑧免疫时要集中免疫，缩短免疫时间，确保免疫准确性，防止因调牛、混圈等原因造成的漏免。

⑨如果注射时操作者手划伤，应及时用碘酊消毒，必要时口服抗生素治疗。

⑩免疫之前必须检查疫苗是否过期，不能使用过期药。

⑪严格免疫操作程序，免疫器械和注射部位严格消毒，注射适当深度，保证有效剂量，一牛一针，专人注射，专人记录，专人监督。

⑫做好免疫记录，记录包括疫(菌)苗的批号、有效期、免疫时间等。

⑬免疫时应注意保护自身安全。

8.2.2.3 防疫管理

①严格检疫程序，做好春、秋两季奶牛布病、结核、副结核病等检疫工作。

②疫情流行期实行封闭式管理。

③疫情流行期任何非场人员和车辆(如非本场车辆进入生产区积肥、拉粪、运牛等)不得进入生产区。各场出售的牛粪、小公牛、淘汰牛等，必须中转到场区外。

④引进奶牛必须在场外隔离 45 d，经检查健康后方可进场。

⑤禁止其他动物或肉类，进入或带入生产区，生产区内不准解剖病畜。

⑥禁止职工在家养殖偶蹄动物，禁止任何职工以任何形式对外服务(如兽医人员、配种人员对外行医或服务)。

⑦不得从疫区购买饲草、饲料。

⑧定期灭鼠灭蝇。

⑨动员全员力量，特别是加强兽医工作和管理，每天勤查槽，细查槽，发现异常情况必须及时逐级上报相关部门。

[撰稿：华秦源(北京)动物药业有限公司　刘小明]

8.2.3 围产牛：破解传言

8.2.3.1 坊间传言 1：血液中高游离脂肪酸(NEFA)和 *β*-羟丁酸(BAHA)对奶牛有害无益

已有许多证据表明血液中 NEFA 和 BHBA 浓度升高会对奶牛产生一些潜在的负面影响，有几项大型流行病学的研究结果显示，当围产期奶牛血液中的 BHBA 浓度达到 1.2～1.4 mmol/L 时，对奶牛的负面影响就开始显现，产奶量开始降低。因此，通常建议如果牛群中有超过 10%～15%的奶牛血液 BHBA 的浓度超过 1.2 或 1.4 mmol/L，说明该牧场的酮病风险已经达到警戒水平，此时就应该着手找出背后的原因。

从产犊到泌乳早期，奶牛将从脂肪组织中动员能量(图 8-2-11)，体脂储存中的甘油三酯分解为甘油和游离脂肪酸(NEFA)。NEFA 离开脂肪组织进入血液,其中大约有 25%会被肝脏吸收。在理想情况下,如果所有的 NEFA 在肝脏中被完全氧化,为细胞提供能量或被转运至母牛的乳房以支持泌乳,那就完美了。然而,随着血液中 NEFA 的升高,一部分 NEFA 又会和甘油结合生成甘油三酯(TG)并储存在肝脏中,或者未被完全氧化生成酮类,如 β-羟丁酸(BHBA)。当血液中的 NEFA 或 BHBA 变得过高时,就会对奶牛造成潜在的负面影响(这方面的研究文献很多),包括干物质采食量减少、慢性炎症、免疫功能下降、氧化应激、妊娠率降低、肝脏葡萄糖生成受损、皱胃移位风险增加、脂肪肝和酮病增多。然而,需要引起注意的是,NEFA 和 BHBA 也具有非常重要的功能,它们是包括乳腺在内的机体组织的能量来源,并且是乳脂合成的前体。

图 8-2-11　奶牛体脂动员

破解传言:血液中高的 NEFA 和 BHBA 可用于支持泌乳,并不一定是坏事。

手持式血酮仪可以很方便地检测牛血液的 BHBA 值,因此,奶牛场血酮检测频率显著增加,增加的测试导致牧场生产者提出问题频率也增加了:“超过 15%的奶牛的血酮值在 1.2 以上,但我的奶牛却在疯狂挤奶。我应该担心吗?”流行病学研究表明它们应该是亚临床酮病,但仔细分析:一项多个大学更广泛的研究选择了两个遗传系牛群,分别采用高遗传潜力的优良精液和具有平均遗传价值的精液,该研究持续了数十年。在创建这两个遗传系数十年后,总结出以上数据(图 8-2-12,图 8-2-13 和图 8-2-14;Harrison 等,1990)。奶牛产犊后产奶量立即开始增加,高遗传潜力精液的后代每天多产生 12 lb 以上的牛奶,两种组群之间的 FCM 产量也有很大差异。然而,直至产犊后 4 周,两组之间的干物质采食量都没有差异。因此,高遗传潜力奶牛在这段时间内具有更高的血液 NEFA 和 BHBA。最近的研究也表明 BHBA 的浓度高于 1.2 mmol/L 的奶牛产奶量高于 BHBA 低于该水平的奶牛。如何将这些数据与上面引用的流行病学研究的大数据结果进行协调?请注意,流行病学研究是使用基数非常大的动物和群体进行的,因此,这些研究的结论可能适用于普通的牛或牛群。1.2 mmol/L 的 BHBA 值很可能是一个很好的节点,但它可能不适合于所有的畜群,特别是那些具有遗传优势的牛群。

用一个标准一刀切式地衡量不同奶牛血液中的酮体含量可能会产生误导。如果奶牛血酮检测值高于警戒水平(>1.2 mmol/L),但是奶牛的产量却在不断上升并且它们没有其他问题(如皱胃移位发病率高,繁殖性能降低等),那么请不要担心,你的奶牛是具有高遗传潜力的好牛。这并不意味着血酮检测没有用,血酮检测是一个很好的工具,特别是用于监控牛群整体的变化,这可能表明牧场的一些变化会对牛群的生产性能产生负面的影响。如血酮含量有增高的趋势可能是由饲草质量降低,饲养密度增加等因素造成的。

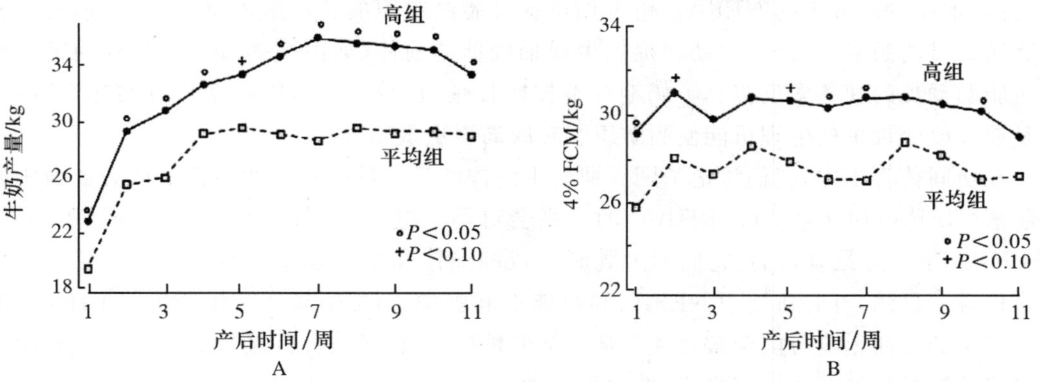

图 8-2-12 日平均奶产量(A)和 4%FCM(B)在两组牛群中的比较(Harrison 等，1990)

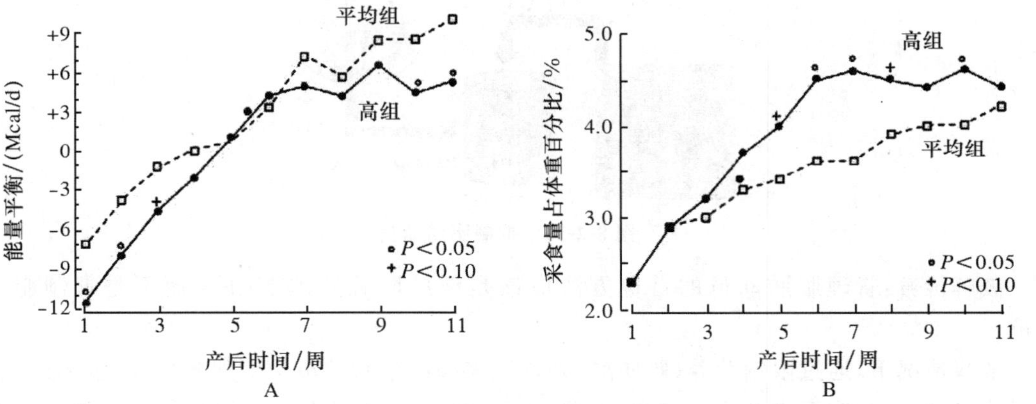

图 8-2-13 能量平衡(A)和采食量占体重百分比(B)比较(Harrison 等，1990)

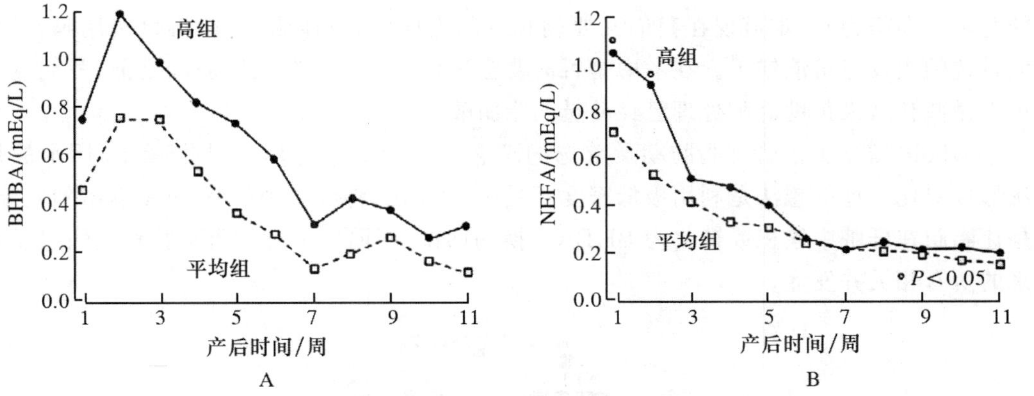

图 8-2-14 血液中平均 BHBA(A)和 NEFA(B)浓度比较(Harrison 等，1990)

8.2.3.2 坊间传言 2:对抗血液中高 NEFA 的最好办法是抑制脂肪动员

营养学家提出了许多尝试减少脂肪动员的方法。将烟酸输送到血液中可以抑制脂肪动员，有效地减少血液中的 NEFA。铬可用于提高脂肪组织的胰岛素敏感性，胰岛素是一种抑制脂肪动员的激素。另外，向动物提供生成葡萄糖的前体（如丙酸钙、丙二醇、甘油等），可以减少脂肪动员的胰岛素反应。干奶期饲喂控能日粮，在减少产后脂肪动员方面非常有效，可能是通过改变母牛的生理机能使脂肪组织对胰岛素更敏感。

在坊间传言 1 中，我们讨论了围产期奶牛的体脂肪动员以及行业内普遍认为血液中游离脂肪酸（NEFA）和 β-羟丁酸（BHBA）的升高会对奶牛造成不利影响。我们通过解释 NEFA 和 BHBA 不一定是有害的，它们作为乳脂合成的前体和牛奶合成的能源来支持泌乳破解了这个传言。显然，有时血液中 NEFA（和可能由肝脏中 NEFA 部分氧化产生的 BHBA）的升高对奶牛的负面影响可能会被夸大。从以前的情况来看，解决此问题的方法是提供作用于脂肪组织的饲料添加剂或治疗措施，抑制脂肪动员并减少 NEFA 进入血液和肝脏（图 8-2-15）。

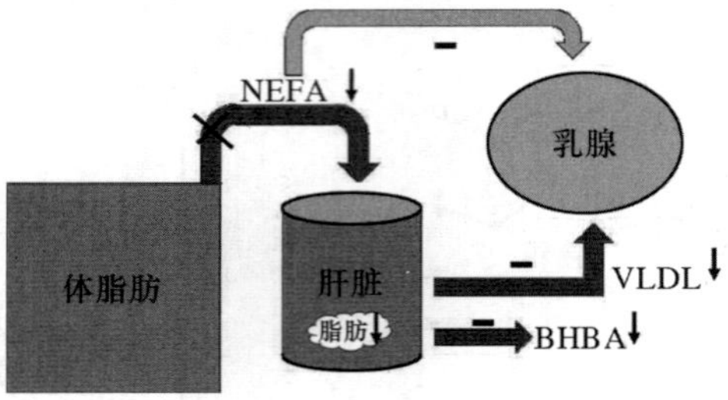

图 8-2-15　抑制脂肪动员

破解传言：管理脂肪动员的首选方法应该是帮助肝脏处理 NEFA 而不是抑制脂肪的动员。

某些情况下，通过限制营养（脂肪酸）到乳腺来抑制脂肪动员会对奶牛的泌乳性能产生负面影响，这也是围绕下文各个传言的主题。John Newbold 博士很好地总结了传统方法的潜在弊端："对脂肪组织动员的营养限制可能是必要的，但这是一个哲学问题。我们选育的奶牛越来越依赖动员体内脂肪储备作为产奶的营养来源，为此我们支付了遗传育种的费用（向高产的育种方向努力）。难道现在我们又要朝相反的方向（阻止体脂动员）再付费用吗？因此，我们首选的出发点可能错了。在考虑是否需要尝试减少供给肝脏的脂肪酸之前，我们应该探索可以做些什么来帮助肝脏处理已经动员的脂肪酸。"

Newbold 博士关于管理脂肪动员首选的理念如图 8-2-16 所示，与图 8-2-15 所示的传统方法形成对比。他的想法是利用极低密度脂蛋白（VLDL）将肝脏中的 NEFA 输出到乳腺，而不是让脂肪在肝脏中累积或转化为 BHBA。换句话说，帮助奶牛避免脂肪肝和酮病以及随之而来的所有相关并发症。

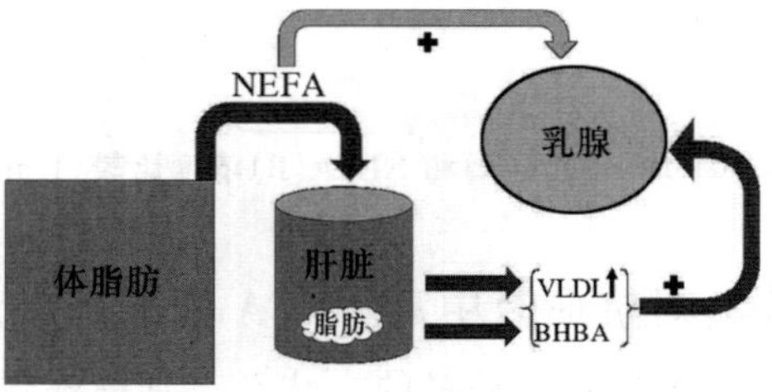

图 8-2-16　脂肪动员的改进方法

管理脂肪动员的首选方法应该是帮助肝脏代谢！目前已知的对此有作用的是胆碱。胆碱是一种必需营养素，但不幸的是日粮中绝大部分的胆碱在瘤胃中被降解，因此，对于反刍动物来说，胆碱必须以保护其免受瘤胃降解的形式进行额外补充。胆碱的作用机理在于增强磷脂酰胆碱的合成，从而合成更多的极低密度脂蛋白(VLDL)，VLDL 可以与脂肪结合，将肝脏中的脂肪输出到机体的其他组织(如乳腺)。大量研究表明，当干奶期或围产期奶牛经历剧烈的脂肪动员时，补充过瘤胃胆碱会有效地减少脂肪在肝脏中的累积。正如 Newbold 博士所建议的那样，胆碱是积极地支持泌乳而不是减少对乳腺提供营养物质(NEFA 和 BHBA)。多个围产期的研究表明，补充过瘤胃胆碱可以增加产奶量 2.2 kg/d 或每天 2.1 kg(图 8-2-17)。

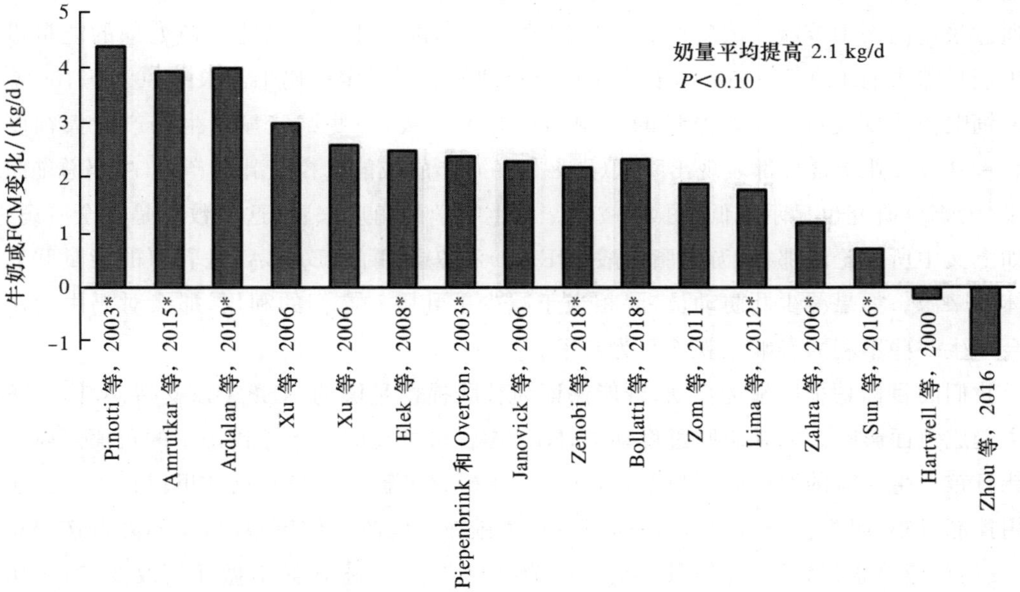

图 8-2-17 过瘤胃胆碱对围产期奶牛产奶量影响

8.2.3.3 坊间传言 3:干奶期控能日粮"恰到好处"，奶牛都应该使用

从能量的角度来看，干奶期使用控能日粮可以让奶牛"恰到好处"。大量研究表明，与饲喂高能日粮相比，控制干奶期的能量摄入会导致产犊后血液中 NEFA 和 BHBA 的含量降低，肝脏的脂肪减少，以及皱胃移位的发生率降低。较低的 NEFA、BHBA 和肝脏脂肪含量反映了较低的脂肪动员率，因为饲喂控能日粮的牛改变了它们的新陈代谢，因此，它们的组织对胰岛素更加敏感，胰岛素是一种减少脂肪动员的激素。由于 BHBA 值的改善以及在整个干奶期饲喂一种日粮的成本较低而且简单便于操作，因此，控能日粮已在奶牛场被广泛采用。还有什么比这更好的？奶牛没有吃不饱或过量饲喂，而是"恰到好处"。

过去 20 年进行的大量研究表明，我们不再需要"预热"奶牛，即在产犊前 3 周内增加谷物来过渡奶牛。对奶牛进行"预热"主要是为了使瘤胃及其微生物适应在产犊后含有较高谷物的日粮。较新的研究都是饲喂全混合的日粮(TMR)，而较早的研究则是将精饲料分开饲喂。随着 TMR 技术的出现，现在的奶牛从未像以前(就像精饲料与粗饲料分开饲喂时)一样单独消化谷物。这很可能在很大程度上解释了为什么在大多数情况下，没有必要对奶牛进行“预热”。因此才有了这样的理念：整个干奶期可以只给奶牛饲喂一种能量含量一致的日粮。从实用角度来看，这是一项技术突破，因为它意味着干奶期的日粮成本可以降低，并且可以简化饲喂方案。在这种背景下，控能日粮方案诞生了。控能日粮，其低质粗饲料(通常是秸秆类)含量很高，并在整个干奶期饲喂。饲喂这些日粮的目的在于，奶牛可以自由采食，在满足奶牛的能量需求的同时又不会超过奶牛需求，即“恰到好处”。

破解传言：单纯的只饲喂控能日粮，对于奶牛来说可能并不是“恰到好处”。

图 8-2-18、图 8-2-19 和图 8-2-20 分别显示了 10 个研究的结果，其中将控能日粮与高能日粮进行了比较。通过采用饲喂控能日粮与高能日粮(两种日粮能量浓度不同，自由采食饲料)或通过采用同一中等能量浓度的日粮但饲喂量不同进行比较。高能日粮处理的能量设定是奶牛能量需求的 140%～150%，而控能日粮处理的能量设定是奶牛需求的 80%～100%。

饲喂控能日粮对于牛奶产量的影响结果并不一致，一些试验显示牛奶产量大幅度减少(图 8-2-18)。乳脂含量都表现出降低(图 8-2-19)，脂肪或能量校正乳的产量(牛奶总能量的输出量)大部分研究也显示降低(图 8-2-20)。从生物学的角度来看，这些数据是完全有道理的。正如上文中所讨论的那样，游离脂肪酸(NEFA)和 β-羟丁酸(BHBA)是乳腺的能量和乳脂肪前体的来源。如果减少脂肪动员，就相当于减少了乳腺对它们的利用，那么对奶牛的泌乳性能会产生一些不利的影响也就不足为奇了。

我们的目标是采取平衡行动，既能保证为乳腺提供足够的 NEFA 以支持泌乳，又不会对母牛造成负面影响。如果脂肪过度动员，NEFA 含量过高则可能导致奶牛的负面影响。饲喂控能日粮产生反应的原因尚不清楚，需要进一步研究来解释。我们在这里讨论不是为了避免使用控能日粮，奶牛完全可以采食这种日粮，关键在于既改善健康状况，又不降低产奶量。然而，我们也应该意识到，单纯的只是饲喂控能日粮，想一劳永逸而不做任何改变，对于奶牛来说可能并不是“恰到好处”。请记住，当我们制定日粮时，日粮的能量浓度值只是估计值。请注意，满足 100%的能源需求(纸上)对于奶牛的实际需要来说可能有点太低。不幸的是，很少有研究将能量的摄入量定在 100%～150%，以找到干奶牛的最佳能量需求水平。

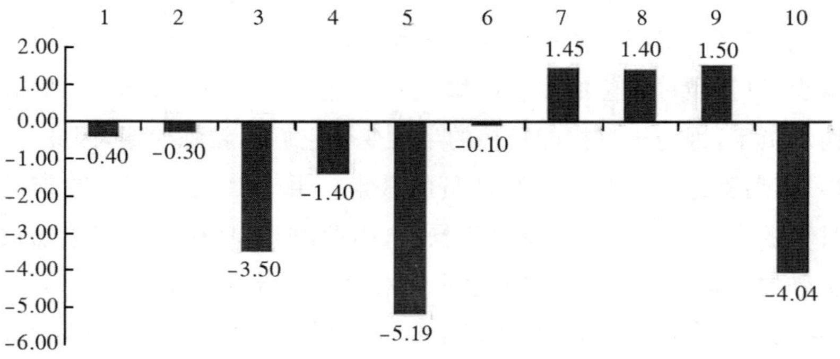

图 8-2-18　10 个研究对奶产量的影响

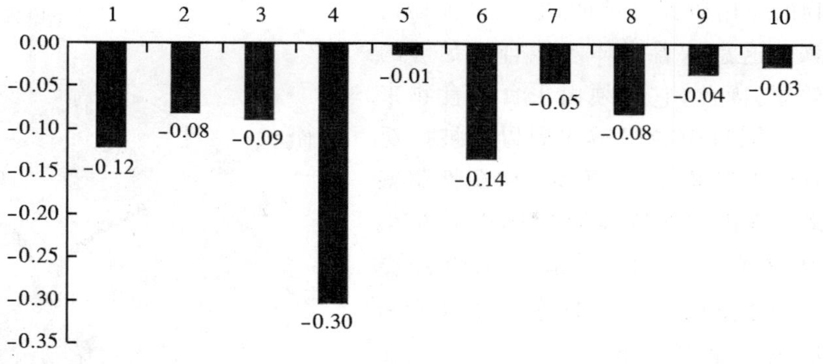

图 8-2-19 10 个研究对乳脂率的影响

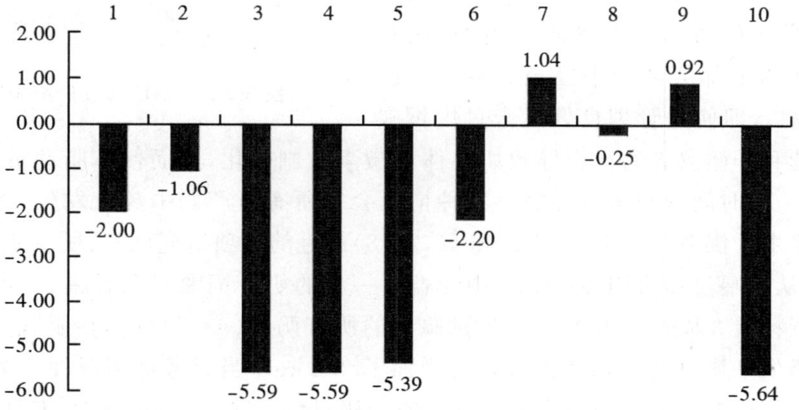

图 8-2-20 不同处理对能量矫正乳产量的影响

8.2.3.4 坊间传言 4:胆碱只用于有问题的牛群

许多营养学家和兽医认为胆碱是一种饲料添加剂,只有在围产期牛群出现问题时才饲喂,他们意识到胆碱具有预防脂肪肝和酮病的作用。考虑到下面讨论的生物学过程,以及围产期奶牛特别容易患脂肪肝和酮病这一事实,许多顾问仅把胆碱推荐给肥胖牛过多的牛群也就不足为奇了。

胆碱在奶牛的生物学中有很多作用,错综复杂地参与甲基转运,在能量和蛋白质代谢、基因表达和神经传递中发挥重要的作用。胆碱是合成磷脂酰胆碱(PC)的重要前体,PC 是所有细胞膜以及乳脂肪球膜的组成部分。PC 是组装脂蛋白以及在器官内和器官之间运输脂肪所必需的物质,特别重要的是 PC 在极低密度脂蛋白(VLDL)合成中的作用,VLDL 负责将脂肪输出肝脏。正如上文所述,在体脂剧烈动员的过程中,脂肪从肝脏输出对于围产期奶牛至关重要。从体脂储存中释放的 25%～30%的游离脂肪酸(NEFA)可以被肝脏吸收,相对于将 NEFA 合成脂肪储存在肝脏中或转化为酮类(图 8-2-21)来说,将它们包装到 VLDL 中以输送到乳腺和其他组织提供能量就显得非常重要。如果 PC 是限制性的,VLDL 的产量就是有限的,因此,肝脏的脂肪储存和酮体产量就会增加。

破解传言:围产期奶牛都需要补充胆碱。

由于对胆碱的生物学机理并不完全清楚,胆碱仅适用于超胖奶牛的传言长期存在。胆碱对于其他动物的作用研究已证明，它是一种动物必需的营养素。这意味着身体不能合成足够的胆碱以保持健康，因此，它必须由采食的食物来额外补充。由于饲料中的胆碱在瘤胃中被广泛降解，因此，对奶牛来说，需要更多的内源性胆碱才能满足需求。在围产期特别是在产犊时，母牛血液中 NEFA 急剧升高，流入肝脏的 NEFA 突然增多，而母牛自身根本无法使足够的 PC 和 VLDL 从肝脏输出足够的脂肪(图 8-2-22)。在已经研究的各种动物中，脂肪肝是胆碱缺乏症的典型症状，在围产期，所有新产奶牛都会经历在肝脏中堆积脂肪的过程。大量研究表明，超过 50%的围产期奶牛都会经历中度至重度脂肪肝(Bobe 等，2004)，即使是管理良好且未过度饲喂的奶牛。产犊和开始泌乳的行为导致奶牛体内激素急剧变化，从而使体脂动员，NEFA 释放激增，并产生一段时间的胆碱缺乏症。这种情况会在所有新产奶牛身上发生，而不只是达到某种条件的奶牛。佛罗里达大学(Zenobi 等，2018)最近的一项研究证实，所有奶牛，不仅仅是肥牛，都可以从饲喂过瘤胃胆碱(RPC)中受益。一半的奶牛饲喂对照日粮，一半的奶牛从产犊前 3 周到产犊后 3 周补充 RPC。比较试验中的所有奶牛($n=91$)时，在泌乳期的前 15 周，补充胆碱的奶牛平均每天产奶量比对照组增加了 2.2 kg。当只考虑体况评分为 3.5 或更低的奶牛($n=76$)时，补充胆碱的奶牛平均每天的产奶量增加了 2.7 kg，显然，RPC 并不是只对过肥的奶牛有效果，所有奶牛都需要 RPC 的其他证据来自 13 项围产期奶牛研究的荟萃分析，该分析显示了饲喂 RPC 的好处。饲喂 RPC 的平均奶产量提高了 2.2 kg/d($P<0.0001$)，P 值低即意味着各个研究之间的结果非常一致。这证实了一头怀孕的母牛只要饲喂 RPC 就能从中获益，与饲料、牛舍环境、遗传背景、动物原产地及管理等不同因素以及奶牛是否过肥都没有必然的联系。

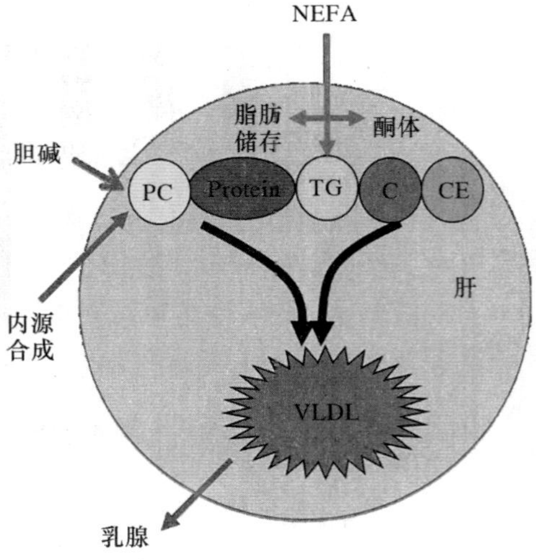

图 8-2-21 NEFA 在肝脏中的代谢

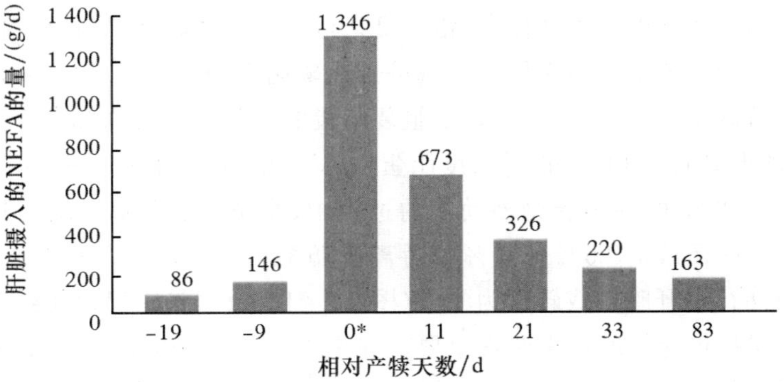

图 8-2-22 围产期肝脏摄取 NEFA 的变化(Reynolds 等，2004)

胆碱是一种必需的营养素，在围产期由于母牛在生理上的突然变化而引起缺乏，这种变化是由与分娩和泌乳有关的激素变化而息息相关的。食物中的胆碱会被瘤胃微生物广泛降解，同时奶牛没有足够的内源性胆碱来满足围产期所有组织的需求。补充过瘤胃胆碱有利于所有的围产期奶牛，因为它们都是怀有小宝宝的母亲。

8.2.3.5 坊间传言5：如果饲喂控能干奶日粮，就不需要饲喂过瘤胃胆碱

在上文的叙述中，我们讨论了在围产期管理脂肪动员的不同策略。传统的方法是尝试减少脂肪动员，以降低由升高的血液游离脂肪酸(NEFA)和β-羟丁酸(BHBA)引起的潜在的负面影响。控能日粮已被证明能有效地调节脂肪动员，如血液中NEFA和BHBA降低以及肝脏中脂肪含量降低。据此认为，这些日粮可以增强脂肪组织的胰岛素敏感性，另一种方法是不控制脂肪动员，但有助于肝脏处理NEFA，增强其作为极低密度脂蛋白(VLDL)的成分运出肝脏，然后乳腺可利用VLDL进行乳的合成。饲喂过瘤胃胆碱(RPC)是目前唯一已知的可以帮助奶牛处理围产期大量的NEFA流入肝脏的工具，可以减少肝脏脂肪积累和增强泌乳性能。现在的问题是：您是否只需要使用一种方法？一种方法优越吗？每种方法的结果是加成还是冗余？

由于饲喂控能日粮能够缓解脂肪动员，有利于围产牛健康，因此，当饲喂控能日粮时，营养顾问经常拒绝将RPC用于降低肝脏脂肪积累和改善动物健康的建议。

破解传言：无论采用何种日粮，过瘤胃胆碱对围产期奶牛不可或缺。

佛罗里达大学最近进行了一项试验，研究与饲喂控能日粮相比，当奶牛在干奶期过量消耗能量时，饲喂RPC是否对经产母牛更有帮助。以2×2因子设计4个日粮处理，整个干奶期(平均48 d)一半的奶牛饲喂控能日粮(满足奶牛的能量需求)，另一半干奶牛提供相当于140%能量需求的高能日粮。每个能量水平的奶牛又分别分为2组，一半饲喂没有补充RPC的日粮，另一半从产前3周直到产后3周补充15 g/d的氯化胆碱(以纯的氯化胆碱计算)。产犊后，所有奶牛都饲喂相同能量浓度的新产日粮。出人意料的是，本研究中测量的参数几乎没有相互作用。换句话说，无论在干奶期饲喂什么能量浓度的日粮，对RPC的反应都是相同的。饲喂RPC的牛群在产后15周内平均奶产量提高了2.2 kg/d。研究人员在试验结束后继续监测产奶量，持续到产后40周(图8-2-23)。有趣的是，奶产量的表现与上文讨论中的13个试验荟萃分析中的平均奶产量的表现相同。

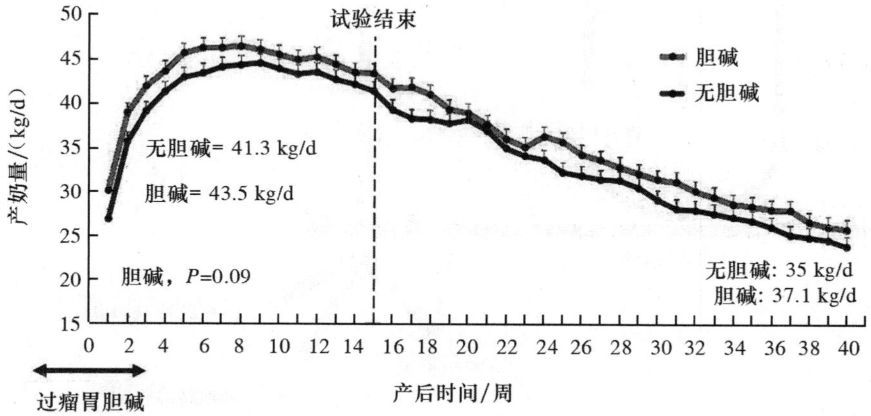

图8-2-23 从产犊前3周到产犊后3周饲喂RPC对产奶量的影响(Zenobi等，2018)

佛罗里达大学的试验表明，饲喂 RPC 对奶牛的影响与干奶期间饲喂的日粮无关。因此，营养顾问可以建议将 RPC 用于围产期奶牛，即使它们在干奶期采食的是控能日粮。这与上文“传言 3”中提出的结论一致：所有围产期奶牛都可以从补充 RPC 中受益，因为所有围产奶牛都怀有小牛。产犊和开始泌乳诱导的生理变化使得围产牛自身缺乏胆碱，需要从日粮中补充。

8.2.3.6 坊间传言 6：如果饲喂过瘤胃蛋氨酸，就不需要饲喂过瘤胃胆碱

在非反刍动物的研究中，已经确定了胆碱和蛋氨酸是代谢相关的。胆碱含有 3 个甲基（$—CH_3$），蛋氨酸含有一个甲基，作为“甲基供体”，它们都参与类似的生化反应。正如上文所述，胆碱是磷脂酰胆碱（PC）的一种必需成分，它存在于体内的每个细胞膜中，是乳脂肪球膜的一个组成部分。PC 也是脂蛋白的一种成分，负责在全身运输，作为极低密度脂蛋白（VLDL）的必需成分，PC 需要从肝脏输出脂肪。脂肪肝是胆碱缺乏的典型症状，50％的新产奶牛脂肪肝的发生归因于围产期日粮中胆碱的吸收不足。

PC 中的胆碱可以来自日粮，如果日粮中胆碱不足，奶牛可以内源性地合成 PC（图 8-2-24）。除了围产期（脂肪组织大量动员，肝脏对脂肪酸的摄取显著增加，脂肪在肝脏中不断积累）以外的其他时期，奶牛内源性合成的胆碱足够满足需求。通过磷脂酰乙醇胺的甲基化内源性合成 PC（图 8-2-24），用于此的甲基可以衍生自蛋氨酸。因此，两种化合物的代谢密切相关。对大量非反刍动物的观察结果表明，蛋氨酸可以合成胆碱，胆碱也可以节省蛋氨酸。

对于反刍动物来说，胆碱和蛋氨酸必须以瘤胃保护的形式摄取。根据非反刍动物文献的知识，蛋氨酸和胆碱一样都是亲脂性的，这意味着它们都有助于脂肪从肝脏中运出。这些信息促使一些营养顾问建议，如果饲喂过瘤胃蛋氨酸（RPM），则不必再给围产牛饲喂过瘤胃胆碱（RPC）。

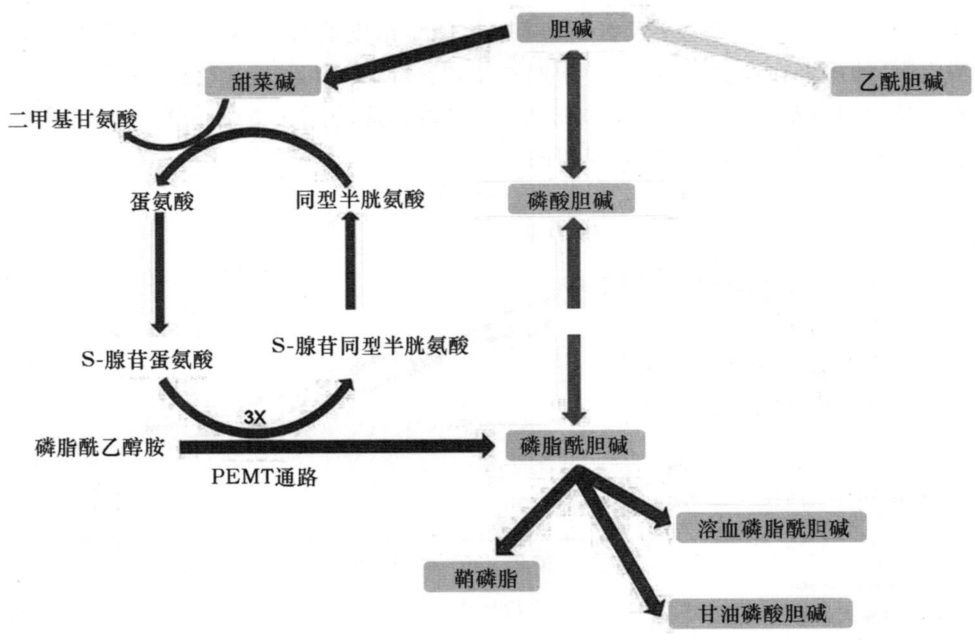

图 8-2-24 胆碱和蛋氨酸在磷脂酰胆碱合成中的作用（Virginia M. Artegoitia 等，2014）

破解传言：饲喂 RPM 并不能替代围产牛饲喂 RPC。

有证据表明饲喂 RPM 并不能替代 RPC。首先，即使在非反刍动物中，胆碱和蛋氨酸也不是完全相互排斥的。它们都具有独特的生物学作用，其中一种无法完全替代另一种的作用。其次，已有 6 项试验研究了围产期饲喂 RPM 或蛋氨酸类似物是否会降低肝脏脂肪沉积或在控能抑制脂肪动员期间，这些研究中都没有观察到蛋氨酸减少肝脏脂肪沉积的作用。最后，佛罗里达大学总结了 6 项研究，将 RPC 补充到可代谢蛋氨酸平衡的日粮中。所有 6 项研究均报告牛奶产量升高（图 8-2-25），这与上文中 13 项围产牛研究的荟萃分析结果一致，平均奶产量每天提高 2.3 kg。显然，即使补充了蛋氨酸，添加 RPC 也会提高奶产量。最后，威斯康星大学的研究（Chandler 等，2017）使用肝细胞培养系统证明胆碱，但不是蛋氨酸，能够刺激 VLDL 的输出。

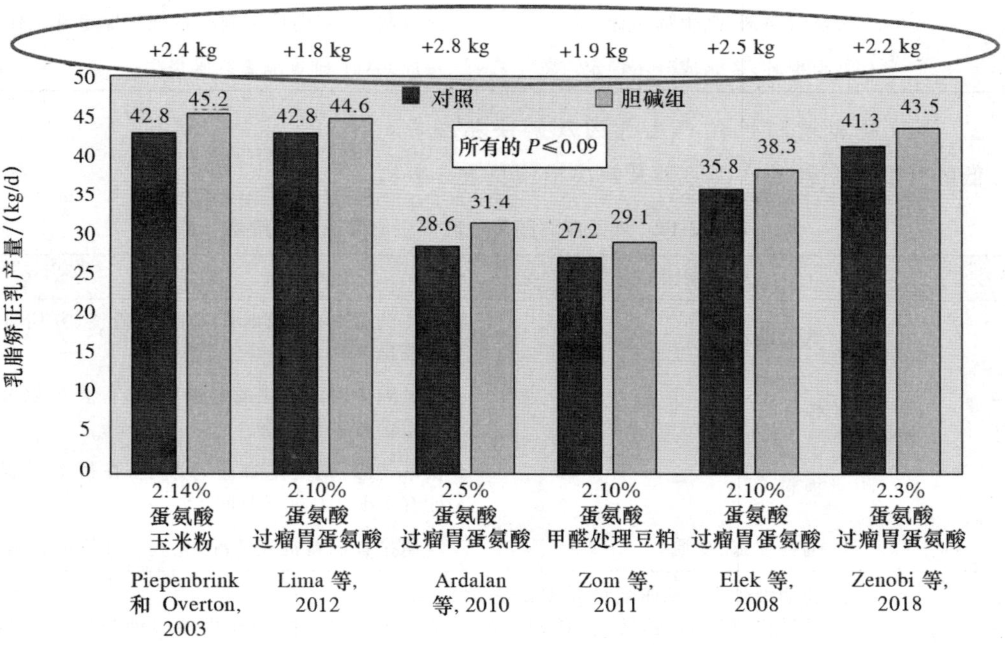

图 8-2-25　6 项研究的脂肪校正乳产量比较

没有证据表明给围产期奶牛饲喂 RPM 可以完全替代饲喂 RPC。一些营养顾问建议这样做大多是基于非反刍动物的研究，然而蛋白质的亲脂效应尚未在反刍动物的研究中得到证实。蛋氨酸未能在围产期奶牛中复制胆碱作用的原因尚不清楚。可能是由于反刍动物和非反刍动物在甲基代谢中存在较大差异。或者，可能需要摄取更高剂量的蛋氨酸以获得胆碱的效果。然而，我们不应该尝试直接给奶牛饲喂更多的 RPM 以达到替代胆碱的效果，因为摄入过量的蛋氨酸会降低奶牛的采食量甚至可能对奶牛产生毒性。

［撰稿：深圳市富瑞祥生物科技有限公司　Ric R. Grummer　杨占山　曾银］

8.2.4 奶源酒精阳性乳防控技术方案

酒精阳性乳常发于春夏或夏秋季节更替时节，分为低酸度和高酸度酒精阳性。尤其低酸度酒精阳性会给原奶生产带来较大不便，为指导牧场提高对酒精阳性乳的防控能力，特制定本方案。

1. 高酸度酒精阳性乳产生原因及解决措施

高酸度酒精阳性乳产生原因及解决措施见表 8-2-13。

表 8-2-13 高酸度酒精阳性乳产生原因及解决措施

序号	产生原因	措施
1	保存时间过长，微生物发酵	确保牛奶及时拉运到厂，禁止牛奶压罐存放
2	未及时冷却，微生物超标	及时制冷，定期检修制冷系统确保正常工作
3	乳腺炎乳，牛奶成分不稳定	每周 CMT 排查隔离乳腺炎牛

2. 低酸度酒精阳性乳产生原因及解决措施

低酸度酒精阳性乳产生原因及解决措施见表 8-2-14。

表 8-2-14 低酸度酒精阳性乳产生原因及解决措施

序号	产生原因		措施
1	应激因素	气温波动	关注气温变化，及时跟进配方调整，并增加日粮投喂量
		惊吓	尽量减少对泌乳牛的各种刺激，保持挤奶操作工人稳定且操作正确
		换料	秋季转凉，饲喂配方会有改变，在换料过程中保证有 7 d 以上过渡时间
		饲料发霉、变质	定期排查饲料霉变情况，尤其关注青贮饲料品质
2	营养因素	长期维生素、多种微量元素缺乏，钙磷比例失调，钙偏高；长期饲喂低钠饲料，阳性乳的钠离子浓度明显低于阴性乳	确保饲料中按照标准添加多种维生素和多种微量元素，石粉与苜蓿添加量不宜过高
3	其他因素	牛奶中芽孢污染	调整酸碱清洗出水温度不低于 60℃，可降低细菌芽孢对牛奶蛋白质的降解作用
		冻结乳	避免制冷过程中温度太低，制冷应保持在 0～4℃，另需注意制冷不均匀导致的冻乳
		初乳、末乳	严格管控上厅挤奶牛，避免初乳，以及大量末乳进入大罐
		代谢失调	改善乳腺机能，可内服碘化钾 8～10 g，加水灌服，每日 1 次，连服 3～5 d；肌肉注射维生素 C，可以调节乳腺毛细血管的通透性

［撰稿：内蒙古蒙牛乳业（集团）股份有限公司　郝瑞霞　张楠　刘高飞　逯刚　焦蓓蕾］

8.2.5 亚硝酸盐防控措施

8.2.5.1 产生原因

(1)原料环节。亚硝酸盐广泛存在于化肥与土壤中,一旦超过植物的利用能力就可能使农作物与地下水中的含量超标,继而通过饲料进入牛体引起原奶超标。

(2)饲喂环节。日粮不新鲜,在牛舍存放时间长,特别是青贮、糟渣、叶菜等粗、副饲料堆放时间过长产生亚硝酸盐,或日粮蛋白质(瘤胃降解蛋白质)类饲料过高,碳水化合物不足。

(3)饮水环节。饮水(雨水、浅井水)中含有过量的硝酸盐或亚硝酸盐。

(4)挤奶环节、粪尿污染。挤奶管理差、环境差,牛粪尿多,挤奶程序混乱、掉杯、踢杯多,牛粪尿通过挤奶杯组混入牛奶,造成原奶亚硝酸盐超标。

(5)环境方面、雨雪污染。青贮窖、水池的位置低,有雨、雪水渗入;干草露天存放、受雨雪污染;还有运动场排污不畅,造成牛只饮用污水。

8.2.5.2 防控措施

1. 原料选择

检测所有饲料原料的硝酸盐与亚硝酸盐的含量,在配方中减少硝酸盐含量高的原料的用量,增加硝酸盐含量低的原料的用量,或者对硝酸盐含量高的原料寻找其替代原料。

2. 合理饲喂

(1)夏季湿热环境应增加投料次数。现拌现喂、保证日粮新鲜,缩短青贮、糟渣等粗、副饲料的曝气存放时间。

(2)确保日粮能氮平衡。降低日粮蛋白质含量,特别瘤胃降解蛋白质含量,增加碳水化合物比例。

(3)使用益生菌及维生素。添加如含双歧菌、芽孢菌、反硝化菌等的复合微生态制剂,增加瘤胃微生物的数量和活力,增强瘤胃微生物对非蛋白质氮的利用和转化能力。添加维生素C、维生素E等还原性的物质,将瘤胃里的氮彻底还原为氨气,再转化为菌体蛋白质。日粮中添加蛋氨酸硒、酵母硒、碘化钾等抗热应激和加强乳腺机能的产品。

3. 饮水保障

使用新鲜的深井水,避免使用储存时间长的饮水,减少雨水进入水池及饲草料。

4. 挤奶管理

加强挤奶及奶厅管理,杜绝牛粪尿污染奶杯及原奶问题的发生。

5. 环境改善

草料入库入棚、杜绝雨雪污染;水池、青贮窖外围排水通畅、杜绝雨水渗透;运动场排水功能加强、杜绝积水。

[撰稿:内蒙古蒙牛乳业(集团)股份有限公司　白雅芳　张楠　刘高飞　郭运德]

8.2.6 原奶滋气味解决方案

日常健康的奶牛所产生牛乳应具备固有的香味,无其他异味,不得有苦、咸、涩和饲料等其他异常气味。但是生牛乳敏感性极强、易腐坏、吸附性强，很容易吸附环境中的异味。导致生牛乳滋气味的主要因素包括生牛乳中的蛋白质、脂肪代谢的中间物、饲料饲草、环境、生乳储存、运输过程等。为了解决生牛乳滋气味的问题，需要对影响气味的各种因素进行分析，对影响滋气味的各种因素加以控制，确保原奶质量。

8.2.6.1 滋气味简介

根据滋气味产生的影响因素，我们将滋气味分为以下4类：环境类、饲料类、微生物类、生理类。

1. 环境类

在牧场环境中，生牛乳会吸收牛体、饲料、粪尿、牛舍及其储藏设备等异味。

(1)牛体味。牛体卫生差，挤奶过程中擦洗不干净或清洗牛乳房未擦干，污水顺着奶杯流入污染原料奶产生牛体味。

(2)牛舍味。牛舍常有特殊的臭味极易传到原料奶中。因此，牛舍应及时处理粪尿等污水、污物，以防牛舍内充满臭味；制冷罐罐口密封不严，也容易产生牛舍味。

(3)药剂味。处理牛体外伤时，所使用的药剂、灭菌剂、牛舍消毒剂或夏季在舍内使用杀虫剂等都有可能引起滋气味。

(4)汽油柴油味。易挥发的物质(汽油、柴油、油漆)存放在制冷间或挤奶厅，会被生牛乳所吸收。

2. 饲料类

奶牛采食发酵类饲料或者刺激性饲料会引起牛奶滋气味。

(1)发酵类饲料。奶牛采食青贮饲料、啤酒糟等，通常0.5～1 h体内就有这种气味，并经血液进入牛奶，但是正常发酵饲料不会引起严重牛奶滋气味，可通过适当调整用量来降低发酵饲料影响。

(2)刺激类饲料。给奶牛饲喂大量花生秧、芹菜、洋葱、大蒜、萝卜叶等带有特殊气味的食品时，牛奶的料草味会特别强烈，当用生豆、豆科植物饲喂奶牛时，常常会使生牛乳具有豆腥味。

3. 微生物类

微生物作用引起的滋气味具有酸味、苦味、麦芽味(缺乏新鲜感、口感不清新)、水果味(或发酵味)、腐烂变质味等特征。使牛奶变质的细菌通常是环境的嗜冷菌，主要是因卫生环境不良和挤奶操作不当等因素引起。变质牛奶细菌数从1万～1 000万/mL不等，不同细菌会产生不同的滋气味。

4. 生理类

该类牛奶具有酮醋味、腐烂味、氧化味、阳光味、苦涩味、药味、盐味或食之无味等特征。牛只生理异常、氧化应激都会影响牛奶滋气味。例如，奶牛可因发生酮病或乳腺炎等疾病而产生化学异味，产生磷脂酶，促使如脂肪分解成脂肪酸(如酪酸)而引起霉味；奶牛患重金属病，尤其是体内铜过多，会出现氧化味。

8.2.6.2 滋气味排查

根据滋气味判定结果，如果能够分辨出滋气味类型，可以直接进行相关类型滋气味诱因排查，否则按照易难顺序，环境类→饲料类→微生物类→生理类的次序进行排查解决。

1. 排查流程图

排查流程见图 8-2-26。

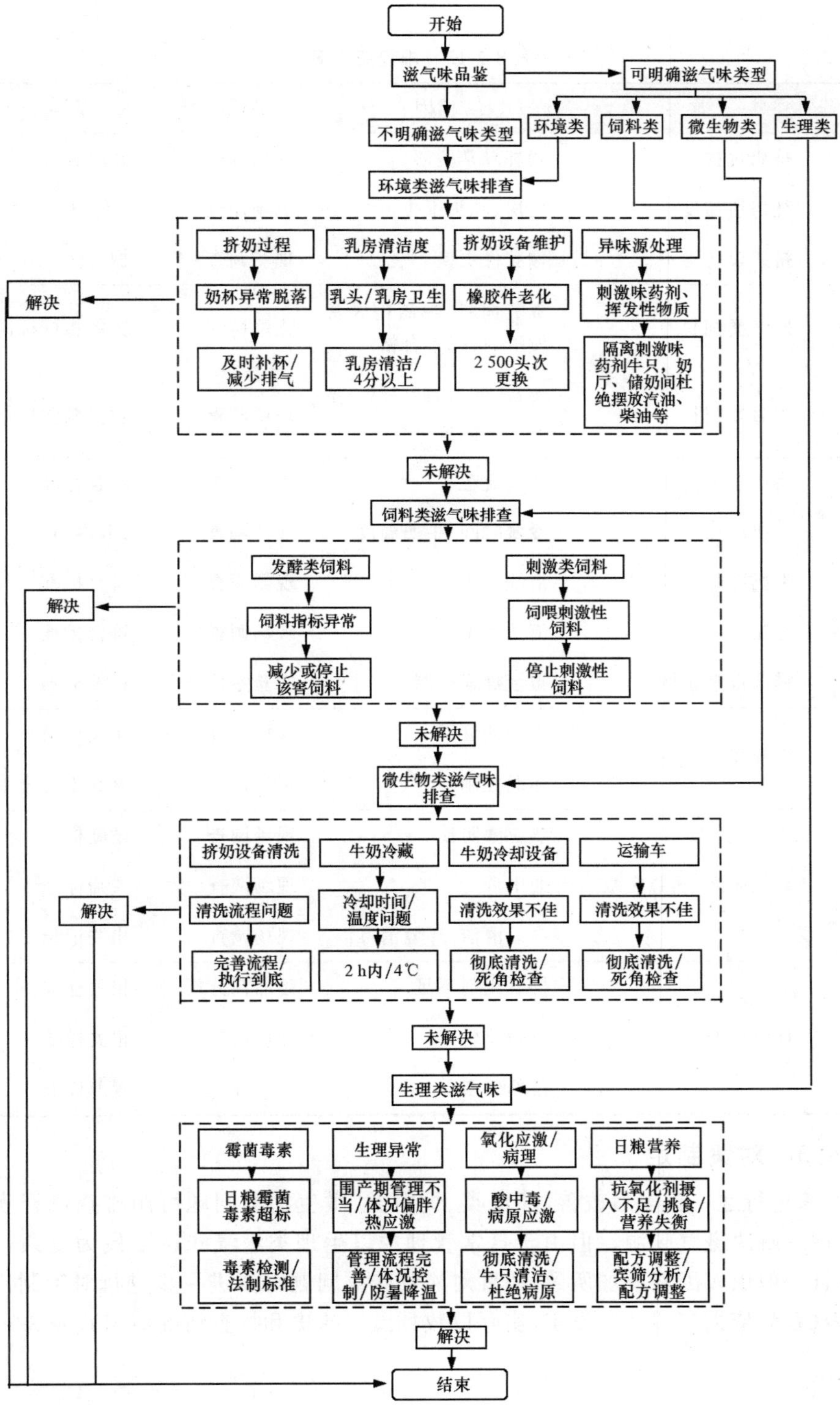

图 8-2-26 排查流程

2. 排查方法

针对异味来源初步排查结果，将异味来源进一步细分，并对诱因进行逐一分析解决。见表 8-2-15。

表 8-2-15　排查流程表

标准	序号	诱因	确认内容	确认方法
环境类	挤奶过程	奶杯异常脱落	现场调查	及时补杯
	乳房清洁度	乳房、乳头卫生	现场评分	4 分以上
	挤奶设备维护	橡胶件更换	现场调查	橡胶件 2 500 头次更换
饲料类	发酵类饲料	青贮饲料、啤酒糟异常发酵、指标不合格	化验检测	饲料指标标准
	刺激性饲料	青草、花生秧、芹菜、洋葱、大蒜、萝卜叶	现场调查	替换刺激性饲料
微生物类	挤奶设备清洗	清洗流程	现场调查	符合标准
	牛奶冷藏	冷藏时间、牛奶温度	现场调查	2 h 内/4℃
	牛奶冷却设备	清洗效果	现场调查	符合标准
	运输车	清洗效果	现场调查	符合标准
	霉菌毒素超标	霉菌毒素检测	实验室检测	相关标准
生理类	生理异常	围产期管理	现场调查	相关记录
		体况控制	现场调查	BCS 不符合率＜20%
	氧化应激/病原应激	热应激防控	现场调查	设施标准
		酸中毒	现场调查	粪筛标准
		牛只清洁、环境消毒	现场调查	相关记录
	日粮营养	抗氧化剂不足	添加剂分析	相关标准
		宾筛分析	现场调查	相关标准
		营养失衡	营养分析	营养标准

8.2.6.3　对策制定

对滋气味进行逐一排查后改善，环境类、饲料类、微生物类问题可用排查流程表，形成对策制定表，逐一解决滋气味源。但由于日常管理中以生理类滋气味诱因最为复杂，涉及牛群健康改善，且一般由多因素叠加所致，故针对滋气味类问题需要进一步进行对策制定，以下为对策制定表（系数依据实践经验设定，实际以牧场滋气味史和排查情况而定）（表 8-2-16）。

表 8-2-16 对策制定表

序号	诱因	对策	评价内容及系数				评价得分	选定方案
			可实施性 0.3	经济性 0.1	需用时间 0.1	有效性 0.5		
1	霉菌毒素超标	停用羊草、喷浆玉米皮等霉菌毒素较高原料	5	5	5	5	5	√
		添加脱霉剂	5	3	3	1	2.6	×
2	奶牛肥胖	调整营养供给,合理分群	5	5	5	5	5	√
		整体降低日粮能量浓度	3	3	3	3	3	×
4	环境控制	环境降温	3	3	5	3	3.2	√
		牛体降温	1	5	5	3	2.8	×
5	酸中毒	调整日粮结构,减少淀粉、增加脂肪和短纤	5	5	5	5	5	√
		增加干草用量	5	3	3	1	2.6	×
6	抗氧化剂摄入量不足	添加抗氧化剂	5	1	3	5	4.4	√
7	奶牛挑食	调整日粮结构,减少干草用量	5	5	5	5	5	√
		增加搅拌时间	5	3	5	3	3.8	×
		干草预处理	5	5	5	5	5	√

[撰稿:内蒙古蒙牛乳业(集团)股份有限公司　吴鹏华　王静　刘高飞　杨春生]

8.2.7 新旧青贮平稳过渡案例

实现新旧青贮平稳过渡对保证牛奶质量稳定、降低牛群应激与奶量波动具有重要意义,然而,在实际生产中仍有部分牧场主不重视新旧青贮过渡,导致奶量出现较大下滑的现象。

1. 实际案例

S/T:2017 年 10 月初,某社会牧场,业主虽然明白新旧青贮需要过渡,但是自我感觉影响应该不会太大,不会造成什么损失。

(1)业主发现旧青贮不够用时,打开新窖青贮,然而新旧青贮过渡仅 1 d 后发现旧青贮已用完,被迫全部使用新青贮替代原来旧青贮的配方用量。

(2)自新旧青贮过渡开始起,在泌乳牛头数基本稳定、泌乳天数基本不变的情况下,牧场交售奶量出现持续下降,截止统计时下降约 300 kg。

2. 新青贮开窖取用需要注意以下几点

(1)新制作的玉米青贮,封窖发酵至少 45 d 才能取用,保证青贮发酵完全并进入稳定期。

(2)新、旧青贮窖两端 2 m 深度范围内饲喂后备牛,不饲喂泌乳牛。

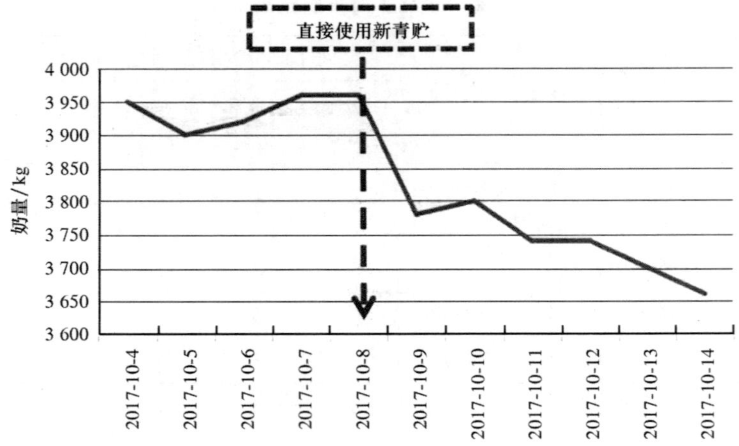

图 8-2-27　直接使用新青贮奶量变化

(3)新、旧青贮替换时保证约 15 d 平稳过渡,建议:第 1～3 天,按旧青贮 80%至新青贮 20%过渡 3 d;第 4～6 天,按旧青贮 60%至新青贮 40%过渡 3 d;第 7～9 天,按旧青贮 40%至新青贮 60%过渡 3 d;第 10～12 天,按旧青贮 20%至新青贮 80%过渡 3 d;第 13 天之后,按新青贮 100%饲喂(图 8-2-28)。

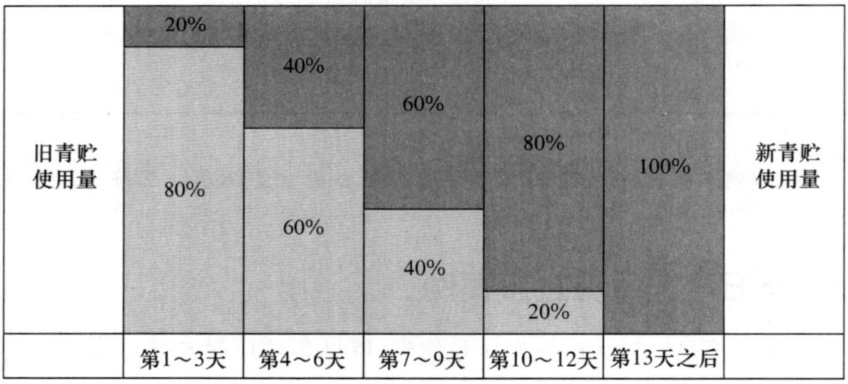

图 8-2-28　过渡阶段青贮使用方法

(4)过渡前测定新、旧窖青贮干物质含量,保证替换前后奶牛干物质采食量一致,避免出现空槽或大量剩料的现象。

[撰稿:内蒙古伊利实业集团股份有限公司　韩吉雨　张彩霞　张彬　张吉明　李俊良　刘琪　郝健　刘凯玉]

附录　主推技术

1.1　奶牛生产性能测定(DHI)与日粮调控技术

1.1.1　技术概述

DHI(奶牛生产性能测定)是一套完整的奶牛生产性能测定、记录和管理体系。DHI 技术通过牛场记录的奶牛系谱、胎次、产犊日期、干奶日期、淘汰日期等牛群饲养管理基础数据,检测获得泌乳牛的牛奶产量、乳成分和体细胞数等数据,整理分析测定数据,形成奶牛生产性能测定报告。测定报告综合反映了牛群营养状况、牛只乳房健康和配种繁殖等信息,可用于指导牛场生产管理和选种选配,加快牛群改良。DHI 报告还可以通过分析不同月份、不同泌乳阶段、不同胎次牛只的生产性能变化情况,及时了解各阶段牛只的营养平衡和饲养管理状况,针对性地调节日粮结构,规范繁殖管理工作,改善乳房健康。此外,大量 DHI 数据的获得,为筛选优质高产奶牛、组建种子母牛群、定向改良牛群提供了数据支持。

1.1.2　增产增效情况

通过技术培训与到牛场进行报告解读,参测牛场应用 DHI 报告指导科学生产管理的能力显著改善,奶牛养殖的科技含量明显提高。通过连续测定,规模化牛场年单产可提高 300 kg 以上,降低饲料成本 5%～10%,并且提高饲料转化效率 10%以上。

1.1.3　技术要点

参测牛场的配合和认识程度的提高是 DHI 技术高效应用的关键。

(1)规范采样操作。使牛场充分认识采样工作的重要性,统一使用采样器械,严格按照操作规程进行采样操作。

(2)完善并规范牛场基本信息资料、牛号编写规则和牛场基础数据。应加强品种登记培训,实施牛只耳号编写规则,保证后续工作及数据的真实连贯性。

(3)DHI 报告解读和日粮配方与饲养管理措施改进。通过牛群泌乳天数、牛奶产量、脂肪含量、乳蛋白质含量、体细胞计数和牛奶尿素氮等指标(附表 1),综合评价日粮组分和营养指标、日粮能氮平衡、瘤胃健康和乳房健康等指标,提高奶牛饲料转化效率,降低奶牛乳腺炎、营养代谢病等疾病发病率。

附表1 DHI报告重要检测指标推荐值及变化范围

指标	推荐值	变化范围
泌乳天数/d	170	160～180
乳脂率/%	3.7	3.4～4.3
乳蛋白率/%	3.0	2.8～3.4
脂蛋比/%	1.20	1.13～1.26
体细胞计数/(万个/mL)	<40	—
牛奶尿素氮/(mg/dL)	12～16	—

1.1.4 适宜区域

DHI适宜在规模化奶牛场、具有一定规模的奶牛养殖小区和奶牛养殖户推广应用，但前提是牛群系谱资料完整、牛号编写规范统一、小区实行统一管理。

1.1.5 注意事项

DHI作用的充分发挥要求每一环节都要严格按规范进行。

(1)样品采集。流量计(采样器)垂直悬挂，并进行定期校定。

(2)样品保存。加防腐剂，4℃保存，但不能冷冻。

(3)奶样测定。做好仪器校准和保养工作，保持仪器的稳定性。

(4)资料收集。牛只系谱、产犊、干奶、淘汰等资料的收集要及时。

(5)DHI报告的解读要结合牛场实际情况，具体问题具体分析。

(6)测定数据备份要妥善保管。

1.1.6 技术依托单位

(1)中国农业大学动物科学技术学院

联系地址：北京市海淀区圆明园西路2号 100193

联系人：李胜利 曹志军

联系电话：010-62731254/62733746

电子邮箱：lishengli@cau.edu.cn caozhijun@cau.edu.cn

(2)全国畜牧总站奶业与畜产品加工处

联系地址：北京市朝阳区麦子店街20号楼 100125

联系人：刘海良 孙飞舟

联系电话：010-59194419

电子邮箱：liuhl1963@163.com

(3)中国奶业协会

联系地址：北京市德胜门外清河南镇中国奶业协会秘书处 100192

联系人：谷继承 刘琳

联系电话：010-62924587

电子邮箱:Liulin412@163.com

(4)山东省农业科学院奶牛研究中心

联系地址:济南市工业北路159号 250131

联系人:仲跻峰 李建斌

联系电话:0531-88604132

电子邮箱:sdox2@163.com

(5)陕西省奶牛生产性能测定(DHI)中心

联系地址:西安市未央路28号 710016

联系人:逄国梁

联系电话:029-86278650

电子邮箱:364074864@qq.com

1.2 奶牛TMR质量控制与综合评价技术

1.2.1 技术概述

本技术重点从TMR主要原料质量控制和制成TMR产品质量对TMR进行综合评估,并从TMR感官、含水量、饲料长度与搅拌均匀度、奶牛采食情况、反刍情况、生产性能、粪便评分、健康状况等方面综合评价TMR质量。

1.2.2 增产增效情况

通过使用TMR质量控制与综合评价技术体系,规模化牧场TMR质量明显提升,饲喂TMR后产奶量一般比饲喂前增加5%~10%,奶中乳脂率、乳蛋白质率明显提升,牛奶质量明显改善,奶牛养殖效益可提高10%以上。

1.2.3 技术要点

主要评价指标基于原料质量控制、TMR粒度、含水量、奶牛采食量、反刍情况、生产性能、粪便和健康状况的综合考量,全面评价TMR的搅拌和使用效果。

1.2.3.1 TMR质量控制

TMR原料主要有以下几种。

(1)粗饲料。粗饲料不但给奶牛提供蛋白质、脂肪、矿物质等营养物质,而且粗饲料中含有大量粗纤维,保证了奶牛的正常反刍和瘤胃的健康。

①全株玉米青贮:优质全株玉米青贮指标为乳熟期或蜡熟期收割,切割长度0.95~1.9 cm,含水量65%~70%,pH<4.2,籽实比例40%~45%,淀粉含量>28%,NDF 45%~55%,中性洗涤纤维消化率(NDFD)47%~62%,产奶净能5.2~6.0 MJ/kg。

②苜蓿干草:优质苜蓿干草标准为成熟早期至中期刈割,叶量多,茎细或中等粗细,无霉变,颜色绿色,CP>18%,ADF<32%,NDF<40%,RFV>150%,NDFD 45%~55%。

③羊草:品质良好羊草最佳刈割期为抽穗期,CP≥7%,NDF≤60%,ADF≤40%,NDFD

40%～60%，产奶净能≥5.2 MJ/kg。

④燕麦干草：品质良好燕麦干草最佳刈割期为抽穗期，CP 可以达到 10%以上，NDF 50%～63%，ADF 25%～40%，NDFD 40%～65%，产奶净能 5.0～6.0 MJ/kg。

(2)精饲料。主要包括如下种类。

①谷实饲料：以玉米为主，还有小麦、大麦、高粱等。玉米是高能饲料、适口性好、易消化，脂肪含量高，不饱和脂肪酸较多，是最重要的能量饲料原料。加工方式有粉碎、干碾压、膨化、制粒和蒸汽压片。

②饼粕饲料：以豆粕、棉粕和菜籽粕为主，还有胡麻粕和葵花粕等。豆粕是最为重要，也是最好的植物性蛋白质，氨基酸含量高，必需氨基酸组成比例好，尤其是赖氨酸含量最高，赖精氨酸比例恰当，缺点是蛋氨酸含量低。

③工业加工副产品：以酒糟类原料和 DDGS 为主。谷物酒糟是高蛋白质原料，CP 24%～26%（干物质基础），在日粮干物质总量中的比例可达 20%～30%，酒糟类原料与高能量、低蛋白质的牧草混合饲喂有较好的效果。

TMR 原料除以上介绍的几种外，还可根据当地饲料资源条件，充分考虑奶牛营养需要和饲养成本的情况下使用其他饲料原料。

1.2.3.2 TMR 质量综合评价

1. 感官评价

制作良好的 TMR 精粗饲料混合均匀，精饲料均匀地附着在粗饲料表面，松散不分离，色泽均匀，新鲜不发热，无异味，不结块。

2. 含水量评价

TMR 含水量应控制在 45%～50%。测定 TMR 含水量经验做法是从 TMR 搅拌车里抓起一把料，用手用力捏成团，如果手里能捏出水，而且饲料成团状，不复原，说明水分含量大，一般超过 60%；如果捏不出水，手松开后，饲料复原，呈蓬松状，手上有轻微的潮湿感，说明水分合适，在 50%左右。最科学的办法就是把湿的 TMR 料称了质量后，放在微波炉或烘箱烘干，然后称质量，就可以知道 TMR 饲料中所含水分多少了。在牧场中，要经常对 TMR 原料中的青贮、干草和酒糟类饲料进行干物质测定，以保证 TMR 含水量的稳定。建议每 2 周检测一次 TMR 含水量，青贮饲料每周检测一次，啤酒糟最好每天检测一次。

1.2.3.3 TMR 饲料长度和均匀度评价

1. 中国农业大学分级筛

(1)检测准备。将 4 层分级筛安装至工作状态，用灵敏度≤±1 g 的称量器具（称重范围<3 000 g），称取有代表性的奶牛 TMR 样品 200～300 g，散放在中国农业大学分级筛工作状态的上层筛上。

(2)使用方法。双手扶筛在操作平台上左右滑动，左右往复位移合计 10 次，为一个重复，每次移动距离大于 20 cm/s；把筛体旋转 90°，再左右往复位移合计 10 次，每次重复都要旋转 90°，要求做 4 个重复（附图 1）。称量各层筛子上面饲料的重量，与推荐值比较即可得出结果。

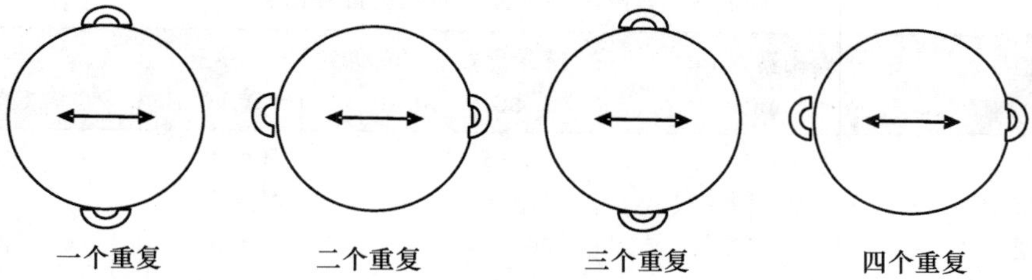

附图 1　中国农业大学分级筛移动模式

(3)推荐比例。如附表 2 所示。

附表 2　TMR 分级筛后比例推荐表

筛层	筛孔直径/mm	筛后各层粗饲料比例推荐范围/%		筛后各阶段牛群比例推荐范围/%		
		玉米青贮	干草	高产牛	干奶牛	后备牛
上层	≥19	5～10	10～20	10～15	45～50	50～55
中上	8.0～1.9	45～65	45～75	20～40	15～20	15～20
中下	1.2～8.0	30～40	20～30	25～45	20～25	20～25
下层	<1.2	<5	<5	20～25	5～10	5～10

中国农业大学分级筛推荐的高产奶牛 TMR 上层的比例是 10%～15%(筛孔直径为 19 mm),如果超过 15%,则意味着 TMR 混合不足,长度过大,需要继续进行混合。推荐的比例下层低于 25%,如果超过 25%,意味着日粮粉碎过细,日粮混合过度。

2. 宾州筛

(1)检测准备。将 4 层分级筛安装至工作状态,用灵敏度≤±1 g 的称量器具(质量范围<3 000 g),称取有代表性的奶牛全混合日粮样品 200 g,散放在宾州筛工作状态的上层筛上。

(2)使用方法。双手扶稳筛体向左右两侧平行移动,每平行移动 5 次为一组,然后将筛体顺时针旋转 90°进行下一组,共 8 组。移动时要保证一定的频率和力度,移动完成后将各层筛体上的饲料称质量,与推荐表对比即可得出结果(附图 2)。

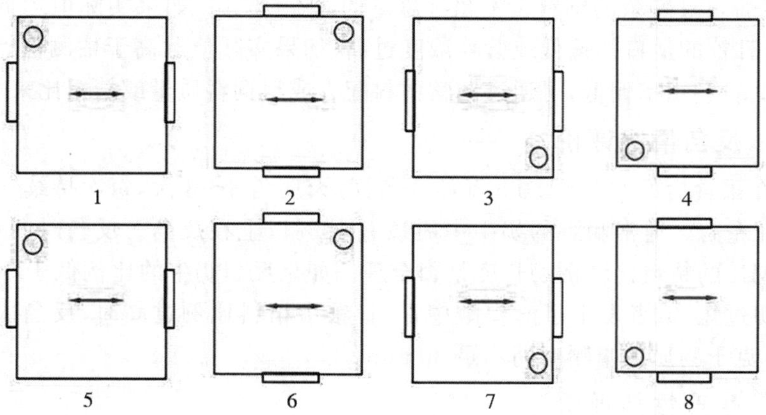

附图 2　宾州筛移动模式

(3)推荐比例。如附表 3 所示。

附表 3　宾州筛各种饲料的理论推荐比例

筛层	筛孔直径/mm	玉米青贮（干重）/%	干草（干重）/%	TMR（鲜重）/%
顶层	＞19	3～8	10～20	≤3～8
中上层	8.0～19	45～65	45～75	30～40
中下层	1.2～8.0	30～40	20～30	30～40
底层	＜1.2	＜5	＜5	≤20

1.2.3.4　奶牛采食情况评价

可通过奶牛采食时的积极程度、实际的采食量测定以及饲槽中剩料的情况来对 TMR 的使用效果进行评估。成年泌乳奶牛每天采食干物质的质量占体重的 3%～3.5%，干奶牛为 2%，而高产奶牛的干物质采食量要比中、低产奶牛多 40%。

附表 4　不同产奶量和不同阶段奶牛采食量范围

	干物质采食量/(kg/d)	TMR 采食量*/(kg/d)
泌乳牛（产奶量＞30 kg/d）	22～23	44～46
泌乳牛（产奶量 20～30 kg/d）	19～22	38～44
泌乳牛（产奶量＜20 kg/d）	18～19	36～38
干奶前期牛	13～14	26～28
干奶后期牛	10～11	20～22
育成牛（7 月龄—配种前）	7～11	14～22
青年牛（配种—产犊）	12～13	24～26

注：TMR 的干物质含量按照 50%计算。

对于产奶牛，产后前 7～10 d，干物质采食量下降幅度在 30%以内；产后干物质采食量增加的速度，初产牛每周 1.4～1.8 kg，经产牛 2.3～2.8 kg；产后 8～10 周达到最大干物质采食量。最大干物质采食量约为体重的 4%。

TMR 饲喂后，1 d 剩余的饲料量不超过总量的 3%～5%。如果实际值远低于估测值，说明采食量偏低，日粮的适口性偏低或营养浓度过高；如果实际值远高于估测值，说明日粮的营养浓度偏低或饲料利用率偏低，可通过调整精料配方或粗饲料质量或精粗比来加以改进。

1.2.3.5　反刍情况评价

奶牛通常在采食后的 0.5～1.0 h 开始反刍，每天反刍 6～8 次，每次持续 40～50 min，每天反刍时间 7 h 左右。通常躺卧的奶牛中应该有 50%以上在反刍。反刍时间和反刍次数可被用来判断 TMR 的精粗比和铡切长度是否合理。如果反刍奶牛的比例低于 50%时，可能是因为 TMR 铡切过短，或者发生了瘤胃酸中毒；日粮中精料比例过高时，反刍次数减少，反刍时间缩短，每千克干物质的咀嚼时间不足 30 min。

1.2.3.6　生产性能评价

通过测定奶牛的各项生产性能，结合生产性能测定（DHI）报告，可以评价 TMR 的使用效果。

1. 产奶量

饲喂 TMR 后产奶量一般比饲喂前增加 5%～10%。如果产奶量没有达到预计的目标，要对 TMR 的生产过程、TMR 干物质含量进行检查。采食量不足，可能 TMR 水分含量过大，影响干物质采食量，或者是粗饲料铡切不合适，奶牛挑食。饲喂 TMR 后产奶量下降，说明奶牛对饲喂 TMR 不适应，瘤胃微生物区系需要一段时间适应变化的日粮，一旦奶牛适应后，产奶量会很快恢复。如果没有恢复，说明日粮的能量浓度或蛋白质水平过低，或者能氮比不平衡。

2. 乳脂率

日粮精粗比不合理会导致乳脂率降低。保持高产奶牛精粗比不超过 60∶40，ADF 和 NDF 含量分别不低于 19% 和 29%。奶牛每天至少应采食其体重 1.5%～2% 的粗饲料，1%～1.5%精饲料，而且 TMR 中总 NDF 的 65%～75%来源于粗饲料。对于高产奶牛需要将日粮中的粗饲料比例提高到 40%以上，NDF 含量提高到 30%以上。

3. 乳蛋白率

乳蛋白率降低可能因为日粮中可发酵碳水化合物量不足（NSC＜35%），日粮中蛋白质缺乏或氨基酸不平衡或者干物质采食量不足。应该调整日粮组成，增加精饲料比例。

4. 生化指标

牛奶尿素氮含量在 12～16 mg/dL，应该每月检查一次；临产前尿液 pH 在 5.5～6.5 ；临产前血液非酯化脂肪酸（NEFA）小于 0.40 mEq/L。

1.2.3.7 粪便状况评价

成年奶牛一天排粪 12～18 次，排粪量为 20～35 kg/d，通过对牛粪形态特征变化的评定可以发现奶牛日粮消化率及瘤胃发酵的改变，从而评定 TMR 配制的合理与否。

奶牛粪便评分标准：正常牛粪呈叠饼状，青草地放牧时呈稠粥状，饲喂过多的多汁饲料呈流体状；当日粮中精饲料比例过高或含有较多的糟渣类饲料，长干草和有效 NDF 不足时奶牛会排出稀粪；当摄入过多劣质粗饲料或饲喂过量干草而精料比例较低时则会排出过干的粪，厚度过大呈坚硬的粪球状（附表 5）。

附表 5 奶牛粪便评分标准

级别	形态描述	原因
1	粪很干，呈粪球状，超过 7.5 cm 高	TMR 中干草比例过多，精饲料饲喂量小或日粮基本以低质粗饲料为主
2	粪干、厚度大于 5～7.5 cm 高，半成型的圆片状	TMR 中含有一定量的低质饲料，纤维含量高，精饲料量低或蛋白质缺乏
3	粪呈较细的扁状，中间有较小的凹陷，厚度在 2～5.0 cm	TMR 日粮精粗比例合适
4	粪软，没有固定形状，能流动，厚度小于 2.0 cm，没有固定形状，周围有散点	TMR 缺乏有效 NDF，精饲料、青贮和多汁饲料喂量大
5	粪很稀，像豌豆汤，呈弧形下落	TMR 中含有过多的精饲料、青贮、淀粉和矿物质或缺乏长的干草和有效 NDF

1.2.3.8 健康状况评价

合理的TMR可以给奶牛提供充足而均衡的营养，使其保持良好的健康状况。日粮不合理通常会引起奶牛出现代谢性疾病。

1. 瘤胃酸中毒

奶牛瘤胃pH平均值为6.0，低于5.5时可出现瘤胃酸中毒，介于5.5～5.8时可能会出现亚临床瘤胃酸中毒。当TMR搅拌不均匀且奶牛挑食或者精饲料比例过大，奶牛一次性采食大量富含碳水化合物的精饲料和多汁饲料，而又缺乏优质粗饲料或粗饲料只有青贮时，可以导致瘤胃酸中毒。

2. 酮病

奶牛在糖和生糖物不足及其代谢障碍时，体脂大量分解，脂肪酸氧化不全而产生过多酮体蓄积，导致酮病的发生。在干奶期尤其是在分娩前最后3周内，蛋白质供给不足能增加酮病发生的机会。保证泌乳前期高产奶牛产奶的营养需要，改善粗饲料质量，按照奶量给予精料的同时，应提供优质粗饲料。

3. 真胃变位

TMR中精饲料喂量高、粗饲料铡切过短，缺少运动的饲养管理条件下的奶牛极易发生真胃变位。严格控制干奶期和产后TMR中精料量，根据奶牛采食情况逐渐添加精料量，保证优质粗饲料供应充足。

1.2.4 适宜区域

全国规模化奶牛场、养殖小区等。

1.2.5 技术依托单位

(1)中国农业大学、国家奶牛产业技术体系
联系地址：北京市海淀区圆明园西路2号　100193
联系人：李胜利　曹志军　杨敦启　都文　毕研亮
联系电话：010-62731254
电子邮箱：lishengli@cau.edu.cn

(2)全国畜牧总站
联系地址：北京市朝阳区麦子店街20号楼　100125
联系人：陈强
联系电话：010-59194606
电子邮箱：chenqiang888700@sina.com

1.3 优质后备奶牛培育综合配套技术

1.3.1 技术概述

国内大部分的牛场(小区)在后备奶牛的营养和管理上投入不足，缺少培育目标和标准规

范，后备奶牛的繁殖育种与培育还沿用老教科书的标准，新的饲养理念和技术还没有得到很好的固化，目前，国内还没有后备奶牛饲养管理规范，由此造成后备奶牛饲养技术和模式混乱，其直接后果是犊牛死亡率偏高（部分牛场哺乳犊牛发病率超过20%，死亡率超过10%），首次配种时间延后（断奶犊牛至15月龄左右发育迟缓，导致很多后备母牛在17～18月龄才开始配种），以及关键体重、体高指标落后于欧美等发达国家，投产后单产水平偏低，进而影响牛场的整体效益。

该配套技术主要包括初乳质量评价与饲喂技术、犊牛饲喂技术与培育目标、育成牛和青年牛饲喂技术与培育目标等。通过该配套技术应用与推广，可充分降低后备奶牛发病率和死亡率，发挥后备奶牛产奶潜力。

1.3.2　增产增效情况

本项技术主要由中国农业大学和北京奥耐尔营养科技有限公司共同实施。通过近3年在全国多个奶牛场推广，可控制哺乳犊牛死亡率3%以下，哺乳犊牛日增重800 g以上，后备奶牛初产时间为22～24月龄，头胎奶牛产奶量提高700 kg以上。

1.3.3　技术要点

1.3.3.1　初乳质量评价与饲喂技术

通过专用仪器检测初乳质量（附表6）。质量较好的初乳IgG含量高于50 mg/mL；犊牛出生后1 h内饲喂（或灌服）3.0 L初乳，12 h饲喂2.0 L初乳（不能剩余）或出生后1 h内饲喂4.0 L初乳，12 h饲喂2.0 L初乳（可以剩余），一般能够使犊牛获得足够的IgG（娟姗犊牛由于出生体重较小，初乳饲喂量可以减半）；为保护犊牛免受疾病感染，2日龄犊牛血液中的IgG浓度至少达到10 mg/mL或总蛋白52 mg/mL。

附表6　简易初乳质量判定对照表

IgG, mg/mL	质量判定	比重计	折射仪
≥50	好	绿色	>22%
25<IgG<50	一般	黄色	20.0%～21.9%
≤25	差	红色	<19.9%

1.3.3.2　犊牛饲喂技术与培育目标

犊牛从第2天至断奶前，可使用常乳或代乳粉进行饲喂。日饲喂量一般为出生体重的15%～20%，每日喂2～3次；第2天开始提供充足饮水，并保证水质；第3天开始饲喂开食料；根据开食料种类和断奶时间确定哺乳犊牛是否饲喂优质干草，当开食料连续3 d采食0.7～1.0 kg以上（7～8周龄）可断奶。

培育目标主要包括：哺乳犊牛日增重大于800 g；在56 d时，体重达到出生重的2倍；犊牛死亡率24 h至60日龄<5%，61～120日龄<2%，121～180日龄<1%；0～2月龄犊牛的发病率<10%。

1.3.3.3　育成牛和青年牛饲喂技术与培育目标

育成牛饲养的主要目标是通过合理的饲养使其按时达到理想的体型、体重标准和性成熟，按时配种受胎。

评价该阶段饲养管理的标准主要包括：①总死亡率低于1%；②总发病率小于4%；③日增重0.75～0.90 kg；④13月龄时体重达到成母牛的52～55%（附表7）。

青年牛（一般为13～15月龄至22～24月龄）的饲养关键点：怀孕青年牛一般仍可按配种前日粮进行饲养。当育成牛怀孕至分娩前3个月，由于胎儿的迅速发育以及青年牛自身的生长（1.2～1.5 kg/d），需要额外增加0.5～1.0 kg/d的精饲料。将产前青年牛与产前成母牛分群饲养，有利于提高青年牛干物质采食量，降低产后发病率。

评价该阶段饲养管理的标准主要包括：①总死亡率低于1%，流产率低于3%；②总发病率小于2%；③日增重0.8～1.3 kg；④分娩时体重为成母牛体重82%～85%（附表7），体况评分为3.0～3.5（1～5分标准）。

附表7　后备牛目标生长的理想体重

类别	占成年体重比例/%	成年体重/kg		
		409	591	800
初配	55%	225	325	440
初产	85%	348	502	680
二胎产后	92%	376	544	736
三胎产后	96%	393	567	768

1.3.4　适宜区域

全国奶牛场（小区）等。

1.3.5　注意事项

设定后备奶牛营养与管理技术目标，重视优质后备奶牛培育。

1.3.6　技术依托单位

中国农业大学
联系地址：北京市海淀区圆明园西路2号　100193
联系人：曹志军　李胜利
联系电话：010-62733746/62731254
电子邮件：caozhijun@cau.edu.cn　lishengli@cau.edu.cn

1.4　规模化奶牛场氮、磷减排技术

1.4.1　技术概述

随着规模化养殖的提高，我国畜禽粪便的总体土地负荷警戒值已达到0.49（小于0.4为宜）。我国奶牛日粮中氮、磷水平偏高，能氮不平衡，日粮氮转化为乳氮的效率比奶业发达国

家低 8%～10%，我国有 83%的泌乳牛和 74%的青年牛日粮磷水平偏高，部分牛场高出实际需要量的 50%～60%，造成了巨大的资源浪费和环境压力。因此，通过营养调控降低规模化奶牛场粪污中氮、磷的排放，为《畜禽规模养殖污染防治条例》的落实提供技术支撑，成为当务之急。

调查表明生产中奶牛日粮瘤胃能氮负平衡的现象比较普遍，说明瘤胃降解蛋白质过剩，可发酵有机物不足，不能达到微生物蛋白质的最佳产量，过量的氮将排放到环境中。本技术通过对规模化奶牛场日粮的能氮平衡和磷水平进行测定，调控日粮饲料原料配比和营养参数，监控牛场氮、磷的排放，可使规模化养殖场实现优质、高产、高效和环境友好的目标。

1.4.2 增产增效情况

该技术主要在北京绿荷牛业有限责任公司、天津嘉利荷牧业有限责任公司和现代牧业有限公司推广使用，获得了较好的经济和生态效益。

通过调节日粮能氮平衡，可使每头奶牛的氮排放量减少 40～50 g/d，磷排放量减少 30 g/d。日粮氮转化为奶氮的效率提高了 3%～5%，泌乳初期和高峰期奶牛产奶量提高 1～3 kg/d，乳蛋白质率提高了 0.27%，并降低牛奶尿素氮(MUN)含量。一个 1 000 头成母牛存栏的奶牛场一年可以减少氮排放量 18 t，减少磷排放量 11 t，在目前的条件下可分别节省成本 90 多万元和 13 万元，经济和生态效益显著。

1.4.3 技术要点

(1)生产中奶牛的日粮对瘤胃微生物而言，常会出现瘤胃中的能氮不平衡的状况，我国奶牛养殖生产中比较普遍的是瘤胃蛋白质降解氮过剩，而瘤胃能量不足，达不到瘤胃微生物蛋白质的最大产生量和较佳的转化效率，所以配制日粮时应尽量使二者达到平衡，即瘤胃能氮平衡(RENB)，同时满足瘤胃微生物对可发酵有机物(FOM)和瘤胃可降解蛋白质(RDP)的需要。

采集牛场全混合日粮(TMR)和各种饲料原料，通过实验室和瘤胃瘘管牛测定各项营养和降解率参数，评价瘤胃能氮平衡状况，进而优化配方结构使瘤胃能氮平衡。瘤胃能氮平衡评定方法如下。

计算公式：瘤胃能氮平衡(RENB)＝用 FOM 评定的瘤胃微生物蛋白质量(FOM · MCP)－用 RDP 评定的瘤胃微生物蛋白质量(RDP · MCP)。

如果日粮的 RENB 为 0，表明平衡良好；如果为正值，说明瘤胃中能量有富余，应增加日粮中 RDP 供给，如优质的蛋白质类饲料；如果为负值，说明瘤胃中能量不足，应增加瘤胃中 FOM 供给，如谷物类饲料(如压片玉米等)。

(2)日产奶量在 25～30 kg 的泌乳牛日粮粗蛋白质水平以不超过 17%(干物质)为宜，赖氨酸与蛋氨酸比例达到 3∶1 时，可以减少日粮粗蛋白质水平的 1%。

(3)奶牛磷排放与日粮磷水平有很强的正相关，粪磷浓度、粪磷排泄、总磷排泄与日粮磷水平有很强的正相关性，供给超过奶牛需要量的磷将导致磷排泄的线性增加。因此，给奶牛饲喂适宜水平的磷是奶牛场磷减排的最主要的经济且易行的途径。

本技术表明，0.32%～0.37%（干物质）的日粮磷水平能够满足日产25～30 kg泌乳奶牛的磷营养需要，0.18%～0.3%（干物质）的日粮磷水平能够满足干奶牛和后备牛的营养需要。按此标准调控奶牛日粮配方，使日粮磷水平保持在适宜范围内，可以提高日粮磷的利用率，降低磷排放量。我国目前的奶牛饲养标准（NY/T 34—3004）给出的磷需要量水平偏高，有待于进一步修订。

（4）麸皮、菜粕、棉粕都是含磷元素较高的饲料原料，这些原料在奶牛精饲料中使用量较大的情况下，不添加矿物元素磷时一般也不会出现奶牛日粮磷缺乏的情况。

1.4.4 注意事项

氮减排技术应用时奶牛场应已采用TMR饲喂的生产方式。单个饲料和日粮的RDP转化为MCP的效率按0.9计算。若采用精粗分开饲喂模式，需将单个饲料的RDP之和转化为RDP·MCP的系数进行修正，修正的系数为：MCP/RDP＝3.625 9－0.846 5ln（RDN/FOM），RDN＝RDP/6.25。

1.4.5 适宜区域

全国范围内的规模化奶牛养殖场、养殖小区等。

1.4.6 技术依托单位

中国农业大学、国家奶牛产业技术体系
联系地址：北京市海淀区圆明园西路2号　100193
联系人：李胜利　曹志军　姚琨　夏建民
联系电话：010-62734080
电子邮箱：lishengli@cau.edu.cn

1.5 有机牛奶生产综合配套技术

1.5.1 技术概述

有机牛奶生产不同于传统奶牛养殖，是从粗饲料种植基地、饲料加工养殖到牛奶加工和销售的循环经济发展模式。

该技术严格按照有机认证标准的规定，对生产过程进行严格控制，实现“从农田到餐桌”的全程控制。技术体系整合了包括农学、饲料栽培、生态、植保、畜牧等多个学科在内的技术成果。在有机奶生过程中，通过建立有机饲料基地和粪污无害化处理后还田等途径，解决了传统养殖业中药物残留、环境污染和产品安全等方面的问题；解决由于大量使用农药、化肥以及畜用抗生素所带来的牛奶中药物残留问题。

1.5.2 增产增效情况

通过有机牛奶生产，即种植有机饲料，有机饲料饲喂奶牛，有机原料奶加工后销售，牛粪、牛尿生产沼气，沼气用于生产和生活；其他部分再加工生产生物有机肥，用于种植有机饲料、有机水果和有机蔬菜。改变传统的奶牛养殖理念和牛奶生产与加工模式，建立“种养加销与粪污沼气化”的循环经济产业实体，最终以达到节本、增效、减排的目的。有效提高奶牛饲养水平，促进奶牛养殖业向环保、高效、健康发展，建立农业可持续发展模式，实现循环经济。

该技术主要由中国农业大学和北京归原生态农业发展有限公司、丰宁缘天然乳业有限公司共同实施。综合2004—2012年数据，实现有机饲料种植附加值提高35%以上，养殖企业利润率提高50%以上，加工企业利润率提高30%以上；企业能够直接或间接地将有机牛奶销售获得的利润转移到农民手中。

1.5.3　技术要点

1.5.3.1　饲料及饲草种植

有机奶牛养殖需要建立面积足够大的饲料生产基地，以保证充足的饲料供应。种植基地的土壤、水质、大气达到有机认证标准规定的要求。自种青贮玉米，95%的饲料来源都必须获得有机认证；牧草选择适合当地气候的品种，不得使用转基因的种子、种苗；养殖过程中精饲料比例不能超过60%，不能使用转基因和克隆产品。

单位土地范围内(含饲料生产基地)奶牛的饲养头数应限制在一定的范围之内(氮的排泄量不得超过170 kg/hm^2)，将污染降到最低水平，尤其是对土壤、地表水、地下水的污染。

使用源于本农场生产的有机肥应经过堆肥、沼气发酵等无害化处理，维持和提高土壤肥力、营养平衡和土壤生物活性。外购商品有机肥应通过有机认证或经认证机构许可。不使用农药、化肥、化学除草剂，主张生物防虫、除草。生产基地要求保护生物多样性。

1.5.3.2　奶牛养殖

不允许胚胎移植，允许人工授精，提倡自然分娩。所有引入的奶牛或精液都不能来自转基因生物及其产品。

维护动物福利，采用散栏饲养。牛舍有卧床保持干净、平整和松软，奶牛自由采食，自由躺卧，保证每头奶牛都有不小于25 m的活动空间，保证奶牛的自由运动。舍饲条件下，奶牛采食时允许使用颈枷。

采用TMR饲养技术。并通过日粮配方技术加大优质粗饲料的比例，有效预防奶牛瘤胃酸中毒，保障奶牛瘤胃的健康。

1.5.3.3　疾病防治

兽药使用严格控制。一些药物残留时间长、对人体危害大的兽药在有机生产禁止或限制使用；停药期要达到常规生产停药期的2倍；养殖过程中，在严重感染或危害到动物的生命时，可以使用抗生素，但必须使用有机牛奶生产规定的抗生素，且必须严格遵守休药期和停药期；有机奶牛养殖遵循预防为主的原则，提倡采用改善动物福利、营养平达到提高其自身抵抗力的目的。

1.5.3.4　粪便处理

粪便应经过沼气发酵、堆肥等方式进行无害化处理、减少对环境的污染，生产有机肥。替代化肥，减少化肥生产的资源消耗。改善提高土壤的肥力和有机质含量。

1.5.3.5 挤奶及加工

所有挤奶设备使用前后底清洗，保证在设备和奶制品中没有清洁剂残留。

每月进行一次全场范围的隐性乳腺炎检查，及时了解奶牛乳房健康状况。发生乳腺炎的奶牛，在治愈后 2 倍停药期满前所产牛奶不得作为有机奶出售。

有机原料奶挤出后，直接通过管道输送到加工车间或使用奶槽车尽快运往加工厂，从挤奶产出至用于加工前不超过 24 h，乳温应保持 4℃以下。加工过程中不添加任何添加剂。使用专门的冷库、冷藏车进行储藏，冷链配送。

1.5.3.6 牛奶品质

有机牛奶中年平均体细胞数不能超过 400 000 个/mL；细菌数不超过 100 000 个/mL。乳脂率≥3.4％，乳蛋白质率≥3.0％，非脂乳固体≥8.5％，酸度≤17°T。

1.5.3.7 产品追溯

建立完整的记录体系和质量控制追溯体系。从奶牛饲养环境、饲料、兽药、加工与运输的所有环节在生产过程中都必须保存详细的记录，保证全过程按照有机方式进行生产，随时接受认证机构的检查，并且一旦产品中出现质量问题，可通过完整的记录体系迅速找到问题的原因。生产企业必须获得有机认证和 ISO 9001 质量管理体系认证证书。

1.5.4 注意事项

必须建立与有机奶牛养殖规模相匹配的有机饲料生产基地，尤其是青贮生产基地，保证有机粗饲料的供应；奶牛养殖过程产生的粪污，必须通过堆肥发酵、沼气等措施进行无害化处理后还田；有机奶生产全程不能使用转基因和克隆产品；必须经权威部门的有机认证。

1.5.5 适宜区域

自然生态环境良好，远离重工业污染源，土壤质量达到国家二级标准，符合发展有机奶产业的地区。

1.5.6 技术依托单位

中国农业大学、国家奶牛产业技术体系
联系地址：北京市海淀区圆明园西路 2 号　100193
联系人：李胜利
联系电话：010-62731254
电子邮箱：lishengli@cau.edu.cn

1.6 奶牛隐性乳房炎 LMT 诊断技术

1.6.1 技术概述

奶牛乳腺炎是最为常见的奶牛疾病之一，给奶牛业造成了巨大的经济损失。根据奶牛产业技术体系疾病控制研究室调研资料，2008 年以来国内外奶牛乳腺炎的发病率明显高于其他疾病。奶牛乳腺炎分为 2 种：一种为临床型乳腺炎，红、肿、热、痛的症状非常明显，易于诊断；另一种为亚临床型或隐性乳腺炎，缺乏明显临床症状，但乳汁体细胞数却有显著升高。而控制好隐性乳腺炎就是降低奶牛场临床型乳腺炎的关键，所以快、准、便、灵的隐性乳腺炎诊断是一项生产实践中迫切需要的技术。

对隐性乳腺炎作出早期诊断，可及早采取预防和治疗措施，才能有效避免隐性乳腺炎转化成临床型乳腺炎，控制临床型乳腺炎的发生率。临床型乳腺炎的减少可提高奶产量和奶品质，减少治疗成本和抗菌药物的过度使用，随之减少耐药菌株的不断出现，对环境生态安全和人类公共卫生安全有很重要的意义。

隐性乳腺炎 LMT 诊断技术是“奶牛乳腺炎‘三联’诊断与防控新技术研究与示范”的一项配套技术，已于 2012 年 12 与 27 日以甘肃省科技厅组织专家会议，通过鉴定，研究成果达国际先进水平；于 2013 年 5 月，通过了农业部组织的标准初审。

1.6.2 增产增效情况

由于奶牛乳腺炎属全球性疾病，其治疗药物和快、准、灵、便的诊断技术非常缺乏，据调查我国奶牛临床型乳腺炎发病率为 2%～18%、隐性乳腺炎为 8%～37%，目前治疗临床型乳腺炎仍然以抗生素为主。奶牛乳腺炎的病因呈多样性，其导致牧场经济损失也表现在多个方面，美国相关专家估计奶牛乳腺炎导致的经济损失约每头为 180 美元/年，我国奶牛乳腺炎导致的损失每头牛也近 1 200 元。我国奶牛存栏数约为 1 230 万头，奶牛乳腺炎以 5%计，每年因本病导致的经济损失可达 7 亿多元。如果通过隐性乳腺炎早期诊断采取预防和治疗措施后，临床型乳腺炎的发病率降低 2%，可以增产 2.95 亿元。因此，LMT 诊断技术有很好的应用前景。

1.6.3 技术要点

该诊断技术的核心技术包括诊断原液、稀释瓶和诊断盘。

1.6.3.1 诊断原理

隐性乳腺炎乳汁中体细胞数超过 50 万个/mL，随着炎症加重，体细胞数增加。诊断液中的阴离子表面活性剂能够破坏乳汁中的体细胞，释放细胞核中的 DNA，形成黏性很高的 DNA 高分子水化物，体细胞数越多，形成的 DNA 高分子水化物越多。

1.6.3.2 诊断方法

浓缩型诊断液，使用前应按产品说明书要求用蒸馏水稀释 3～6 倍；弃去奶牛（不包括干奶前 2 周和产犊后 1 周的奶牛）头两把乳，将 4 个乳室的乳样按一定顺序分别挤入诊断盘的 4 个检验杯中；将诊断盘倾斜 60°角，弃去多余乳样，使杯中保留乳样约 2 mL，然后加入诊断液 2 mL；水平同心圆旋转摇动诊断盘 5～30 s，待乳样与诊断液充分混合后可按附表 8 的方法判断结果。

附表 8　诊断液检出乳腺炎的判断标准

诊断结果	体细胞数范围/(万/mL)	乳样与诊断液的混合反应
阴性(－)	0～20	混合物呈液状，移动流畅，倾斜诊断盘时，底部无沉淀
可疑(±)	20～50	混合物呈液状，倾斜诊断盘时，底部可见微量沉淀物，继续摇动即刻消失
弱阳性(＋)	50～150	混合物中有少量稀薄黏性沉淀物，倾斜诊断盘时，散布于底部，有一定黏附性
阳性(＋＋)	150～500	混合物中的沉淀物多而黏稠，旋转摇动时，有聚中倾向，倾斜诊断盘时，黏附于底部流动慢
强阳性(＋＋＋)	500 以上	混合物中的沉淀物大部分或全部形成明显胶状凝集物，旋转摇动时，聚中呈团，倾斜诊断盘时，几乎完全黏附于底部难以流动

1.6.4　适宜区域

适用于奶牛场现场操作的诊断技术。

1.6.5　技术依托单位

中国农业科学院兰州畜牧与兽药研究所
联系地址：甘肃兰州七里河区小西湖硷沟沿 335 号　730050
联系人：杨志强　李建喜　罗金印
联系电话：13993188818　13919027987　13008706078
电子邮箱：zhiqyang2006@163.com　lzjianxil@163.com　luojy818@163.com

1.7　奶牛同期排卵-定时输精技术

1.7.1　技术概述

人工授精技术(artificial insemination，AI)在奶牛养殖中的广泛应用，对优秀种公牛遗传物质在全世界范围快速扩散起到了重要的促进作用。及时、准确的发情鉴定是奶牛人工授精的基础，然而，实际生产中奶牛产后不发情或发情症状不明显、发情鉴定工作重视程度不够或发情鉴定方法不科学等都可造成母牛发情检出率降低，影响产后母牛参配率，从而影响奶牛繁殖力。同期排卵-定时输精技术(timed artificial insemination，TAI)应用外源激素处理母牛后直接人工授精而不用发情鉴定，从而提高了母牛参配率，对提高奶牛繁殖力具有重要意义。

1.7.2　增产增效情况

可显著提高奶牛产后 60～70 d 参配率和 90～120 d 的妊娠率。

1.7.3　技术要点

(1)选择产后 45 d 后(自愿等待期后)生殖道健康的母牛。

(2)产后具有发情周期的母牛,可采用 GnRH＋$PGF_{2\alpha}$＋GnRH 激素处理方法,即产后母牛 45 d 后任意一天(0 d)肌肉注射促性腺激素释放激素(GnRH)后,第 7 天(7 d)肌肉注射前列腺素,第 9 天(9 d)第二次肌肉注射 GnRH,注射 GnRH 后 16～18 h,所有处理母牛人工授精配种,第 60～70 天妊娠检查。具体处理方法和时间见附图 3。

(3)产后未见发情周期的母牛,可采用 CIDR＋$PGF_{2\alpha}$＋GnRH 激素处理方法,即第 0 天阴道埋植孕激素(如阴道栓,controlled internal drug release, CIDR)并肌肉注射 GnRH,第 7 天撤除 CIDR 并肌肉注射 $PGF_{2\alpha}$,第 9 天第二次注射 GnRH,注射 GnRH 后 16～18 h,所有处理母牛人工授精配种,第 60～70 天妊娠检查。具体处理方法和时间见附图 4。

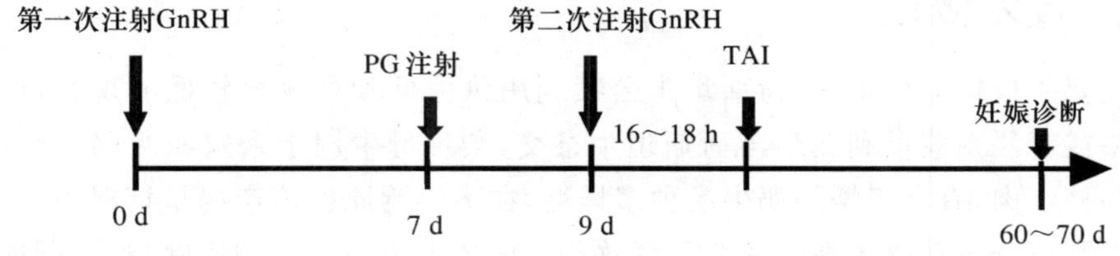

附图 3 GnRH＋$PGF_{2\alpha}$＋GnRH 处理方法和时间示意图

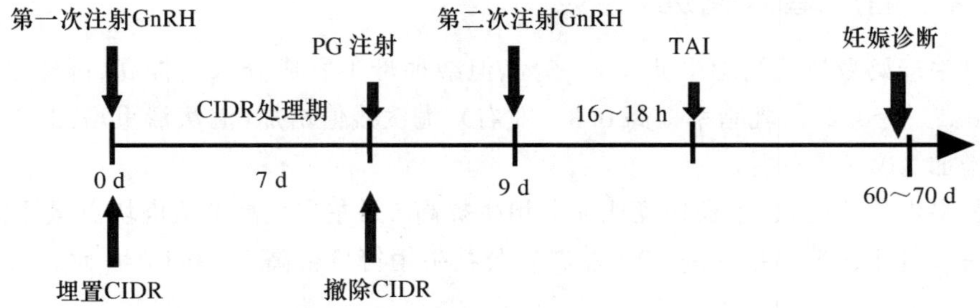

附图 4 CIDR＋$PGF_{2\alpha}$＋GnRH 处理方法和时间示意图

1.7.4 适宜区域

全国规模奶牛养殖场。

1.7.5 注意事项

选择产后生殖器官恢复正常的母牛;选择合适的激素产品和注射剂量;激素处理过程中应注意防止生殖感染;配种后激素妊娠检查。

1.7.6 技术依托单位

(1)中国农业科学院北京畜牧兽医研究所

联系地址:北京市海淀区圆明园西路 2 号　100193
联系人:朱化彬
联系电话:010-62815892
电子邮箱:zhuhuabin@caas. cn

(2)华中农业大学
联系地址:武汉市洪山区狮子山街1号 430070
联系人:杨利国
联系电话:027-87281813
电子邮箱:yangliguo2006@yahoo.com.cn

1.8 奶牛品种间杂交生产技术

1.8.1 技术概述

针对目前奶牛群体品种单一、荷斯坦牛公犊利用价值低和乳成分较低的现状,可采用德系西门塔尔牛或者法系蒙贝利亚牛与荷斯坦牛杂交,杂种母牛用于繁殖和产奶,杂种公牛用于育肥生产高档红肉,有利于增加奶牛品种多样性,在不影响原群体产奶量情况下,在杂种后代群体中提高乳成分并获得更高的综合经济效益。该技术为国际上的成熟技术,国内经科技支撑计划项目近10年的研究获得初步结果,技术成果尚未鉴定。

1.8.2 增产增效情况

杂种母牛产奶量较荷斯坦牛低3%~5%,但杂种母牛乳成分水平提高(群体平均乳蛋白质率提高0.1%~0.2%,乳脂率提高0.3%左右)、淘汰残值增加(淘汰活重增加50~100 kg,经济效益增加2 000元左右)。

杂种公牛生长速度快(生长速度比荷斯坦牛提高5%左右)、高价值肉块重量比例大(眼肌等高值肉块重量比荷斯坦牛提高10%左右),公犊牛销售价格高500~1 000元。

1.8.3 技术要点

(1)为高效综合利用杂种优势和奶牛品种间互补效应,根据遗传材料的多样性,可以选用两品种、三品种的轮回或级进杂交模式。

(2)针对荷斯坦牛,可以选用德系西门塔尔牛或者法系蒙贝利亚牛作为杂交父本,通过增加牛群体况,增加母牛残值、公犊育肥效果以及改善繁殖等功能性状的目的。

1.8.4 注意事项

应从杂交开始建立长期的繁育计划和群体发展目标,选择适合的杂交繁育体系和杂交品种;选择有遗传评估成绩的兼用型种公牛,有利于群体性能稳定;杂交生产中牛群毛色特征发生变化;杂交繁育要求有完善的记录系统,除常规系谱、繁殖、生产、疾病记录外,对于每个个体的品种组成进行精细记录。

1.8.5 适宜区域

原奶收购强调乳成分计价的区域;粗饲料资源非常丰富的区域;牛肉需求量大的区域,尤其是红肉型牛肉,杂交公犊可望获得好收益。

1.8.6 技术依托单位

(1)中国农业大学

联系地址:北京市海淀圆明园西路2号 100193
联系人:王雅春
联系电话:010-62732439
电子邮箱:wangyachun@cau.edu.cn

(2)鞍山恒利奶牛场

联系地址:辽宁省海城市南台镇山城村 114202
联系人:谢振全
联系电话:0412-3569999

1.9 奶牛性控精液人工授精技术

1.9.1 技术概述

良种奶牛头数少是限制我国奶业快速发展的关键因素,分离性控精液人工授精可有效提高奶牛繁殖母犊率,因此,应用优秀验证公牛性控精液人工授精是目前快速增加我国奶牛头数的重要方法。由于分离性控精液的精子受到一定程度的损伤和每剂冻精的有效精子数量少,分离性控精液的人工授精的情期受胎率低于常规精液。因此,在生产实际中,主推分离奶牛性控精液人工授精技术对提高奶牛繁殖率具有重要意义。

1.9.2 增产增效情况

性控精液人工授精技术的母犊率在90%以上,常规精液人工授精技术的母犊率48%左右,可提高奶牛母犊率20%~40%。如果全国100万头奶牛应用分离性控精液,则每年可多繁殖母犊牛20万~30万头,经济效益十分显著。

1.9.3 技术要点

(1)选择优良的性控精液。应选择优秀的验证种公牛和合格的分离性控精液(每剂冷冻精液有效精子数150万~200万个及以上)。

(2)选择合适的母牛。分离性控精液主要应用于青年母牛,或者产后60 d以上生殖道健康的经产母牛。

(3)选择适宜输精时间。可比正常精液人工授精配种时间推迟2~4 h配种。

(4)选择适宜部位。可采用卵泡发育侧子宫角输精。

1.9.4 注意事项

(1)第1次分离性控精液人工授精配种后返情或未妊母牛,再次配种时使用应用常规精液人工授精。

(2)应做到“准确的发情时间、准确的排卵时间、准确的排卵侧位”。

(3)应选择生殖道健康、生殖机能恢复良好的产后母牛。

1.9.5 技术依托单位

(1)中国农业科学院北京畜牧兽医研究所
联系地址:北京市海淀区圆明园西路2号 100193
联系人:朱化彬
联系电话:010-62815892
(2)宁夏畜牧工作站
联系地址:银川市金凤区北京中路159号 750002
联系人:温万
联系电话:0951-5169915
电子邮箱:nxdhi@163.com
(3)山东省农业科学院奶牛研究中心
联系地址:济南市工业北路159号 250131
联系人:仲跻峰 李建斌
联系电话:0531-88604132
电子邮箱:sdox2@163.com

1.10 奶牛粪污低温发酵技术

1.10.1 技术概述

新疆地区农牧区推广沼气工作的最大技术难点是冬季或全年的气温过低,不适于沼气发酵微生物的生长和产气,致使沼气池产气不均衡,使用率受到影响,在冬天气温低的时候产气率较低,达不到使用的要求。

低温沼气厌氧发酵过程是一个多种微生物菌群相互作用的复杂过程。和低温生境类似,均有复杂的微生物菌群参与代谢,有水解性细菌、乙酸营养型细菌、产甲烷古菌等。在自然界中存在着很多种产甲烷菌的菌种,如氢营养型甲烷杆菌属的菌种、乙酸营养型甲烷毛发菌属的菌种等。通过实验室培养,选出在低温下产甲烷量高的菌种,投入北方产气效率低的沼气池中,增加低温产甲烷菌的数量和种类,达到提高产气量的目的。在北方寒冷的冬季要加强沼气池的保温措施以提高产气量。将沼气池建在背风向阳和较深的地下,来缓解温度对发酵的影响。另外,在沼气池的周围设置一个隔断地温的防寒沟,可在防寒沟中填充透气且导热率小的材料。目前,研究已在国家奶牛产业技术体系新疆呼图壁种牛场实验站、兰州综合实验站和天津综合实验站均取得成功,研究内容已经获得新疆维吾尔自治区科学技术进步奖二等奖。

1.10.2 增产增效情况

应用该技术前,在新疆地区11月后,气温降低至0℃以下,沼气发酵基本停止;应用该技术后,可在外界气温低于-15℃时依然正常发酵;在外界温度低于-25℃时,产气效率依然达到常温的70%。

1.10.3 技术要点

选择低温耐受菌种后，将不同纯菌菌株培养后添加到低温发酵体系中，研究添加的功能微生物自身在低温沼气发酵过程中的变化及对沼气池体系中本源微生物群落的影响，以及低温对发酵池综合体系产气的影响。

1.10.4 注意事项

需要在外界气温尚未降至0℃之前，提前进行菌种的接种工作，如果在气温降至0℃以下之后接种，导致发酵时间变长，产气效率下降。

1.10.5 适宜区域

新疆、内蒙古、黑龙江等冬季气温低于-15℃的区域。

1.10.6 技术依托单位

新疆农业大学
联系地址：新疆乌鲁木齐市农大东路311号　830052
联系人：余雄
联系电话：0991-876360
电子邮箱：yuxiong8763601@126.com

1.11 犊牛酸化奶制作与饲喂关键技术

1.11.1 技术概述

酸化奶(每升牛奶酸化成本0.07～0.15元)可以有效杀死细菌，在寒冷天气保存2～3 d，炎热天气保存1～2 d。酸化奶技术操作简单，对设备和操作人员要求较低，可实现犊牛由单栏饲养、固定饲喂向小群饲养、自由采食转变，充分利用牛场异常乳资源，降低犊牛腹泻率，提高犊牛的成活率和日增重，为培育优良高产奶牛奠定基础。

1.11.2 增产增效情况

根据中国农业大学实验室测定和动物试验结果，酸化奶技术可实现牛奶总细菌数低于1万个/mL，乳脂率、乳蛋白质率等主要营养指标无明显变化，保存时间1～3 d；自由采食条件下，犊牛酸化奶日采食量为8～12 L，日增重800 g以上，腹泻率下降50%以上。

1.11.3 技术要点

一般情况下，酸化剂主要包括甲酸、柠檬酸和丙酸。添加比例需要根据牛奶(代乳粉、异常乳)总细菌数确定，一般原则为每升添加甲酸(8.5%)30 mL，或丙酸(99%)10 mL，或柠檬酸5.8 g。

生产中甲酸使用较多,在此以甲酸为例介绍酸化奶制作和饲喂技术要点。

1.11.3.1 材料

甲酸(纯度 85%)、牛奶(可售或异常乳)或者代乳粉。

1.11.3.2 仪器

简易电子式 pH 测试设备、比重计、加热罐(带搅拌)、饲喂桶(带奶嘴,可自制)。

1.11.3.3 制作工艺

(1)甲酸稀释液配制　一般情况下,甲酸(纯度 85%)与水按 1∶9混合配置甲酸稀释液,应将甲酸缓慢加到水里并搅拌。

(2)甲酸稀释液加入牛奶　添加甲酸稀释液前应确保牛奶温度在常温(20～24℃)或低温(≤15℃),按每升牛奶加入甲酸稀释液 30 mL 的比例缓慢加入。如果牛奶干物质含量较高(13%以上或比重计测定值 33 以上)甲酸稀释液加入量可提高至 40 mL。首次添加甲酸稀释液于牛奶中应充分搅拌,1 h 后再搅拌第 2 次,每日至少搅拌 3 次。制作完成的酸化奶 pH 为 4.0～4.5。

1.11.3.4 酸化奶的使用

(1)犊牛以 8～10 头为一组进行酸化奶饲喂,自由采食,奶温控制在 38℃为宜。

(2)开始使用酸化奶时,应逐渐加入牛奶中饲喂,过渡 3 d 后全部使用酸化奶饲喂。

(3)断奶时逐渐减少酸化奶的饲喂量,过渡 7 d 完全停止饲喂酸化奶。

1.11.3.5 酸化奶使用的注意事项

(1)使用甲酸时要小心,防止灼伤。

(2)每次配制酸化奶的量为饲喂 2 d 为宜。

(3)奶嘴需要及时更换,每 1～3 d 将管道、奶嘴、奶桶彻底清洗一遍,防止细菌滋生。

(4)饲喂后需要密切观察犊牛的状况,发现问题及时解决。

1.11.4 适宜区域

全国中小规模奶牛养殖场(小区)。

1.11.5 技术依托单位

中国农业大学动物科学技术学院

联系地址:北京市海淀区圆明园西路 2 号　100193

联系人:曹志军　李胜利

联系电话:010-62733746/62731254

电子邮箱:caozhijun@cau.edu.cn　lishengli@cau.edu.cn

1.12 提高泌乳奶牛饲料转化效率的综合技术

1.12.1 技术概述

奶牛泌乳的饲料转化效率是将奶牛 3.5%乳脂校正乳的产量除以干物质采食量得到的数

值，饲料转化效率反映了泌乳奶牛养殖的投入产出比，饲料转化效率越高，相同投入情况下标准乳的产量越高，奶牛养殖的效率越高。我国奶牛养殖的饲料转化效率平均只有 1.2 左右，低于奶业发达国家的 1.5。

该技术通过粗饲料品质控制、日粮均衡营养和管理等提升泌乳奶牛的饲料转化效率，提高养殖技术水平和生产效率。

1.12.2　增产增效情况

将规模牛场泌乳奶牛的饲料转化效率从 1.2 提升到 1.5 及以上，提升了 25%，其中泌乳高峰可以达到 1.6～1.8，泌乳中期达到 1.4～1.5，泌乳后期接近 1.3。泌乳奶牛日产奶量达到 30 kg。奶牛养殖的效益可提升 10%。

1.12.3　技术要点

1.12.3.1　粗饲料品质控制

该技术要求泌乳奶牛使用的粗饲料质量较优，避免使用营养价值可低、品质差的粗饲料。主要的粗饲料品质控制点如下。

1. 玉米青贮

(1)青贮玉米的品种。选择优先考虑选择谷物类玉米品种，其次考虑全株产量，其后依次是营养物质如纤维的消化率、抗倒伏特性、成熟期早晚和抗虫害特性。

(2)青贮制作要点。玉米青贮的收获时间选择在 1/2 乳线期，轧切长度小于 1 cm，籽粒基本破碎。

(3)青贮营养指标。青贮制作完成后营养指标需达到以下要求：干物质含量 30%～35%，产奶净能＞6.7 MJ/kg，淀粉含量达到 25%～85%，NDF＜50%，ADF＜30%，CP 7.5%～9.0%，氨态氮＜10%。

2. 苜蓿干草

选用的苜蓿干草品质优良。苜蓿干草评定等级为一级，CP≥18%，NDF＜40%，ADF＜32%，相对饲喂价值(RFV)＞150%。

3. 推荐使用苜蓿半干青贮与玉米青搭配使用

苜蓿半干青贮的营养指标要求：干物质含量≥45%，CP≥18%，NDF≤45.0%，产奶净能≥6.3 MJ/kg。

1.12.3.2　成母牛各阶段的均衡营养和管理要点

1. 干奶前期

干奶前期开始于奶牛干奶之日，到产前 21 d。对于奶牛下一泌乳期非常重要，如果管理得好，奶牛下一个泌乳期可以增加 230～700 kg 牛奶。

(1)营养供给。干物质进食量为体重的 1.8%～2.0%，即 10～12 kg，一般在 11 kg 左右。日粮 CP 在 12%～13%，产奶净能 5.5 MJ/kg，奶牛能量单位(NND)在 1.76，NDF 40%～45%，ADF 30%～35%，钙 0.4%～0.6%，磷 0.3%～0.4%，硒 6～8 mg/(头·d)，维生素 E 600～1 000 IU/(头·d)。

(2)推荐日粮。精饲料 3～4 kg;粗饲料:全株玉米青贮或者黄贮 13～10 kg,苜蓿 1～2 kg,羊草 3～4 kg。玉米青贮是干奶前期奶牛的主要粗饲料,尽可能提供多的优质粗饲料。避免提供过多的食盐,日粮低钙低钾,预防产后乳房水肿。

(3)干奶牛管理要点。奶牛体况评分必须在 3.25～3.50 分。在干奶期对乳房的健康护理尤为重要,干奶后 7 d,检查乳房,发现乳腺炎要及时治疗。

2. 干奶后期(围产前期)

指奶牛产前 21 d 到分娩日。平衡的营养和管理可以为下个泌乳期的稳产高产打下坚实的基础。

(1)营养供给。TMR 采食量 20～22 kg,干物质采食量 10～12 kg。日粮 CP 15%～16%,含 35%～40%的过瘤胃蛋白质。日粮的能量水平为 6.5 MJ/kg,NND 为 2.07,相当于奶牛产 20 kg 牛奶的能量需要水平。NDF 为 40%～45%,ADF 为 30%～35%,钙为 0.4%～0.5%,磷为 0.3%～0.4%。可适当添加阴离子盐产品,促进泌乳后日粮钙的吸收和代谢,要控制多汁饲料和食盐的饲喂量,防止奶牛发生乳房水肿。日粮中的非结构性碳水化合物(NSC)为 32%,也就是饲喂玉米 2.5～3.5 kg/(头·d)。

(2)典型日粮。精饲料 3～4 kg;粗饲料:全株青贮 12 kg,羊草或燕麦草 3～4 kg,苜蓿 1～2 kg,甜菜颗粒粕 1～2 kg。

增加玉米的饲喂量(精饲料饲喂量),使瘤胃逐渐适应产后的高精饲料饲喂,可以使瘤胃微生物适应高精饲料,刺激瘤胃乳头增长和乳头表面积增加。合适的矿物质和维生素的供给,不仅对奶牛重要,而且有助于通过胎盘传给犊牛,如硒。

3. 新产牛(围产后期)

新产牛起始于产犊到产后 2～3 周,这个阶段要特别注意"精细化管理",注意观察奶牛。

(1)营养供给。总采食量 30～39 kg,产后 21 d 头胎新产牛干物质采食量达 15～17 kg,成年新产牛达到 19 kg。日粮 CP 为 17%,优质 CP 在精饲料中比例超过 10%。产奶净能为 6.5～7.0 MJ/kg,NDF 至少为 25%,ADF 至少为 19%、钙为 0.7%～1.0%、磷为 0.37%～0.45%。钙与磷的比例以(1.5～2)∶1为宜。

(2)典型日粮。精饲料 7～9 kg;粗饲料:全株青贮 16～20 kg,羊草或燕麦草 3～4 kg,苜蓿 2～3 kg,甜菜颗粒粕 1～2 kg,全棉籽 1 kg。

此时期给奶牛饲喂最优质的粗饲料,粗饲料容易消化,快速恢复食欲。如提供 ADF<30%的苜蓿干草,NDF<50%的玉米青贮,补充高能精饲料如压片玉米及大麦、干玉米酒精槽、全棉籽、膨化大豆,能量>8.12 MJ/kg。

(3)密切观察新产牛的食欲、瘤胃蠕动、体温。查看排出胎盘的完整性和气味,监测酮病和真胃变位。注意消瘦的奶牛,可能患有临床型乳热症、酮病和其他代谢紊乱。

4. 泌乳初期

泌乳初期指产后 14～100 d 时期。高峰奶出现在产后 40～60 d。体况评分可以从 3.5 分下降到 2.5 分,体重损失 55 kg。

(1)营养供给。TMR 总采食量 37～47 kg,干物质采食量 19～23 kg,满足 CP 16%～17%的需要,优质 CP 在精饲料中比例超过 10%。泌乳初期奶牛日粮要保证粗饲料的质量,精粗比不超过 65∶35,产奶净能 7.45 MJ/kg,NDF 不低于 29%,ADF 不低于 19%,钙 1.0%,磷

0.46%。在不影响粗饲料消化的情况下,也可以在日粮中加入脂肪,脂肪含量不超过7%。

(2)典型配方。精饲料 9～12 kg;粗饲料:全株青贮 20～25 kg,羊草或燕麦草 3～4 kg,苜蓿 3～4 kg,甜菜颗粒粕 1～2 kg,全棉籽 1 kg。

此阶段饲喂最优质的粗饲料,提高奶牛干物质采食量。可以增加精饲料喂量,但每天每头牛增加量不超过 0.5 kg。日粮中添加缓冲剂以调节瘤胃 pH,饲喂 12 g 尼克酸以降低中毒,添加丙二醇(0.23 kg)或丙酸钙(0.15 kg)以提高血液葡萄糖浓度。

(3)管理要点。减缓奶牛能量负平衡,减少体重损失,防止发生酮病、脂肪肝等疾病;及时观察奶牛繁殖系统健康状况,适时配种,在产后 60～110 d 配种受孕,体况评分 2.5～2.75 分。

5. 泌乳中后期

泌乳中后期指产后 100 d 及以后。奶牛有最大的干物质进食量,是体况恢复的最佳时期。

(1)营养供给。日粮营养的水平依据产奶量的变化而变化。总采食 34～35 kg,干物质采食量 17～19 kg。满足 CP 14%～15%的需要,NDF 30%～33%,ADF 21%～23%,钙 0.45%～0.60%,磷 0.35%～0.45%。

(2)典型配方。精饲料 6～8 kg;粗饲料:全株青贮(黄贮)22～18 kg,羊草(玉米秸秆)3～4 kg,苜蓿 2～4 kg,甜菜颗粒粕 1 kg。可以多用杂粕,可以饲喂一些玉米秸秆饲料和黄贮。

增大日粮中粗饲料的比例。在泌乳后期减少精饲料中成本较高的高过瘤胃率的蛋白质饲料和脂肪。注意饲料的霉变,预防流产。

(3)管理要点。控制每月产奶量下降的幅度为 5%～8%;及时检查奶牛是否怀孕;控制精饲料饲喂量,理想的体况评分(BCS)为 3.5～3.75 分,如果 BCS 大于 4.0 分,可以考虑控制干物质采食量。

1.12.4 适宜区域

适宜在黑龙江、内蒙古、新疆、山东、河北、河南、山西、吉林、辽宁、宁夏、陕西、四川、安徽、甘肃等我国奶牛养殖的主产区域。

1.12.5 技术依托单位

中国农业大学动物科学技术学院
联系地址:北京市海淀区圆明园西路 2 号　100193
联系人:李胜利　王雅晶　曹志军　夏建民
联系电话:010-62731254
电子邮箱:lishengli@cau.edu.cn

1.13 秸秆"碱法厌氧"处理技术

1.13.1 技术概述

1.13.1.1 技术提出的背景

农作物秸秆有效利用起来就是资源,大量露天焚烧严重污染空气,就是环境灾难。根据

2010年12月农业部科教司《全国农作物秸秆资源调查与评价报告》调查统计，全国秸秆理论资源量为8.4亿t，可收集资源量约为7亿t。秸秆品种以玉米、水稻、小麦等禾本科为主。其特点是中性洗涤纤维(NDF)含量高(通常占干物质60%以上)，纤维木质化程度高，粗蛋白质(CP)含量相对较低，消化率低，适口性差。直接饲喂这些低质粗饲料对反刍动物来说营养价值不高。如果对低质粗饲料进行适当的加工处理能大幅提高其消化率和利用率，成为反刍动物的可利用粗饲料资源，可变废为宝。

1.13.1.2　解决的主要问题

(1)在全国建立示范基地，加快应用。利用"补钙代青贮产品碱法厌氧生产方法"。有效分解木质素与半纤维素结合的酯键，还可转化为补钙营养素。同时，利用青贮原理防止碱化处理后秸秆易霉变的技术成为碱法处理秸秆提高品质和"补钙代青贮"产品产业化的重要配套技术关键。

(2)进一步扩大试验示范效果。经过奶牛饲养试验验证饲喂效果优良。"补钙代青贮"NDF消化率比对照组提高20%以上。同时在辽宁和河南两家规模牛场分别进行了生产验证试验，取得相似结果。

(3)国家给予发明专利技术产业化支持，生产一批机械设备——"固液匀料器"。通过发明"固液匀料器"机械设备，解决了粉碎秸秆与液体处理剂均匀混合的机械化问题，实现了利用秸秆"碱法厌氧"处理生产"补钙代青贮"的机械化、规模化和产业化的问题。

1.13.2　增产增效情况

采用玉米秸秆"碱法厌氧"处理技术加工的"补钙代青贮"产品，搭配干酒糟及其可溶物(DDGS)分别替代泌乳中后期奶牛日粮中12.5%的玉米青贮、15%的羊草和7%的精饲料开展为期3个月的饲喂试验。结果表明，与对照组相比，3个试验组的4%乳脂校正乳产量，乳脂、乳蛋白质和乳糖指标均未受到显著影响($P>0.05$)；但降低饲料成本的优势明显，以替代日粮中全株青贮(折合干物质)1.78 kg/(头·d)，收益6.82元/(头·d)，比对照组提高16.6%；替代羊草2.01 kg/(头·d)，收益5.59元/(头·d)，比对照组提高13.5%；替代精补料1.0 kg/(头·d)，收益5.77元/(头·d)，比对照组提高14.1%。

重要性：秸秆"碱法厌氧"处理技术可以把农作物秸秆加工成"补钙代青贮"新型优质粗饲料，使农作物秸秆有条件成为一个新兴的优质粗饲料产业，改变目前农作物秸秆利用率低，焚烧污染大气的状况，真正变"废"为宝(肉、奶、毛、皮等)。

应用价值：全国秸秆理论资源量为8.4亿t，可收集资源量约为7亿t。充分利用秸秆"碱法厌氧"处理技术，把秸秆加工成"补钙代青贮"产品，可以较大幅度地降低反刍动物的饲料成本(碱化处理玉米秸秆每吨600元，羊草每吨1 100元)，为奶牛尤其是肉牛和肉羊养殖提供了资源丰富、品质与羊草相当的中等质量的粗饲料，增加了粗饲料的可选择性，有利于奶牛和肉牛养殖企业降低成本，同时改变当前秸秆焚烧空气污染的问题。

1.13.3　技术要点

核心技术有3点：一是碱性物质有效分解木质素与半纤维素结合的酯键，提高消化率；二是控制饲料含水量及厌氧条件的过程处理与储存，保障安全长期无腐败；三是机械化固液均匀混合提高安全性,保障处理效率,使规模化、产业化、市场化优质利用秸秆成为可能。秸秆“碱法厌氧”处理技术工艺流程如附图 5 所示。

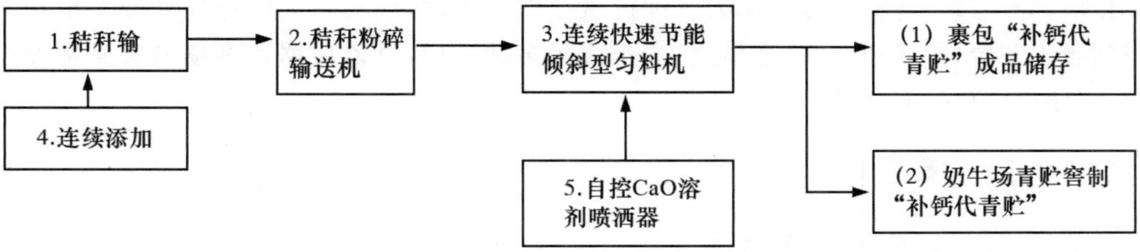

附图 5 秸秆“碱法厌氧”处理技术工艺流程

1.13.4 注意事项

(1)秸秆粉碎的长度为 2～3 cm。

(2)氧化钙(CaO)饲料级纯度,调整秸秆的含水量在 50%～60%,氧化钙 5%(干物质基础)。

(3)混合均匀后,压窖,保证每立方米 700 kg 以上的容重,青贮窖(池)两侧和窖(池)顶用黑白膜塑料布封窖,并压实,严防漏气。

(4)开窖(池)饲喂前必须检测碱贮秸秆的常规养分含量,配制动物性饲料配方必须以实测碱贮秸秆养分为基础。

1.13.5 适宜区域

农区和半农半牧区利用秸秆发展反刍动物养殖,推广秸秆“碱法厌氧”处理技术生产“补钙代青贮”产品,大幅度提高秸秆饲用价值。

1.13.6 技术依托单位

中国农业大学、北京厚实顿科技有限公司、国家奶牛产业技术体系
联系地址:北京市海淀区圆明园西路 2 号　100193
联系人:李胜利　曹志军　杨敦启　史海涛
联系电话:010-62731254/62812864
电子邮箱:lisheng0677@163. com　dqyang5@sina. com

1.14 奶牛圈舍温室气体吸附剂及配套吸附装置

1.14.1 技术概述

奶牛温室气体不仅对环境造成危害,目前畜牧业产生的温室气体已经超过了机动车排放的温室气体量,治理畜牧业温室气体已经迫在眉睫,另外奶牛粪污释放的硫化氢和氨气也会对奶牛机体产生影响。

该技术以物理吸附为主要途径,筛选出价格低廉、吸附能力强的高分子材料作为温室气

体吸附剂，该吸附剂能有效吸附奶牛圈舍中的温室气体和有害气体，且能通过技术手段进行再生，降低了使用成本。试验中吸附剂最高吸附比例为67.76%。

目前，为了适合规模化养殖场的各种机械化作业条件，该吸附剂已经配套开发出相应的吸附剂吸附装置，包括挂壁式、悬吊式、立柜式等多种式样，可以根据各牛场的实际情况进行改动，方便机械化作业。

1.14.2 技术要点

1.14.2.1 吸附剂使用方法

在北京时间11:00打开所有门窗进行通风，进行第1次吸附，在牛舍中央通道的塑料布上均匀铺撒10 kg、面积约为8 m^2、厚度约为0.8 mm的吸附剂，并在10 min内铺撒完毕。夜间可进行第2次吸附，一般在第3次挤奶并饲喂结束后进行，在牛舍中央通道的塑料布上均匀铺撒10 kg、面积约为8 m^2、厚度约为0.8 mm的吸附剂，并在10 min内铺撒完毕。

吸附时间：一般为4～8 h。

吸附剂回收：可直接将塑料布上吸附剂进行替换。

吸附剂装置设计与安放：根据牛舍实际跨度进行设计。

1.14.2.2 吸附剂效果评价

每间隔15 min读取一组气体浓度数据，每1 h记录1次室温、相对湿度，试验密闭测定至20:00时，持续8 h。采样点的选取方法为：在舍内南北通道上的同一平面均匀取5个点，在垂直方向各取3个点，分别在距地面0.8、1.6和3.0 m的高度进行读数，然后计算整栋牛舍CH_4、CO_2和NH_3浓度的平均值。

由各气体浓度计算各自质量时，均根据实测温度算出各气体体积的膨胀系数后再进行计算。

用下面公式计算1 kg吸附剂GY-1对CH_4、CO_2和NH_3 8 h的吸附质量。

$$M(\mathrm{g})=(C_0-C_1)V\times 273.15/(273.15+T)m\times 1\,000$$

式中：M为1 kg GY-1 8 h吸附CH_4、CO_2和NH_3的质量(g)；C_0为对照试验牛舍中CH_4、CO_2和NH_3 8 h的终浓度(mg/m^3)；C_1为吸附试验牛舍中CH_4、CO_2和NH_3 8 h的终浓度(mg/m^3)；V为气体实际占有的空间体积(m^3)；T为测定8 h终浓度时的室温(℃)；m为吸附剂GY-1的用量(kg)；273.15为0℃时的开尔文(K)。

将ppm换算为mg/m^3(1 ppm CH_4、CO_2和NH_3的换算系数分别为0.716 2、1.964 7和0.760 3 mg/m^3)。

1.14.3 适宜区域

适宜在新疆、内蒙古、东北等奶牛主产区域。

1.14.4 技术依托单位

新疆农业大学动物科学学院
联系地址：乌鲁木齐市沙区农大东路311号　830003

联系人：余雄　邵伟
联系电话：18999119394
电子邮箱：467696000@qq.com

1.15 在线奶牛专家技术支持云平台

1.15.1 技术概述

1.15.1.1 技术提出的背景

针对我国奶牛饲料种类繁多、资源地区差异大，而且部分饲料资源高度依靠进口以及生产企业大都不具备现场营养价值评定的特点，为能做到精准饲养，就必须科学地评定我国各种精粗饲料的常规营养成分，系统评价饲料可发酵有机物、蛋白质降解率、赖氨酸和蛋氨酸含量等重要参数，完善2007年版《中国奶牛营养与饲养标准》和“饲料原料营养价值数据库”，并依据奶牛营养与饲养标准和饲料原料营养价值数据库以及奶牛生产性测定（DHI）数据，筛选出适合我国不同地区饲料资源特点，不同生理阶段和泌乳水平的奶牛典型日粮配方，以此为基础，与软件开发机构合作，系统地开发了“测奶测料在线‘牛人配方’软件与专家支持云平台技术”，实现我国奶牛养殖企业计算机配方系统以及在线配方技术在全国的推广与普及。

1.15.1.2 解决的主要问题

(1)解决中国奶牛饲料应用价值数据库信息化、平台化、应用化在线共享，同时实现与DHI数据系统的共享，实现基于测料和测奶相结合的数据系统，加快科技成果的转化和推广。

(2)把专家创建的“奶牛营养和饲养标准”程序化、信息化、软件化，软件应用与专家在线服务相结合，在线上免费推广应用。

(3)把互联网云技术、物联网信息采集反馈控制技术、移动互联网App技术融为一体，在线、即时、随地满足配方制作、评估、优化、指导服务需求。

1.15.1.3 成熟程度

中国农业大学奶牛营养专家团队已陆续出版1987年、2000年和2007年版《中国奶牛营养与饲养标准》和匹配的饲料数据库，成为奶牛场和饲料厂技术人员必备的工具书。本软件开发应用的《中国奶牛营养与饲养标准》和数据库是最新版本（待发布）。国内部分奶牛养殖和饲料企业利用该饲料数据库，可以制作适合于养殖企业饲料资源特点以及奶牛养殖实际的奶牛典型日粮配方，覆盖我国奶牛养殖优势区域。

1.15.1.4 先进性

测奶测料在线“牛人配方”软件与专家支持云平台技术，是国家科技进步成果奖二等奖核心技术内容的转化应用，无论采用标准、数据库都具有历史继承性，并在国内具有一定的权威性，软件的系统设计、创新算法、优化体系居于国内领先地位，达到国际先进水平。

1.15.1.5 重要性

针对制约我国奶业发展的饲料与营养方面的重大技术问题，围绕奶牛主要营养素代谢基础理论、饲料营养价值评定和精准饲料配方软件技术与专家支持平台建设，通过在线饲料资源评估与DHI数据结合，制定科学的配方系统和评估体系，将为我国奶牛单产、乳蛋白质率和饲料转化率的提高，甲烷、氮和磷环境排放量的降低提供科学的工具，推动我国奶牛科学饲养，提高饲料转化率，降低饲料成本，提高我国奶业的经济效益和市场竞争力。

1.15.1.6 应用价值

测奶测料在线“牛人配方”软件与专家支持云平台技术，可以在线计算出奶牛不同阶段、不同产奶量、不同环境下的营养需要和采食量要求，结合牛场DHI数据系统，利用互联网大数据分析手段，采用移动互联技术，通过手机App或互联网在线“牛人配方”软件，实现不同类别的用户主体，在移动端或台式端即时随地进行奶牛日粮配方的设计，使用线性规划的方法，在保证奶牛干物质和各种营养元素日摄入量的前提下，优化选择适用的一群或一组奶牛的日粮饲料配方组合，求得一组不同饲料原料品种的最佳用量组合（即每一种原料的日供应量），达到营养价值最高，饲料成本最低。同时，专家在线可以协助用户主体评估奶牛饲料配方的合理性，针对配方制定的奶牛所需饲料原料选择、选择比例、日粮配伍，进行有效的优化建议和应用反馈，最大限度地提高奶牛场饲料转化率，降低饲料成本，提升经济效益。

1.15.1.7 技术成果鉴定

“测奶测料在线‘牛人配方’软件专家支持云平台技术”的核心技术内容，获得国家科技进步成果奖二等奖，该技术已申报中国软件著作权。

1.15.2 增产增效情况

通过“牛人配方”，奶牛场根据奶牛产奶量、牛奶营养成分以及牧场饲料资源科学配制日粮，保障不同牛群奶牛获得量身定制的日粮配方，保障奶牛健康、降低饲料成本、最大限度地提高奶牛单产和群体产量。

1.15.3 技术要点

依托中国农业大学奶牛营养专家团队的技术支撑，参考2001年美国饲养标准研究委员会（NRC）和相关国内外科研机构发表的最新奶牛科学进展，应用《中国奶牛营养与饲养标准》、饲料原料数据库、营养价值数据库、DHI数据，以该技术为基础，在有线和无线移动互联网云平台运行环境下，设计开发的“牛人配方”软件功能，奶牛场注册后免费应用。

1.15.4 注意事项

（1）加强对“牛人配方”用户主体的能力培训，有效分享“牛人配方”软件与专家支持云平台技术的推广价值。

（2）“牛人配方”应用主体在使用数据库的同时，有条件的需要对饲料原料变化变更时进行必要的检测。一方面补充丰富数据库，另一方面扩展样本更准确。

（3）加强与平台的专家支持系统互动，有利于个性化配方更科学更有效。

1.15.5 适宜区域

配方数据库涵盖全国奶牛主要饲料资源，配方设计参数来自中国奶牛饲养标准，符合中国奶牛养殖实际情况，并得到国内多个大型牧场的实践验证，适合我国奶牛养殖的各类养殖主体。

1.15.6 技术依托单位

中国农业大学、北京牛人亿家科技有限公司、国家奶牛产业技术体系

联系地址：北京市海淀区圆明园西路2号 100193

联系人：李胜利 徐云 杨敦启 朱红宾

联系电话：010-62731254/62812864

电子邮箱：lisheng0677@163.com dqyang5@sina.com

1.16 奶牛精准饲养节本增效技术

1.16.1 技术概述

1.16.1.1 技术提出的背景

目前，制约国内奶业发展的主要因素是奶牛生产成本高、竞争力不强，优质牧草不足、资源约束趋紧，产业组织化程度不高、饲养方式相对落后、单产较低、生产效益不高。具体表现为：一是国内奶牛养殖场普遍技术和管理水平不高，优质粗饲料（全株玉米青贮、苜蓿、燕麦等）供给不足、调制技术和评价有待改善；粗饲料适宜收获和加工工艺技术方案有待示范及推广；非常规饲料资源开发与合理利用有待提高；二是单位生产成本高，很多牛场未实现“测料配方”和“测奶配方”，饲料组成及比例不科学，投入产出比较低；三是奶牛单产水平低，饲料转化率低。

1.16.1.2 拟解决的主要问题

提高奶牛场优质粗饲料基本自给水平和转化效率，建立和完善优质粗饲料种植与调制方案，提高非常规饲料利用率；注重饲料组合效应，降低公斤奶饲料成本；提高生鲜乳质量安全水平；实现牧场精准节本饲养，提高养殖场整体生产效益。

1.16.1.3 成熟程度、先进性、重要性、应用价值

国家奶牛产业技术体系首席科学家李胜利教授团队，结合产业发展趋势和市场需求，探索出了一套适用于奶牛场的奶牛精准饲养节本增效技术，包括奶牛行为诊断技术、优质粗饲料调制技术和非常规饲料开发利用技术、测料配方与测奶配方技术、TMR配制技术、质量控制与综合评价技术等一系列技术集成，将该集成技术通过“奶牛金钥匙”平台，实现产业化应用。“奶牛金钥匙”专家团队深入一线奶牛场，通过零距离现场观察问询、便携式快速检测、实验室检测等手段相结合，针对饲料、营养、管理等关键控制点进行现场操作演示以及综合营养诊断评估，帮助奶牛场发现问题、分析问题、解决问题。历经9年，奶牛精准饲养节本增效技术已经比较成熟，通过在全国奶牛养殖生产地区举办的82期“奶牛金钥匙”技术示范现场会，“奶牛金钥匙”专家团队直接走访诊断、咨询服务的奶牛场294个，帮助155个正在转型升级中的奶牛养殖小区实现精准饲养、节本增效，提升了中国奶牛产业链在全球化背景下的奶牛产业和产品竞争力。

1.16.2 增产增效情况

从2009年开始，奶牛精准饲养节本增效技术通过“奶牛金钥匙”平台已在16个省会城市、29个地级城市、8个县级城市推广应用。2016年奶牛养殖企业通过在260个牧场推广示范奶牛精准饲养节本增效技术，青贮质量改善明显，2016年青贮比2015年青贮干物质提升5.468%，淀粉提升7.204%，粗蛋白质提升0.15%；技术辐射的200多座牧场与2015年对比，饲料转化效率由1.2提高到1.5，平均单产提升2.75 kg，公斤奶饲料成本降低0.19元/kg，经济效益共计提升1.05亿元；节本增效效果明显，带动更多的牧场走出困境，提升整体产业竞争力。

1.16.3 技术要点

奶牛精准饲养节本增效技术主要包含以下技术集成。

1.16.3.1 奶牛行为诊断技术

通过肉眼观察奶牛精神状态、采食情况、剩料情况、反刍情况、躺卧情况，以及进行牛体卫生评分、体况评分、瘤胃充盈度评分、步行评分、乳房卫生评分、乳头评分、粪便评分、肢蹄评分等，对牛场的饲养管理进行综合评估。具体评分标准参见《奶牛信号》。

1.16.3.2 优质粗饲料调制技术和非常规饲料开发利用技术

1. 优质全株玉米青贮的技术

(1)全株玉米青贮应在蜡熟期收割。

(2)青贮的切割长度为0.8～1.5 cm。

(3)青贮干物质含量28%～33%，NDF<42%，ADF<30%，产奶净能>6.28 MJ/kg，30 h瘤胃干物质消化率>65%。

2. 生产优质苜蓿的技术

(1)收割时期为现蕾期。

(2)采用机械压扁技术，茎叶干燥均匀，叶片完好率超过80%。

(3)干物质>88%，NDF<42%，ADF<31%，CP>18%，产能净能>5.86 MJ/kg，30 h瘤胃干物质消化率>60%。

3. 玉米秸厌氧碱贮技术

(1)在处理秸秆前，应采样检测秸秆的含水量及营养成分。并根据秸秆干物质含量确定碱的添加量。

(2)秸秆和CaO应均匀混合。

(3)混合后的秸秆其含水量应达50%～60%。

(4)处理后的秸秆应迅速密封压实，因为CaO与水反应形成$Ca(OH)_2$，后者可与空气中的二氧化碳反应生成$CaCO_3$，降低碱性。

(5)开窖饲喂前，必须检测碱贮秸秆的常规养分含量。

(6)配制动物饲料配方必须以实测碱贮秸秆养分为基础。

1.16.3.3 测料配方与测奶配方技术

(1)测料配方。通过实验室常规Van Soest法或者借助便携式近红外分析仪测定青贮以及各种饲料原料常规营养成分来精准配方。或是通过 TMR 营养成分、粒度、干湿度、搅拌均匀度、剩料量等指标评估牛场日粮合理性。

(2)测奶配方。通过实验室乳成分分析仪或者牛场便携式尿素氮和体细胞测定仪测定奶牛的产奶量、乳脂、乳蛋白质、乳糖、非脂固形物、体细胞数、细菌数、牛奶尿素氮等指标，合理搭配日粮，改善奶牛的生产性能。

1.16.3.4　TMR 配制技术、质量控制与综合评价技术

(1)高产奶牛 TMR 配制技术。精饲料 10 kg、优质苜蓿干草 3 kg、全株玉米青贮 20 kg、甜菜颗粒粕 1.5 kg、全棉籽 1 kg。达到的营养要求是：DMI≤20 kg、CP＞16.5%、NDF＜33%，ADF＞20%、钙＞0.8%，磷＜0.45%、产奶净能＞6.8 MJ/kg。饲料转化率由 1.2 提升至 1.5 及以上。

(2)TMR 质量控制与综合评价技术。本技术详见《2016 年农业部主导品种与主推技术》，本技术重点包括 TMR 原料、制作过程以及 TMR 日粮的质量控制和评价，主要通过观察、抓握、TMR 分级筛、粪便筛、实验室检测等手段从体况评分、TMR 感官评价、含水量评价、分级筛评价、粪便评分、生产性能等方面综合评价 TMR 质量。

1.16.4　适宜区域

该技术适宜推广的区域为全国范围，特别是养殖水平相对低下的中小规模养殖场。

1.16.5　注意事项

奶牛场具备开展上述集成技术的技术人员和基础辅助设施设备。

1.16.6　技术依托单位

中国农业大学动物科学技术学院
联系地址：北京海淀区圆明园西路 2 号　100193
联系人：李胜利　姚琨
联系电话：010-62734080
E-mail：lishenglicau@163.com

1.17　奶牛母子一体化养殖关键技术

1.17.1　技术概述

在奶业振兴战略实施中，奶牛围产期营养与管理和犊牛营养与培育是影响奶业发展的关键环节之一。围产后期奶牛日粮营养浓度与犊牛出生体重关系密切，从奶牛产后健康角度而言，奶牛日粮能量浓度要同时从母牛和犊牛两个角度考虑，二者达到平衡点才能实现共赢。

奶牛母子一体化理念可以指导生产，并形成系列标准化操作程序。奶牛母子一体化是指兼顾母子需求，通过营养搭配、科学管理，实现母牛产后健康、平稳高产，犊牛平安出生、茁壮

成长，最终达到牧场盈利和可持续发展。从时间上而言，广义指奶牛产前2个月至犊牛断奶后2周的120 d，狭义指奶牛产前3周至犊牛3周的40 d。

1.17.2 技术要点

该技术以奶牛产后健康为基础，以犊牛健康培育为核心，建立奶牛母子一体化综合配套技术。具体指标包括母牛(DIM＜60 d)真胃变位发病率＜3%，胎衣不下发病率＜8%，酮病发病率＜3%，死淘率＜8%，犊牛(日龄＜60 d)日增重＞800 g/d，成活率＞95%，腹泻率＜25%。

1.17.2.1 围产期奶牛营养调控与管理

1. 围产前期(产前21 d至分娩)

管理要点包含但不限于如下。

(1)日粮应以优质禾本科饲料为主，做好干奶牛与新产牛的日粮过渡。

(2)干物质采食量应占体重的2.0%，日粮产奶净能5.7～6.2 MJ/kg。

(3)散栏饲养的密度应小于90%，地面垫料充足，保持清洁、干燥，每天消毒。

(4)产房保持安静，昼夜设专人值班，注意观察牛只状况；根据预产期做好产房、产间和助产器械工具的清洗消毒等准备工作。

(5)奶牛产后尽快挤出初乳(建议2 h内)，并妥善保管。

(6)该阶段的体况评分为3.25～3.50分。

2. 围产后期(分娩至产后21 d)

管理要点包含但不限于如下。

(1)饲喂新产牛TMR，提供优质、易消化的豆科和禾本科牧草及优质青贮。日粮产奶净能7.0～7.2 MJ/kg，中性洗涤纤维30%～33%，酸性洗涤纤维19%～21%，饲料转化效率达到1.6及以上。

(2)执行产后监控程序，需特别关注难产、双胎、胎衣不下、产褥热以及产前体况评分超过4分的奶牛，监控其干物质采食量、产奶量、体温等指标，并定期监测血酮含量。

(3)奶牛产后1周内，进行健康检查，异常牛需单独处理。

(4)该阶段的体况评分为2.75～3.25分。

1.17.2.2 哺乳犊牛饲喂与管理

(1)犊牛出生后，至少应立即执行如下操作：擦去口鼻中的黏液和异物，擦干体表黏液，7%～10%碘酊消毒脐带，打耳牌，称体重，填写产犊记录。犊牛出生后1 h内，应饲喂其10%体重的初乳并做好记录。

(2)犊牛出生后12～24 h，应再次饲喂初乳或常乳2 L。

(3)检验犊牛饲喂初乳效果，应在出生后24～72 h检测犊牛血清总蛋白，含量≥55 mg/L时，说明被动免疫成功。被动免疫成功率应≥95%。

(4)哺乳犊牛宜使用巴氏杀菌乳或代乳粉饲养，奶温应控制在(38±1)℃，日饲喂量为犊牛体重的10%～15%，日饲喂2～3次或自动饲喂器自由采食。如果牛舍内温度在0℃以下，应增加饲喂量。

(5)哺乳犊牛3日龄后,开始自由饮水。每天至少更换2次饮水。冬季应提供温水。

(6)哺乳犊牛3日龄后,应提供开食料,每天清理并更换开食料;第15天开始可提供优质牧草。

(7)犊牛出生后15 d内,应去角。

(8)哺乳犊牛饲养面积应≥3 m^2/头;可采用强制性通风措施,保证犊牛舍空气质量。

1.17.3 增产增效情况

通过综合技术推广,示范牛场母牛(泌乳日<60 d)真胃变位发病率<3%,胎衣不下发病率<5%,酮病发病率<2%,死淘率<5%。犊牛(日龄<60 d)日增重>800 g/d,成活率>97%,腹泻率<15%。

1.17.4 适宜区域

适用于全国规模化奶牛场。

1.17.5 注意事项

(1)定期检测围产期奶牛日粮营养成分,根据测定结果调整奶牛日粮配方。

(2)关注母牛和犊牛舒适度,尤其是牛舍新鲜空气及温湿度指数控制。

1.17.6 技术依托单位

中国农业大学动物科学技术学院、中国后备奶牛培育协作创新平台

联系地址:北京市海淀区圆明园西路2号　100193

联系人:曹志军　李胜利

联系电话:010-62733746

电子邮箱:caozhijun@cau.edu.cn